Alfred Böge (Hrsg.)

Formeln und Tabellen Maschinenbau

3,-

Alfred Böge (Hrsg.)

Formeln und Tabellen Maschinenbau

Für Studium und Praxis

2., korrigierte Auflage

Mit über 2000 Stichwörtern

Autoren

Alfred Böge:
Mathematik, Thermodynamik, Fluidmechanik, Festigkeitslehre, Zerspantechnik

Alfred Böge | Wolfgang Böge:
Maschinenelemente

Gert Böge:
Physik, Mechanik

Peter Franke:
Elektrotechnik

Wolfgang Weißbach:
Chemie, Werkstofftechnik

Bibliografische Information der Deutschen Nationalbibliothek
Die Deutsche Nationalbibliothek verzeichnet diese Publikation in der Deutschen Nationalbibliografie; detaillierte bibliografische Daten sind im Internet über <http://dnb.d-nb.de> abrufbar.

1. Auflage 2007
2., korrigierte Auflage 2009

Lektorat: Thomas Zipsner | Imke Zander

Vieweg+Teubner ist Teil der Fachverlagsgruppe Springer Science+Business Media.
www.viewegteubner.de

Umschlaggestaltung: KünkelLopka Medienentwicklung, Heidelberg
Technische Redaktion: Stefan Kreickenbaum, Wiesbaden
Druck und buchbinderische Verarbeitung: STRAUSS GMBH, Mörlenbach
Gedruckt auf säurefreiem und chlorfrei gebleichtem Papier.
Printed in Germany

ISBN 978-3-8348-0744-1

Vorwort

Ingenieure und Techniker in Ausbildung und Beruf finden hier Größengleichungen und Formeln, Diagramme, Tabellenwerte, Regeln und Verfahren, die zum Lösen von Aufgaben aus den technischen Grundlagenfächern erforderlich sind.

Die Berechnungs- und Dimensionierungsgleichungen aus Mathematik, Physik, Chemie, Werkstofftechnik, Elektrotechnik, Thermodynamik, Mechanik, Fluidmechanik, Festigkeitslehre, Maschinenelemente, Zerspantechnik sind in Tabellen so geordnet, dass sie der speziellen Aufgabe leicht zugeordnet werden können:

- das umfangreiche Sachwortverzeichnis führt schnell zu den gesuchten technisch-physikalischen Größen
- die zugehörige Tabelle zeigt die erforderlichen Größengleichungen
- die zusätzlichen Erläuterungen sichern die richtige Anwendung der Gleichungen, Diagramme und Tabellenwerte

Die vorliegende korrigierte 2. Auflage berücksichtigt die Verbesserungsvorschläge der Lehrer und Studierenden, denen ich danken möchte.

Herausgeber, Autoren und Verlag sind für Hinweise zur Verbesserung des Werkes dankbar. Verwenden Sie dazu bitte die E-Mail-Adresse:

aboege@t-online.de

Braunschweig, Februar 2009 *Alfred Böge*

Inhaltsverzeichnis

1 Mathematik 1

1.1 Mathematische Zeichen 1
1.2 Griechisches Alphabet 2
1.3 Häufig gebrauchte Konstanten 2
1.4 Multiplikation, Division, Klammern, Binomische Formeln, Mittelwerte 3
1.5 Potenzrechnung (Potenzieren) 4
1.6 Wurzelrechnung (Radizieren) 5
1.7 Logarithmen 6
1.8 Komplexe Zahlen 7
1.9 Quadratische Gleichungen 8
1.10 Wurzel-, Exponential-, Logarithmische und Goniometrische Gleichungen in Beispielen 9
1.11 Graphische Darstellung der wichtigsten Relationen (schematisch) 10
1.12 Flächen (*A* Flächeninhalt, *U* Umfang) 12
1.13 Fläche *A*, Umkreisradius *r* und Inkreisradius ϱ einiger regelmäßiger Vielecke 13
1.14 Körper (*V* Volumen, *O* Oberfläche, *M* Mantelfläche) 14
1.15 Rechtwinkliges Dreieck 16
1.16 Schiefwinkliges Dreieck 17
1.17 Einheiten des ebenen Winkels 19
1.18 Trigonometrische Funktionen (Graphen in 1.11) 20
1.19 Beziehungen zwischen den trigonometrischen Funktionen 21
1.20 Arcusfunktionen 23
1.21 Hyperbelfunktionen 25
1.22 Areafunktionen 26
1.23 Analytische Geometrie: Punkte in der Ebene 26
1.24 Analytische Geometrie: Gerade 27
1.25 Analytische Geometrie: Lage einer Geraden im rechtwinkligen Achsenkreuz 28
1.26 Analytische Geometrie: Kreis 29
1.27 Analytische Geometrie: Parabel 30
1.28 Analytische Geometrie: Ellipse und Hyperbel 30
1.29 Reihen 32
1.30 Potenzreihen 33
1.31 Differenzialrechnung: Grundregeln 35
1.32 Differenzialrechnung: Ableitungen elementarer Funktionen 36
1.33 Integrationsregeln 36
1.34 Grundintegrale 38
1.35 Lösungen häufig vorkommender Integrale 38
1.36 Uneigentliche Integrale 42
1.37 Anwendungen der Differenzial- und Integralrechnung 42
1.38 Geometrische Grundkonstruktionen 49

2 Physik 55

2.1 Physikalische Größen, Definitionsgleichungen und Einheiten 55
2.1.1 Mechanik 55
2.1.2 Thermodynamik 57
2.1.3 Elektrotechnik 58
2.1.4 Optik 59

2.2 Allgemeine und atomare Konstanten 59
2.3 Umrechnungstafel für metrische Längeneinheiten 60
2.4 Vorsatzzeichen zur Bildung von dezimalen Vielfachen und Teilen von Grundeinheiten oder hergeleiteten Einheiten mit selbstständigem Namen 60
2.5 Umrechnungstafel für Leistungseinheiten 60
2.6 Schallgeschwindigkeit *c*, Dichte ϱ und Elastizitätsmodul *E* einiger fester Stoffe 61
2.7 Schallgeschwindigkeit *c* und Dichte ϱ einiger Flüssigkeiten 61
2.8 Schallgeschwindigkeit *c*, Verhältnis $\kappa = \frac{c_p}{c_v}$ einiger Gase bei $t = 0$ °C 61
2.9 Schalldämmung von Trennwänden 61
2.10 Elektromagnetisches Spektrum 62
2.11 Brechzahlen *n* für den Übergang des Lichtes aus dem Vakuum in optische Mittel 62

3 Chemie 63

3.1 Atombau und Periodensystem 63
3.2 Metalle 67
3.3 Nichtmetalle 69
3.4 Elektronegativität 69
3.5 Chemische Bindungen, Wertigkeitsbegriffe 70
3.6 Systematische Benennung anorganischer Verbindungen 73
3.7 Systematische Benennung von Säuren und Säureresten 74
3.8 Systematische Benennung organischer Verbindungen 74
3.9 Benennung von funktionellen Gruppen 77
3.10 Ringförmige Kohlenwasserstoffe 77
3.11 Basen, Laugen 78
3.12 Gewerbliche und chemische Benennung von Chemikalien, chemische Formeln 79
3.13 Säuren 80
3.14 Chemische Reaktionen, Gesetze, Einflussgrößen 80
3.15 Ionenlehre 83
3.16 Elektrochemische Größen und Gesetze 85
3.17 Größen der Stöchiometrie 87
3.18 Beispiele für stöchiometrische Rechnungen 89
3.19 Energieverhältnisse bei chemischen Reaktionen 91
3.20 Heizwerte von Brennstoffen 92
3.21 Bildungs- und Verbrennungswärme einiger Stoffe 92

4 Werkstofftechnik 93

4.1 Werkstoffprüfung 93
4.2 Eisen-Kohlenstoff-Diagramm 96
4.3 Bezeichnung der Stähle nach DIN EN 10027 97
4.4 Baustähle DIN EN 10025-2/05 99
4.5 Schweißgeeignete Feinkornbaustähle 100
4.6 Warmgewalzte Flacherzeugnisse aus Stählen mit hoher Streckgrenze zum Kaltumformen, thermomechanisch gewalzte Stähle DIN EN 10149-2/95 100
4.7 Vergütungsstähle DIN EN 10083/06 100
4.8 Einsatzstähle DIN EN 10084/98 101
4.9 Nitrierstähle DIN EN 10085/01 101
4.10 Stahlguss DIN EN 10293/05 101
4.11 Bezeichnung der Gusseisensorten DIN EN 1560/97 101

4.12 Gusseisen mit Lamellengraphit GJL DIN EN 1561/97 102
4.13 Gusseisen mit Kugelgraphit GJS DIN 1563/05 103
4.14 Temperguss GJM DIN EN 1562/06........ 103
4.15 Bainitisches Gusseisen mit Kugelgraphit DIN EN 1564/06 104
4.16 Gusseisen mit Vermiculargraphit GJV VDG-Merkblatt W-50/02 104
4.17 Bezeichnung von Aluminium und Aluminiumlegierungen........ 104
4.18 Aluminiumknetlegierungen, Auswahl........ 105
4.19 Aluminiumgusslegierungen, Auswahl aus DIN EN 1706/98 105
4.20 Bezeichnung von Kupfer und Kupferlegierungen nach DIN 1412/95 106
4.21 Zustandsbezeichnungen nach DIN EN 1173/95 106
4.22 Kupferknetlegierungen, Auswahl........ 107
4.23 Kupfergusslegierungen, Auswahl nach DIN EN 1982/98 107
4.24 Anorganisch nichtmetallische Werkstoffe........ 108
4.25 Bezeichnung von Si-Carbid, SiC und Siliciumnitrid, Si_3N_4 nach der Herstellungsart........ 108
4.26 Druckgusswerkstoffe........ 108
4.27 Lagermetalle und Gleitwerkstoffe, Übersicht über die Legierungssysteme 109
4.28 Lagermetalle auf Cu-Basis (DKI)........ 110
4.29 Kurzzeichen für Kunststoffe und Verfahren, Auswahl 110
4.30 Thermoplastische Kunststoffe, Plastomere, Auswahl 112

5 Elektrotechnik 115

5.1 Grundbegriffe der Elektrotechnik........ 115
5.1.1 Elektrischer Widerstand 115
5.1.2 Elektrische Leistung und Wirkungsgrad 116
5.1.3 Elektrische Energie 117
5.1.4 Elektrowärme 118
5.2 Gleichstromtechnik........ 118
5.2.1 Ohm'sches Gesetz, nicht verzweigter Stromkreis 118
5.2.2 Kirchhoff'sche Sätze 119
5.2.3 Ersatzschaltungen des Generators 119
5.2.4 Schaltungen von Widerständen und Quellen 120
5.2.5 Messschaltungen 123
5.2.6 Spannungsteiler 124
5.2.7 Brückenschaltung 124
5.3 Elektrisches Feld und Kapazität........ 125
5.3.1 Größen des homogenen elektrostatischen Feldes........ 125
5.3.2 Kapazität von Leitern und Kondensatoren 126
5.4 Magnetisches Feld und Induktivität........ 128
5.4.1 Größen des homogenen magnetischen Feldes 128
5.4.2 Spannungserzeugung........ 130
5.4.3 Kraftwirkung 132
5.4.4 Richtungsregeln 133
5.4.5 Induktivität von parallelen Leitern und Luftspulen 135
5.4.6 Induktivität von Spulen mit Eisenkern 136
5.4.7 Drosselspule 137
5.4.8 Schaltungen von Induktivitäten 138
5.4.9 Einphasiger Transformator........ 138
5.5 Wechselstromtechnik 139
5.5.1 Kennwerte von Wechselgrößen 139
5.5.2 Passive Wechselstrom-Zweipole an sinusförmiger Wechselspannung.. 141
5.5.3 Umwandlung passiver Wechselstrom-Zweipole in gleichwertige Schaltungen 146
5.5.4 Blindleistungskompensation........ 147

5.6 Drehstromtechnik 148
5.6.1 Drehstromnetz 148
5.6.2 Stern- und Dreieckschaltung 148
5.6.3 Stern-Dreieck-Umwandlung 150
5.7 Elementare Bauteile der Elektronik 151
5.7.1 Halbleiterdioden 151
5.7.2 Transistoren 155
5.7.3 Thyristoren 157

6 Thermodynamik 161
6.1 Grundbegriffe 161
6.2 Wärmeausdehnung 162
6.3 Wärmeübertragung 163
6.4 Gasmechanik 166
6.5 Gleichungen für Zustandsänderungen und Carnot'scher Kreisprozess 167
6.6 Gleichungen für Gasgemische 171
6.7 Temperatur-Umrechnungen 172
6.8 Temperatur-Fixpunkte 172
6.9 Spezifisches Normvolumen v_n und Dichte $_n$ (0 °C und 101 325 N/m^2) 172
6.10 Mittlere spezifische Wärmekapazität c_m fester und flüssiger Stoffe zwischen 0 °C und 100 °C in J / (kg K) 173
6.11 Mittlere spezifische Wärmekapazität c_p, c_v in J / (kg K) nach *Justi* und *Lüder* 173
6.12 Schmelzenthalpie q_s fester Stoffe in J / kg bei p = 101 325 N/m^2 173
6.13 Verdampfungs- und Kondensationsenthalpie q_v in J / kg bei 101 325 N/m^2 174
6.14 Schmelzpunkt fester Stoffe in °C bei p = 101 325 N/m^2 174
6.15 Siede- und Kondensationspunkt einiger Stoffe in °C bei p = 101 325 N/m^2 174
6.16 Längenausdehnungskoeffizient α_l fester Stoffe in 1/K zwischen 0 °C und 100 °C (Volumenausdehnungskoeffizient $\alpha_V \approx 3\,\alpha_l$) 174
6.17 Volumenausdehnungskoeffizient α_V von Flüssigkeiten in 1/K bei 18 °C 174
6.18 Wärmeleitzahlen λ fester Stoffe bei 20 °C in $10^3 \frac{\text{J}}{\text{mhK}}$; Klammerwerte in $\frac{\text{W}}{\text{mK}}$ 175
6.19 Wärmeleitzahlen λ von Flüssigkeiten bei 20 °C in $\frac{\text{J}}{\text{mhK}}$; Klammerwerte in $\frac{\text{W}}{\text{mK}}$ 175
6.20 Wärmeleitzahlen λ von Gasen in Abhängigkeit von der Temperatur (Ungefährwerte) in $\frac{\text{J}}{\text{mhK}}$ Klammerwerte in $\frac{\text{W}}{\text{mK}}$ 175
6.21 Wärme-Übergangszahlen α für Dampferzeuger bei normalen Betriebsbedingungen (Mittelwerte) 175
6.22 Wärmedurchgangszahlen k bei normalem Kesselbetrieb (Mittelwerte) 176
6.23 Emissionsverhältnis ε und Strahlungszahl C bei 20 °C 176
6.24 Spezifische Gaskonstante R_i, Dichte und Verhältnis $\kappa = \frac{c_p}{c_v}$ einiger Gase 176

7 Mechanik fester Körper 177
7.1 Freimachen der Bauteile 177
7.2 Zeichnerische Bestimmung der Resultierenden F_r 178
7.3 Rechnerische Bestimmung der Resultierenden F_r 178
7.4 Zeichnerische Bestimmung unbekannter Kräfte 180
7.5 Rechnerische Bestimmung unbekannter Kräfte 181
7.6 Fachwerke 181
7.7 Schwerpunkt 182

7.8 Guldin'sche Regeln ... 184
7.9 Reibung ... 185
7.10 Reibung in Maschinenelementen ... 186
7.11 Bremsen ... 188
7.12 Gleitreibungszahl μ und Haftreibungszahl μ_0 ... 190
7.13 Wirkungsgrad η_r des Rollenzugs in Abhängigkeit von der Anzahl n der tragenden Seilstränge ... 190
7.14 Geradlinige gleichmäßig beschleunigte (verzögerte) Bewegung ... 190
7.15 Wurfgleichungen ... 192
7.15.1 Horizontaler Wurf (ohne Luftwiderstand) ... 192
17.15.2 Wurf schräg nach oben (ohne Luftwiderstand) ... 192
7.16 Gleichförmige Drehbewegung ... 192
7.17 Gleichmäßig beschleunigte (verzögerte) Kreisbewegung ... 193
7.18 Sinusschwingung (harmonische Schwingung) ... 194
7.19 Pendelgleichungen ... 196
7.20 Schubkurbelgetriebe ... 197
7.21 Gerader zentrischer Stoß ... 198
7.22 Mechanische Arbeit W ... 199
7.23 Leistung P, Übersetzung i und Wirkungsgrad η ... 200
7.24 Dynamik der Verschiebebewegung (Translation) ... 201
7.25 Dynamik der Drehung (Rotation) ... 202
7.26 Gleichungen für Trägheitsmomente J (Massenmomente 2. Grades) ... 203
7.27 Gegenüberstellung einander entsprechender Größen und Definitionsgleichungen für Schiebung und Drehung ... 204

8 Fluidmechanik ... 205

8.1 Statik der Flüssigkeiten ... 205
8.2 Strömungsgleichungen ... 206
8.3 Ausflussgleichungen ... 208
8.4 Widerstände in Rohrleitungen ... 209
8.5 Dynamische Zähigkeit η, kinematische Zähigkeit ν und Dichte von Wasser ... 211
8.6 Staudruck q in N/m^2 und Geschwindigkeit w in m/s für Luft und Wasser ... 211
8.7 Absolute Wandrauigkeit k ... 211
8.8 Widerstandszahlen ζ für plötzliche Rohrverengung ... 212
8.9 Widerstandszahlen ζ für Ventile ... 212
8.10 Widerstandszahlen ζ von Leitungsteilen ... 212

9 Festigkeitslehre ... 215

9.1 Grundlagen ... 215
9.2 Zug- und Druckbeanspruchung ... 217
9.3 Biegebeanspruchung ... 218
9.4 Flächenmomente 2. Grades I, Widerstandsmomente W, Trägheitsradius i ... 219
9.5 Elastizitätsmodul E und Schubmodul G verschiedener Werkstoffe in N/mm^2 ... 220
9.6 Träger gleicher Biegebeanspruchung ... 221
9.7 Stützkräfte, Biegemomente und Durchbiegungen ... 222
9.8 Axiale Flächenmomente I, Widerstandsmomente W, Flächeninhalte A und Trägheitsradius i verschieden gestalteter Querschnitte für Biegung und Knickung 225
9.9 Warmgewalzter rundkantiger U-Stahl ... 228
9.10 Warmgewalzter gleichschenkliger rundkantiger Winkelstahl ... 229
9.11 Warmgewalzter ungleichschenkliger rundkantiger Winkelstahl nach EN 10056-1 230
9.12 Warmgewalzte schmale I-Träger nach DIN 1025-1 (Auszug) ... 231
9.13 Warmgewalzte I-Träger, IPE-Reihe ... 232

9.14 Knickung im Maschinenbau ... 233
9.15 Grenzschlankheitsgrad λ_0 für Euler'sche Knickung und Tetmajer-Gleichungen .. 234
9.16 Abscheren und Torsion ... 235
9.17 Widerstandsmoment W_p (W_t) und Flächenmoment I_p (Drillungswiderstand I_t).... 237
9.18 Zusammengesetzte Beanspruchung bei gleichartigen Spannungen ... 238
9.19 Zusammengesetzte Beanspruchung bei ungleichartigen Spannungen ... 239
9.20 Beanspruchung durch Fliehkraft ... 240
9.21 Flächenpressung, Lochleibungsdruck, Hertz'sche Pressung ... 241
9.22 Hohlzylinder unter Druck ... 243

10 Maschinenelemente ... 245

10.1 Toleranzen und Passungen ... 245
10.1.1 Normzahlen ... 245
10.1.2 Grundbegriffe zu Toleranzen und Passungen ... 246
10.1.3 Eintragung von Toleranzen in Zeichnungen ... 248
10.1.4 Grundtoleranzen der Nennmaßbereiche in µm ... 248
10.1.5 Allgemeintoleranzen für Längenmaße nach DIN ISO 2768-1 ... 249
10.1.6 Allgemeintoleranzen für Winkelmaße nach DIN ISO 2768-1 ... 249
10.1.7 Allgemeintoleranzen für Fasen und Rundungshalbmesser nach DIN ISO 2768-1 ... 249
10.1.8 Allgemeintoleranzen für Form und Lage nach DIN ISO 2768-2 ... 249
10.1.9 Symbole für Form und Lagetoleranzen nach DIN ISO 1101 ... 250
10.1.10 Kennzeichnung der Oberflächenbeschaffenheit nach DIN EN ISO 1302 251
10.1.11 Mittenrauwerte R_a in µm ... 251
10.1.12 Verwendungsbeispiele für Passungen ... 252
10.1.13 Ausgewählte Passtoleranzfelder und Grenzabmaße (in µm) für das System Einheitsbohrung (H) ... 253
10.1.14 Passungsauswahl, empfohlene Passtoleranzen, Spiel-, Übergangs- und Übermaßtoleranzfelder in µm nach DIN ISO 286 ... 255
10.2 Schraubenverbindungen ... 257
10.2.1 Berechnung axial belasteter Schrauben ohne Vorspannung ... 257
10.2.2 Berechnung unter Last angezogener Schrauben ... 257
10.2.3 Berechnung einer vorgespannten Schraubenverbindung bei axial wirkender Betriebskraft ... 258
10.2.4 Kräfte und Verformungen in zentrisch vorgespannten Schraubenverbindungen ... 260
10.2.5 Berechnung vorgespannter Schraubenverbindungen bei Aufnahme einer Querkraft ... 265
10.2.6 Berechnung von Bewegungsschrauben ... 266
10.2.7 Richtwerte für die zulässige Flächenpressung bei Bewegungsschrauben ... 267
10.2.8 Reibungszahlen und Reibungswinkel für Trapezgewinde ... 267
10.2.9 $R_{p\,0,2}$ 0,2-Dehngrenze der Schraube ... 267
10.2.10 Geometrische Größen an Sechskantschrauben ... 268
10.2.11 Maße an Senkschrauben mit Schlitz und an Senkungen für Durchgangsbohrungen ... 268
10.2.12 Einschraublänge l_a für Sacklochgewinde ... 269
10.2.13 Metrisches ISO-Gewinde nach DIN 13 ... 269
10.2.14 Metrisches ISO-Trapezgewinde nach DIN 103 ... 270
10.3 Federn ... 271
10.3.1 Federkennlinie, Federrate, Federarbeit, Eigenfrequenz ... 271
10.3.2 Metallfedern ... 273
10.3.3 Gummifedern ... 285

10.4 Achsen, Wellen und Zapfen ... 286
10.4.1 Achsen ... 286
10.4.2 Wellen ... 287
10.4.3 Stützkräfte und Biegemomente an Getriebewellen ... 289
10.4.4 Berechnung der Tragfähigkeit nach DIN 743 ... 291
10.5 Nabenverbindungen ... 296
10.5.1 Kraftschlüssige (reibschlüssige) Nabenverbindungen (Beispiele) ... 296
10.5.2 Formschlüssige Nabenverbindungen (Beispiele) ... 297
10.5.3 Zylindrische Pressverbände ... 298
10.5.4 Keglige Pressverbände (Kegelsitzverbindungen) ... 304
10.5.5 Maße für keglige Wellenenden mit Außengewinde ... 306
10.5.6 Richtwerte für Nabenabmessungen ... 306
10.5.7 Klemmsitzverbindungen ... 307
10.5.8 Keilsitzverbindungen ... 308
10.5.9 Ringfederspannverbindungen, Maße, Kräfte und Drehmomente ... 309
10.5.10 Ermittlung der Anzahl n der Spannelemente und der axialen Spannkraft F_a ... 310
10.5.11 Längsstiftverbindung ... 311
10.5.12 Passfederverbindungen ... 312
10.5.13 Keilwellenverbindung ... 314
10.6 Zahnradgetriebe ... 315
10.6.1 Kräfte am Zahnrad ... 315
10.6.2 Einzelrad- und Paarungsgleichungen für Gerad- und Schrägstirnräder. 318
10.6.3 Einzelrad- und Paarungsgleichungen für Kegelräder ... 321
10.6.4 Einzelrad- und Paarungsgleichungen für Schneckengetriebe ... 323
10.6.5 Wirkungsgrad, Kühlöldurchsatz und Schmierarten der Getriebe ... 326

11 Zerspantechnik ... 327

11.1 Drehen und Grundbegriffe der Zerspantechnik ... 327
11.1.1 Bewegungen, Kräfte, Schnittgrößen und Spanungsgrößen ... 327
11.1.2 Richtwerte für die Schnittgeschwindigkeit v_c beim Drehen ... 331
11.1.3 Werkzeugwinkel ... 332
11.1.4 Zerspankräfte ... 334
11.1.5 Richtwerte für die spezifische Schnittkraft k_c beim Drehen ... 336
11.1.6 Leistungsbedarf ... 337
11.1.7 Standverhalten ... 338
11.1.8 Hauptnutzungszeit ... 339
11.2 Fräsen ... 343
11.2.1 Schnittgrößen und Spanungsgrößen ... 343
11.2.2 Geschwindigkeiten ... 345
11.2.3 Werkzeugwinkel ... 346
11.2.4 Zerspankräfte ... 348
11.2.5 Leistungsbedarf ... 350
11.2.6 Hauptnutzungszeit ... 350
11.3 Bohren ... 353
11.3.1 Schnittgrößen und Spanungsgrößen ... 353
11.3.2 Geschwindigkeiten ... 354
11.3.3 Richtwerte für die Schnittgeschwindigkeit v_c und den Vorschub f beim Bohren ... 356
11.3.4 Richtwerte für spezifische Schnittkraft k_c beim Bohren ... 357
11.3.5 Werkzeugwinkel ... 358
11.3.6 Zerspankräfte ... 360
11.3.7 Leistungsbedarf ... 361
11.3.8 Hauptnutzungszeit ... 362

1.1 Mathematische Zeichen (nach DIN 1302)

Zeichen	Bedeutung
$\sim$	proportional, ähnlich, asymptotisch gleich (sich $\to \infty$ angleichend), gleichmächtig
$\approx$	ungefähr gleich
$\cong$	kongruent
$\hat{=}$	entspricht
$\neq$	ungleich
$<$	kleiner als
$\leq$	kleiner als oder gleich
$>$	größer als
$\geq$	größer als oder gleich
∞	unendlich
$\parallel$	parallel
$\nparallel$	nicht parallel
#	parallelgleich: parallel und gleich lang
$\perp$	orthogonal zu
$\to$	gegen (bei Grenzübergang), zugeordnet
$\Rightarrow$	aus... folgt...
$\Leftrightarrow$	äquivalent (gleichwertig); aus... folgt... und umgekehrt
$\wedge$	und, sowohl... als auch...
$\vee$	oder; das eine oder das andere oder beides (also nicht: entweder... oder...)
$\lvert x \rvert$	Betrag von x, Absolutwert
$\{x \mid ...\}$	Menge aller x, für die gilt...
$\{a, b, c\}$	Menge aus den Elementen a, b, c; beliebige Reihenfolge der Elemente
(a, b)	Paar mit den geordneten Elementen (Komponenten) a und b; vorgeschriebene Reihenfolge
(a,b,c)	Tripel mit den geordneten Elementen (Komponenten) a, b und c; vorgeschriebene Reihenfolge
AB	Gerade AB; geht durch die Punkte A und B
$\overline{AB}$	Strecke AB
$\lvert \overline{AB} \rvert$	Betrag (Länge) der Strecke AB
(A, B)	Pfeil AB
$\overrightarrow{AB}$	Vektor AB; Menge aller zu (A, B) parallelgleichen Pfeile
$\in$	Element von
$\notin$	nicht Element von
$\mid$	teilt; $n \mid m$: natürliche Zahl n teilt natürliche Zahl m ohne Rest
$\nmid$	nicht teilt; $n \nmid m$: m ist nicht Vielfaches von n
$\mathbb{N}$	$= \{0, 1, 2, 3, ...\}$ Menge der natürlichen Zahlen mit Null
$\mathbb{N}^*$	$= \{1, 2, 3, ...\}$ Menge der natürlichen Zahlen ohne Null
$\mathbb{Z}$	$= \{..., -3, -2, -1, 0, 1, 2, 3, ...\}$ Menge der ganzen Zahlen
$\mathbb{Z}^*$	$= \{-3, -2, -1, 1, 2, 3, ...\}$ Menge der ganzen Zahlen ohne Null
$\mathbb{Q}$	$= \left\{\frac{n}{m} \mid n \in \mathbb{Z} \wedge m \in \mathbb{N}^*\right\}$ Menge der rationalen Zahlen (Bruchzahlen)
$\mathbb{Q}^*$	$= \left\{\frac{n}{m} \mid n \in Z^* \wedge m \in \mathbb{N}^*\right\}$ Menge der rationalen Zahlen ohne Null
$\mathbb{R}$	Menge der reellen Zahlen
$\mathbb{R}^*$	Menge $\mathbb{R}$ ohne Null
$\mathbb{C}$	Menge der komplexen Zahlen
$n!$	$= 1 \cdot 2 \cdot 3 \cdot \ldots \cdot n$, n Fakultät
$\binom{n}{k}$	$\frac{n(n-1)(n-2)\ldots(n-k+1)}{k!}$ gelesen: n über k; $k \leq n$; binomischer Koeffizient
$[a; b]$	$= a \ldots b$; geschlossenes Intervall von a bis b, d. h. a und b eingeschlossen: $= \{x \mid a \leq x \leq b\}$
$]a; b[$	$= \{x \mid a < x < b\}$; offenes Intervall von a bis b, d. h. ohne die Grenzen a und b
$]a; b]$	$= \{x \mid a < x \leq b\}$; halboffenes Intervall, a ausgeschlossen, b eingeschlossen
lim	Limes, Grenzwert
log	Logarithmus, beliebige Basis
$\log_a$	Logarithmus zur Basis a
$\lg x$	$= \log_{10} x$ Zehnerlogarithmus
$\ln x$	$= \log_e x$ natürlicher Logarithmus
Δx	Delta x, Differenz von zwei x-Werten, z. B. $x_2 - x_1$

dx	Differenzial von x, symbolischer Grenzwert von Δx bei $\Delta x \to 0$
$\frac{dy}{dx}$	dy nach dx, Differenzialquotient $y' = f'(x)$, $y'' = f''(x)$, ... Abkürzungen für $\frac{df(x)}{dx}, \frac{d^2f(x)}{dx^2} = \frac{d}{dx}\left(\frac{df(x)}{dx}\right), \ldots$ erste, zweite,... Ableitung; Differenzialquotient erster, zweiter, ... Ordnung
$\sum_{v=1}^{n} a_v$	$= a_1 + a_2 + \ldots + a_n$, Summe
$\int \ldots dx$	unbestimmtes Integral, Umkehrung des Differenzialquotienten
$\int_a^b f(x)dx = [F(x)]_a^b = F(b) - F(a)$	mit $F'(x) = f(x)$, bestimmtes Integral

1.2 Griechisches Alphabet

α	A	Alpha	ι	J	Jota	ϱ	P	Rho
β	B	Beta	κ	K	Kappa	σ	Σ	Sigma
γ	Γ	Gamma	λ	Λ	Lamda	τ	T	Tau
δ	Δ	Delta	μ	M	My	υ	Y	Ypsilon
ε	E	Epsilon	ν	N	Ny	φ	Φ	Phi
ζ	Z	Zeta	ξ	Ξ	Xi	χ	X	Chi
η	H	Eta	o	O	Omikron	ψ	Ψ	Psi
ϑ	Θ	Theta	π	Π	Pi	ω	Ω	Omega

1.3 Häufig gebrauchte Konstanten

$\sqrt{2}$	= 1,4142 2	$\sqrt{e}$	= 1,6487 21	$1 : \pi^2$	= 0,1013 21
$\sqrt{3}$	= 1,7320 5	$\sqrt[3]{e}$	= 1,3956 12	$\sqrt{1 : \pi}$	= 0,5641 90
π	= 3,1415 93	$e^{\pi/2}$	= 4,8104 77	$\sqrt{1 : 2\pi}$	= 0,3989 42
2π	= 6,2831 85	e^{π}	= 23,1406 93	$\sqrt{2 : \pi}$	= 0,7978 85
3π	= 9,4247 78	$e^{2\pi}$	= 535,4916 56	$\sqrt[3]{1 : \pi}$	= 0,6827 84
4π	= 12,5663 71	$M = \lg e$	= 0,4342 94	$1 : e$	= 0,3678 79
$\pi : 2$	= 1,5707 96	g	= 9,81 m/s²	$1 : e^2$	= 0,1353 35
$\pi : 3$	= 1,0471 98	g^2	= 96,2361	$\sqrt{1 : e}$	= 0,6065 31
$\pi : 4$	= 0,7853 98	$\sqrt{g}$	= 3,13209	$\sqrt[3]{1 : e}$	= 0,7165 32
$\pi : 180$	= 0,0174 53	$\sqrt{2g}$	= 4,42945	$e^{-\pi/2}$	= 0,2078 80
π^2	= 9,8696 04	$1 : \pi$	= 0,3183 10	$e^{-\pi}$	= 0,043214
$\sqrt{\pi}$	= 1,7724 54	$1 : 2\pi$	= 0,1591 55	$e^{-2\pi}$	= 0,0018 67
$\sqrt{2\pi}$	= 2,5066 28	$1 : 3\pi$	= 0,1061 03	$1 : M = \ln 10$	= 2,3025 85
$\sqrt{\pi : 2}$	= 1,2533 14	$1 : 4\pi$	= 0,0795 77	$1 : g$	= 0,10194
$\sqrt[3]{\pi}$	= 1,4645 92	$2 : \pi$	= 0,6366 20	$1 : 2g$	= 0,050968
e	= 2,7182 82	$3 : \pi$	= 0,9549 30	$\pi\sqrt{g}$	= 9,83976
e^2	= 7,3890 56	$4 : \pi$	= 1,2732 40	$\pi\sqrt{2g}$	= 13,91552
		$180 : \pi$	= 57,2957 80		

1.4 Multiplikation, Division, Klammern, Binomische Formeln, Mittelwerte

Produkt $n \cdot a$

$n \cdot a = \underbrace{a + a + a + \ldots + a}_{n \text{ Summanden}}$ n, a Faktoren

Vorzeichenregeln

$(+a)(+b) = ab \qquad (+a)(-b) = -ab$

$(-a)(+b) = -ab \qquad (-a)(-b) = ab$

$(+a):(+b) = a/b \qquad (+a):(-b) = -a/b$

$(-a):(+b) = -a/b \qquad (-a):(-b) = a/b$

Rechnen mit Null

$a \cdot b = 0$ heißt $a = 0$ oder $b = 0$; $0 \cdot a = 0$; $0 : a = 0$

Multiplizieren von Summen

$(a+b)(c+d) = ac + ad + bc + bd$

Quotient

$a = b/n = b : n$; $n \neq 0$; b Dividend; n Divisor
Division durch 0 gibt es nicht

Brüche

$\frac{a}{b} \cdot \frac{c}{d} = \frac{ac}{bd}$ Brüche werden multipliziert, indem man ihre Zähler und ihre Nenner multipliziert.

$\frac{a}{b} : \frac{c}{d} = \frac{ad}{bc}$ Brüche werden dividiert, indem man mit dem Kehrwert des Divisors multipliziert.

$\frac{a}{d} + \frac{b}{d} - \frac{c}{d} = \frac{a+b-c}{d}; \quad \frac{a+b}{c} = \frac{a}{c} + \frac{b}{c}$

$\frac{a}{mx} + \frac{b}{nx} - \frac{c}{px} = \frac{anp + bmp - cmn}{mnpx}$

$m\,n\,p\,x$ Hauptnenner

Klammerregeln

$a + (b - c) = a + b - c$

$a - (b + c) = a - b - c$

$a - (b - c) = a - b + c$

Steht ein Minuszeichen vor der Klammer, sind beim Weglassen der Klammer die Vorzeichen aller in der Klammer stehenden Summanden umzukehren.

Binomische Formeln, Polynome

$(a+b)^2 = (a+b)(a+b) = a^2 + 2ab + b^2$

$(a-b)^2 = (a-b)(a-b) = a^2 - 2ab + b^2$

$a^2 - b^2 = (a+b)(a-b)$

$(a+b+c)^2 = a^2 + b^2 + c^2 + 2ab + 2ac + 2bc$

$(a \pm b)^3 = a^3 \pm 3a^2b + 3ab^2 \pm b^3$

$a^3 + b^3 = (a+b)(a^2 - ab + b^2)$

$a^3 - b^3 = (a-b)(a^2 + ab + b^2)$

$$(a+b)^n = a^n + \frac{n}{1}a^{n-1}b + \frac{n(n-1)}{1 \cdot 2}a^{n-2}b^2 + \frac{n(n-1)(n-2)}{1 \cdot 2 \cdot 3}a^{n-3}b^3 + \ldots + b^n$$

arithmetisches Mittel	$x_a = \frac{x_1 + x_2 + ... + x_n}{n}$	z. B. $x_a = \frac{2+3+6}{3} = 3{,}67$
geometrisches Mittel	$x_g = \sqrt[n]{x_1 \cdot x_2 ... x_n}$	z. B. $x_g = \sqrt[3]{2 \cdot 3 \cdot 6} = \sqrt[3]{36} = 3{,}3$
harmonisches Mittel	$x_h = \frac{1}{\frac{1}{n}\left(\frac{1}{x_1} + \frac{1}{x_2} + ... + \frac{1}{x_n}\right)}$	z. B. $x_h = \frac{1}{\frac{1}{3}\left(\frac{1}{2} + \frac{1}{3} + \frac{1}{6}\right)} = 3{,}0$
Beziehung zwischen x_a, x_g, x_h	$x_a \geqq x_g \geqq x_h$; Gleichheitszeichen nur bei $x_1 = x_2 = ... = x_n$	

1.5 Potenzrechnung (Potenzieren)

Definition (*a* Basis, *n* Exponent, *c* Potenz)	$\underbrace{a \cdot a \cdot a \cdot ... \cdot a}_{n \text{ Faktoren}} = a^n = c$	$3 \cdot 3 \cdot 3 \cdot 3 = 3^4 = 81$
Potenzen mit Basis *a* = (–1) *n* ist ganze Zahl	$\left.\begin{matrix}(-1)^0 \\ (-1)^2 \\ (-1)^4 \\ (-1)^{2n}\end{matrix}\right\} = 1$	$\left.\begin{matrix}(-1)^1 \\ (-1)^3 \\ (-1)^5 \\ (-1)^{2n+1}\end{matrix}\right\} = -1$
erste und nullte Potenz	$a^1 = a$; $a^0 = 1$	$7^1 = 7$; $7^0 = 1$
negativer Exponent	$a^{-n} = \frac{1}{a^n}$; $a^{-1} = \frac{1}{a}$	$7^{-2} = \frac{1}{7^2}$; $7^{-1} = \frac{1}{7}$
erst potenzieren, dann multiplizieren	$b\,a^n = b \cdot a^n = b \cdot (a^n)$	$6 \cdot 3^4 = 6 \cdot 3 \cdot 3 \cdot 3 \cdot 3 = 6 \cdot (3^4) = 486$ aber: $(6 \cdot 3)^4 = 18^4 = 104976$
Addition und Subtraktion	$p\,a^n + q\,a^n = (p + q)\,a^n$	$2 \cdot 3^4 + 5 \cdot 3^4 = 7 \cdot 3^4$
Multiplikation und Division bei gleicher Basis	$a^n \cdot a^m = a^{n+m}$ $\frac{a^n}{a^m} = a^{n-m}$	$3^2 \cdot 3^3 = 3^{2+3} = 3^5 = 243$ $\frac{3^5}{3^2} = 3^{5-2} = 3^3 = 27$
Multiplikation und Division bei gleichem Exponenten	$a^n \cdot b^n = (ab)^n$ $\frac{a^n}{b^n} = \left(\frac{a}{b}\right)^n$	$2^3 \cdot 4^3 = (2 \cdot 4)^3$ $\frac{2^3}{4^3} = \left(\frac{2}{4}\right)^3 = (0{,}5)^3$
Potenzieren von Produkten und Quotienten	$(ab)^n = a^n \cdot b^n$ $\left(\frac{a}{b}\right)^n = \frac{a^n}{b^n}$	$(2 \cdot 3)^4 = 2^4 \cdot 3^4$ $\left(\frac{2}{3}\right)^4 = \frac{2^4}{3^4}$
Potenzieren einer Potenz	$(a^n)^m = a^{nm} = a^{mn}$	$(2^3)^4 = 2^{3 \cdot 4} = 2^{12} = 2^{4 \cdot 3}$
gebrochene Exponenten	$a^{1/n} \cdot b^{1/n} = (ab)^{1/n} = \sqrt[n]{ab}$ $(a^{1/m})^{1/n} = a^{1/mn} = \sqrt[mn]{a}$	$a^{1/n} : b^{1/n} = \left(\frac{a}{b}\right)^{1/n} = \sqrt[n]{\frac{a}{b}}$ $(a^{1/n})^m = a^{m/n} = (a^m)^{1/n} = \sqrt[n]{a^m}$

Zehnerpotenzen	$10^0 = 1$	10^6 ist 1 Million	$10^{-1} = 0{,}1$
	$10^1 = 10$	10^9 ist 1 Milliarde	$10^{-2} = 0{,}01$
	$10^2 = 100$	10^{12} ist 1 Billion	$10^{-3} = 0{,}001$
	$10^3 = 1000$	10^{15} ist 1 Billiarde usw.	

1.6 Wurzelrechnung (Radizieren)

Definition
(c Radikand, n Wurzelexponent, a Wurzel)

$\sqrt[n]{c} = a \rightarrow a^n = c$ $\quad$ $\sqrt[4]{81} = 3 \rightarrow 3^4 = 81$

$a \geq 0$ und $c \geq 0$

$\sqrt{\ }$ immer positiv

Wurzeln sind Potenzen mit gebrochenen Exponenten, es gelten die Regeln der Potenzrechnung

$\sqrt[n]{c} = c^{1/n}$ $\quad$ $\sqrt[4]{81} = 81^{1/4} = 3$

$$\sqrt[-n]{c} = c^{-1/n} = \frac{1}{c^{1/n}} = \frac{1}{\sqrt[n]{c}} = \sqrt[n]{\frac{1}{c}} = \sqrt[n]{c^{-1}}$$

Addition und Subtraktion

$p\sqrt[n]{c} + q\sqrt[n]{c} = (p+q)\sqrt[n]{c}$ $\quad$ $3 \cdot \sqrt[4]{7} + 2 \cdot \sqrt[4]{7} = 5 \cdot \sqrt[4]{7}$

Multiplikation

$\sqrt[n]{c} \cdot \sqrt[n]{d} = \sqrt[n]{c \cdot d}$ $\quad$ $\sqrt[4]{5} \cdot \sqrt[4]{7} = \sqrt[4]{35}$

Division

$\sqrt[n]{c} : \sqrt[n]{d} = \sqrt[n]{\dfrac{c}{d}}$ $\quad$ $\sqrt[4]{5} : \sqrt[4]{7} = \sqrt[4]{\dfrac{5}{7}}$

Wurzel aus Produkt und Quotient

$\sqrt[n]{c\,d} = \sqrt[n]{c} \cdot \sqrt[n]{d}$ $\quad$ $\sqrt{4 \cdot 9} = \sqrt{4} \cdot \sqrt{9} = 2 \cdot 3 = 6 = \sqrt{36}$

$\sqrt[n]{c/d} = \sqrt[n]{c} : \sqrt[n]{d}$ $\quad$ $\sqrt{\dfrac{4}{9}} = \sqrt{4} : \sqrt{9} = \dfrac{2}{3}$

Wurzel aus Wurzel

$\sqrt[n]{\sqrt[m]{c}} = \sqrt[m]{\sqrt[n]{c}} = \sqrt[mn]{c}$ $\quad$ $\sqrt[3]{\sqrt[2]{64}} = \sqrt[2]{\sqrt[3]{64}} = \sqrt[6]{64} = 2$

Potenzieren einer Wurzel

$\left(\sqrt[n]{c}\right)^m = \sqrt[n]{c^m}$ $\quad$ $\left(\sqrt[3]{8}\right)^2 = \sqrt[3]{8^2} = \sqrt[3]{64} = 4$

Wurzel aus Potenz

$\sqrt[n]{c^m} = \left(\sqrt[n]{c}\right)^m$ $\quad$ $\sqrt[3]{8^2} = \left(\sqrt[3]{8}\right)^2 = 2^2 = 4$

Kürzen von Wurzel- und Potenzexponent

$\sqrt[np]{c^{nq}} = \left(\sqrt[np]{c}\right)^{nq} = \sqrt[p]{c^q} = \left(\sqrt[p]{c}\right)^q$ $\quad$ $\sqrt[2\cdot 3]{8^{2\cdot 4}} = \left(\sqrt[2\cdot 3]{8}\right)^{2\cdot 4} = \left(\sqrt[3]{8}\right)^4 = 16$

Erweitern der Wurzel

$c \cdot \sqrt{c} = \sqrt{c^2 \cdot c} = \sqrt{c^3}$ $\quad$ $4\sqrt{4} = \sqrt{4^2 \cdot 4} = \sqrt{4^3} = \sqrt{64} = 8$

$\dfrac{1}{c}\sqrt{c^2+1} = \sqrt{1+\dfrac{1}{c^2}}$

teilweises Wurzelziehen

$\sqrt{c^3} = \sqrt{c^2 \cdot c} = c \cdot \sqrt{c}$ $\quad$ $\sqrt[3]{5 \cdot c^3} = c \cdot \sqrt[3]{5}$

Rationalmachen des Nenners

$$\frac{a}{\sqrt[3]{a}} = \frac{a \cdot \sqrt[3]{a^2}}{\sqrt[3]{a} \cdot \sqrt[3]{a^2}} = \frac{a \cdot \sqrt[3]{a^2}}{a} = \sqrt[3]{a^2}$$

$$\frac{a}{b+\sqrt{c}} = \frac{a(b-\sqrt{c})}{(b+\sqrt{c})(b-\sqrt{c})} = \frac{a(b-\sqrt{c})}{b^2-c}$$

1.7 Logarithmen

Definition (*c* Numerus, *a* Basis, *n* Logarithmus)

Logarithmus *c* zur Basis *a* ist diejenige Zahl *n*, mit der man *a* potenzieren muss, um *c* zu erhalten.

$\log_a c = n \qquad a^n = c$

$\log_3 243 = 5 \qquad 3^5 = 243$

„Logarithmus 243 zur Basis drei gleich fünf"

Logarithmensysteme

Dekadische (Briggs'sche) Logarithmen, Basis $a = 10$: $\log_{10} c = \lg c = n$, wenn $10^n = c$.

Natürliche Logarithmen, Basis $a = e = 2{,}71828\ \ldots$: $\log_e c = \ln c = n$, wenn $e^n = c$.

spezielle Fälle

$a^{\log_a c} = c$	$10^{\lg c} = c$	$e^{\ln c} = c$	
$\log_a(a^n) = n$	$\lg 10^n = n$	$\ln e^n = n$	
$\log_a a = 1$	$\lg 10 = 1$	$\ln e = 1$	$\ln \frac{1}{e} = -1$
$\log_a 1 = 0$	$\lg 1 = 0$	$\ln 1 = 0$	

Logarithmengesetze (als dekadische Logarithmen geschrieben)

$\lg(xy) = \lg x + \lg y \qquad \lg(10 \cdot 100) = \lg 10 + \lg 100 = 1 + 2 = 3$

$\lg\left(\frac{x}{y}\right) = \lg x - \lg y \qquad \lg\left(\frac{10}{100}\right) = \lg 10 - \lg 100 = 1 - 2 = -1$

$\log x^n = n \lg x \qquad \lg 10^{100} = 100 \lg 10 = 100$

$\lg \sqrt[n]{x} = \frac{1}{n} \lg x \qquad \lg \sqrt[100]{10} = \frac{1}{100} \lg 10 = \frac{1}{100}$

Beziehungen zwischen dekadischen und natürlichen Logarithmen

$$\ln x = \ln 10 \cdot \lg x = \frac{\lg x}{\lg e} = 2{,}30259 \lg x$$

$$\lg x = \lg e \cdot \ln x = \frac{\ln x}{\ln 10} = 0{,}43429 \ln x$$

Kennziffern der dekadischen Logarithmen

$\lg 1 = 0$	$\lg 0{,}1 = -1$
$\lg 10 = 1$	$\lg 0{,}01 = -2$
$\lg 100 = 2$	$\lg 0{,}001 = -3$ usw.
$\lg 1000 = 3$ usw.	
$\lg \infty = \infty$	$\lg 0 = -\infty$

***n* natürliche Zahl**

$\lg 10^n = n \qquad \lg 10^{-n} = -n$

Lösen von Exponentialgleichungen

$$a^x = b \qquad 10^x = 1000$$

$$x \lg a = \lg b \qquad x \lg 10 = \lg 1000$$

$$x = \frac{\lg b}{\lg a} \qquad x = \frac{\lg 1000}{\lg 10} = \frac{3}{1} = 3$$

Exponentialfunktion und logarithmische Funktion

$y = e^x \xleftrightarrow{\text{Umkehrfunktion}} y = \ln x$

$y = 10^x \xleftrightarrow{\text{Umkehrfunktion}} y = \lg x$

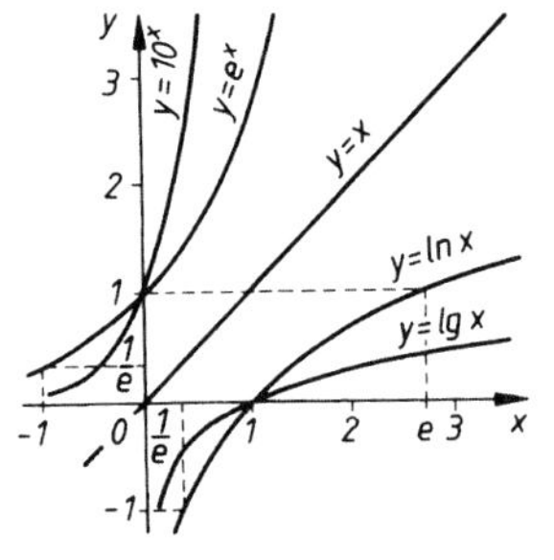

1.8 Komplexe Zahlen

imaginäre Einheit i und Definition

$i = \sqrt{-1}$ also auch: $i^3 = -i$; $i^4 = 1$; $i^5 = i$ usw.

$i^2 = -1$ bzw. $i^{-1} = 1/i = -i$; $i^{-2} = -1$

$i^{-3} = i$; $i^{-4} = 1$; $i^{-5} = -i$ usw.

allgemein: $i^{4n+m} = i^m$

rein imaginäre Zahl

ist darstellbar als Produkt einer reellen Zahl mit der imaginären Einheit

z. B.: $\sqrt{-4} == \sqrt{4}\sqrt{-1} = 2i$

komplexe Zahl *z*

ist die Summe aus einer reellen Zahl *a* und einer imaginären Zahl *b* i (*a*, *b* reell):

***a* Realteil**
***b* Imaginärteil**

$z = a + b\,i$ $\quad \left.\begin{matrix} z = a - bi \\ z = a + bi \end{matrix}\right\}$ konjugiert komplexes Zahlenpaar

goniometrische Darstellung der komplexen Zahl

$z = a + b\,i = r(\cos\varphi + i\sin\varphi) = r\,e^{i\varphi}$

$r = \sqrt{a^2 + b^2} = |z|$ absoluter Betrag oder Modul

$\tan\varphi = \frac{b}{a}$; φ Argument

$a = r\cos\varphi$; $b = r\sin\varphi$

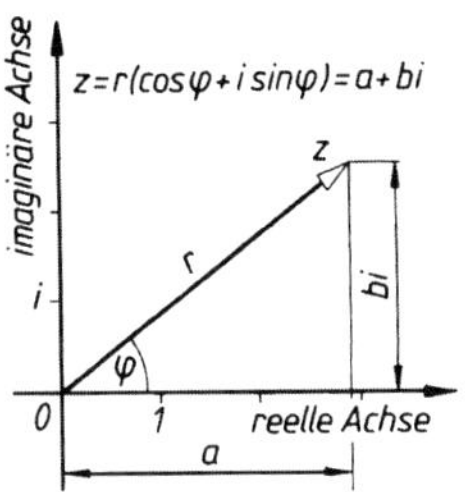

Darstellungsbeispiel

$z = 3 + 4\,i = 5(\cos 53°\,8' + i\sin 53°\,8')$
$= 5(0{,}6 + 0{,}8\,i)$

Addition und Subtraktion

$z_1 + z_2 = (a_1 + b_1 i) + (a_2 + b_2 i) = (a_1 + a_2) + (b_1 + b_2)i$

$z_1 - z_2 = (a_1 + b_1 i) - (a_2 + b_2 i) = (a_1 - a_2) + (b_1 - b_2)i$

Beispiel: $(3 + 4\,i) - (5 - 2\,i) = -2 + 6\,i$

Multiplikation

$z_1 \cdot z_2 = (a_1 + b_1 i)\cdot(a_2 + b_2 i) = (a_1 a_2 - b_1 b_2) + i(b_1 a_2 + b_2 a_1)$

$(3 + 4i)\cdot(5 - 2i) = 23 + 14\,i$

z_1, z_2 sind konjugiert komplex

$z_1 \cdot z_2 = (a_1 + b_1 i)\cdot(a_1 - b_1 \cdot i) = a^2 + b^2 =$
$= (3 + 4i)\cdot(3 - 4i) = 25$

z_1, z_2 in goniometrischer Darstellung

$z_1 \cdot z_2 = r_1(\cos\varphi_1 + i\sin\varphi_1)\cdot r_2(\cos\varphi_2 + i\sin\varphi_2) =$
$= r_1 r_2[\cos(\varphi_1 + \varphi_2) + i\sin(\varphi_1 + \varphi_2)]$

$5(\cos 30° + i\sin 30°)\cdot 13(\cos 60° + i\sin 60°) =$
$= 65(\cos 90° + i\sin 90°) = 65\,i$

z_1, z_2 in Exponentialform

$z_1 \cdot z_2 = r_1 e^{i\varphi_1}\cdot r_2 e^{i\varphi_2} = r_1 r_2 e^{i(\varphi_1 + \varphi_2)} =$
$= 3e^{i\,25°}\cdot 5e^{i\,30°} = 15e^{i\,55°}$

Division

$$\frac{z_1}{z_2} = \frac{a_1 + b_1 i}{a_2 + b_2 i} = \frac{(a_1 + b_1 i)(a_2 - b_2 i)}{(a_2 + b_2 i)(a_2 - b_2 i)} =$$

$$= \frac{a_1 a_2 + b_1 b_2}{a_2^2 + b_2^2} + \frac{a_2 b_1 - a_1 b_2}{a_2^2 + b_2^2} i$$

$$\frac{(3 + 4i)}{(5 - 2i)} = \frac{(3 + 4i)(5 + 2i)}{(5 - 2i)(5 + 2i)} = \frac{7}{29} + \frac{26}{29} i$$

z_1, z_2 in goniometrischer Darstellung

$$\frac{z_1}{z_2}=\frac{r_1(\cos\varphi_1+\mathrm{i}\sin\varphi_1)}{r_2(\cos\varphi_2+\mathrm{i}\sin\varphi_2)}=\frac{r_1}{r_2}[\cos(\varphi_1-\varphi_2)+\mathrm{i}\sin(\varphi_1-\varphi_2)]$$

z_1, z_2 in Exponentialform

$$\frac{z_1}{z_2}=\frac{r_1 e^{\mathrm{i}\varphi_1}}{r_2 e^{\mathrm{i}\varphi_2}}=\frac{r_1}{r_2}e^{\mathrm{i}(\varphi_1-\varphi_2)}=\frac{3e^{\mathrm{i}\,25^\circ}}{5e^{\mathrm{i}\,30^\circ}}=\frac{3}{5}e^{-\mathrm{i}\,5^\circ}$$

Potenzieren mit einer natürlichen Zahl

durch wiederholtes Multiplizieren mit sich selbst:

$(a + b\,\mathrm{i})^3 = (a^3 - 3\,a\,b^2) + (3\,a^2b - b^3)\,\mathrm{i}$
$(4 + 3\,\mathrm{i})^3 = \quad -44 \quad + \quad 117\,\mathrm{i}$

Potenzieren (radizieren) mit beliebigen reellen Zahlen (nur in goniometrischer Darstellung möglich)

man potenziert (radiziert) den Modul und multipliziert (dividiert) das Argument mit dem Exponenten (durch den Wurzelexponenten):

$$(a+b\mathrm{i})^n=[r(\cos\varphi+\mathrm{i}\sin\varphi)^n]=r^n(\cos n\,\varphi+\mathrm{i}\sin n\,\varphi)$$

$$\sqrt[n]{a+b\mathrm{i}}=\sqrt[n]{r(\cos\varphi+\mathrm{i}\sin\varphi)}=\sqrt[n]{r}\left(\cos\frac{\varphi}{n}+\mathrm{i}\sin\frac{\varphi}{n}\right)$$

$(4 + 3\,\mathrm{i})^3 = [5\,(\cos 36{,}87^\circ + \mathrm{i}\sin 36{,}87^\circ)]^3$
$= 125\,(\cos 110{,}61^\circ + \mathrm{i}\sin 110{,}619)$
$= 125\,(-\cos 69{,}39^\circ + \mathrm{i}\sin 69{,}39^\circ)$
$= 125\,(-0{,}3520 + 0{,}9360\,\mathrm{i})$
$= -44{,}00 + 117{,}00\,\mathrm{i}$

Ist der Wurzelexponent *n* eine natürliche Zahl, gibt es genau *n* Lösungen, z. B. bei $\sqrt[3]{1}$

$w_1 = \sqrt[3]{1(\cos 0^\circ + \mathrm{i}\sin 0^\circ)} = 1$

$w_2 = \sqrt[3]{1(\cos 360^\circ + \mathrm{i}\sin 360^\circ)} = 1(\cos 120^\circ + \mathrm{i}\sin 120^\circ) = -\frac{1}{2}+\frac{\mathrm{i}}{2}\sqrt{3}$

$w_3 = \sqrt[3]{1(\cos 720^\circ + \mathrm{i}\sin 720^\circ)} = 1(\cos 240^\circ + \mathrm{i}\sin 240^\circ) = -\frac{1}{2}-\frac{\mathrm{i}}{2}\sqrt{3}$

Exponentialform der komplexen Zahl

$e^{\mathrm{i}\,\varphi} = \cos\varphi + \mathrm{i}\sin\varphi$

$e^{-\mathrm{i}\,\varphi} = \cos\varphi - \mathrm{i}\sin\varphi = \dfrac{1}{\cos\varphi + \mathrm{i}\sin\varphi}$

$|e^{-\mathrm{i}\,\varphi}| = \sqrt{\cos^2\varphi + \sin^2\varphi} = 1$

$\cos\varphi = \dfrac{e^{\mathrm{i}\varphi}+e^{-\mathrm{i}\varphi}}{2}$

$\sin\varphi = \dfrac{e^{\mathrm{i}\varphi}-e^{-\mathrm{i}\varphi}}{2\mathrm{i}}$

$\lg z = \ln r + \mathrm{i}\,(\varphi + 2\,\pi\,n)$

mit $n = 0, \pm 1, \pm 2 \ldots$ und φ in Bogemaß

1.9 Quadratische Gleichungen

Allgemeine Form

$a_2\,x^2 + a_1\,x + a_0 = 0 \; (a_2 \neq 0)$

Normalform

$$x^2+\frac{a_1}{a_2}x+\frac{a_0}{a_2}=x^2+px+q=0$$

Lösungsformel

$$x_{1,2}=-\frac{p}{2}\pm\sqrt{\left(\frac{p}{2}\right)^2-q}$$

Die Lösungen x_1, x_2 sind

a) beide verschieden und reell, wenn der Wurzelwert positiv ist
b) beide sind gleich und reell, wenn der Wurzelwert null ist
c) beide sind konjugiert komplex, wenn der Wurzelwert negativ ist.

Beispiel

$$\left.\begin{aligned}25x^2-70x+13&=0\\ x^2-\frac{70}{25}x+\frac{13}{25}&=0\end{aligned}\right\}\quad \begin{aligned}x_{1,2}&=+\frac{70}{50}\pm\sqrt{\left(\frac{70}{50}\right)^2-\frac{13}{25}}\\ x_1&=+\frac{7}{5}+\sqrt{\frac{49}{25}-\frac{13}{25}}=\frac{13}{5};\quad x_2=\frac{1}{5}\end{aligned}$$

Kontrolle der Lösungen (Viéta)

$x_1+x_2=-p$ Im Beispiel ist $p=-\frac{70}{25}$ und $q=\frac{13}{25}$, also

$$x_1+x_2=\frac{13}{5}+\frac{1}{5}=\frac{14}{5}=\frac{70}{25}=-p$$

$x_1\cdot x_2=q$

$$x_1\cdot x_2=\frac{13}{5}\cdot\frac{1}{5}=\frac{13}{25}=q$$

1.10 Wurzel-, Exponential-, Logarithmische und Goniometrische Gleichungen in Beispielen

Wurzelgleichungen:

a) $11-\sqrt{x+3}=6$

$\sqrt{x+3}=11-6$

$x+3=25$ $\quad x=22$

b) $2x-\sqrt{3+x}+5=0$

$\sqrt{3+x}=2x+5$

$3+x=4x^2+20x+25$

$x^2+\frac{19}{4}x+\frac{11}{2}=0$

$x_1=-2$ $\quad x_2=-\frac{11}{4}$

Nur x_1
ist Lösung der gegebenen Gleichung.

Logarithmische Gleichungen:

a) $\log_7(x^2+19)=3$

$x^2+19=7^3$ $\quad x_{1,2}=\pm 18$

b) $\log_3(x+4)=x$

$x+4=3^x$

Die Gleichung ist nicht geschlossen lösbar. Näherungslösung durch systematisches Probieren, z. B. mit Hilfe des programmierbaren Taschenrechners.

$x\approx 1{,}561919$

Exponentialgleichungen:

$2^x=5;\ x=\log_2 5=\log_{10}5:\log_{10}2=\frac{\lg 5}{\lg 2}$

$x=\frac{\lg 5}{\lg 2}=\frac{0{,}699}{0{,}301}=2{,}32$

Goniometrische Gleichungen:

a) $\sin x=\sin 75°$

$x=\text{arc }75°+2n\pi$ und

$x=\text{arc }(180°-75°)+2n\pi$ mit

$n=0\pm 1;\pm 2;\pm 3;\ldots$ oder

$x=\text{arc }(90°\pm 15°)+2n\pi$, also

$x=\frac{\pi}{2}\pm\frac{\pi}{12}+2n\pi$

b) $\sin^2 x+2\cos x=1{,}5$

Man setzt $\sin^2 x=1-\cos^2 x$ und erhält eine quadratische Gleichung für $\cos x$:

$1-\cos^2 x+2\cos x=1{,}5$

$\cos x_{1,2}=1\pm\sqrt{1-0{,}5}$

$\cos x_1=1+\frac{1}{2}\sqrt{2}$ $\quad$ scheidet aus, da $|\cos x|\leqq 1$

$\cos x_2=1-\frac{1}{2}\sqrt{2}\approx 0{,}293$

$x_2\approx 73{,}0°\approx 1{,}274$ rad ist Hauptwert

c) $\sin x+\cos x-0{,}9x=0$

Diese transzendente Gleichung ist nicht geschlossen lösbar. Näherungslösung durch Probieren (Interpolieren in der Nähe der Lösung), z. B. mit dem programmierbaren Taschenrechner.

$x=76°39'=1{,}3377$ rad ist näherungsweise die einzige reelle Lösung.

1.11 Graphische Darstellung der wichtigsten Relationen (schematisch)

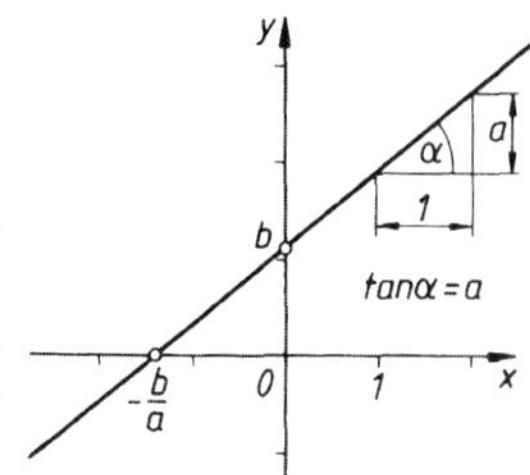

Gerade: $y = a\,x + b$

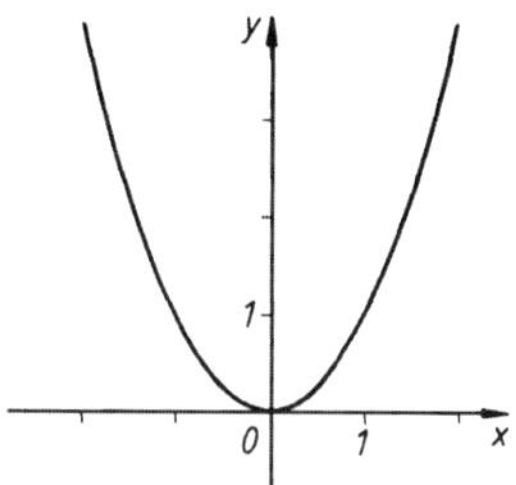

Parabel: $y = x^2$

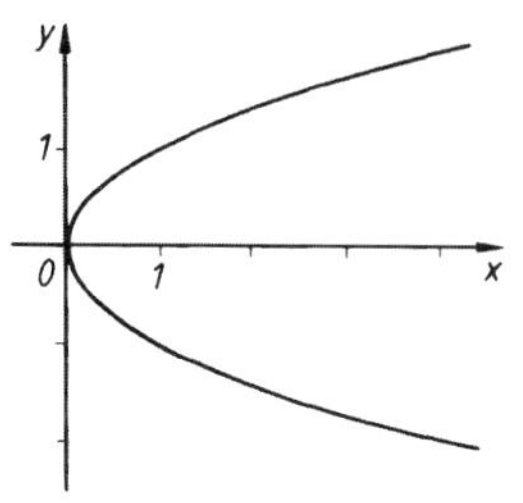

Parabel: $y = \pm\sqrt{x}$

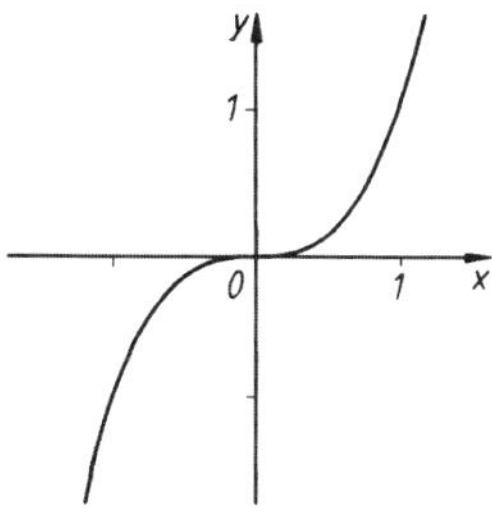

Kubische Parabel: $y = x^3$

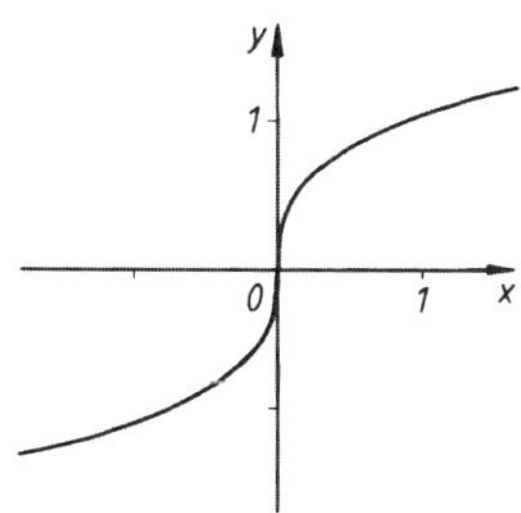

$y = \sqrt[3]{x}$

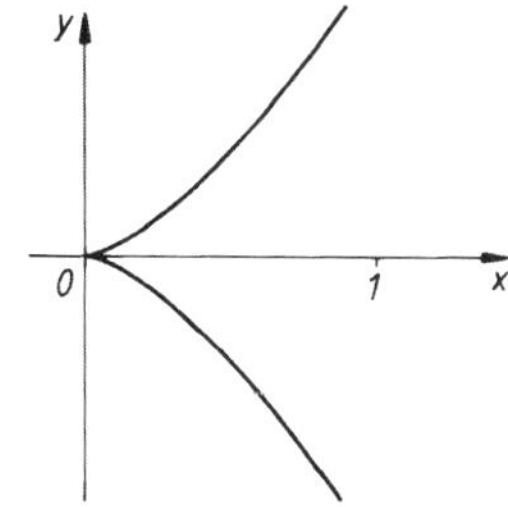

Semikubische Parabel:

$y = \pm x^{3/2} = \pm\sqrt{x^3}$

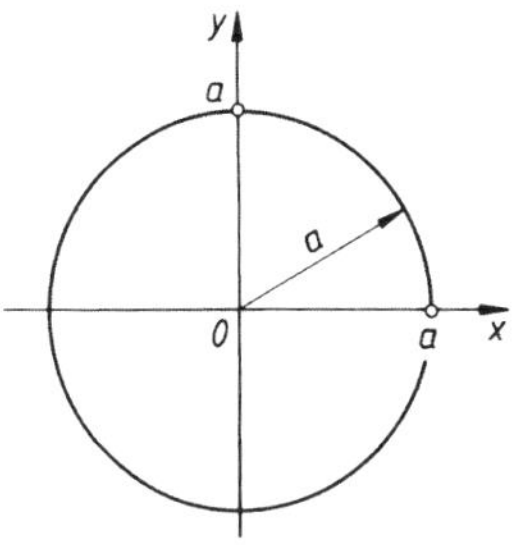

Kreis: $y = \pm\sqrt{a^2 - x^2}$

$x^2 + y^2 = a^2$

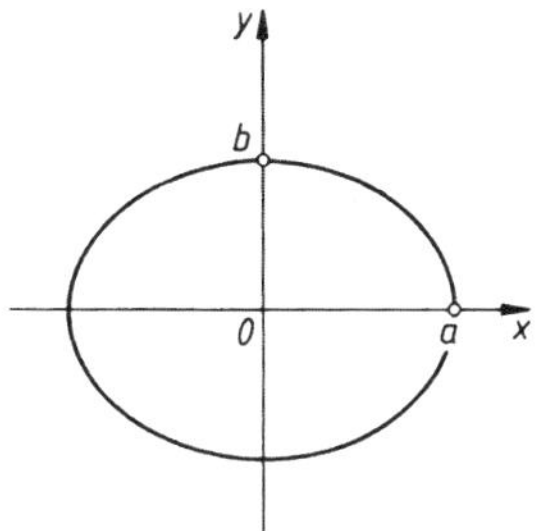

Ellipse: $y = \pm\frac{b}{a}\sqrt{a^2 - x^2}$

$\frac{x^2}{a^2} + \frac{y^2}{b^2} = 1$

y
$n = -\frac{1}{2}$ -1 -2 -10
$-\frac{1}{10}$
1
$-\frac{1}{10}$
$-\frac{1}{2}$
-1
-2
-10
0
1
x

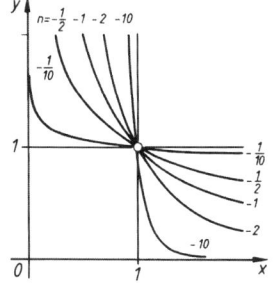

Potenzfunktionen:
$y = x^n$ für $n < 0$
und $x > 0$

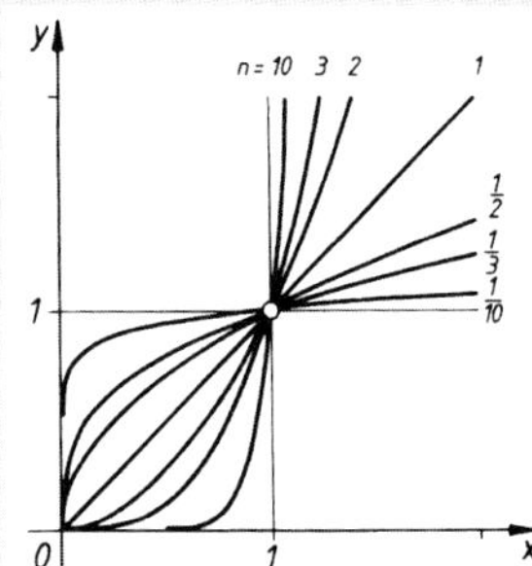

Potenzfunktionen:
$y = x^n$ für $n > 0$ und $x > 0$

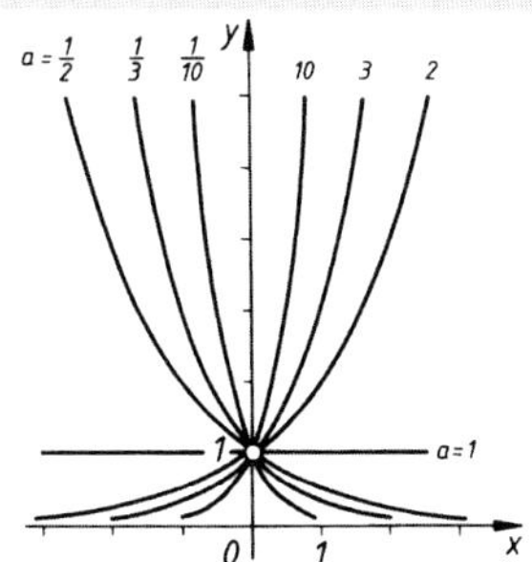

Exponentialfunktionen:
$y = a^x$ für $a > 0$

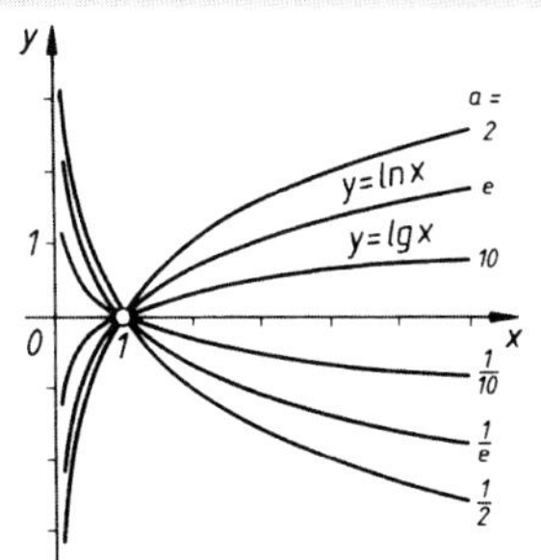

Logarithmische Funktionen:
$y = \log_a x$ für $a > 0$ und $x > 0$

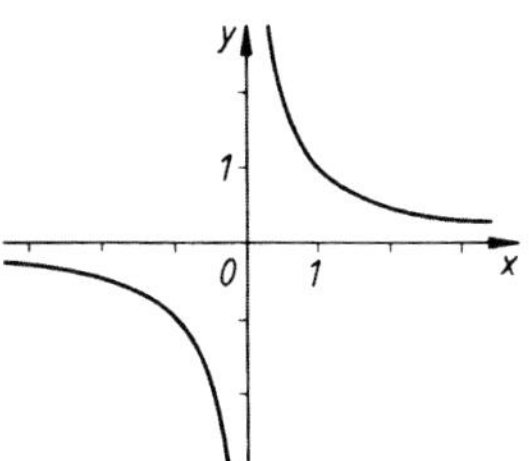

Hyperbel: $y = \dfrac{1}{x}$

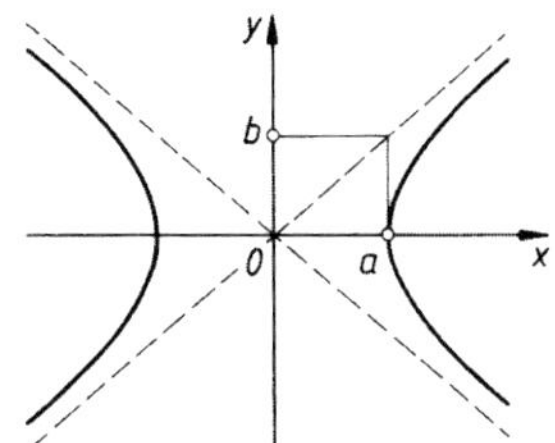

Hyperbel: $y = \pm\dfrac{b}{a}\sqrt{x^2 - a^2}$

$$\frac{x^2}{a^2} - \frac{y^2}{b^2} = 1$$

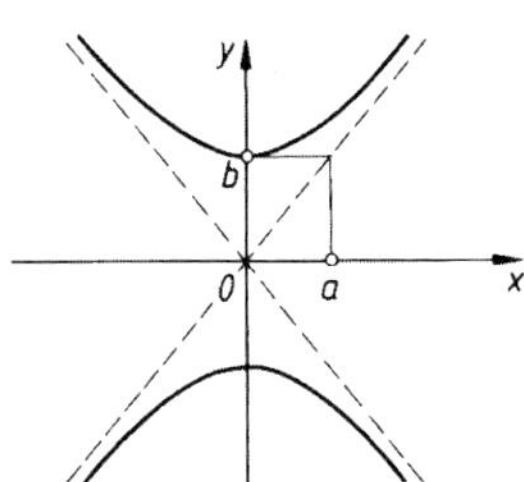

Hyperbel: $y = \pm\dfrac{b}{a}\sqrt{x^2 + a^2}$

$$\frac{y^2}{b^2} - \frac{x^2}{a^2} = 1$$

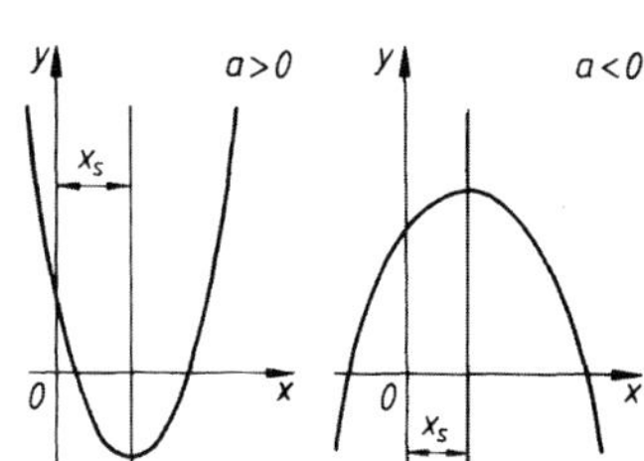

Quadratisches Polynom:
$y = a\,x^2 + b\,x + c$ mit $x_s = \dfrac{-b}{2a}$

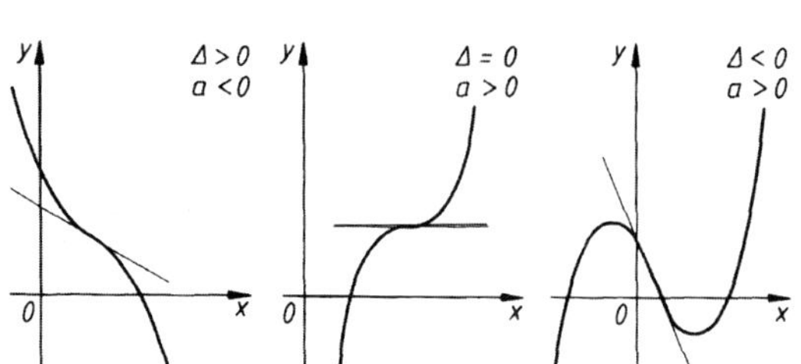

Polynom dritten Grades:
$y = a\,x^3 + b\,x^2 + c\,x + d$ (kubische Parabel); Diskriminante
$\Delta = 3\,a\,c - b^2$

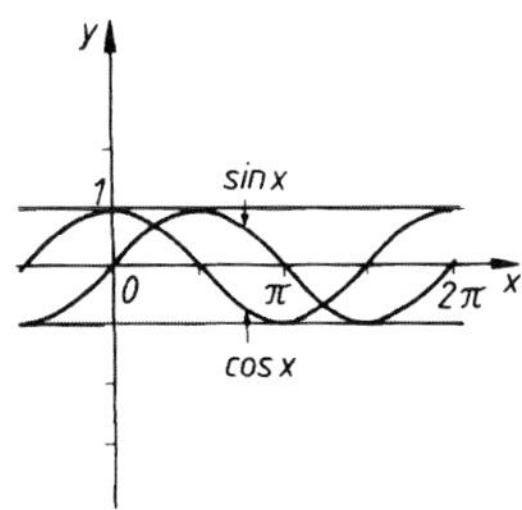

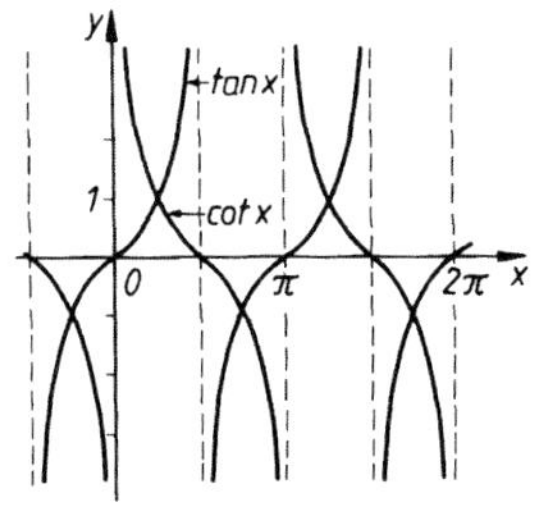

Trigonometrische Funktionen:
$y = \sin x$, $y = \cos x$, $y = \tan x$, $y = \cot x$

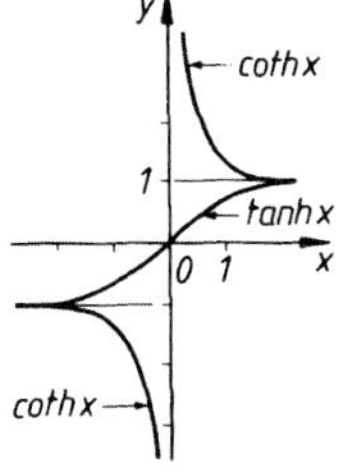

Hyperbelfunktionen:
$y = \sinh x$, $y = \cosh x$, $y = \tanh x$,
$y = \coth x$

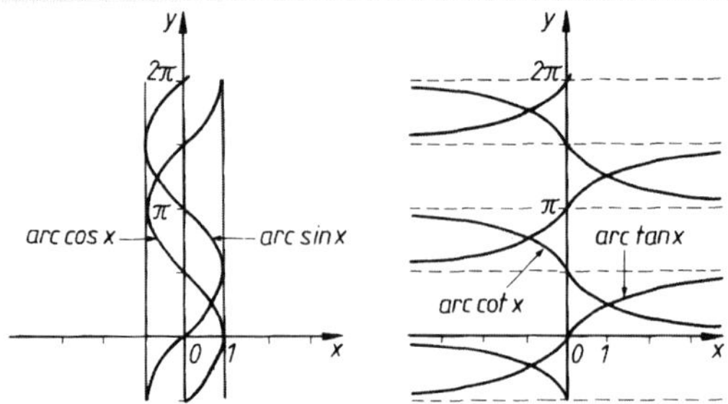

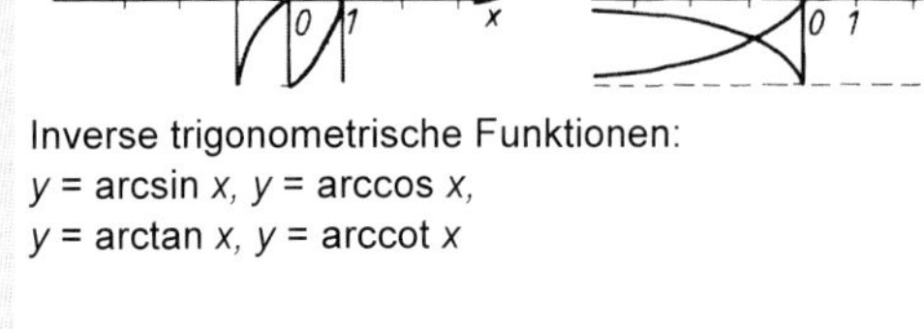

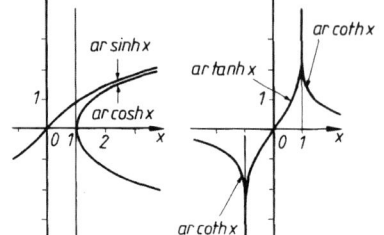

Inverse trigonometrische Funktionen:
$y = \arcsin x$, $y = \arccos x$,
$y = \arctan x$, $y = \operatorname{arccot} x$

Inverse Hyperbelfunktionen:

$$y = \operatorname{arsinh} x = \ln\left(x + \sqrt{x^2 + 1}\right)$$

$$y = \operatorname{arcosh} x = \ln\left(x \pm \sqrt{x^2 - 1}\right)$$

$$y = \operatorname{artanh} x = \frac{1}{2}\ln\frac{1+x}{1-x}$$

$$y = \operatorname{arcoth} x = \frac{1}{2}\ln\frac{x+1}{x-1}$$

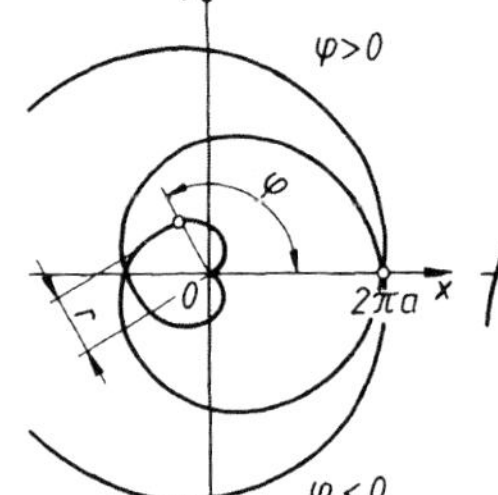

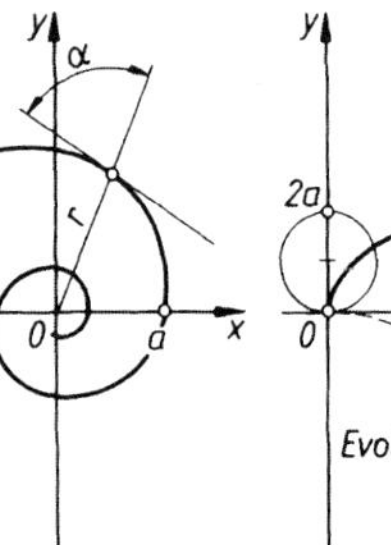

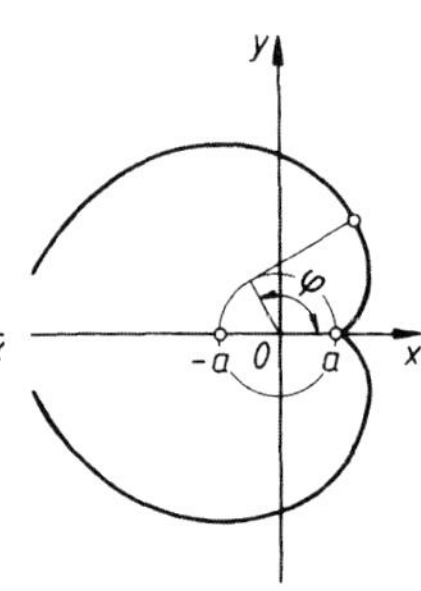

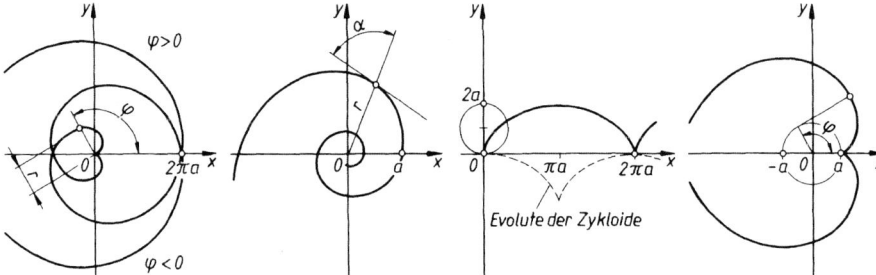

Archimedische Spirale:
$r = a\,\varphi$

$$\varrho = a\frac{(1+\varphi^3)^{3/2}}{2+\varphi^2}$$

Logarithmische Spirale:
$r = a\,e^{m\,\varphi}$
$\alpha = \operatorname{arccot} m =$ konstant

$$\varrho = r\sqrt{m^2+1}$$

Zykloide:
$x = a\,(t - \sin t)$
$y = a\,(1 - \cos t)$
(a Radius, t Wälzwinkel)

Kreisevolvente:
$x = a\cos\varphi + a\,\varphi\sin\varphi$
$y = a\sin\varphi - a\,\varphi\cos q$

(ϱ Radius des Krümmungskreises)

1.12 Flächen (*A* Flächeninhalt, *U* Umfang)

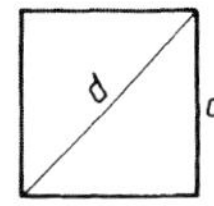

Quadrat

$A = a^2$
$U = 4\,a$
$d = a\sqrt{2}$

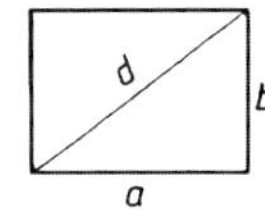

Rechteck

$A = a\,b$
$U = 2\,(a+b)$
$d = \sqrt{a^2+b^2}$

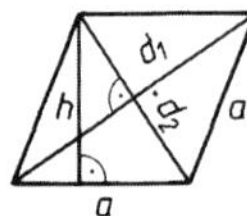

Rhombus

$$A = a\,h = \frac{d_1\,d_2}{2}$$

$U = 4\,a$

Parallelogramm

$A = a\,h = a\,b\sin\alpha$
$U = 2\,(a+b)$
$d_1 = \sqrt{(a + h\cot\alpha)^2 + h^2}$
$d_2 = \sqrt{(a - h\cot\alpha)^2 + h^2}$

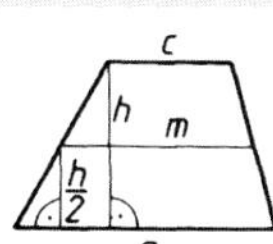
Trapez

$$A = \frac{a+c}{2}h = m\,h$$
$$m = \frac{a+c}{2}$$

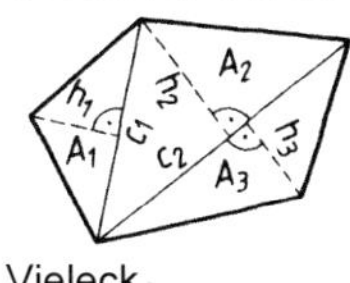
Vieleck

$$A = A_1 + A_2 + A_3 = \frac{c_1 h_1 + c_2 h_2 + c_2 h_3}{2}$$

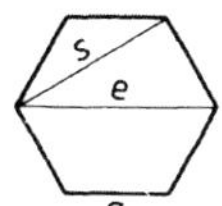
regelmäßiges Sechseck

$$A = \frac{3}{2}a^2\sqrt{3}$$
Schlüsselweite: $S = a\sqrt{3}$
Eckenmaß: $e = 2a$

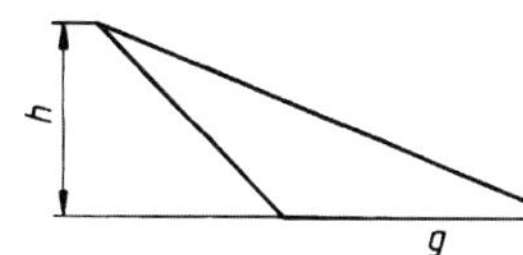
Dreieck

$$A = \frac{g\,h}{2}$$
siehe auch unter 1.15 und 1.16

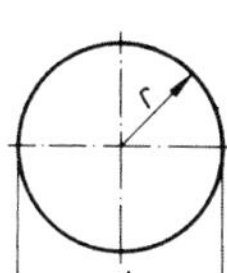
Kreis

$$A = r^2\pi = \frac{d^2\pi}{4}$$
$$U = 2\,r\,\pi = d\,\pi$$
$$\pi = 3{,}141592$$

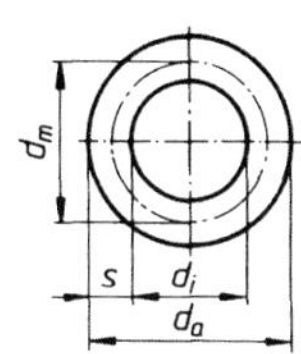
Kreisring

$$A = \pi(r_a^2 - r_i^2) = \frac{\pi}{4}(d_a^2 - d_i^2) = d_m\,\pi\,s$$
$$s = \frac{d_a - d_i}{2}$$
$$d_m = \frac{d_a + d_i}{2}$$

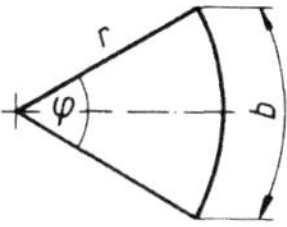
Kreissektor

$$A = \frac{b\,r}{2} = \frac{\varphi^\circ}{360^\circ}\pi r^2 = \frac{\varphi\,r^2}{2}$$
Bogenlänge b:
$$b = \varphi\,r = \frac{\varphi^\circ\,\pi r}{180^\circ}$$

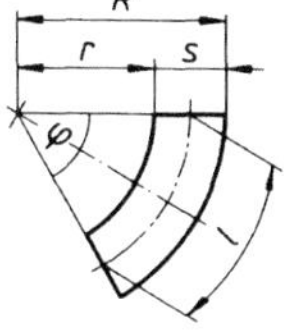

$$A = \frac{\varphi^\circ \cdot \pi}{360^\circ}(R^2 - r^2) = l\,s$$
mittlere Bogenlänge l:
$$l = \frac{R+r}{2}\cdot\frac{\pi}{180^\circ}\varphi^\circ$$
Ringbreite s:
$$s = R - r$$

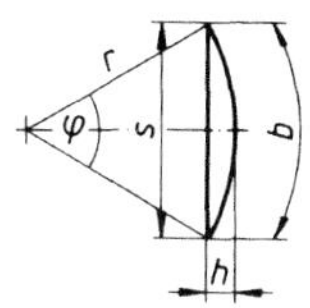
Kreisabschnitt

$$A = \frac{r^2}{2}\left(\frac{\varphi^\circ\pi}{180^\circ} - \sin\varphi\right) = \frac{1}{2}[r(b-s) + s\,h] \approx \frac{2}{3}s\,h$$
Sehnenlänge s:
$$s = 2\,r\sin\frac{\varphi}{2}$$

Kreisradius r:

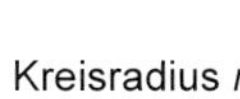

$$r = \frac{\left(\frac{s}{2}\right)^2 + h^2}{2h}$$
Bogenhöhe h:
$$h = r\left(1 - \cos\frac{\varphi}{2}\right) = \frac{s}{2}\tan\frac{\varphi}{4}$$

Bogenlänge b:

$$b = \sqrt{s^2 + \frac{16}{3}h^2}$$
$$b = \frac{\varphi^\circ\pi\,r}{180^\circ} = \varphi r$$

1.13 Fläche A, Umkreisradius r und Inkreisradius ϱ einiger regelmäßiger Vielecke

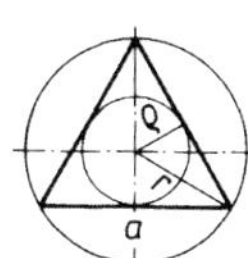
Dreieck (gleichseitiges)

$$A = \frac{a^2}{4}\sqrt{3}$$
$$r = \frac{a}{3}\sqrt{3}$$
$$\varrho = \frac{a}{6}\sqrt{3}$$

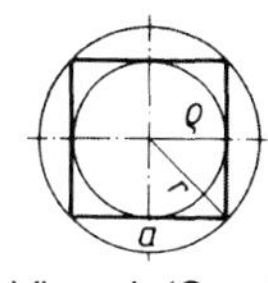
Viereck (Quadrat)

$$A = a^2$$
$$r = \frac{a}{2}\sqrt{2}$$
$$\varrho = \frac{a}{2}$$

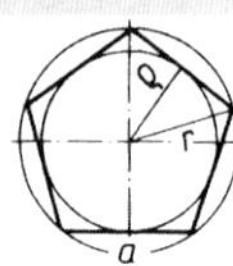

Fünfeck

$$A = \frac{a^2}{4}\sqrt{25 + 10\sqrt{5}}$$

$$r = \frac{a}{10}\sqrt{50 + 10\sqrt{5}}$$

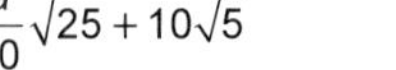

$$\varrho = \frac{a}{10}\sqrt{25 + 10\sqrt{5}}$$

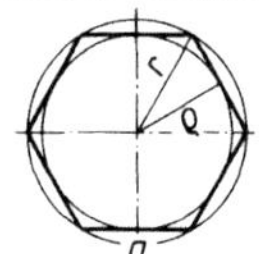

Sechseck

$$A = \frac{3}{2}a^2\sqrt{3}$$

$$r = a$$

$$\varrho = \frac{a}{2}\sqrt{3}$$

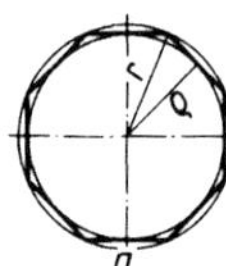

Achteck

$$A = 2\,a^2\,(\sqrt{2} + 1)$$

$$r = \frac{a}{2}\sqrt{4 + 2\sqrt{2}}$$

$$\varrho = \frac{a}{2}(\sqrt{2} + 1)$$

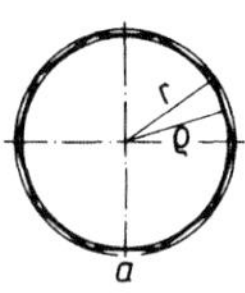

Zehneck

$$A = \frac{5}{2}a^2\sqrt{5 + 2\sqrt{5}}$$

$$r = \frac{a}{2}(\sqrt{5} + 1)$$

$$\varrho = \frac{a}{2}\sqrt{5 + 2\sqrt{5}}$$

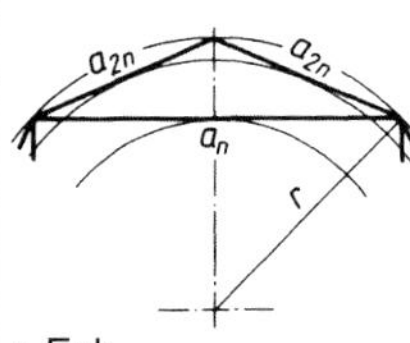

n-Eck

$$A = \frac{an}{2}r\sqrt{1 - \frac{a^2}{4r^2}} \qquad \varrho = r\sqrt{1 - \frac{a^2}{4r^2}}$$

Ist $a = a_n$ die Seite des n-Ecks, dann gilt für das 2 n-Eck:

$$a_{2n} = r\sqrt{2 - \sqrt{4 - \frac{a_n^2}{r^2}}}$$

1.14 Körper (*V* Volumen, *O* Oberfläche, *M* Mantelfläche)

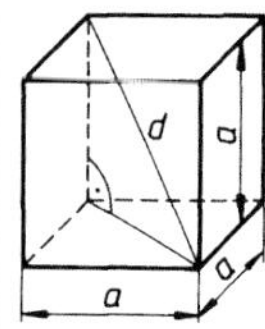

Würfel

$$V = a^3$$

$$O = 6\,a^2$$

$$d = a\sqrt{3}$$

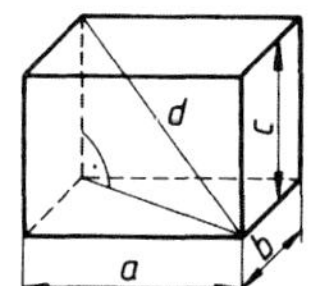

Quader

$$V = a\,b\,c$$

$$O = 2\,(a\,b + a\,c + b\,c)$$

$$d = \sqrt{a^2 + b^2 + c^2}$$

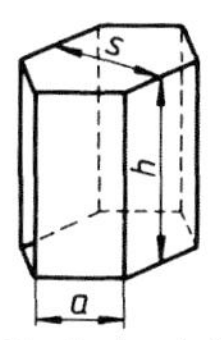

Sechskantsäule

$$V = \tfrac{3}{2}a^2h\sqrt{3} = \frac{\sqrt{3}}{2}s^2h$$

$$O = 3a(a\sqrt{3} + 2h)$$

$$= \sqrt{3}\,s(s + 2h)$$

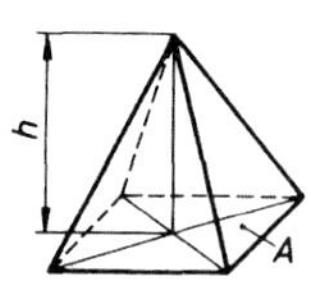

Pyramide

$$V = \frac{Ah}{3}$$

(gilt für jede Pyramide)

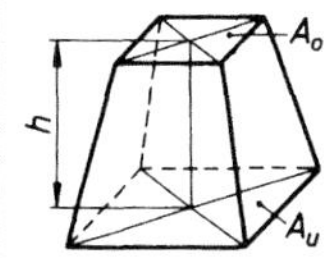

Pyramidenstumpf

$$V = \frac{h}{3}(A_u + \sqrt{A_u A_o} + A_o)$$

$$\approx h\,\frac{A_u + A_o}{2}$$

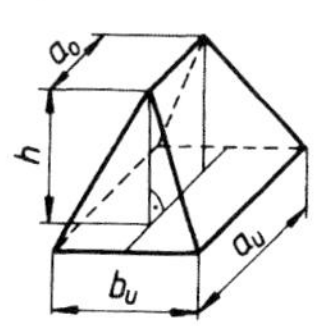

Keil

$$V = \frac{h}{6}b_u(2a_u + a_o)$$

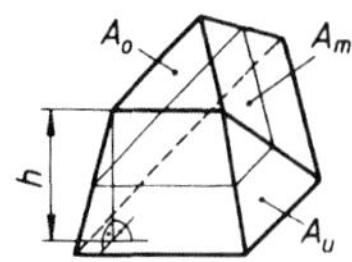

Prismatoid
(Prismoid)

$$V = \frac{h}{6}(A_o + 4A_m + A_u)$$

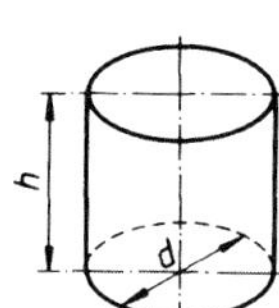

Kreiszylinder

$$V = \frac{d^2\pi}{4}h$$

$$M = d\,\pi\,h$$

$$O = \frac{\pi\,d}{2}(d + 2h)$$

Volumen des Hohlzylinders als Differenz zweier Zylinder berechnen.

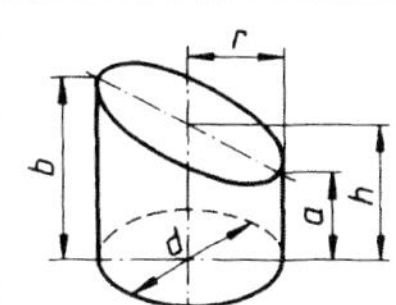

Kreiszylinder, schief abgeschnitten

$$V = \pi r^2 \left(\frac{a+b}{2}\right) = \frac{d^2 \pi}{4} h$$

$$M = d \pi h = \pi r (a+b)$$

$$O = \pi r \left[a + b + r + \sqrt{r^2 + \left(\frac{b-a}{2}\right)^2}\right]$$

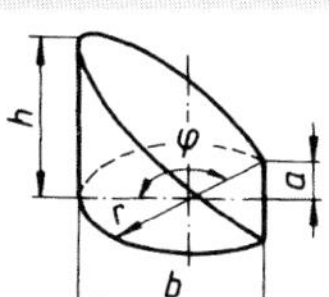
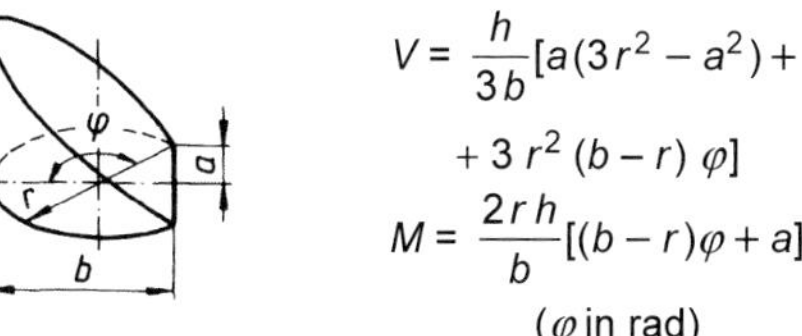

Zylinderhuf

$$V = \frac{h}{3b}[a(3r^2 - a^2) + 3 r^2 (b - r) \varphi]$$

$$M = \frac{2rh}{b}[(b-r)\varphi + a]$$

(φ in rad)

Für Halbkreisfläche als Grundfläche ist:

$$V = \frac{2}{3} r^2 h; M = 2 r h$$

$$O = M + \frac{r^2 \pi}{2} + \frac{r \pi \sqrt{r^2 + h^2}}{2}$$

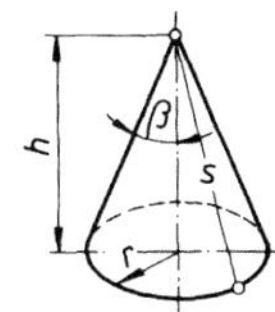

gerader Kreiskegel

$$V = \frac{1}{3} r^2 \pi h; M = r \pi s$$

$$s = \sqrt{r^2 + h^2}$$

$$O = r \pi (r + s)$$

Abwicklung ist Kreissektor mit Öffnungswinkel φ:

$$\varphi^\circ = 360^\circ \frac{r}{s} = 360^\circ \sin \beta$$

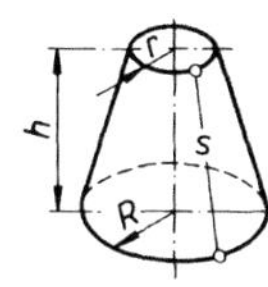

gerader Kreiskegelstumpf

$$V = \frac{\pi h}{3}(R^2 + R r + r^2)$$

$$s = \sqrt{(R-r)^2 + h^2}$$

$$M = \pi s (R + r)$$

$$O = \pi [R^2 + r^2 + s (R + r)]$$

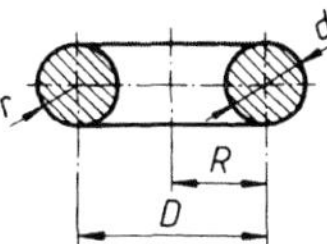

Kreisringtorus

$$V = \frac{d^2 \pi^2 D}{4} = 2 r^2 \pi^2 R$$

$$M = d \pi^2 D = 4 r \pi^2 R$$

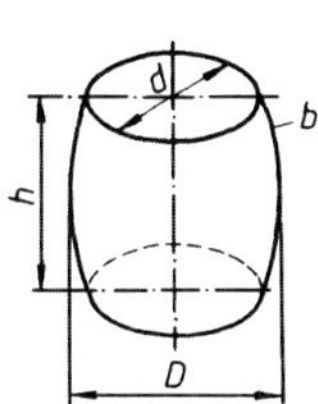

Fass

$$V = \frac{\pi h}{12}(2D^2 + d^2)$$

bei kreisförmigem b

$$V = \frac{\pi h}{15}\left(2D^2 + D d + \frac{3}{4} d^2\right)$$

bei parabelförmigem b

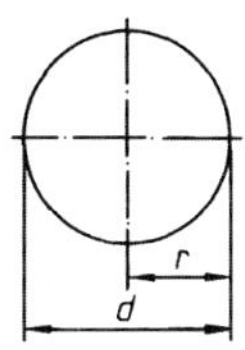

Kugel

$$V = \frac{4}{3} r^3 \pi = \frac{1}{6} d^3 \pi \approx 4{,}189\, r^3$$

$$O = 4 \pi r^2 = \pi d^2$$

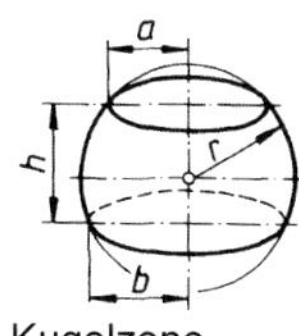

Kugelzone (Kugelschicht)

$$V = \frac{\pi h}{6}(3a^2 + 3b^2 + h^2)$$

$$M = 2 \pi r h$$

$$O = \pi (2 r h + a^2 + b^2)$$

$$h = \sqrt{r^2 - a^2} + \sqrt{r^2 - b^2}$$

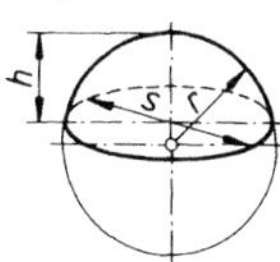

Kugelabschnitt (K.-Segment, K.-Kappe, K.-Kalotte)

$$V = \frac{\pi h}{6}\left(\frac{3}{4} s^2 + h^2\right) = \pi h^2 \left(r - \frac{h}{3}\right)$$

$$M = 2 \pi r h = \frac{\pi}{4}(s^2 + 4h^2)$$

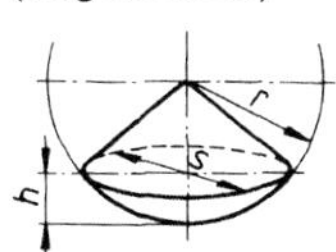

Kugelausschnitt (Kugelsektor)

$$V = \frac{2}{3} r^2 \pi h$$

$$O = \frac{\pi r}{2}(4h + s)$$

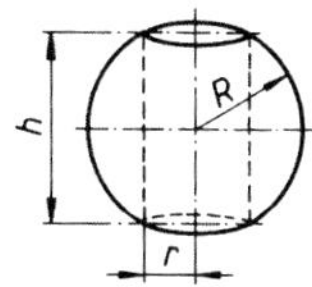

zylindrisch durchbohrte Kugel

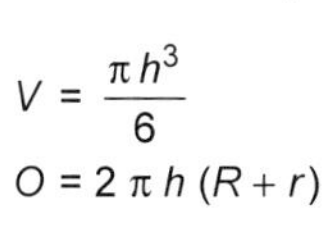

$$V = \frac{\pi h^3}{6}$$

$$O = 2 \pi h (R + r)$$

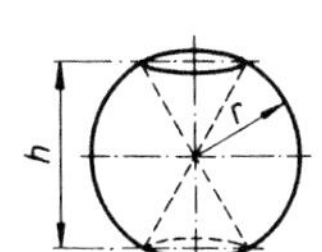

kegelig durchbohrte Kugel

$$V = \frac{2 \pi r^2 h}{3}$$

$$O = 2 \pi r \left(h + \sqrt{r^2 - \frac{h^2}{4}}\right)$$

1.15 Rechtwinkliges Dreieck

allgemeine Beziehungen

Pythagoras: $c^2 = a^2 + b^2$

Euklid: $b^2 = c\,q;\ a^2 = c\,p;\ h^2 = p\,q$

$\sin\alpha = \frac{a}{c};\ \cos\alpha = \frac{b}{c}$

$\tan\alpha = \frac{a}{b};\ \cot\alpha = \frac{b}{a}$

$\frac{h}{a} = \frac{b}{c};\ h = \frac{a\,b}{c};\ h^2 = \frac{a^2b^2}{a^2+b^2};\ \frac{1}{h^2} = \frac{1}{a^2} + \frac{1}{b^2}$

Fläche $A = \frac{1}{2}a\,b = \frac{1}{2}a^2\cot\alpha = \frac{1}{2}b^2\tan\alpha = \frac{1}{4}c^2\sin 2\alpha$

gegeben *a*, *b*

$\tan\alpha = \frac{a}{b};\quad \alpha = 90^\circ - \beta;\quad \tan\beta = \frac{b}{a};\quad \beta = 90^\circ - \alpha$

$c = \sqrt{a^2+b^2} = \frac{a}{\sin\alpha} = \frac{b}{\sin\beta} = \frac{a}{\cos\beta} = \frac{b}{\cos\alpha}$

$A = \frac{a\,b}{2};\ h = \frac{a\,b}{\sqrt{a^2+b^2}}$

gegeben *a*, *c*

$\sin\alpha = \frac{a}{c};\quad \alpha = 90^\circ - \beta;\quad \cos\beta = \frac{a}{c};\quad \beta = 90^\circ - \alpha$

$b = \sqrt{c^2-a^2} = \sqrt{(c+a)(c-a)} = c\cos\alpha = c\sin\beta = a\cot\alpha$

$A = \frac{a}{2}\sqrt{c^2-a^2} = \frac{1}{2}a\,c\sin\beta;\quad h = \frac{a}{c}\sqrt{c^2-a^2}$

gegeben *b*, *c*

$\cos\alpha = \frac{b}{c};\quad \beta = 90^\circ - \alpha$

$a = \sqrt{c^2-b^2};\quad A = \frac{1}{2}b^2\tan\alpha;\quad h = \frac{b}{c}\sqrt{c^2-b^2}$

gegeben *a*, *α*

$\beta = 90^\circ - \alpha;\quad b = a\cot\alpha;\quad c = \frac{a}{\sin\alpha};\quad A = \frac{1}{2}a^2\cot\alpha;\quad h = a\cos\alpha$

gegeben *b*, *α*

$\beta = 90^\circ - \alpha;\quad a = b\tan\alpha;\quad c = \frac{b}{\cos\alpha};\quad A = \frac{1}{2}b^2\tan\alpha;\quad h = b\sin\alpha$

gegeben *c*, *α*

$\beta = 90^\circ - \alpha;\quad a = c\sin\alpha$

$b = c\cos\alpha;\quad A = \frac{1}{2}c^2\sin\alpha\cos\alpha;\quad h = c\sin\alpha\cos\alpha$

1.16 Schiefwinkliges Dreieck

allgemeine Beziehungen

$$\sin\frac{\alpha}{2} = \sqrt{\frac{(s-b)(s-c)}{bc}} = \sqrt{\frac{(s-a)(s-b)}{ab}} = \sqrt{\frac{(s-a)(s-c)}{ac}}$$

$$\cos\frac{\alpha}{2} = \sqrt{\frac{s(s-a)}{bc}};\ \ldots^{1)}$$

$$\tan\frac{\alpha}{2} = \sqrt{\frac{(s-b)(s-c)}{s(s-a)}} = \frac{\varrho}{s-a};\ \ldots^{1)}$$

$$\tan\alpha = \frac{a\sin\gamma}{b - a\cos\gamma};\ \ldots^{1)}$$

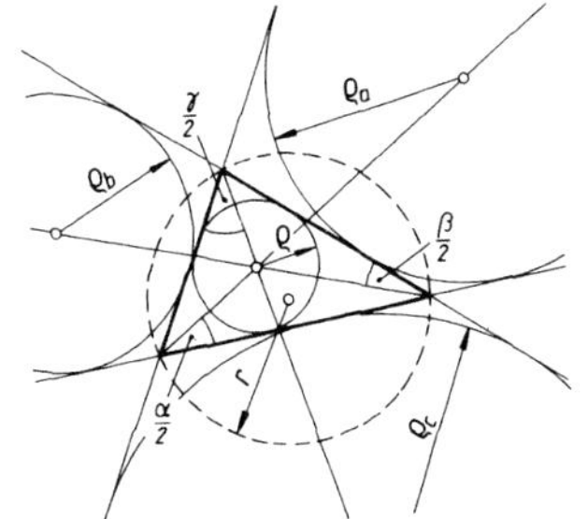

halber Umfang *s*

$$s = \frac{1}{2}(a+b+c) = 4r\cos\frac{\alpha}{2}\cos\frac{\beta}{2}\cos\frac{\gamma}{2}$$

Radius des Inkreises ϱ

$$\varrho = 4r\sin\frac{\alpha}{2}\sin\frac{\beta}{2}\sin\frac{\gamma}{2} = \frac{abc}{4rs}$$

$$= \sqrt{\frac{(s-a)(s-b)(s-c)}{s}} = s\tan\frac{\alpha}{2}\tan\frac{\beta}{2}\tan\frac{\gamma}{2}$$

Radien der Ankreise $\varrho_a, \varrho_b, \varrho_c$

$$\varrho_a = \varrho\frac{s}{s-a} = s\tan\frac{\alpha}{2} = \sqrt{\frac{s(s-b)(s-c)}{s-a}};\ \ldots^{1)}$$

Höhen h_a, h_b, h_c

$$h_a = b\sin\gamma = c\sin\beta = \frac{bc}{a}\sin\alpha;\ \ldots^{1)}$$

$$a h_a = b h_b = c h_c = 2\sqrt{s(s-a)(s-b)(s-c)}$$

Seitenhalbierende Mittellinien m_a, m_b, m_c

$$m_a = \tfrac{1}{2}\sqrt{2(b^2+c^2)-a^2};\ldots^{1)} \qquad {m_a}^2 + {m_b}^2 + {m_c}^2 = \tfrac{3}{4}(a^2+b^2+c^2)$$

$$\frac{1}{\varrho} = \frac{1}{\varrho_a} + \frac{1}{\varrho_b} + \frac{1}{\varrho_c} = \frac{1}{h_a} + \frac{1}{h_b} + \frac{1}{h_c}$$

$$\frac{1}{\varrho_a} = -\frac{1}{h_a} + \frac{1}{h_b} + \frac{1}{h_c};\ \ldots^{1)}$$

Winkelhalbierende w_a, w_b, w_c

$$w_a = \frac{2}{b+c}\sqrt{bcs(s-a)} = \frac{1}{b+c}\sqrt{bc[(b+c)^2 - a^2]};\ \ldots^{1)}$$

Flächeninhalt

$$A = \varrho s = \sqrt{s(s-a)(s-b)(s-c)} = 2r^2\ \sin\alpha\sin\beta\sin\gamma$$

$$A = \tfrac{1}{2}ab\sin\gamma = \tfrac{1}{2}bc\sin\alpha = \tfrac{1}{2}ac\sin\beta$$

Radius des Umkreises *r*

$$r = \frac{a}{2\sin\alpha} = \frac{b}{2\sin\beta} = \frac{c}{2\sin\gamma}$$

[1] Die Punkte weisen darauf hin, dass sich durch zyklisches Vertauschen von a, b, c und α, β, γ noch zwei weitere Gleichungen ergeben.

1

Mathematik
Schiefwinkliges Dreieck

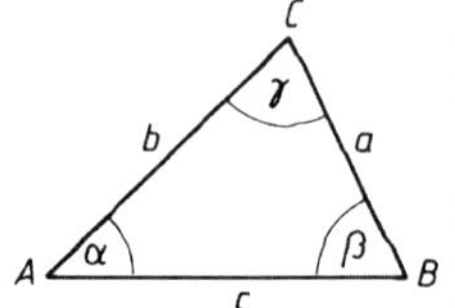

Sinussatz

$$\frac{a}{b}=\frac{\sin\alpha}{\sin\beta};\ \frac{b}{c}=\frac{\sin\beta}{\sin\gamma};\ \frac{c}{a}=\frac{\sin\gamma}{\sin\alpha}$$

Kosinussatz (bei stumpfem Winkel α wird cos α negativ)

$$a^2=b^2+c^2-2bc\cos\alpha;\ldots^{1)}$$

$$a^2=(b+c)^2-4bc\cos^2(\alpha/2);\ldots^{1)}$$

$$a^2=(b-c)^2+4bc\sin^2(\alpha/2);\ldots^{1)}$$

Projektionssatz

$$a=b\cos\gamma+c\cos\beta;\ \ldots^{1)}$$

Mollweide'sche Formeln

$$\frac{a+b}{c}=\cos\frac{\alpha-\beta}{2}:\cos\frac{\alpha+\beta}{2}=\cos\frac{\alpha-\beta}{2}:\sin\frac{\gamma}{2};\ldots^{1)}$$

$$\frac{a-b}{c}=\sin\frac{\alpha-\beta}{2}:\sin\frac{\alpha+\beta}{2}=\sin\frac{\alpha-\beta}{2}:\cos\frac{\gamma}{2};\ldots^{1)}$$

Tangenssatz

$$\frac{a+b}{a-b}=\tan\frac{\alpha+\beta}{2}:\tan\frac{\alpha-\beta}{2};\ldots^{1)}$$

gegeben: 1 Seite und 2 Winkel (z. B. a, α, β) WWS

$$\gamma=180^\circ-(\alpha+\beta);\ b=\frac{a\sin\beta}{\sin\alpha};\ c=\frac{a\sin\gamma}{\sin\alpha}$$

$$A=\frac{1}{2}ab\sin\gamma$$

gegeben: 2 Seiten und der eingeschlossene Winkel (z. B. a, b, γ) SWS

$$\tan\frac{\alpha-\beta}{2}=\frac{a-b}{a+b}\cot\frac{\gamma}{2};\ \frac{\alpha+\beta}{2}=90^\circ-\frac{\gamma}{2}$$

Mit $\alpha+\beta$ und $\alpha-\beta$ ergibt sich α und β und damit:

$$c=a\frac{\sin\gamma}{\sin\alpha};\ A=\frac{1}{2}ab\sin\gamma$$

gegeben: 2 Seiten und der einer von beiden gegenüberliegende Winkel (z. B. a, b, α) SSW

$$\sin\beta=\frac{b}{a}\sin\alpha$$

Ist $a \geqq b$, so ist $\beta < 90^\circ$ und damit β eindeutig bestimmt.

Ist $a < b$, so sind folgende Fälle möglich:

1. β hat für $b\sin\alpha < a$ zwei Werte ($\beta_2 = 180^\circ - \beta_1$)
2. β hat den Wert 90° für $b\sin\alpha = a$
3. für $b\sin\alpha > a$ ergibt sich kein Dreieck.

$$\gamma=180^\circ-(\alpha+\beta);\ c=a\frac{\sin\gamma}{\sin\alpha};\ A=\frac{1}{2}ab\sin\gamma$$

gegeben: 3 Seiten (z. B. a, b, c) SSS

$$\varrho=\sqrt{\frac{(s-a)(s-b)(s-c)}{s}};\ \tan\frac{\alpha}{2}=\frac{\varrho}{s-a}$$

$$\tan\frac{\beta}{2}=\frac{\varrho}{s-b};\ \tan\frac{\gamma}{2}=\frac{\varrho}{s-c}$$

$$A=\varrho s=\sqrt{s(s-a)(s-b)(s-c)}$$

1) Die Punkte weisen darauf hin, dass sich durch zyklisches Vertauschen von a, b, c und α, β, γ noch zwei weitere Gleichungen ergeben.

1.17 Einheiten des ebenen Winkels

Begriff des ebenen Winkels

Der *ebene* Winkel α (kurz: Winkel α, im Gegensatz zum Raumwinkel) zwischen den beiden Strahlen g_1, g_2 ist die Länge des Kreisbogens b auf dem Einheitskreis, der im Gegenuhrzeigersinn von Punkt P_1 zum Punkt P_2 führt.

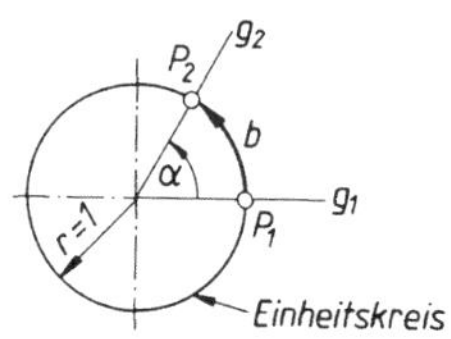

Bogenmaß des ebenen Winkels

Die Länge des Bogens b auf dem Einheitskreis ist das Bogenmaß des Winkels.

kohärente Einheit des ebenen Winkels

Die kohärente Einheit (SI-Einheit) des ebenen Winkels ist der Radiant (rad).
Der Radiant ist der ebene Winkel, für den das Verhältnis der Länge des Kreisbogens b zu seinem Radius r gleich eins ist.

$$1\,\text{rad} = \frac{b}{r} = 1$$

Vollwinkel und rechter Winkel

Für den Vollwinkel α beträgt der Kreisbogen $b = 2\,\pi\,r$. Es ist demnach:

$$\alpha = \frac{b}{r} = \frac{2\pi r}{r}\,\text{rad} = 2\pi\,\text{rad} \qquad \text{Vollwinkel} = 2\,\pi\,\text{rad}$$

Ebenso ist für den rechten Winkel ($1^{\llcorner}$):

$$\alpha = 1^{\llcorner} = \frac{b}{r} = \frac{2\pi r}{4r}\,\text{rad} = \frac{\pi}{2}\,\text{rad} \qquad \text{rechter Winkel } 1^{\llcorner} = \frac{\pi}{2}\,\text{rad}$$

Umrechnung von Winkeleinheiten

Ein Grad (1°) ist der 360ste Teil des Vollwinkels (360°). Folglich gilt:

$$1° = \frac{b}{r} = \frac{2\pi r}{360\,r}\,\text{rad} = \frac{2\pi}{360}\,\text{rad} = \frac{\pi}{180}\,\text{rad}$$

$$1° = \frac{\pi}{180}\,\text{rad} \approx 0{,}0175\,\text{rad} \quad \text{oder durch Umstellen:}$$

$$1\,\text{rad} = \frac{1° \cdot 180}{\pi} = \frac{180°}{\pi} \approx 57{,}3°$$

Beispiel: a) $\alpha = 90° = \frac{\pi}{180°}\,90\,\text{rad} = \frac{\pi}{2}\,\text{rad}$

b) $\alpha = \pi\,\text{rad} = \pi\,\frac{180°}{\pi} = 180°$

1.18 Trigonometrische Funktionen (Graphen in 1.11)

$$\text{Sinus} = \frac{\text{Gegenkathete}}{\text{Hypotenuse}} \qquad \sin\alpha = BC = \frac{a}{c}$$

$$\text{Kosinus} = \frac{\text{Ankathete}}{\text{Hypotenuse}} \qquad \cos\alpha = OB = \frac{b}{c}$$

von $-1 \ldots +1$

$$\text{Tangens} = \frac{\text{Gegenkathete}}{\text{Ankathete}} \qquad \tan\alpha = AD = \frac{a}{b}$$

$$\text{Kotangens} = \frac{\text{Ankathete}}{\text{Gegenkathete}} \qquad \cot\alpha = EF = \frac{b}{a}$$

von $-\infty \ldots +\infty$

$$\text{Sekans} = \frac{\text{Hypotenuse}}{\text{Ankathete}} \qquad \sec\alpha = OD = \frac{c}{b}$$

$$\text{Kosecans} = \frac{\text{Hypotenuse}}{\text{Gegenkathete}} \qquad \operatorname{cosec}\alpha = OF = \frac{c}{a}$$

von $-\infty \ldots -1$ und $+1 \ldots +\infty$

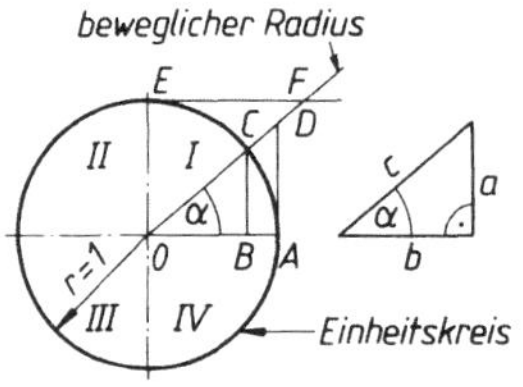

Beachte: Winkel werden vom festen Radius *OA* aus linksdrehend gemessen.

Vorzeichen der Funktion (richtet sich nach dem Quadranten, in dem der bewegliche Radius liegt)

Quadrant	Größe des Winkels	sin	cos	tan	cot	sec	cosec
I	von 0° bis 90°	+	+	+	+	+	+
II	„ 90° „ 180°	+	–	–	–	–	+
III	„ 180° „ 270°	–	–	+	+	–	–
IV	„ 270° „ 360°	–	+	–	–	+	–

Funktionen für Winkel zwischen 90°... 360°

Funktion	$\beta = 90° \pm \alpha$	$\beta = 180° \pm \alpha$	$\beta = 270° \pm \alpha$	$\beta = 360° - \alpha$
$\sin\beta$	$+\cos\alpha$	$\mp\sin\alpha$	$-\cos\alpha$	$-\sin\alpha$
$\cos\beta$	$\mp\sin\alpha$	$-\cos\alpha$	$\pm\sin\alpha$	$+\cos\alpha$
$\tan\beta$	$\mp\cot\alpha$	$\pm\tan\alpha$	$\mp\cot\alpha$	$-\tan\alpha$
$\cot\beta$	$\mp\tan\alpha$	$\pm\cot\alpha$	$\mp\tan\alpha$	$-\cot\alpha$

Beispiel [1]: sin 205° = sin(180 + 25°) = – (sin 25°) = – 0,4226

Funktionen für negative Winkel werden auf solche für positive Winkel zurückgeführt:

$\sin(-\alpha) = -\sin\alpha$
$\cos(-\alpha) = \cos\alpha$
$\tan(-\alpha) = -\tan\alpha$
$\cot(-\alpha) = -\cot\alpha$

Beispiel [1]: sin (– 205°) = – 205°

Funktionen für Winkel über 360° werden auf solche von Winkeln zwischen 0°... 360° zurückgeführt (bzw. zwischen 0°... 180°); „*n*" ist ganzzahlig:

$\sin(360° \cdot n + \alpha) = \sin\alpha$
$\cos(360° \cdot n + \alpha) = \cos\alpha$
$\tan(180° \cdot n + \alpha) = \tan\alpha$
$\cot(180° \cdot n + \alpha) = \cot\alpha$

Beispiel [1]:
sin (– 660°) = – sin 660° = – sin (360° · 1 + 300°) =
= – sin 300° = – sin (270° + 30°) = + cos 30° =
= 0,8660.

[1] Der Rechner liefert die Funktionswerte direkt, z. B. sin (– 660°) = 0,866 025 403 8

1.19 Beziehungen zwischen den trigonometrischen Funktionen

Grundformeln

$$\sin^2\alpha + \cos^2\alpha = 1;\quad \tan\alpha = \frac{\sin\alpha}{\cos\alpha};\quad \cot\alpha = \frac{1}{\tan\alpha} = \frac{\cos\alpha}{\sin\alpha}$$

Umrechnung zwischen Funktionen desselben Winkels (die Wurzel erhält das Vorzeichen des Quadranten, in dem der Winkel α liegt)

	$\sin\alpha$	$\cos\alpha$	$\tan\alpha$	$\cot\alpha$
$\sin\alpha =$	$\sin\alpha$	$\sqrt{1-\cos^2\alpha}$	$\dfrac{\tan\alpha}{\sqrt{1+\tan^2\alpha}}$	$\dfrac{1}{\sqrt{1+\cot^2\alpha}}$
$\cos\alpha =$	$\sqrt{1-\sin^2\alpha}$	$\cos\alpha$	$\dfrac{1}{\sqrt{1+\tan^2\alpha}}$	$\dfrac{\cot\alpha}{\sqrt{1+\cot^2\alpha}}$
$\tan\alpha =$	$\dfrac{\sin\alpha}{\sqrt{1-\sin^2\alpha}}$	$\dfrac{\sqrt{1-\cos^2\alpha}}{\cos\alpha}$	$\tan\alpha$	$\dfrac{1}{\cot\alpha}$
$\cot\alpha =$	$\dfrac{\sqrt{1-\sin^2\alpha}}{\sin\alpha}$	$\dfrac{\cos\alpha}{\sqrt{1-\cos^2\alpha}}$	$\dfrac{1}{\tan\alpha}$	$\cot\alpha$

Additionstheoreme

$$\sin(\alpha+\beta) = \sin\alpha\cdot\cos\beta + \cos\alpha\cdot\sin\beta$$

$$\cos(\alpha+\beta) = \cos\alpha\cdot\cos\beta - \sin\alpha\cdot\sin\beta$$

$$\sin(\alpha-\beta) = \sin\alpha\cdot\cos\beta - \cos\alpha\cdot\sin\beta$$

$$\cos(\alpha-\beta) = \cos\alpha\cdot\cos\beta + \sin\alpha\cdot\sin\beta$$

$$\tan(\alpha+\beta) = \frac{\tan\alpha+\tan\beta}{1-\tan\alpha\cdot\tan\beta}$$

$$\cot(\alpha+\beta) = \frac{\cot\alpha\cdot\cot\beta-1}{\cot\alpha+\cot\beta}$$

$$\tan(\alpha-\beta) = \frac{\tan\alpha-\tan\beta}{1+\tan\alpha\cdot\tan\beta}$$

$$\cot(\alpha-\beta) = \frac{\cot\alpha\cdot\cot\beta+1}{\cot\beta-\cot\alpha}$$

Summenformeln

$$\sin\alpha+\sin\beta = 2\sin\frac{\alpha+\beta}{2}\cos\frac{\alpha-\beta}{2}$$

$$\cos\alpha+\cos\beta = 2\cos\frac{\alpha+\beta}{2}\cdot\cos\frac{\alpha-\beta}{2}$$

$$\sin\alpha-\sin\beta = 2\cos\frac{\alpha+\beta}{2}\sin\frac{\alpha-\beta}{2}$$

$$\cos\alpha-\cos\beta = -2\sin\frac{\alpha+\beta}{2}\cdot\sin\frac{\alpha-\beta}{2}$$

$$\tan\alpha+\tan\beta = \frac{\sin(\alpha+\beta)}{\cos\alpha\cos\beta}$$

$$\cot\alpha+\cot\beta = \frac{\sin(\beta+\alpha)}{\sin\alpha\sin\beta}$$

$$\tan\alpha-\tan\beta = \frac{\sin(\alpha-\beta)}{\cos\alpha\cos\beta}$$

$$\cot\alpha-\cot\beta = -\frac{\sin(\alpha-\beta)}{\sin\alpha\sin\beta}$$

$$\sin(\alpha+\beta)+\sin(\alpha-\beta) = 2\sin\alpha\cos\beta$$

$$\cos(\alpha+\beta)+\cos(\alpha-\beta) = 2\cos\alpha\cos\beta$$

$$\sin(\alpha+\beta)-\sin(\alpha-\beta) = 2\cos\alpha\sin\beta$$

$$\cos(\alpha+\beta)-\cos(\alpha-\beta) = -2\sin\alpha\sin\beta$$

$$\cos\alpha+\sin\alpha = \sqrt{2}\sin(45^\circ+\alpha) = \sqrt{2}\cos(45^\circ-\alpha)$$

$$\cos\alpha-\sin\alpha = \sqrt{2}\cos(45^\circ+\alpha) = \sqrt{2}\sin(45^\circ-\alpha)$$

$$\frac{1+\tan\alpha}{1-\tan\alpha} = \tan(45^\circ+\alpha)$$

$$\frac{\cot\alpha+1}{\cot\alpha-1} = \cot(45^\circ-\alpha)$$

Mathematik

Beziehungen zwischen den trigonometrischen Funktionen

Funktionen für Winkelvielfache

$$\sin 2\alpha = 2\sin\alpha \cdot \cos\alpha$$

$$\cos 2\alpha = \cos^2\alpha - \sin^2\alpha = 1 - 2\sin^2\alpha = 2\cos^2\alpha - 1$$

$$\sin 3\alpha = 3\sin\alpha - 4\sin^3\alpha$$

$$\cos 3\alpha = 4\cos^3\alpha - 3\cos\alpha$$

$$\sin 4\alpha = 8\sin\alpha\cos^3\alpha - 4\sin\alpha\cos\alpha$$

$$\cos 4\alpha = 8\cos^4\alpha - 8\cos^2\alpha + 1$$

$$\tan 2\alpha = \frac{2\tan\alpha}{1-\tan^2\alpha}$$

$$\cot 2\alpha = \frac{\cot^2\alpha - 1}{2\cot\alpha}$$

$$\tan 3\alpha = \frac{3\tan\alpha - \tan^3\alpha}{1 - 3\tan^2\alpha}$$

$$\cot 3\alpha = \frac{\cot^3\alpha - 3\cot\alpha}{3\cot^2\alpha - 1}$$

Für $n > 3$ berechnet man $\sin n\alpha$ und $\cos n\alpha$ nach der Moivre-Formel:

$$\sin n\alpha = n\sin\alpha\cos^{n-1}\alpha - \binom{n}{3}\sin^3\alpha\cos^{n-3}\alpha \pm \ldots$$

$$\cos n\alpha = \cos^n\alpha - \binom{n}{2}\cos^{n-2}\alpha\sin^2\alpha + \binom{n}{4}\cos^{n-4}\alpha\sin^4\alpha \mp \ldots$$

Funktionen der halben Winkel (die Wurzel erhält das Vorzeichen des entsprechenden Quadranten)

$$\sin\frac{\alpha}{2} = \sqrt{\frac{1-\cos\alpha}{2}} \qquad \cos\frac{\alpha}{2} = \sqrt{\frac{1+\cos\alpha}{2}}$$

$$\tan\frac{\alpha}{2} = \sqrt{\frac{1-\cos\alpha}{1+\cos\alpha}} = \frac{1-\cos\alpha}{\sin\alpha} = \frac{\sin\alpha}{1+\cos\alpha}$$

$$\cot\frac{\alpha}{2} = \sqrt{\frac{1+\cos\alpha}{1-\cos\alpha}} = \frac{\sin\alpha}{1-\cos\alpha} = \frac{1+\cos\alpha}{\sin\alpha}$$

Produkte von

$$\sin(\alpha+\beta)\sin(\alpha-\beta) = \sin^2\alpha - \sin^2\beta = \cos^2\beta - \cos^2\alpha$$

$$\cos(\alpha+\beta)\cos(\alpha-\beta) = \cos^2\alpha - \sin^2\beta = \cos^2\beta - \sin^2\alpha$$

$$\sin\alpha \cdot \sin\beta = \tfrac{1}{2}[\cos(\alpha-\beta) - \cos(\alpha+\beta)]$$

$$\cos\alpha \cdot \cos\beta = \tfrac{1}{2}[\cos(\alpha-\beta) + \cos(\alpha+\beta)]$$

$$\sin\alpha \cdot \cos\beta = \tfrac{1}{2}[\sin(\alpha-\beta) + \sin(\alpha+\beta)]$$

$$\tan\alpha \cdot \tan\beta = \frac{\tan\alpha + \tan\beta}{\cot\alpha + \cot\beta} = -\frac{\tan\alpha - \tan\beta}{\cot\alpha - \cot\beta}$$

$$\cot\alpha \cdot \cot\beta = \frac{\cot\alpha + \cot\beta}{\tan\alpha + \tan\beta} = -\frac{\cot\alpha - \cot\beta}{\tan\alpha - \tan\beta}$$

Potenzen von Funktionen

$$\sin^2\alpha = \tfrac{1}{2}(1 - \cos 2\alpha) \qquad \cos^2\alpha = \tfrac{1}{2}(1 + \cos 2\alpha)$$

$$\sin^3\alpha = \tfrac{1}{4}(3\sin\alpha - \sin 3\alpha) \qquad \cos^3\alpha = \tfrac{1}{4}(\cos 3\alpha + 3\cos\alpha)$$

$$\sin^4\alpha = \tfrac{1}{8}(\cos 4\alpha - 4\cos 2\alpha + 3) \qquad \cos^4\alpha = \tfrac{1}{8}(\cos 4\alpha + 4\cos 2\alpha + 3)$$

Funktionen dreier Winkel

$$\left.\begin{aligned}
&\sin\alpha+\sin\beta+\sin\gamma = 4\cos\frac{\alpha}{2}\cos\frac{\beta}{2}\cos\frac{\gamma}{2}\\
&\cos\alpha+\cos\beta+\cos\gamma = 4\sin\frac{\alpha}{2}\sin\frac{\beta}{2}\sin\frac{\gamma}{2}+1\\
&\tan\alpha+\tan\beta+\tan\gamma = \tan\alpha\cdot\tan\beta\cdot\tan\gamma\\
&\cot\frac{\alpha}{2}+\cot\frac{\beta}{2}+\cot\frac{\gamma}{2} = \cot\frac{\alpha}{2}\cdot\cot\frac{\beta}{2}\cdot\cot\frac{\gamma}{2}\\
&\sin^2\alpha+\sin^2\beta+\sin^2\gamma = 2(\cos\alpha\cos\beta\cos\gamma+1)\\
&\sin 2\alpha+\sin 2\beta+\sin 2\gamma = 4\sin\alpha\sin\beta\sin\gamma
\end{aligned}\right\}\text{ gültig für } \alpha+\beta+\gamma=180°$$

1.20 Arcusfunktionen

Die Arcusfunktionen sind invers zu den Kreisfunktionen.

Invers zur Kreisfunktion	ist die Arcusfunktion	mit der Definition (y in Radiant)	Hauptwert der Arcusfunktion im Bereich	Definitionsbereich
$y = \sin x$	$y = \arcsin x$	$x = \sin y$	$\frac{-\pi}{2} \leqq y \leqq \frac{\pi}{2}$	$-1 \leqq x \leqq 1$
$y = \cos x$	$y = \arccos x$	$x = \cos y$	$0 \leqq y \leqq \pi$	$-1 \leqq x \leqq 1$
$y = \tan x$	$y = \arctan x$	$x = \tan y$	$\frac{-\pi}{2} < y < \frac{\pi}{2}$	$-\infty < x < +\infty$
$y = \cot x$	$y = \operatorname{arccot} x$	$x = \cot y$	$0 < y < \pi$	$-\infty < x < +\infty$

Beziehungen zwischen den Arcusfunktionen (Formeln in eckigen Klammern gelten nur für positive Werte von *x*)

$$\arcsin x = -\arcsin(-x) = \frac{\pi}{2} - \arccos x = [\arccos\sqrt{1-x^2}] = \arctan\frac{x}{\sqrt{1-x^2}} = \left[\operatorname{arccot}\frac{\sqrt{1-x^2}}{x}\right]$$

$$\arccos x = \pi - \arccos(-x) = -\frac{\pi}{2} - \arcsin x = [\arcsin\sqrt{1-x^2}] = \left[\arctan\frac{\sqrt{1-x^2}}{x}\right] = \operatorname{arccot}\frac{x}{\sqrt{1-x^2}}$$

Beispiel: Der Kosinus eines Winkels x beträgt: $\cos x = 0{,}88$.
Lässt sich der Winkel x nur mit der Arcus-Tangensfunktion berechnen (z. B. auf dem PC) gilt:

$$x = \arctan\left(\frac{\sqrt{1-0{,}88^2}}{0{,}88}\right) = 29{,}36°$$

Beziehungen zwischen den Arcusfunktionen (Formeln in eckigen Klammern gelten nur für positive Werte von *x*)

$$\arctan x = -\arctan(-x) = \frac{\pi}{2} - \operatorname{arccot} x = \arcsin\frac{x}{\sqrt{1+x^2}} = \left[\arccos\frac{1}{\sqrt{1+x^2}}\right] = \left[\operatorname{arccot}\frac{1}{x}\right]$$

$$\operatorname{arccot} x = \pi - \operatorname{arccot}(-x) = \frac{\pi}{2} - \arctan x = \left[\arcsin\frac{1}{\sqrt{1+x^2}}\right] = \arccos\frac{x}{\sqrt{1+x^2}} = \left[\arctan\frac{1}{x}\right]$$

Additionstheoreme und andere Beziehungen

$$\arcsin x + \arcsin y = \arcsin(x\sqrt{1-y^2} + y\sqrt{1-x^2}) \quad [x\,y \leqq 0 \quad \text{oder} \quad x^2+y^2 \leqq 1]$$

$$= \pi - \arcsin(x\sqrt{1-y^2} + y\sqrt{1-x^2}) \quad [x>0,\ y>0 \quad \text{und} \quad x^2+y^2>1]$$

$$= -\pi - \arcsin(x\sqrt{1-y^2} + y\sqrt{1-x^2}) \quad [x<0,\ y<0 \quad \text{und} \quad x^2+y^2>1]$$

$$\arcsin x - \arcsin y = \arcsin(x\sqrt{1-y^2} - y\sqrt{1-x^2}) \quad [x\,y \geqq 0 \quad \text{oder} \quad x^2+y^2 \leqq 1]$$

$$= \pi - \arcsin(x\sqrt{1-y^2} - y\sqrt{1-x^2}) \quad [x>0,\ y<0 \quad \text{und} \quad x^2+y^2>1]$$

$$= -\pi - \arcsin(x\sqrt{1-y^2} - y\sqrt{1-x^2}) \quad [x<0,\ y>0 \quad \text{und} \quad x^2+y^2>1]$$

$$\arccos x + \arccos y = \arccos(x\,y - \sqrt{1-x^2}\sqrt{1-y^2}) \quad [x+y \geqq 0]$$

$$= 2\pi - \arccos(x\,y - \sqrt{1-x^2}\sqrt{1-y^2}) \quad [x+y<0]$$

$$\arccos x - \arccos y = -\arccos(x\,y + \sqrt{1-x^2}\sqrt{1-y^2}) \quad [x \geqq y]$$

$$= \arccos(x\,y + \sqrt{1-x^2}\sqrt{1-y^2}) \quad [x<y]$$

$$\arctan x + \arctan y = \arctan\frac{x+y}{1-x\,y} \quad [x\,y<1]$$

$$= \pi + \arctan\frac{x+y}{1-x\,y} \quad [x>0,\ x\,y>1]$$

$$= -\pi + \arctan\frac{x+y}{1-x\,y} \quad [x<0,\ x\,y>1]$$

$$\arctan x - \arctan y = \arctan\frac{x-y}{1+x\,y} \quad [x\,y>-1]$$

$$= \pi + \arctan\frac{x-y}{1+x\,y} \quad [x>0,\ x\,y<-1]$$

$$= -\pi + \arctan\frac{x-y}{1+x\,y} \quad [x<0,\ x\,y<-1]$$

$$2\arcsin x = \arcsin(2x\sqrt{1-x^2}) \quad \left[|x| \leqq \frac{1}{\sqrt{2}}\right]$$

$$= \pi - \arcsin(2x\sqrt{1-x^2}) \quad \left[\frac{1}{\sqrt{2}} < x \leqq 1\right]$$

$$= -\pi - \arcsin(2x\sqrt{1-x^2}) \quad \left[-1 \leqq x < -\frac{1}{\sqrt{2}}\right]$$

$$2\arccos x = \arccos(2x^2-1) \quad [0 \leqq x \leqq 1]$$

$$= 2\pi - \arccos(2x^2-1) \quad [-1 \leqq x < 0]$$

$$2\arctan x = \arctan\frac{2x}{1-x^2} \quad [|x|<1]$$

$$= \pi + \arctan\frac{2x}{1-x^2} \quad [x>1]$$

$$= -\pi + \arctan\frac{2x}{1-x^2} \quad [x<-1]$$

1.21 Hyperbelfunktionen

Definitionen

$$\sinh x = \frac{e^x - e^{-x}}{2}; \quad \cosh x = \frac{e^x + e^{-x}}{2}$$

$$\tanh x = \frac{e^x - e^{-x}}{e^x + e^{-x}} = \frac{e^{2x} - 1}{e^{2x} + 1}; \quad \coth x = \frac{e^x + e^{-x}}{e^x - e^{-x}} = \frac{e^{2x} + 1}{e^{2x} - 1}$$

Grundbeziehungen

$$\cosh^2 x - \sinh^2 x = 1 \qquad \tanh x \cdot \coth x = 1$$

$$\tanh x = \frac{\sinh x}{\cosh x}; \quad \coth x = \frac{\cosh x}{\sinh x}$$

Beziehungen zwischen den Hyperbelfunktionen (vgl. die entsprechenden Formeln der trigonometrischen Funktionen)

$$\sinh x = \sqrt{\cosh^2 x - 1} = \frac{\tanh x}{\sqrt{1 - \tanh^2 x}} = \frac{1}{\sqrt{\coth^2 x - 1}}$$

$$\cosh x = \sqrt{\sinh^2 x + 1} = \frac{1}{\sqrt{1 - \tanh^2 x}} = \frac{\coth x}{\sqrt{\coth^2 x - 1}}$$

$$\tanh x = \frac{\sinh x}{\sqrt{\sinh^2 x + 1}} = \frac{\sqrt{\cosh^2 x - 1}}{\cosh x} = \frac{1}{\coth x}$$

$$\coth x = \frac{\sqrt{\sinh^2 x + 1}}{\sinh x} = \frac{\cosh x}{\sqrt{\cosh^2 x - 1}} = \frac{1}{\tanh x}$$

Für negative x gilt:

$$\sinh(-x) = -\sinh x \qquad \tanh(-x) = -\tanh x$$

$$\cosh(-x) = \cosh x \qquad \coth(-x) = -\coth x$$

Additionstheoreme und andere Beziehungen

$$\sinh(x \pm y) = \sinh x \cdot \cosh y \pm \cosh x \cdot \sinh y$$

$$\cosh(x \pm y) = \cosh x \cdot \cosh y \pm \sinh x \cdot \sinh y$$

$$\tanh(x \pm y) = \frac{\tanh x \pm \tanh y}{1 \pm \tanh x \cdot \tanh y}; \quad \coth(x \pm y) = \frac{1 \pm \coth x \cdot \coth y}{\coth x \pm \coth y}$$

$$\sinh 2x = 2 \sinh x \cdot \cosh x \qquad \tanh 2x = \frac{2 \tanh x}{1 + \tanh^2 x}$$

$$\cosh 2x = \sinh^2 x + \cosh^2 x \qquad \coth 2x = \frac{1 + \coth^2 x}{2 \coth x}$$

$$(\cosh x \pm \sinh x)^n = \cosh nx \pm \sinh nx$$

+ für $x > 0$
– für $x < 0$

$$\sinh \frac{x}{2} = \pm \sqrt{\frac{\cosh x - 1}{2}}; \quad \tanh \frac{x}{2} = \frac{\cosh x - 1}{\sinh x} = \frac{\sinh x}{\cosh x + 1}$$

$$\cosh \frac{x}{2} = \sqrt{\frac{\cosh x + 1}{2}}; \quad \coth \frac{x}{2} = \frac{\sinh x}{\cosh x - 1} = \frac{\cosh x + 1}{\sinh x}$$

$$\sinh x \pm \sinh y = 2 \sinh \tfrac{1}{2}(x \pm y) \cosh \tfrac{1}{2}(x \mp y)$$

$$\cosh x + \cosh y = 2 \cosh \tfrac{1}{2}(x + y) \cosh \tfrac{1}{2}(x - y)$$

$$\cosh x - \cosh y = 2 \sinh \tfrac{1}{2}(x + y) \sinh \tfrac{1}{2}(x - y)$$

$$\tanh x \pm \tanh y = \frac{\sinh(x \pm y)}{\cosh x \cosh y}$$

1.22 Areafunktionen

Die Areafunktionen sind die Umkehrfunktionen der Hyperbelfunktionen.

Invers zur Hyperbelfunktion	ist die Areafunktion	mit der Definition	Grenzen der Funktion	Definitionsbereich
$y = \sinh x$	$y = \operatorname{arsinh} x = \ln(x + \sqrt{x^2+1})$	$x = \sinh y$	$-\infty < y < +\infty$	$-\infty < x < +\infty$
$y = \cosh x$	$y = \operatorname{arcosh} x = \ln(x \pm \sqrt{x^2-1})$	$x = \cosh y$	$-\infty < y < +\infty$	$1 \leqq x < +\infty$
$y = \tanh x$	$y = \operatorname{artanh} x = \frac{1}{2}\ln\frac{1+x}{1-x}$	$x = \tanh y$	$-\infty < y < +\infty$	$-1 < x < 1$
$y = \coth x$	$y = \operatorname{arcoth} x = \frac{1}{2}\ln\frac{x+1}{x-1}$	$x = \coth y$	$-\infty < y < +\infty$	$-1 > x > 1$

Beziehungen zwischen den Areafunktionen

$$\operatorname{arsinh} x = \pm\operatorname{arcosh}\sqrt{x^2+1} = \operatorname{artanh}\frac{x}{\sqrt{x^2+1}} = \operatorname{arcoth}\frac{\sqrt{x^2+1}}{x}$$

$$\operatorname{arcosh} x = \pm\operatorname{arsinh}\sqrt{x^2-1} = \pm\operatorname{artanh}\frac{\sqrt{x^2-1}}{x} = \pm\operatorname{arcoth}\frac{x}{\sqrt{x^2-1}}$$

+ für $x > 0$
– für $x < 0$

$$\operatorname{artanh} x = \operatorname{arsinh}\frac{x}{\sqrt{1-x^2}} = \pm\operatorname{arcosh}\frac{1}{\sqrt{1-x^2}} = \operatorname{arcoth}\frac{1}{x}$$

$$\operatorname{arcoth} x = \operatorname{arsinh}\frac{1}{\sqrt{x^2-1}} = \pm\operatorname{arcosh}\frac{x}{\sqrt{x^2-1}} = \operatorname{artanh}\frac{1}{x}$$

Für negative x gilt

$\operatorname{arsinh}(-x) = -\operatorname{arsinh} x$ $\qquad$ $\operatorname{artanh}(-x) = -\operatorname{artanh} x$

$\operatorname{arcosh}(-x) = \operatorname{arcosh} x$ $\qquad$ $\operatorname{arcoth}(-x) = -\operatorname{arcoth} x$

Additionstheoreme

$$\operatorname{arsinh} x \pm \operatorname{arsinh} y = \operatorname{arsinh}(x\sqrt{1+y^2} \pm y\sqrt{1+x^2})$$

$$\operatorname{arcosh} x \pm \operatorname{arcosh} y = \operatorname{arcosh}(x y \pm \sqrt{(x^2-1)(y^2-1)}$$

$$\operatorname{artanh} x \pm \operatorname{artanh} y = \operatorname{artanh}\frac{x \pm y}{1 \pm x y}$$

1.23 Analytische Geometrie: Punkte in der Ebene

Entfernung zweier Punkte

$$e = \sqrt{(x_2 - x_1)^2 + (y_2 - y_1)^2}$$

Koordinaten des Mittelpunktes einer Strecke

$$x_m = \frac{x_1 + x_2}{2}; \quad y_m = \frac{y_2 - y_1}{2}$$

Teilungsverhältnis λ einer Strecke

$$\lambda = \frac{x - x_1}{x_2 - x} = \frac{y - y_1}{y_2 - y} = \frac{m}{n} = \frac{\overline{P_1 P}}{\overline{P P_2}}$$

(+) innerhalb, (–) außerhalb $\overrightarrow{P_1 P_2}$

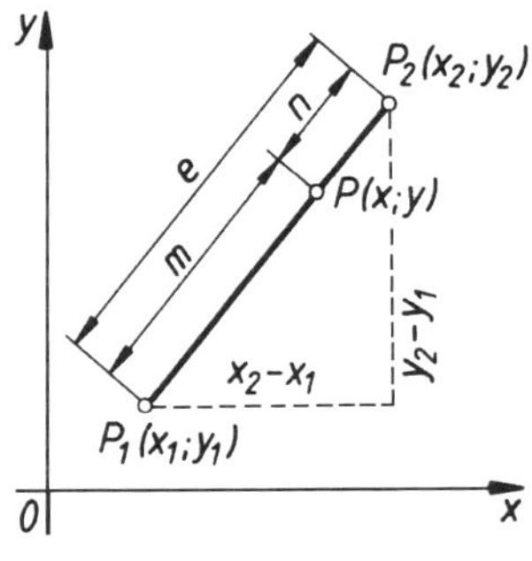

Koordinaten des Teilungspunktes *P* einer Strecke

$$x_p = \frac{m x_2 + n x_1}{m+n} = \frac{x_1 + \lambda x_2}{1+\lambda}$$

$$y_p = \frac{m y_2 + n y_1}{m+n} = \frac{y_1 + \lambda y_2}{1+\lambda}$$

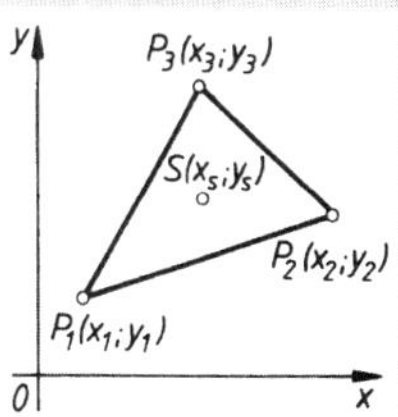

Flächeninhalt eines Dreiecks

$$A = \frac{x_1(y_2 - y_3) + x_2(y_3 - y_1) + x_3(y_1 - y_2)}{2}$$

Schwerpunkt *S* eines Dreiecks (Koordinaten von *S*)

$$x_s = \frac{x_1 + x_2 + x_3}{3}; \quad y_s = \frac{y_1 + y_2 + y_3}{3}$$

1.24 Analytische Geometrie: Gerade

Normalform der Geraden

$y = m\,x + n$ — n ist Ordinatenabschnitt

Achsenabschnittsform der Geraden

$$\frac{x}{a} + \frac{y}{b} = 1$$

a Abschnitt auf der x-Achse
b Abschnitt auf der y-Achse

Punkt-Steigungsform der Geraden

$$m = \tan\varphi = \frac{y - y_1}{x - x_1}$$

Zweipunkteform der Geraden

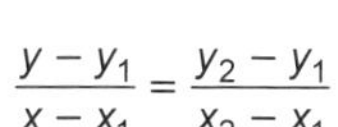

$$\frac{y - y_1}{x - x_1} = \frac{y_2 - y_1}{x_2 - x_1}$$

Steigung *m* und Steigungswinkel *φ*

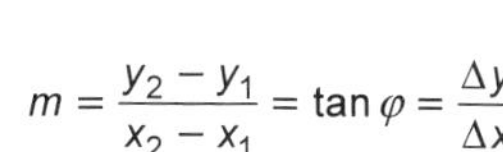

$$m = \frac{y_2 - y_1}{x_2 - x_1} = \tan\varphi = \frac{\Delta y}{\Delta x}$$

Hesse'sche Normalform

$$x\cos\alpha + y\sin\alpha - p = 0$$

Senkrechter Abstand *d* eines Punktes P_1 von einer Geraden

$$d = x_1\cos\alpha + y_1\sin\alpha - p$$

(+) wenn P und 0 auf verschiedenen Seiten der Geraden liegen; sonst (–)

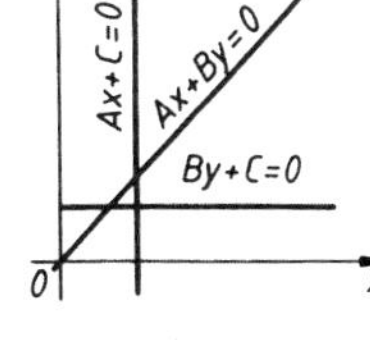

Allgemeine Linearform der Geradengleichung

$$A\,x + B\,y + C = 0$$

Bei $A = 0$ ist die Gerade parallel zur x-Achse,
bei $B = 0$ parallel zur y-Achse,
bei $C = 0$ geht die Gerade durch 0.

Schnittpunkt *s* zweier Geraden

$$x_s = \begin{vmatrix} B_1 C_1 \\ B_2 C_2 \end{vmatrix} : \begin{vmatrix} A_1 B_1 \\ A_2 B_2 \end{vmatrix} \quad y_s = \begin{vmatrix} C_1 A_1 \\ C_2 A_2 \end{vmatrix} : \begin{vmatrix} A_1 B_1 \\ A_2 B_2 \end{vmatrix}$$

Sonderfälle

bei $\begin{vmatrix} A_1 B_1 \\ A_2 B_2 \end{vmatrix} = 0$ sind die gegebenen Geraden parallel,

bei $\frac{A_1}{A_2} = \frac{B_1}{B_2} = \frac{C_1}{C_2}$ fallen sie zusammen.

Schnittpunkt *s* zweier Geraden, die in Normalform gegeben sind

gegeben: $y_1 = m_1 x + n_1$; $y_2 = m_2 x + n_2$

$$x_s = \frac{n_1 - n_2}{m_2 - m_1}; \quad y_s = \frac{n_1 m_2 - n_2 m_1}{m_2 - m_1}$$

Sonderfall

Die dritte Gerade geht durch den Schnittpunkt der beiden ersten Geraden, wenn

$$\begin{vmatrix} A_1 B_1 C_1 \\ A_2 B_2 C_2 \\ A_3 B_3 C_3 \end{vmatrix} = 0 \text{ ist.}$$

Schnittwinkel φ zweier Geraden

$$\tan\varphi = \frac{m_2 - m_1}{1 + m_1 m_2} \qquad \begin{aligned} y &= m_1 x + n_1 \\ y &= m_2 x + n_1 \end{aligned}$$

$$\tan\varphi = \frac{A_1 B_2 - A_2 B_1}{A_1 A_2 - B_1 B_2} \qquad \begin{aligned} A_1 x + B_1 y + C_1 &= 0 \\ A_2 x + B_2 y + C_2 &= 0 \end{aligned}$$

Schnittwinkel φ wird beim Drehen der Geraden g_1 in der Lage von g_2 überstrichen (im entgegengesetzten Sinn des Uhrzeigers).

Sonderfälle

bei $m_2 = m_1$ bzw. $\frac{A_1}{B_1} = \frac{A_2}{B_2}$ sind Gerade parallel,

bei $m_2 = -\frac{1}{m_1}$ bzw. $\frac{A_1}{B_1} = -\frac{B_2}{A_2}$ stehen sie rechtwinklig aufeinander

Winkelhalbierende w_1, w_2 zweier Geraden g_1, g_2

Sind $g_{1\,H}$ und $g_{2\,H}$ die Hesse'schen Normalformen der Geraden, so wird $w_{1,2} = g_{1\,H} \pm g_{2\,H}$.

w_1, w_2 sind die Gleichungen für die Winkelhalbierenden.

1.25 Analytische Geometrie: Lage einer Geraden im rechtwinkligen Achsenkreuz

Zur Kontrolle der Rechnungen nach 1.25 wird die Gleichung der Geraden auf die Form $A\,x + B\,y + C = 0$ gebracht, die Konstanten A, B und C bestimmt und die Lage der Geraden der folgenden Tabelle entnommen. Gleichungen mit positiver Konstante C müssen vorher mit (– 1) multipliziert werden.

Vorzeichen der Konstanten			Beziehung zwischen Konstanten A und B	Lage der Geraden	
A	B	C		Steigungswinkel φ mit positiver x-Achse	Lage zum Koordinatenursprung
+	+	–	$A > B$ $A = B$ $A < B$	$90° < \varphi < 135°$ $135°$ $135° < \varphi < 180°$	rechts oberhalb
–	+	–	$\|A\| < B$ $\|A\| = B$ $\|A\| > B$	$0° < \varphi < 45°$ $45°$ $45° < \varphi < 90°$	links oberhalb
–	–	–	$\|A\| > \|B\|$ $A = B$ $\|A\| < \|B\|$	$90° < \varphi < 135°$ $135°$ $135° < \varphi < 180°$	links unterhalb
+	–	–	$A < \|B\|$ $A = \|B\|$ $A > \|B\|$	$0° < \varphi < 45°$ $45°$ $45° < \varphi < 90°$	rechts unterhalb

Beispiel: Gegeben ist eine Gerade mit $16x - 11y + 6 = 0$; mit (– 1) multipliziert: $-16x + 11y - 6 = 0$; also ist $A = -16$, $B = +11$ und $C = -6$, d. h. $|A| > \beta$. Nach der Tabelle liegt die Gerade links oberhalb des Koordinatenursprungs mit Steigungswinkel φ zwischen 45° und 90° ($\varphi \approx 56{,}4°$).

Zusammenfassung der Sonderfälle

Konstante	$A = 0$ [1)]	$B = 0$ [1)]	$C = 0$	$A = 0;\ C = 0$	$B = 0;\ C = 0$
Gleichung	$y = -\frac{C}{B}$	$x = -\frac{C}{A}$	$y = -\frac{A}{B}x$	$y = 0$	$x = 0$
Lage der Geraden	Parallele zur x- Achse im Abstand $-C/B$	Parallele zur y-Achse im Abstand $-C/A$	Gerade durch den Koordinatenursprung	Gerade fällt zusammen mit x-Achse	mit y-Achse

1) Bei $A = 0$ und $B = 0$ unendlich ferne Gerade.

1.26 Analytische Geometrie: Kreis

Kreisgleichung (Mittelpunkt *M* liegt im Nullpunkt)

$$x^2 + y^2 = r^2$$

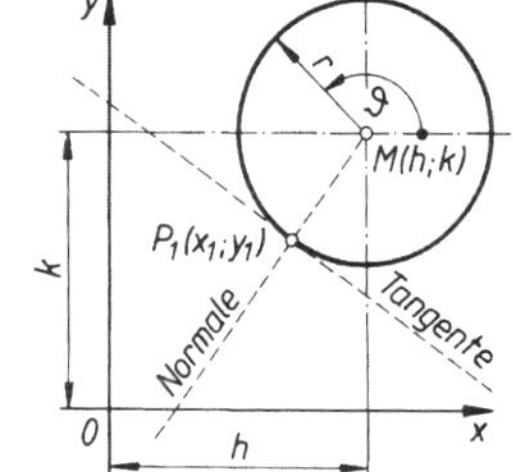

in Parameterform

$$x = h + r\cos\vartheta; \quad y = k + r\sin\vartheta$$

Kreisgleichung für beliebige Lage von *M* (*h*; *k*)

$$(x - h)^2 + (y - k)^2 = r^2$$

Scheitelgleichung (*M* liegt auf *x*-Achse, Kreis geht durch Nullpunkt)

$$y^2 = x\,(2r - x)$$

Schnitt von Kreis und Gerade

Kreis $x^2 + y^2 = r^2$ wird von der Geraden $y = m\,x + n$ geschnitten, wenn Diskriminante $\Lambda = r^2\,(1 + m^2) - n^2 > 0$ ist.
Bei $r^2\,(1 + m^2) - n^2 = 0$ ist die Gerade eine Tangente.

Abszissen der Geradenschnittpunkte

$$x_{1,2} = \frac{1}{1 + m^2}\left[-mn \pm \sqrt{r^2(1 + m^2) - n^2}\right]$$

Tangentengleichung für Berührungspunkt $P_1(x_1;\, y_1)$

$$x_1\,x + y_1\,y = r^2$$

$$(x_1 - h)\,(x - h) + (y_1 - k)\,(y - k) = r^2$$

Normalengleichung

$$y = \frac{y_1}{x_1}x; \quad \frac{y - k}{x - h} = \frac{k - y_1}{h - y_1}$$

Für den Kreis mit:
$x^2 + y^2 = r^2$
$(x - h)^2 + (y - k)^2 = r^2$

1.27 Analytische Geometrie: Parabel

Scheitelgleichungen und Lage der Parabel

	Scheitel S		Lage der Parabel bei	
	im Nullpunkt	beliebig	$p > 0$	$p < 0$
x-Achse ist Symmetrieachse	$y^2 = 2\,p\,x$	$(y-k)^2 = 2\,p\,(x-h)$	nach rechts geöffnet	nach links geöffnet
y-Achse ist Symmetrieachse	$x^2 = 2\,p\,y$	$(x-h)^2 = 2\,p\,(y-k)$	nach oben geöffnet	nach unten geöffnet

k; h sind Koordinaten des Scheitels S (siehe Kreis und Ellipse)

Halbparameter p

Entfernung des Brennpunkts F von der Leitlinie l (Strecke FL)

Tangentengleichungen für Berührungspunkt $P_1\,(x_1;\,y_1)$

$y\,y_1 = p\,(x + x_1)$ für Scheitelgleichung $y^2 = 2\,p\,x$

$x\,x_1 = p\,(y + y_1)$ für Scheitelgleichung $x^2 = 2\,p\,y$

$(y-k)\,(y_1-k) = p\,(x + x_1 - 2\,h)$ für Scheitelgleichung $(y-k)^2 = 2\,p\,(x-h)$

$(x-h)\,(x_1-h) = p\,(y + y_1 - 2\,k)$ für Scheitelgleichung $(x-h)^2 = 2\,p\,(y-k)$

Normalengleichung

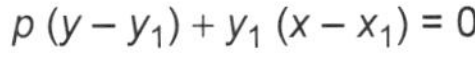

$p\,(y - y_1) + y_1\,(x - x_1) = 0$

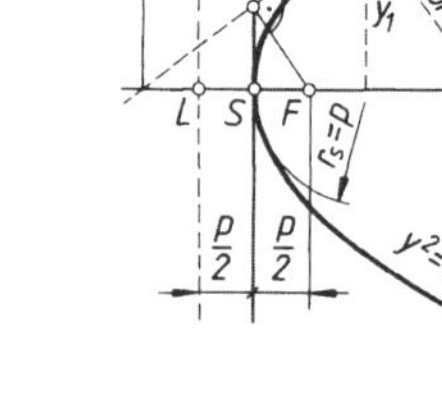

Krümmungsradius ϱ in $P\,(x_1;\,y_1)$

$$\varrho = \frac{(p + 2\,x_1)^{3/2}}{\sqrt{p}}$$

Krümmungsradius im Scheitel

$r_s = p$

Schnitt der Parabel $y^2 = 2\,p\,x$ mit der Geraden $y = m\,x + n$ ergibt

zwei reelle Schnittpunkte für $p > 2\,m\,n$,
eine Tangente für $p = 2\,m\,n$,
keinen reellen Schnittpunkt für $p < 2\,m\,n$.

1.28 Analytische Geometrie: Ellipse und Hyperbel

Grundeigenschaft der Ellipse: $P\,F_1 + P\,F_2 = 2\,a$
der Hyperbel: $P\,F_2 - P\,F_1 = 2\,a$
F_1, F_2 Brennpunkte,
r_1, r_2 Brennstrahlen,
a große, b kleine Halbachse,
S_1, S_2 Hauptscheitel,
S_1', S_2' Nebenscheitel

Ellipse	Hyperbel

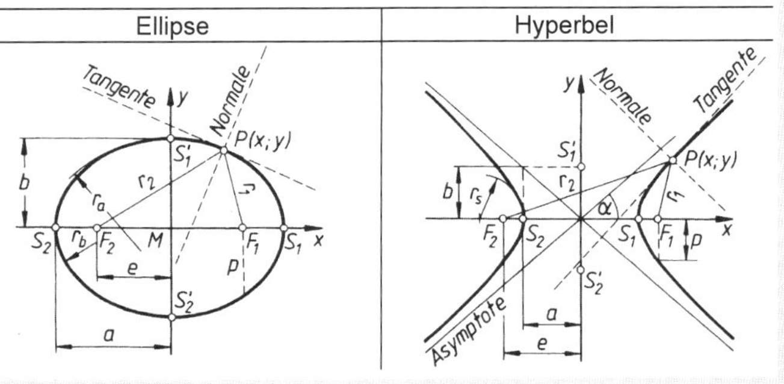

	Ellipse	Hyperbel
Mittelpunktsgleichung (*M* liegt im Nullpunkt)	$\frac{x^2}{a^2}+\frac{y^2}{b^2}=1$	$\frac{x^2}{a^2}-\frac{y^2}{b^2}=1$
in Parameterform	$x = a\cos\vartheta;\ y = b\sin\vartheta$	$x = a\cosh\vartheta;\ y = b\sinh\vartheta$
für beliebige Lage von *M* (*h*; *k*)	$\frac{(x-h)^2}{a^2}+\frac{(y-k)^2}{b^2}=1$	$\frac{(x-h)^2}{a^2}-\frac{(y-k)^2}{b^2}=1$
lineare Exzentrizität e	$e = \sqrt{a^2-b^2}$	$e = \sqrt{a^2+b^2}$
numerische Exzentrizität ε	$\varepsilon = \frac{e}{a}<1$	$\varepsilon = \frac{e}{a}>1$
Länge des Lotes *p* in den Brennpunkten	$p = \frac{b^2}{a}$	$p = \frac{b^2}{a}$
Scheitelgleichung	$y^2 = 2px - \frac{p}{a}x^2$	$y^2 = 2px + \frac{p}{a}x^2$
Polargleichung (Mittelpunkt ist Pol)	$r = \frac{p}{1-\varepsilon\cos\varphi}$	
Brennstrahlenlänge r_1, r_2	$r_1 = F_1P = a - \varepsilon x$ $r_2 = F_2P = a + \varepsilon x$	$r_1 = F_1P = \pm(\varepsilon x - a)$ $r_2 = F_2P = \pm(\varepsilon x + a)$
Tangentengleichung für *M* (0 ; 0)	$\frac{xx_1}{a^2}+\frac{yy_1}{b^2}=1$	$\frac{xx_1}{a^2}-\frac{yy_1}{b^2}=1$
Normalengleichung für *M* (0 ; 0)	$\frac{x-x_1}{x_1b^2}=\frac{y-y_1}{y_1a^2}$	$\frac{x-x_1}{x_1b^2}=-\frac{y-y_1}{y_1a^2}$
Scheitelradien r_a, r_b, r_s	$r_a = \frac{a^2}{b};\ r_b = \frac{b^2}{a}$	$r_s = \frac{b^2}{a}$
Radius ϱ des Krümmungskreises im Punkt (x_1; y_1)	$\varrho = a^2b^2\left(\frac{x_1^2}{a^4}+\frac{y_1^2}{b^4}\right)^{3/2}$	$\varrho = a^2b^2\left(\frac{x_1^2}{a^4}+\frac{y_1^2}{b^4}\right)^{3/2}$
Ellipsenumfang *U* (Näherung)	$U \approx \pi\,[1{,}5(a+b)-\sqrt{ab}]$	
Flächeninhalt *A*	$A = \pi ab$	
Steigungswinkel α der Asymptoten aus		$\tan\alpha = m = \pm\frac{b}{a}$

Die gleichseitige Hyperbel hat gleiche Achsen: $a = b$; ihre Gleichung lautet: $x^2 - y^2 = a^2$; ihre Asymptoten stehen rechtwinklig aufeinander; sind die Koordinatenachsen die Asymptoten der gleichseitigen Hyperbel, so gilt $xy = a^2/2$ als deren Gleichung.

1.29 Reihen

Arithmetische Reihen

Definition

In einer arithmetischen Reihe $a_1 + a_2 + \dots a_n$ ist die Differenz d zweier aufeinander folgender Glieder konstant; jedes Glied ist arithmetisches Mittel seiner beiden Nachbarglieder:

$$a_2 - a_1 = a_3 - a_2 = \dots a_n - a_{n-1} = d$$

allgemeine Form (s Summe)

$$s = a + (a + d) + (a + 2\,d) + \dots + [a + (n-2)\,d] + [a + (n-1)\,d]$$

Schlussglied z

$$z = a + (n-1)\,d$$

Anfangsglied a

$$a = z - (n-1)\,d$$

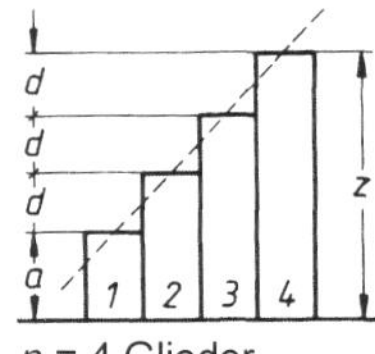

$n = 4$ Glieder

Schema einer arithmetischen Stufung

Differenz d

$$d = \frac{z-a}{n-1}$$

Anzahl der Glieder n

$$n = \frac{z-a+d}{d} = \frac{z-a}{d} + 1$$

Summe s von n Gliedern der Reihe

$$s = \frac{n}{2}(a + z) = a\,n + \frac{n(n-1)\cdot d}{2} = \frac{n}{2}(2a + n\,d - d)$$

$$s = \frac{n}{2}(2z - n\,d + d) = \frac{a+z}{2} \cdot \frac{z-a+d}{d}$$

Geometrische Reihen

Definition

In einer geometrischen Reihe $a_1 + a_2 + \dots + a_n$ ist der Quotient q zweier aufeinander folgender Glieder konstant; jedes Glied ist geometrisches Mittel seiner beiden Nachbarglieder:

$$\frac{a_2}{a_1} = \frac{a_3}{a_2} = \dots = \frac{a_n}{a_{n-1}} = q$$

allgemeine Form (s Summe)

$$s = a + a\,q + a\,q^2 + a\,q^3 + a\,q^4 + \dots + a\,q^{n-2} + a\,q^{n-1}$$

Schlussglied z

$$z = a\,q^{n-1}$$

Summe s von n Gliedern der Reihe

$$s = a\frac{1-q^n}{1-q} = \frac{a-q\,z}{1-q} \quad (\text{für } q < 1)$$

$$s = a\frac{q^n-1}{q-1} = \frac{q\,z-a}{q-1} \quad (\text{für } q > 1)$$

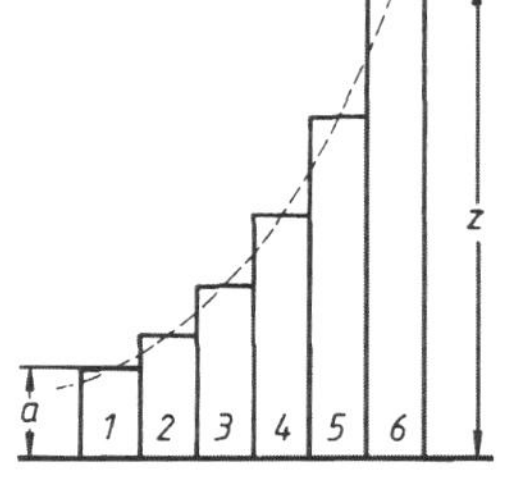

$n = 6$ Glieder

Schema einer geometrischen Stufung

Quotient a (Stufensprung)

$$q = \sqrt[n-1]{\frac{z}{a}}$$

1.30 Potenzreihen

Funktion	Potenzreihe	Konvergenzbereich
$(1 \pm x)^n$	$= 1 \pm \binom{n}{1}x + \binom{n}{2}x^2 \pm \binom{n}{3}x^3 + \pm \ldots$ (n beliebig)	$\lvert x\rvert \leqq 1$
$(1 \pm x)^{1/2}$	$= 1 \pm \frac{1}{2}x - \frac{1\cdot 1}{2\cdot 4}x^2 \pm \frac{1\cdot 1\cdot 3}{2\cdot 4\cdot 6}x^3 - \frac{1\cdot 1\cdot 3\cdot 5}{2\cdot 4\cdot 6\cdot 8}x^4 \pm - \ldots$	$\lvert x\rvert \leqq 1$
	$= 1 \pm \frac{1}{2}x - \frac{1}{8}x^2 \pm \frac{1}{16}x^3 - \frac{5}{128}x^4 \pm - \ldots$	
$(1 \pm x)^{1/3}$	$= 1 \pm \frac{1}{3}x - \frac{1\cdot 2}{3\cdot 6}x^2 \pm \frac{1\cdot 2\cdot 5}{3\cdot 6\cdot 9}x^3 - \frac{1\cdot 2\cdot 5\cdot 8}{3\cdot 6\cdot 9\cdot 12}x^4 \pm - \ldots$	$\lvert x\rvert \leqq 1$
	$= 1 \pm \frac{1}{3}x - \frac{1}{9}x^2 \pm \frac{5}{81}x^3 - \frac{10}{243}x^4 \pm - \ldots$	
$(1 \pm x)^{1/4}$	$= 1 \pm \frac{1}{4}x - \frac{3}{32}x^2 \pm \frac{7}{128}x^3 - \frac{77}{2048}x^4 \pm \frac{231}{8192}x^5 - \pm \ldots$	$\lvert x\rvert \leqq 1$
$\frac{1}{(1 \pm x)^n}$	$= 1 \mp \frac{n}{1}x + \frac{n(n+1)}{1\cdot 2}x^2 \mp \frac{n(n+1)(n+2)}{1\cdot 2\cdot 3}x^3 + \mp \ldots$	$\lvert x\rvert < 1$
$\frac{1}{(1 \pm x)^{1/2}}$	$= 1 \mp \frac{1}{2}x + \frac{1\cdot 3}{2\cdot 4}x^2 \mp \frac{1\cdot 3\cdot 5}{2\cdot 4\cdot 6}x^3 + \frac{1\cdot 3\cdot 5\cdot 7}{2\cdot 4\cdot 6\cdot 8}x^4 \mp + \ldots$	$\lvert x\rvert < 1$
$\frac{1}{(1 \pm x)^{1/3}}$	$= 1 \mp \frac{1}{3}x + \frac{1\cdot 4}{3\cdot 6}x^2 \mp \frac{1\cdot 4\cdot 7}{3\cdot 6\cdot 9}x^3 + \frac{1\cdot 4\cdot 7\cdot 10}{3\cdot 6\cdot 9\cdot 12}x^4 \mp + \ldots$	$\lvert x\rvert < 1$
$\frac{1}{(1 \pm x)^{1/4}}$	$= 1 \mp \frac{1}{4}x + \frac{1\cdot 5}{4\cdot 8}x^2 \mp \frac{1\cdot 5\cdot 9}{4\cdot 8\cdot 12}x^3 + \frac{1\cdot 5\cdot 9\cdot 13}{4\cdot 8\cdot 12\cdot 16}x^4 \mp + \ldots$	$\lvert x\rvert < 1$
$\frac{1}{(1 \pm x)}$	$= 1 \mp x + x^2 \mp x^3 + x^4 \mp + \ldots$	$\lvert x\rvert < 1$
$\frac{1}{(1 \pm x)^2}$	$= 1 \mp 2x + 3x^2 \mp 4x^3 + 5x^4 \mp + \ldots$	$\lvert x\rvert < 1$
$\frac{1}{(1 \pm x)^3}$	$= 1 \mp \frac{1}{2}(2\cdot 3x \mp 3\cdot 4x^2 + 4\cdot 5x^3 \mp 5\cdot 6x^4 + \mp \ldots)$	$\lvert x\rvert < 1$
a^x	$= 1 + \ln a \frac{x}{1!} + (\ln a)^2 \frac{x^2}{2!} + (\ln a)^3 \frac{x^3}{3!} + (\ln a)^4 \frac{x^4}{4!} + \ldots$	$\lvert x\rvert < \infty$
e^x	$= 1 + \frac{x}{1!} + \frac{x^2}{2!} + \frac{x^3}{3!} + \frac{x^4}{4!} + \ldots$; daraus e:	$\lvert x\rvert < \infty$
	$e^1 = 1 + \frac{1}{1!} + \frac{1}{2!} + \frac{1}{3!} + \ldots = 2{,}718\,281\,828\,459$	
e^{-x}	$= 1 - \frac{x}{1!} + \frac{x^2}{2!} - \frac{x^3}{3!} + \frac{x^4}{4!} - + \ldots$; daraus e^{-1}:	$\lvert x\rvert < \infty$
	$1 - \frac{1}{1!} + \frac{1}{2!} - \frac{1}{3!} + \frac{1}{4!} - + \ldots = 0{,}367\,879\,441$	
$e^{\mathrm{i}x}$	$= \cos x + \mathrm{i}\sin x = 1 + \mathrm{i}\frac{x}{1!} - \frac{x^2}{2!} - \mathrm{i}\frac{x^3}{3!} + \frac{x^4}{4!} + \mathrm{i}\frac{x^5}{5!} - - + + \ldots$	Formeln von Euler
$e^{-\mathrm{i}x}$	$= \cos x - \mathrm{i}\sin x = 1 - \mathrm{i}\frac{x}{1!} - \frac{x^2}{2!} + \mathrm{i}\frac{x^3}{3!} + \frac{x^4}{4!} - - + + \ldots$	

Mathematik
Potenzreihen

Funktion	Potenzreihe	Konvergenzbereich
$\ln(1+x)$	$= x - \frac{1}{2}x^2 + \frac{1}{3}x^3 - \frac{1}{4}x^4 + - \ldots$	$-1 < x \leqq 1$
$\ln(1-x)$	$= -x - \frac{1}{2}x^2 - \frac{1}{3}x^3 - \frac{1}{4}x^4 + - \ldots$	$-1 < x \leqq 1$
$\ln\frac{1+x}{1-x}$	$= 2\left(x + \frac{1}{3}x^3 + \frac{1}{5}x^5 + \frac{1}{7}x^7 + \ldots\right)$	$\lvert x\rvert \leqq 1$
$\ln\frac{x+1}{x-1}$	$= 2\left(x^{-1} + \frac{1}{3}x^{-3} + \frac{1}{5}x^{-5} + \frac{1}{7}x^{-7} + \ldots\right)$	$\lvert x\rvert > 1$
$\ln x$	$= 2\left[\frac{x-1}{x+1} + \frac{1}{3}\left(\frac{x-1}{x+1}\right)^3 + \frac{1}{5}\left(\frac{x-1}{x+1}\right)^5 + \frac{1}{7}\left(\frac{x-1}{x+1}\right)^7 + \ldots\right]$	$x > 0$
$\ln(a+x)$	$= \ln a + 2\left[\frac{x}{2a+x} + \frac{1}{3}\left(\frac{x}{2a+x}\right)^3 + \frac{1}{5}\left(\frac{x}{2a+x}\right)^5 + \ldots\right]$	$a > 0;\ x > -a$
$\ln 2$	$= \frac{1}{2} + \frac{1}{2\cdot 2^2} + \frac{1}{3\cdot 2^3} + \frac{1}{4\cdot 2^4} + \ldots = 0{,}693147180$	
$\ln 3$	$= 1 + \frac{2}{3\cdot 2^3} + \frac{2}{5\cdot 2^5} + \frac{2}{7\cdot 2^7} + \ldots = 1{,}098612288$	
$\sin x$	$= \frac{x}{1!} - \frac{x^3}{3!} + \frac{x^5}{5!} - \frac{x^7}{7!} + \frac{x^9}{9!} - \frac{x^{11}}{11!} + - \ldots$	$\lvert x\rvert < \infty$
$\cos x$	$= 1 - \frac{x^2}{2!} + \frac{x^4}{4!} - \frac{x^6}{6!} + \frac{x^8}{8!} - \frac{x^{10}}{10!} + - \ldots$	$\lvert x\rvert < \infty$
$\tan x$	$= x + \frac{x^3}{3} + \frac{2x^5}{3\cdot 5} + \frac{17x^7}{3^2\cdot 5\cdot 7} + \frac{62x^9}{3^2\cdot 5\cdot 7\cdot 9} + \ldots$	$\lvert x\rvert < \pi/2$
$\cot x$	$= \frac{1}{x} - \frac{x}{3} - \frac{x^3}{3^2\cdot 5} - \frac{2x^5}{3^3\cdot 5\cdot 7} - \frac{x^7}{3^3\cdot 5^2\cdot 7} - \ldots$	$0 < \lvert x\rvert < \pi$
$\sin 1$	$= 1 - \frac{1}{3!} + \frac{1}{5!} - \frac{1}{7!} + - \ldots = 0{,}841470984$	
$\cos 1$	$= 1 - \frac{1}{2!} + \frac{1}{4!} - \frac{1}{6!} + - \ldots = 0{,}540302305$	
$\arcsin x$	$= x + \frac{x^3}{2\cdot 3} + \frac{1\cdot 3x^5}{2\cdot 4\cdot 5} + \frac{1\cdot 3\cdot 5x^7}{2\cdot 4\cdot 6\cdot 7} + \ldots$	$\lvert x\rvert < 1$
$\arccos x$	$= \frac{\pi}{2} - \arcsin x$	$\lvert x\rvert < 1$
$\arctan x$	$= x - \frac{x^3}{3} + \frac{x^5}{5} - \frac{x^7}{7} + \frac{x^9}{9} - + \ldots$	$\lvert x\rvert < 1$
$\operatorname{arccot} x$	$= \frac{\pi}{2} - \arctan x$	$\lvert x\rvert < 1$
$\sinh x$	$= x + \frac{x^3}{3!} + \frac{x^5}{5!} + \frac{x^7}{7!} + \ldots$	$\lvert x\rvert < \infty$
$\cosh x$	$= 1 + \frac{x^2}{2!} + \frac{x^4}{4!} + \frac{x^6}{6!} + \ldots$	$\lvert x\rvert < \infty$

$\sinh 1 = 1{,}175\,201\,193$; $\cosh 1 = 1{,}543\,080\,634$

1.31 Differenzialrechnung: Grundregeln

Funktion	Ableitung	Beispiele
Funktion mit konstantem Faktor $y = a\,f(x)$	$y' = a\,f'(x)$	$y = 3\,x^2 \qquad y' = 6\,x$ $y = -3\,x^4 \qquad y' = -12\,x^3$
Potenzfunktion: $y = x^n$	$y' = n\,x^{n-1}$	$y = \sqrt{x} = x^{\frac{1}{2}}; \qquad y' = \frac{1}{2\sqrt{x}}$
Konstante $y = a$	$y' = 0$	$y = 50 \qquad y' = 0$
Summe oder Differenz $y = u(x) \pm v(x)$	$y' = u'(x) \pm v'(x)$	$y = x + x^3 \qquad y' = 1 + 3\,x^2$ $y = 5 - 2\,x + x^2$ $y' = -2 + 2\,x = 2\,(x-1)$
Produktregel: $y = u(x) \cdot v(x)$	$y' = u'v + u\,v'$	$y = \sin x \cdot \cos x$ $y' = \sin(x) \cdot (-\sin x) + \cos x \cdot \cos x$ $= \cos 2\,x$
bei mehr als zwei Faktoren: $y = u \cdot v \cdot w \cdot z = f(x)$	$y' = u'v\,w\,z + u\,v'w\,z + {}$ $+ u\,v\,w'z + u\,v\,w\,z'$	$y = e^x \arcsin x\,x^4$ $y' = e^x \arcsin x\,x^4 + e^x \frac{1}{\sqrt{1-x^2}} x^4 +$ $+ e^x \arcsin x\;4\,x^3$ $y' = e^x x^3 \left(x \arcsin x + \frac{x}{\sqrt{1-x^2}} + 4 \arcsin x \right)$
Quotientenregel: $y = \frac{u(x)}{v(x)}$	$y' = \frac{u'v - uv'}{v^2}$	$y = \frac{x+1}{x-1} \qquad y' = -\frac{2}{(x-1)^2}$
Kettenregel: $y = f[u(x)]$	$y' = f'(u) \cdot u'(x) =$ $= \frac{dy}{du} \cdot \frac{du}{dx}$	$y = \cos(3x+5)$, also $u = 3\,x + 5$ und damit $y' = -\sin(3\,x+5) \cdot 3 = -3 \sin x\,(3\,x+5)$
Umkehrfunktion: $x = \varphi(y)$	$y' = \frac{dy}{dx} = \frac{1}{\varphi'(y)}$	$y = \tan x \qquad x = \arctan y$ $\varphi'(y) = \frac{1}{1+\tan^2 x} = \frac{1}{1+y^2}$ $y' = \frac{1}{\varphi'(y)} = 1 + y^2$
logarithmische Regel	Erst logarithmieren, dann nach der Kettenregel differenzieren	$y = (2\,x)^{\sin x}$ $\ln y = \ln(2\,x)^{\sin x} = \sin x \cdot \ln(2\,x)$ $\frac{1}{y} \cdot y' = \sin x \cdot \frac{1}{2x} \cdot 2 + \ln(2x) \cdot \cos x$ $y' = (2x)^{\sin x} \left[\frac{\sin x}{x} + \cos x \cdot \ln(2x) \right]$

Funktion	Ableitung	Beispiele
implizites Differenzieren	Die Funktion wird nicht nach einer Veränderlichen aufgelöst, sondern implizit gliedweise differenziert	$x^2 + y^2 = r^2$ $2x + 2y \cdot y' = 0$ $y' = \frac{-x}{y}$

1.32 Differenzialrechnung: Ableitungen elementarer Funktionen

$\frac{\mathrm{d}a}{\mathrm{d}x} = 0\ (a = \text{konst})$	$\frac{\mathrm{d}\sin x}{\mathrm{d}x} = \cos x$	$\frac{\mathrm{d}\sinh x}{\mathrm{d}x} = \cosh x$
$\frac{\mathrm{d}x^n}{\mathrm{d}x} = n\,x^{n-1}$	$\frac{\mathrm{d}\cos x}{\mathrm{d}x} = -\sin x$	$\frac{\mathrm{d}\cosh x}{\mathrm{d}x} = \sinh x$
$\frac{\mathrm{d}(m\,x + a)}{\mathrm{d}x} = m$	$\frac{\mathrm{d}\tan x}{\mathrm{d}x} = \frac{1}{\cos^2 x} = 1 + \tan^2 x$	$\frac{\mathrm{d}\tanh x}{\mathrm{d}x} = \frac{1}{\cosh^2 x} = 1 - \tanh^2 x$
$\frac{\mathrm{d}a\,x^n}{\mathrm{d}x} = n\,a\,x^{n-1}$		
$\frac{\mathrm{d}\sqrt{x}}{\mathrm{d}x} = \frac{1}{2\sqrt{x}}$	$\frac{\mathrm{d}\cot x}{\mathrm{d}x} = -\frac{1}{\sin^2 x} = -1 - \cot^2 x$	$\frac{\mathrm{d}\coth x}{\mathrm{d}x} = -\frac{1}{\sinh^2 x} = 1 - \coth^2 x$
$\frac{d(1/x)}{\mathrm{d}x} = -\frac{1}{x^2}$		
$\frac{\mathrm{d}e^x}{\mathrm{d}x} = e^x$	$\frac{\mathrm{d}\arcsin x}{\mathrm{d}x} = \frac{1}{\sqrt{1-x^2}}$	$\frac{\mathrm{d}\operatorname{arsinh} x}{\mathrm{d}x} = \frac{1}{\sqrt{x^2+1}}$
$\frac{\mathrm{d}a^x}{\mathrm{d}x} = a^x \ln a$	$\frac{\mathrm{d}\arccos x}{\mathrm{d}x} = -\frac{1}{\sqrt{1-x^2}}$	$\frac{\mathrm{d}\operatorname{arcosh} x}{\mathrm{d}x} = \frac{1}{\sqrt{x^2-1}}$
$\frac{\mathrm{d}\ln x}{\mathrm{d}x} = \frac{1}{x}$	$\frac{\mathrm{d}\arctan x}{\mathrm{d}x} = \frac{1}{1+x^2}$	$\frac{\mathrm{d}\operatorname{artanh} x}{\mathrm{d}x} = \frac{1}{1-x^2}$
$\frac{\mathrm{d}^a \log x}{\mathrm{d}x} = \frac{1}{x \ln a}$	$\frac{\mathrm{d}\operatorname{arccot} x}{\mathrm{d}x} = -\frac{1}{1+x^2}$	$\frac{\mathrm{d}\operatorname{arcoth} x}{\mathrm{d}x} = \frac{1}{1-x^2}$

1.33 Integrationsregeln

Konstantenregel

Ein Faktor k beim Integranden $f(x)\,\mathrm{d}x$ kann vor das Integral gezogen werden:

$$\int k \cdot f(x)\mathrm{d}x = k\int f(x)\mathrm{d}x$$

$$\int 7 \cdot x^2\,\mathrm{d}x = 7 \cdot \int x^2\,\mathrm{d}x = 7\left[\frac{x^3}{3}\right] + C$$

Summenregel

Eine Summe wird gliedweise integriert:

$$\int [u(x) + v(x)]\mathrm{d}x = \int u(x)\mathrm{d}x + \int v(x)\mathrm{d}x$$

$$\int (1 + x + x^2 + x^3)\mathrm{d}x = x + \frac{x^2}{2} + \frac{x^3}{3} + \frac{x^4}{4}$$

Einsetzregel (Substitutionsmethode)

1. Form: In den Integranden wird eine Funktion $z(x)$ so eingeführt, dass deren Ableitung z' als Faktor von dx auftritt:

$$\int f(x)\mathrm{d}x = \int \varphi(z)\cdot z'\cdot \mathrm{d}x = \int \varphi(z)\mathrm{d}z$$

$$\int \sin x \cos x \,\mathrm{d}x;\quad \sin x = z;\quad z' = \frac{\mathrm{d}z}{\mathrm{d}x} = \cos x$$

$$\int \sin x \cos x \,\mathrm{d}x = \int z\cdot z'\mathrm{d}x =$$

$$= \int z\,\mathrm{d}z = \frac{z^2}{2} = \frac{\sin^2 x}{2}$$

2. Form: Eine neue Funktion z einführen; aus der Substitutionsgleichung $\mathrm{d}x$ berechnen und alles unter dem Integral einführen:

$$\int \frac{1}{\sqrt{1-x^2}}\mathrm{d}x = \int \frac{1}{\cos z}\cos z\,\mathrm{d}z = \arcsin x$$

$$x = \sin z;\quad \sqrt{1-\sin^2 z} = \sqrt{1-x^2} = \cos z$$

$$\mathrm{d}x = \cos z\,\mathrm{d}z;\quad z = \arcsin x$$

$$\int f(ax+b)\mathrm{d}x = \frac{1}{a}\int \varphi(z)\mathrm{d}z$$

$$(ax+b) = z;\quad \frac{\mathrm{d}z}{\mathrm{d}x} = a \Rightarrow \mathrm{d}x = \frac{\mathrm{d}z}{a}$$

Sonderregeln

Ist der Zähler eines Integranden die Ableitung des Nenners, so ist das Integral gleich dem natürlichen Logarithmus des Nenners:

$$\int \frac{f'(x)}{f(x)}\mathrm{d}x = \ln f(x)$$

$$\int \frac{2ax+b}{ax^2+bx}\mathrm{d}x = \ln(ax^2+bx)$$

$$\int \frac{1}{x+a}\mathrm{d}x = \ln(x+a)$$

Produktregel (partielle Integration)

Lässt sich der Integrand als Produkt zweier Funktionen $f(x)$ und $g(x)$ darstellen, so kann der neue Integrand einfacher zu integrieren sein:

$$\int f(x)\,g(x)\,\mathrm{d}x = \int u\,\mathrm{d}v = u\cdot v - \int v\,\mathrm{d}u$$

$$\int x\cos x\,\mathrm{d}x = x\cdot\sin x - \int 1\cdot \sin x\,\mathrm{d}x$$

$$= x\cdot \sin x + \cos x$$

$$\begin{pmatrix} u = x; & v' = \cos x \\ u' = 1; & v = \sin x \end{pmatrix}$$

Flächenintegral (bestimmtes Integral)

Ist A der Flächeninhalt unter der Kurve $y = f(x)$, begrenzt durch die Ordinaten $x = a$ und $x = b$, so gilt

$$A = \int_a^b f(x)\,\mathrm{d}x = [F(x)]_a^b = F(b) - F(a)$$

d. h. das bestimmte Integral $f(x)\,\mathrm{d}x$ stellt den Flächeninhalt unter der Kurve $y = f(x)$ bis zur x-Achse im Intervall von a bis b dar $(a \leqq x \leqq b)$

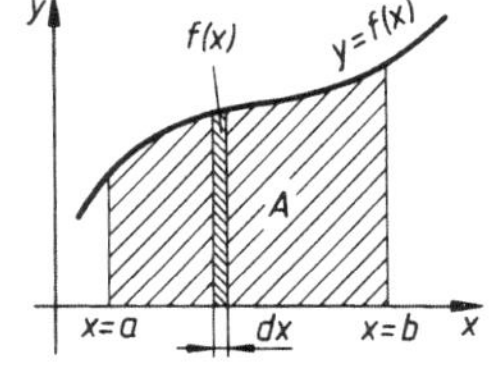

Integrieren einer Konstanten *k*

$$\int_a^b k\cdot \mathrm{d}x = [kx]_a^b = k(b-a)$$

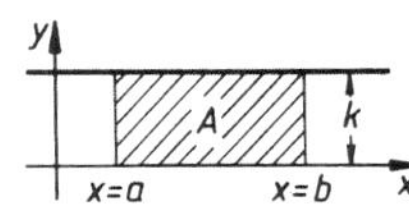

Vorzeichenwechsel

$$\int_a^b f(x)\,\mathrm{d}x = -\int_b^a f(x)\,\mathrm{d}x$$

Vertauschen der Grenzen bedeutet Vorzeichenwechsel (Integrieren von anderer Richtung kommend)

Mathematik
Lösungen häufig vorkommender Integrale

Aufspalten des bestimmten Integrals in Teilintegrale

$$\int_a^c f(x)\,dx = \int_a^b f(x)\,dx + \int_b^c f(x)\,dx$$

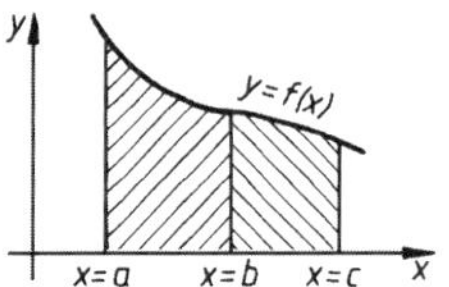

Definition des Mittelwertes y_m

Mittelwert y_m ist die Höhe des flächengleichen Rechtecks gewonnen aus:

$$(b-a)y_m = \int_a^b f(x)\,dx$$

$$y_m = \frac{1}{b-a}\cdot\int_a^b f(x)\,dx$$

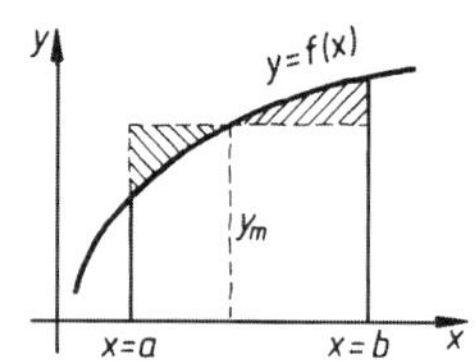

1.34 Grundintegrale

$$\int x^n\,dx = \frac{x^{n+1}}{n+1} + C \qquad n \neq -1$$

$$\int \frac{dx}{x} = \ln|x| + C; \quad x \neq 0$$

$$\int \sin x\,dx = -\cos x + C$$

$$\int \cos x\,dx = \sin x + C$$

$$\int \frac{dx}{\sin^2 x} = -\cot x + C$$

$$\int \frac{dx}{\cos^2 x} = \tan x + C$$

$$\int a^x\,dx = \frac{a^x}{\ln a} + C \qquad 0 < a \neq 1$$

$$\int e^x\,dx = e^x + C$$

$$\int \frac{dx}{\sqrt{1-x^2}} = \arcsin x + C = -\arccos x + C'$$

$$\int \frac{dx}{1+x^2} = \arctan x + C = -\operatorname{arccot} x + C'$$

$$\int \sinh x\,dx = \cosh x + C$$

$$\int \cosh x\,dx = \sinh x + C$$

$$\int \frac{dx}{\cosh^2 x} = \tanh x + C$$

$$\int \frac{dx}{\sinh^2 x} = -\coth x + C \qquad x \neq 0$$

$$\int \frac{dx}{\sqrt{1+x^2}} = \operatorname{arsinh} x + C = \ln(x + \sqrt{1+x^2}) + C$$

$$\int \frac{dx}{\sqrt{x^2-1}} = \operatorname{arcosh}|x| + C = \ln(|x| \pm \sqrt{x^2-1}) + C \qquad |x| > 1$$

$$\int \frac{dx}{1-x^2} = \operatorname{artanh} x + C = \frac{1}{2}\ln\frac{1+x}{1-x} + C; \ |x| < 1$$

$$\int \frac{dx}{1-x^2} = \operatorname{arcoth} x + C = \frac{1}{2}\ln\frac{x+1}{x-1} + C; \ |x| > 1$$

1.35 Lösungen häufig vorkommender Integrale (ohne Integrationskonstante *C* geschrieben)

Integrale algebraischer Funktionen

$$\int (a \pm bx)^n\,dx = \pm\frac{(a \pm bx)^{n+1}}{b(n+1)}; \ n \neq -1$$

$$= \pm\frac{1}{b}\ln|a \pm bx|; \ n = -1$$

$$\int \frac{x\,dx}{a+bx} = \frac{x}{b} - \frac{a}{b^2}\ln|a+bx|$$

$$\int \frac{x\,dx}{(a+bx)^2} = \frac{1}{b^2}\left(\frac{a}{a+bx} + \ln|a+bx|\right)$$

$$\int \frac{dx}{x^2+a^2} = \frac{1}{a}\arctan\frac{x}{a}$$

$$\int \frac{dx}{a^2 - x^2} = \frac{1}{a}\operatorname{artanh}\frac{x}{a}; \quad \left|\frac{x}{a}\right| < 1$$

$$= \frac{1}{a}\operatorname{arcoth}\frac{x}{a}; \quad \left|\frac{x}{a}\right| > 1$$

$$\int \frac{dx}{a^2 + b^2 x^2} = \frac{1}{ab}\arctan\frac{bx}{a}$$

$$\int \frac{dx}{a^2 - b^2 x^2} = \frac{1}{2ab}\ln\left|\frac{a + bx}{a - bx}\right|$$

$$\int \frac{x\,dx}{(x^2+1)^n} = \frac{1}{2}\ln(x^2+1); \quad n = 1$$

$$= -\frac{1}{2(n-1)(x^2+1)^{n-1}}; \quad n > 1$$

$$\int \frac{dx}{ax^2 + bx + c} = \frac{2}{\sqrt{4ac - b^2}}\arctan\frac{2ax + b}{\sqrt{4ac - b^2}} \qquad b^2 - 4ac < 0$$

$$= -\frac{2}{2ax + b} \qquad b^2 - 4ac = 0$$

$$= \frac{1}{\sqrt{b^2 - 4ac}}\ln\left|\frac{2ax + b - \sqrt{b^2 - 4ac}}{2ax + b + \sqrt{b^2 - 4ac}}\right| \qquad b^2 - 4ac > 0$$

$$\int \frac{Ax + B}{ax^2 + bx + c}\,dx = \frac{A}{2a}\ln\left|ax^2 + bx + c\right| + \left(B - \frac{Ab}{2a}\right)\int \frac{dx}{ax^2 + bx + c}$$

$$\int \frac{dx}{(ax^2 + bx + c)^n} = \frac{1}{(n-1)(4ac - b^2)} \cdot \frac{2ax + b}{(ax^2 + bx + c)^{n-1}} +$$

$$+ \frac{2(2n-3)a}{(n-1)(4ac - b^2)}\int \frac{dx}{(ax^2 + bx + c)^{n-1}}$$

$$\int \frac{Ax + B}{(ax^2 + bx + c)^n}\,dx = -\frac{A}{2a(n-1)} \cdot \frac{1}{(ax^2 + bx + c)^{n-1}} +$$

$$+ \left(B - \frac{Ab}{2a}\right)\int \frac{dx}{(ax^2 + bx + c)^n}$$

$$\int \sqrt{x^2 \pm a^2}\,dx = \frac{x}{2}\sqrt{x^2 \pm a^2} \pm \frac{a^2}{2}\ln\left|x + \sqrt{x^2 \pm a^2}\right|$$

$$\int \sqrt{a^2 - x^2}\,dx = \frac{x}{2}\sqrt{a^2 - x^2} + \frac{a^2}{2}\arcsin\frac{x}{a}$$

$$\int \frac{x\,dx}{\sqrt{x^2 \pm a^2}} = \sqrt{x^2 \pm a^2}$$

$$\int \frac{x\,dx}{\sqrt{a^2 - x^2}} = -\sqrt{a^2 - x^2}$$

$$\int \frac{dx}{x\sqrt{x^2 - a^2}} = -\frac{1}{a}\arcsin\frac{a}{x}$$

$$\int \frac{dx}{x\sqrt{a^2 - x^2}} = -\frac{1}{a}\operatorname{arcosh}\left|\frac{a}{x}\right| = -\frac{1}{2a}\ln\frac{a + \sqrt{a^2 - x^2}}{a - \sqrt{a^2 - x^2}}$$

$$\int \frac{dx}{x\sqrt{x^2 + a^2}} = -\frac{1}{a}\operatorname{arsinh}\frac{a}{x} = -\frac{1}{2a}\ln\frac{\sqrt{x^2 + a^2} + a}{\sqrt{x^2 + a^2} - a}$$

$$\int \frac{dx}{\sqrt{a^2 + b^2 x^2}} = \frac{1}{b}\ln\left(bx + \sqrt{a^2 + b^2 x^2}\right)$$

$$\int \frac{dx}{\sqrt{a^2 - b^2 x^2}} = \frac{1}{b}\arcsin\left(\frac{b}{a}x\right)$$

$$\int \frac{\mathrm{d}x}{\sqrt{a x^2 + b x + c}} = \frac{1}{\sqrt{a}} \ln \left| \frac{2 a x + b}{2\sqrt{a}} + \sqrt{a x^2 + b x + c} \right| \quad a > 0$$

$$= \frac{1}{\sqrt{-a}} \arcsin \frac{-2 a x - b}{\sqrt{b^2 - 4 a c}} \quad a < 0$$

$$\int \sqrt{a^2 + b^2 x^2}\, \mathrm{d}x = \frac{x}{2}\sqrt{a^2 + b^2 x^2} + \frac{a^2}{2b} \operatorname{arsinh}\left(\frac{b}{a} x\right)$$

$$\int \sqrt{a^2 - b^2 x^2}\, \mathrm{d}x = \frac{x}{2}\sqrt{a^2 - b^2 x^2} - \frac{a^2}{2b} \arccos\left(\frac{b}{a} x\right)$$

$$\int \sqrt{a x^2 - b}\, \mathrm{d}x = \frac{x}{2}\sqrt{a x^2 - b} - \frac{b^2}{2a} \operatorname{arcosh}\left(\frac{a}{b} x\right)$$

$$\int x^2 \sqrt{a^2 - x^2}\, \mathrm{d}x = \left(\frac{1}{4}x^3 - \frac{1}{8}a^2 x\right)\sqrt{a^2 - x^2} + \frac{1}{8}a^4 \arcsin\frac{x}{a}$$

$$\int x^2 \sqrt{x^2 - a^2}\, \mathrm{d}x = \left(\frac{1}{4}x^3 - \frac{1}{8}a^2 x\right)\sqrt{x^2 - a^2} - \frac{1}{8}a^4 \ln\left|x + \sqrt{x^2 - a^2}\right|$$

$$\int x^2 \sqrt{a^2 + x^2}\, \mathrm{d}x = \left(\frac{1}{4}x^3 + \frac{1}{8}a^2 x\right)\sqrt{a^2 + x^2} - \frac{1}{8}a^4 \ln\left|x + \sqrt{a^2 + x^2}\right|$$

Integrale transzendenter Funktionen

$$\int \ln(a x)\mathrm{d}x = x[\ln(a x) - 1]$$

$$\int \frac{1}{x}(\ln x)^n\, \mathrm{d}x = \frac{1}{n+1}(\ln x)^{n+1}$$

$$\int \ln(a + b x)\mathrm{d}x = \frac{a + b x}{b}[\ln(a + b x) - 1]$$

$$\int e^x x^n\, \mathrm{d}x = e^x[x^n - n x^{n-1} + n(n-1)x^{n-2} - + \ldots + (-1)^n n!]$$

$$\int e^{-x} x^n\, \mathrm{d}x = -e^{-x}[x^n + n x^{n-1} + n(n-1)x^{n-2} + \ldots + n!]$$

$$\int e^{a x} \sin b x\, \mathrm{d}x = \frac{a}{a^2 + b^2} e^{a x}\left(\sin b x - \frac{b}{a}\cos b x\right)$$

$$\int e^{a x} \cos b x\, \mathrm{d}x = \frac{a}{a^2 + b^2} e^{a x}\left(\frac{b}{a}\sin b x + \cos b x\right)$$

$$\int \sin(a + b x)\, \mathrm{d}x = -\frac{1}{b}\cos(a + b x)$$

$$\int \cos(a + b x)\mathrm{d}x = \frac{1}{b}\sin(a + b x)$$

$$\int \frac{\mathrm{d}x}{\sin x} = \ln\left|\tan\frac{x}{2}\right| \qquad \int \frac{\mathrm{d}x}{\cos x} = \ln\left|\tan\left(\frac{\pi}{4} + \frac{x}{2}\right)\right|$$

$$\int \frac{\mathrm{d}x}{\sin x \cos x} = \ln\left|\tan x\right|$$

$$\int \frac{\mathrm{d}x}{a\cos x + b\sin x} = \frac{1}{a}\sin\varphi \ln\left|\tan\frac{x + \varphi}{2}\right| \quad \tan\varphi = \frac{a}{b}$$

$$\int \frac{\mathrm{d}x}{\sin^2 x \cos^2 x} = 2\cot 2x$$

$$\int \sin mx \sin nx \, dx = \frac{1}{2}\left(\frac{\sin(m-n)x}{m-n} - \frac{\sin(m+n)x}{m+n}\right) \qquad |m| \neq |n|$$

$$\int \cos mx \cos nx \, dx = \frac{1}{2}\left(\frac{\sin(m+n)x}{m+n} + \frac{\sin(m-n)x}{m-n}\right) \qquad |m| \neq |n|$$

$$\int \sin mx \cos nx \, dx = -\frac{1}{2}\left(\frac{\cos(m+n)x}{m+n} + \frac{\cos(m-n)x}{m-n}\right) \qquad |m| \neq |n|$$

$$\int \arcsin x \, dx = x \arcsin x + \sqrt{1-x^2}$$

$$\int \arccos x \, dx = x \arccos x - \sqrt{1-x^2}$$

$$\int \arctan x \, dx = x \arctan x - \frac{1}{2}\ln(1+x^2)$$

$$\int \operatorname{arccot} x \, dx = -x \operatorname{arccot} x + \frac{1}{2}\ln(1+x^2)$$

$$\int \tan x \, dx = -\ln|\cos x| \qquad \int \cot x \, dx = \ln|\sin x|$$

$$\int \tanh x \, dx = \ln|\cosh x| \qquad \int \coth x \, dx = \ln|\sinh x|$$

Rekursionsformeln

$$\int \frac{dx}{(1+x^2)^n} = \frac{1}{2(n-1)}\left(\frac{x}{(1+x^2)^{n-1}} + (2n-3)\int \frac{dx}{(1+x^2)^{n-1}}\right) \qquad n \neq 1$$

$$\int x^n \sin x \, dx = -x^n \cos x + n\int x^{n-1} \cos x \, dx$$

$$\int x^n \cos x \, dx = x^n \sin x - n\int x^{n-1} \sin x \, dx$$

$$\int \frac{\sin x}{x^n} dx = -\frac{\sin x}{(n-1)x^{n-1}} + \frac{1}{n-1}\int \frac{\cos x}{x^{n-1}} dx \qquad n > 1$$

$$\int \frac{\cos x}{x^n} dx = -\frac{\cos x}{(n-1)x^{n-1}} - \frac{1}{n-1}\int \frac{\sin x}{x^{n-1}} dx \qquad n > 1$$

$$\int \sin^n x \, dx = -\frac{1}{n}\sin^{n-1} x \cos x + \frac{n-1}{n}\int \sin^{n-2} x \, dx$$

$$\int \cos^n x \, dx = \frac{1}{n}\cos^{n-1} x \sin x + \frac{n-1}{n}\int \cos^{n-2} x \, dx$$

$$\int \tan^n x \, dx = \frac{1}{n-1}\tan^{n-1} x - \int \tan^{n-2} x \, dx \qquad n \neq 1$$

$$\int \cot^n x \, dx = -\frac{1}{n-1}\cot^{n-1} x - \int \cot^{n-2} x \, dx \qquad n \neq 1$$

$$\int (\ln x)^n \, dx = x(\ln x)^n - n\int (\ln x)^{n-1} dx \qquad n > 0$$

$$\int \sinh^n x \, dx = \frac{1}{n}\sinh^{n-1} x \cos x - \frac{n-1}{n}\int \sinh^{n-2} x \, dx$$

$$\int \cosh^n x \, dx = \frac{1}{n}\cosh^{n-1} x \sinh x + \frac{n-1}{n}\int \cosh x^{n-2} \, dx$$

1.36 Uneigentliche Integrale (Beispiele)

Integrand im Intervall unendlich

$$A = \int_a^b \frac{1}{\sqrt{x-a}}\,dx = 2\sqrt{x-a}\,\Big|_a^b = 2\sqrt{b-a} - 0 = $$
$$= 2\sqrt{b-a}$$

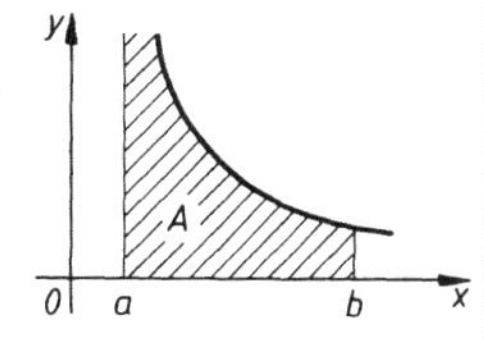

$$A = \int_0^1 \frac{1}{x}\,dx = \ln x\,\Big|_0^1 = \ln 1 - \ln 0 = \infty$$

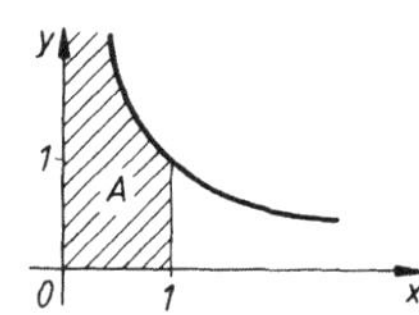

Integrationsweg unendlich

$$A = \int_0^\infty e^{-x}\,dx = -e^{-x}\Big|_0^\infty = e^{-x}\Big|_0^\infty = $$
$$= e^{-0} - 0 = 1$$

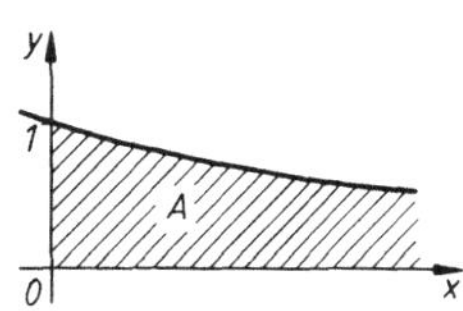

$$A = \int_1^\infty \frac{1}{\sqrt[3]{x^2}}\,dx = \int_1^\infty x^{-\frac{3}{2}}\,dx = 3x^{\frac{1}{3}}\Big|_1^\infty = $$
$$= 3\,(\infty - 1) = \infty$$

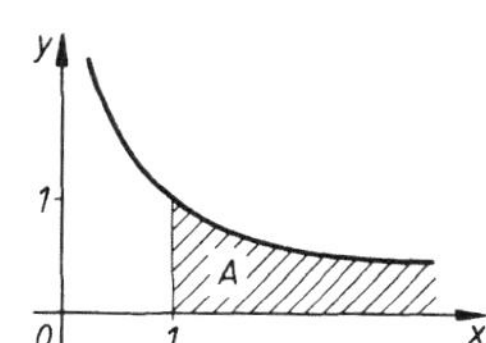

1.37 Anwendungen der Differenzial- und Integralrechnung

Nullstelle

Eine Funktion $y = f(x)$ hat an der Stelle $x = x_0$ dann eine Nullstelle, wenn $y = f(x) = 0$ ist.
Hat die Funktion $y = f(x)$ die Form $y = A(x)/B(x)$, so muss $A(x_0) = 0$ und reell und $B(x_0) \neq 0$ sein. A ist Zähler, B ist Nenner des Bruchs.

Schnittpunkt mit der y-Achse

Eine Funktion $y = f(x)$ hat dann an der Stelle y_1 einen Schnittpunkt mit der y-Achse, wenn $x_1 = 0$ ist. Bei allen transzendenten Funktionen muss y_1 immer reell sein.

Polstelle

Eine Funktion $y = f(x)$ hat an der Stelle $x = x_2$ bei $\lim\limits_{y\to\infty} f(x)$ eine Unendlichkeitsstelle.
Hat die Funktion $y = f(x)$ die Form $y = A(x)/B(x)$, hat sie Pole, wenn $A(x_2) \neq 0$ und $B(x_2) = 0$ ist.

Asymptote

Eine Funktion $y = f(x)$ hat an der Stelle y_4 eine Unendlichkeitsstelle, wenn der Grenzwert

$$\lim_{x \to \infty} f(x)$$

gebildet werden kann.
Eine Funktion von der Form

$$y = f(x) = \frac{x^m}{x^n}$$

hat eine Asymptote:

1. parallel zur x-Achse bei $m = n$,
2. als x-Achse selbst bei $m < n$.

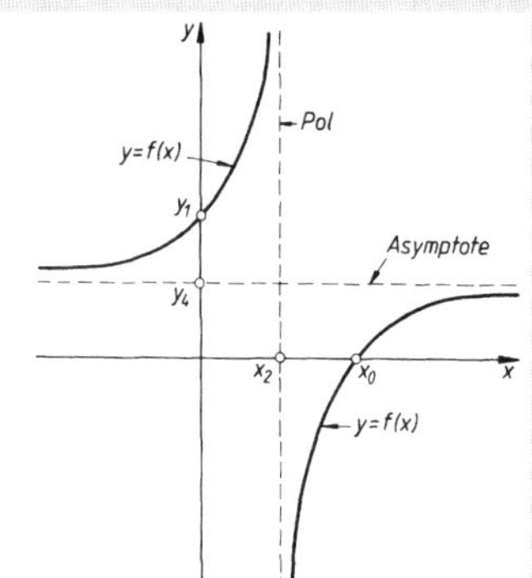

Extremwerte

Voraussetzung muss sein, dass eine Funktion $y = f(x)$ mindestens zweimal stetig differenzierbar ist. Ein (relatives) Maximum (Minimum) einer Funktion $y = f(x)$ an der Stelle $x = x_0$ tritt dann auf, wenn in einer hinreichend kleinen Umgebung alle $f(x)$ kleiner (größer) als $f(x_0)$ sind.

Maximum

Für das Auftreten eines Maximums an der Stelle $x = x_0$ sind die Bedingungen

$f'(x_0) = 0$ und $f''(x_0) < 0$

hinreichend.

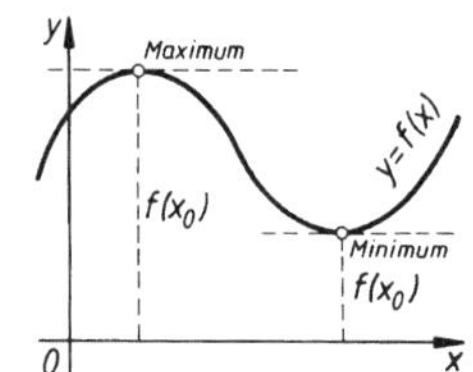

Minimum

Für das Auftreten eines Minimums an der Stelle $x = x_0$ sind die Bedingungen

$f'(x_0) = 0$ und $f''(x_0) > 0$

hinreichend.

Wendepunkt

Ist eine Funktion $y = f(x)$ dreimal stetig differenzierbar, so besitzt sie an der Stelle $x = x_0$ einen Wendepunkt, wenn sie dort von einer Seite der Tangente auf die andere Seite übertritt.
Für das Auftreten eines Wendepunkts an der Stelle $x = x_0$ sind die Bedingungen

$f''(x_0) = 0$ und $f'''(x_0) \neq 0$

hinreichend.

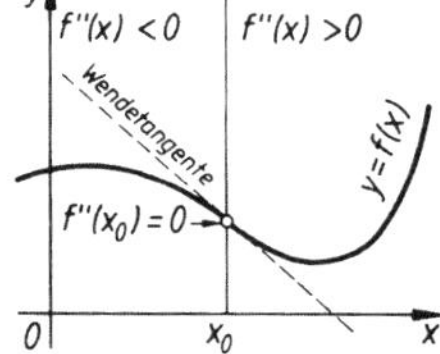

Bogenelement ds bei rechtwinkligen Koordinaten

Für die differenzierbare Funktion $y = f(x)$ zeigt die Anschauung:

$$ds^2 = dx^2 + dy^2 = \left(1 + \frac{dy^2}{dx^2}\right) dx^2$$

$$ds = \sqrt{1 + y'^2}\, dx$$

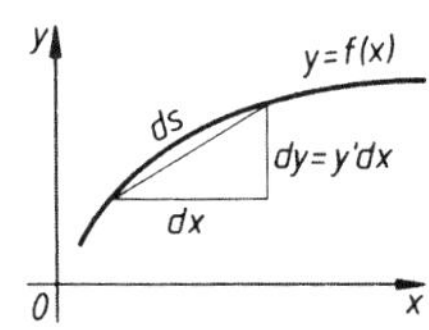

Mathematik
Anwendungen der Differenzial- und Integralrechnung

in Parameterdarstellung

$x = x(t) \qquad dx = \dot{x}\,dt$

$y = y(t) \qquad dy = \dot{y}\,dt$

$ds^2 = \dot{x}^2\,dt^2 + \dot{y}^2\,dt^2 = (\dot{x}^2 + \dot{y}^2)\,dt^2$

$ds = \sqrt{\dot{x}^2 + \dot{y}^2}\,dt$

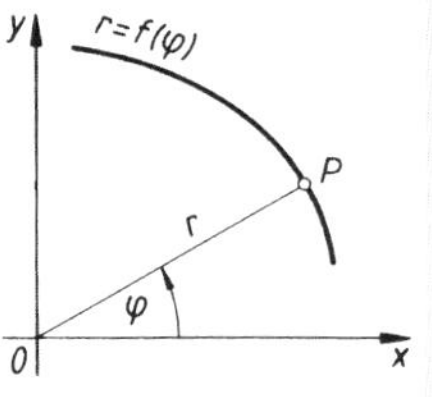

in Polarkoordinaten

$r = f(\varphi);\; ds^2 = dr^2 + d\varphi^2\,r^2;\; dr = \dot{r}\,d\varphi$

$ds^2 = \dot{r}^2\,d\varphi^2 + r^2\,d\varphi^2 = d\varphi^2(r^2 + \dot{r}^2)$

$ds = \sqrt{r^2 + \dot{r}^2}\,d\varphi$

Krümmung *k* und Krümmungsradius *ϱ*

Aus der Definition $k = d\varphi / ds$ und $\varrho = 1/k$ ergibt sich für die Kurve $y = f(x)$:

bei rechtwinkligen Koordinaten

$$k = \frac{y''}{\sqrt{(1+y'^2)^3}} \qquad \varrho = \frac{1}{|k|} = \frac{\sqrt{(1+y'^2)^3}}{y''}$$

in Parameterdarstellung

$$k = \frac{\dot{x}\ddot{y} - \dot{y}\ddot{x}}{\sqrt{(\dot{x}^2 + \dot{y}^2)^3}} \qquad \varrho = \frac{1}{|k|} = \frac{\sqrt{(\dot{x}^2 + \dot{y}^2)^3}}{\dot{x}\ddot{y} - \dot{y}\ddot{x}}$$

in Polarkoordinaten

$$k = \frac{r^2 + 2\dot{r}^2 - r\ddot{r}}{\sqrt{(r^2 + \dot{r}^2)^3}} \qquad \varrho = \frac{1}{|k|} = \frac{\sqrt{(r^2 + \dot{r}^2)^3}}{r^2 + 2\dot{r}^2 - r\ddot{r}}$$

Flächenberechnung in rechtwinkligen Koordinaten

$$A = \int_a^b f(x)\,dx = [F(x)]_a^b$$

$A = F(b) - F(a)$

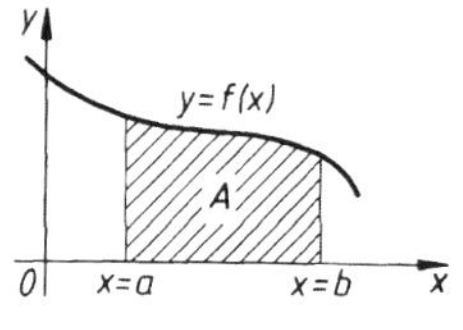

Beispiel: Fläche unter Sinuskurve

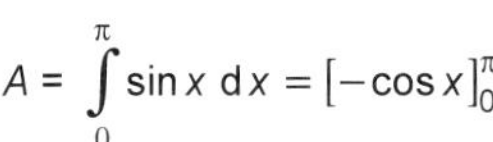

$$A = \int_0^{\pi} \sin x\,dx = [-\cos x]_0^{\pi}$$

Vorzeichenwechsel beim Vertauschen der Grenzen:

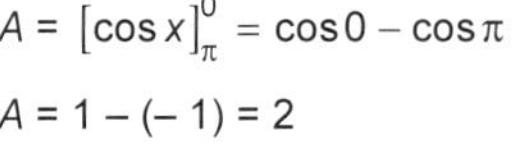

$$A = [\cos x]_{\pi}^{0} = \cos 0 - \cos \pi$$

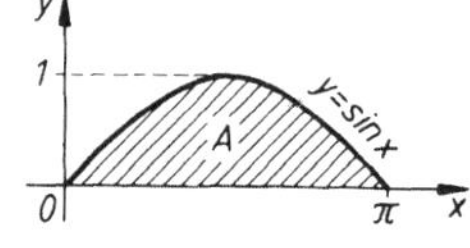

$A = 1 - (-1) = 2$

positiver und negativer Flächeninhalt

Beispiel:

$$A = \int_0^{\pi} \cos x\,dx = [\sin x]_0^{\pi}$$

$A = \sin \pi - \sin 0 = 0 - 0 = 0$

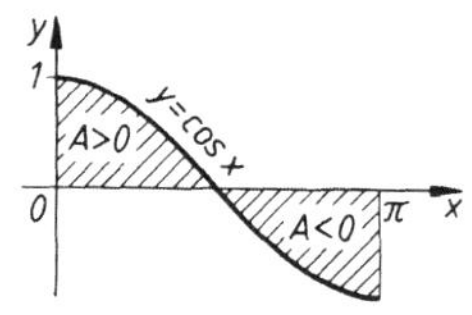

gerade Funktionen $f(-x) = f(x)$

liegen symmetrisch zur y-Achse, z. B. $\cos x$, $\cos^2 x$, x^2, $x \sin x$

$$\int_{-a}^{a} f(x)\,dx = 2\int_0^a f(x)\,dx$$

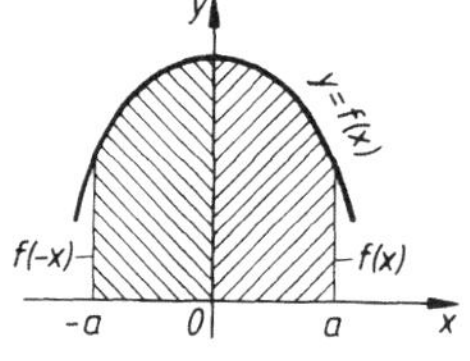

ungerade Funktionen
$f(-x) = -f(x)$

liegen symmetrisch zum Nullpunkt, z. B.
$\sin x$, $\tan x$, $x \cos x$, x^3

$$\int_{-a}^{a} f(x)\,dx = 0$$

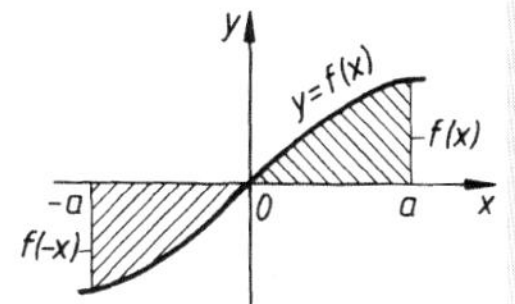

Flächeninhalt zwischen zwei Funktionen

$$A = \int_a^b [f_1(x) - f_2(x)]\,dx$$

Obere Funktion minus untere Funktion.
Intervall: $0 \leqq x \leqq b$

Beispiel:

$$A = \int_0^1 [\sqrt{x} - (-x^2)]\,dx$$

$$A = \left[\frac{2}{3}\sqrt{x^3} + \frac{x^3}{3}\right]_0^1$$

$$A = \frac{2}{3} + \frac{1}{3} = 1$$

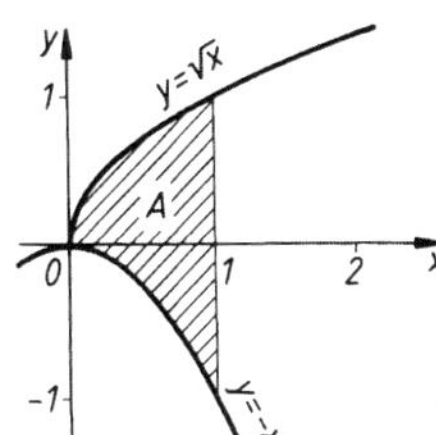

Flächenberechnung in Parameterdarstellung

$$A = \int_{x_0}^{x} y(t)\,dx = \int_{t_0}^{t} y\,\dot{x}\,dt$$

$x = x(t) \qquad y = y(t) \qquad dx = \dot{x}\,dt$

Beispiel: Fläche unter Zykloidenbogen

$x = r(t - \sin t)$
$y = r(1 - \cos t)$ $\qquad \dot{x} = r(1 - \cos t)$

Intervall: $0 \leqq t \leqq 2\pi$

$$A = \int_0^{2\pi} y\,\dot{x}\,dt = \int_0^{2\pi} r(1 - \cos t) r (1 - \cos t)\,dt$$

$$A = r^2 \int_0^{2\pi} (1 - 2\cos t + \cos^2 t)\,dt$$

$$A = r^2\,(2\pi + 0 + \pi) = 3\,r^2\,\pi$$

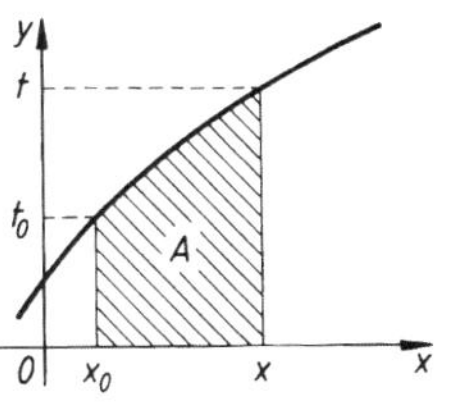

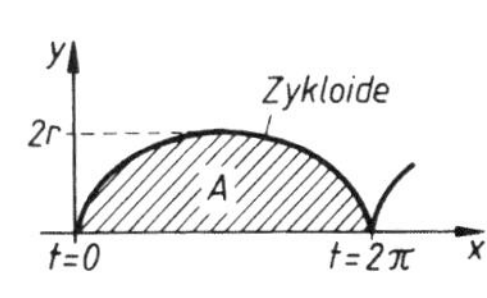

Flächeninhalt der geschlossenen Kurve

Integration vom Anfangsparameter bis zum Endparameter als Grenzpunkt:

$$A = \int_{t_0}^{t_2} y\,\dot{x}\,dt$$

Beispiel: Kreisfläche

$x = r\cos t$ $\qquad$ Intervall: $0 \leqq t \leqq 2\pi$
$y = 2\,r + r\sin t$ $\qquad \dot{x} = -r\,\sin t$

$$A = \int_0^{2\pi} y\,\dot{x}\,dt = -\int_0^{2\pi} r(2 + \sin t) r \cdot \sin t\,dt$$

$$A = -r^2 \int_0^{2\pi} [2\sin t + \sin^2 t]\,dt$$

$$A = -\,r^2\,(0 + \pi) = -\,r^2\,\pi$$

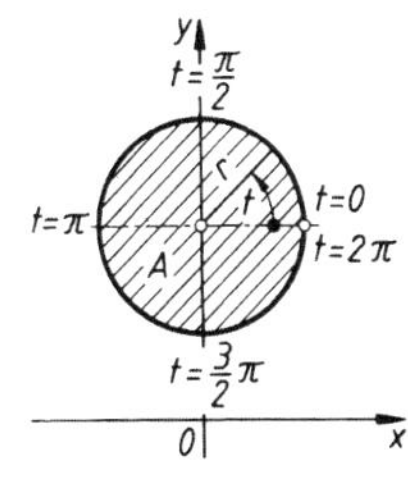

Mathematik
Anwendungen der Differenzial- und Integralrechnung

Flächenberechnung in Polarkoordinaten

$$A = \frac{1}{2}\int_{\varphi_1}^{\varphi_2} r^2 \,\mathrm{d}\varphi$$

Beispiel: Archimedische Spirale, überstrichene Fläche von $\varphi_1 = 0$ bis $\varphi_2 = 2\pi$
$r = a\,\varphi$

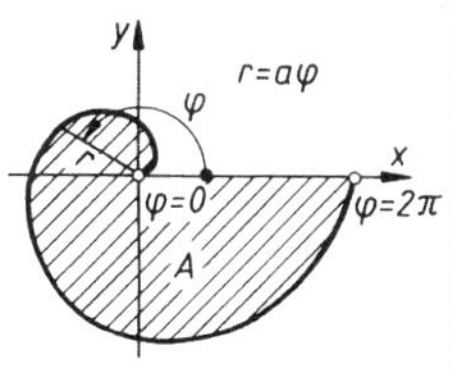

$$A = \frac{1}{2}\int_0^{2\pi} r^2 \,\mathrm{d}\varphi = \frac{1}{2}\int_0^{2\pi} a^2\varphi^2 \,\mathrm{d}\varphi = \frac{a^2}{2}\int_0^{2\pi} \varphi^2 \,\mathrm{d}\varphi$$

$$A = \left[\frac{a^2}{6}\varphi^3\right]_0^{2\pi} = \frac{4\,a^2\pi^3}{3}$$

Volumen V von Rotationskörpern

aus erzeugender Fläche mal Schwerpunktsweg bei einer Umdrehung:

um die x-Achse:

$$V = \pi\int_{x=a}^{x=b} y^2 \,\mathrm{d}x$$

um die y-Achse

$$V = 2\pi\int_{x=-a}^{x=a} x\,y\,\mathrm{d}y \quad \text{bzw.} \quad V = \pi\int_{y=a}^{y=b} x^2 \,\mathrm{d}y$$

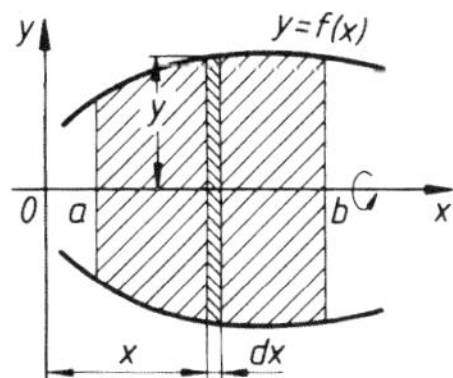

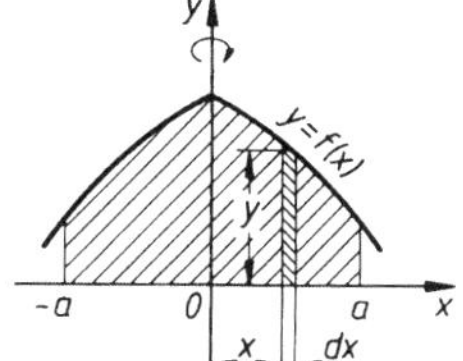

Beispiel: Kugelvolumen mit $y = \sqrt{r^2 - x^2}$

Intervall: $-r \leqq x \leqq r$

$$V = \int_{-r}^{r} (r^2 - x^2)\,\mathrm{d}x = \pi\left[r^2 x - \frac{x^3}{3}\right]_{-r}^{r}$$

$$V = \pi\left(r^3 - \frac{r^3}{3} + r^3 - \frac{r^3}{3}\right) = \frac{4}{3}r^3\pi$$

Beispiel: Volumen eines Rotationsparaboloids mit $y = a\,x^2$

Intervall: $0 \leqq y \leqq h$

$$V = \pi\int_0^h x^2 \,\mathrm{d}x = \frac{\pi}{a}\int_0^h y \,\mathrm{d}y$$

$$V = \left[\frac{\pi}{2\,a}y^2\right]_0^h = \frac{\pi\,h^2}{2\,a}$$

Kurvenlängen s in rechtwinkligen Koordinaten

Ist die Funktion $y = f(x)$ im Intervall $x_1 \leqq x \leqq x_2$ eindeutig, also $f'(x)$ stetig, so ist die Länge s der Kurve:

$$s = \int_{x_1}^{x_2} \sqrt{1 + \left(\frac{\mathrm{d}y}{\mathrm{d}x}\right)^2}\,\mathrm{d}x = \int_{x_1}^{x_2} \sqrt{1 + y'^2}\,\mathrm{d}x$$

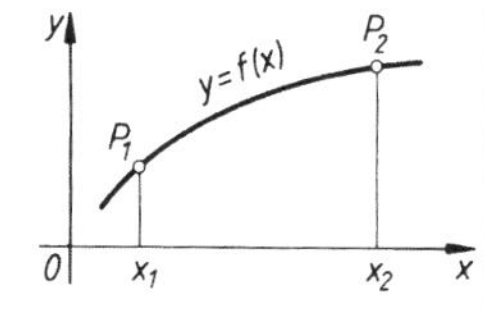

in Parameterdarstellung

$$\left|\begin{matrix} x = x(t) \\ y = y(t) \end{matrix}\right| \begin{matrix} \mathrm{d}y = \dot{y}\,\mathrm{d}t \qquad \mathrm{d}x = \dot{x}\,\mathrm{d}t \\ \text{Intervall } t_1 \leqq t \leqq t_2 \end{matrix}$$

$$s = \int_{t_1}^{t_2} \sqrt{\dot{x}^2 + \dot{y}^2}\,\mathrm{d}t$$

in Polarkoordinaten

$r = f(\varphi)$ Länge s des Kurvenstückes zwischen den Leitstrahlen $r_1 = f(\varphi_1)$ und $r_2 = f(\varphi_2)$:

$$s = \int_{\varphi_1}^{\varphi_2} \sqrt{r^2 + \dot{r}^2}\,\mathrm{d}\varphi$$

Beispiel: Bogen s des Viertelkreises $y = \sqrt{r^2 - x^2}$ mit Radius r:

$$s = \int_0^r \sqrt{1 + \frac{x^2}{r^2 - x^2}}\,\mathrm{d}x = \int_0^r \frac{\mathrm{d}x}{\sqrt{1 - \left(\frac{x}{r}\right)^2}} = \left[r \cdot \arcsin\frac{x}{r}\right]_0^r = \frac{\pi r}{2}$$

mit $x = r\cos t$ und $y = r\sin t$; $\dot{x}^2 = r^2\sin^2 t$, $\dot{y}^2 = r^2\cos^2 t$ wird:

$$s = r\int_0^{\pi/2} \sqrt{\sin^2 t + \cos^2 t}\,\mathrm{d}t = r\int_0^{\pi/2} \mathrm{d}t = \frac{\pi r}{2};$$

ebenso mit r = konstant, $\mathrm{d}r / \mathrm{d}\varphi = 0$:

$$s = \int_0^{\pi/2} \sqrt{r^2}\,\mathrm{d}\varphi = r\int_0^{\pi/2} \mathrm{d}\varphi = \frac{\pi r}{2}, \text{ wie oben.}$$

Mantelflächen M von Rotationskörpern

aus erzeugender Kurve mal Schwerpunktsweg bei einer Umdrehung um

die x-Achse:

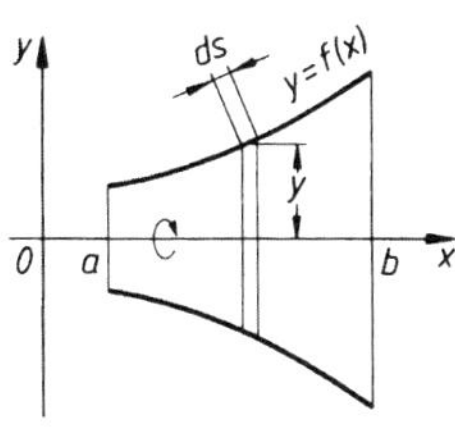

$$M = 2\pi\int_a^b y\,\mathrm{d}s = 2\pi\int_a^b y\sqrt{1 + y'^2}\,\mathrm{d}x$$

die y-Achse:

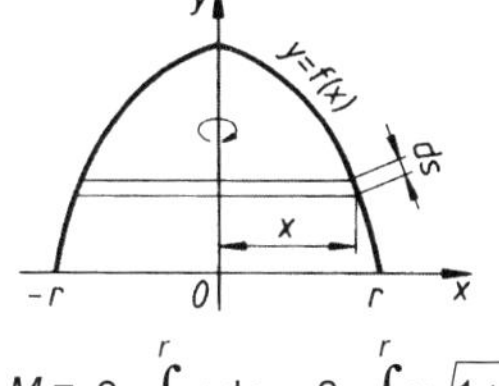

$$M = 2\pi\int_0^r x\,\mathrm{d}s = 2\pi\int_0^r x\sqrt{1 + y'^2}\,\mathrm{d}x$$

Beispiel: Kurvendiskussion der Gleichung (siehe dazu Bild am Ende des Abschnitts)

$$y = f(x) = \frac{A(x)}{B(x)} = \frac{x^3}{2x^2 - 3x - 2}$$

Nullstellen:

$$\left.\begin{matrix} y = f(x) = 0 \Rightarrow A(x) = 0 \Rightarrow x_1 = 0 \\ y_1 = 0 \end{matrix}\right\} P_1$$

$x_1 = 0$ ist eine Lösung der Gleichung, da $B(x) \neq 0$ ist und kein unbestimmter Ausdruck vorliegt.

Schnittpunkt mit der y-Achse:

$$x = 0 \Rightarrow y = \frac{0}{0-0-2} = 0; \quad \left.\begin{aligned} x_2 &= 0 \\ y_2 &= 0 \end{aligned}\right\} P_2$$

Die Kurve schneidet die y-Achse bei $y_2 = 0$.

Polstellen:

$$y \Rightarrow \infty \Rightarrow B(x) = 0$$
$$2\,x^2 - 3\,x - 2 = 0$$
$$x_{3/4} = \frac{3}{4} \pm \sqrt{\frac{25}{16}} \qquad \left.\begin{aligned} x_3 &= 2 \\ x_4 &= -0{,}5 \end{aligned}\right\} P_3, P_4$$

Die Funktion besitzt zwei Pole (Unendlichkeitsstellen). Ein unbestimmter Ausdruck liegt nicht vor, weil $A\,(x_3, x_4) \neq 0$ ist.

Asymptoten:

$$x \to \infty \Rightarrow y = f(x) = \frac{x}{2} + \frac{3}{4} + \frac{\frac{13}{4}x + \frac{3}{2}}{2\,x^2 - 3x - 2}$$
$$y_A = \frac{x}{2} + \frac{3}{4}$$

Die unecht gebrochene rationale Funktion lässt sich in die Summe der ganzen und der gebrochenen Funktionen zerlegen.

Schnittpunkt zwischen Kurve und Asymptote:

$$y = y_A \Rightarrow \frac{x^3}{2\,x^2 - 3x - 2} = \frac{x}{2} + \frac{3}{4}; \quad \left.\begin{aligned} x_5 &= -0{,}461 \\ y_5 &= 0{,}51 \end{aligned}\right\} P_5$$

Durch Gleichsetzen der ganzen Funktion mit der Teilfunktion ergeben sich die Koordinaten des Schnittpunkts.

Extremwerte:

$$y' = f'(x) = 0 \Rightarrow y' = \frac{2x^2(x^2 - 3x - 3)}{(2x^2 - 3x - 2)^2}$$
$$2x^2(x^2 - 3x - 3) = 0 \qquad \left.\begin{aligned} x_6 &= 0 \\ y_6 &= 0 \end{aligned}\right\} P_6$$
$$2x^2 = 0$$
$$x^2 - 3x - 3 = 0 \qquad \left.\begin{aligned} x_7 &= 3{,}8 \quad y_7 = 3{,}58 \\ x_8 &= -0{,}7 \quad y_8 = -0{,}315 \end{aligned}\right\} P_7, P_8$$

Die Nullsetzung des Zählers der ersten Ableitung ergibt die x-Koordinaten der Extremwerte. Die zugehörigen y-Koordinaten ergeben sich durch Einsetzen der x-Werte in die Stammfunktion.

$$y'' = f''(x) = \frac{2x(13x^2 + 18x + 12)}{(2x^2 - 3x - 2)^3}$$
$$y'' = f''(x_7) = 131{,}6 > 0 \quad \text{Minimum}$$
$$y'' = f''(x_8) = -\,32{,}9 < 0 \quad \text{Maximum}$$

Die errechneten x-Koordinaten (x_7, x_8) werden in die Funktion $y'' = f''(x)$ eingesetzt, um ein Maximum bzw. Minimum bestimmen zu können.

Wendepunkte:

$$y'' = f''(x) = 0$$
$$2x(13x^2 + 18x + 12) = 0 \qquad \left.\begin{aligned} x_6 &= 0 \\ y_6 &= 0 \end{aligned}\right\} P_6$$
$$2x = 0$$

$13x^2 + 18\,x + 12 = 0$ führt zu einem imaginären Ergebnis

$$y''' = f'''(x) = \frac{-12(13^4 + 48\,x^3 - 12\,x^2 - 24\,x - 4)}{(2\,x^2 - 3\,x - 2)^4}$$
$$y''' = f'''(x_6) = 3 \neq 0$$

Es ergeben sich die Koordinaten eines Wendepunkts, der dann existiert, wenn die dritte Ableitung ungleich null ist.

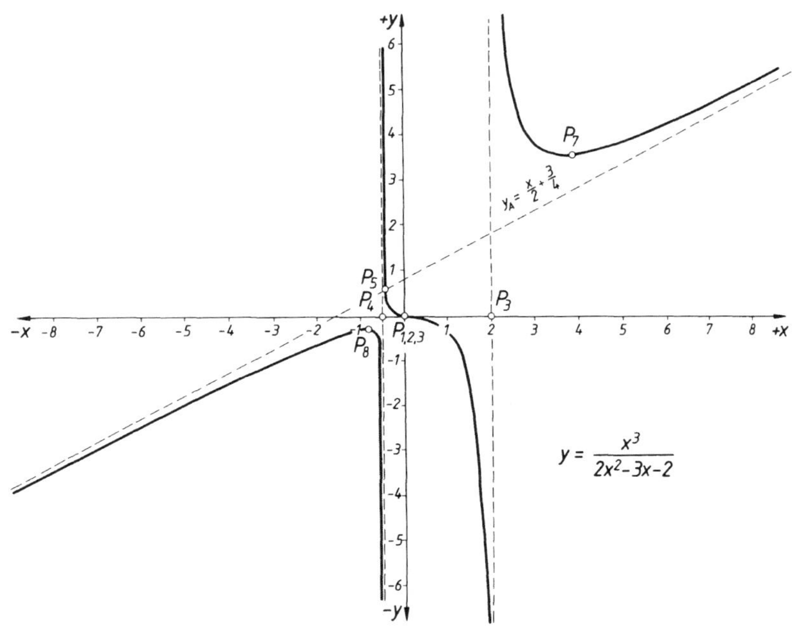

1.38 Geometrische Grundkonstruktionen

Senkrechte im Punkt *P* einer Geraden errichten

Von P aus gleiche Strecken nach links und rechts abtragen ($\overline{PA} = \overline{PB}$). Kreisbögen mit gleichem Radius um *A* und *B* schneiden sich in *C*. $\overline{PC}$ ist gesuchte Senkrechte.

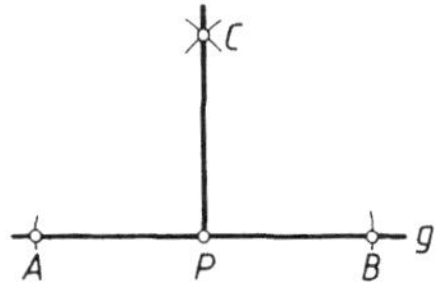

Strecke halbieren (Mittelsenkrechte)

Kreisbögen mit gleichem Radius um *A* und *B* nach oben und unten schneiden sich in *C* und *D*. $\overline{CD}$ steht rechtwinklig auf $\overline{AB}$ und halbiert diese.

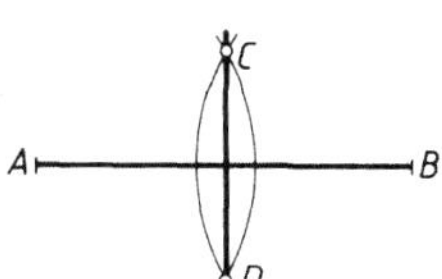

Lot vom Punkt *P* auf Gerade *g* fällen

Kreisbogen um *P* schneidet *g* in *A* und *B*. Kreisbögen mit gleichem Radius um *A* und *B* schneiden sich in *C*. $\overline{PC}$ ist das Lot auf die Gerade *g*.

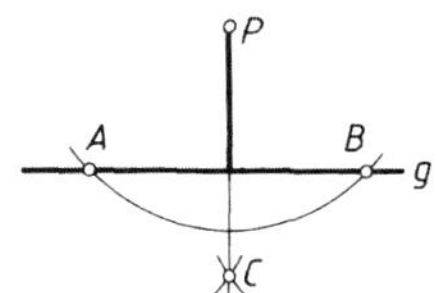

Mathematik

Geometrische Grundkonstruktionen

Senkrechte im Endpunkt *P* einer Strecke *s* (eines Strahles) errichten

Kreis von beliebigem Radius um *P* ergibt *A*. Gleicher Kreis um *A* ergibt *B*, um *B* ergibt *C*. Kreise von beliebigem Radius um *B* und *C* schneiden sich in *D*. $\overline{PD}$ ist die gesuchte Senkrechte in *P*.

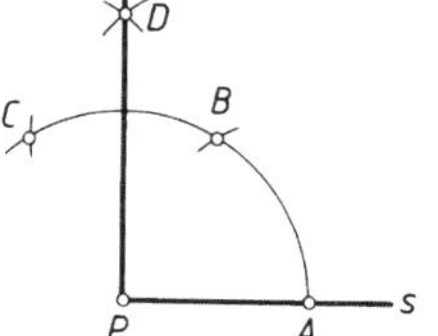

Winkel halbieren

Kreis um *O* schneidet die Schenkel in *A* und *B*. Kreise mit gleichem Radius ergeben Schnittpunkt *C*. $\overline{OC}$ halbiert den gegebenen Winkel.

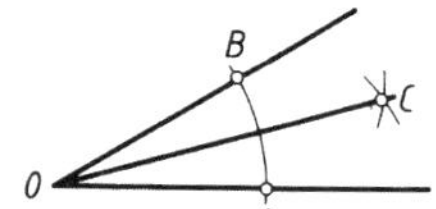

einen gegebenen Winkel α an eine Gerade *g* antragen

Kreis um *O* mit beliebigem Radius schneidet die Schenkel des gegebenen Winkels α in *A* und *B*. Kreis mit gleichem Radius um *O'* gibt *A'*. Kreis mit $\overline{AB}$ um *A'* ergibt Schnittpunkt *B'*. Strahl von *O'* durch *B'* schließt mit Gerade *g* Winkel α ein.

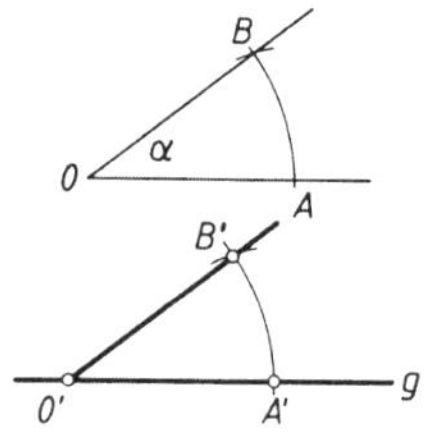

einen rechten Winkel dreiteilen

Kreis um *O* ergibt Schnittpunkte *A* und *B*. Kreise um *A* und *B* mit gleichem Radius wie vorher schneiden den Kreis um *O* in *C* und *D*.

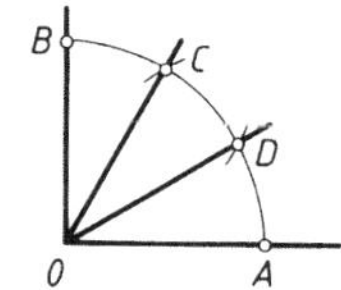

Strecke *AB* in gleiche Teile teilen

Auf beliebig errichtetem Strahl $\overline{AC}$ von *A* aus fortschreitend mit beliebiger Zirkelöffnung die gewünschte Anzahl gleicher Teile abtragen, z. B. 5 Teile. *B'* mit *B* verbinden und Parallele zu $\overline{BB'}$ durch Teilpunkte 1 ... 4 legen.

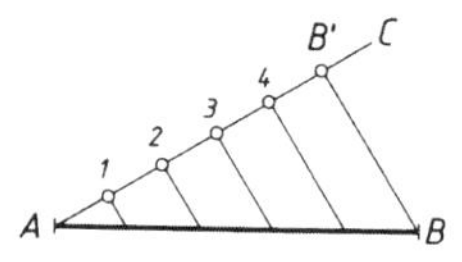

Mittelpunkt eines Kreises ermitteln

Zwei beliebige Sehnen $\overline{AB}$ und $\overline{CD}$ eintragen und darauf Mittelsenkrechte errichten. Schnittpunkt *M* ist Kreismittelpunkt.

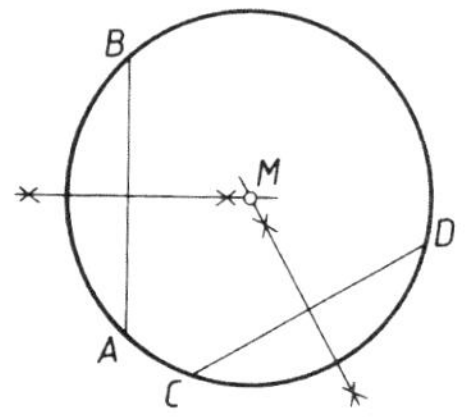

Außenkreis für gegebenes Dreieck

Mittelsenkrechte auf zwei Dreieckseiten schneiden sich im Mittelpunkt *M* des Außenkreises.

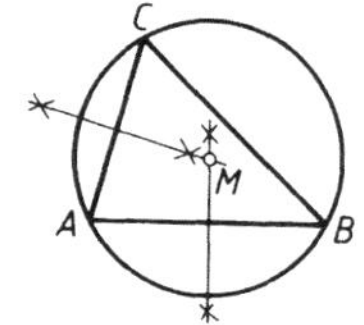

Innenkreis für gegebenes Dreieck

Schnittpunkt von zwei Winkelhalbierenden ist Mittelpunkt M des Innenkreises.

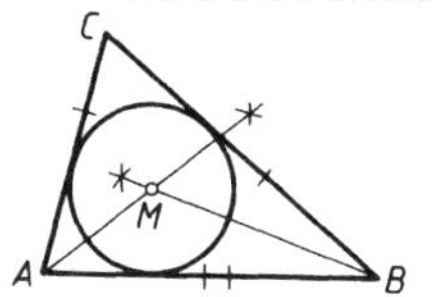

Parallele zu gegebener Gerade g durch Punkt P

Beliebig gerichteter Strahl von P aus trifft Gerade g in A. Kreis mit $\overline{PA}$ um A schneidet g in B. Kreise mit gleichem Radius $\overline{PA}$ um P und B schneiden sich in C. Strecke $\overline{PC}$ ist Teil der zu g parallelen Geraden p.

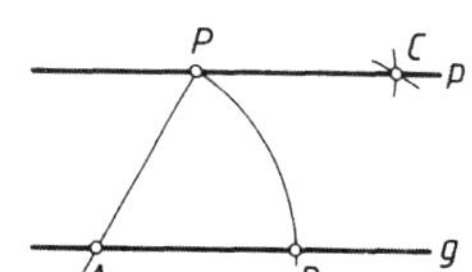

Tangente an Kreis im gegebenen Punkt A

M mit A verbinden und über A hinaus verlängern und in A Senkrechte errichten – oder –

Strecke $\overline{MA}$ zeichnen und im Endpunkt A Senkrechte errichten.

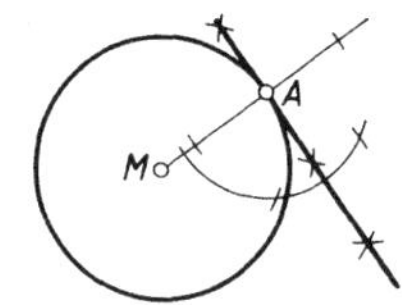

Tangenten an Kreis von gegebenem Punkt P aus

P mit Mittelpunkt M verbinden und $\overline{PM}$ halbieren ergibt M_1. Kreis mit Radius MM_1 um M_1 schneidet gegebenen Kreis in A und B. $\overline{PA}$ und $\overline{PB}$ sind Teile der gesuchten Tangenten.

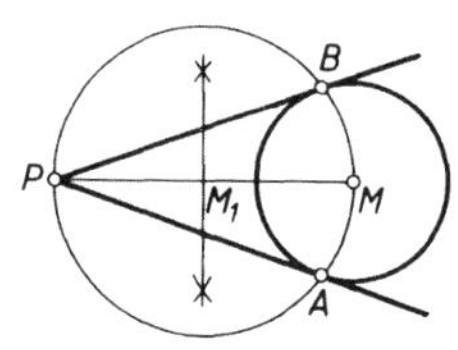

Tangente t im gegebenen Punkt A an Kreis k mit unbekanntem Mittelpunkt

Kreis um A von beliebigem Radius ergibt Schnittpunkte B und C. Kreise von beliebigem Radius um B und C ergeben D und E, deren Verbindungslinie Teil des Radiusses von k ist. Senkrechte in A auf $\overline{DE}$ ist Teil der Tangente t.

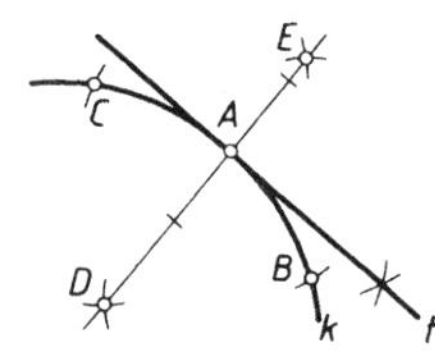

Tangenten an zwei gegebene Kreise

Hilfskreis um M_1 mit Radius $(R - r)$ zeichnen und von M_2 aus die Tangenten $\overline{M_2A}$ und $\overline{M_2B}$ anlegen. Strecken $\overline{M_1A}$ und $\overline{M_1B}$ bis C und D verlängern. Parallele zu $\overline{M_1C}$ und $\overline{M_1D}$ durch M_2 ergeben E und F. $\overline{CE}$ und $\overline{DF}$ sind die gesuchten Tangenten.

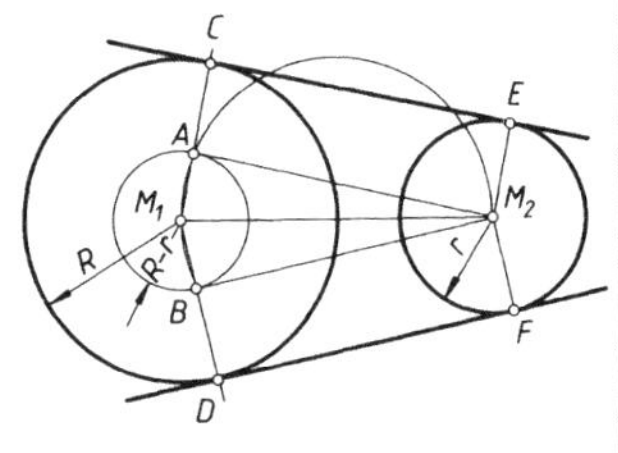

Gleichseitiges Dreieck mit Seitenlänge $\overline{AB}$

Kreise mit Radius $\overline{AB}$ um A und B ergeben Schnittpunkt C und damit das gesuchte Dreieck ABC.

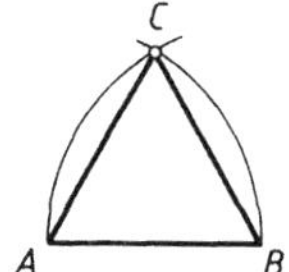

Mathematik
Geometrische Grundkonstruktionen

regelmäßiges Fünfeck

Radius $\overline{MA}$ des Umkreises halbieren, ergibt *D*. Kreisbogen mit $\overline{CD}$ um *D* ergibt *E*, mit $\overline{CE}$ um *C* ergibt *F*. $\overline{CF}$ ist die gesuchte Fünfeckseite.

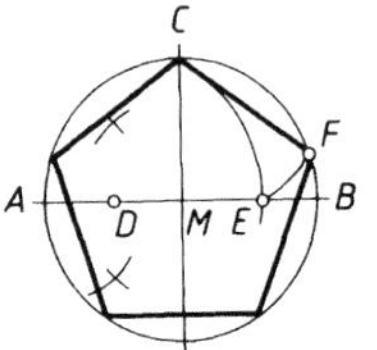

regelmäßiges Sechseck

Radius $\overline{MA}$ des Umkreises ist Sechseckseite. Kreisbögen mit $\overline{AM}$ um *A* und *B* schneiden den Umkreis in den Eckpunkten des Sechsecks.

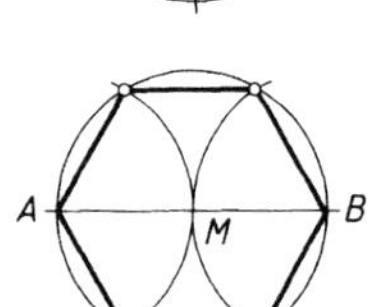

regelmäßiges Siebeneck

Kreisbogen mit Umkreisradius $\overline{MA}$ um *A* ergibt *B* und *C*. Kreisbogen mit Radius $\overline{BD}$ um B ergibt Eckpunkt *E*. $\overline{BE}$ ist die gesuchte Siebeneckseite.

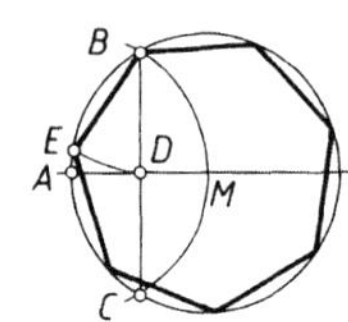

regelmäßiges Achteck

Kreise mit Umkreisradius $\overline{MA}$ um *A*, *B*, *C* ergeben Schnittpunkte *D* und *E*. Geraden durch *D* und *M* sowie *E* und *M* schneiden den Umkreis in den Eckpunkten des Achtecks.

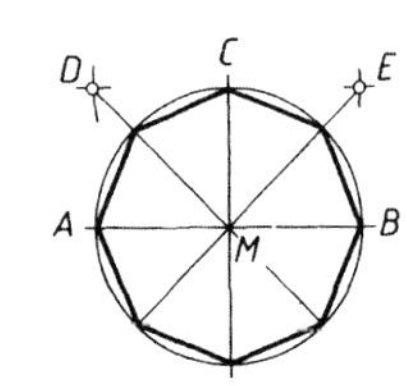

regelmäßiges Neuneck (gilt entsprechend für alle regelmäßigen Vielecke)

Durchmesser $\overline{AB}$ des Umkreises in neun gleiche Teile teilen. Kreise mit Radius $\overline{AB}$ um *A* und *B* ergeben Schnittpunkte *C* und *D*. Strahlen von *C* und *D* durch die Teilpunkte 1, 3, 5, 7 des Durchmessers schneiden den Umkreis in den Eckpunkten des Neunecks.

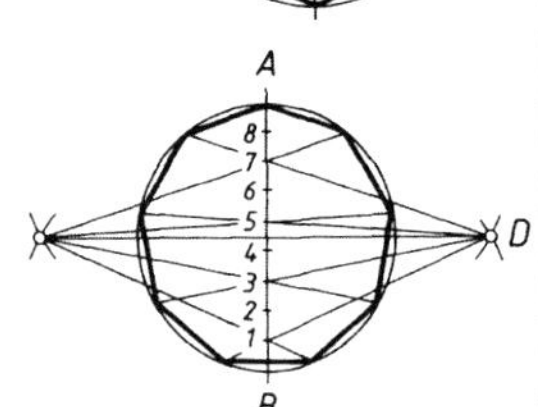

Ellipsenkonstruktion

Hilfskreise um *M* mit Halbachse *a* und *b* als Radius zeichnen und beliebige Anzahl Strahlen 1, 2, 3 ... durch Kreismittelpunkt *M* legen. In den Schnittpunkten der Strahlen mit den beiden Hilfskreisen Parallele zu den Ellipsenachsen zeichnen, die sich in I, II, III ... als Punkte der gesuchten Kurve schneiden.

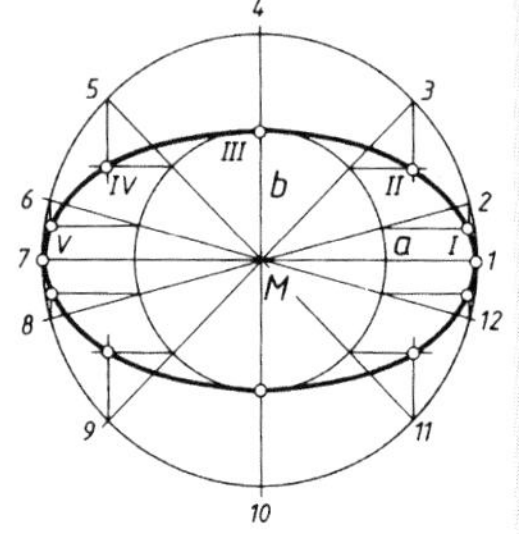

Bogenanschluss: Kreisbogen an die Schenkel eines Winkels

Parallelen *p* im Abstand *R* zu den beiden Schenkeln *s* des Winkels ergeben Schnittpunkt *M* als Mittelpunkt des gesuchten Kreisbogens. Senkrechte von *M* auf *s* ergeben die Anschlusspunkte *A*.

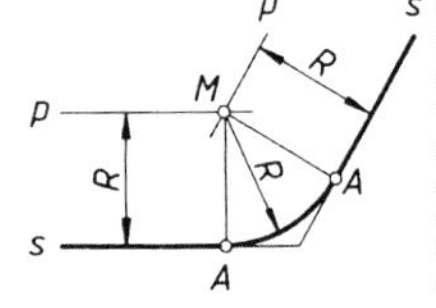

Bogenanschluss: Kreisbogen durch zwei Punkte

Kreisbogen mit R um gegebene Punkte A_1, A_2 legen Mittelpunkt M des gesuchten Kreisbogens fest.

Bogenanschluss: Gerade mit Punkt durch Kreisbogen verbinden

Parallele p im Abstand R zur Geraden g und Kreisbogen mit R um A legen Mittelpunkt M des gesuchten Kreisbogens fest.

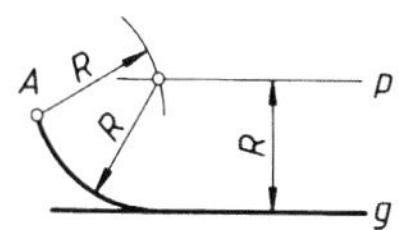

Bogenanschluss: Kreis mit Punkt; R_A Radius des Anschlussbogens

Kreisbögen mit $R_1 + R_A$ um M_1 und mit R_A um P ergeben Mittelpunkt M_A des Anschlussbogens. $\overline{M_1M_A}$ schneidet den gegebenen Kreis im Anschlusspunkt A.

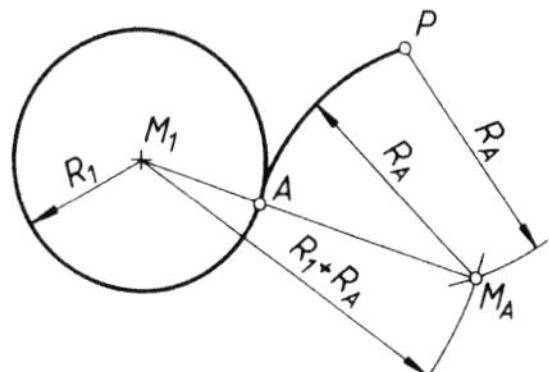

Bogenanschluss: Kreis mit Gerade g; R_{A1}, R_{A2} Radien der Anschlussbögen

Lot l von M auf gegebene Gerade g ergibt Anschlusspunkte A, A_1, A_2. Die halbierten Strecken $\overline{AA_1}$ und $\overline{AA_2}$ legen die Mittelpunkte M_{A1}, M_{A2} der beiden Anschlussbögen fest.

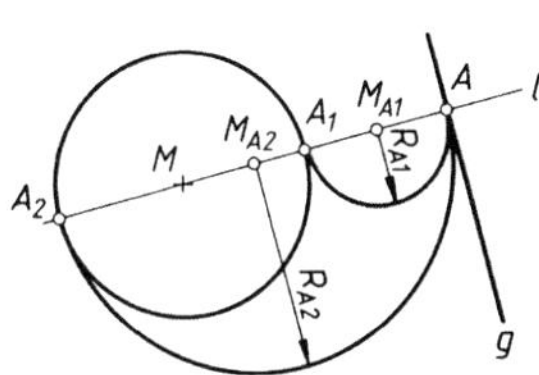

2.1 Physikalische Größen, Definitionsgleichungen und Einheiten

2.1.1 Mechanik

Größe	Formelzeichen	Definitionsgleichung	SI-Einheit [1)]	Bemerkung, Beispiel, andere zulässige Einheiten
Länge	l, s, r	Basisgröße	m (Meter)	1 Seemeile (sm) = 1852 m
Fläche	A	$A = l^2$	m^2	Hektar (ha), 1 ha $= 10^4\ m^2$ Ar (a), 1 a $= 10^2\ m^2$
Volumen	V	$V = l^3$	m^3	Liter (l) $1\ l = 10^{-3}\ m^3 = 1\ dm^3$
ebener Winkel	α, β, γ	$\alpha = \frac{\text{Kreisbogen}}{\text{Kreisradius}}$	rad ≡ 1 (Radiant)	$\alpha = 1{,}7 \frac{m}{m} = 1{,}7$ rad
Raumwinkel	Ω	$\Omega = \frac{\text{Kugelfläche}}{\text{Radiusquadrat}}$	sr ≡ 1 (Steradiant)	$\Omega = 0{,}4 \frac{m^2}{m^2} = 0{,}4$ sr
Zeit	t	Basisgröße	s (Sekunde)	1 min = 60 s; 1 h = 60 min 1 d = 24 h = 86400 s
Frequenz	f	$f = \frac{1}{T}$	$\frac{1}{s} = s^{-1} = Hz$ (Hertz)	bei Umlauffrequenz wird U/s statt 1/s benutzt Periodendauer
Drehfrequenz (Drehzahl)	n	$n = 2\pi f$	$\frac{1}{s} = s^{-1}$	$\frac{U}{min} = \frac{1}{min} = min^{-1} = \frac{1}{60 s}$
Geschwindigkeit	v	$v = \frac{ds}{dt} = \frac{\Delta s}{\Delta t}$	$\frac{m}{s}$	$1 \frac{km}{h} = \frac{1}{3{,}6} \frac{m}{s}$
Beschleunigung	a	$a = \frac{dv}{dt} = \frac{\Delta v}{\Delta t}$	$\frac{m}{s^2}$	$\frac{cm}{h^2}, \frac{km}{s^2} \ldots$
Fallbeschleunigung	g		$\frac{m}{s^2}$	Normfallbeschleunigung $g_n = 9{,}80665\ m/s^2$
Winkelgeschwindigkeit	ω	$\omega = \frac{\Delta\varphi}{\Delta t} = \frac{v_u}{r}$	$\frac{1}{s} = \frac{rad}{s}$	φ Drehwinkel in rad
Umfangsgeschwindigkeit	v_u	$v_u = \pi\, d\, n = \omega r$	$\frac{m}{s}$	d Durchmesser n Drehzahl
Winkelbeschleunigung	α	$\alpha = \frac{\Delta\omega}{\Delta t} = \frac{d\omega}{dt} = \frac{a}{r}$	$\frac{1}{s^2} = \frac{rad}{s^2}$	ω Winkelgeschwindigkeit

1) Einheit des „Système International d'Unités" (Internationales Einheitensystem)

2

Physik

Physikalische Größen, Definitionsgleichungen und Einheiten

Größe	Formelzeichen	Definitionsgleichung	SI-Einheit	Bemerkung, Beispiel, andere zulässige Einheiten
Masse	m	Basisgröße	kg	$1\ \text{g} = 10^{-3}\ \text{kg}$ $1\ \text{t} = 10^{3}\ \text{kg}$
Dichte	ϱ	$\varrho = \frac{m}{V}$	$\frac{\text{kg}}{\text{m}^3}$	$\frac{\text{g}}{\text{cm}^3}; \frac{\text{t}}{\text{m}^3}$
Kraft	F	$F = m\,a$	$\text{N} = \frac{\text{kgm}}{\text{s}^2}$ (Newton)	$1\ \text{dyn} = 10^{-5}\ \text{N}$
Gewichtskraft	F_G	$F_G = m\,g$	$\text{N} = \frac{\text{kgm}}{\text{s}^2}$	Normgewichtskraft $F_{Gn} = m\,g_n$
Druck	p	$p = \frac{F}{A}$	$\frac{\text{N}}{\text{m}^2} = \frac{\text{kgm}}{\text{m}^2\,\text{s}^2}$	$1\ \text{bar} = 10^5\ \frac{\text{N}}{\text{m}^2}$ $\frac{\text{N}}{\text{m}^2} = \text{Pa}$ (Pascal)
dynamische Viskosität	η		$\frac{\text{Ns}}{\text{m}^2} = \frac{\text{kgms}}{\text{m}^2\text{s}^2}$	$\frac{\text{Ns}}{\text{m}^2} = \text{Pa} \cdot \text{s}$ $1\ \text{P} = 0{,}1\ \text{Pa} \cdot \text{s}$ (P Poise)
kinematische Viskosität	ν (Ny)	$\nu = \frac{\eta}{\varrho}$	$\frac{\text{m}^2}{\text{s}} = \frac{\text{Ns/m}^2}{\text{kg/m}^3}$	$1\ \text{St} = 10^{-4}\ \frac{\text{m}^2}{\text{s}}$ (St Stokes)
Arbeit	W	$W = F\,s$	$\text{J} = \frac{\text{kgm}^2}{\text{s}^2}$	$1\ \text{J} = 1\ \text{Nm} = 1\ \text{Ws}$ J Joule Nm Newtonmeter Ws Wattsekunde kWh Kilowattstunde $1\ \text{kWh} = 3{,}6 \cdot 10^6\ \text{J} = 3{,}6\ \text{MJ}$
Energie	W	$W = \frac{m}{2} v^2$ $W = m\,g\,h$	$\text{J} = \frac{\text{kgm}^2}{\text{s}^2}$	
Leistung	P	$P = \frac{W}{t}$	$\text{W} = \frac{\text{Nm}}{\text{s}}$	$1 \frac{\text{Nm}}{\text{s}} = 1 \frac{\text{J}}{\text{s}} = 1\ \text{W}$
Drehmoment	M	$M = F\,l$	$\text{Nm} = \frac{\text{kgm}^2}{\text{s}^2}$	Biegemoment M_b Torsionsmoment T
Trägheitsmoment	J	$J = \int \text{d}m\,\varrho^2$	kgm^2	Massenmoment 2. Grades (früher: Massenträgheitsmoment)
Flächenmoment 2. Grades	I_x I_y I_p	$I = \int \text{d}A\,x^2$ $I_y = \int \text{d}A\,y^2$ $I_p = \int \text{d}A\,\varrho^2$	m^4	mm^4 I_x, I_y axiales Flächenmoment 2. Grades I_p polares Flächenmoment 2. Grades (früher: Flächenträgheitsmoment)
Elastizitätsmodul	E	$E = \sigma \frac{l_0}{\Delta l}$	$\frac{\text{N}}{\text{m}^2} = \frac{\text{kg}}{\text{s}^2\text{m}}$	$\frac{\text{N}}{\text{mm}^2}$
Schubmodul	G	$G = \frac{E}{2(1+\mu)}$	$\frac{\text{N}}{\text{m}^2} = \frac{\text{kg}}{\text{s}^2\text{m}}$	$\frac{\text{N}}{\text{mm}^2}$ (μ Poisson-Zahl)

2.1.2 Thermodynamik

Größe	Formelzeichen	Definitionsgleichung	SI-Einheil	Bemerkung, Beispiel, andere zulässige Einheiten
Temperatur (thermodynamische Temperatur)	T, Θ	Basisgröße	K (Kelvin)	1 K = 1 °C t, ϑ Celsius-Temperatur
spezifische innere Energie	u	$\Delta u = q + W_v$	$\frac{J}{kg} = \frac{kgm^2}{s^2\,kg}$	$1\,\frac{kgm^2}{s^2} = 1\,Nm = 1\,J$
Wärme (Wärmemenge)	Q	$Q = m\,c\,\Delta\vartheta$ $Q = U - w_v$	$J = \frac{kgm^2}{s^2}$	$1\,\frac{kgm^2}{s^2} = 1\,Nm = 1\,J$
spezifische Wärme	q	$q = \Delta U - w_v$	$\frac{J}{kg} = \frac{kgm^2}{s^2\,kg}$	
spezifische Wärmekapazität	c	$c = \frac{Q}{m\Delta\vartheta} = \frac{q}{\Delta T}$	$\frac{J}{kgK} = \frac{kgm^2}{s^2\,kgK}$	
Enthalpie	H	$H = U + pV$ $h = u + pv$	$J = \frac{kgm^2}{s^2}$	$h = \frac{H}{m}$ spezifische Enthalpie
Wärmeleitfähigkeit	λ		$\frac{W}{mK} = \frac{kgm}{s^3K}$	$\frac{J}{m\,h\,K}$ 1 K = 1 °C
Wärmeübergangskoeffizient	α		$\frac{W}{m^2K} = \frac{kg}{s^3K}$	$\frac{J}{m^2\,h\,K}$ 1 K = 1 °C
Wärmedurchgangskoeffizient	k		$\frac{W}{m^2K} = \frac{kg}{s^3K}$	$\frac{J}{m^2\,h\,K}$ 1 K = 1 °C
spezifische Gaskonstante	$R_i = \frac{R}{M}$	$R_i = \frac{p}{T\varrho}$	$\frac{J}{kgK} = \frac{m^2}{s^2K}$	M molare Masse
universelle Gaskonstante	R	$R = 8315\,\frac{J}{kmol\,K}$	$\frac{J}{kmol\,K}$	1 kmol = 1 Kilomol
Strahlungskonstante	C		$\frac{W}{m^2K^4} = \frac{kg}{s^3K^4}$	$C_s = 5{,}67 \cdot 10^{-8}\,\frac{W}{m^2\,K^4}$ C_s Strahlungskonstante des schwarzen Körpers

2.1.3 Elektrotechnik

Größe	Formelzeichen	Definitionsgleichung	SI-Einheit	Bemerkung, Beispiel, andere zulässige Einheiten
elektrische Stromstärke	I	Basisgröße	A (Ampere)	
elektrische Spannung	U	$U = \sum E \,\Delta s$	V (Volt)	$1\,\text{V} = 1\frac{\text{W}}{\text{A}} = 1\frac{\text{kgm}^2}{\text{s}^3\text{A}}$ W (Watt)
elektrischer Widerstand	R		Ω	$1\frac{\text{V}}{\text{A}} = 1\Omega = 1\frac{\text{kgm}^2}{\text{s}^3\text{A}^2}$
elektrischer Leitwert	G		$\frac{1}{\Omega}$	$1\frac{\text{A}}{\text{V}} = 1\text{S} = 1\frac{\text{A}^2\text{s}^3}{\text{kgm}^2}$ S (Siemens)
elektrische Ladung (Elektrizitätsmengen)	Q		C = As (Coulomb)	1 As = 1 C 1 Ah = 3600 As
elektrische Kapazität	C	$C = \frac{Q}{U}$	$\text{F} = \frac{\text{As}}{\text{V}}$ (Farad)	$1\text{F} = 1\frac{\text{C}}{\text{V}} = 1\frac{\text{As}}{\text{V}} = 1\frac{\text{A}^2\text{s}^4}{\text{kgm}^2}$
elektrische Flussdichte	D	$D = \epsilon_0\, \epsilon_r\, E$	$\frac{\text{C}}{\text{m}^2}$	$1\frac{\text{C}}{\text{m}^2} = 1\frac{\text{As}}{\text{m}^2}$
elektrische Feldstärke	E	$E = \frac{F}{Q}$	$\frac{\text{V}}{\text{m}}$	$1\frac{\text{V}}{\text{m}} = 1\frac{\text{kgm}}{\text{s}^3\text{A}}$
Permittivität (früher Dielektrizitätskonstante)	ϵ	$\epsilon = \epsilon_0\, \epsilon_r$ ϵ_0 elektrische Feldkonstante ϵ_r Permittivitätszahl	$\frac{\text{F}}{\text{m}} = \frac{\text{A}^2\text{s}^4}{\text{kgm}^3}$	$1\frac{\text{s}}{\text{V}} = \frac{\text{s}^2\,\text{C}^2}{\text{kgm}^3}$
elektrische Energie	W_e	$W_e = \frac{QU}{2}$	Ws	$1\,\text{Nm} = 1\,\text{J} = 1\,\text{Ws} = 1\frac{\text{kgm}^2}{\text{s}^2}$
magnetische Feldstärke	H	$H = \frac{I}{2\pi r}$	$\frac{\text{A}}{\text{m}}$	
magnetische Flussdichte, Induktion	B	$B = \mu\,\text{H}$	$\text{T} = \frac{\text{kg}}{\text{s}^2\text{A}}$ T (Tesla)	$1\frac{\text{Wb}}{\text{m}^2} = 1\frac{\text{Vs}}{\text{m}^2} = 1\frac{\text{kg}}{\text{s}^2\text{A}}$ $\text{T} = 1\frac{\text{Vs}}{\text{m}^2}$ Wb (Weber)
magnetischer Fluss	Φ	$\Phi = \sum B\,\Delta A$	$\text{Wb} = \frac{\text{kgm}^2}{\text{s}^2\text{A}}$	$1\,\text{Wb} = 1\,\text{Vs} = 1\frac{\text{kgm}^2}{\text{s}^2\text{A}}$
Induktivität	L	$L = \frac{N\Phi}{I}$ (Windungszahl)	$\text{H} = \frac{\text{kgm}^2}{\text{s}^2\text{A}^2}$ H (Henry)	$1\,\text{H} = 1\frac{\text{Vs}}{\text{A}} = 1\frac{\text{Wb}}{\text{A}} = 1\frac{\text{kgm}^2}{\text{s}^2\text{A}^2}$
Permeabilität	μ	$\mu = \mu_0\, \mu_r$ μ_0 magnetische Feldkonstante μ_r Permeabilitätszahl	$\frac{\text{H}}{\text{m}} = \frac{\text{kgm}}{\text{s}^2\text{A}^2}$	$1\frac{\text{Vs}}{\text{Am}} = 1\frac{\text{kgm}}{\text{s}^2\text{A}^2}$

2.1.4 Optik

Größe	Formelzeichen	Name der Einheit	SI-Einheit	Bemerkung
Lichtstärke	I_v	Candela [1)]	cd	Basisgröße
Beleuchtungsstärke	E_v	Lux	lx	
Lichtstrom	Φ_v	Lumen	lm	1 lm = 1 cd sr (sr Steradiant)
Lichtmenge	Q_v	Lumen · Sekunde	lm · s	
Lichtausbeute	η	$\frac{\text{Lumen}}{\text{Watt}}$	$\frac{\text{lm}}{\text{W}}$	
Leuchtdichte	L_v	$\frac{\text{Candela}}{\text{Quadratmeter}}$	$\frac{\text{cd}}{\text{m}^2}$	

1)	Farbtemperatur	HK/cd	cd/HK
Umrechnungsfaktoren von Candela in Hefnerkerzen (HK) und umgekehrt	2043 K (Platinpunkt)	0,903	1,107
	2360 K (Wolfram-Vakuum-Lampe)	0,877	1,140
	2750 K (gasgefüllte Wolframlampe)	0,861	1,162

2.2 Allgemeine und atomare Konstanten

Bezeichnung	Beziehung
Avogadro-Konstante	$N_A = 6{,}0221367 \cdot 10^{23}\ \text{mol}^{-1}$
Boltzmann-Konstante	$k = 1{,}380658 \cdot 10^{-23}\ \text{J/K}$
elektrische Elementarladung	$e = 1{,}60217733 \cdot 10^{-19}\ \text{C}$
elektrische Feldkonstante	$\epsilon_0 = 8{,}854187817 \cdot 10^{-12}\ \text{F/m}$
Faraday-Konstante	$F = 96485{,}309\ \text{C/mol}$
Lichtgeschwindigkeit im leeren Raum	$c_0 = 2{,}99792458 \cdot 10^{8}\ \text{m/s}$
magnetische Feldkonstante	$\mu_0 = 1{,}2566370614 \cdot 10^{-6}\ \text{H/m}$
molares Normvolumen idealer Gase	$V_{mn} = 2{,}24208 \cdot 10^{4}\ \text{cm}^3\text{/mol}$
Planck-Konstante	$h = 6{,}6260755 \cdot 10^{-34}\ \text{J} \cdot \text{s}$
Ruhemasse des Elektrons	$m_e = 9{,}1093897 \cdot 10^{-31}\ \text{kg}$
Ruhemasse des Protons	$m_p = 1{,}672622 \cdot 10^{-27}\ \text{kg}$
Stefan-Boltzmann-Konstante	$\sigma = 5{,}67051 \cdot 10^{-8}\ \text{W/(m}^2 \cdot \text{K}^4)$
(universelle) Gaskonstante	$R = 8{,}314510\ \text{J/(mol} \cdot \text{K)}$
Gravitationskonstante	$G = 6{,}67259 \cdot 10^{-11}\ \text{m}^3\ \text{kg}^{-1}\ \text{s}^{-2}$

2.3 Umrechnungstafel für metrische Längeneinheiten

Einheit	Pico-meter pm	Ang-ström [1] Å	Nano-meter nm	Mikro-meter µm	Milli-meter mm	Zenti-meter cm	Dezi-meter dm	Meter m	Kilo-meter km
1 pm =	1	10^{-2}	10^{-3}	10^{-6}	10^{-9}	10^{-10}	10^{-11}	10^{-12}	10^{-15}
1 Å [1] =	10^{2}	1	10^{-1}	10^{-4}	10^{-7}	10^{-8}	10^{-9}	10^{-10}	10^{-13}
1 nm =	10^{3}	10	1	10^{-3}	10^{-6}	10^{-7}	10^{-8}	10^{-9}	10^{-12}
1 µm =	10^{6}	10^{4}	10^{3}	1	10^{-3}	10^{-1}	10^{-5}	10^{-6}	10^{-9}
1 mm =	10^{9}	10^{7}	10^{6}	10^{3}	1	10^{-1}	10^{-2}	10^{-3}	10^{-6}
1 cm =	10^{10}	10^{8}	10^{7}	10^{4}	10	1	10^{-1}	10^{-2}	10^{-5}
1 dm =	10^{11}	10^{9}	10^{8}	10^{5}	10^{2}	10	1	10^{-1}	10^{-4}
1 m =	10^{12}	10^{10}	10^{9}	10^{6}	10^{3}	10^{2}	10	1	10^{-3}
1 km =	10^{15}	10^{13}	10^{12}	10^{9}	10^{6}	10^{5}	10^{4}	10^{3}	1

[1] Das Ångström ist nicht als Teil des Meters definiert, gehört also nicht zum metrischen System. Es ist benannt nach dem schwedischen Physiker *A. J. Angström* (1814 – 1874).

Beachte: Der negative Exponent gibt die Anzahl der Nullen (vor der 1) *einschließlich* der Null vor dem Komma an, z. B. 10^{-4} = 0,0001; 10^{-1} =0,1; 10^{-6} = 0,000001. Der positive Exponent gibt die Anzahl der Nullen (nach der 1) an, z. B. 10^{4} = 10000; 10^{1} = 10; 10^{6} = 1000000.

2.4 Vorsatzzeichen zur Bildung von dezimalen Vielfachen und Teilen von Grundeinheiten oder hergeleiteten Einheiten mit selbstständigem Namen

Vorsatz	Kurzzeichen	Bedeutung
Tera	T	1000000000000 (= 10^{12}) Einheiten
Giga	G	1000000000 (= 10^{9}) Einheiten
Mega	M	1000000 (= 10^{6}) Einheiten
Kilo	k	1000 (= 10^{3}) Einheiten
Hekto	h	100 (= 10^{2}) Einheiten
Deka	da	10 (= 10^{1}) Einheiten
Dezi	d	0,1 (= 10^{-1}) Einheiten
Zenti	c	0,01 (= 10^{-2}) Einheiten
Milli	m	0,001 (= 10^{-3}) Einheiten
Mikro	µ	0,000001 (= 10^{-6}) Einheiten
Nano	n	0,000000001 (= 10^{-9}) Einheiten
Pico	P	0,000000000001 (= 10^{-12}) Einheiten

2.5 Umrechnungstafel für Leistungseinheiten

Einheit	Nm/s = W	kpm/s	PS	kW	kcal/s
1 Nm/s = 1W =	1	0,101972	$1{,}35962 \cdot 10^{-3}$	0,001	$2{,}38846 \cdot 10^{-4}$
1 kpm/s =	9,80665	1	0,0133333	$9{,}80665 \cdot 10^{-3}$	$2{,}34228 \cdot 10^{-3}$
1 PS =	735,499	75	1	0,735499	0,175671
1 kW =	1000	101,972	1,35962	1	0,238846
1 kcal/s =	4186,80	426,935	5,69246	4,18680	1

2.6 Schallgeschwindigkeit *c*, Dichte *ϱ* und Elastizitätsmodul *E* einiger fester Stoffe

Stoff	c in $\frac{m}{s}$	ϱ in $\frac{kg}{m^3}$	E in $\frac{N}{m^2}$
Aluminium in Stabform	5 080	2 700	$7{,}1 \cdot 10^{10}$
Blei	1 170	11 400	$1{,}6 \cdot 10^{10}$
Stahl in Stabform	5 120	7 850	$21 \cdot 10^{10}$
Kupfer	3 700	8 900	$12{,}5 \cdot 10^{10}$
Messing	3 500	8 100	$10 \cdot 10^{10}$
Nickel	4 780	8 800	$20 \cdot 10^{10}$
Zink	3 800	7 100	$10{,}5 \cdot 10^{10}$
Zinn	2 720	7 300	$5{,}5 \cdot 10^{10}$
Quarzglas	5 360	2 600	$7{,}6 \cdot 10^{10}$
Plexiglas	2 090	1 200	$0{,}5 \cdot 10^{10}$

2.7 Schallgeschwindigkeit *c* und Dichte *ϱ* einiger Flüssigkeiten

Flüssigkeit	t in °C	c in $\frac{m}{s}$	ϱ in $\frac{kg}{m^3}$
Benzol	20	1 330	878
Petroleum	34	1 300	825
Quecksilber	20	1 450	13 595
Transformatorenöl	32,5	1 425	895
Wasser	20	1 485	997

2.8 Schallgeschwindigkeit *c*, Verhältnis $\kappa = \frac{c_p}{c_v}$ einiger Gase bei $t = 0$ °C

Gas	c in $\frac{m}{s}$	κ
Helium	965	1,66
Kohlenoxid	338	1,4
Leuchtgas	453	–
Luft	331 (344 bei 20 °C)	1,402
Sauerstoff	316	1,396
Wasserstoff	1 284 (1 306 bei 20 °C)	1,408

2.9 Schalldämmung von Trennwänden

Baustoff	Dicke *s* in cm	Masse *m'* in kg/m²	mittlere Dämmzahl *D* in dB
Dachpappe	–	1	13
Sperrholz, lackiert	0,5	2	19
Dickglas	0,6 ... 0,7	16	29
Heraklithwand, verputzt	–	50	38,5
Vollziegelwand, $^1/_4$ Stein verputzt	9	153	41,5
bei $^1/_2$ Stein	15	228	44
bei $^1/_1$ Stein	27	457	49,5

2.10 Elektromagnetisches Spektrum

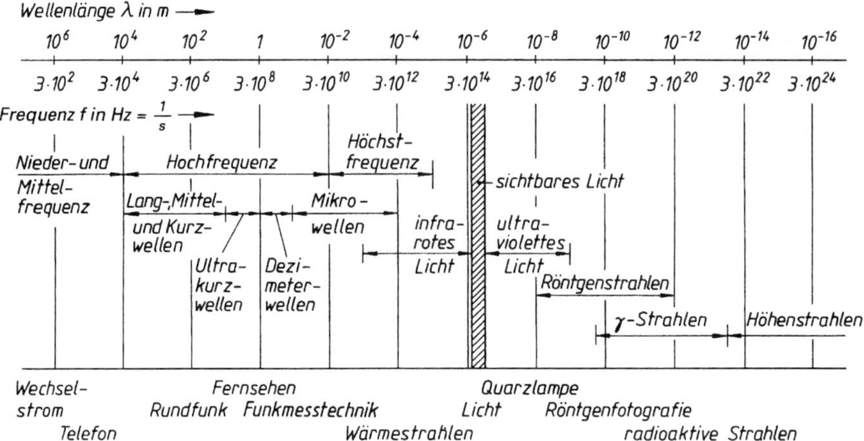

2.11 Brechzahlen *n* für den Übergang des Lichtes aus dem Vakuum in optische Mittel [1] (durchsichtige Stoffe)

Luft	1,000 293 ≈ 1	Kalkspat (ao Strahl)	1,49
Wasser	1,33	Kalkspat (o Strahl)	1,66
Acrylglas (Plexiglas)	1,49	Steinsalz	1,54
Kronglas [2]	1,48 ... 1,57	Saphir	1,76
Flintglas [2]	1,56 ... 1,9	Diamant	2,4
Kanadabalsam	1,54	Schwefelkohlenstoff	1,63

[1] Das optisch dichtere (dünnere) Mittel ist das mit der größeren (kleineren) Brechzahl.

[2] Kronglas ist Glas mit geringer, Flintglas mit hoher Farbzerstreuung (Dispersion).

3.1 Atombau und Periodensystem

Elementar-Teilchen (beständige)

Name	Symbol	Masse in g	Relative Masse als Vielfaches der atomaren Masseneinheit *u*	Ladung in As
Proton	p	$1{,}673 \cdot 10^{-24}$	1,00728	$+1{,}6 \cdot 10^{-19}$
Neutron	n	$1{,}675 \cdot 10^{-24}$	1,00867	0
Elektron	e^-	$9{,}109 \cdot 10^{-28}$	0,00054	$-1{,}6 \cdot 10^{-19}$

Atomkern

Kugelähnliches Gebilde aus Nukleonen, das sind schwere Elementarteilchen (Protonen und Neutronen).
Das Verhältnis von Protonen und Neutronen in einem Kern ist nicht konstant. Kerndurchmesser etwa 10^{-14} m.

Ordnungszahl

gibt die Stellung des Elementes im Periodischen System an:
Ordnungszahl = Protonenzahl = Elektronenzahl.

Massenzahl

gibt die Anzahl der schweren Kernteilchen, d. h. der Protonen und Neutronen an.

relative Atommasse A_r (Atomgewicht)

Verhältniszahl, Vielfaches der atomaren Masseneinheit *u*.

atomare Masseneinheit *u*

ist der 12te Teil der Masse eines Atoms des Nuklids ^{12}C (Kohlenstoffisotop mit der Massenzahl 12). $u = 1{,}66 \cdot 10^{-24}$ g.

Isotope

Atomarten (Nuklide) gleicher Protonenzahl = Kernladungszahl, aber unterschiedlicher Neutronenzahl, damit auch verschiedener Massenzahl.

Reinelemente

Chemische Elemente, die nur aus einem Nuklid bestehen, es sind etwa 22.

Mischelemente

Chemische Elemente, die aus verschiedenen Nukliden bestehen (Mischungen aus zwei oder mehr Nukliden).
Chlor besteht zu 75,53 % aus $^{35}_{17}Cl$ und 24,47 % aus $^{35}_{17}Cl$. Daraus errechnet sich die relative Atommasse zu 35,45.

3

Chemie

Atombau und Periodensystem

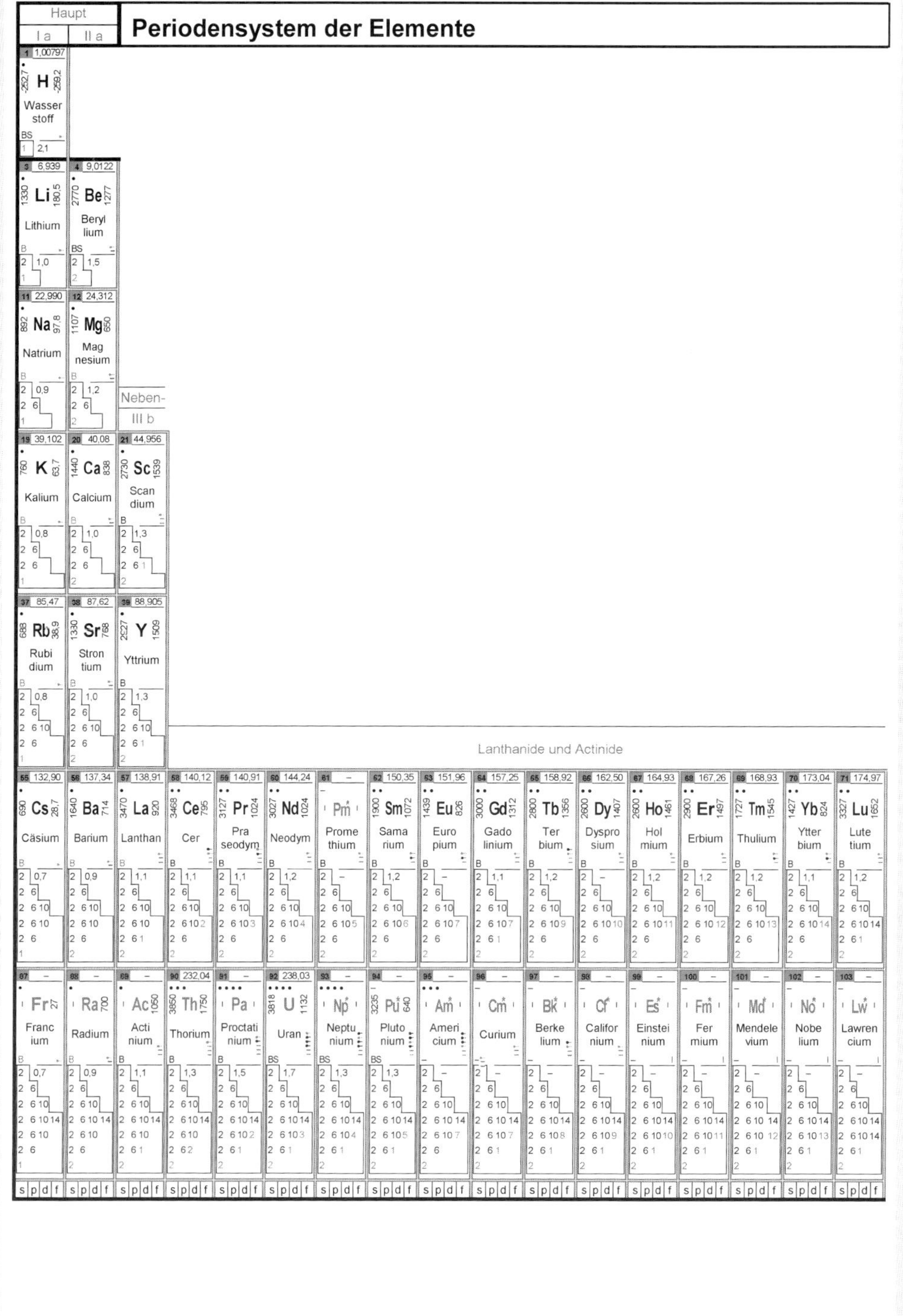

Haupt
I a
II a
Periodensystem der Elemente
1 1,00797 H Wasser stoff
3 6,939 Li Lithium
4 9,0122 Be Beryl lium
11 22,990 Na Natrium
12 24,312 Mg Mag nesium
Neben-
III b
19 39,102 K Kalium
20 40,08 Ca Calcium
21 44,956 Sc Scan dium
37 85,47 Rb Rubi dium
38 87,62 Sr Stron tium
39 88,905 Y Yttrium
Lanthanide und Actinide
55 132,90 Cs Cäsium
56 137,34 Ba Barium
57 138,91 La Lanthan
58 140,12 Ce Cer
59 140,91 Pr Pra seodym
60 144,24 Nd Neodym
61 – Pm Prome thium
62 150,35 Sm Sama rium
63 151,96 Eu Euro pium
64 157,25 Gd Gado linium
65 158,92 Tb Ter bium
66 162,50 Dy Dyspro sium
67 164,93 Ho Hol mium
68 167,26 Er Erbium
69 168,93 Tm Thulium
70 173,04 Yb Ytter bium
71 174,97 Lu Lute tium
87 – Fr Franc ium
88 – Ra Radium
89 – Ac Acti nium
90 232,04 Th Thorium
91 – Pa Proctati nium
92 238,03 U Uran
93 – Np Neptu nium
94 – Pu Pluto nium
95 – Am Ameri cium
96 – Cm Curium
97 – Bk Berke lium
98 – Cf Califor nium
99 – Es Einstei nium
100 – Fm Fer mium
101 – Md Mendele vium
102 – No Nobe lium
103 – Lw Lawren cium
s p d f

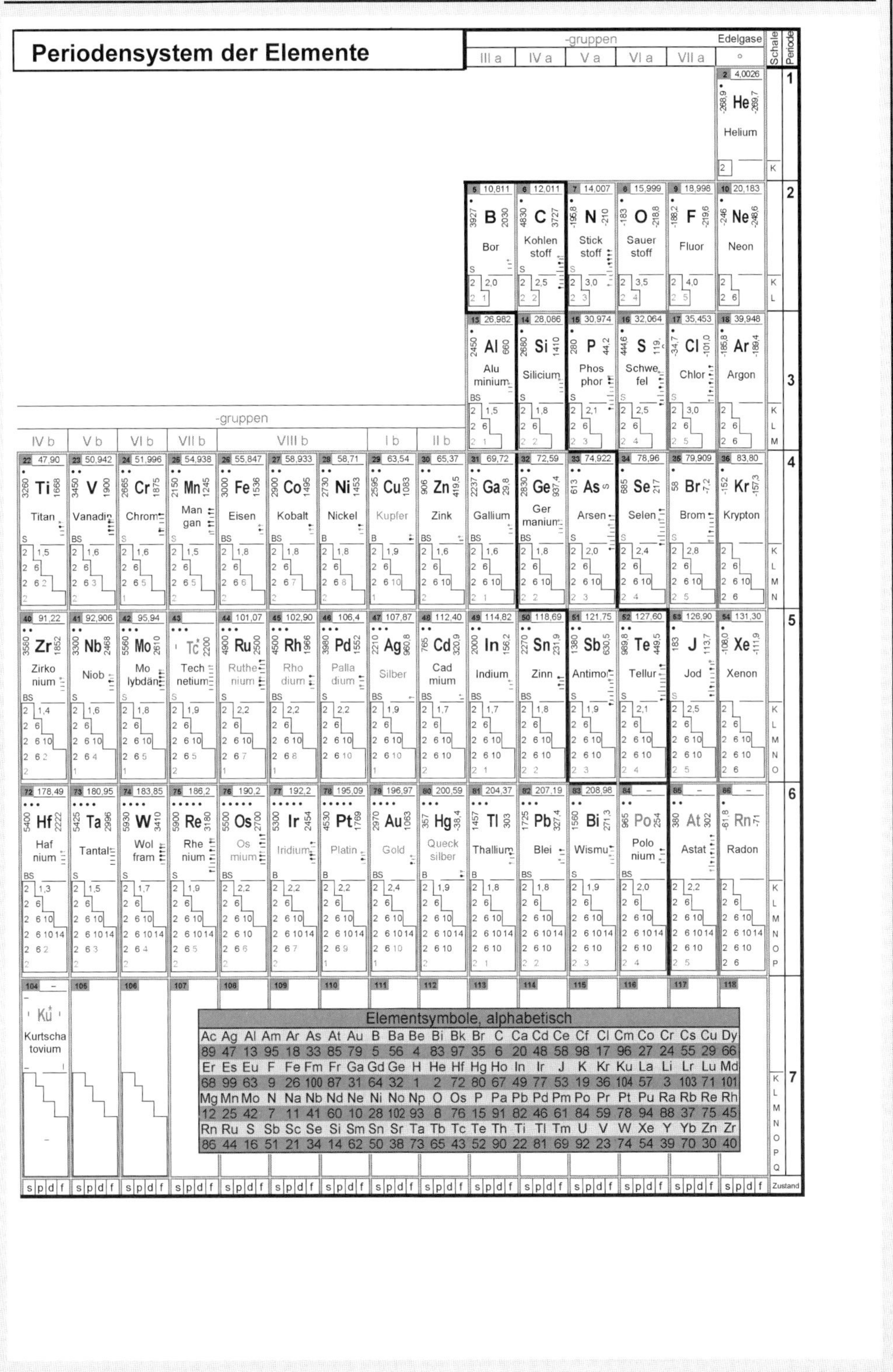

Periodensystem der Elemente
-gruppen
III a
IV a
V a
VI a
VII a
Edelgase
Schale
Periode
-gruppen
IV b
V b
VI b
VII b
VIII b
I b
II b
Elementsymbole, alphabetisch
Ac Ag Al Am Ar As At Au B Ba Be Bi Bk Br C Ca Cd Ce Cf Cl Cm Co Cr Cs Cu Dy
89 47 13 95 18 33 85 79 5 56 4 83 97 35 6 20 48 58 98 17 96 27 24 55 29 66
Er Es Eu F Fe Fm Fr Ga Gd Ge H He Hf Hg Ho In Ir J K Kr Ku La Li Lr Lu Md
68 99 63 9 26 100 87 31 64 32 1 2 72 80 67 49 77 53 19 36 104 57 3 103 71 101
Mg Mn Mo N Na Nb Nd Ne Ni No Np O Os P Pa Pb Pd Pm Po Pr Pt Pu Ra Rb Re Rh
12 25 42 7 11 41 60 10 28 102 93 8 76 15 91 82 46 61 84 59 78 94 88 37 75 45
Rn Ru S Sb Sc Se Si Sm Sn Sr Ta Tb Tc Te Th Ti Tl Tm U V W Xe Y Yb Zn Zr
86 44 16 51 21 34 14 62 50 38 73 65 43 52 90 22 81 69 92 23 74 54 39 70 30 40
Zustand

Chemie
Atombau und Periodensystem

Periode

Waagerechte Zeile im Periodischen System der Elemente. Die Periodennummer entspricht der Anzahl der besetzten Elektronenschalen. *Beispiel*: Die 18 Elemente der Periode 4 haben eine angefangene Außenschale 4, die beim letzten Element dieser Periode, dem Krypton $_{36}Kr$ mit 8 Elektronen besetzt ist.

Gruppe

Senkrechte Spalte im Periodensystem. Die Gruppennummer entspricht der Anzahl der energiereichsten Elektronen (Valenzelektronen).

Elektronenhülle

Aufenthaltsbereich der Elektronen. Sie geben im Grundzustand des Atoms keine Energie ab. Beschreibung des Energiezustandes eines Elektrons durch die Quantenzahlen.

Orbital

Unterteilung der Elektronenhülle in Ladungswolken. Jeder Orbital kann höchstens 2 Elektronen aufnehmen, die sich durch einen antiparallelen Spin unterscheiden.

Hauptquantenzahl *n*

kennzeichnet den *Abstand des Orbitals* vom Kern. Sie hat die Beträge 1... 7 vom Kern nach außen gezählt.

Nebenquantenzahl *l*

kennzeichnet die *Form des Orbitals* mit den Buchstaben *s*, *p*, *d* und *f*. l liegt zwischen 0 und $(n - 1)$.

Magnetquantenzahl *m*

kennzeichnet die *Lage des Orbitals* im Raum. m ist ganzzahlig und liegt zwischen $-l$ und $+l$ einschließlich der Null.

Spinquantenzahl *s*

kennzeichnet die *Richtung des Spins*, vorstellbar als Eigendrehung des Elektrons. Dabei gibt es zwei Möglichkeiten: Parallel und antiparallel. s hat die Beträge $+ 1/2$ oder $- 1/2$.

Pauli-Prinzip

In der Elektronenhülle eines Atoms treten niemals zwei Elektronen des gleichen Energiezustandes auf, d. h. sie stimmen niemals in allen vier Quantenzahlen überein.

Hund'sche Regel

In der Elektronenhülle eines Atoms besitzen die Elektronen von den möglichen Zuständen die jeweils energieärmsten. Orbitale mit gleicher Haupt- und Nebenquantenzahl werden deshalb zunächst einfach besetzt. Erst nach der Einfachbesetzung aller dieser Orbitale werden sie durch ein zweites Elektron mit antiparallelem Spin aufgefüllt.

Besetzung der Hauptniveaus mit Elektronen

Hauptquantenzahl	1	2	3	4	5	6	7
Bezeichnung des Hauptniveaus	K	L	M	N	O	P	Q
Anzahl der möglichen Nebenniveaus	1	2	3	4	5	6	7
Bezeichnung dieser Niveaus	1s	2s 2p	3s 3p 3d	4s 4p 4d 4ff	5s 5p 5d 5f	6s 6p 6d –	7s – – –
Max. Elektronenbesetzung des Haupt- Niveaus $Z_{max} = 2n^2$	2	8	18	32	(50)	–	–

⇐ Striche in dieser Zeile geben an, dass bei natürlichen und künstlichen Atomen im Grundzustand diese Energieniveaus noch nicht beobachtet wurden.

Maximale Besetzung der Nebenniveaus

Nebenquantenzahl	0	1	2	3
Bezeichnung des Nebenniveaus	s	p	d	f
Max. Anzahl der Orbitale	1	3	5	7
Max. Anzahl der Elektronen	2	6	10	14

Beispiel für die Beschreibung der Elektronenkonfiguration, Element Nr. **15 P**, **Phosphor** mit insgesamt 15 Elektronen: $1s^2$; $2s^2$; $2p^6$; $3s^2$, $3p^3$

Symbolische Darstellung für **P, Phosphor** 15 +

↑↓	↑↓	↑↓	↑↓	↑↓	↑↓	↑	↑	↑
1s	2s	2p			3s	3p		

Einfach besetzt

3.2 Metalle

Element	Symbol	Ordnungs-zahl	Rel. Atom-masse	Häufigste Isotope	Oxidations-Zahlen [1] ↓	Dichte ϱ g/cm^3 [3]	Schmelz-Pkt. °C
Alkalimetalle					[1] häufigste h'fett gedruckt		
Lithium	Li	3	6,94	7	1	0,53	180
Natrium	Na	11	22,99	23	1	0,97	98
Kalium	K	19	39,1	39	1	0,86	64
Rubidium	Rb	37	85,48	85	1	1,53	39
Cäsium	Cs	55	132,91	133	1	1,90	28
Erdalkalimetalle							
Beryllium	Be	4	9,01	9	2	1,85	1280
Magnesium	Mg	12	24,32	24	2	1,74	650
Calcium	Ca	20	40,08	40	2	1,55	840
Strontium	Sr	38	87,63	88	2	2,63	770
Barium	Ba	56	137,36	138	2	3,65	725
Erdmetalle							
Aluminium	Al	13	26,98	27	3	2,70	660
Scandium	Sc	21	44,96	45	3	2,99	1540
Yttrium	Y	39	88,91	89	3	4,47	1520
Lanthan	La	57	138,92	139	3	6,16	920
Seltene Erden (Lanthanoiden)							
Cer	Ce	58	140,13	140	4,3	6,77	798
Praseodym	Pr	59	140,92	141	4,3	6,43	931
Neodym	Nd	60	144,27	142	3	7,00	1010
Promethium	Pm	61	147	145	3	7,229	1080
Samarium	Sm	62	150,35	152	3,2	7,54	1072
Europium	Eu	63	152	153	3,2	5,25	822
Gadolinum	Gd	64	157,26	158	3	7,90	1312
Terbium	Tb	65	158,93	159	4,3	8,25	1360
Dysprosium	Dy	66	162,51	164	3	8,56	1409
Holmium	Ho	67	164,94	165	3	8,78	1470
Erbium	Er	68	167,27	166	3	9,05	1522
Thulium	Tm	69	168,94	169	3,2	9,32	1545
Ytterbium	Yb	70	173,04	174	3,2	6,97	824
Lutetium	Lu	71	174,99	175	3	9,84	1656

Chemie

Metalle

Element	Symbol	OZ	KG	Gitterkonstante[1] a pm	Radien pm[2] Atom / Ion	Dichte ϱ[3] kg/dm^3	Schmelzpunkt T_m °C[6]	Leitfähigkeit für Strom[4] $m/mm^2\,\Omega$	Leitfähigkeit für Wärme W/mK	Wärmeausdehnung α[5]	E.-Modul GPa
Leichtmetalle (nach Dichte geordnet)											
Magnesium	Mg	12	hdP	320/1,62	160/78 (2)	1,74	650	22,4	156	25,8	44
Beryllium	Be	4	hdP	229/1,57	113/34 (2)	1,85	1280	23,8	204	11	293
Aluminium	Al	13	kfz.	404	143/57 (3)	2,7	(660,323)	37,7	236	23,9	72
Titan	Siehe unter „höchstschmelzende Metalle“					4,51					
Niedrigschmelzende Schwermetalle											
Gallium	Ga	31	rhomb.	452	122/62 (3)	5,90	30	7,3	—	—	—
Indium	In	49	tetr	325/1,52	163/92 (3)	7,30	156	12,2	82	33	—
Zinn α-Sn >13°C β-Sn	Sn	50	diam tetr.	<13°C	141/74 (4)	7,28	(231,982)	9,9	66	26,7	55
Wismut	Bi	83	hex	455/2,61	155/96 (3)	9,80	271	0,93	8	13,4	34
Cadmium	Cd	48	hdP	298/1,88	149/114 (2)	8,64	321	14	95	29,7	63
Blei	Pb	82	kfz.	495	175/132 (2)	11,35	327	5,2	35	29,2	16
Zink	Zn	30	hdP	266/1,86	133/83 (2)	7,13	(429,527)	18	112	21,1	9
Antimon	Sb	51	hex	431/2,61	145/89 (3)	6,69	630	3	24	10,9	56
Hochschmelzende Metalle											
Germanium	Ge	32	kfz	566	123/53 (4)	5,32	936	$2{,}21\ 10^{-2}$	63	—	—
Kupfer	Cu	29	kfz	361	128/72 (2)	8,93	(1084,62)	64	398	16,5	125
Mangan	Mn	25	kub	376	112/91 (2)	7,44	1245	n.b.	7,8	22,8	201
Nickel	Ni	28	kfz	352	124/78 (2)	8,91	1450	16,3	85	13,0	215
Cobalt α-Co >417°C β-Co	Co	27	hdP kfz	250/1,62 355	153/82 (2)	8,89	1490	13,8	101	18,1	213
Eisen α-Fe >912°C γ-Fe	Fe	26	krz kfz	287 365	124/67 (3) 127	7,85	1535	12	75	11,9	215
Höchstschmelzende Metalle											
Titan α-Ti >882°C β-Ti	Ti	22	hdP krz	295/1,59 332	148/61 (4)	4,51	1668	2,3	22	9,0	105
Zirkon α-Zr >852°C β-Zr	Zr	40	tetr. krz	323/1,59 361	162/87 (4)	6,53	1855	2,5	22,7	6,3	90
Vanadium	V	23	krz	302	131/59 (5)	5,96	1900	5	30,7	n.b.	150
Chrom	Cr	24	krz	288 *	150/64 (3)	7,19	1860	6,6	94	8,4	190
Niob	Nb	41	krz	329	142/69 (5)	8,58	2470	—	54	7,4	160
Molybdän	Mo	42	krz	315	136/62 (6)	10,22	2620	20	135	5,2	330
Tantal	Ta	73	krz	330	143/64 (5)	16,68	3000	8	56	6,5	188
Wolfram	W	74	krz	317	137/62 (6)	19,26	3400	20	173	4,5	400
Edelmetalle											
Quecksilber	Hg	80	—		160/112 (2)	13,55	(–38,83)	1	—	9,5	—
Silber	Ag	47	kfz	409	145/113 (1)	10,5	(961,78)	66	428	19,7	81
Gold	Au	79	kfz	408	144/137 (1)	19,32	(1064,18)	49	318	14,2	79
Palladium	Pd	46	kfz	n.b.	138/86 (2)	12,02	1550	10,2	72	11,8	—
Platin	Pt	78	kfz	392	139/85 (2)	21,45	1770	10	72	9,1	173
Rhodium	Rh	45	kfz	379	134/75 (3)	12,41	1970	23	150	8	280
Hafnium	Hf	72	hdP	n.b.	156/84 (4)	13,31	2230	3,8	—	—	—
Ruthenium	Ru	44	hdP	n.b.	134/77 (3)	12,40	2310	15	117	10	—
Iridium	Ir	77	kfz	384	136/66 (4)	22,65	2450	21	147	6,5	530
Osmium	Os	76	hdP	273/1,58	135/67 (4)	22,61	3040	11	88	7	570
Rhenium	Re	75	kfz	380	137/72 (4)	21,03	3180	—	—	—	—

1) Bei hexagonalen (tetr.) Metallen ist das Verhältnis der senkrechten Konstante c/a angegeben;
2) In Klammern die zugehörige, häufigste Oxidationszahl der Ionen;
3) bei 20 °C;
4) bei 0 °C = 273 K;
5) Bereich 0…100 °C, Werte mit 10^{-6} multiplizieren!;
6) Klammerwerte nach der IST-90 (Internationale Temperatur Skala)

3.3 Nichtmetalle

Element	Symbol	Ordnungs-zahl	Rel. Atom-masse	Bekannte Isotope	Häufigste Isotope	Dichte ϱ bei 20 °C Gasein g/l	Oxidationszahlen (wichtigste h`fett)
Edelgase							
Helium	He	2	4,00	2	4	1,17	0-wertig
Neon	Ne	10	20,18	3	20	0,84	
Argon	Ar	18	39,95	3	40	1,66	
Krypton	Kr	36	83,80	6	84	3,48	
Xenon	Xe	54	131,30	9	132	4,49	
Radon	Rn	86	222	3	—	9,23	
Halogene							
Fluor	F	9	19	1	19	1,58	1, – 1
Chlor	Cl	17	35,45	2	35	2,95	7, 5, 3, 1, **– 1**
Brom	Br	35	79,90	2	79	3,14 g/cm³	
Jod	J	53	126,90	1	127	4,44 g/cm³	
Astat		85	210	—	—	—	
Gase							
Wasserstoff	H	1	1,008	3	1	0,084	1, – 1
Stickstoff	N	7	14,007	2	14	1,17	5, 4, 3, 2, – 3
Sauerstoff	O	8	16,00	1	16	1,33	**–2**, –1
Feste Nichtmetalle						Dichte in g/cm³	
Arsen	As	33	74,92	1	75	5,72	5, **3**, – 3
Bor	B	5	10,81	2	11	2,3	**3**
Kohlenstoff	C	6	12,01	2	12	3,51	**4**, 2, **– 4**
Phosphor	P	15	30,97	1	31	2,20 (rot)	**5**, 3, – 3
Schwefel	S	16	32,06	4	32	2,06	**6**, 4, 2, – 2
Selen	Se	34	78,96	6	80	4,81	6, **4**, – 2
Silicium	Si	14	28,09	3	28	2,33	**4**, 2, – 4
Tellur	Te	52	127,60	8	130	6,24	6, **4**, 2, – 2

3.4 Elektronegativität

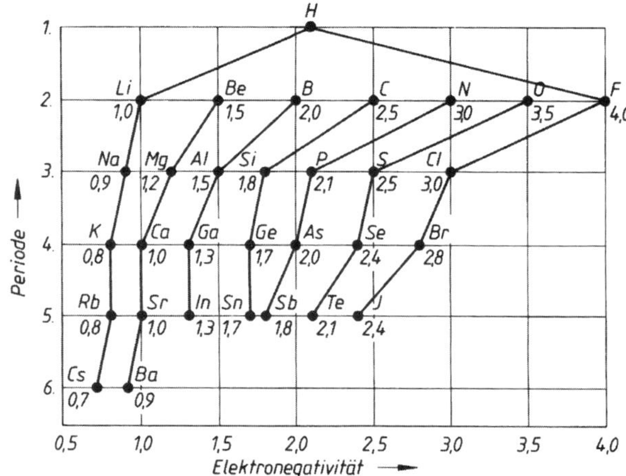

Elektronegativitätsskala (*Pauling*)

Nichtmetalle sind elektronegative Elemente. Sie ziehen Elektronen an und bilden dann negativ geladene Ionen (Anionen).
Der Grad der Anziehung, die so genannte Elektronegativität, wird nach einer Skala mit empirischen Zahlen bewertet. Danach ist Fluor das Element mit der stärksten Anziehung für Elektronen, während das Cäsium das elektropositivste Metall ist.

3.5 Chemische Bindungen, Wertigkeitsbegriffe

	Metallbindung	Ionenbindung heteropolare, elektrovalente Bindung	Atombindung homöopolare, kovalente Bindung	
Bindungspartner	Metallatome	Metallatome + Nichtmetallatome	Nichtmetallatome	
Elektronegativität der Partner	elektropositive Elemente	Elemente mit unterschiedlicher Elektronegativität	Elemente mit gleicher oder gering unterschiedlicher Elektronegativität	
Änderung in der Elektronenhülle	Abgabe der Valenzelektronen, nicht lokalisierte Elektronen → „Elektronengas"	Übergang der Valenzelektronen zum Anion, lokalisierte Elektronen → Ionenbildung	Elektronenpaarbildung durch Überlappung einfach besetzter Orbitale, lokalisierte Elektronen → Molekülbildung	
Richtung der Bindung	Bindungskräfte allseitig	Bindungskräfte allseitig	Bindungskräfte gerichtet	
Struktur und Art der Teilchen	Metallgitter aus gleichen Gitterbausteinen von platzwechselnden Elektronen zusammengehalten	Ionengitter aus Kationen und Anionen mit starken elektrostatischen Kräften zusammengehalten	Moleküle bestimmter räumlicher Gestalt bilden Molekülgitter mit schwachen zwischenmolekularen Kräften	**Sonderfall, Gruppe IV (PSE)** Atomgitter mit Elektronenpaarbindung nach 4 Richtungen → Diamantgitter
Eigenschaften der entstehenden Stoffe	elektrische Leiter I. Klasse, plastische Verformbarkeit in kaltem Zustand	elektrische Leiter II. Klasse (Ionenleiter), keine plastische Verformbarkeit in kaltem Zustand, hohe Schmelz- und Siedepunkte	Nichtleiter, niedrige Schmelz- und Siedepunkte, z.T. Gase	Halbleiter (evtl. durch Erwärmung), hohe Härte und Schmelzpunkte, keine plastische Verformbarkeit im kalten Zustand
Beispiele	Metalle und Legierungen	Metalloxide, -hydroxide, Salze	Elementare Gase (außer Edelgase), Kohlenstoffverbindungen	Diamant, Quarz SiO_2, Siliciumcarbid SiC, Borcarbid B_4C

Polarisierte Atombindung

Atombindung zwischen Nichtmetallen mit unterschiedlicher Elektronegativität. Das bindende Elektronenpaar verlagert sich zum negativeren Partner.

Beispiel: H = 2,1; Cl = 3,0; Chlorwasserstoff HCl

$$\overset{+\delta}{H} - \overset{-\delta}{\boxed{Cl}}$$

Folge: + (H – Cl) –

Ladung $\delta \approx 0{,}2 \cdot e^-$

Dipol

Die polarisierte Atombindung ist als fließender Übergang zwischen den reinen Formen der Atombindung (Nichtmetallatome gleicher Elektronegativität) und der Ionenbindung (Metall- mit Nichtmetallatom) zu betrachten.

Dipol

Molekül mit polarisierter Atombindung, bei dem die Schwerpunkte der Ladung beider Teilchen nicht zusammenfallen, so dass das Molekül ein positives und negatives Ende besitzt.

Wichtige Dipole: Wasser H_2O, Ammoniak NH_3 (flüssig)
Fluorwasserstoff HF (flüssig).

Dipole haben hohe Dielektrizitätskonstante und sind dadurch Lösungsmittel für Ionenverbindungen.

Die beiden Enden eines Dipolmoleküls wirken auf Ionen anziehend bzw. abstoßend. Dadurch umgeben sich Ionen mit einer Hülle von Dipolen, welche die elektrostatische Anziehung der Ionen verringern. Dadurch entstehen die freibeweglichen Ionen in z. B. Lösungen des Wassers → elektrolytische Dissoziation, 3.15.

stöchiometrische Wertigkeit

Ganzzahlige Angabe über das Verhältnis, mit dem Atome oder -gruppen das Wasserstoffatom binden oder ersetzen können. Neben dem einwertigen Wasserstoff H kann auch der zweiwertige Sauerstoff O als Bezugsgröße dienen.

Ionenwertigkeit Ladungszahl

Ganzzahlige Angabe mit Vorzeichen; kennzeichnet die Anzahl der aufgenommenen Elektronen (Minus-Zeichen) oder der abgegebenen Elektronen (Pluszeichen).
Der Betrag der Ionenwertigkeit stimmt mit der stöchiometrischen Wertigkeit überein.
Beispiel: Schwefelsäure H_2SO_4: der Säurerest $(SO_4)^{2-}$ hat die Ladungszahl – 2 und die stöchiometrische Wertigkeit 2.

Bindigkeit, Bindungswertigkeit

Ganzzahlige Angabe; kennzeichnet die Anzahl der Elektronen, die das Atom mit seinen Partnern gemeinsam besitzt. Bindigkeit und Wertigkeit stimmen nicht immer überein!

Beispiel C-Atome:

Methan CH_4:	Wertigkeit 4	Bindigkeit 4
Äthen C_2H_4:	Wertigkeit 2	Bindigkeit 4

Bindigkeit mit Hilfe der Elektronenformeln oder Strukturformeln erklärbar.

$$\begin{matrix} H & & & & H \\ & \diagdown & & \diagup & \\ & & C=C & & \\ & \diagup & & \diagdown & \\ H & & & & H \end{matrix} \qquad\qquad \begin{matrix} H & & H \\ \cdot\cdot & & \cdot\cdot \\ C & :: & C \\ \cdot\cdot & & \cdot\cdot \\ H & & H \end{matrix}$$

Strukturformel Elektronenformel

Oxydationszahl

Rechengröße zur Erfassung von Redoxreaktionen. Die Oxydationszahl ist die gedachte Ladung eines Elementes in einer chemischen Verbindung unter der Annahme, sie würde aus Ionen bestehen (auch wenn es eine Atombindung ist).

Dabei sind folgende Regeln der Reihe nach anzuwenden:

1. Alle Metalle sowie Bor und Silicium erhalten positive Oxydationszahlen.
2. Fluor, als elektronegativstes Element erhält – 1.
3. Wasserstoff erhält + 1 und Sauerstoff – 2, soweit nicht bereits durch Anwendung von Regel 1 und 2 andere Zahlen festliegen.

Mit Hilfe der Oxydationszahlen können Reaktionsgleichungen nachgeprüft werden unter Beachtung folgender Grundsätze: Alle Elemente, auch die elementaren Gase, haben die Oxydationszahl Null.

Bei einer chemischen Verbindung ist die Summe aller Oxydationszahlen gleich null.

Beispiel: Oxydationszahlen des Schwefels

$\overset{+1}{H_2}S$ für Schwefelwasserstoff ergibt sich – 2

$S\overset{-2}{O_2}$ für Schwefeldioxid ergibt sich + 4

$S\overset{-2}{O_3}$ für Schwefeltrioxid ergibt sich + 6

Bei einem Ion ist die Summe der Oxydationszahlen gleich der Ionenwertigkeit (Ladungszahl).

Beispiel: Oxydationszahl des Stickstoffs im Nitrat-Ion, Ladung – 1.

$[N\overset{-2}{O_3}]^{-1}$ für Stickstoff ergibt sich + 5.

Bei einer Reaktionsgleichung muss die Summe der Oxydationszahlen auf beiden Seiten gleich groß sein. Dabei können die Oxydationszahlen von Elementen, die sich nicht ändern, fortgelassen werden. Es müssen jedoch die Koeffizienten und Multiplikatoren berücksichtigt werden.

Beispiel: Aluminothermische Reduktion von Silicium

$$\overset{+4}{Si}O_2 + \overset{0}{Al} \rightarrow \overset{+3}{Al_2}O_3 + \overset{0}{Si}$$

+ 4 + 6

(Faktor 3) (Faktor 2)

Vergleich der 0-Zahlen links und rechts lässt auf fehlende Koeffizienten schließen.

$$3\,SiO_2 + Al \rightarrow 2\,Al_2O_3 + Si$$

4 Al

3 Si

Probe auf Gleichheit der Massen ergibt restliche Koeffizienten.

$$3\,SiO_2 + 4\,Al \rightarrow 2\,Al_2O_3 + 3\,Si$$

Reaktionsgleichung

Koordinationszahl

Angabe über die Zahl der unmittelbaren Nachbarteilchen in Raumgittern und Komplex-Ionen. Sie lässt einen Schluss auf die Struktur und den Modellkörper zu, den das Teilchen mit diesen Nachbarn bildet.

Koordinationszahl	Modellkörper	Raumgitterstruktur, Beispiel
4	Tetraeder	Diamantgitter
6	Oktaeder	kubisch-einfach, Kochsalzgitter
8	Würfel	kubisch-raumzentriert, α-Eisen
12	Würfel	kubisch-flächenzentriert, γ-Eisen, Blei
12	hexagonales Prisma	hexagonal-dichteste Packung, Zink, Magnesium

Bei Komplex-Ionen gibt die Koordinationszahl an, wie viele Liganden (Ionen oder Moleküle) um das so genannte Zentralion angeordnet sind. Es sind alle Zahlen von 2...8 möglich, häufig sind die geraden Koordinationszahlen.

Beispiel: Natriumhexafluoraluminat, $Na_3\,(AlF_6)$. Als Kryolith für die Al-Schmelzflusselektrolyse ein wichtiges Flussmittel.

$3Na^+ + (AlF_6)^{3-}$ $\overset{+3}{Al}\overset{-1}{F_6}$

Im Anion ist das Al von 6 Fluorionen umgeben. Aus den Oxydationszahlen errechnet sich die dreifach negative Ladung des Ions.

Komplex-Ionen haben einen räumlichen Bau, der durch die in der Tafel angegebenen Modellkörper beschrieben wird.

3.6 Systematische Benennung anorganischer Verbindungen

allgemeine Regeln

Grundsätzlich wird der Name des elektropositiveren Elementes (Metall) an erster Stelle (meist unverändert) genannt. Daran wird der Name des elektronegativeren Elementes (oder Gruppe) mit einer *Endung* angehängt.

Bei Verbindungen aus zwei Elementen heißt die Endung – id.

Die Reihenfolge der Benennung wird durch die Elektronegativitätsskala nach *Pauling* geregelt.

K	Na Ba	Li Ca	Mg	Al	Zn	Si	H	P	C	S	N	Cl	O	F
0,8	0,9	1,0	1,2	1,5	1,7	1,8	2,1	2,1	2,5	2,5	3,0	3,0	3,5	4,0

←elektropositiver elektronegativer→

Verbindungen von	Name	Verbindungen von	Name
Wasserstoff	-hydrid	Sauerstoff	-oxid
Fluor	-fluorid	Schwefel	-sulfid
Chlor	-chlorid	Stickstoff	-nitrid
Brom	-bromid	Kohlenstoff	-carbid
Jod	-jodid	Phosphor	-phosphid

Metallverbindungen

Wenn mehrere Verbindungen des Metalls mit einem Element (oder Gruppe) existieren, wird zur eindeutigen Kennzeichnung die Oxydationsstufe des Metalles zwischen die beiden Teile gesetzt:

Beispiele:

FeO Eisen(II)-oxid Fe_2O_3 Eisen(III)-oxid
Fe_3O_4 Eisen(II,III)-oxid, dagegen nur
Al_2O_3 Aluminiumoxid (kein weiteres Oxid bekannt)

Verbindungen von zwei Nichtmetallen

1	mon(o)
2	di
3	tri
4	tetr(a)
5	pent(a)
6	hex(a)
7	hept(a)

Wenn mehrere Verbindungen zwischen beiden Elementen existieren, wird zur eindeutigen Kennzeichnung zu einem oder auch zu beiden Teilen ein griechisches Zahlwort hinzugefügt.

Grundsatz: Nur so viel Zahlworte, als zur zweifelsfreien Bezeichnung erforderlich! Für das elektropositivere Element entfällt das Zahlwort „mono".

Beispiele:

CO Kohlenmonoxid CO_2 Kohlendioxid
SO_2 Schwefeldioxid SO_3 Schwefeltrioxid
N_2O Distickstoffoxid
N_2O_4 Distickstofftetroxid

Hydroxide

Namen werden aus dem Metall (evtl. unter Angabe der Oxydationsstufe) und der Hydroxidgruppe (OH) gebildet. Die Zahl der OH-Gruppen wird nicht angegeben.

Beispiele:

$Fe(OH)_2$ Eisen(II)-hydroxid
$Fe(OH)_3$ Eisen(III)-hydroxid, dagegen:
$Al\,(OH)_3$ Aluminiumhydroxid (kein weiteres bekannt)

Säuren

Keine systematische Benennung. Es werden Trivialnamen (gewerbliche Bezeichnungen) verwendet.

Salze

Salznamen werden aus dem Metall (evtl. unter Angabe der Oxydationsstufe) und dem Namen des Säurerestes gebildet. Saure Salze, die noch Säurewasserstoff enthalten, werden durch ein zwischengeschaltetes -hydrogen- gekennzeichnet (siehe Tabelle).

3.7 Systematische Benennung von Säuren und Säureresten

Säure	Formel	Säurerest	Ladung	Salzname
Fluorwasserstoffsäure Flusssäure	HF	F	1-	-fluorid
Chlorwasserstoffsäure Salzsäure	HCl	Cl	1-	-chlorid
Bromwasserstoffsäure	HBr	Br	1-	-bromid
Jodwasserstoffsäure	HJ	J	1-	-jodid
Schwefelwasserstoffsäure	H_2S	S	2-	-sulfid
Cyanwasserstoffsäure Blausäure	HCN	CN	1-	-cyanid
chlorige Säure	$HClO_2$	ClO_2	1-	-chlorit
Chlorsäure	$HClO_3$	ClO_3	1-	-chlorat
Perchlorsäure	$HClO_4$	ClO_4	1-	-perchlorat
Cyansäure	HOCN	OCN	1-	-cyanat
Kieselsäure	H_2SiO_3	SiO_3	2-	-silikat
Kohlensäure	H_2CO_3	CO_3	2-	-carbonat
		HCO_3	1-	-hydrogencarbonat
Phosphorsäure	H_3PO_4	PO_4	3-	-phosphat
		HPO_4	2-	-hydrogenphosphat
salpetrige Säure	HNO_2	NO_2	1-	-nitrit
Salpetersäure	HNO_3	NO_3	1-	-nitrat

3.8 Systematische Benennung organischer Verbindungen

Kettenförmige Kohlenwasserstoffe (Aliphaten)

Der Name einer chemischen Verbindung besteht aus dem Stammnamen, Endungen bzw. Vorsilben und Ziffern, die die Stellung der Gruppen in der Kette angeben.

Stammname

wird nach der Zahl der C-Atome in der Hauptkette gebildet.

Stamm	Zahl	Stamm	Zahl
Meth-	1	Hex-	6
Äth-	2	Hept-	7
Prop-	3	Okt-	8
But-	4	Non-	9
Pent-	5	Dec-	10

Endung

wird nach der Bindung der C-Atome in der Kette gebildet

Endung	Name der Reihe	Formel allgemein	Beispiel	Bindungen
-an	Alkan (Paraffin)	C_nH_{2n+2}	C_2H_6 Äthan, Ethan $-C-C-$	Einfachbindung, gesättigt
-en	Alken (Olefin)	C_nH_{2n}	C_2H_4 Äthen, Ethen $C=C$	Doppelbindung, ungesättigt
-dien	Alkadien (Diolefin)	C_nH_{2n-2}	C_4H_6 Butadien $C=C-C=C$	2 Doppelbindungen, ungesättigt
-in	Alkin (Acetylen)	C_nH_{2n-2}	C_2H_2 Äthin, Ethin $-C\equiv C-$	Dreifachbindung, ungesättigt

Ziffern

Nachgestellte Ziffern geben an, hinter welchem (oder welchen) C-Atom(en) die Mehrfachbindung liegt. Sie kann weggelassen werden, wenn bei kurzen Ketten keine Zweideutigkeit vorliegt.

Beispiele:

$CH_2 = C = CH - CH_3$ Butadien-(1,2)

- Butadien-(1,2): (1,2) → Stellung der Doppelbindungen
- -dien → 2 Doppelbindungen
- Buta- → 4 C-Atome in der Kette

$CH \equiv C - CH_3$

$CH_3 - C \equiv CH$

Propin

- -in → Dreifachbindung
- Prop- → 3 C-Atome in der Kette

Hier kann die Stellungsziffer weggelassen werden, da die beiden Möglichkeiten für die Lage der Dreifachbindung gleichwertig sind.

verzweigte Ketten

wurden früher mit der Vorsilbe Iso- gekennzeichnet. Systematische Benennung nach vier Regeln:

1. Stammname wird nach der Anzahl der C-Atome in der längsten Kette gebildet
2. Radikalname(n) der Seitenketten als Vorsilben vorgestellt
3. Zahlwörter vor den Radikalnamen, wenn mehrere gleiche Radikale vorliegen
4. Stellungsziffer vor dem Radikalnamen gibt an, bei welchem Glied der C-Kette die Seitenkette abzweigt (kleinstmögliche Ziffer), kann bei Eindeutigkeit fortfallen

Chemie

Systematische Benennung organischer Verbindungen

Radikale

Kohlenwasserstoffreste (Alkyle) sind ein- oder mehrbindige Atomgruppen, die nicht selbstständig existieren, bei chemischen Reaktionen aber meist zusammenbleiben. Sie leiten sich von den Stammnamen der Kohlenwasserstoffe ab und haben die Endung -yl.

CH_3-	Methyl	C_3H_7-	Propyl	$CH_2 = CH$-	Äthenyl
C_2H_5-	Äthyl	C_4H_9-	Butyl	$CH_2 = CH - CH_2$	Propenyl

Beispiele:

$\overset{1}{CH_3} - \overset{2}{CH}(CH_3) - \overset{3}{CH_2} - \overset{4}{CH_3}$ 2-Methylbutan

- 4 C-Atome in der Hauptkette
- Seitenkettenradikal
- Abzweig beim 2. C-Atom

$CH_3 - C(CH_3)_2 - CH_3$ 2,2-Dimethylpropan

- 3 C-Atome in der Hauptkette
- 2 Radikale gleicher Art
- Abzweige am 2. C-Atom

$CH_3 - C(CH_3) = CH_2$ Methylpropen (statt 2-Methylpropen-(l), da eindeutig)

Halogenderivate

Hierfür gelten die Regeln die auf verzweigten Ketten angewendet werden. Anstelle der Alkyl-Radikale treten die Namen der Halogenelemente.

Beispiele:

$CH_3 - CH_2Cl$ Chloräthan $CH_2Cl - CH_2Cl$ 1,2-Dichloräthan

CF_2Cl_2 Difluordichlormethan

$CF_2 = CFCl$ Trifluorchloräthen Stellungsziffern überflüssig

- 2 C-Atome, Doppelbindung
- 1 Cl-Atom als Substituent
- 3 F-Atome als Substituenten

weitere Derivate

Durch Einbau funktioneller Gruppen in die Stammkohlenwasserstoffe entstehen Derivate, deren Namen meist mit Endung gebildet werden, die von der funktionellen Gruppe abhängen. Bei längeren Ketten muss die Stellung der Gruppe in der Kette angegeben werden. Gleiche Gruppen zwei- oder mehrfach werden durch Zahlwörter berücksichtigt.

Beispiel:

$\overset{4}{CH_3} - \overset{3}{CH_2} - \overset{2}{CH}(OH) - \overset{1}{CH_2} - OH$ Butandiol-(1,2)

3.9 Benennung von funktionellen Gruppen

In Klammern stehende Namen sind bekannte Trivialnamen der Verbindungen

Derivatname	Endung	kennzeichnende Gruppe			Beispiel
		Name	Struktur	Formel	
Alkanol (Alkohol)	-ol	Hydoxy-	R – OH	– OH	$C_2H_5 - OH$ Äthanol $C_3H_5(OH)_3$ Propantriol (Glyzerin)
Alkanal (Aldehyd)	-al	Aldehyd-	R – C(=O)–H	– CHO	$CH_3 - CHO$ Äthanal (Acetaldehyd)
Alkanon (Keton)	-on	Oxo-	R – C(=O) – R	= CO	$CH_3 - CO - CH_3$ Propanon (Aceton)
Alkansäure (Karbonsäure) Alkensäure	-säure	Carboxyl-	R – C(=O)–OH	– COOH	$CH_3 - COOH$ Äthansäure (Essigsäure) $CH_3 = CH - COOH$ Propensäure (Acrylsäure)
Aminoalkane	-amin	Amino-	R – N(–H)–H	$- NH_2$	$CH_3 - NH_2$ Methylamin Aminomethan
Alkanamide	-amid		R – C(=O)–NH_2	$- CONH_2$	$CH_3 - CONH_2$ Äthanamid
Alkannitril	-nitril	Nitril-	R – C ≡ N	– CN	$CH_3 - CN$ Äthannitril
Alkennitril					$CH_2 = CH - CN$ Propennitril (Acrylnitril)
Nitroalkan	–	Nitro-	R – N(=O)=H	$- NO_2$	$CH_3 - NO_2$ Nitromethan
Alkylsulfone	-sulfon	Sulfon-	R – S(=O) – R	$= SO_2$	$CH_3 - SO_2 - CH_3$ Dimethylsulfon
Alkansäure-alkyl-Ester	-ester		R_1 – C(=O)–OR_2	– COO –	CH_3COOCH_3 Äthansäure methylester
Alkoxyalkane Äther	-oxy-		$R_1 - O - R_2$		$C_2H_5 - O - C_2H_5$ Äthoxy-äthan (Diäthyläther)

3.10 Ringförmige Kohlenwasserstoffe (Aromaten)

Für diese Verbindungen und ihre Derivate (Ableitungen) sind meist Trivialnamen im Gebrauch. Deswegen werden die Regeln auf Benzol und die wichtigsten Derivate beschränkt.

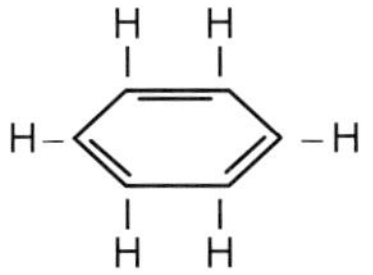

Benzol C_6H_6

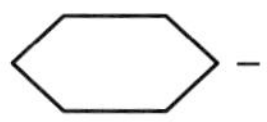

Radikal Phenyl $C_6H_5 -$

Stellungsziffern

Die H-Atome können durch Alkylradikale, Halogene oder funktionelle Gruppen substituiert werden. Bei mehreren Substituenten wird die Stellung am Benzolring durch Ziffern bezeichnet, die direkt an der Bezeichnung für den Substituenten stehen (siehe Beispiele).

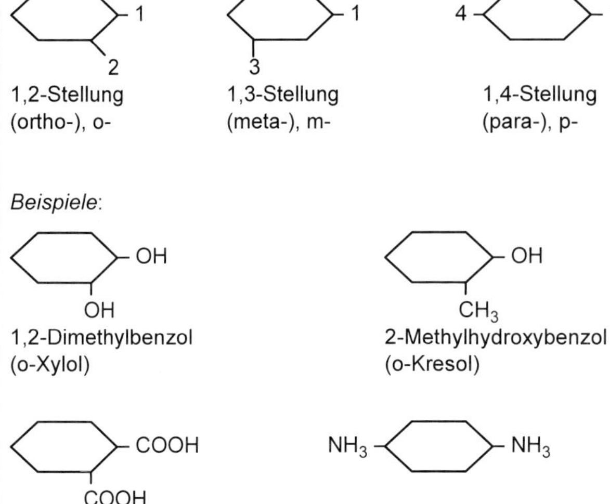

1,2-Stellung (ortho-), o-

1,3-Stellung (meta-), m-

1,4-Stellung (para-), p-

Beispiele:

1,2-Dimethylbenzol (o-Xylol)

2-Methylhydroxybenzol (o-Kresol)

Benzoldicarbonsäure-(1,2) (Phtalsäure)

1,4-Diaminobenzol (p-Phenylendiamin)

3.11 Basen, Laugen

Bezeichnung	chemische Formel	Beispiel und Bemerkung $CaO + H_2O \rightarrow Ca(OH)_2$ (Metalloxid) + (Wasser) → (Hydroxid)
Natronlauge	$NaOH$	Herstellung durch Elektrolyse von NaCl-Lösung nach verschiedenen Verfahren. Zum Aufschluss von Bauxit, Zellstoff; für Seifenherstellung und Beizen von Aluminium.
Kalilauge	KOH	Elektrolyt in Nickel-Eisen-Akkumulatoren.
Calciumhydroxid, gelöschter Kalk	$Ca(OH)_2$	Als Kalkwasser eine billige Lauge bei der Zuckerherstellung.
Calciumoxid, gebrannter Kalk	CaO	Basischer Stoff für die Neutralisation von Abfallsäuren und sauren Böden. Zur Entphosphorung im Stahlwerk.
Calciumcarbonat, Kalkstein	$CaCO_3$	Hochofenzuschlag zur Schlackenbildung und Entschwefelung.
Magnesiumcarbonat, Magnesit, Dolomit	$MgCO_3$	Basische Stoffe für feuerfeste Auskleidungen von Öfen und Pfannen im Stahlwerk und Gießerei.
Natriumcarbonat, Soda	Na_2CO_3	Roheisenentschwefelung, Glasherstellung, Entfettungsmittel.
Kaliumcarbonat, Pottasche	K_2CO_3	Glasherstellung.

3.12 Gewerbliche und chemische Benennung von Chemikalien, chemische Formeln

gewerbliche Benennung	chemische Benennung	chemische Formel
Äther	Äthyläther	$(C_2H_5)_2O$
Ätzkali	Kaliumhydroxid	KOH
Ätznatron	Natriumhydroxid	$NaOH$
Alaun	Kaliumaluminiumsulfat	$KAl(SO_4)_2 \cdot 12H_2O$
Alkohol	Äthanol	C_2H_5OH
Antichlor	Natriumthiosulfat	$Na_2S_2O_3 \cdot 5H_2O$
Azeton	Aceton	$(CH_3)_2 \cdot CO$
Azetylen	Acetylen	C_2H_2
Blausäure	Cyanwasserstoff	HCN
Bleiglätte	Bleioxid	PbO
Bleiweiß	bas. Bleicarbonat	$2\ PbCO_3 \cdot Pb(OH)_2$
Bleizucker	Bleiacetat	$Pb(C_2H_3O_2)_2 \cdot 3H_2O$
Blutlaugensalz, gelb	Kaliumhexacyanoferrat(II)	$K_4[Fe(CN)_6] \cdot 3\ H_2O$
Blutlaugensalz, rot	Kaliumhexacyanoferrat(III)	$K_3[Fe(CN)_6]$
Borax	Natriumtetraborat	$Na_2B_4O_7 \cdot 10\ H_2O$
Braunstein	Mangandioxid	MnO_2
Chilesalpeter	Natriumnitrat	$NaNO_3$
Chlorkalk	Chlorkalk	$CaCl(OCl)$
Chromsäure	Chrom(VI)-oxid	CrO_3
Chromkali, gelb	Kaliumchromat	K_2CrO_4
Chromkali, rot	Kaliumbichromat	$K_2Cr_2O_7$
destilliertes Wasser	destilliertes Wasser	H_2O
Eisenoxyd, salzsauer	Eisen(III)-chlorid	$FeCl_3 \cdot 6\ H_2O$
Eisenrost	Eisen(III)-oxid-Hydrat	$Fe_2O_3 \cdot xH_2O$
Eisenvitriol	Ferrosulfat	$FeSO_4 \cdot 7\ H_2O$
Essig	Essigsäure	CH_3COOH
Fixiersalz	Natriumthiosulfat	$Na_2S_2O_3 \cdot 5\ H_2O$
Flusssäure	Fluorwasserstoff	HF
Gips	Calciumsulfat	$CaSO_4 \cdot 2\ H_2O$
Glaubersalz	Natriumsulfat	$Na_2SO_4 \cdot 10\ H_2O$
Glyzerin	Glycerin	$C_3H_5(OH)_3$
Graphit	Graphit	C
Grünspan	bas. Kupferacetat	$Cu(C_2H_3O_2)_2 + Cu(OH)_2 \cdot 5\ H_2O$
Höllenstein	Silbernitrat	$AgNO_3$
Kalilauge (kaustisches Kali)	Kaliumhydroxid	KOH
Kalisalpeter	Kaliumnitrat	KNO_3
Kalk, gebrannt	Calciumoxid	CaO
Kalk, gelöscht	Calciumhydroxid	$Ca(OH)_2$
Kalkstein		$CaCO_3$
(Kalzium-) Karbid	Calciumcarbid	CaC_2
kaustische Pottaschenlauge	Kaliumhydroxid	KOH
kaustische Soda	Natriumhydroxid	$NaOH$
Kieselsäure (Quarz)	Siliciumdioxid	SiO_2
Kochsalz (Steinsalz)	Natriumchlorid	$NaCl$
Kohlensäure	Kohlendioxid	CO_2
Korund	Aluminiumoxid	Al_2O_3
Kreide	Calciumcarbonat	$CaCO_3$
Kupferoxyd, salzsauer	Kupfer(II)-chlorid	$CuCl_2 \cdot 2\ H_2O$
Kupfervitriol	Kupfersulfat	$CuSO_4 \cdot 5\ H_2O$
Lötwasser	wässerige Lösung von Zinkchlorid	$ZnCl_2$
Manganoxydul, salzsauer	Mangan(II)-chlorid	$MnCl_2 \cdot 4\ H_2O$
Marmor	Calciumcarbonat	$CaCO_3$
Mennige	Blei(II, IV)-oxid	Pb_3O_4
Methyl-Alkohol	Methanol	CH_3OH
Natron (Natronlauge)	Natriumhydroxid	$NaOH$
Natronsalpeter	Natriumnitrat	$NaNO_3$
Polierrot	Eisen(III)-oxid	Fe_2O_3
Pottasche	Kaliumcarbonat	K_2CO_3
Salmiak, Salmiaksalz	Ammoniumchlorid	NH_4Cl
Salmiakgeist	wässerige Lösung von Ammoniak	NH_3
Salzsäure	Chlorwasserstoffsäure	HCl
Scheidewasser	Salpetersäure	HNO_2
Schwefelsäure	Schwefelsäure	H_2SO_4
Siliziumkarbid	Siliciumcarbid	SiC
Soda (Kristall-)	Natriumcarbonat	$Na_2CO_3 \cdot 10\ H_2O$
Tetra	Tetrachlorkohlenstoff	CCl4
Tetraäthylblei	Bleitetraäthyl	$Pb(C_2H_5)_4$
Tetralin	Tetrahydronaphthalin	$C_{10}H_{12}$
Tri	Trichloräthylen	C_2HCl_3
übermangansaures Kali	Kaliumpermanganat	$KMnO_4$
Vitriol, blauer	Kupfersulfat	$CuSO_4 \cdot 5\ H_2O$
Vitriol, grüner	Eisen(II)-sulfat	$FeSO_4 \cdot 7\ H_2O$
Wasserglas (Natron-)	Natriumsilicat	Na_2SiO_2
Wasserglas (Kali-)	Kaliumsilicat	K_2SiO_3
Wasserstoffsuperoxyd	Wasserstoffperoxid	H_2O_2
Zink, salzsauer	Zinkchlorid	$ZnCl_2$
Zinkchlorid	Zinkchlorid	$ZnCl_2 \cdot 3\ H_2O$
Zinkweiß	Zinkoxid	ZnO
Zinnchlorid	Zinn(IV)-chlorid	$SnCl_4$
Zinnsalz, Chlorzinn	Zinn(II)-chlorid	$SnCl_2$
Zyankali	Kaliumcyanid	KCN

3.13 Säuren

Bezeichnung	chemische Formel	SO_2 + $H_2O \rightarrow H_2SO_3$ (Nichtmetalloxid) + (Wasser) → (Säure)
Chlorwasserstoffsäure Salzsäure	HCl	Wasser löst bei 15 °C etwa das 450fache Volumen Chlorwasserstoff. Beizmittel zum Entzundern.
Fluorwasserstoffsäure, Flusssäure	HF	Siedepunkt 19,5 °C, als 30... 50 %ige Säure in wässriger Lösung. Ätzmittel für Glas.
Schwefelsäure	H_2SO_4	Meist verdünnt verwendet. Konzentriert stark wasserentziehend. Hauptverwendung zur Düngemittelherstellung, Akkusäure, Herstellung anderer Säuren.
Salpetersäure	HNO_3	Starkes Oxydationsmittel, entzündet konzentriert Holz, Alkohol. Dient zur Einführung der Gruppe NO_2 in Kohlenwasserstoffe: Nitrierung von Glycerin: Nitroglycerin.
Phosphorsäure	H_3PO_4	Phosphatieren von Oberflächen.

3.14 Chemische Reaktionen, Gesetze, Einflussgrößen

Reaktionsgleichung

Qualitativc und quantitative Beschreibung einer chemischen Reaktion mit Symbolen für Elemente und Formeln für chemische Verbındungen. Es sind verschiedene Formen möglich:

Reaktionsgleichung mit Summenformeln
$NaCl + AgNO_3 \rightarrow NaNO_3 + AgCl\downarrow$

Ionengleichung
$Na^+ + Cl^- Ag^+ + (NO_3)^- \rightarrow Na^+ (NO_3)^- + AgCl\downarrow$

Reaktionsgleichung mit Elektronenformeln
$N + N \rightarrow N_2;$ $\quad :\dot{\underset{\cdot}{N}}\cdot + \cdot\dot{\underset{\cdot}{N}}: \rightarrow :N\vdots\vdots N:$

Reaktionsgleichung mit Elektronenformeln
(Unterscheidung in gepaarte und ungepaarte Außenelektronen)
$H_2 + Cl_2 \rightarrow 2\,HCl;$ $\quad H{:}H + |\overline{\underline{Cl}}:\overline{\underline{Cl}}| \rightarrow 2\,H:\overline{\underline{Cl}}|$

Erhaltung der Masse

Bei chemischen Reaktionen ändert sich die Masse eines geschlossenen Systems nicht. Folgerung für die Reaktionsgleichung: Jede Atomart muss auf beiden Seiten der Gleichung in gleicher Anzahl auftreten.

Erhaltung der Energie

Wenn bei der Bildung eines Stoffes Energie frei wird, so muss für den umgekehrten Vorgang der gleiche Energiebetrag zugeführt werden. Die Art der Energie (Wärme, elektrische Energie) kann in manchen Fällen eine andere sein.

Reaktionsgeschwindigkeit

Konzentrationsänderung eines Stoffes je Zeiteinheit. Die Reaktionsgeschwindigkeit steigt mit der Temperatur (größere Energie und Häufigkeit der Zusammenstöße) und mit der Konzentration (größere Häufigkeit der Zusammenstöße der Teilchen).
Katalysatoren erhöhen, Inhibitoren erniedrigen die Reaktionsgeschwindigkeit.

Konzentration

Anteil eines Stoffes am Stoffsystem (Gasmischung, Lösung)

Stoffmengenkonzentration (Molarität) *c*: Stoffmenge des gelösten Stoffes in 1 *l* Lösung mit der Einheit $\frac{\text{mol}}{l}$

Stoffmengenbruch (Molenbruch) x: Stoffmenge einer Komponente durch gesamte Stoffmenge mit der Einheit $\frac{\text{mol}}{\text{mol}} = 1$

Umkehrbare Reaktionen

Chemische Reaktionen verlaufen gleichzeitig in beiden Richtungen mit zunächst unterschiedlichen Reaktionsgeschwindigkeiten.

Hinreaktion, Bildung von SO_3

$\longrightarrow$

$SO_2 + O \leftrightharpoons SO_3 - \Delta H$

Rückreaktion, Zerfall von SO_3

$\longleftarrow$

Die Hinreaktion verläuft anfangs schnell, wegen der abnehmenden Konzentration der Ausgangsstoffe aber langsamer werdend.
Die Rückreaktion setzt sehr langsam ein, wird mit zunehmender Konzentration der SO_3-Moleküle schneller. Wenn beide Geschwindigkeiten gleich groß geworden sind, ist die Reaktion von außen betrachtet beendet. Dann ist das chemische Gleichgewicht erreicht.

chemisches Gleichgewicht

Dynamischer Gleichgewichtszustand eines Stoffsystems, bei dem gleich viele Moleküle entstehen wie andererseits zerfallen. Ausgangsstoffe und Reaktionsprodukte sind in bestimmten Massenverhältnissen vorhanden. Dieses Massenverhältnis wird als Lage des Gleichgewichts bezeichnet und mit dem Massenwirkungsgesetz berechnet.

Das im Gleichgewicht vorhandene Massenverhältnis der Stoffe bleibt bestehen, solange nicht einer der drei Gleichgewichtsfaktoren geändert wird:

1. Temperatur;
2. Druck;
3. Konzentration (durch Zu- oder Abfuhr eines der Reaktionspartner).

Prinzip des kleinsten Zwanges

Gesetzmäßigkeit (*Le Chatelier, Braun*) über das Verhalten von Stoffsystemen, die im Gleichgewicht sind.

Jede Änderung der drei Gleichgewichtsfaktoren (Temperatur, Druck, Konzentration) übt auf das System einen Zwang aus. Dadurch wird diejenige Reaktion beschleunigt, welche den Zwang vermindert. Das System erhält eine neue Gleichgewichtslage.

Einfluss der Temperatur

Bei Temperaturerhöhung wird die Gleichgewichtslage auf die Seite der endothermen Verbindung verschoben, bei Temperatursenkung auf die andere Seite der Reaktionsgleichung.

Beispiel: Boudouard-Gleichgewicht, Reaktion eines CO/CO_2-Gemisches bei Koksüberschuss (Hochofenprozess)

$CO_2 + C \leftrightharpoons 2\,CO + 1{,}716 \cdot 10^5$ J.

Die Bildung von CO ist endotherm, bei Temperaturerhöhung wird mehr CO entstehen, die Hinreaktion wird beschleunigt.

Temperatursenkung beschleunigt die Rückreaktion, CO zerfällt in $C + CO_2$.

Chemie

Chemische Reaktionen, Gesetze, Einflussgrößen

Einfluss des Druckes

Bei Druckerhöhung wird die Gleichgewichtslage zu der Seite verschoben, welche Stoffe mit kleinerem Volumen aufweist, bei Druckminderung im entgegengesetzten Sinne.

Beispiel: Vakuumbehandlung von Stahlschmelzen zur weiteren Desoxydation

$FeO + C \leftrightharpoons CO + Fe$; rechte Seite mit größerem Volumen

Die Gleichgewichtsreaktion wird bei Druckminderung (Vakuum) bevorzugt nach rechts weiterlaufen, da die Reaktionsprodukte ein größeres Volumen besitzen. Der Anteil der Ausgangsstoffe (Oxidschlacke) wird vermindert.

Massenwirkungsgesetz (MWG)

Gesetz (*Guldberg und Waage*) über den Einfluss der Stoffmassen (Konzentration) auf die Reaktion.

Der Quotient aus

$$\frac{\text{Produkt der Konzentrationen der Reaktionsstoffe}}{\text{Produkt der Konzentrationen der Ausgangsstoffe}}$$

ist eine für jede Reaktion verschiedene Konstante, die von der Temperatur abhängt. Diese Gleichgewichtskonstante K wird durch Versuche ermittelt. Allgemeine Formulierung für eine Reaktion:

$n_1 A + n_2 B \ldots \leftrightharpoons m_1 C + m_2 D + \ldots$ [C] bedeutet: Konzentration von C

$K = \dfrac{[C]^{m_1} \cdot [D]^{m_2}}{[A]^{n_1} \cdot [B]^{n_2}}$ für eine Temperatur T

Für die Ammoniaksynthese, z. B.:

$N_2 + 3\,H_2 \leftrightharpoons 2\,NH_3$ $\quad K = \dfrac{[NH_3]^2}{[N_2] \cdot [H_2]^3}$

Folgerungen aus dem MWG:
Wird bei konstanter Temperatur die Konzentration eines Stoffes geändert, so verschiebt sich die Gleichgewichtslage so, dass der Quotient des MWG wieder den Betrag K erhält.

Beispiel: Wenn auf der linken Seite der Ammoniaksynthesegleichung die beiden Gase nicht im Verhältnis 1:3, sondern mit etwas mehr Wasserstoff gemischt werden, so erhält der Nenner des MWG einen größeren Wert. Um auf die gleiche Gleichgewichtskonstante K zu kommen, muss das System mehr NH_3 bilden, d. h., die Ausbeute an Ammoniak steigt.

Wird eines der Reaktionsprodukte ständig aus dem Stoffsystem entfernt, so kann sich kein Gleichgewicht ausbilden. Die Reaktion verläuft ständig unter Bildung dieses Produktes weiter.

Beispiel: Brennen von Kalkstein, Calciumcarbonat

$CaCO_3 \rightarrow CaO + CO_2 \uparrow$ CO_2 kann aus dem Prozess an die Luft entweichen

Fällungsreaktionen in Lösungen:

$AgNO_3 + NaCl \rightarrow AgCl \downarrow + NaNO_3$

Schwerlösliche Salze – hier AgCl – fallen als Niederschlag aus dem homogenen System der Lösung aus, dadurch Verschiebung der Gleichgewichtslage nach rechts, bis keine Cl-Ionen mehr vorhanden sind.

Größenordnung der Konstanten *K*

Die Größenordnung der Gleichgewichtskonstanten K lässt einen Schluss auf die Richtung der Reaktionen zu. Für den Bereich der technisch beherrschbaren Temperaturen gilt:

$K \approx 1$: Reaktion ist leicht umkehrbar
K sehr klein: Rückreaktion verläuft fast vollständig
K sehr groß: Hinreaktion verläuft fast vollständig

3.15 Ionenlehre

elektrolytische Dissoziation

Aufspaltung von Ionenbindungen und polarisierten Atombindungen in freibewegliche Ionen, die von einer Hydrathülle aus H_2O-Dipolen umgeben sind.

Elektrolyt

Stoff, der Ionen enthält und dadurch den elektrischen Strom leitet.

Geschmolzene Ionenverbindungen: Salze, Oxide. Gelöste Salze, Säuren und Basen.

Dissoziationsgrad α

Verhältnis der dissoziierten Moleküle zu der Zahl der Moleküle vor der Dissoziation. Der Dissoziationsgrad steigt mit der Temperatur und mit der Verdünnung (Erhöhung der elektrischen Leitfähigkeit).

Dissoziationsgrad bei 18 °C in 1-normaler Lösung

	α	Säure	Base
sehr stark	1 … 0,7	HNO_3, HCl	KOH, NaOH, $Ba(OH)_2$
stark	0,7 … 0,2	H_2SO_4	LiOH, $Ca(OH)_2$
mäßig stark	0,2 … 0,01	H_3PO_4, HF	AgOH
schwach	0,01 … 0,001	CH_3COOH	NH_4OH

Dissoziationskonstanten K_D

Bei Anwendung des Massenwirkungsgesetzes auf die elektrolytische Dissoziation (Gleichgewichtsreaktion) wird die Gleichgewichtskonstante K zur Dissoziationskonstanten K_D

$$\frac{[\text{Kation}] \cdot [\text{Anion}]}{[\text{Molekül}]} = K_D$$

Kation, Anion	K_D
$\frac{\text{mol}}{l}$	$\frac{\text{mol}}{l}$

Größenordnung von K_D:
schwache Elektrolyte $K_D < 10^{-4}$
mittlere Elektrolyte $K_D > 10^{-4}$
starke Elektrolyte $K_D \approx 1$

K_D steigt mit der Temperatur, ist aber unabhängig von der Konzentration des Elektrolyten.

Ostwald'sches Verdünnungs-Gesetz

Zusammenhang zwischen Dissoziationskonstante K_D und Dissoziationsgrad α. Gültig für schwache Elektrolyte in starker Verdünnung

$$K_D = \frac{c\,\alpha^2}{1-\alpha}$$

Konzentration c
mol/l

Ionenprodukt des Wassers

Reines Wasser ist außerordentlich gering dissoziiert. Das Produkt der Konzentrationen im Zähler des MWG beträgt

$$[H^+] \cdot [OH^-] = 10^{-14} \frac{\text{mol}^2}{l^2} \quad \text{bei } 25\,°C$$

Die Konzentrationen der beiden Ionen betragen danach 10^{-7} mol/*l*, d. h.:

1 *l* Wasser enthält	$10^{-7} \cdot 1$ g	Wasserstoff-Ionen
und	$10^{-7} \cdot 17$ g	Hydroxid-Ionen.

$$\left.\begin{array}{ll} \text{Reines Wasser:} & [H^+] = [OH^-] \\ \text{Säure:} & [H^+] > [OH^-] \\ \text{Base:} & [H^+] < [OH^-] \end{array}\right\} \text{Produkt immer} \quad 10^{-14}\,\frac{\text{mol}^2}{l^2}$$

pH-Wert

Negativer Briggs'scher Logarithmus der Wasserstoff-Ionenkonzentration in wässrigen Lösungen.

$pH = \lg\,[H^+]$ und $[H^+] = 10^{-pH}$

Maß für den sauren, neutralen oder basischen Charakter eines Elektrolyten, durch Indikatoren mittels Farbumschlag oder elektrisch messbar.

1 2 3 4 5 6	7	8 9 10 11 12 13 14
stark ← sauer	neutral	basisch → stark

Indikatoren

Name	Farbumschlag	Umschlagbereich pH-Werte
Dimethylgelb	rot – gelb	2,9… 4,0
Methylorange	rot – orange	3,0… 4,4
Methylrot	rot – gelb	4,2… 6,3
Lackmus	rot – blau	5,0… 8,0
Phenolphtalein	farblos – rot	8,2… 10,0
Thymolphtalein	farblos – blau	9,3… 10,5
Alizaringelb	gelb – orangebraun	10,1… 12,1

Löslichkeitsprodukt *L*

Diese Konstante entspricht der Gleichgewichtskonstanten des MWG, wenn es auf gesättigte Lösungen angewendet wird. Bei konstanter Temperatur lässt sich die Konzentration der gelösten Teilchen nicht erhöhen (Sättigung).

Bei Zugabe der einen Ionensorte muss die andere in Form der unlöslichen Verbindung als Niederschlag ausfallen.

Beispiel: *L* für Silberchlorid AgCl beträgt $1{,}6 \cdot 10^{-10}$

$$[Ag^+] \cdot [Cl^-] = 1{,}6 \cdot 10^{-10}\,\frac{\text{mol}^2}{l^2}$$

Daraus lässt sich die Stoffmengenkonzentration der Ag-Ionen bestimmen:

$$c = \sqrt{1{,}6 \cdot 10^{-10}\,\frac{\text{mol}^2}{l^2}} = 1{,}265 \cdot 10^{-5}\,\frac{\text{mol}^2}{l}$$

das ergibt einen Silbergehalt von

$$m = M\,V\,c = 108\,\frac{\text{g}}{\text{mol}} \cdot 1\,l \cdot 1{,}265 \cdot 10^{-5}\,\frac{\text{mol}}{l}$$

$$m = 1{,}366 \cdot 10^{83}\,\text{g} = 1{,}366\,\text{mg} \quad \text{in einem Liter}$$

Durch Zugabe von weiteren Cl-Ionen (HCl-Zusatz) würde das Löslichkeitsprodukt überschritten, deshalb muss bei Erhöhung des einen Faktors (Cl^-) der andere Faktor (Ag^+) kleiner werden, d. h., es bildet sich weiteres unlösliches Silberchlorid AgCl.

Gilt streng nur für schwerlösliche Verbindungen oder Lösungen schwacher Konzentration $< 0{,}1\,\frac{\text{mol}}{l}$

3.16 Elektrochemische Größen und Gesetze

Spannungsreihe

Reihenfolge der Elemente nach fallendem Lösungsdruck geordnet. Lösungsdruck ist das Bestreben, in den Ionenzustand überzugehen und als elektrische Spannung messbar → Normalpotenziale.

K Ca Na Mg Al Zn Cr Fe Cd Ni Sn Pb | H Cu Ag Pt Au

– HCl greift an, Wasserstoff wird frei | HCl greift nicht an +

unedler ↔ edler

Metalle, die in der Spannungsreihe links stehen, können rechts davon stehende reduzieren, d. h., sie verdrängen diese aus ihren Salzlösungen.

Beispiel: Eisenblech in Kupfersulfatlösung

$\overset{+2}{Cu}SO_4 + \overset{0}{Fe} \rightarrow \overset{+2}{Fe}SO_4 + \overset{0}{Cu}$ Redoxreaktion

Unedle Metalle: links stehend, niedrige Elektronenaffinität, leicht oxydierbar.
Edle Metalle: rechts stehend, hohe Elektronenaffinität, schwer oxydierbar.

Normalpotentiale E_0 Standardpotentiale

Spannung eines Metalls in seiner Salzlösung gegenüber der Normalwasserstoffelektrode bei 25 °C.

Metall	Spannung V	Metall	Spannung V
Li	– 3,02	Cd	– 0,41
K	– 2,92	Co	– 0,28
Ca	– 2,87	Ni	– 0,23
Na	– 2,71	Sn	– 0,14
Mg	– 2,36	Pb	– 0,13
Al	– 1,66	H	± 0
Mn	– 1,05	Cu	+ 0,34
Zn	– 0,76	Ag	+ 0,80
Cr	– 0,71	Pt	+ 1,2
Fe	– 0,44	Au	+ 1,42

Spannungswerte sind abhängig von der Konzentration der Salzlösungen. Sie werden negativer, wenn die Konzentration sinkt.

galvanisches Element

System aus einem Elektrolyten, in den zwei verschiedene Metalle tauchen. Stromquelle mit einer Urspannung E, die sich aus der Differenz der Normalpotentiale errechnet.

Minuspol: Metall, in der Spannungsreihe links stehend, geht in Lösung, gibt Elektronen ab.

Pluspol: Metall, rechts in der Spannungsreihe stehend, nimmt Elektronen aus dem Elektrolyten auf, bleibt unverändert.

Beispiel: Urspannung zwischen Cu und Zn unter den Bedingungen der Normalpotentialmessung:

$E = E_{0\,Cu} - E_{0\,Zn} = +0{,}34\ V - (-0{,}76\ V) = 1{,}1\ V$

Elektrolyse

Redoxreaktion in einem Elektrolyten unter Zufuhr von Energie. Oxydation und Reduktion verlaufen örtlich getrennt.

Anode (Plus-Pol): Anziehung der negativ geladenen Ionen (Anionen), z. B. OH^- oder Halogene. Entladung durch Abgabe von Elektronen: Oxydation.

Katode (Minus-Pol): Anziehung der positiv geladenen Ionen (Kationen), z. B. Metalle und Wasserstoff. Entladung durch Aufnahme von Elektronen: Reduktion.

Besteht der Elektrolyt aus zwei oder mehr verschiedenen Anionen (Kationen), so werden diejenigen Teilchen entladen, für deren Abscheidung die kleinste Spannung benötigt wird.

Beispiel: Bei der Elektrolyse von Salzlösungen unedler Metalle (K, Na, Mg, Al) wird Wasserstoff abgeschieden, da H^+ ein niedrigeres Potential besitzt als diese Metallionen.

Faraday'sche Gesetze

Die abgeschiedenen Stoffmengen sind bei gleichen Elektrolyten der Elektrizitätsmenge proportional.

Bei verschiedenen Elektrolyten werden von der gleichen Elektrizitätsmenge Stoffmassen abgeschieden, die sich wie die Äquivalentmassen der Stoffe verhalten.

abgeschiedene Stoffmasse $m = \frac{M I t}{z F}$

M molare Masse (siehe 3.10)
z Ionenwertigkeit
F Faraday-Konstante

$F = 96\,485 \frac{\text{As}}{\text{mol}} = 26{,}8 \frac{\text{Ah}}{\text{mol}}$

m	M	I	t	F
g	$\frac{\text{g}}{\text{mol}}$	A	s	$\frac{\text{As}}{\text{mol}}$
			h	$\frac{\text{Ah}}{\text{mol}}$

Faraday-Konstante F

Elektrizitätsmenge, die bei 100 %iger Stromausbeute aus einem Elektrolyten die äquivalente Masse M_{eq} eines Stoffes abscheidet. Sie ist das Produkt aus der Elementarladung und der Avogadro-Konstante.

$$F = e \cdot N_A = 1{,}602 \cdot 10^{-19}\,\text{As} \cdot 6{,}022 \cdot 10^{23} \frac{1}{\text{mol}}$$

$$F = 96\,485 \frac{\text{C}}{\text{mol}} = 96\,485 \frac{\text{As}}{\text{mol}} \approx 96\,500 \frac{\text{As}}{\text{mol}}$$

elektrochemische Äquivalente

Stoffmasse in mg oder g, die bei 100 %iger Stromausbeute von einer Elektrizitätsmenge 1 As bzw. 1 Ah abgeschieden wird.

Element		Ionenwertigkeit	Äquivalent $Ä$ $\frac{\text{mg}}{\text{As}}$	Äquivalent $Ä$ $\frac{\text{g}}{\text{Ah}}$
Aluminium	Al	III	0,093	0,335
Beryllium	Be	II	0,047	0,168
Cadmium	Cd	II	0,582	2,097
Chrom	Cr	III	0,180	0,647
Eisen	Fe	II	0,289	1,042
	Fe	III	0,193	0,694
Kupfer	Cu	I	0,658	2,370
	Cu	II	0,329	1,185
Magnesium	Mg	II	0,126	0,454
Sauerstoff	O	II	0,083	0,298
Silber	Ag	I	1,118	4,025
Wasserstoff	H	I	0,0104	0,0376
Zink	Zn	II	0,339	1,22
Zinn	Sn	IV	0,308	1,107

Die Berechnung der abgeschiedenen Stoffmassen wird durch elektrochemische Äquivalente vereinfacht.

$m = Ä\,I\,t$

m	$Ä$	I	t
mg	mg/As	A	s
g	g/Ah		h

Beispiel: Welche Zeit ist erforderlich, um 50 g Kupfer aus einer Kupfer(II)-sulfatlösung mit einem Strom von 8 A abzuscheiden?

$$t = \frac{m}{Ä I} = \frac{50\,\text{g}\,\text{Ah}}{1{,}185\,\text{g} \cdot 8\,\text{A}} = 5{,}274\,\text{h}$$

3.17 Größen der Stöchiometrie

relative Atommasse A_r

siehe 3.1

relative Molekülmasse M_r

Summe der relativen Atommassen A_r aller im Molekül gebundenen Atome, aus der Summenformel der chemischen Verbindung errechnet.

Beispiel: Aluminiumsulfat $Al_2(SO_4)_3$

$M_r = 2\,\text{Al} + (\text{S} + 4 \cdot \text{0}) = 2 \cdot 27 + 3\,(32 + 4 \cdot 16) = 342$

Stoffmenge n

Basisgröße mit der Einheit der Teilchenmenge „Mol". Kurzzeichen mol, 1 kmol = 10^3 mol.

Definition der Einheit nach dem Einheitengesetz: 1 mol ist die Stoffmenge eines Systems, das aus ebenso vielen Teilchen besteht, wie Atome in 0,012 kg des Nuklids ^{12}C enthalten sind.

Teilchen im Sinne dieser Definition sind Atome, Moleküle, Ionen, Radikale, Elektronen.

$$n = \frac{\text{Teilchenzahl } N}{\text{Avogadro - Konstante } N_A} = \frac{N\,u\,A_r}{N_A\,u\,A_r} = \frac{m}{M}$$

mit u atomare Masseneinheit,
M molare Masse

Beispiel: Welche Stoffmenge stellen 200g Äthin, C_2H_2 dar?

$$M(C_2H_2) = (2 \cdot 12 + 2)\frac{\text{g}}{\text{mol}} = 26\frac{\text{g}}{\text{mol}} \qquad n = \frac{200\,\text{g}}{26\,\text{g} \cdot \text{mol}^{-1}} = 7{,}69\,\text{mol}$$

Avogadro-Konstante N_A

Naturkonstante, Anzahl der Teilchen, die in der Stoffmenge 1 mol aller Stoffe enthalten ist.

$N_A = 6{,}022 \cdot 10^{23} \cdot \text{mol}^{-1}$

(Der Betrag dieser Konstanten wird auch als Avogadro-Zahl, vielfach auch als Loschmidt'sche Zahl bezeichnet.)

molare Masse M

Masse einer Stoffmenge n = 1 mol

$$M = N_A\,u\,A_r = \underbrace{6{,}022 \cdot 10^{23}\frac{1}{\text{mol}} \cdot 1{,}66 \cdot 10^{-24}\,\text{g}}_{1\frac{\text{g}}{\text{mol}}} \cdot A_r$$

$M = A_r \frac{\text{g}}{\text{mol}}$ für atomare Substanzen

$M = M_r \frac{\text{g}}{\text{mol}}$ für molekulare Substanzen

Beispiele:

Kohlenstoff $M_C = 12\frac{\text{g}}{\text{mol}}$ (Grammatom)

Kohlendioxid $M_{CO_2} = 44 \frac{g}{mol}$ (Grammmolekül)

Sulfat-Ion $M_{SO_4} = 96 \frac{g}{mol}$ (Grammion)

molares Normvolumen $V_{m,0}$ (Molvolumen)

Die Stoffmenge 1 kmol eines idealen Gases nimmt im Normzustand (bei 0 °C und 1,013 bar) ein Volumen von 22,414 m³ ein.

$$V_{m,0} = 22{,}414 \frac{m^3}{kmol}$$

Umrechnung Masse–Volumen

$$V_0 = \frac{m}{M} V_{mn} = n\, V_{mn}$$

m	M	$V_{m,0}$, V_0
kg	$\frac{kg}{kmol}$	m^3
g	$\frac{g}{mol}$	1

Beispiel: Normvolumen von 100 g Propan C_3H_8

$$M(C_3H_8) = (3 \cdot 12 + 8) \frac{g}{mol} = 44 \frac{g}{mol}$$

$$V_0 = \frac{100\,g \cdot 22{,}414\,dm^3 \cdot mol^{-1}}{44\,g \cdot mol^{-1}} = 50{,}9\,dm^3$$

Stoffmengenkonzentration c (Molarität)

Quotient aus der Stoffmenge n und dem Volumen eines homogenen Stoffsystems (Gasmischung, Lösung)

$$c = \frac{n}{V} = \frac{m}{M\,V}$$

c	m	M	V
$\frac{mol}{l}$	g	$\frac{g}{mol}$	l

Beispiel: In einer Lösung sind in 10 ml Lösung 0,2 g NaOH enthalten.

$$c = \frac{0{,}2\,g}{40\,g\,mol^{-1} \cdot 10^{-2}\,l} = 0{,}5 \frac{mol}{l} \quad \text{(0,5-molar)}$$

molare Lösung

Lösung mit bestimmter Stoffmengenkonzentration. Eine Lösung ist n-molar, wenn in 1 *l* Lösung die Stoffmenge n mol gelöst ist.

Beispiel: Wie viel Gramm NaCl sind in 100 ml einer 0,1 molaren Lösung enthalten? $M(NaCl) = (23 + 35{,}5) \frac{g}{mol}$;

$$c = \frac{m}{MV}; \quad m = c\,M\,V = 0{,}1 \frac{mol}{l} 58{,}5 \frac{g}{mol} \cdot 0{,}1\,l = 0{,}585\,g$$

Äquivalentmenge n_{eq}

Hilfsgröße, ganzzahliges Vielfaches der Stoffmenge, Produkt aus Stoffmenge und Wertigkeit z

$$n_{eq} = n\,z = \frac{m\,z}{M} = \frac{m}{M_{eq}}$$

n Stoffmenge in mol
m Masse in g
M_{eq} äquivalente Masse in $\frac{g}{mol}$

Wertigkeiten z

Salze	Ladungszahl der Ionen
Säuren	Anzahl der H-Atome der Summenformel
Basen	Anzahl der OH-Gruppen der Summenformel
Redox-Reaktionen	Differenz der Oxydationszahlen

Die Äquivalentmenge n_{eq} eines Stoffes kann aufgefasst werden als Teilchenmenge von Wasserstoff-Ionen, die in der Lage ist, die Stoffmenge 1 mol dieses Stoffes zu ersetzen oder zu binden.

Beispiel: Zink reduziert Wasserstoff. Die Stoffmenge 1 mol Zn^{2+} hat die Äquivalentmenge $n_{eq} = 2$ mol, da diese Ionen die zweifache Menge Wasserstoffatome freimachen können, d. h., ihnen äquivalent sind.

äquivalente Masse M_{eq} (Grammäquivalent)

$M_{eq} = \frac{M}{z}$ Hilfsgröße, aus der molaren Masse gebildet, als Quotient aus molarer Masse und Wertigkeit.

Bei mehrladigen Ionen wird durch die Elektrizitätsmenge $F = 96\,485$ As/mol die äquivalente Masse abgeschieden (F Faraday-Konstante).

Äquivalentmengenkonzentration c_{eq} (Normalität)

Hilfsgröße, aus der Stoffmengenkonzentration (Molarität) gebildet, als Produkt von Molarität und Wertigkeit z

$$c_{eq} = cz = \frac{nz}{V} = \frac{mz}{MV}$$

c_{eq}	m	z	M	V
$\frac{\text{mol}}{l}$	g	–	$\frac{\text{g}}{\text{mol}}$	l

Beispiel: Normalität von 150 ml Lösung in der 10 g H_2SO_4 gelöst sind.

$$M(H_2SO_4) = 98\,\frac{\text{g}}{\text{mol}}$$

$$c_{eq} = \frac{10\,\text{g} \cdot 2}{98\,\text{gmol}^{-1} \cdot 0{,}15\,l} = 1{,}36\,\frac{\text{mol}}{l}$$

Normallösung

Lösung mit bestimmter Äquivalentmengenkonzentration (Normalität). In einer 1 n Lösung ist in 1 l Lösung die äquivalente Masse M_{eq} gelöst.

Beispiel: Herstellung einer 0,1 n Lösung HNO_3 von 400 ml.

$$m = \frac{c_{eq} MV}{z} = \frac{0{,}1 \cdot \text{mol} \cdot l^{-1} \cdot 63\,\text{g} \cdot \text{mol}^{-1} \cdot 0{,}4\,l}{l}$$

$m = 2{,}25$ g HNO_3 in $V = 400$ ml Säure ergeben eine 0,1 n Salpetersäure

Säure- und Basenlösungen der gleichen Normalität neutralisieren sich, wenn gleiche Volumina zusammengebracht werden.

3.18 Beispiele für stöchiometrische Rechnungen

Massengehalt

Berechnung des Massenanteils eines Elementes E an einem Molekül M

$$E\% = \frac{A_{rE}}{M_r} \cdot 100$$

A_{rE} relative Atommasse des Elements E
M_r relative Molekülmasse des Moleküls M

Beispiel: Eisengehalt von Fe_3O_4 mit $A_{rFe} = 56$ und $A_{rO} = 16$.

$$Fe\% = \frac{3 \cdot 56}{3 \cdot 56 + 4 \cdot 16} 100 = \frac{168}{232} 100 = 72{,}4\%$$

Stoffumsatz

Berechnung von Ausgangsstoffen oder Reaktionsprodukten in folgenden Schritten.

Beispiel: Vollständige Verbrennung von Propan. Gesucht sind Sauerstoffmasse und -volumen zur Verbrennung von 80 g Propan.

Vollständige Reaktionsgleichung aufstellen:	$C_3H_8 + 5\,O_2 \rightarrow 3\,CO_2 + 4\,H_2O$ 6 O- + 4 O-Atome
Einsetzen der molaren Massen ergibt Massengleichung:	44 g + 160 g = 132 g + 72 g
Gegebene Stoffmasse hinschreiben:	80 g

Chemie
Beispiele für stöchiometrische Rechnungen

Faktor $x = \frac{80\,g}{44\,g} = 1{,}818$

Überlegung: Von allen Stoffen die 1,818fache Masse nehmen.

Massengleichung mit dem Faktor multiplizieren:

80 g + 290,9 g = 240 g + 130,9 g

Ergebnis: Sauerstoffbedarf für 80 g Propan beträgt 290,9 g.

Umrechnung Masse – Volumen siehe „molares Normvolumen"

$$V_n = \frac{m}{M} V_{mn} = \frac{290{,}5\,g \cdot 22{,}4 \frac{l}{mol}}{32 \frac{g}{mol}} = 203{,}6\,l$$

Das Volumen der beteiligten Gase kann auch direkt aus der Reaktionsgleichung berechnet werden:

Reaktionsgleichung:	C_3H_8 +	$5\ O_2$	$\rightarrow 3\ CO_2$	+ $4\ H_2O$
Gleichung mit Stoffmengen ansetzen:	1 mol	5 mol	3 mol	4 mol
Für unbekannte Gase das molare Normvolumen einsetzen:	44 g	5 · 22,4 *l*	3 · 22,4 *l*	4 · 22,4 *l*
Gegebenen Stoff einsetzen:	80 g	V_{n1}	V_{n2}	V_{n3}
Proportion ansetzen	$\frac{44\,g}{80\,g} =$	$\frac{5 \cdot 22{,}4\,l}{V_{n1}} =$	$\frac{3 \cdot 22{,}4\,l}{V_{n2}} =$	$\frac{4 \cdot 22{,}4\,l}{V_{n3}}$
Gesuchtes Gasvolumen ausrechnen:	$V_{n1} = \frac{5 \cdot 22{,}4\,l \cdot 80\,g}{44\,g} = 203{,}61$			

Mischungsregel

$m_1 \cdot \omega_1 + m_2 \cdot \omega_2 = (m_1 + m_2)\,\omega$

m_1, m_2 Masse der Mischungskomponenten

ω_1, ω_2 Massengehalt der Komponenten in %

ω Massengehalt der Mischung in %

Beispiel: Welchen Massengehalt hat die Mischung von 100 g 10 %iger Natronlauge mit 50 g 20 %iger?

$$\omega = \frac{m_1 \cdot \omega_1 + m_2 \cdot \omega_2}{m_1 + m_2} = \frac{100\,g\,10\% + 50\,g\,20\%}{150\,g} = 13{,}33\%$$

Mischungskreuz

Zur einfachen Bestimmung der Massenteile (Mischungsverhältnis) der Komponenten, wenn die Massengehalte der Komponenten und der Mischung gegeben sind.

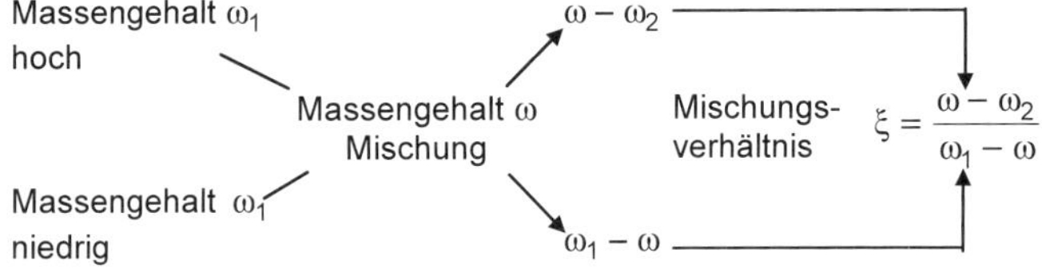

In Pfeilrichtung die Differenzen der Massengehalte bilden (positive Vorzeichen). Die beiden Differenzen ergeben das Mischungsverhältnis ξ.

Beispiel: Aus den Messingsorten mit 63 % und 72 % Cu-Gehalt soll 68 %iges Messing hergestellt werden.

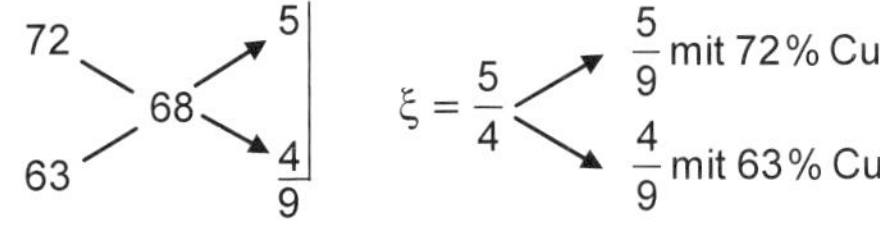

3.19 Energieverhältnisse bei chemischen Reaktionen

exotherme Reaktion

Bei der Reaktion wird Energie, meist Wärme, nach außen abgegeben. Die Energie erscheint in der Reaktionsgleichung auf der rechten Seite mit Minus-Zeichen, sie wird von dem reagierenden Stoffsystem weggenommen.

endotherme Reaktion

Bei der Reaktion wird Energie, meist Wärme, verbraucht, d. h., sie muss zugeführt werden, damit die Reaktion verläuft. Die Energie erscheint auf der rechten Seite mit Plus-Zeichen, sie muss dem Stoffsystem zugeführt werden.

Bildungsenthalpie

Wärme, die beim Entstehen einer chemischen Verbindung aus ihren Elementen gemessen werden kann. Angabe in der Einheit J/mol.

$4\ Fe + 3\ O_2 \rightarrow 2\ Fe_2O_3 - 16{,}62 \cdot 10^5\ J$

Da 2 mol Fe_2O_3 entstehen, beträgt die Bildungsenthalpie die Hälfte, $W = 8{,}31 \cdot 10^5$ J/mol.

Reaktionsenthalpie

Wärme, die bei einer chemischen Reaktion als Energiedifferenz auftritt. Ihr Betrag bezieht sich auf den Formelumsatz. Dazu wird die Reaktionsgleichung mit den kleinsten ganzzahligen Koeffizienten aufgestellt. Der dann in Molen beschriebene Stoffumsatz hat die angegebene Reaktionsenthalpie.

$Fe_2O_3 + 2\ Al \rightarrow Al_2O_3 + 2\ Fe - 8{,}4 \cdot 10^5\ J$

Die Energieangabe bezieht sich dabei auf die Umsetzung von

1 mol Fe_2O_3 = 160 g
mit 2 mol Al = 54 g
zu 1 mol Al_2O_3 = 102 g
und 2 mol Fe = 112 g.

Sie ist die Differenz aus den Bildungsenthalpien (= Trennungsenthalpien).

Bildung von 1 mol Al_2O_3	$-16{,}71 \cdot 10^5$ J
Trennung von 1 mol Fe_2O_3	$+\ 8{,}31 \cdot 10^5$ J
Reaktions-Enthalpie	$-\ 8{,}40 \cdot 10^5$ J

3.20 Heizwerte von Brennstoffen

Name		Heizwert $H_u \cdot 10^6$ J/m³	Name		Heizwert $H_u \cdot 10^6$ J/kg
Gase und Dämpfe[1], chemisch rein			**Flüssige Brennstoffe**		
Äthan	C_2H_6	64,5	Äthanol (Äthylalkohol)	C_2H_5OH	27
Athen (Äthylen)	C_2H_4	59,5	Benzin für Automotoren		42,5
Äthin (Acetylen)	C_2H_2	56,9	Benzol	C_6H_6	40
Benzol	C_6H_6	144,0	Dieselöl		41,6
Dimetylbenzol (Xylol)	$C_6H_4(CH_3)_2$	199,0	Flüssiggas		45,8
Methan	CH_4	35,9	Heizöl		42,9
Methylbenzol (Toluol)	$C_6H_5CH_3$	172,0	Methanol (Methylalkohol)		19,5
Propan	C_3H_8	93,0			
Propen (Propylen)	C_3H_6	87,8			
Technische Gase[1]			**Feste Brennstoffe**		
Erdgas, trocken		(25...33)	Holz, frisch		8,4
Generatorgas		(4,8...5,2)	Holz, trocken		15,1
Gichtgas		(3,9...4,1)	Braunkohle, roh		9,6
Koksofengas		(17,2...18)	Braunkohle, brikettiert		19,3
Stadtgas		(17,6...19,3)	Steinkohle, Anthrazit		31,0
Wassergas		(9,8...10,7)	Zechenkoks		29,3
			Gaskoks		28,0

[1] bezogen auf 1 Normalkubikmeter

3.21 Bildungs- und Verbrennungswärme einiger Stoffe

Element (Stoff)	Oxid	Bildungswärme J / mol Oxid	Verbrennungswärme J / kg Stoff	Verbrennungswärme J / m³ Gas bei 0 °C; 1,013 bar
C	CO	$1,1 \cdot 10^5$	$9,2 \cdot 10^6$	–
C	CO_2	$3,9 \cdot 10^5$	$32,8 \cdot 10^6$	–
CO	CO_2	$2,8 \cdot 10^5$	$10,1 \cdot 10^6$	$12,6 \cdot 10^6$
P	P_2O_5	$15,1 \cdot 10^5$	$24,3 \cdot 10^6$	–
S	SO_2	$3,0 \cdot 10^5$	$9,3 \cdot 10^6$	–
Si	SiO_2	$8,6 \cdot 10^5$	$30,6 \cdot 10^6$	–
Mn	MnO	$3,9 \cdot 10^5$	$7,0 \cdot 10^6$	–
Ti	TiO_2	$9,4 \cdot 10^5$	$19,7 \cdot 10^6$	–
Al	Al_2O_3	$16,7 \cdot 10^5$	$31,0 \cdot 10^6$	–
Mg	MgO	$6,0 \cdot 10^5$	$24,8 \cdot 10^6$	–
Ca	CaO	$6,4 \cdot 10^5$	$11,3 \cdot 10^6$	–
H	H_2O	$2,9 \cdot 10^5$	$142 \cdot 10^6$	$12,8 \cdot 10^6$
H	(HF)	$2,7 \cdot 10^5$	$268 \cdot 10^6$	$24,1 \cdot 10^6$
H	(Cl)	$0,9 \cdot 10^5$	$91 \cdot 10^6$	$8,2 \cdot 10^6$

4.1 Werkstoffprüfung

Härteprüfung nach Brinell DIN EN ISO 6506/05

Kurzzeichen HBW (W = Hartmetallkugel)

Eindringkörper aus gehärtetem Stahl sind nicht mehr zulässig. (Bezeichnung HBS)

$$\text{HBW} = \frac{0{,}204F}{\pi D\left(D - \sqrt{D^2 - d^2}\right)}$$

HB	F	D, d
1	N	mm

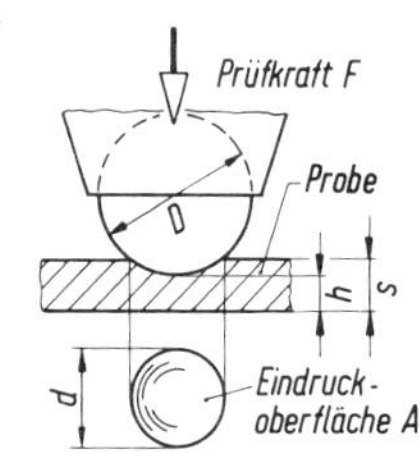

350 HBW 10/3000: Brinellhärtewert von 350 mit Kugel von 10 mm ∅, einer Prüfkraft F = 29,420 kN bei **genormter Einwirkdauer** von 10...15 s gemessen (deshalb keine Angabe).

Prüfkraft *F* errechnet sich aus dem sog. kgf-Wert (hier 3000). Er gibt die Masse m an, deren Gewichtskraft als Prüfkraft wirkt

F = Beanspruchungsgrad x D^2/0,102 in N

120 HBW 5/250/30: Brinellhärte von 120 mit Kugel von 5 mm ∅, einer Prüfkraft F = 2452 N bei einer **längeren Einwirkdauer** von 30 s gemessen.

Prüfkräfte und Prüfbedingungen

Kurzzeichen	Kugel-∅ *D*	B.-G. [1]	Prüfkraft *F* in N	Kurzzeichen	Kugel-∅ *D*	B.-G. [1]	Prüfkraft *F* in N
HBW 10/3 000	10 mm	30	29420	HBW 2,5/187,5	2,5 mm	30	1839
HBW 10/1 500		15	14710	HBW 2,5/62,5		10	612,9
HBW 10/1 000		10	9807	HBW 2,5/31,25		5	306,5
HBW 10/500		5	4903	HBW 2,5/15,625		2,5	153,2
HBW 10/250		2,5	2452	HBW 2,5/6,25		1	61,29
HBW 10/100		1	980,7	[1] Beanspruchungsgrad in MPa			
HBW 5/750	5 mm	30	7355	HBW 1/30	1 mm	30	294,2
HBW 5/250		10	2452	HBW 1/10		10	98,07
HBW 5/125		5	1226	HBW 1/5		5	49,03
HBW 5/62,5		2,5	612,9	HBW ½,5		2,5	24,52
HBW 5/25		1	245,2	HBW 1/1		1	9,807

Mindestdicke s_{min} der Proben in Abhängigkeit vom mittleren Eindruck-∅ d (mm):

$s_{min} = 8\,h$ mit Eindrucktiefe h

$$h = 0{,}5\,(D - \sqrt{D^2 - d^2})$$

Eindruck ∅ *d*	Mindestdicke *s* der Proben für Kugel-∅ *D* in mm:				
	D = 1	2	2,5	5	10
0,2	0,08				
1		1,07	0,83		
1,5			2,0	0,92	
2				1,67	
2,4				2,4	1,17
3				4,0	1,84
3,6					2,68
4					3,34
5					5,36
6					8,00

Beanspruchungsgrad (werkstoff- und härteabhängig) = 0,102 x F/D^2 (→ Übersicht).

Übersicht: Werkstoffe und Beanspruchungsgrad

Werkstoffe	Brinell-Bereich HBW	Beanspruchungsgrad MPa
Stahl, Ni, Ti		30
Gusseisen [1]	< 140 > 140	10 30
Cu und Legierungen	35...200 < 200 < 35	10 30 2,5
Leichtmetalle	< 35 35 ... 80 > 80	2,5 5/ 10/ 15 10/15
Pb, Sn		1
Sintermetalle ISO 4498/05		

[1] Nur mit Kugel 2,5; 5 oder 10 mm ∅.

Der Kugel-∅ D soll so groß wie möglich gewählt werden. Danach muss nach der Härteprüfung mit Hilfe der linken Tafel festgestellt werden, ob für den ermittelten Eindruck-∅ d die Mindestdicke kleiner ist als die Probendicke. Andernfalls ist die nächst kleinere Kugel zu verwenden.

Härteprüfung nach Vickers DIN EN ISO 6507/05

$$\mathrm{HV} = \frac{0{,}189F}{d^2}$$

$$d = \frac{d_1 + d_2}{2}$$

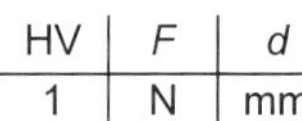

HV	F	d
1	N	mm

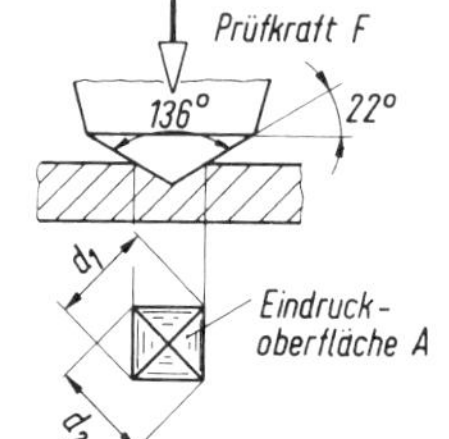

Kurzzeichen HV

640 HV 30: Vickershärte von 640 mit F = 294 N bei 10...15 s Einwirkdauer gemessen.
180 HV 50/30: Vickershärte von 180 mit F = 490 N bei 30 s Einwirkdauer gemessen.

Kleinkraftbereich:
Für kleine Proben oder dünne Schichten mit kleineren Kräften zwischen 1,96 und 49 N.

Mikrohärteprüfung:
Für einzelnen Kristalle mit Kräften von 0,1 bis 1,96 N auf besonderen Geräten.

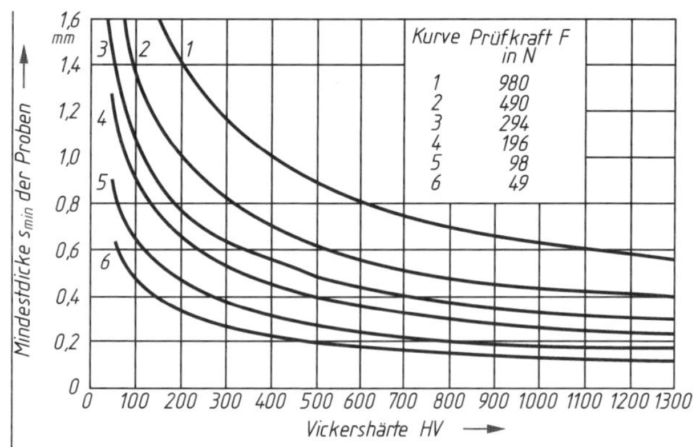

Diagramm: Mindestdicke in Abhängigkeit von Härte und Prüfkraft

Ablesebeispiel: Probe mit einer zu erwartenden Härte von 300 HV und 1 mm Dicke.
Der Schnittpunkt beider Koordinaten im Diagramm liegt oberhalb der Kurve 2, also ist eine Prüfkraft von F = 490 N geeignet, sie würde in einem weicheren Werkstoff mit der Probendicke s = 1 mm bis herunter zu einer Vickershärte von 200 HV noch zulässig sein.

Härteprüfung nach Rockwell DIN EN ISO 6508/05

$$\frac{\mathrm{HRC}}{\mathrm{HRA}} = 100 - 500\, t_b$$

HRC	t_b
1	mm

$$\mathrm{HRN} = 100 - 1000\, t_b$$

HRN	t_b
1	mm

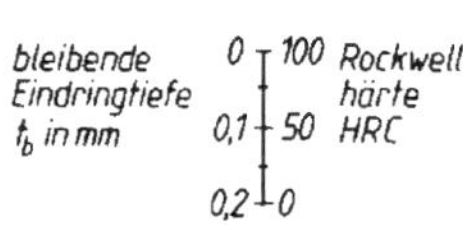

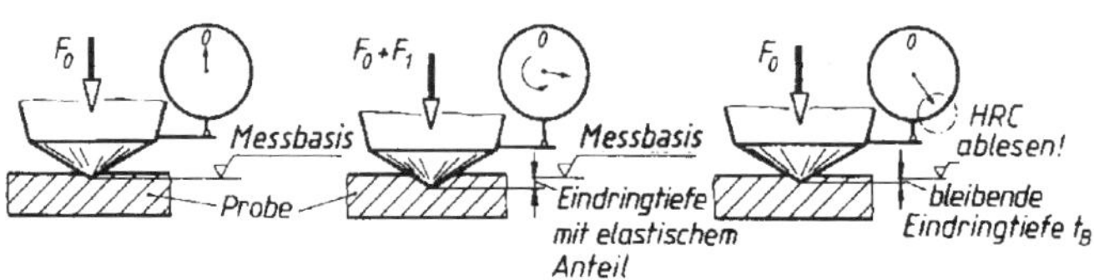

Prüfverfahren mit Diamantkegel

Kurzzeichen	HRC	HRA	HR 15 N	HR 30 N	HR 45 N
Prüfvorkraft F_0	98	98	29,4	29,4	29,4
Prüfkraft F_1	1373	490	117,6	265,0	412,0
Prüfgesamtkraft F	1471	588	147,0	294,0	441,0
Messbereich	20...70 HRC	60...88 HRA	68...92 HR 15 N	39...84 HR 45 N	17...75 HR 45 N
Härteskale	0,2 mm	0,2 mm	0,1 mm		
Werkstoffe	Stahl gehärtet, angelassen	Wolframcarbid, Bleche ≥ 0,4 mm	Dünne Proben ≥ 0,15 mm, kleine Prüfflächen, dünne Oberflächenschichten		

Die Probendicke soll mindestens das 10-fache der bleibenden Eindringtiefe t_b betragen.

Zugversuch
DIN EN 10 002/01

Mit Zugproben (DIN 50 125)

$L_0 = 5\,d_0$

$L_0 = 5{,}65\,\sqrt{S_0}$

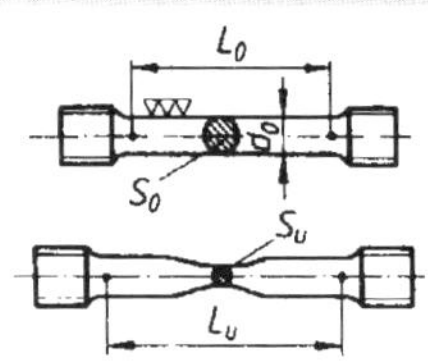

Hooke`sches Gesetz

$$\sigma = \varepsilon E = \frac{\Delta L}{L_0} E = \frac{F}{S_0}$$

σ, E	ε	ΔL, L_0	F	S_0
$\frac{\mathrm{N}}{\mathrm{mm}^2}$	1	mm	N	mm²

Zugfestigkeit R_m

$$R_m = \frac{F_{max}}{S_0}$$

R_m, R_e, $R_{p0,2}$	A_5, A_{10}, Z	F	L	S_0	ε
$\frac{\mathrm{N}}{\mathrm{mm}^2}$	%	N	mm²	mm²	1

Streckgrenze R_e

$$R_e = \frac{F_{0,2}}{S_0}$$

0,2-Dehngrenze $R_{p\,0,2}$

$$R_{p\,0,2} = \frac{F_{0,2}}{S_0}$$

Bruchdehnung A

$$A = \frac{L_u - L_o}{L_o} \cdot 100\,\%$$

Brucheinschnürung Z

$$Z = \frac{S_o - S_u}{S_o} \cdot 100\,\%$$

Elastizitätsmodul E

$$E = \frac{\sigma}{\varepsilon_{el}}$$

Spannung $\sigma = F/S_0$ — Dehnung $\varepsilon = \Delta L/L_0$ — R_m, $R_{p0,2}$, R_e, σ_p, A_5, A_{10}

Spannung-Dehnung-Diagramme
1 weicher Stahl
2 legierter Stahl
3 Gusseisen

Kerbschlagbiegeversuch (Charpy)

Kerbschlagarbeit
KV (KU)= F(h – h₁)

KV, KU	F	H, h_1
J	N	m

DIN EN 10045/91
DIN 50115/91

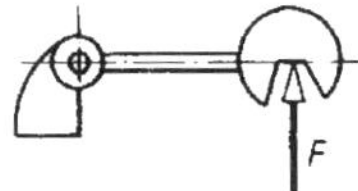

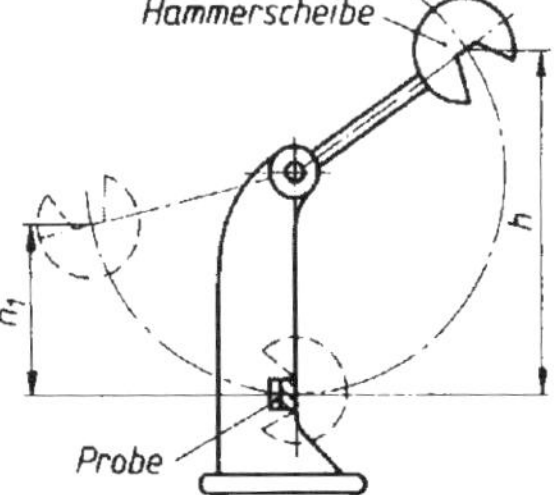

Kurzzeichen

KV = 100 J: Verbrauchte Schlagarbeit 100 J an V-Kerb-Normalprobe und einem Pendelhammer mit 300 J Arbeitsvermögen (Normwert) ermittelt,
KU 100 = 65 J: Verbrauchte Schlagarbeit 65 J an U-Kerb-Normalprobe mit Pendelhammer von 100 J Arbeitsvermögen ermittelt

4.2 Eisen-Kohlenstoff-Diagramm

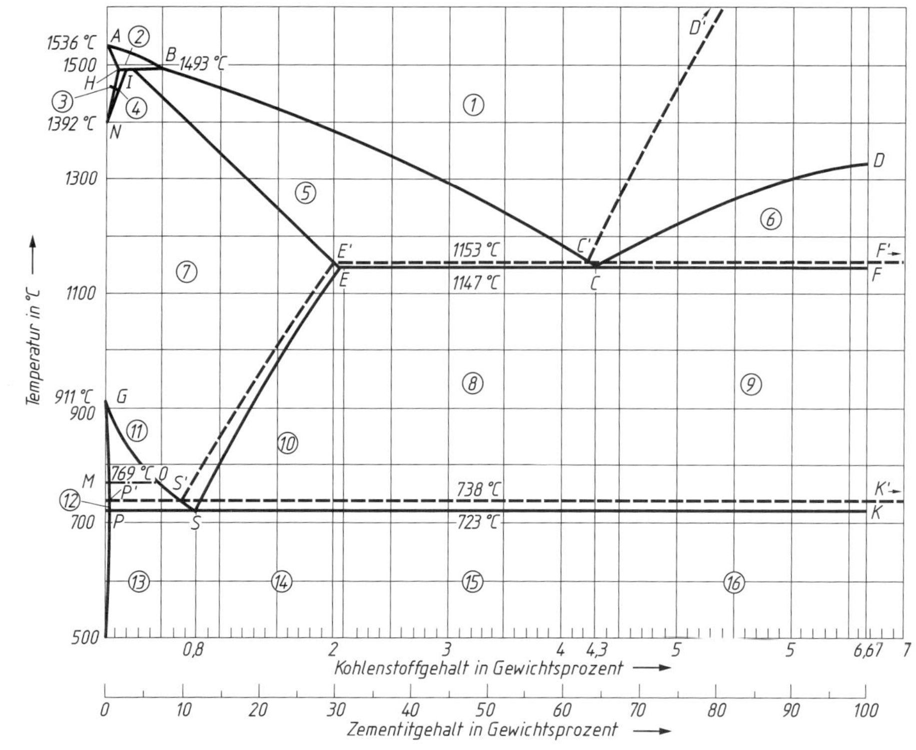

Phasenanteile der Legierungen in den Zustandsfeldern 1...16

Metastabiles System Fe-Fe_3C (ausgezog. Linien)				Stabiles System, Fe-C (gestrichelte Linien)			
1	Schmelze (S)	9	Primär-Zem.+ Eu.	1	Schmelze (S)	9	G. + G.-Eutektikum
2	S.+ δ-Mk.	10	γ-Mk. + Sek.-Zem.	2	S. + δ-Mk.	10	γ-Mk. + sek. Graphit.
3	δ-Mischkristalle	11	γ-Mk. + α-Mk.	3	δ-Mischkristalle	11	γ-Mk. + α-Mk.
4	δ-Mk. + γ-Mk.	12	α-Mk. (Ferrit)	4	δ-Mk. + γ-Mk.	12	α-Mk. (Ferrit)
5	S.+ γ-Mk.	13	Ferrit + Perlit	5	Schmelze + γ-Mk	13	α-Mk. + Graphit
6	S.+ Primärzementit	14	Sek-Zem.+ Perlit	6	Schmelze + Graphit	14	
7	γ-Mk (Austenit)	15	Perlit + Eu.	7	γ-Mischkristalle	15	
8	γ-Mk + Eutektikum (Ledeburit).	16	Prim. Zementit + Eutektikum.	8	γ-Mk.+ Graphiteutektikum	16	

Haltepunkte, Kurzzeichen und Bedeutung

Ar_3	Haltepunkt A_3 bei Abkühlung, Beginn der Ferritausscheidung (Linie GSK)	**Ac_3**	Haltepunkt A_3 bei Erwärmung, Ende der Austenitbildung (α-χ-Umwandlung)
Ar_1	Austenitzerfall und Perlitbildung beim Abkühlen	**Ac_1**	Umwandlung des Perlit zu Austenit beim Erwärmen
Ar_{cm}	Beginn der Zementit-*Ausscheidung beim Abkühlen* (Linie ES)	**Ac_{cm}**	Ende der Zementit-*Einformung* beim Erwärmen

4.3 Bezeichnung der Stähle nach DIN EN 10027

Teil 1: Bezeichnungssystem für Stähle. Die Bezeichnung eines Stahles mit Kurznamen wird durch Symbole auf 4 Positionen gebildet.

Pos. 1	Pos. 2	Pos. 3	Pos. 4
Werkstoff-sorte	**Haupt-eigen-schaft**	**Besondere Werkstoffeigenschaften, Herstellungsart**	**Erzeugnis-art**
Hauptsymbole		**Zusatzsymbole**	

1 Verwendungs-bereich (G=Stahlguss)[1]	**2** Mech. Eigen-schaften	**3a** Herstellungsart, zusätzliche mechanische Eigenschaften	**3b** Eignung für bestimmte Einsatzbereiche bzw. Verfahren	**4**
G S **Stahlbau** z. B. Stähle nach DIN EN 10025-2 -3 -4 -5 -6	Mindest-streck-grenze $R_{e,\,min}$ f. d. kleinsten Erzeugnis-bereich	**Kerbschlagarbeit *KV*** A_v (J): 27 / 40 / 60 Symbol: **J** / **K** / **L** **Schlagtemperatur in °C** Temp.: RT / 0 / -20 / -30 / -40 / -50 Symb.: **R** / **0** / **2** / **3** / **4** / **5** **A** Ausscheidungshärtend **M** Thermomechanisch, **N** normalisierend gewalzt **Q** Vergütet **G** Andere Merkmale (evtl. 1 oder 2 Folgeziffern)	**C** Bes. Kaltformbarkeit **D** F.Schmelztauchüberzg **E** Für Emaillierung **F** Zum Schmieden **H** Für Hohlprofile **L** F. tiefe Temperaturen **M** Thermomech. gew. **N** Normalis. gewalzt **P** Für Spundwände **Q** Zum Vergüten **S** Schiffbau **T** Für Rohre **W** Wetterfest	Tab. A B C
G P **Druck-behälter** z. B. Stähle DIN EN 10028 Stahlguss 10213	$R_{e,\,min}$ f. d. kleinsten Erzeugnis-bereich	**B** Gasflaschen **M** Thermomechanisch, **N** normalisierend gewalzt. **Q** Vergütet **S** Einfache Druckbehälter **T** Rohre **G** Andere Merkmale (evtl. mit 1 oder 2 Folgeziffern)	**H** Hochtemperatur **L** Tieftemperatur **R** Raumtemperatur **X** Hoch- u. Tieftemp.	Tab. A B C
E **Maschi-nenbau** z. B. Stähle DIN EN 10025-2	wie oben	**G** Andere Merkmale, evtl. mit 1 oder 2 Folgeziffern	**C** Eignung zum Kaltziehen	Tab. B

[1] G wahlweise vorgestellt

Werkstofftechnik

Bezeichnung der Stähle nach DIN EN 10027

1 Verwendungsbereich (G = Stahlguss)[1]		2 Mech. Eigenschaften	3a Herstellungsart, zusätzliche mechanische Eigenschaften		3b Eignung für bestimmte Einsatzbereiche/ Verfahren		4
R	**Stähle für Schienen** oder in Form von Schienen	nnn = Mindesthärte HBW	**Cr** **Mn** **an**	Cr-legiert Mn- Gehalt hoch Chem. Symbole für andere Elemente + 10-facher Gehalt	**HT** **LHT** **Q**	Wärmebehandelt Niedrig legiert, wärmebehandelt: Vergütet	----
H	**Flachererzeugnisse**, aus höherfesten Stählen zum Kaltumformen, z. B. Bleche + Bänder DIN EN 10268,	$R_{e,\,min}$ oder mit Zeichen T $R_{m,\,min}$	**B** **C** **I** **LA** **M**	Bake hardening Koplexphase Isotroper Stahl Niedrig legiert Thermomech. gewalzt	**P** **T** **X** **Y**	P-legiert TRIP-Stahl Dualphasenstahl IF (interstitiell free) **D** Für Schmelztauchüberzüge	Tab. C

Pos. 1		2		3		
D	**Flachererzeugnisse** zum Kaltumformen, z. B. Bleche + Bänder DIN EN 10130, 10209, 10326,	**Cnn** **Dnn** **Xnn** **nn**	Kaltgewalzt Warmgewalzt, für unmittelbare Kaltumformung Walzart (kalt/warm) nicht vorgeschrieben Kennzahl nach Norm	**D** **EK** **ED** **H** **T** **G**	Für Schmelztauchüberzüge Für konv. Emaillierung Für Direktemaillierung Für Hohlprofile Für Rohre Andere Merkmale	Tab. B C

Pos. 1		2		3				
G **C**	**Unlegierte Stähle** Mn-Gehalt ≤ 1 %, z. B. Stähle DIN EN 10083-1	**nn**	Kennzahl – 100-facher C-Gehalt	**C** **D** **E** **R**	Zum Kaltumformen Zum Drahtziehen Vorgeschriebener *max.* S-Gehalt, Vorgeschriebener S – *Bereich* (%)	**S** **U** **W** **G**	Für Federn Für Werkzeuge Für Schweißdraht Andere Merkmale	Tab. B

Pos.1		2		2a		3	4
G –	**Niedriglegierte Stähle** Σ LE < 5%, z. B. Einsatzstähle DIN EN 10084, Unlegierte Stähle mit ≥1 % Mn, z. B. Automatenstähle DIN EN 10087	**nn**	Kennzahl = 100-facher C-Gehalt	LE-Symbole nach fallenden Gehalten geordnet, danach *Kennzahlen* mit Bindestrich getrennt in gleicher Folge		—	Tab. A, B
		Kennzahlen sind Vielfache der LE-%. Die Faktoren sind:					
		1000 100	Bor Ce, N, P, S	10 4	Al, Be, Cu, Mo, Nb, Pb, Ta, Ti, V, Zr. Cr, Co, Mn, Ni, Si, W		
G **X**	**Hochlegierte Stähle** mit Σ LE > 5%	**nn**	Kennzahl = 100-facher C-Gehalt	LE-Symbole nach fallenden Gehalten geordnet, danach die %-Gehalte der Haupt - LE- mit Bindestrich in gleicher Folge		—	Tab. A, B
HS	**Schnellarbeitsstähle**	**nn**	Prozentualer Gehalt der LE in der Folge W-Mo-V-Co (mit Bindestrich)			—	Tab. B

[1] G wahlweise vorgestellt

Zusatzsymbole für Stahlerzeugnisse (Pos. 4)

Tabelle A: für besondere Anforderungen an das Erzeugnis

+C	Grobkornstahl	**+H**	Mit besonderer Härtbarkeit
+F	Feinkornstahl	**+Z15/25/35**	Mindestbrucheinschnürung. Z (senkr. z. Oberfläche) in %

Tabelle B: für den Behandlungszustand

+A	Weichgeglüht	**+I**	Isothermisch behandelt	**+QT**	Vergütet
+AC	Auf kugelige Carbide geglüht			**+QW**	Wassergehärtet
+AR	Wie gewalzt (ohne besondere Bedingungen)	**+LC**	Leicht kalt nachgezogen bzw. gewalzt	**+S**	Behandelt auf Kaltscherbarkeit
+AT	Lösungsgeglüht	**+M**	Thermomech. behandelt	**+SR**	Spannungsarmgeglüht
+C	Kaltverfestigt	**+N**	Normalgeglüht	**+S**	Rekristallisationsgeglüht
+Cnnn	Kaltverfestigt auf mindestens R_m = nnn MPa	**+NT**	Ausscheidungsgehärtet	**+T**	Angelassen
+CPnnn	Kaltverfestigt auf mindestens $R_{p0,2}$ = nnn MPa	**+NT**	Normalgeglüht + angelassen	**+TH**	Behandelt auf Härtespanne
+CR	Kaltgewalzt	**+Q**	Abgeschreckt	**+U**	Unbehandelt
+DC	Lieferzustd. d. Hersteller überlassen	**+QA**	Luftgehärtet	**+WW**	Warmverfestigt
+HC	Warm-kalt-geformt	**+QO**	Ölgehärtet		

Tabelle C: für die Art des Überzuges

+A	Feueraluminiert	**+IC**	Anorganische Beschichtung	**+Z**	Feuerverzinkt
+AR	Al-walzplattiert	**+OC**	Organische Beschichtung	**+ZA**	ZnAl-Legierung (> 50 % Zn)
+AS	Al-Si-Legierung	**+S**	Feuerverzinnt	**+ZE**	Elektrolytisch verzinkt
+AZ	AlZn-Legierung (> 50 % Al)	**+SE**	Elektrolytische verzinnt	**+ZF**	Diffusionsgeglühte Zn-Überzüge (galvanealed)
+CE	Elektrolytisch spezial-verchromt	**+T**	Schmelztauchveredelt mit PbSn	**+ZN**	ZnNi-Überzug (elektrolytisch)
+CU	Cu-Überzug	**+TE**	Elektrolytisch mit PbSn überzogen		

4.4 Baustähle DIN EN 10025-2/05

Stahlsorte Kurzzeichen	Werkstoff Nr.	R_{eH} bzw. $R_{p0,2}$ Nenndicken (mm) ≤ 16	≤ 100	≤ 200	R_m MPa ≤ 100	A_{80} [1] Nenndicken (mm) ≤1...<3	A % ≤3...<40	Bemerkungen
Stahlsorten mit Angaben der Kerbschlagarbeit *KV* (→ Tabelle zu 4.3 Stahlbau)								
S235JR **S235J0** **S235J2**	1.0038 1.0114 1.0117	235	215	175	360...510	l: 17...21 t: 15...19	l: 26 t: 24	Niet- und Schweißkonstruktionen im Stahlbau, Flansche, Armaturen **schmelzschweißgeeignet**
S275JR **S275J0** **S275J2G4**	1.0044 1.0143 1.0145	275	235	215	410...560	l: 14...18 t: 12...20	l: 22 t: 20	Für höhere Beanspruchung im Stahl- und Fahrzeugbau, Kräne und Maschinengestelle **schmelzschweißgeeignet**
S355JR **S355J0** **S355J2** **S355K2**	1.0045 1.0153 1.0577 1.0596	355	315	285	490...630	l: 14...18 t: 12...16	l: 22 t: 20	wie bei S275 **schmelzschweißgeeignet**
S450J0	1.0590	450	380	---	550...720			Nur für Langerzeugnisse
Stahlsorten ohne Werte für die Kerbschlagarbeit *KV*								
S185 **E295** **E335** **E360**	1.0035 1.0050 1.0060 1.0070	185 295 335 360	175 255 295 325	155 235 265 295	290...510 470...610 570...710 670...830	t: 10...14 l: 12...16 l: 8...12 l......3...7	l: 18 / t: 16 l: 20 / t: 18 l: 16 / t: 14 l: 11 / t: 10	Bauschlosserei, Achsen, Wellen, Zahnräder, Kurbeln, Buchsen, Passfedern, Keile; Stifte. Die Sorten sind **pressschweißgeeignet**

[1] Bruchdehnungswerte an Längsproben (l) und Querproben (t) gemessen;

4.5 Schweißgeeignete Feinkornbaustähle

DIN EN	Beschreibung		Sorten
10025-3/05 (10113-2 Z)	Warmgewalzte Erzeugnisse aus schweißgeeigneten Feinkornbaustählen	Normalgeglühte/ normalisierend gewalzte Sorten in 4 Stufen, kaltzähe Sorten (Symbol NL)	**S275N** / 355 / 420 / 460 SnnnNL mit KV_{-50} = 27 J
10025-4/05 (10113-3 Z)		Thermomechanisch gewalzte Sorten in 4 Stufen, kaltzähe Sorten (Symbol ML)	**S275M** / 355 / 420 / 460 SnnnML mit KV_{-50} = 27 J
10025-6/05 (10137 Z)	Flacherzeugnisse aus Baustählen mit höherer Streckgrenze im vergüteten Zustand	Vergütet, in 5 Stufen (z. B. für Stahlkonstruktionen im Kranbau und für Schwerlastfahrzeuge); zu jeder 2 kaltzähe Sorten (QL, QL1)	**S460Q** / 500 / 550 / 620 / 690 SnnnQL : KV_{-40} = 30 J SnnnQL1: KV_{-60} = 30 J

4.6 Warmgewalzte Flacherzeugnisse aus Stählen mit hoher Streckgrenze zum Kaltumformen, thermomechanisch gewalzte Stähle DIN EN 10149-2/95

Kurzname [1]	SEW 092	Werkstoff-Nr.	R_m MPa	A % für $t \geq 3$ mm	Faltversuch,180° Dorn-∅ mm	Biegeradien für Dicke t 3...6	> 6 mm
S315MC	QStE 300 TM	1.0972	390...510	24	0 t	0,5 t	1,0 t
S355MC	QStE 360 TM	1.0976	430...550	23	0,5t		
S420MC	QStE 420 TM	1.0980	480...620	19		1,0 t	1,5 t
S460MC	QStE 460 TM	1.0982	520...670	17	1 t		
S500MC	QStE 500 TM	1.0984	550..700	14		1,5 t	2,0 t
S550MC	QStE 550 TM	1.0986	600...760	14	1,5 t		
S600MC	QStE 600 TM	1.0988	650...820	13			
S650MC	QStE 650 TM	1.0989	700...880	12	2 t	2,0 t	2,5 t
S700MC	QStE 700 TM	1.0966	750...950	12			

[1] Kurzname enthält die obere Streckgrenze in MPa, Bruchdehnung A an Längs-, Faltversuch an Querproben.

4.7 Vergütungsstähle DIN EN 10083/06

Stahlsorte		Durchmesserbereich $d \leq 16$ mm				$16 \leq d \leq 40$ mm				
Kurzname	Stoff.-Nr.	R_e	R_m MPa	A %	Z %	R_e	R_m MPa	A %	Z %	KV J
C22E [1]	1.1151	340	500...650	20	50	290	470...620	22	50	50
C35E [1]	1.1181	430	630...780	17	40	380	600...750	19	45	35
C40E [1]	1.1186	460	650...800	16	35	400	630..780	18	40	30
C45E [1]	1.1191	490	700...850	14	35	430	650...800	16	40	25
C50E [2]	1.1206	520	750...900	13	30	460	700...850	15	35	--
C55E [1]	1.1203	550	800...950	12	30	490	750...900	14	35	--
C60E [1]	1.1221	580	850...1000	11	25	520	800...950	13	30	--
28Mn6	1.1170	590	800...950	13	40	490	700...850	15	45	40
38Cr2	1.7003	550	800...950	14	35	450	700...850	15	40	35
46Cr2	1.7006	650	900...1100	12	35	550	800...950	14	40	35
34Cr4 [2]	1.7033	700	950...1150	12	35	590	800...950	14	40	35
37Cr4 [2]	1.7034	750	950...1200	11	35	630	850...1000	13	40	50
41Cr4 [2]	1.7035	800	1000.. 1200	11	30	6 60	900...1100	12	35	35
25CrMo4 [2]	1.7218	700	900...1100	12	50	600	800 950	14	55	50
34CrMo4 [2]	1.7220	800	1000...1200	11	45	650	900...1100	12	50	40
42CrMo4 [2]	1.7225	900	1100...1300	10	40	750	1000...1200	11	45	35
50CrMo4	1.7228	900	1100...1300	9	40	780	1000...1200	10	45	30
34CrNiMo6	1.6582	1000	1200...1400	9	40	900	1100...1300	10	45	45
30CrNiMo8	1.6580	1050	1250...1450	9	40	1050	1250...1450	9	40	30
35NiCr6	1.5815	740	880...1080	12	40	740	880...1080	14	40	35
36NiCrMo16	1.6773	1050	1250...1450	9	40	1050	1250...1450	9	40	30
39NiCrMo3	1.6510	785	980...1180	11	40	735	930..1130	11	40	35
30NiCrMo16-6	1.6747	880	1080...1230	10	45	880	1080...1230	10	45	35
51CrV4	1.8159	900	1100...1300	9	40	800	1000...1200	10	45	35

[1] Zu diesen Sorten gibt es je einen Qualitätsstahl (z. B.C35) und eine Variante mit verbesserter Spanbarkeit (z. B. C35R)
[2] Zu diesen Sorten gibt es eine Variante mit verbesserter Spanbarkeit (unlegiert C50R, legiert z. B. 34CrS4) erreicht durch leicht erhöhte S-Gehalte von 0,02...0,04 % Teil 2 enthält 6 Sorten mit Bor-Gehalten von 0.0008...0,005 %.

4.8 Einsatzstähle DIN EN 10084/98

Stahlsorte	Werkstoff-nummer	HB geglüht	Stirnabschreckversuch, Härte HRC für einen Stirnabstand in mm				Anwendungsbeispiele
			1,5	5	11	25	
C10E+H	1.1121	131					Kleine Teile mit niedriger Kernfestig-
C15E+H	1.1141	143					keit: Bolzen Zapfen, Buchsen, Hebel
17Cr3+H	1.7016	174	39				w. o. mit höherer Kernfestigkeit
16MnCr5+H	1.7131	207	39	31	21		} Zahnräder und Wellen im
20MnCr5+H	1.7147	217	41	36	28	21	} Fahrzeug- und Getriebebau
20MoCr4+H	1.7321	207	41	31	22		Zum Direkthärten geeignet
22CrMoS3-5+H	1.7333	217	42	37	28	22	Für größere Querschnitte
20NiCrMo2-2+H	1.6523	212	41	31	20		Getriebeteile höchster Zähigkeit
17CrNi6-6+H	1.5919	229	39	36	30	22	} hochbeanspruchte Getriebe-
18CrNiMo7-6+H	1.6587	229	40	39	36	31	} teile, Wellen, Zahnräder

4.9 Nitrierstähle DIN EN 10085/01

Stahlsorte Kurzname	Werkstoff-Nr.	Eigenschaften vergütet ∅-Bereich in mm	$R_{p0,2}$ MPa	A %	KV J	HV1	Eigenschaften, Anwendungsbeispiele
31CrMo12	1.8215	...40	850	10			Warmfest, für Teile von Kunststoff-
		41...100	800	11	35	800	maschinen.
31CrMoV9	1.8519	...80	800	11	35	800	Ionitrierte Zahnräder mit hoher Dauer-
		81...150	750	13	35		festigkeit.
15CrMoV6-9	1.8521	...100	750	10	30	800	Größere Nitrierhärtetiefe, warmfest.
		101...250	700	12	35		
34CrAlMo5	1.8507	...70	600	14	35	950	Druckgießformen für Al-Legierungen
35CrAlNi7	1.8550	70...250	600	15	30	950	Für große Querschnitte

4.10 Stahlguss DIN EN 10293/05

Stahlsorte Kurzname	Zustand	Stoff-Nr.	Dicke mm	$R_{m,min}$ MPa	$R_{p\,0,2}$ MPa	A %	KV in J bei RT	bei / ° C	Anwendungsbeispiele
GE200	+N	1.0420	≤ 300	380...530	200	25	27	--	Kompressorengehäuse
GE240	+N	1.0446	≤ 300	450...600	230	22	27	--	Konvertertragring
GE300	+N	1.0558	≤ 100	520..670	300	18	31	--	Großzahnräder
G17Mn5	+QT	1.1131	≤ 50	450...600	240	24	70	27 / -40	Tunnelabdeckung (U-Bahn)
G20Mn5	+N	1.1120	≤ 30	480...620	300	20	60	27 / -40	Fachwerkknoten (2,3 t)
G30CrMoV6-4	+QT	1.7725	≤ 100	850...1000	700	14	45	27 / -40	Achsschenkel (400 kg)
G9Ni14	+QT	1.5638	≤ 35	500...650	360	20	---	27 / -90	Kaltzäh, Kälteanlagen

4.11 Bezeichnung der Gusseisensorten DIN EN 1560/97

Kurzzeichen werden aus max. 6 Positionen gebildet: Pos. 1. **EN** für Europäische Norm, Pos. 2. **GJ** für Gusseisen, J steht für I (iron), um Verwechslungen zu vermeiden.

EN	GJ	3.	4.	5.	6.

Pos. 3 Zeichen für Graphitform (wahlfrei)

L	lamellar
S	kugelig
V	vermicular
H	graphitfrei, (ledeburitisch)
M	Temperkohle

Pos.4 Zeichen für Mikro- oder Makrogefüge (wahlfrei)

A	Austenit	**Q**	Abschreckgefüge
F	Ferrit	**T**	Vergütungsgefüge
P	Perlit	**B**	nichtentkohlend geglüht
M	Martensit	**W**	entkohlend geglüht
L	Ledeburit	**N**	graphitfrei

Pos. 5. Angabe der mechanischen Eigenschaften (obligatorisch)

Sorte	Eigenschaft (Festigkeiten in MPa)
GJL-	Mindestzugfestigkeit oder Härte HB, HV .
GJMB- **GJMW-**	} Mindestzugfestigkeit – Mindestbruchdehnung %)
GJS-	zusätzlich für die Temperatur bei Messung der Kerbschlagarbeit: –**RT** (bei Raum-,–**LT** (bei Tieftemperatur).

oder der chemischen Zusammensetzung.

Alle anderen Sorten	Bezeichnung wie bei den legierten Stählen mit C-Kennzahl, Symbole der LE, Multiplikatoren mit Bindestrich (4.3 Teil 1, Legierte Stähle.) Hochlegierte Sorten mit **X** (wahre Prozente)

Pos. 6 Zeichen für zusätzliche Anforderungen (wahlfrei)

D	Rohgussstück
H	Wärmebehandeltes Gussstück
W	Schweißeignung für Verbindungsschweißungen
Z	zusätzliche Anforderungen nach Bestellung

4.12 Gusseisen mit Lamellengraphit GJL DIN EN 1561/97

Mechanische Eigenschaften in getrennt gegossenen Proben von 30 mm Rohdurchmesser

Eigenschaft	Formelzeichen	Einheit	Sorte EN -GJL-				
			-150	-200	-250	-300	-350
Zugfestigkeit	R_m	MPa	150...250	200...300	250...350	350...400	350...450
0,1 %-Dehngrenze	$R_{p0,2}$	MPa	98...165	130...195	165...228	195...260	228...285
Bruchdehnung	A	%	0,8...0,3	0,8....0,3	0,8...0,3	0,8...0,3	0,8...0,3
Druckfestigkeit	σ_{dB}	MPa	600	720	840	960	1080
Biegefestigkeit	σ_{bB}	MPa	250	290	340	390	490
Torsionsfestigkeit	τ_{tB}	MPa	170	230	290	345	400
Biegewechselfestigkeit	σ_{bW}	MPa	70	90	120	140	145

Weitere 6 Sorten werden nach der Brinellhärte benannt (gemessen im Wanddickenbereich 40...80 mm): EN GJL-HB155 / 175 / 195 / 215 / 235 / 255.

Schaubild zur Abschätzung von Zugfestigkeit und Brinellhärte in Gussstücken

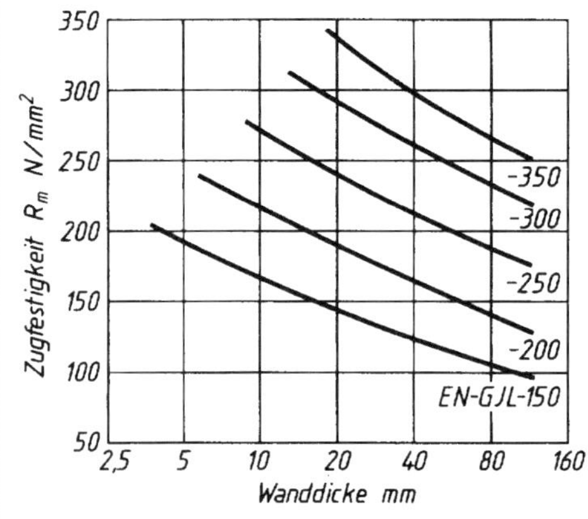

4.13 Gusseisen mit Kugelgraphit GJS DIN 1563/05

Kurzname EN-GJS-	$R_{p0,2}$ MPa	$\tau_a = \tau_t$ MPa	K_{Ic} in [3] MPa√m	σ_d MPa	σ_{bB} [4] MPa	σ_{bB} [5] MPa	Gefüge	Anwendungsbeispiele
-350-22 [1]	220	315	31		180	114	Ferrit	
-400-18 [2]	250	360	30	700	195	122	Ferrit	Windenergieanlagen
-400-15	250	360	30	700	200	124	Ferrit	Pressholm für 6000 t-Presse, 47 t
-450-10	310	405	23	700	210	128	Ferrit	Pressenständer (165 t)
-500-7	320	450	25	800	224	134	Ferrit/Perlit	Zylinder für Diesel-Ramme, 1,7 t
-600-3	380	540	20	870	248	149	Ferrit/Perlit	Kolben (Großdieselmotor)
-700-2	440	630	15	1000	280	168	Perlit	Planetenträger, Kurbelwelle VR5,
-800-2	500	720	14	1150	304	182	Perlit/Bainit	
-900-2	600	810	14	----	317	190	Martensit, wärmebehandelt	

[1] Hierzu gibt es je eine Sorte mit gewährleisteter Kerbschlagarbeit bei RT (-RT angehängt) mit 17 J bei +23 °C oder tiefen Temperaturen (-LT) mit 12 J bei –40 °C; [2] Hierzu gibt es je eine Sorte mit gewährleisteter Kerbschlagarbeit bei RT (-RT) mit 14 J bei +23 °C oder tiefen Temperaturen (-LT) mit 12 J bei –20 °C ; [3] Bruchzähigkeit; [4] Umlaufbiegeversuch, ungekerbte Probe; [5] Umlaufbiegeversuch, gekerbte Probe; Werte gelten für getrennt gegossene Probestücke.

4.14 Temperguss GJM DIN EN 1562/06

Kurznamen		$R_{p0,2}$ MPa	HB 30 →	Anwendungsbeispiele (Härte HBW nur Anhaltswerte)
DIN EN 1562	DIN 1692(Z)			

EN-GJMW- Entkohlend geglühter (weißer) Temperguss

-350-4	GTW-35-04	--	max. 230	Für normalbeanspruchte Teile, Fittings, Förderkettenglieder, Schlossteile
-360-12	GTW-S38-12	190	max. 200	Schweißgeeignet für Verbunde mit Walzstahl, Teile für Pkw-Fahrwerk, Gerüststreben
-400-5	GTW-40-05	220	max. 220	Standardwerkstoff für dünnwandige Teile, Schraubzwingen, Kanalstreben, Gerüstbau, Rohrverbinder
-450-7	GTW-45-07	260	max. 220	Wärmebehandelt, höhere Zähigkeit, Pkw-Anhängerkupplung, Getriebeschalthebel
-550-4	---------	340	max. 250	Hochbeanspruchte Teile für den Gerüst und Schalungsbau

EN-GJMB- Nicht entkohlend geglühter (schwarzer)Temperguss

-300-6	---------	---	max. 150	Anwendung, wenn Druckdichtheit wichtiger als Festigkeit und Duktilität
-350-10	GTS-35-10	200	max. 150	Seilrollen mit Gehäuse, Möbelbeschläge, Schlüssel aller Art, Rohrschellen, Seilklemmen
-450-6	GTS-45-06	270	150...200	Schaltgabeln, Bremsträger
-500-5	-----------	300	165...215	
-550-4	GTS-55-04	340	180...230	Kurbelwellen, Kipphebel für Flammhärtung, Federböcke, Lkw-Radnaben
-600-3	----------	390	195...245	
-650-2	GTS-65-02	430	210...260	Druckbeanspruchte kleine Gehäuse, Federauflage für Lkw (oberflächengehärtet)
-700-2	GTS-70-02	530	240... 90	Verschleißbeanspruchte Teile (vergütet) Kardangabelstücke, Pleuel, Verzurrvorrichtung für Lkw
-800-1	---------	600	270...310	Verschleißbeanspruchte kleinere Teile (vergütet)

Mechanische Eigenschaftswerte der Gusssorten beziehen sich auf getrennt gegossene Probestücke (12 mm ∅) des gleichen Werkstoffes.

4.15 Bainitisches Gusseisen mit Kugelgraphit DIN EN 1564/06

Sorte **EN-**	Zugfestigkeit R_m MPa	Streckgrenze $R_{po,2}$ MPa	Bruchdehnung A %	Härte HBW 30
GJS- 800-8	> 800	> 500	8	260..320
GJS-1000-5	>1000	> 700	5	300...360
GJS-1200-2	>1200	> 850	2	340...440
GJS-1400-1	>1400	>1100	1	380...480

4.16 Gusseisen mit Vermiculargraphit GJV VDG-Merkblatt W-50/02

Sorte	Zugfestigkeit R_m MPa	Streckgrenze $R_{po,2}$ MPa	Bruchdehnung A %	Härte HBW 30
GJV-300	300...375	220..295	1,5	140...210
GJV-350	350..425	260...335	1,5	160...220
GJV 400	400..475	300..375	1,0	180...240
GJV 450	450..525	340..415	1,0	200..250
GJV 500	500..575	380..455	0,5	220..260

4.17 Bezeichnung von Aluminium und Aluminiumlegierungen

Numerisches Bezeichnungssystem nach DIN EN 573-1/05:

Normbezeichnung **EN AW** - 4 | **1.** | **2.** | **3.** | **4.** | Ziffern + Buchstabe für nationale Variante

⇳ ⇳ ⇳ ⇳

für Aluminium **A** ⇳ ⇳ **3.** + **4.** sind Zählziffern

für Halbzeug **W** **2**. Ziffer für Legierungsvariante

1. Ziffer für Legierungsserie (Tafel)

Aluminium-Gusslegierungen wird für Werkstoffnummer und Kurzbezeichnung ein **EN AC-** vorgestellt.

Bezeichnung nach der chemischen Zusammensetzung DIN EN 573-2/94. Das Symbol EN AW- (bzw. AC-) wird dem Kurznamen vorgestellt, der meistens aus der früheren Bezeichnung nach DIN 1725 gebildet wird.

Aluminium-Legierungsserien nach DIN EN 573-3/03 (Ziffer 1)

Serie	Legierungselemente	Serie	Legierungselemente	Serie	Legierungselemente
1x x x	Al unlegiert	**4** x x x	Al Si + Mg, Bi, Fe, MgCuNi	**7** x x x	Al Zn + Mg, Cu, Zr
2 x x x	Al Cu + weitere	**5** x x x	Al Mg + Mn, Cr, Zr	**8** x x x	Sonstige, Fe, FeSi, FeSiCu
3 x x x	Al Mn + Mg	**6** x x x	Al MgSi + Mn, Cu, PbMn		

Bezeichnung der Werkstoffzustände durch Anhängesymbole nach DIN EN 515/93

Symbol	Zustand		Bedeutung der 1. Ziffer		Bedeutung der 2. Ziffer
F	Herstellungs- zustand		keine Grenzwerte für mechanische Eigenschaften		————
O	Weich- geglüht	**1** **2** **3**	Hocherhitzt, langsam abgekühlt Thermomechanisch behandelt Homogenisiert		————
H	Kalt- verfestigt	**1** **2** **3** **4**	Kaltverfestigt Kaltverf. + rückgeglüht Kaltverf. + stabilisiert Kaltverf.+ einbrennlackiert	**2:** **4:** **6:** **8** **9**	1/4-hart, Zustd. mittig zw. O u. Hx4 1/2-hart, " " O u. Hx8 3/4-hart, " " Hx4 u. Hx8 Vollhart, härtester Zustand. Extrahart (≥ 10 MPa über Hx8)

Symbol	Zustand		Bedeutung der 1. Ziffer
T	Wärmebehandelt auf andere Zustände als F, O oder H	**1**	Abgeschreckt aus Warmformtemperatur + kaltausgelagert
		2	Abgeschreckt aus Warmformtemperatur, kaltumgeformt + kaltausgelagert
		3	Lösungsgeglüht, kaltumgeformt + kaltausgelagert
		4	Lösungsgeglüht + kaltausgelagert
		5	Abgeschreckt aus Warmformtemperatur + warmausgelagert
		6	Lösungsgeglüht + warmausgelagert
		7	Lösungsgeglüht + überhärtet (warmausgelagert) } stabile Zustände
		8	Lösungsgeglüht, kaltumgeformt + warmausgelagert } stabile Zustände
		9	Lösungsgeglüht, warmausgehärtet + kaltumgeformt } stabile Zustände

4.18 Aluminiumknetlegierungen, Auswahl

Sorte EN AW- Stoff-Nr.	Sorte EN AW- Chemische Symbole mit Zustandsbezeichnung	(alt)	R_m MPa	A %	Beispiele
Reihe 3000			Mechanische Werte für Blech 0,5 ... 1,5 mm (A_{50})		
3103	**Al Mn1-F**	(W9)	90	19	Dächer, Fassadenbekleidung, Profile, Niete, Kühler,
	Al Mn1-H28	(F21)	185	2	Klimaanlagen, Rohre, Fließpressteile
3004	**Al Mn1Mg1-O**	(W16)	155	14	Getränkedosen, Bänder für Verpackung
	Al Mn1Mg1-H28	(F26)	260	2	
Reihe 5000			Mechanische Werte für Blech 3 ... 6 mm (A_{50})		
5005	**Al Mg1-O**	(W10)	100 ... 145	22	Fließpressteile, Metallwaren
5049	**Al Mg2Mn0,8-O**	(W16)	190 ... 240	8	Bleche für Fahrzeug-. u. Schiffbau
	-H16	(F26)	265 ... 305	3	
5083	**Al Mg4,5Mn0,7-O**	(W28)	275 ... 350	15	Formen (hartanodisiert), Schmiedeteile,
	-H26	(G35)	360 ... 420	2	Maschinen-Gestelle, Tank- u. Silofahrzeuge
Reihe 2000 aushärtbar			Mechanische Werte jeweils für das Beispiel		
2117	**Al Cu2,5Mg-T4**	(F31 ka)	310	12	(Drähte < 14 mm), Niete, Schrauben
2017A	**Al Cu4MgSi-T42**		390	12	{ Platten, und Blech < 25 mm } Vorrichtungen, Werkzeuge,
2024	**Al Cu4Mg1-T42**		420	8	Flugzeuge, Sicherheitsteile
2014	**Al Cu4SiMg-T6**		420	8	
2007	**Al CuMgPb-T4**	(F34 ka)	340	7	(Schmiedestücke), Bahnachslagergehäuse Automatenlegierung, Drehteile
Reihe 6000 aushärtbar			Mechanische Werte jeweils für das Beispiel		
6060	**Al MgSi-T**4		130	15	Strangpressprofile aller Art, Fließpressteile
6063	**Al Mg0,7Si-T6**		280	--	Pkw-Räder u. Pkw-Fahrwerkteile
6082	**AlMgSi1MgMn-T6**		310	6	Schmiedeteile, Sicherheitsteile am Kfz
6012	**Al MgSiPb-T6**	(F28)	2750	8	Automatenlegierung, Hydr.-Steuerkolben
Reihe 7000 aushärtbar			Mechanische Werte für Blech unter 12 mm		
7020	**Al Zn4,5Mg1 -O**		220	12	Cu-frei, nach Schweißen selbstaushärtende Legierung
	-T6		350	10	
7022	**AL Zn5Mg3Cu-T6**	(F45wa)	450	8	Maschinen-Gestelle, Schmiedeteile } überaltert (T7) gut beständig gegen SpRK
7075	**Al Zn5,5MgCu-T6**	(F53wa)	545	8	

4.19 Aluminiumgusslegierungen, Auswahl aus DIN EN 1706/98

Kurzname Stoff- Nr. **EN AC-...**	Gießart DIN EN 1706	Gießart, Zustd.[1]	R_m MPa	$R_{p0,2}$ MPa	A_{50mm} %	HB	Gießen/ Schweißen/Polieren/ Beständigk.[2]	Bemerkungen
-Al Cu4MgTi -21000	S, K, L	S T4	300	200	5	90	C/D D B D	Einfache Gussstücke hochfest und -zäh, Waggonrahmen und -fahrgestelle
		K T4	320	220	8	90		
		L T4	300	220	5	90		

Werkstofftechnik

Fortsetzung Aluminium Gusslegierungen

Kurzname, Stoff-Nr. DIN EN 1706 **EN AC-...**	Gieß-art	Gießart, Zustd.[1]	R_m	$R_{p0,2}$	A_{50mm}	HB	Gießen/ Schweißen/Polieren/ Beständigk.[2]				Bemerkungen
-Al Si7Mg0,3 -42100-	S K L	S T6 K T6 T64	230 290 290	190 210 210	2 4 8	75 90 80	B	B	C	B	Sicherheitsbauteile: Hinterachslenker, Vorderradnabe, Bremssättel, Radträger
-Al Si10Mg(a) -43000	S K L	S F K F K T6	150 180 260	80 90 220	2 2,5 1	50 55 90	A	A	D	B	Motorblöcke, Wandler- und Getriebegehäuse, Saugrohr für Kfz
-Al Si12(a) -44200	S K	S, F K F	150 170	70 80	5 6	50 60	A	A	D	B	Dünnwandige, stoßfeste Teile aller Art
-Al Si8Cu3 -46200	S K D	S F K F	150 170	90 100	1 1	60 100	B	B	C	D	Warmfest bis 200° C, für dünnwandige Teile
-**Al Si12CuNiMg** -48000	K	K T5 T6	200 280	185 240	<1 <1	90 100	A	A	C	C	Erhöhte Warmfestigkeit bis zu 200 °C; Zylinderköpfe
-Al Mg3(b) -51000	S K	S F K F	140 150	70 70	3 5	50 50	C/D	C	A	A	Beschlagteile für Bau- und Kfz-Technik, Schiffbau

1) **Gießart:** S: Sandguss; K: Kokillenguss, D: Druckguss, L: Feinguss, das Zeichen wird nachgestellt !
Beispiel: EN 1706 AC-Al Cu4MgTi KT4; oder EN 1706 AC-21000 KT4: Kokillenguss (K), kaltausgehärtet (T4)

2) **Wertung:** A ausgezeichnet, B gut, C annehmbar, D unzureichend.

4.20 Bezeichnung von Kupfer und Kupferlegierungen nach DIN 1412/95

Europäisches Nummernsystem. Die Normangabe besteht aus 6 Zeichen.

C	2.	3.	4.	5.	6.

1. C Zeichen für Kupfer; **3. bis 5.** Ziffern sind **Zählziffern, 0...799** für genormte, **800...999** für nichtgenormte Sorten.

2. Buchstabe für die Erzeugnisform	
B	Blockform zum Umschmelzen
G	Gusserzeugnis
F	Schweißzusatz, Hartlote
M	Vorlegierung
R	Raffiniertes Cu in Rohform
S	Werkstoff in Form von Schrott
W	Knetwerkstoffe
X	nicht genormte

6. Buchstabe(n) für Legierungssystem			
A, B	Cu	**H**	CuNi
C, D	Cu, niedriglegiert, Σ LE < 5 %	**J**	CuNiZn
		K	CuSn
E, F	Legierungen, Σ LE > 5 %	**L, M**	CuZn Zweistofflegierg.
		N, P	CuZnPb
G	CuAl	**R,S**	CuZn Mehrstofflegierg.

4.21 Zustandsbezeichnungen nach DIN EN 1173/95

Anhängesymbole, bestehend aus einem Buchstaben und 3 Ziffern für bestimmte Eigenschaftswerte.

Symbol	Bedeutung	Beispiel		Symbol	Bedeutung
A	Bruchdehnung	A005:	*A* = 5 %	**D** 1)	gezogen, ohne vorgegebene mech. Eigenschaften
B	Federbiegegrenze	B370:	370 MPa	**G**	Korngröße
H	Härte HB oder HV	H030 HBW10	30HBW10	**M** 1)	wie gefertigt, ohne vorgegebene mech. Eigenschaften
R	Zugfestigkeit	R700:	700 MPa		1) Die Buchstaben D und M werden ohne weitere Bezeichnungen verwendet
Y	0,2%-Dehngrenze	Y350:	350 MPa		

4.22 Kupferknetlegierungen, Auswahl

Kurzzeichen DIN EN-CW	Zustd. 1)	Stoff-Nr. **CW..**	Werkstoffeigenschaften				Eigenschaften	Verwendung
			$R_{p0,2}$	R_m	A	HB		
CuSn6	R420 Y360	452K	-- 360	420 --	20 20	--	Chemisch beständig, stark kaltverfestigend	Federn, Membranen, Drahtgewebe, -schläuche
CuAl8Fe3	R480	303G	210	480	30	(140)	Noch kaltformbar, warmfest bis 300 °C	Blechkonstruktionen für den chem. Apparatebau
CuZn37	R300	508L	180	300	48	(70)	Gut kaltumform-, löt- und schweißbar	Hauptlegierung für spanlose Verarbeitung
CuZn40	R340	509L	240	340	43	(80)	Warm- und kaltumformbar	Uhrenteile
CuZn39Pb2	R360	612N	270	360	40	(85)	Gut stanz- u. spanbar, nur gering kaltformbar	Formdrehteile
CuZn40Pb2	R430	617N	(200)	430	(15)	--	Gut warm-, kaum kaltumformbar	Strangpressprofile, Schmiedestücke
CuNi10Fe1Mn	R290 R480	352H	290 400	90 480	30 8	-- --	seewasserbeständig	Rohre, Schmiedestücke, Fittings für Offshore-Technik
CuNi12Zn30Pb1	R420	406J		420	20	--	Gut kaltformbar und spanbar	Sicherheitsschlüssel, Drehteile für optische Industrie
CuNi18Zn20	R380 R520	409J	250 430	380 520	37 6	140) (160)	Sehr gut kaltformbar, anlaufbeständig	Kontaktfedern, Membranen, Brillengestelle

1) Zustandszeichen angehängt z. B.: R420 Mindestzugfestigkeit $R_{m,min}$ = 420 MPa; Y360 Mindeststreckgrenze $R_{p0,2}$ in MPa

4.23 Kupfergusslegierungen, Auswahl nach DIN EN 1982/98

Kurzzeichen DIN-EN- (ältere Normen)	Stoff-Nr. **CC...**	Gieß-Art 1)	Werkstoffeigenschaften				Eigenschaften	Verwendung
			$R_{p0,2}$	R_m	A	HB		
CuAl10Ni3Fe2-C (G-CuAl9Ni)	332G	GS GM	180 250	500 600	18 20	100 130	Sehr gut schweißgeeignet, chemisch beständig	Gussteile f. Nahrungsmittelmaschinen und chemische Apparate
CuAl10Fe5Ni5-C (G-CuAl10Ni)	333G	GS GZ	250 280	600 650	13 13	140 150	Dauerschwingfest, meerwasserbeständig	Verbunde aus Guss- und Knetlegierungen
CuSn3Zn8Pb5-C (CuSn2ZnPb)	490K	GS GC	85 100	180 220	15 12	60 70	Brauchwasserbeständig	Dünnwandige (<12 mm) Armaturen bis 225 °C
CuSn5Zn5Pb5-C (CuSn5Zn, Rg 5)	491K	GS GC	90 110	200 250	13 13	60 65	Lötbar, meerwasserbeständig	Armaturen für Wasser und Dampf bis 225 °C
CuZn33Pb2-C- (G-CuZn33Pb)	750S	GS GZ	70	180	12	45 50	Hohe elektr. Leitfähigkeit, beständg. gegen Brauchwasser	Gehäuse für Gas- und Wasserarmaturen
CuZn16Si4-C (G-CuZn15Si4)	761S	GS GM	230 300	400 500	10 8	100 130	Dünnwandig vergießbar, meerwasserbeständig	Beschlagteile, Armaturengehäuse

1) Gießart: (GS-) Sandguss –GS; (GK-) Kokillenguss –GM; (GZ-) Schleuderguss –GZ; (GC-) Strangguss –GC; (GD-) Druckguss –GP (in Klammern veraltete, vorgestellte Bezeichnungen, die neuen werden angehängt).

4.24 Anorganisch nichtmetallische Werkstoffe

Werkstoffkennwerte nichtmetallisch anorganischer Stoffe im Vergleich mit Stahl

Sorte Kurzzeichen	Dichte g/cm³	E-Modul kN/mm²	Biege-festigkeit MPa	Wärme-1) leitung λ W/mK	Wärme-2) dehnung α 10^{-6}/K	Maximale Temperatur °C	K_{Ic} 3) MPa $\sqrt{m}$
Stahl, unleg.	7,85	210	500...700	62	12	200	> 100
Al-Oxid	3...3,9	200...380	200...300	10...16	5...7	1400...1700	4...5
PSZ, ZrO_2	5...6	140...210	500...1000	1,2...3	9...13	900...1500	8
Ati, Al_2TiO_5	3...3,7	10...30	25...50	1,5...3	5	900...1600	1
SSN	3...3,3	250...330	300...700	15..45	2,5...3,5	1750	5...8,5
RBSN	1,9...2,5	80...180	80...330	4...15	2,1...3	1100	1,8...4
HPSN	2...3,4	290...320	300...600	15...40	3,0...3,4	1400	6...8,5
HIPSN	3,2...3,3	290...325	300...600	25...40	2,5...3,2	1400	6...8,5
GPSN	3,2	300...310	900...1200	20...24	2,7...2,9	1200	8...9
SSiC	3,1	370...450	300...600	40...120	4,0...4,8	1400...1750	3...4,8
SiSiC	3,1	270...350	180...450	110...160	4,3...4,8	1380	3...5
HPSiC	3,2	440...450	500...800	80...145	3,9...4,8	1700	5,3
HiPSiC	3,2	440...450	640	80...145	3,5	1700	5,3
RsiC	2,6...2,8	230...280	200	20	4,8	1600	3
Borcarbid, B_4C	2,5	390...440	400	35	5	700...1000	3,4

1) Wärmeleitung λ bei 20 °C; 2) Längenausdehnung α für Keramik 30..1000 °C; 3) K_{Ic}: Spannungs-Intensitätsfaktor (Maß für die Bruchzähigkeit, aus der Bruchmechanik hergeleitet)

4.25 Bezeichnung von Si-Carbid, SiC und Siliciumnitrid, Si_3N_4 nach der Herstellungsart

Sorte SC (Si-Carbid)	Herstellungsart	Sorte SN (Si-Nitrid)	Herstellungsart	
RSiC	rekristallisiert, porös bis 15 %	RBSN	reaktionsgebunden, porös	Dichte ⇓ steigt
SSiC	gesintert , „ „ 5 %	SSN	drucklos gesintert, porös	
SiSiC	Si-infiltriert	HPSN	heißgepresst	
HPSiC	heißgepresst	HIPSN	heißisostatisch gepresst (HIP)	
HiPSiC	heißisostatisch gepresst (HIP)	GPSN	gasdruckgsintert	

4.26 Druckgusswerkstoffe

Kurzzeichen	ϱ g/cm³	$R_{p\,0,2}$ MPa	R_m MPa	A in %	Härte HBW10	T_m in °C	1)	2)	n 3) x10³	s_{min} 4) mm	m_{max} kg	Anwendungen
Zink-Legierungen DIN EN 1774 (Auswahl aus 8 Sorten) Cu-frei dekorativ galvanisierbar												
ZnAl4 ZL0400 (Z400)	6,7	160...170	250...300	1,5...3	70...90	380...386	1	1	500	0,6 bis 2	20	Plattenteller, Vergasergehäuse, Pkw-Scheinwerferrahmen, Pkw-Türschlösser, Türgriffe
ZnAl4Cu ZL0410 (Z410)		180...240		2...3	80...100							
Aluminium-Legierungen DIN EN 1706 **AC-** (Auswahl aus 9 Sorten)												
Al Si12(Fe) (230)	2,55	140...180	230...280	1...3	60...100	575	2	2...3	80	1 bis 3	25	Hydraulische Getriebeteile, druckdichte Gehäuse.
Al Si9Cu3(Fe) (226)	2,75	160...240	240...320	0,5...3	80...110	510...620	2	2				Trittstufen f. Rolltreppen, E-Motorengehäuse.
Al Si12CuNi (239)	2,65	190...230	260...320	1...3	90...120	570...585	2	2...3				Kolben, Zylinderköpfe.
Al Mg9 (349)	2,6	140...220	200...300	1...5	70...100	520...620	3...4	1				Gehäuse f. Haushalts-, Büro- und optische Geräte

Kurzzeichen	ϱ g/cm³	$R_{p\,0,2}$ MPa	R_m MPa	A in %	Härte HBW10	T_m in °C	1)	2)	n 3) x10³	s_{min} 4) mm	m_{max} kg	Anwendungen
Magnesium-Legierungen DIN EN 1753 (Auswahl aus 8 Sorten)												Sehr leicht, Oberflächenschutz erforderlich
MCMgAl9Zn1		140...	200...	1...	65...	470...	1...					Gehäuse f. tragbare Werk-
AZ 91		170	260	6	85	600	2			1		zeuge u. Motoren.
MCMgAl6Mn		120...	190...	4...	55..	470...	1...			bis	15	Gehäuse f. Kfz-Getriebe
AM 60	1,8	150	250	14	70	620	2			3		Radfelgen
MCMgAl4Si		120...	200...	3...	55...	580...	2	1	100			
AS 41		150	250	12	60	620						
Kupfer-Legierungen DIN EN 1982												Höhere Festigkeit und Zähigkeit, hoher Formverschleiß durch hohe Gießtemperatur
CuZn39Pb1Al-C	8,5	(250)	(350)	(4)	(110)	880...	3	3		2		Armaturen für Warm- und
			(530)			900			10	bis	5	Kaltwasser
CuZn16Si4-C	8,6	(370)		(5)	(150)	850	2	3		4		Dünnwandig vergießbar
Zinn Legierungen DIN 1742												Höchste Maßbeständigkeit, kaltformbar, korrosionsbeständig
GD-Sn80Sb	7,1		115	2.5	30	250	1	2	Teile von Messgeräten			

1) Gießeignung; 2) Spanbarkeit; 3) Standmenge; 4) Wanddicke; Wertungen: 1 sehr gut, 2 gut, 3 ausreichend

4.27 Lagermetalle und Gleitwerkstoffe, Übersicht über die Legierungssysteme

Legierungs-system	Beispiele	Beschreibung
DIN ISO 4381	**Blei- und Blei-Zinn-Verbundlager, Gusslegierungen**	
Mit kleinen Anteilen von Cu, As, Cd	**PbSb15SnAs** PbSb15Sn10 PbSb10Sn6 PbSb14Sn9CuAs **SnSb12Cu6Pb** **SnSb8Cu4** SnSb8Cu4Cd	Dreifachsystem aus zwei eutektischen Systemen (PbSn und PbSb) kombiniert mit einem peritektischen (SbSn) mit kompliziertem Erstarrungsverlauf. Primäre Ausscheidung der harten Sb-reichen intermetallischen β-Phase, als würfelförmige Tragkristalle in der Grundmasse aus (Pb+ β) liegend. As und Cd wirken weiter verfestigend. Bei Cu-haltigen Sorten scheidet sich primär eine harte, intermetallische CuSn-Phase dendritisch aus. Sie hält die später kristallisiertenden würfelförmigen SbSn-Kristalle in der bleireichen Schmelze in Schwebe. **Fettdruck**: Sorten auch in DIN ISO 4383 enthalten.
DIN ISO 4382-1	**Cu-Gusslegierungen** für dickwandige Verbund- und Massivgleitlager	
Cu-Pb- Sn Massiv-gleitlager	CuPb8Pb2 CuSn10Pb CuSn12Pb2 CuPb5Sn5Zn5 CuSn7Pb7Zn3	Blei ist in Cu unlöslich, es bleibt zwischen den CuSn-Mischkristallen und härteren CuSn-Phasen flüssig und erstarrt zuletzt. Zn ersetzt teilweise das teure Sn (Rotguss). Pb wirkt bei Überhitzung als Notschmierstoff. Mit steigendem Pb-Gehalt sinkt die Härte. Mit dem Sn-Gehalt steigen Härte und Streckgrenze, für gehärtete Gegenkörper und Stoßbeanspruchung geeignet.
Massiv- und Verbundlager	CuPb9Sn5 CuPb10n10 CuPb15Sn8 CuPb20Sn5 CuAl10Fe5Ni5	Pb ergibt weiche, anpassungsfähige (Fluchtungsfehler) Legierungen für mittlere bis hohe Gleitgeschwindigkeiten, bei hohen Pb-Gehalten auch für Wasserschmierung geeignet. Al erhöht Korrosionsbeständigkeit und Gleiteigenschaften, Fe verhindert das Entstehen spröder Phasen. Harte Werkstoffe mit hoher Zähigkeit und Dauerfestigkeit.
DIN ISO 4382-2	**Cu- Knetlegierungen** für Massivgleitlager	
Cu-Sn, **Cu-Zn** **Cu-Al**	CuSn8P CuZn31Si1 CuZn37Mn2Al2Si CuAl9Fe4Ni4	Homogene Gefüge aus kfz-MK bis etwa 8 % Sn, darüber heterogene mit der härteren intermetallischen δ-Phase. (Sondermessing), kfz-Mischkristallgefüge, zähhart, geringe Notlaufeignung. Cu-Al sehr hart, seewasserbeständig, Konstruktionsteile mit Gleitbeanspruchung.
DIN ISO 4383	**Verbundwerkstoffe** für dünnwandige Gleitlager	
Cu-Pb	CuPb10n10 CuPb17Sn5 CuPb24Sn4 CuPb30	Mit Pb-Gehalt steigt der Verschleißwiderstand im Bereich der Mischreibung und Korrosionsbeständigkeit gegen Schwefelverbindungen, deshalb Einsatz in Kfz-Verbrennungsmotoren mit Stillständen und Kaltstarts für Haupt- und Pleuellager.

Legierungs-system	Beispiele		Beschreibung
Al	AlSn20Cu AlSn6Cu AlSi11Cu AlZn5Si1,5Cu1Pb1Mg		Al ist leicht und gut wärmeleitend, gleiche Wärmausdehnung wie bei Al-Gehäusen, die Al-Oxidschicht verhindert Adhäsion und Korrosion. Mit der Härte steigt die Dauerfestigkeit. Gerollte Buchsen oder dünnwandig auf Stahlblech gewalzt und mit galvanischer Gleitschicht versehen.
Gleitschichten Overlays	PbSn10Cu2 PbSn10, PbIn7	weich	Dünne, galvanisch aufgebrachte Schichten zum Einlaufen und für Grenzreibung.
Sintereisen, Sinterbronze	Fe mit 0,3 % C + Cu Cu mit 9...11 %Sn		Porenräume sind mit Schmierstoff gefüllt (< 30 %), das bei Erwärmung austritt. Mit Kunststoff-Gleitschicht imprägniert (PTFE, POM, PVDF)

4.28 Lagermetalle auf Cu-Basis (DKI)

Kurzname DIN EN 1982 W.-Nummer	Gieß-Art [2]	Festigkeiten [1] R_m	$R_{p0,2}$	A	HB	Bemerkungen	Anwendungsbeispiele
		MPa	MPa	%	min		
CuSn8P CW459K	R390 R620	390 620	260 550	45 --	-- --	P-legiert, korrosionbeständig, verschleiß- und dauerschwingfest, sehr gute Gleiteigenschaften, bis 70 MPa zulässig	Gerollte und gedrehte Buchsen für Lager aller Art, Pleuel- und Kolbenbolzenlager (Carobronze®)
CuSn12-C CC483K	-GS -GM -GZ -GC	260 270 280 280	140 150 150 140	12 5 5 8	80 80 95 90	Sorten mit 2 % Pb für Lager mit verbesserten Notlaufeigenschaften, dafür sind gehärtete Wellen zweckmäßig, in GZ- oder GC-Ausführung sind Lastspitzen bis max. 120 MPa zulässig	Schneckenräder und -kränze, Gelenksteine, unter Last bewegte Spindeln, Lager mit hohen Lastspitzen
CuSn12Ni2-C CC484K	-GS -GZ -GC	280 300 300	160 180 170	14 8 10	90 100 90	Wie oben mit erhöhter Zähigkeit und Verschleißfestigkeit	Schneckenradkränze mit Stoßbeanspruchungen
CuSn7Zn4Pb7-C CC493K	-GS -GM -GZ -GC	240 230 270 270	120 120 130 130	15 12 13 16	65 60 75 70	Preisgünstig, für normale Gleitbeanspruchung, gute Notlaufeigenschaften durch 5...8 %Pb. In GZ- oder GC-Ausführung sind bis zu 40 MPa zulässig (früher Rg7)	Lager im Werkzeugmaschinenbau, in Baumaschinen, Schiffswellenbezüge
CuZn25Al5Mn4 Fe3-C CC762S	-GS -GM -GZ -GC	750 750 750 750	450 480 480 480	8 8 5 3	180 180 190 190	Preisgünstig, für besonders hohe statische Belastungen geeignet, weniger für dynamische und hohe Gleitgeschwindigkeiten. Schlechte Notlaufeigenschaften, gute Schmierung erforderlich	Gelenksteine, Spindelmuttern, die nicht unter Last verstellt werden, langsam laufende Schneckenradkränze
CuAl11Fe5Ni6-C CC344G	-GS -GM -GZ	680 680 750	320 400 400	5	170 200 185	Für höchste Stoß- und Wechselbelastung bis zu 25 MPa Flächenpressung, mäßige Notlaufeigenschaften, hohe Dauerschwingfestigkeit in Meerwasser	Stoßbeanspruchte Gleitlager in Schmiedemaschinen und Kniehebelpressen, Gelenkbacken, Druckmuttern

[1] Mittelwerte [2] Gießart siehe 4.23 unten: Alle Kupfer-Guss-Legierungen sind in DIN EN 1982 zusammengefasst.

4.29 Kurzzeichen für Kunststoffe und Verfahren, Auswahl

Symbol	Polymer	Symbol	Polymer
AAS	Methacrylat-Acrylat-Styrol	**CAP**	Celluloseacetopropionat
ABS	Acrylnitril-Butadien-Styrol	**CP**	Cellulosepropionat
APP	ataktisches Polypropylen	**EC**	Ethylcellulose
BS	Butadien-Styrol	**EP**	Epoxid
CA	Celluloseacetat	**ETFE**	Ethylen-Tetrafluorethylen
CAB	Celluloseacetobutyrat	**FF**	Furanharze

Fortsetzung: Kurzzeichen für Kunststoffe und Verfahren

Symbol	Polymer	Symbol	Polymer
Hgw	Hartgewebe	**PTFE**	Polytetrafluorethylen
Hm	Harzmatte	**PTP**	Polyterephthalat
Hp	Hartpapier	**PUR**	Polyurethan
LCP	Liquid Crystals Polymers	**PVC**	Polyvinylchlorid
MF	Melaminformaldehyd	**PVDC**	Polyvinylidenchlorid
MP	Melamin- Phenolformaldehyd	**PVDF**	Polyvinylidenfluorid
PA	Polyamide	**PVF**	Polyvinylfluorid
PAI	Polyamidimid	**SAN**	Styrol-Acrylnitril
PAN	Polyacrylnitril	**SB**	Styrol-Butadien
PAR	Polyarylat	**SI**	Silicon
PB	Polybuten	**TPU**	Thermoplastische Polyurethane
PBT(P)	Polybutylenterephthalat	**UF**	Harnstoff-Formaldehyd
PC	Polycarbonat	**UP**	Ungesättigte Polyester
PCTFE	Polychlortrifluorethylen		
PDAP	Polydiallylphthalat	**MFI**	Schmelzindex
PE	Polyethylen	**RIM**	Reaction Injection Moulding (RIM)
PEEK	Polyaryletherketon	**RSG**	Reaktionsharz-Spritzguss (RSG)
PEI	Polyetherimid	**BMC**	Bulk Moulding Compound (Formmasse)
PES	Polyethersulfon	**GMT**	Glasmattenverstärkte Thermoplaste
PET(P)	Polyethylenterephthalat	**SMC**	Sheet Moulding Compound (Duroplast)
PFPFEP	Polytetrafluorethylen- Perfluorpropylen	**Verstärkte Kunststoffe**	
Pi	Polyimid	**AFK**	Asbestfaserverstärkter Kunststoff
PMMA	Polymethylmethacrylat	**BFK**	Borfaserverstärkter Kunststoff
POM	Polyoxymethylen, (Polyacetal, Polyformaldehyd)	**CFK**	Kohlenstofffaserverstärkter Kunststoff
PP	Polypropylen	**GFK**	Glasfaserverstärkter Kunststoff
PPO	Polyphenyloxid	**MFK**	Metallfaserverstärkter Kunststoff
PPS	Polyphenylensulfid	**SFK**	Synthesefaserverstärkter Kunststoff
PS	Polystyrol		
PSU	Polysulfon	**Beispiel:**	
		PP-GF20	Polypropylen, glasfaserverstärkt (20 %)

Kurzzeichen für Polymergemische (blends) werden aus den Komponenten mit Pluszeichen gebildet, das Ganze in Klammern. Beispiel: (ABS+PC).

Zusatzzeichen für besondere Eigenschaften der Polymere (mit Bindestrich angehängt)

Symbol	Bedeutung	Symbol	Bedeutung	Symbol	Bedeutung	Symbol	Bedeutung
C	chloriert	**D**	Dichte	**E**	verschäumt, verschäumbar	**F**	Flexibel
H	hoch	**I**	schlagzäh	**M**	mittel, molekular	**L**	linear
N	normal, Novolack	**P**	very, sehr	**U**	ultra, weichmacherfrei	**V**	weichmacher-haltig
W	Gewicht	**R**	erhöht, Resol	**X**	vernetzt, vernetzbar		

4.30 Thermoplastische Kunststoffe, Plastomere, Auswahl

Chemische Bezeichnung, Kurzzeichen	Dichte g/cm³	Wärmebeständigkeit HDT/A [4)] 1,8 Mpa in °C	Wärmebeständigkeit Einsatz-bereich °C [5)]	Bruch- Streck- Spannungen in MPa σ_B	σ_Y	Bruch- Streck- Dehnungen in % ε_B	ε_Y	H358/10 [1)]	E-Modul MPa	$\sigma_{1/1000}$ MPa [2)]	α [3)]	Eigenschaften, Verwendungsbeispiele
Polyvinylchlorid	Vestolit, Vinnolit, Trovidur, Trocal								Unbeständig gegen Kohlenwasserstoffe (Quellung)			
PVC-U hart	1,36	65…75	-30/60	—	50…60	—	4…6	80…130	2700…3000	20	8	Hart, zäh, korrosionsbeständig, selbstlöschend. Rohre, Fittings für Frisch- und Abwasser, Fensterprofile
-C nachchloriert	1,55	100	/80	—	70…80	—	3…5		3400…3600	—	6	
Polytetrafluorethylen	Fluon, Coroflon, Hostaflon, Teflon								Hohe Beständigkeit gegen fast alle agressiven Stoffe			
PTFE	2,2	50…60	-200/280	—	20…40	—	>50	30	400…750	1,8	14	Korrosionsbeständig, klebwidrig, geringste Reibung, Konstanz elektrischer Eigenschaften zwischen -150…300 °C
PCFTE	2,1	65…75	-30/180	30…40	—	>50	—		1300…1500	—	7	
Polyethylen	Duraflex, Hostalen, Lupolen, Neopolen, Vestolen								Unbeständig gegen Tetrachlorkohlenstoff, Trichlorethen			
PE-LD	0,92	—	-80…70	—	8…10	—	20	16	200…400	0,8…	23	Biegsam bis hart, teilkristallin, korrosionsbeständig, kaltzäh. Wasserleitungsrohre, Galvanikbehälter, Batteriekästen, Silo-Auskleidungen, Folien für Verpackung
PE-HD	0,96	38…50	-80…90	—	18…30	—	8…12	64	600…1400		12…15	
PE-GF 30		55…65		—		—		—	5200…6000	4		
Polypropylen	Coroplat, Hostalen, Novolen, Vestolen								Unbeständig gegen Halogene, starke Säuren, Trichlorethen			
PP	0,9	55…65	0/100	—	25…40	—	8…18	75		6	10…15	Wie PE, temperaturstandfester, weniger kaltzäh, kochfest, hochkristallin, Benzintanks, Rohre für Fußbodenheizung
PP-GF 30	1,14	90…115		—	80	—	3,5	—	6500…6700		7	
Polystyrole	Coroplat, Polystyrol, Styrodur, Vestyron							Unbeständig gegen Tetrachlorkohlenstoff, Trichlorethen. Benzin wirkt spannungsrissauslösend				
PS	1,05	65…85	-10/70	30…55	—	1,5…3	—	155	3100…3300	20	7	Glasklar, hart, spröde, geringste elektrische Verluste, geschäumt als Wärmeisolator. Gehäuse für Feingeräte
Schlagfeste Polystyrol-Copolymere	Luran, Lustran, Novodur, Terluran, Vestyron											
SB: Styrol-Butadien	1,05	70…85	-50/70	—	25…45	—	1…2,5	100	2200…2800	20	10	Opak, kaltzäh, weniger UV-beständig und alterungsempfindlicher als PS. Tiefziehplatten, Transport- und Lagerbehälter
SAN: Styrol-Acrylnitril	1,08	95…100	0/85	65…85	—	2,5…5	—	170	3500…3900	13	7	Glasklar, hoher E-Modul, beständiger als reines PS, weniger zäh als SB. Batteriekästen, Gehäuse für Geräte der Feinwerktechnik
SAN-GF 35	1,36	105	0/90	110	—	2	—	—	12000	—	2,5	
ABS: Acrylnitrit-Butadien-Styrol	1,08	95…105	-30/80	—	30…45	—	2,5…3,5	95	2400	12	9	Steif, kaltzäh, kratzfest, schalldämpfend, geringeres Kriechen und Dehnen bei Erwärmung
ABS-GF 20	1,36	100…110	-30/80	65…80	—	—	…2	250	2400	12	9	Karosserie-Innenausbau, Schutzhelme, galvanisierbare Beschlagteile, Armaturenbretter, Frontspoiler

Polymethylmetacrylit	Acrylnitrit-Copoloymerisat, Plexiglas, Resarit, Degulan								Unbeständig gegen organische Lösungsmittel			
PMMA	1,17	75…105	-40/90	60…75	—	2…6	—		3100…3300	15	8	Verglasungen aller Art mit hoher Verformbarkeit. Splittersicherung, Lehrmodelle, Zeichengeräte
AMMA, Halbzeug		75	—/70	90…100	—	10	—		4500…4800	—	6	
Polycarbonat	Makrofol, Makrolon, Pokalon, Sustonat								Unbeständig gegen Alkalien, organische Lösungsmittel, Wasserdampf			
PC, amorph	1,2	125…135	—	—	55…60	—	6…7	100	2300…2400	18	6…7	Glasklar, kaltzäh-warmhart, maßbeständig. Trägerteile und Gehäuse für Beleuchtungskörper und Messgeräte
PC-GF 30	1,44	135…140	100/125	70	—	3,5	—	150	5500…5800	40	2,5	
Polyoxymethylen	Delrin, Hostaform, Kematal, Ultraform								Unbeständig gegen starke Säuren			
POM	1,41	105…115	-50/80	—	60…70	—	8…25	160	3000…3200	15	12	Kristallin, geringe Wasseraufnahme und Kaltfluss, in Anwendung ähnlich PA, Schnappverbindungen
POM-GF 30	1,5	155…160	-50/100	125…130	—	3	—	200	9000…10000	—	3	
Polyamide	Durethan, Rilsan, Sustamid, Trogamid, Ultramid, Vestamid								Unbeständig gegen starke Säuren und Laugen			
PA6 trocken	1,12	55…80	-40/90	—	70…90	—	4…6	160	2600…3200	4..6	7…10	Teilkristallin, zähhart, abriebfest, wasseraufnehmend, von PA6 über PA66 und PA12 abnehmend. Dadurch Maßänderungen und Abfall der Festigkeit.
konditioniert	1,14	30…60		—	30…60	—	0…30	65	750…1500			
PA66 trocken	1,13	70…80	40/100	—	75…100	—	4,5…5	160	2700…3300	—	7…10	Zahnräder, Laufrollen, Nockenscheiben, Pumpenteile,
konditioniert	1,15	—		—	50…70	—	15…25	100	1300…2000			Gleitelemente, Lüfterräder, Gehäuse für Handleuchte,
PA12 trocken	1,01	40…50	-70/110	—	45…60	—	4…5	95	1300…1600	—	10…15	Möbelscharniere. Hohlkörper durch Rotationsformen
konditioniert	1,03	—		—	35…40	—	10…15	80	900…1200			(Heizöltanks)
PA6-GF 30 tr.	1,32	190…215	-40/120	170…200	—	3…3,5	—	220	9000…10800	50	2,5	Erhöhte Maßhaltigkeit und Steifigkeit. Gehäuse für Heimwerker-Maschinen
konditioniert	1,4	—		100…135	—	4,5…6	—	150	5600…8200			
Polyester, linear	Armite, Celanex, Dynalit, Impet, Pocan, Ultradur, Vestodur								Unbeständig gegen heißes Wasser, Halogen-Kohlenwasserstoffe			
PBT	1,3	50…60	-50/120	—	50…60	—	3,5…7	130	2500…2800	15	13	Steif, zäh, geringste Wasseraufnahmen, hohe Maß- und Wärmebeständigkeit. Kfz-Türgriffe, Scheinwerfer- und Spiegelgehäuse, Zahnräder, Kupplungen, Getränkeflaschen
PET, teilkristallin		65…75	-50/100	—	50…80	—	5…7	200	2800…3100		7	
PET-GF 30	1,5	220…230	-50/140	160…175	—	2…3	—		9000…11000	50	3	
Polyphenylensulfid	Crastin, Fortron, Ryton, Tedur								Unbeständig gegen HNO_3			
PPS	1,35	—	-60/140					—	4000	20	5	Thermisch und chemisch hoch beständig, meist glasfaserverstärkt für Teile im Motorraum im Austausch gegen Metalle
PPS-GF 40	1,64	260	-60/220	165…200	—	0,9…1,8	—	—	13000…19000	30	3	

Erläuterungen: Bruchspannung σ_B und Bruchdehnung ε_B werden für harte und spröde Polymere ermittelt, sie entsprechen der Zugfestigkeit bzw. Bruchdehnung. Streckspannung σ_Y und Streckdehnung ε_Y werden für zäh-elastische Polymere ermittelt, sie entsprechen der oberen Streckgrenze. Dehnungswerte unter Last gemessen (→ Abschnitt 5, Bild 4)

[1] Kugeldruckhärte; [2] Zeitdehnspannung $\sigma_{1/1000/23\ °C}$; [3] Linearer Längenausdehnungskoeffizient, längs, x 10^{-5}/°C; [4] Wärmeformbeständigkeitstemperatur HDT nach DIN EN ISO 75. Dabei wird eine mittig biegebeanspruchte Probe auf zwei Stützpunkten langsam durchgebogen. Bestimmten Biegespannungen (z. B. A = 1,85 MPa) sind bestimmte Durchbiegungen zugeordnet (A = 0,33 mm); [5] Wärmealterung: Bei einigen Sorten (Polystyrole) fällt die Zugfestigkeit nach 20 000 h Halten bei der oberen Temperatur um 50 % ab.

5.1 Grundbegriffe der Elektrotechnik

5.1.1 Elektrischer Widerstand

Elektrischer Widerstand eines Leiters

$$R = \frac{\varrho l}{q} = \frac{l}{\gamma q}$$

$$G = \frac{1}{R}$$

$$\varkappa = \frac{1}{\varrho}$$

$$J = \frac{I}{q}$$

R	G	ϱ	$\gamma(\kappa)$	l	q	J
Ω	$\frac{1}{\Omega} = \text{S}$	$\frac{\Omega\,\text{mm}^2}{\text{m}}$	$\frac{\text{m}}{\Omega\,\text{mm}^2} = \frac{\text{Sm}}{\text{mm}^2}$	m	mm^2	$\frac{\text{A}}{\text{mm}^2}$

R elektrischer Widerstand, Wirkwiderstand, Resistanz
G elektrischer Leitwert, Wirkleitwert, Konduktanz
ϱ spezifischer elektrischer Widerstand, Resistivität
$\gamma(\kappa)$ elektrische Leitfähigkeit, Konduktivität
l Länge des Leiters
q Querschnitt (Querschnittsfläche) des Leiters
J elektrische Stromdichte
I elektrische Stromstärke

$1\ \Omega\ \text{mm}^2/\text{m} = 10^{-4}\ \Omega\ \text{cm}$
$1\ \Omega\ \text{cm/m} = 10^{4}\ \Omega\ \text{mm}^2/\text{m}$

$1\ \text{Sm/mm}^2 = 10^{4}\ \text{S/cm}$
$1\ \text{S/cm} = 10^{-4}\ \text{Sm/mm}^2$

Spannungsfall und Verlustleistung

q	ϱ	I	l	ΔU, U	P	p
mm^2	$\frac{\Omega\text{mm}}{\text{m}}$	A	m	V	W	%

q Leiterquerschnitt (eine Ader!)
ϱ spezifischer elektrischer Widerstand
I Leiterstrom
l einfache Leiterlänge
U Netzspannung
ΔU Spannungsfall (Spannungsverlust) auf der Leitung
$\cos\varphi$ Wirkleistungsfaktor des Verbrauchers
P Verbraucherleistung
p prozentualer Leistungsverlust auf der Leitung

Leiterquerschnitt bei / Netz	Berechnung auf Spannungsfall	Berechnung auf Leistungsverlust
Gleichstrom	$q = \frac{2\varrho}{\Delta U} I\,l$	$q = \frac{200\,\varrho P l}{p U^2}$
Wechselstrom	$q = \frac{2\varrho}{\Delta U} I\,l \cos\varphi$	$q = \frac{200\,\varrho P l}{p U^2 \cos^2\varphi}$
Drehstrom	$q = \frac{\sqrt{3}\,\varrho}{\Delta U} I\,l \cos\varphi$	$q = \frac{100\,\varrho P l}{p U^2 \cos^2\varphi}$

5.1.1.1 Temperaturabhängigkeit des Widerstandes

Benennungen

R_ϑ	Widerstandswert bei Temperatur ϑ
R_{20}	Widerstandswert bei Bezugstemperatur 20 °C
α_{20}	Temperaturbeiwert bei 20 °C
ΔR	Widerstandsänderung
$\Delta\vartheta$	Temperaturdifferenz bezogen auf 20 °C
ϑ	Celsius-Temperatur
ϱ_ϑ	spezifischer elektrischer Widerstand bei der Temperatur ϑ
ϱ_{20}	spezifischer elektrischer Widerstand bei 20 °C
R_w	Widerstandswert bei ϑ_w (warm)
R_k	Widerstandswert bei ϑ_k (kalt)
ϑ_w	wärmere Temperatur
ϑ_k	kältere Temperatur
τ	Temperaturziffer

Betriebstemperatur ca. – 50 °C bis ca. 200 °C

Bezugstemperatur 20 °C

$$\Delta R = R_{20}\,\alpha_{20}\,\Delta\vartheta$$

$$R_\vartheta = R_{20}(1 + \alpha_{20}\,\Delta\vartheta)$$

$$\Delta\vartheta = \vartheta - 20\ °C$$

$$\varrho_\vartheta = \varrho_{20}(1 + \alpha_{20}\,\Delta\vartheta)$$

Beliebige Bezugstemperatur

$$\frac{R_w}{R_k} = \frac{\tau + \vartheta_w}{\tau + \vartheta_k} \qquad \Delta\vartheta = \frac{R_w - R_k}{R_k}(\tau + \vartheta_k)$$

$$\tau = \frac{1}{\alpha_{20}} - 20\,°C$$

5.1.2 Elektrische Leistung und Wirkungsgrad

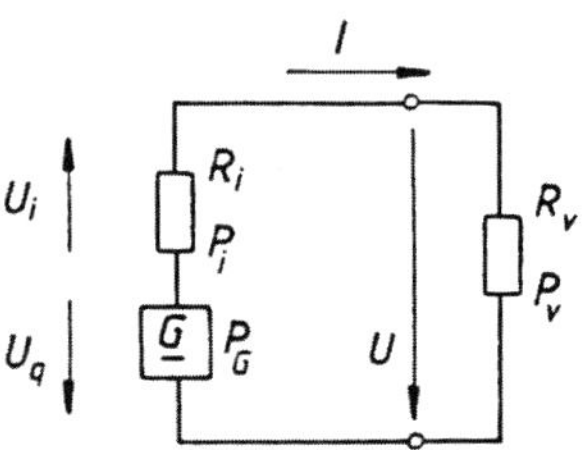

P	U	I	R	η
W	V	A	Ω	1

$$1\,W = 1\frac{J}{s} = 1\frac{Nm}{s}$$

Generatorleistung P_G

$$P_G = P_i + P_v = U_q I = \frac{U_q^2}{R_i + R_v} = I^2(R_i + R_v)$$

Verbraucherleistung P_v

$$P_v = P_G - P_i = U I = \frac{U^2}{R_v} = I^2 R_v$$

Verlustleistung P_i des Generators

$$P_i = P_G - P_v = U_i I = \frac{U_i^2}{R_i} = I^2 R_i$$

Maximalleistung P_k des Generators (Kurzschlussleistung)

$$P_k = U_q I_k = \frac{U_q^2}{R_i} = I_k^2 R_i$$

Dabei sind:

Verbraucherwiderstand	$R_v = 0\ \Omega$
Verbraucherspannung	$U = 0\ V$
Verbraucherleistung	$P_v = 0\ W$
Kurzschlussstrom	$I_k = \dfrac{U_q}{R_i}$

Maximalleistung P_A des Verbrauchers (Leistungsanpassung)

Anpassungsbedingung $\boxed{R_v = R_i}$ $\qquad \frac{R_v}{R_i} = 1$

Verbraucherstrom I_A bei Leistungsanpassung

$$I_A = \frac{U_q}{2R_i} = \frac{U_q}{2R_v} = \frac{I_k}{2}$$

Verbraucherspannung U_A bei Leistungsanpassung

$$U_A = \frac{U_q}{2}$$

Verbraucherleistung P_A bei Leistungsanpassung

$$P_A = P_i = \frac{P_G}{2} = \frac{P_k}{4} = \frac{U_q^2}{4R_v} = \frac{U_q^2}{4R_i} = U_A I_A$$

Wirkungsgrad η

$$\text{Wirkungsgrad} = \frac{\text{abgegebene Leistung}}{\text{zugeführte Leistung}} \leq 1$$

$$\eta = \frac{P_{ab}}{P_{zu}} = \frac{P_{ab}}{P_{ab} + P_{verl}} = \frac{P_{zu} - P_{verl}}{P_{zu}} = 1 - \frac{P_{verl}}{P_{zu}}$$

P_{ab} abgegebene Leistung (Nutzleistung)
P_{zu} zugeführte Leistung
P_{verl} Verlustleistung

5.1.3 Elektrische Energie

Einheiten

W	L	C	Q	U	I	R	P	t	K	k
Ws	$\frac{\text{Vs}}{\text{A}}$	$\frac{\text{As}}{\text{V}}$	As	V	A	Ω	W	s	€	$\frac{€}{\text{kWh}}$

1 Ws = 1 J = 1 Nm

Energie des magnetischen Feldes einer Spule

$$W = \frac{1}{2} L I^2$$

Energie des elektrischen Feldes

$$W = \frac{1}{2} C U^2 = \frac{1}{2} Q U = \frac{1}{2} \cdot \frac{Q^2}{C}$$

elektrische Arbeit des Gleichstroms

$$W = P t = U I t = I^2 R t = \frac{U^2}{R} t = U Q$$

Energiekosten K

$$K = k\,W$$

k Tarif in €/kWh
W elektrische Arbeit in kWh

Wirkungsgrad η

$$\text{Wirkungsgrad} = \frac{\text{abgegebene Energie}}{\text{zugeführte Energie}} \leq 1$$

$$\eta = \frac{W_{ab}}{W_{zu}} = \frac{W_{ab}}{W_{ab} + W_{verl}} = \frac{W_{zu} - W_{verl}}{W_{zu}} = 1 - \frac{W_{verl}}{W_{zu}}$$

W_{ab} abgegebene Energie (Nutzleistung)
W_{zu} zugeführte Energie
W_{verl} Verlustenergie

5.1.4 Elektrowärme

Wärmekapazität $C = \frac{Q}{\Delta T}$

Wärmemenge $Q = m\,c\,\Delta T$

C Wärmekapazität
ΔT Temperaturdifferenz
Q Wärmemenge (Wärme)
c spezifische Wärmekapazität
m Masse

Spezifische Wärmekapazität

Material	c in kJ/kg K	C	Q	ΔT	m
Aluminium Kupfer Wasser	0,92 0,39 4,186	$\frac{Ws}{K} = \frac{J}{K}$	J = Ws	K	kg

Wärmewirkungsgrad

$W_{zu} = P\,t$

$W_{ab} = Q = m\,c\,\Delta T$

$\eta_{th} = \frac{W_{ab}}{W_{zu}} = \frac{m\,c\,\Delta T}{P\,t}$

W_{zu} Zugeführte elektrische Arbeit
W_{ab}, Q Abgegebene Wärmemenge
η_{th} Wärmewirkungsgrad

5.2 Gleichstromtechnik

5.2.1 Ohm'sches Gesetz, nicht verzweigter Stromkreis

Schaltplan

I Stromstärke
U_q Quellenspannung
U_i innerer Spannungsfall der Quelle
U Klemmenspannung der Quelle = Verbraucherspannung (bei $R_{Leitung} = 0\ \Omega$)
R_i Innenwiderstand der Quelle
R Verbraucherwiderstand

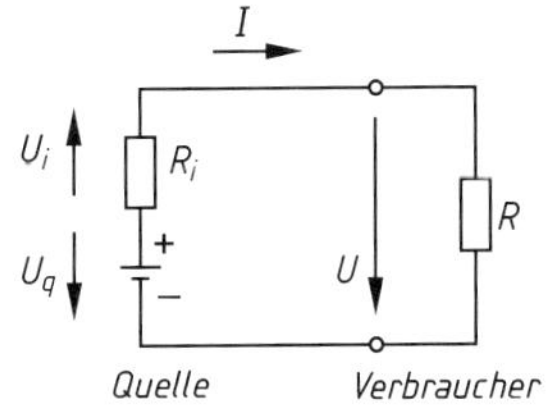

Stromstärke I

„Technische Stromrichtung":
Der Strom fließt außerhalb der Quelle vom Pluspol zum Minuspol.

$I = \frac{U}{R} = \frac{U_q}{R_i + R}$

I	U, U_i, U_q	R, R_i
A	V	Ω

Klemmenspannung U der Quelle $U = U_q - U_i = U_q - I R_i$

Kurzschlussstrom ($U = 0$) $I_k = \frac{U_q}{R_i}$

Leerlaufspannung ($I = 0$) $U = U_q$

Verbraucherwiderstand $R = \frac{U}{I}$

Innenwiderstand der Quelle $R_i = \frac{U_i}{I} = \frac{U_q}{I_k}$

Verbraucherleistung $P = U\,I$

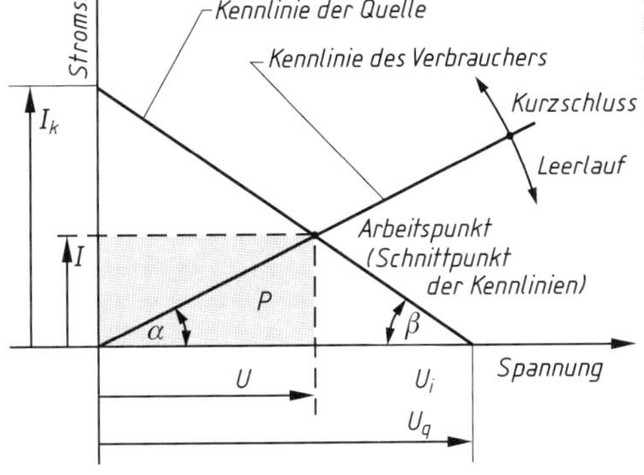

5.2.2 Kirchhoff'sche Sätze

Erster Kirchhoff'scher Satz (Knotenpunkt-Satz)

In jedem Verzweigungspunkt ist die Summe der zufließenden und abfließenden Ströme gleich null.

Zufließende Ströme positiv zählen, abfließende Ströme negativ zählen.

$+I_1 + I_2 + I_4 - I_3 - I_5 = 0$

$\Sigma I_{zu} - \Sigma I_{ab} = 0$

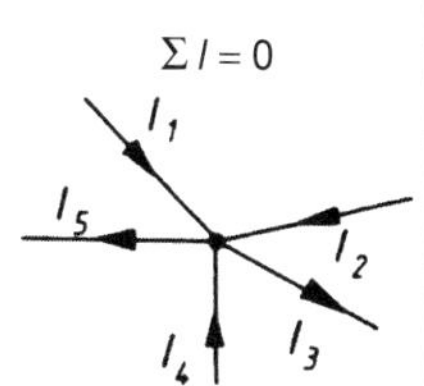

Zweiter Kirchhoff'scher Satz (Maschen-Satz)

In jedem geschlossenen Stromkreis und jeder Netzmasche ist die Summe aller Spannungen gleich null.

Der Umlaufsinn (US) kann willkürlich festgelegt werden. Positiv zählen, wenn US und Zählpfeil gleiche Richtung haben. Negativ zählen, wenn US und Zählpfeil entgegengesetzte Richtung haben.

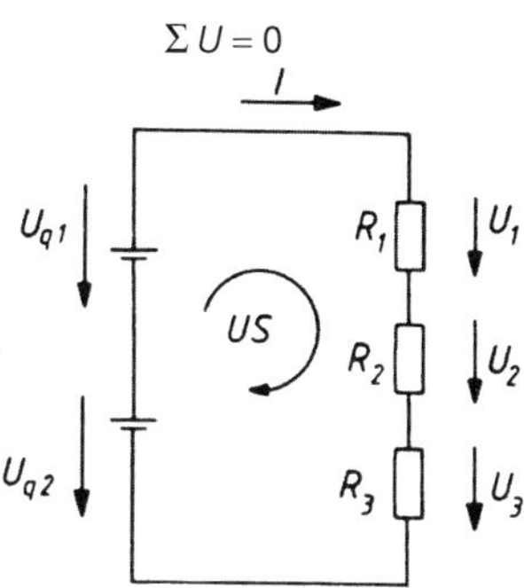

Umlaufsinn ↻ $+U_1 + U_2 + U_3 - U_{q2} - U_{q1} = 0$

$\Sigma U - \Sigma U_q = 0$

Umlaufsinn ↺ $+U_{q1} + U_{q2} - U_3 - U_2 - U_1 = 0$

$\Sigma U_q - \Sigma U = 0$

5.2.3 Ersatzschaltungen des Generators

Schaltplan

Ersatz-Spannungsquelle

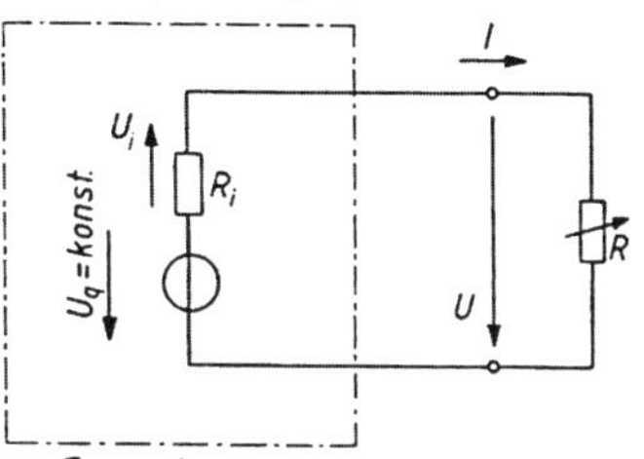

Die konstante Quellenspannung U_q ist die Ursache des Stromes I in den Widerständen $R_i + R$.

Ersatz-Stromquelle

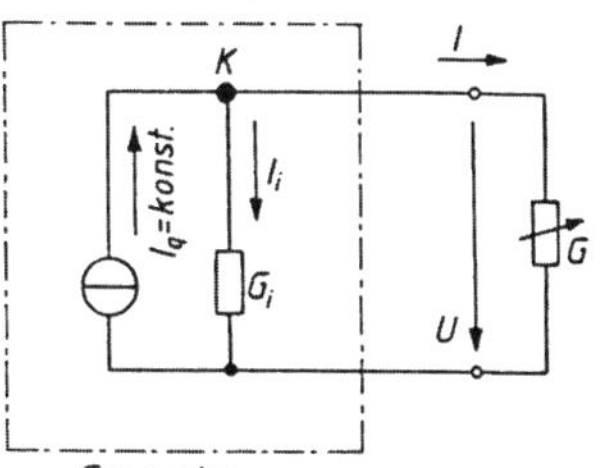

Der konstante Quellenstrom I_q ist die Ursache der Verbraucherspannung U an den Leitwerten $G_i + G$.

Kirchhoff'scher Satz

Maschen-Satz

$U_q - U_i - U = 0$

$U_q - I R_i - I R = 0$

$U_q - I(R_i + R) = 0$

Knotenpunkt-Satz (Schaltungspunkt K)

$I_q - I_i - I = 0$

$I_q - U G_i - U G = 0$

$I_q - U(G_i + G) = 0$

Spannung und Stromstärke bei Belastung der Quelle

Belastung $0 < R < \infty$

$$I = \frac{U_q}{R_i + R} = \frac{U_q}{\frac{U_q}{I_k} + R}$$

$$U = I R = U_q \frac{R}{R_i + R} = U_q \frac{R}{\frac{U_q}{I_k} + R}$$

$$U_i = I R_i$$

Belastung $0 < G < \infty$

$$U = \frac{I_q}{G_i + G} = \frac{I_q}{\frac{I_q}{U_0} + G}$$

$$I = U G = I_q \frac{G}{G_i + G} = I_q \frac{G}{\frac{I_q}{U_0} + G}$$

$$I_i = U G_i$$

Spannung und Stromstärke bei Leerlauf und Kurzschluss der Quelle

Leerlauf

$R = \infty$
$I = 0$
$U = U_q$
$U_i = 0$

Kurzschluss

$R = 0$
$U = 0$
$I = \frac{U_q}{R_i} = I_k$
$U_i = U_q$

Kurzschluss

$G = \infty$
$U = 0$
$I = I_q$
$I_i = 0$

Leerlauf

$G = 0$
$I = 0$
$U = \frac{I_q}{G_i} = U_0$
$I_i = I_q$

5.2.4 Schaltungen von Widerständen und Quellen

5.2.4.1 Parallelschaltung von Widerständen

Schaltplan

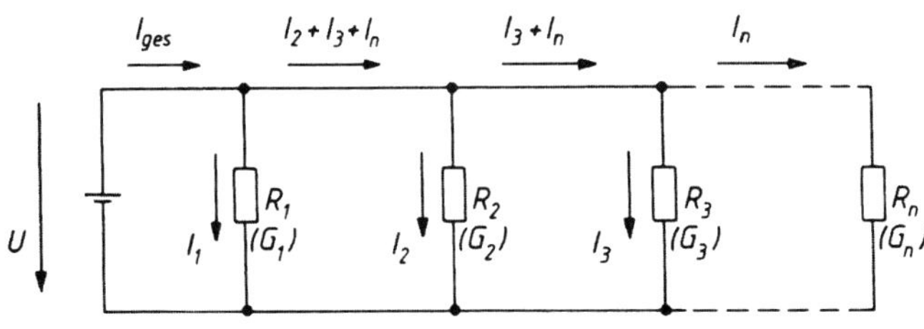

Spannungen

Die Spannung ist an allen Verbraucherwiderständen gleich groß.

$U = I_{ges} R_{ges} = I_1 R_1 = I_2 R_2 = I_3 R_3 = I_n R_n$

$U = I_{ges} / G_{ges} = I_1 / G_1 = I_2 / G_2 = I_3 / G_3 = I_n / G_n$

Ströme

Der Gesamtstrom ist gleich der Summe aller Teilströme.

$I_{ges} = I_1 + I_2 + I_3 + \ldots + I_n$

Die Teilströme verhalten sich wie ihre zugehörigen Leitwerte bzw. *umgekehrt* wie die zugehörigen Widerstände.

$I_{ges} : I_1 : I_2 : I_3 : I_n = G_{ges} : G_1 : G_2 : G_3 : G_n$
$= 1/R_{ges} : 1/R_1 : 1/R_2 : 1/R_3 : 1/R_n$

Leitwerte und Widerstände

Der Gesamtleitwert ist gleich der Summe der Einzelleitwerte.

$$G_{ges} = G_1 + G_2 + G_3 \dots + G_n = 1/R_1 + 1/R_2 + 1/R_3 + \dots + 1/R_n$$

$$R_{ges} = \frac{1}{G_{ges}}$$

Gesamtwiderstand R_{ges} bei gleichgroßen Einzelwiderständen R_{einzel}

$$R_{ges} = \frac{R_{einzel}}{n}$$

n Anzahl der parallelgeschalteten Widerstände

Für *zwei* parallelgeschaltete Widerstände gilt:

$$R_{ges} = \frac{R_1 R_2}{R_1 + R_2}$$

$$\frac{I_1}{I_2} = \frac{R_2}{R_1}$$

$$\frac{I_{ges}}{I_1} = \frac{R_1}{R_{ges}}$$

$$\frac{I_{ges}}{I_2} = \frac{R_2}{R_{ges}}$$

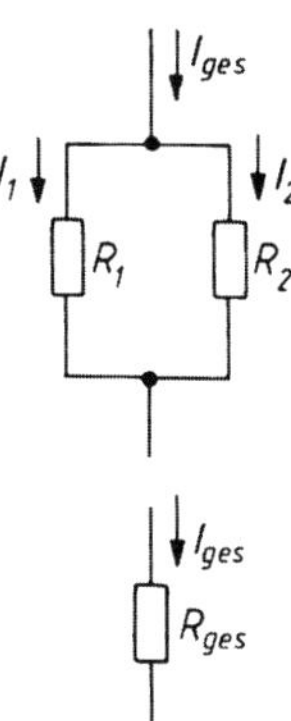

5.2.4.2 Parallelschaltung von Quellen

Quellen mit gleicher Quellenspannung und gleichem Innenwiderstand $R_{i1} = R_{i2} = R_{i3} = \dots R_{in}$

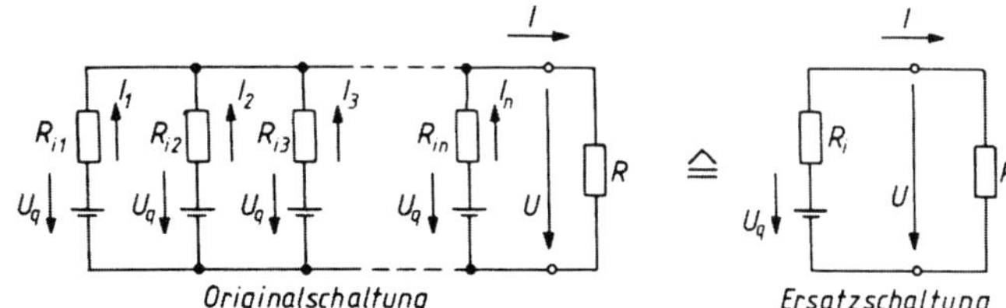

$$I = I_1 + I_2 + I_3 + \dots + I_n$$

$$I_1 = I_2 = I_3 = I_n = \frac{I}{n}$$

n Anzahl der Quellen

Alle Quellen liefern die gleiche Stromstärke!

$$R_i = \frac{R_{i1}}{n} = \frac{R_{i2}}{n} = \frac{R_{i3}}{n} = \dots = \frac{R_{in}}{n}$$

$$I = \frac{U_q}{R_i + R}$$

$$U = IR = U_q - IR_i$$

Quellen mit gleicher Quellenspannung und ungleichen Innenwiderständen $R_{i1} \neq R_{i2}$

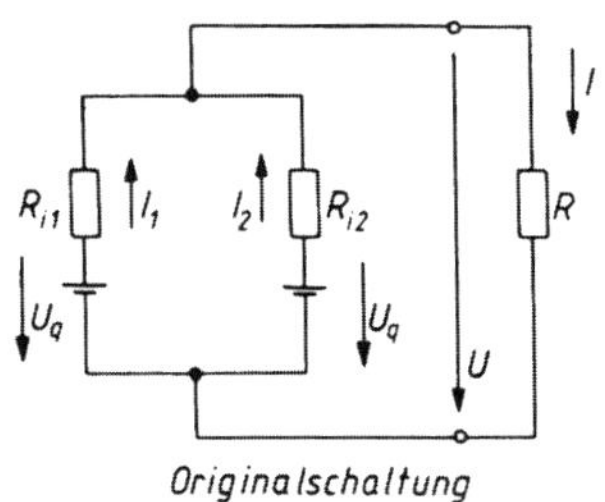

≙

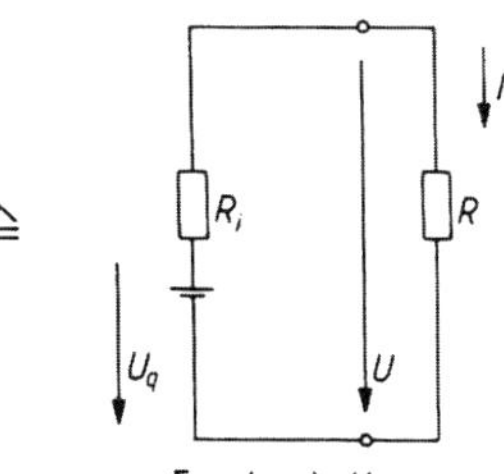

$I = I_1 + I_2$

$I_1 = \dfrac{U_q - U}{R_{i1}}$

$I_2 = \dfrac{U_q - U}{R_{i2}}$

$R_i = \dfrac{R_{i1} R_{i2}}{R_{i1} + R_{i2}}$

$I = \dfrac{U_q}{R_i + R}$

$U = I R = U_q - I R_i$

Die Quelle mit dem kleineren Innenwiderstand liefert die größere Stromstärke

5.2.4.3 Reihenschaltung von Widerständen

Spannungen

Die Gesamtspannung ist gleich der Summe aller Teilspannungen.

$U_{ges} = U_1 + U_2 + U_3 + \ldots + U_n$

Die Teilspannungen verhalten sich wie ihre zugehörigen Widerstände.

$U_{ges} : U_1 : U_2 : U_3 : U_n = R_{ges} : R_1 : R_2 : R_3 : R_n$

Strom

Die Stromstärke ist in allen Verbraucherwiderständen gleich groß.

$I = U_1 / R_1 = U_2 / R_2 = U_3 / R_3 = U_n / R_n = U_{ges} / R_{ges}$

Widerstand

Der Gesamtwiderstand ist gleich der Summe der Einzelwiderstände.

$R_{ges} = R_1 + R_2 + R_3 + \ldots + R_n$

Gesamtwiderstand R_{ges} bei gleichgroßen Einzelwiderständen R_{einzel}

$R_{ges} = n\, R_{einzel}$

n Anzahl der in Reihe geschalteten Widerstände

5.2.4.4 Reihenschaltung von Quellen

Summen-Reihenschaltung

$U_{q\,ges} = U_{q1} + U_{q2}$

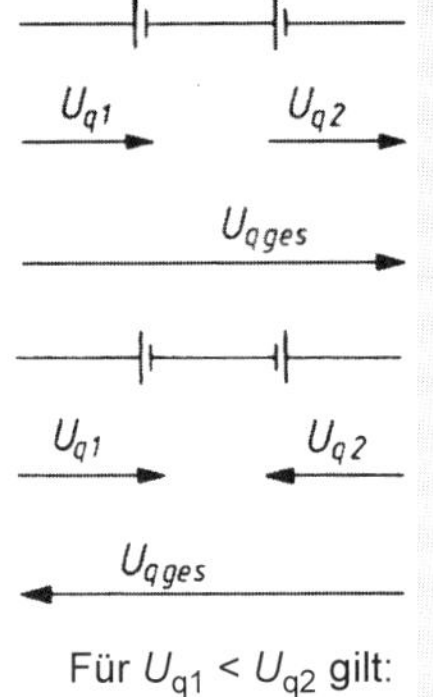

Gegen-Reihenschaltung

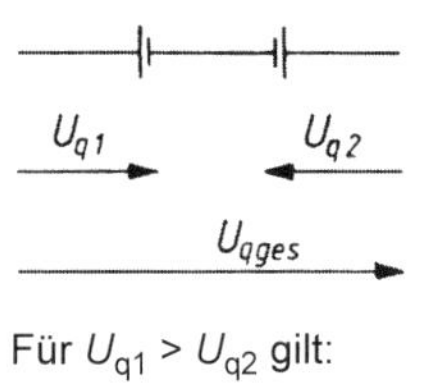

Für $U_{q1} > U_{q2}$ gilt:

$U_{q\,ges} = U_{q1} - U_{q2}$

Für $U_{q1} < U_{q2}$ gilt:

$U_{q\,ges} = U_{q2} - U_{q1}$

5.2.5 Messschaltungen

5.2.5.1 Indirekte Widerstandsbestimmung

Spannungsfehlerschaltung

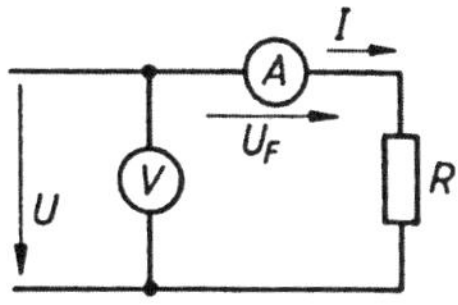

$$R = \frac{U - U_F}{I} = \frac{U - I R_i}{I}$$

R Messwiderstand
R_i Innenwiderstand des Strommessers
U gemessene Spannung
I gemessener Strom
U_F zum Fehler führende Spannung

Geeignet zur Bestimmung großer Widerstände ($R \gg R_i$)

Stromfehlerschaltung

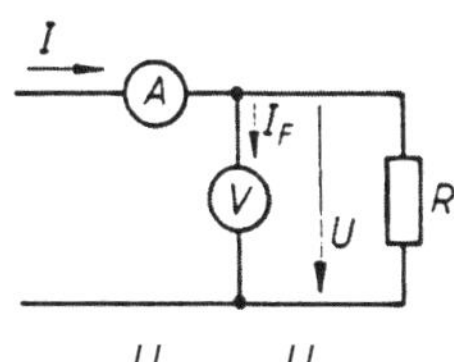

$$R = \frac{U}{I - I_F} = \frac{U}{I - \frac{U}{R_i}}$$

R Messwiderstand
R_i Innenwiderstand des Spannungsmessers
U gemessene Spannung
I gemessener Strom
I_F zum Fehler führender Strom

Geeignet zur Bestimmung kleiner Widerstände ($R \ll R_i$)

5.2.5.2 Messbereichserweiterung bei Spannungs- und Strommessern

Vorwiderstand bei Spannungsmessern

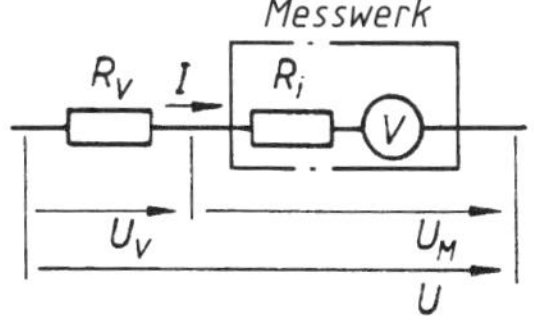

$$R_V = \frac{U_V}{I} = \frac{U - U_M}{I}$$

$$R_V = (n-1) R_i \qquad n = \frac{U}{U_M}$$

R_V Vorwiderstand
R_i Innenwiderstand des Messgerätes
I Strom
U zu messende Spannung
U_V Spannung am Vorwiderstand
U_M Spannung am Messwerk des Messgerätes
n Faktor der Messbereichserweiterung

Parallelwiderstand bei Strommessern

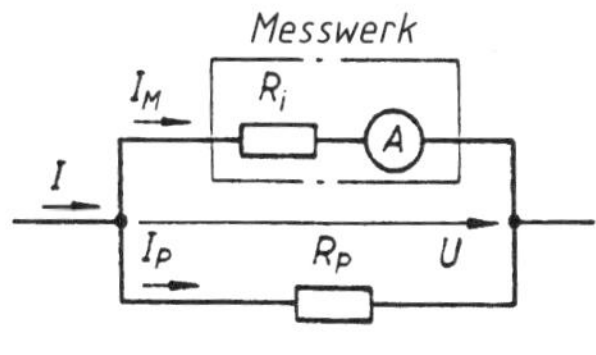

$$R_P = \frac{U}{I_P} = \frac{I_M R_i}{I - I_M}$$

$$R_P = \frac{R_i}{n-1} \qquad n = \frac{I}{I_M}$$

R_P Parallelwiderstand
R_i Innenwiderstand des Messgerätes
U Spannung
I zu messender Strom
I_P Strom durch den Parallelwiderstand
I_M Strom durch das Messwerk des Messgerätes
n Faktor der Messbereichserweiterung

5.2.6 Spannungsteiler

Unbelasteter Spannungsteiler

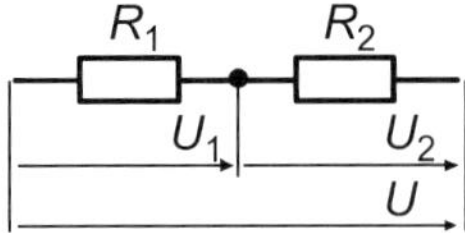

$$\frac{U_1}{R_1} = \frac{U_2}{R_2} \qquad U_2 = U\frac{R_2}{R_1 + R_2}$$

Belasteter Spannungsteiler

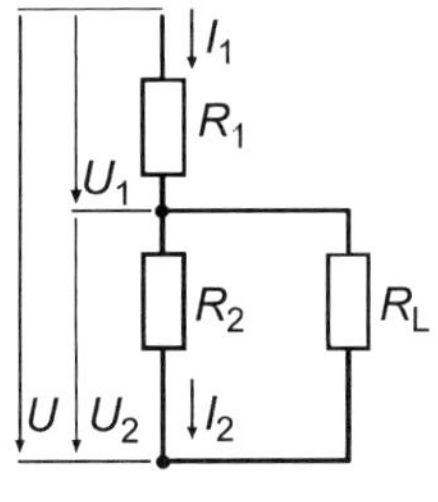

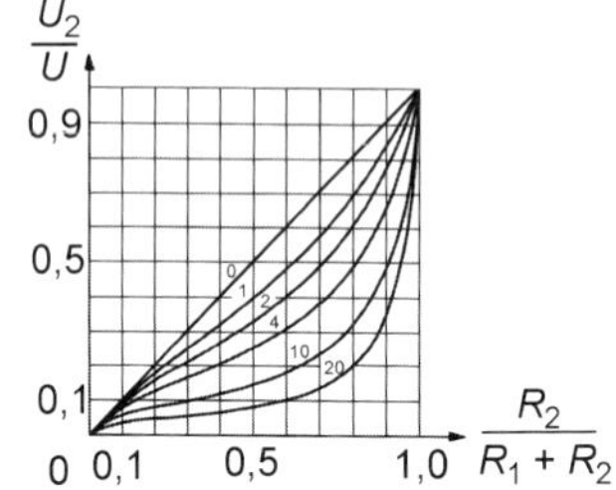

$$U_2 = U\frac{R_2 R_L}{R_1(R_2 + R_L) + R_2 R_L}$$

Parameter: $\frac{R_1 + R_2}{R_L}$

Parameter 0 bedeutet:
$R_L = \infty$ (Leerlauf)

Beispiel Parameter 1:
$R_L = R_1 + R_2$

5.2.7 Brückenschaltung

Abgeglichene Brücke
$U_5 = 0$
$I_5 = 0$

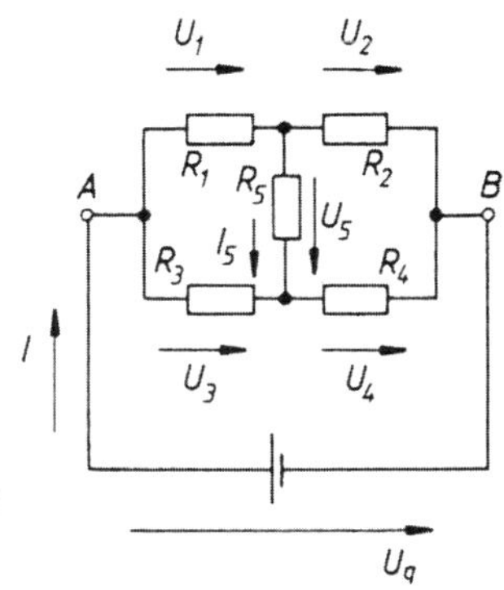

Spannung

$U_1 = U_3$

$U_2 = U_4$

$U_q = U_1 + U_2 = U_3 + U_4$

Speisestrom

$$I = \frac{U_q}{\dfrac{(R_1 + R_2)(R_3 + R_4)}{R_1 + R_2 + R_3 + R_4}}$$

Widerstand

$$\frac{R_1}{R_2} = \frac{R_3}{R_4} \quad \text{(Abgleichbedingung)}$$

$$R_{AB} = \frac{(R_1 + R_2)(R_3 + R_4)}{R_1 + R_2 + R_3 + R_4}$$

Nichtabgeglichene (verstimmte) Brücke
$U_5 \neq 0$
$I_5 \neq 0$

Brückenspannung U_5

$U_5 = I_5 \cdot R_5$

Brückenstrom I_5

$$I_5 = I\frac{R_2 R_3 - R_1 R_4}{R_5(R_1 + R_2 + R_3 + R_4) + (R_1 + R_3)(R_2 + R_4)}$$

$$I_5 = U_q\frac{R_2 R_3 - R_1 R_4}{R_5(R_1 + R_2)(R_3 + R_4) + R_1 R_2(R_3 + R_4) + R_3 R_4(R_1 + R_2)}$$

Widerstand R_{AB}

$$R_{AB} = \frac{R_1 R_2(R_3 + R_4) + R_3 R_4(R_1 + R_2) + R_5(R_1 + R_2)(R_3 + R_4)}{R_5(R_1 + R_2 + R_3 + R_4) + (R_1 + R_3)(R_2 + R_4)}$$

5.3 Elektrisches Feld und Kapazität

5.3.1 Größen des homogenen elektrostatischen Feldes

Einheiten

Ψ, Q	I	t	U	E	F	C	A	l	D	ε_0, ε	ε_r	W_E	w_E	V
As = C	A	s	V	$\frac{V}{m}$	N	$\frac{As}{V} = F$	m^2	m	$\frac{As}{m^2}$	$\frac{As}{Vm} = \frac{F}{m}$	1	Ws = Nm	$\frac{Ws}{m^3}$	m^3

$$1 \text{ Farad (F)} = \frac{1 \text{ Coulomb}}{1 \text{ Volt}} = 1\frac{As}{V}$$

1 Coulomb (C) = 1 Amperesekunde (As)

Elektrischer Fluss, elektrische Feldstärke, Kapazität

$$\Psi = Q = It$$

$$E = \frac{U}{l} = \frac{F_q}{Q_p}$$

$$C = \frac{A}{l}\varepsilon = \frac{Q}{U}$$

$$D = \frac{\Psi}{A} = \frac{Q}{A} = \varepsilon E$$

$$\varepsilon = \varepsilon_r \cdot \varepsilon_0$$

$$\varepsilon_0 = \frac{1}{\mu_0 c_0^2} = 8{,}85419 \cdot 10^{-12} \frac{As}{Vm}$$

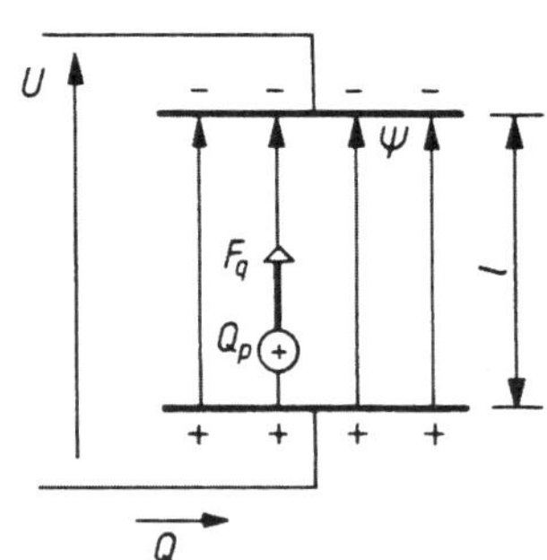

Ψ	elektrischer Fluss	l	Feldlinienlänge, Plattenabstand
U	elektrische Spannung	A	Feldraumquerschnitt ($\Psi \perp A$)
E	elektrische Feldstärke	C	Kapazität des Kondensators

Q verschobene elektrische Ladung, gespeicherte Elektrizitätsmenge des Kondensators
Q_p elektrische Ladung einer Probeladung
F_q Kraftwirkung auf eine Probeladung
D elektrische Flussdichte, elektrische Verschiebung, elektrische Verschiebungsdichte
ε_r Dielektrizitätszahl, Permittivitätszahl (bei linearen Dielektrika)
ε Dielektrizitätskonstante, Permittivität (bei linearen Dielektrika)
ε_0 elektrische Feldkonstante
c_0 Wellengeschwindigkeit im Vakuum

Bei Ferroelektrika (nichtlineare Dielektrika) ist der Zusammenhang zwischen der elektrischen Flussdichte D und der elektrischen Feldstärke E nicht linear.

Energie, Energiedichte

$$W_E = \frac{1}{2}CU^2 = \frac{1}{2}QU = \frac{1}{2}\frac{Q^2}{C}$$

$$w_E = \frac{1}{2}ED = \frac{1}{2}\varepsilon E^2 = \frac{1}{2}\frac{D^2}{\varepsilon}$$

$$W_E = w_E V$$

W_E elektrische Feldenergie, Energieinhalt
w_E elektrische Energiedichte
V Feldvolumen

Kraftwirkung

zwischen zwei parallelen Kondensatorplatten

$$F = \frac{1}{2\varepsilon} A D^2 = \frac{\varepsilon}{2} A E^2 = \frac{Q^2}{2\varepsilon A}$$

$$F = w_E A$$

zwischen zwei punktförmigen Kugelladungen

$$F = \frac{1}{4\pi\varepsilon} \frac{Q_1 Q_2}{l^2} \quad \text{(Coulomb'sches Gesetz)}$$

l Abstand der Kugelladungen

Ungleichnamige Ladungen ziehen sich an, gleichnamige Ladungen stoßen sich ab.

5.3.2 Kapazität von Leitern und Kondensatoren

Dielektrizitätskonstante

$$\varepsilon = \varepsilon_r \, \varepsilon_0$$

$$\varepsilon_0 = 8{,}85419 \cdot 10^{-12} \, \frac{\text{As}}{\text{Vm}}$$

ε Dielektrizitätskonstante
ε_0 elektrische Feldkonstante
ε_r Dielektrizitätszahl

Langer zylindrischer Einzelleiter gegen Erde

$$C = \frac{2\pi\varepsilon l}{\ln\left[\frac{h}{r} + \sqrt{\left(\frac{h}{r}\right)^2 - 1}\right]}$$

l Leiterlänge

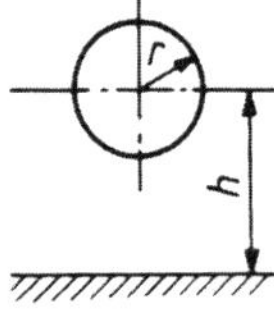

$$C \approx \frac{2\pi\varepsilon l}{\ln \frac{2h}{r}}$$

Näherung für $h \gg r$

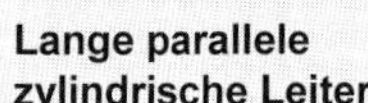
Lange parallele zylindrische Leiter

$$C = \frac{\pi\varepsilon l}{\ln\left[\frac{a}{2r} + \sqrt{\left(\frac{a}{2r}\right)^2 - 1}\right]}$$

l Leiterlänge

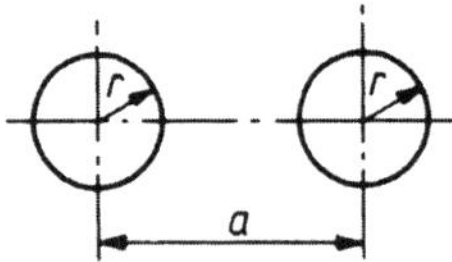

$$C \approx \frac{\pi\varepsilon l}{\ln \frac{a}{r}}$$

Näherung für $a \gg r$

Langer koaxialer Leiter

$$C \approx \frac{2\pi\varepsilon l}{\ln \frac{r_1}{r}}$$

l Leiterlänge

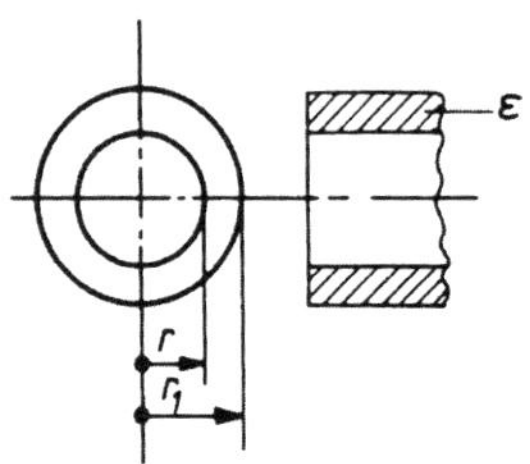

Langer koaxialer Leiter mit geschichtetem Dielektrikum

$$C = \frac{2\pi l}{\ln\left[\left(\frac{r_1}{r}\right)^{1/\varepsilon_1} \left(\frac{r_2}{r_1}\right)^{1/\varepsilon_2} \left(\frac{r_3}{r_2}\right)^{1/\varepsilon_3}\right]}$$

$$\varepsilon_1 = \varepsilon_{r1} \, \varepsilon_0 \qquad \varepsilon_2 = \varepsilon_{r2} \, \varepsilon_0$$

l Leiterlänge

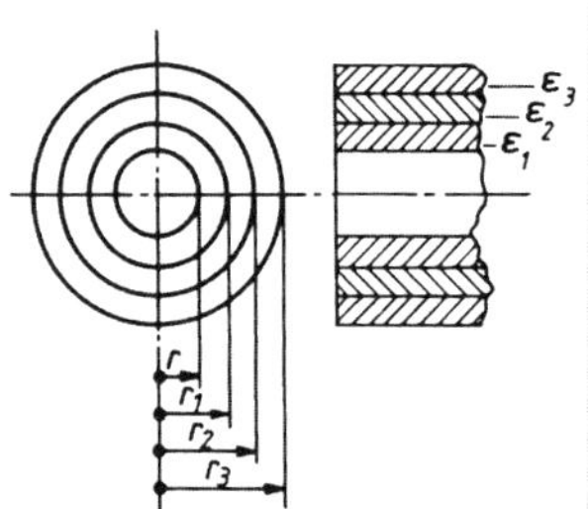

Plattenkondensator

$$C = \frac{\varepsilon A}{l} = \frac{Q}{U}$$

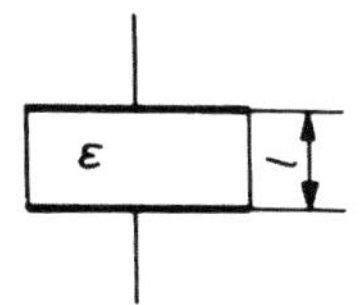

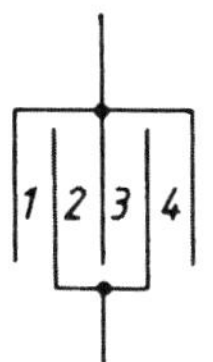

A Feldraumquerschnitt, Plattenfläche
l Plattenabstand
Q Ladung
U Spannung

C	Q	U
F	As	V

Plattenkondensator mit geschichtetem Dielektrikum

$$C = \frac{A\varepsilon_0}{\dfrac{l_1}{\varepsilon_{r1}} + \dfrac{l_2}{\varepsilon_{r2}} + \ldots}$$

A Feldraumquerschnitt

Bei mehr als 2 Dielektrika ist im Nenner zu addieren l_3/ε_{r3} usw.

Kugelanordnungen

Kugelelektrode

$C = 4\pi\varepsilon r$

Kugelkondensator

$$C = \frac{4\pi r r_1}{r_1 - r}$$

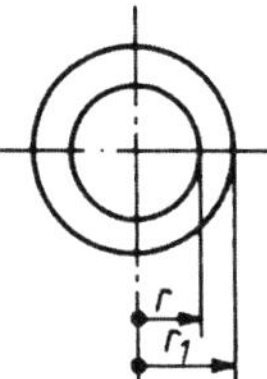

5.3.3 Schaltungen von Kondensatoren

Parallelschaltung

$Q_{ges} = Q_1 + Q_2 + \ldots + Q_n = C_{ges}U$
$C_{ges} = C_1 + C_2 + \ldots + C_n$

C_{ges} Gesamtkapazität, Ersatzkapazität

Für *n* Kondensatoren mit gleicher Kapazität *C* gilt $C_{ges} = n\,C$

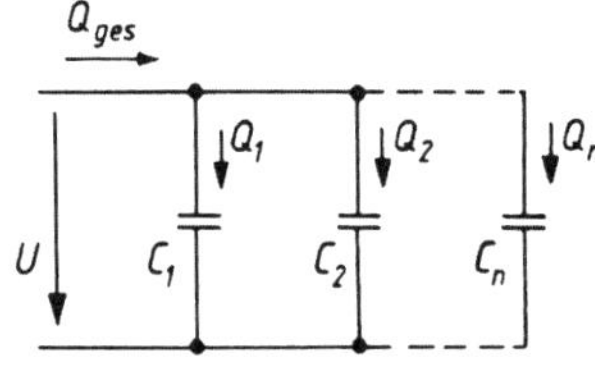

Reihenschaltung

$Q = Q_1 = Q_2 = Q_n = C_{ges}\,U$

$$U = U_1 + U_2 + \ldots + U_n = \frac{Q}{C_{ges}} = \frac{Q}{C_1} + \frac{Q}{C_2} + \ldots + \frac{Q}{C_n}$$

$$U : U_1 : U_2 : U_n = \frac{1}{C_{ges}} : \frac{1}{C_1} : \frac{1}{C_2} : \frac{1}{C_n}$$

$$\frac{1}{C_{ges}} = \frac{1}{C_1} + \frac{1}{C_2} + \ldots + \frac{1}{C_n}$$

Für *n* Kondensatoren mit gleicher Kapazität *C* gilt $C_{ges} = \dfrac{C}{n}$

Für zwei in Reihe geschaltete Kondensatoren gilt

$$C_{ges} = \frac{C_1 C_2}{C_1 + C_2} \qquad C_1 = \frac{C_2 C_{ges}}{C_2 - C_{ges}} \qquad C_2 = \frac{C_1 C_{ges}}{C_1 - C_{ges}}$$

5.4 Magnetisches Feld und Induktivität

5.4.1 Größen des homogenen magnetischen Feldes

Einheiten

Φ, Ψ	V, Θ	R_m	H	l	N	I	B	A	μ_r	μ_0, μ	L, Λ	W_M	w_M
Vs = Wb	A	$\frac{A}{Vs} = \frac{1}{H}$	$\frac{A}{m}$	m	1	A	$\frac{Vs}{m^2} = T$	m^2	1	$\frac{Vs}{Am} = \frac{H}{m}$	$H = \frac{Vs}{A}$	Ws	$\frac{Ws}{m^3}$

„Ohm'sches Gesetz" des Magnetkreises

$$\Phi = \frac{\Theta}{R_m} = \frac{V}{R_m}$$

$\Theta = N I$ elektrische Durchflutung
$V = H l$ magnetische Spannung
$H = \frac{V}{l}$ magnetische Feldstärke/Erregung
l Länge des zu magnetisierenden Raumes
Φ magnetischer Fluss
R_m magnetischer Widerstand, Reluktanz
N Windungszahl der Erregerwicklung
I Stromstärke in der Erregerwicklung

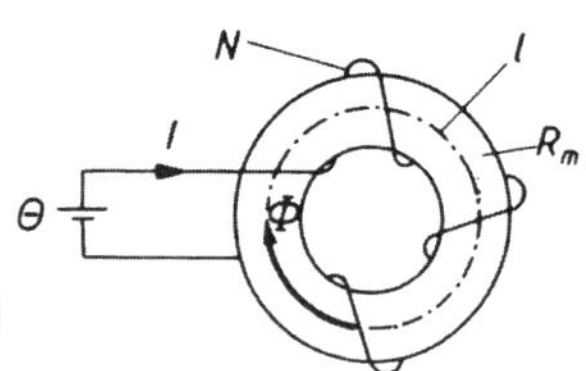

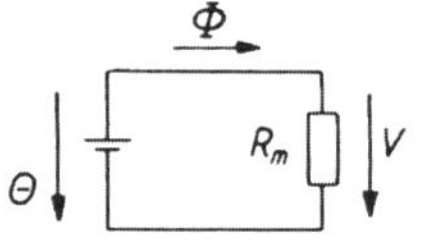

Formale Analogie mit einem el. Stromkreis

Magnetischer Widerstand, magnetischer Leitwert, Permeabilität

$$R_m = \frac{l}{\mu_r \mu_0 A} = \frac{l}{\mu A}$$

$$R_{m\,ges} = R_{m1} + R_{m2} + \ldots$$

(bei Reihenschaltung von magnetischen Widerständen)

$$\frac{1}{R_m} = \Lambda = \frac{A}{l} \mu_r \mu_0$$

$$\mu = \mu_r \mu_0 = \frac{B}{H}$$

$$\mu_0 = 4\pi 10^{-7} \frac{Vs}{Am} \approx 1{,}25 \cdot 10^{-6} \frac{Vs}{Am}$$

Stoff	μ_r
ferromagnetisch	$\gg 1$ $\neq$ konst.
paramagnetisch	> 1 = konst.
diamagnetisch	< 1 = konst.

R_m magnetischer Widerstand, Reluktanz
l Länge des zu magnetisierenden Raumes
A Feldraumquerschnitt
Λ magnetischer Leitwert, Permeanz
B Flussdichte, Induktion
H magnetische Feldstärke, magnetische Erregung
μ_r Permeabilitätszahl, relative Permeabilität
μ_0 magnetische Feldkonstante, Induktionskonstante, Permeabilität des Vakuums
μ Permeabilität

Die relative Permeabilität μ_r ist für Luft und alle para- und diamagnetischen Stoffe annähernd 1. Bei ferromagnetischen Stoffen (Eisen, Nickel, Chrom, Ferrite) ist $\mu_r \gg 1$, aber von der Flussdichte B abhängig, die den Kern durchsetzt.

Magnetische Flussdichte (Induktion)

$$B = \frac{\Phi}{A} \qquad (\Phi \perp A)$$

$$B = \mu_r \, \mu_0 \, H$$

B magnetische Flussdichte, Induktion, Feldliniendichte
Φ magnetischer Fluss
A magnetischer Feldraumquerschnitt

Induktivität

$$L = N^2 \Lambda = \frac{N \Phi}{I} = \frac{\Psi}{I}$$

$$\Psi = N \, \Phi$$

$$L = N^2 \, A_L$$

Der A_L-Wert ist die auf die Windungszahl $N = 1$ bezogene Induktivität L und wird in der Einheit $\text{nH} = 10^{-9}$ H angegeben.

L Induktivität einer Spule, Selbstinduktionskoeffizient
Ψ Induktionsfluss, Flussverkettung
Λ magnetischer Leitwert
N Windungszahl der Spule
Φ Spulenfluss
I Spulenstrom
A_L Induktivitätsfaktor, Kernfaktor, A_L-Wert

Energieinhalt

$$W_M = \frac{1}{2} L I^2$$

W_M magnetische Feldenergie (Energieinhalt) einer erregten Spule
L Induktivität der Spule
I Spulenstrom

Energiedichte

$$w_M = \frac{1}{2} H B = \frac{1}{2\mu} B^2 = \frac{\mu}{2} H^2$$

$$\mu = \mu_r \, \mu_0$$

$$W_M = w_M \, V$$

w_M magnetische Energiedichte in Stoffen konstanter Permeabilität, z. B. Luft
H magnetische Feldstärke
B Flussdichte
μ Permeabilität
W_M magnetische Feldenergie (Energieinhalt) eines Volumens mit konstanter Permeabilität, z. B. Luft
V Feldvolumen in m^3

Durchflutungsgesetz für homogene Felder

$$\Sigma N I = \Sigma H l$$

In der Praxis wird häufig der Einfluss der magnetischen Streuung durch einen Zuschlag von 10 % zur elektrischen Durchflutung berücksichtigt
$\Sigma N I = 1{,}1 \, \Sigma H l$

Für das nebenstehende Magnetgestell mit gleicher Magnetisierungsrichtung der Erregerspulen gilt:

$$N_1 I_1 + N_2 I_2 = H_E l_E + H_0 l_0$$

$$\Theta_1 + \Theta_2 = V_E + V_0$$

(Bei mehreren Erregerspulen ist die Magnetisierungsrichtung jeder Spule zu berücksichtigen)

H_E magnetische Feldstärke im Eisen (aus Magnetisierungskurve entnehmen)
H_0 magnetische Feldstärke im Luftspalt (aus $H_0 = B_0 / \mu_0$ berechnen)
l_E mittlere Eisenweglänge
l_0 mittlere Luftspaltlänge

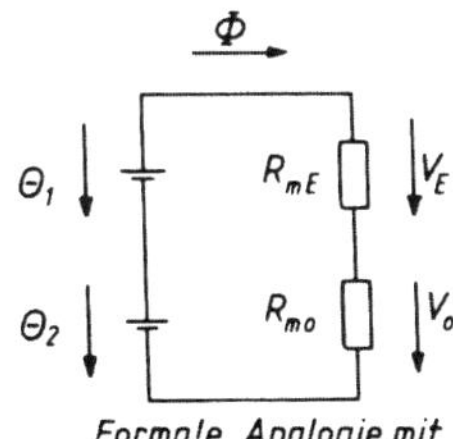

Formale Analogie mit einem el. Stromkreis

Elektrotechnik

Magnetisches Feld und Induktivität

Berechnung magnetischer Feldlinien an einer Grenzfläche zweier Medien

$$H_{t1} = H_{t2} \qquad B_{n1} = B_{n2}$$

$$\frac{B_{t1}}{B_{t2}} = \frac{\mu_{r1}}{\mu_{r2}} = \frac{\tan\alpha_1}{\tan\alpha_2} \qquad \frac{H_{n1}}{H_{n2}} = \frac{\mu_{r2}}{\mu_{r1}}$$

$$\frac{B_2}{B_1} = \sqrt{1 - \frac{\mu_{r1}^2 - \mu_{r2}^2}{\mu_{r1}^2}\sin^2\alpha_1}$$

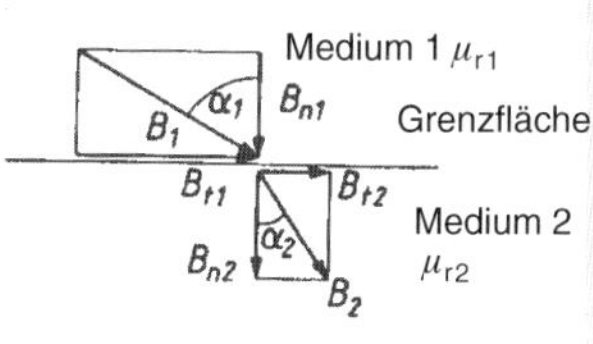

B_1 Flussdichte (Feldlinie) im Medium 1
B_2 Flussdichte (gebrochene Feldlinie) im Medium 2
H_1 Feldstärke im Medium 1
H_2 Feldstärke im Medium 2
B_n, H_n Normalkomponenten
B_t, H_t Tangentialkomponenten
μ_r Permeabilitätszahl, relative Permeabilität

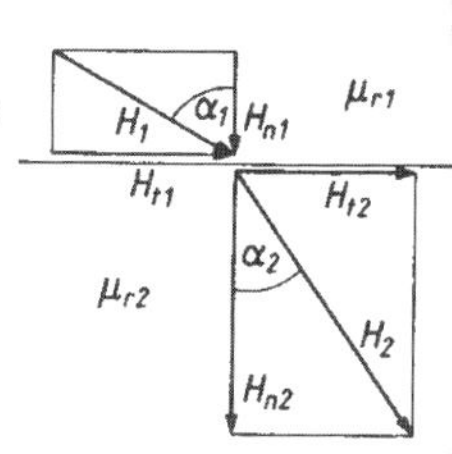

5.4.2 Spannungserzeugung

Einheiten

u, U	i, I	E	Φ	B	L	l	t, T	v	n	f, ω	$N, z, p, ü$	R	A
V	A	$\frac{\text{V}}{\text{m}}$	Vs	$\frac{\text{Vs}}{\text{m}^2}$	$\text{H} = \frac{\text{Vs}}{\text{A}}$	m	s	$\frac{\text{m}}{\text{s}}$	min^{-1}	$\frac{1}{\text{s}}$	1	Ω	m^2

Induktionsgesetz

$$U_0 = \oint \vec{E}\,\vec{dl} = -\frac{d\Phi}{dt}$$

Physikalische Wirkungskette

$$u_q = N\frac{d\Phi}{dt} = \frac{d\Psi}{dt} \qquad U_q = N\frac{\Delta\Phi}{\Delta t}$$

Ersatz-Spannungsquelle für den Induktionsvorgang

Flusszunahme

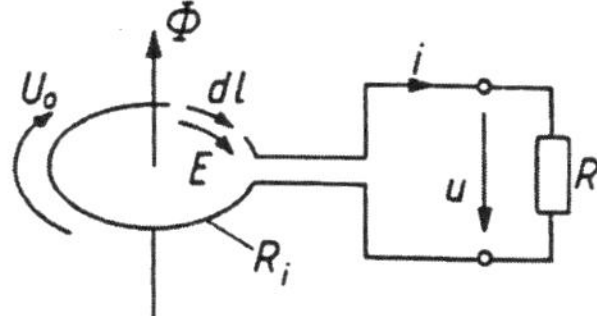

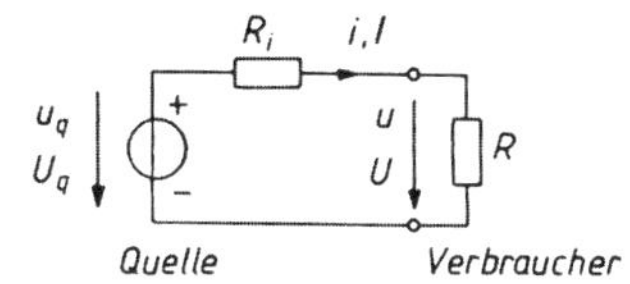

Flussabnahme

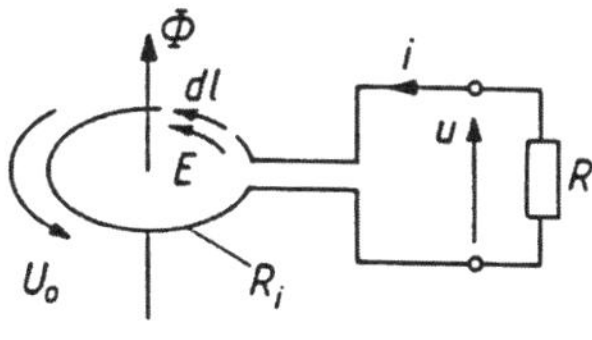

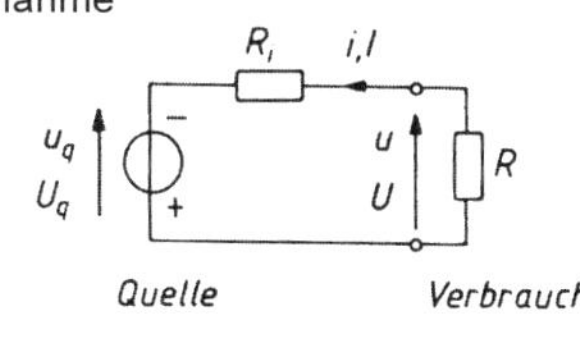

U_0 induzierte elektrische Umlaufspannung mit Richtungszuordnung nach Lenz'scher Regel und Rechtsschraubenregel
E elektrische Feldstärke
l Leiterlänge
u_q, U_q induzierte Quellenspannung mit Richtungszuordnung nach Verbraucher-Zählpfeil-System (VZS)
N Windungszahl

Φ zeitlich sich ändernder magnetischer Fluss in der Leiterschleife
$\frac{d\Phi}{dt}$; $\frac{\Delta\Phi}{\Delta t}$ Flussänderungsgeschwindigkeit in der Leiterschleife
$\Delta\Phi = \Phi_{Ende} - \Phi_{Anfang}$
u, U Klemmenspannung der Quelle
i, I induzierter Strom
R_i Innenwiderstand der Quelle

Selbstinduktionsspannung in einer Spule

$$u_L = L\frac{di}{dt} \qquad L = \text{konstant}$$

$$u_L = L\frac{\Delta I}{\Delta t}$$

u_L Selbstinduktionsspannung
L Induktivität der Spule

$\frac{di}{dt}$; $\frac{\Delta I}{\Delta t}$ Stromänderungsgeschwindigkeit

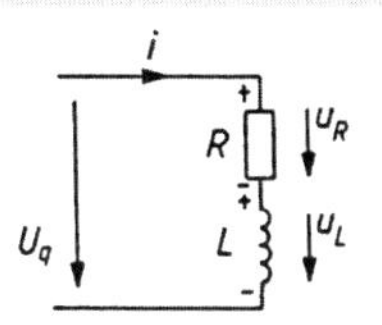

Stromanstieg $\left(+\frac{di}{dt}\right)$ Stromrückgang $\left(-\frac{di}{dt}\right)$

Geradlinige Bewegung eines Leiters im magnetischen Feld

$$u_q = B\,l\,v\,z \qquad (v \perp B)$$

u_q indizierte Quellenspannung
B Flussdichte
l wirksame Länge eines Leiterstabes
v Relativgeschwindigkeit zwischen Leiter und magnetischem Feld, wirksame Geschwindigkeitskomponente bei nicht rechtwinkliger „Schnittgeschwindigkeit"
z Anzahl der Leiterstäbe (hier: $z = 1$)

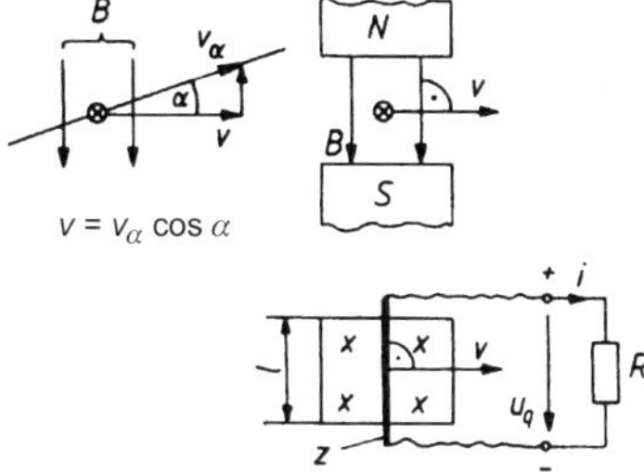

Drehbewegung eines Leiters im magnetischen Feld

$$\Phi_t = \hat{\Phi}\sin(\omega t) \qquad v_y = v_u\cos(\omega t)$$

$$u_q = \hat{u}_q\cos(\omega t) = B\,l\,v_y\,z \qquad z = 2\,N$$

$$\hat{u}_q = N\,\omega\,\hat{\Phi} \qquad \omega = 2\,\pi\,f$$

$$f = \frac{1}{T} \qquad n = \frac{f}{p}$$

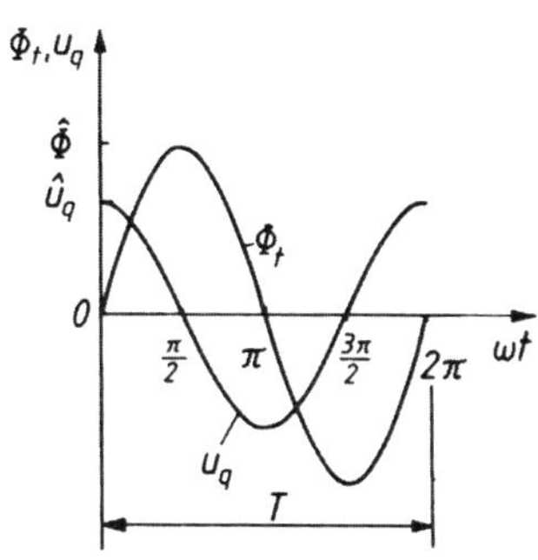

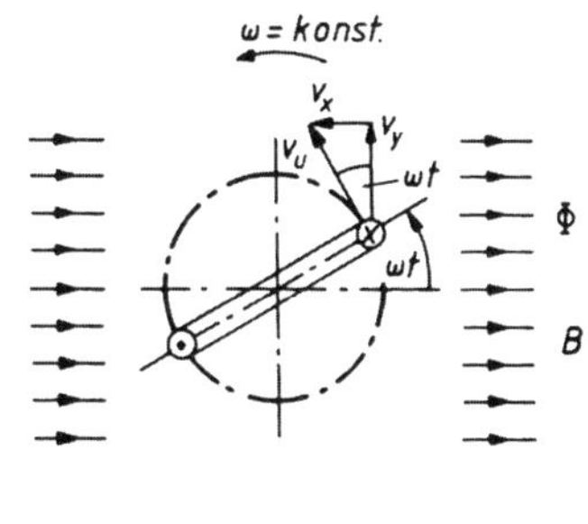

Φ_t zeitlich sich ändernder Spulenfluss
$\hat{\Phi}$ Scheitelwert des Spulenflusses
u_q induzierte Quellenspannung
$\hat{u}_q$ Scheitelwert der induzierten Quellenspannung
B homogene Flussdichte
l wirksame Leiterlänge
z Anzahl der Leiterstäbe
N Windungszahl
ω Kreisfrequenz
f Frequenz
T Periodendauer
p Polpaarzahl
n Drehzahl
v_u Umfangsgeschwindigkeit
v_y „Schnittgeschwindigkeit" der Leiterstäbe

5.4.3 Kraftwirkung

Einheiten

F	w_M, σ	H_0	B_0	A	μ_0	l, r	I
N	$\frac{\text{Ws}}{\text{m}^3} = \frac{\text{Ws}}{\text{m}} \cdot \frac{1}{\text{m}^2} = \frac{\text{N}}{\text{m}^2}$	$\frac{\text{A}}{\text{m}}$	$\frac{\text{Vs}}{\text{m}^2}$	m^2	$1{,}25 \cdot 10\text{-}6 \frac{\text{Vs}}{\text{Am}}$	m	A

Kraftwirkung zwischen Magnetpolen

$$F = \frac{1}{2\mu_0} A B_0^2 = \frac{H_0 B_0}{2} A = w_M A$$

$$\sigma = \frac{F}{A} = \frac{B_0^2}{2\mu_0} \square\ w_M$$

F Kraftwirkung zwischen ebenen parallelen Magnetpolen
μ_0 magnetische Feldkonstante, Induktionskonstante
A Querschnitt des Magnetpoles
B_0 Flussdichte im Luftspalt, Luftspaltinduktion
H_0 magnetische Feldstärke im Luftspalt
σ auf die Polfläche bezogene Zugkraft
w_M magnetische Energiedichte im Luftspalt
a Luftspaltlänge

$$1\frac{\text{MN}}{\text{m}^2} = 0{,}1\frac{\text{kN}}{\text{cm}^2} = 1\frac{\text{N}}{\text{mm}^2}$$

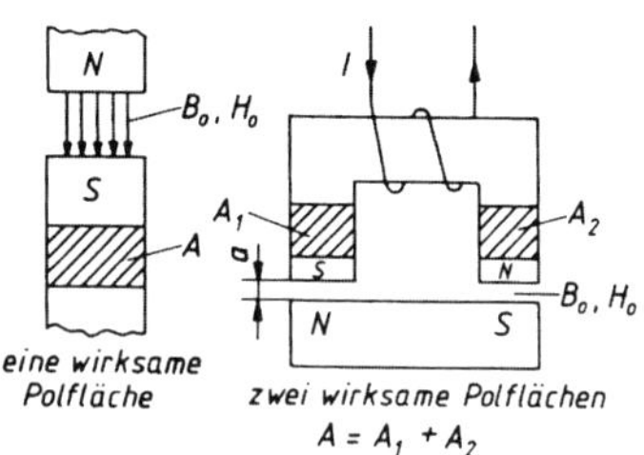

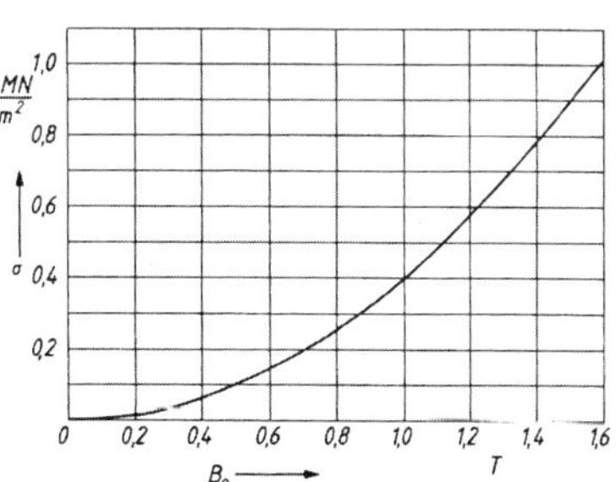

Kraftwirkung auf stromdurchflossenen Leiter im homogenen Magnetfeld

$$F = B_0\, l\, I\, z \qquad (B_0 \perp l)$$

F Kraftwirkung auf stromdurchflossene Leiter im homogenen Magnetfeld
B_0 Flussdichte im Luftspalt, Luftspaltinduktion
l *wirksame* Länge eines Leiterstabes
I Stromstärke in *einem* Leiterstab
z Anzahl der parallelgeschalteten Leiterstäbe

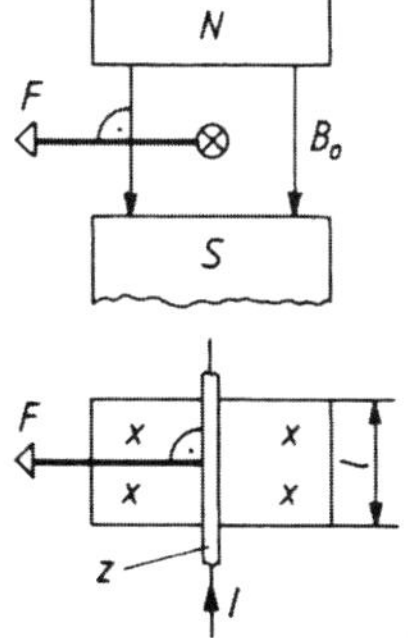

Kraftwirkung zwischen stromdurchflossenen Leitern

$$F = \frac{\mu_0 l}{2\pi r} I_1 I_2$$

F Kraftwirkung auf parallele stromdurchflossene Leiter
μ_0 Feldkonstante
l Länge der parallel liegenden Leiter
r senkrechter Abstand der parallelen Leiter
I_1, I_2 Leiterstrom

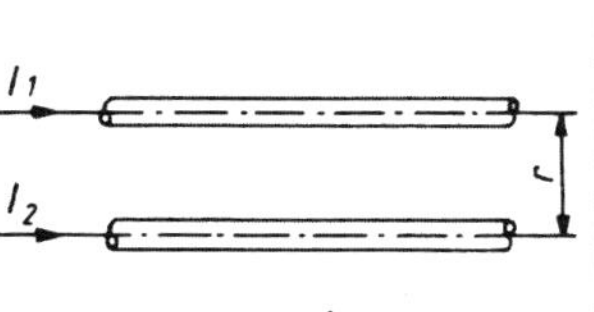

5.4.4 Richtungsregeln

Rechtsschraubenregel

Stromrichtung und Magnetfeldrichtung bilden eine Rechtsschraube

⊗ Strom fließt in den Leiterquerschnitt hinein

⊙ Strom kommt aus dem Leiterquerschnitt heraus

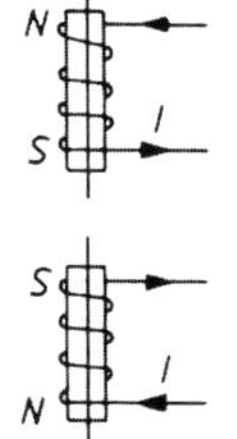

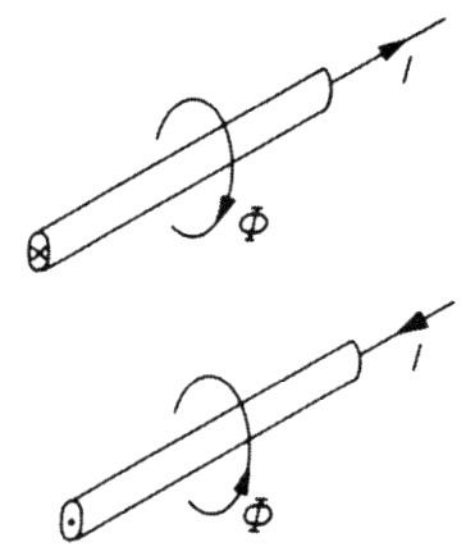

Lenz'sche Regel

Alle induzierten Größen versuchen, ihre Ursache zu behindern

Φ_t eingeprägter zeitlich sich ändernder magnetischer Fluss

Φ_i durch den Strom i induzierter magnetischer Fluss

i induzierter Strom

Leiterschleife

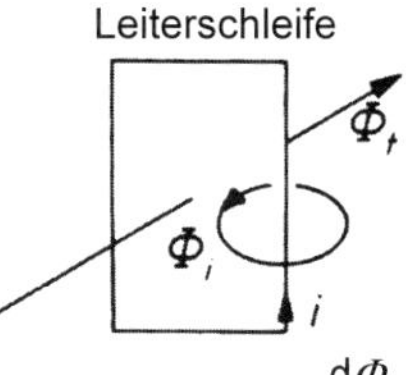

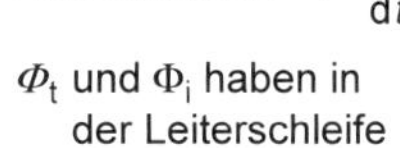

Flusszunahme $+\frac{d\Phi_t}{dt}$

Φ_t und Φ_i haben in der Leiterschleife entgegengesetzte Richtung

Φ_i Gegenfluss

Leiterschleife

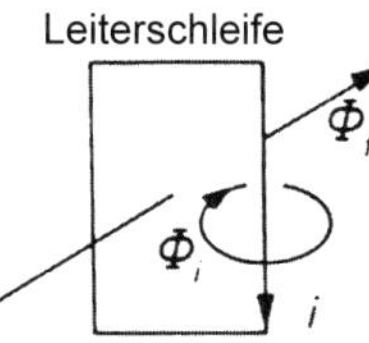

Flussabnahme $-\frac{d\Phi_t}{dt}$

Φ_t und Φ_i haben in der Leiterschleife die gleiche Richtung

Φ_i Mitfluss

Der in der Leiterschleife induzierte Strom ist immer so gerichtet, dass sein Magnetfeld der stromerzeugenden Ursache entgegenwirkt.

Rechtehandregel (Generatorregel)

Ermittlung der Stromrichtung

Rechte Hand so in das magnetische Feld legen, dass die magnetischen Feldlinien in die Innenfläche der Hand eintreten und der abgespreizte Daumen in die Bewegungsrichtung des Leiters zeigt. Die Fingerspitzen geben dann die Stromrichtung im Leiter an.

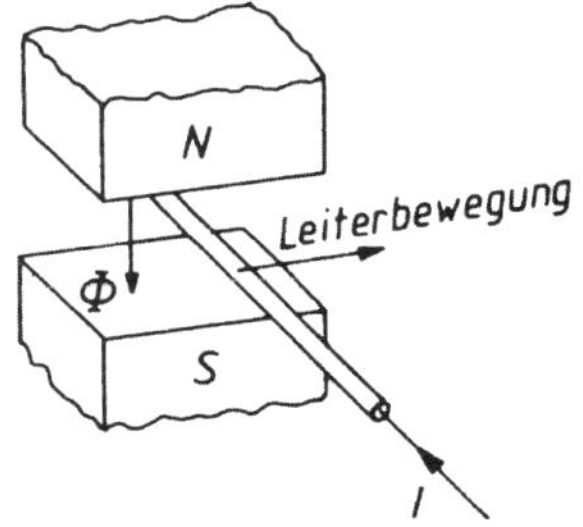

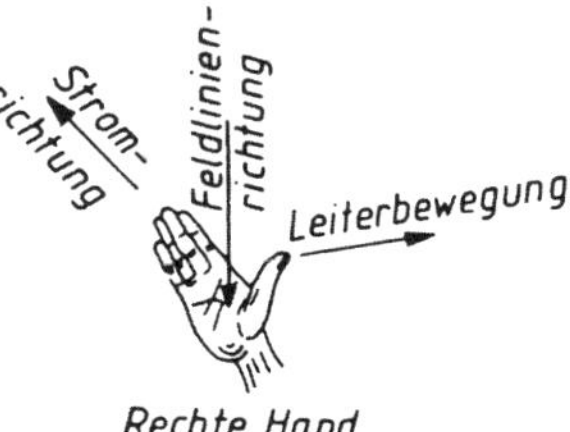

Elektrotechnik

Magnetisches Feld und Induktivität

Linkehandregel (Motorregel)

Ermittlung der Bewegungsrichtung

Linke Hand so in das magnetische Feld legen, dass die magnetischen Feldlinien in die Innenfläche der Hand eintreten und die Fingerspitzen in Stromrichtung zeigen. Der abgespreizte Daumen zeigt dann die Bewegungsrichtung des Leiters an.

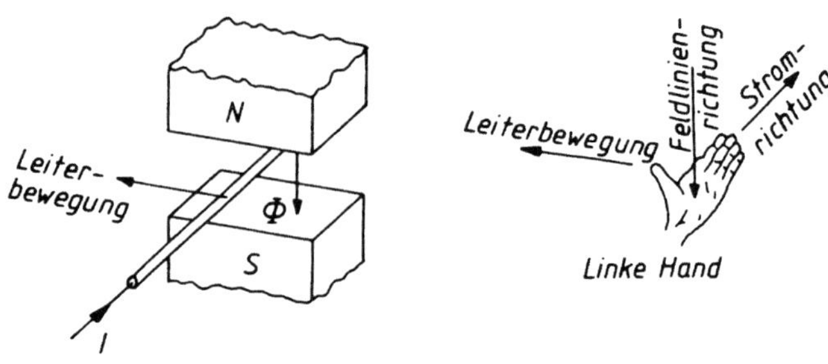

Ballungsregel

Ermittlung der Stromrichtung

Jeder quer zur Feldlinienrichtung bewegte Leiter erzeugt in Bewegungsrichtung vor sich eine Feldlinienballung. Die Stromrichtung im Leiter und seine Magnetfeldrichtung sind durch die Rechtsschraubenregel miteinander verbunden.

Beispiel

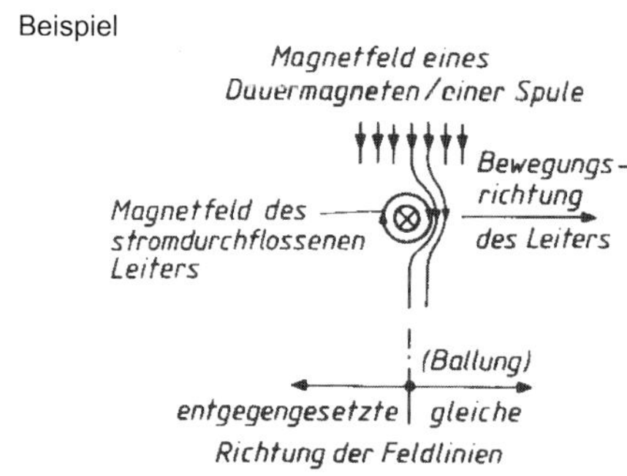

Ermittlung der Bewegungsrichtung

Jeder stromdurchflossene Leiter im Magnetfeld versucht, der Feldlinienballung auszuweichen.

Beispiel

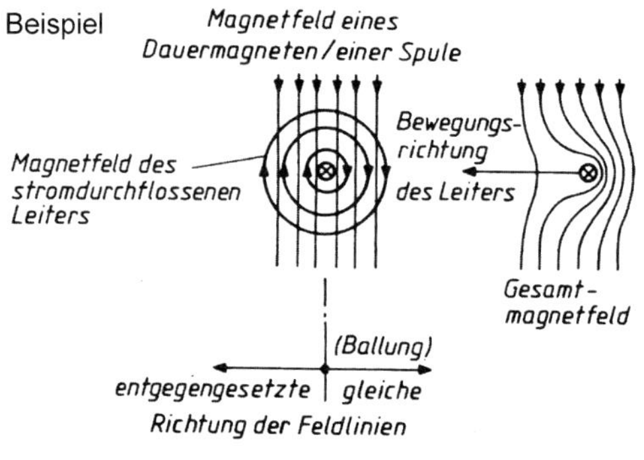

Magnetfeldrichtung

Das Magnetfeld zeigt außerhalb eines Magneten von seinem Nordpol zu seinem Südpol.

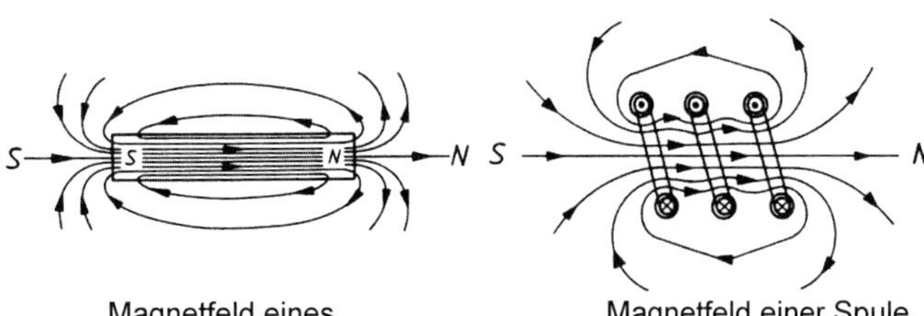

Magnetfeld eines Stabmagneten

Magnetfeld einer Spule mit 3 Windungen

Kraftwirkung zwischen Magnetpolen

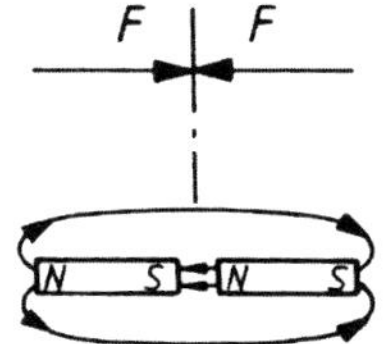

Ungleichnamige Pole ziehen sich an

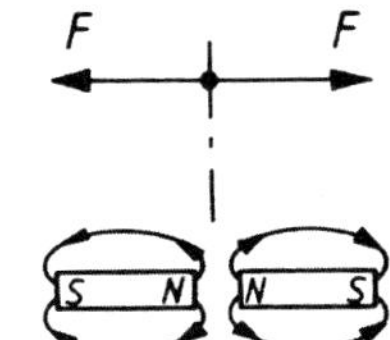

Gleichnamige Pole stoßen sich ab

Kraftwirkung zwischen parallelen stromdurchflossenen Leitern

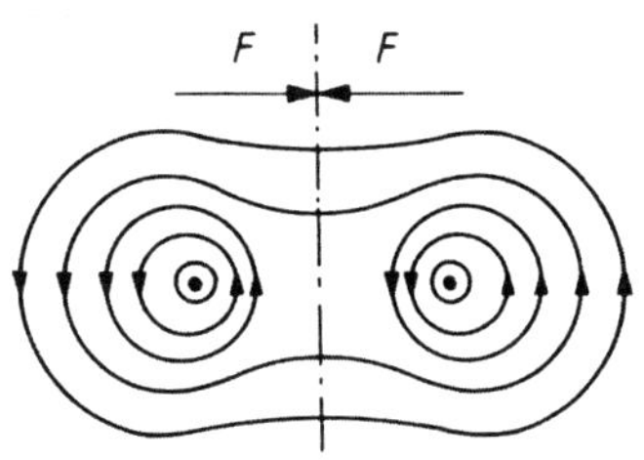

Gleichsinnig vom Strom durchflossene Leiter ziehen sich an

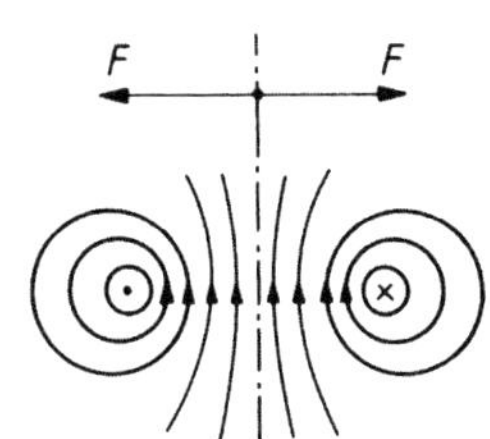

Ungleichsinnig vom Strom durchflossene Leiter stoßen sich ab

5.4.5 Induktivität von parallelen Leitern und Luftspulen

Lange parallele zylindrische Leiter

	Leiter 1	Leiter 2
Innere Induktivität	$L_{i1} = \dfrac{\mu l}{8\pi}$	$L_{i2} = \dfrac{\mu l}{8\pi}$
Äußere Induktivität	$L_{a1} = \dfrac{\mu l}{2\pi} \ln \dfrac{d}{r_1}$	$L_{a2} = \dfrac{\mu l}{2\pi} \ln \dfrac{d}{r_2}$
Gesamt-induktivität	$L = L_{i1} + L_{i2} + L_{a1} + L_{a2}$ $L = \dfrac{\mu l}{\pi}\left(\dfrac{1}{4} + \ln \dfrac{d}{\sqrt{r_1 + r_2}}\right)$	

Leiter 1

Leiter 2

r_1, r_2, d, l

Einlagige Zylinderspule ohne Eisenkern

$$L = \frac{\mu_0 \pi D^2 N^2}{4l} k$$

D mittlerer Windungsdurchmesser

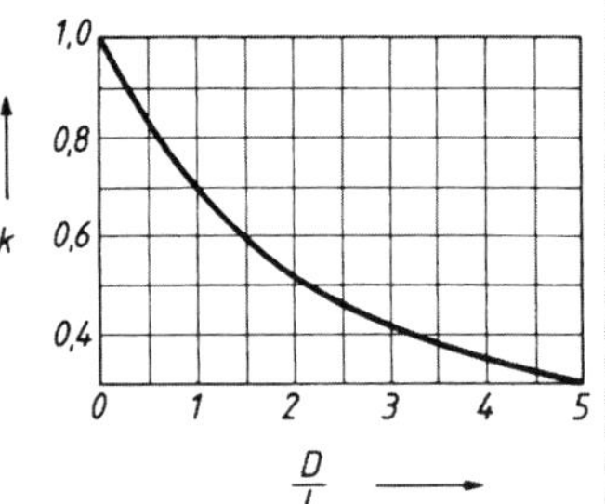

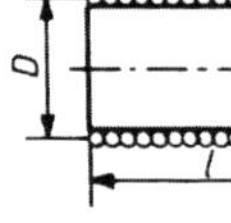

Mehrlagige Zylinderspule ohne Eisenkern

$$L = \frac{\mu_0 \pi N^2 (D_2^4 - 4 D_2 D_1^3 + 3 D_1^4)}{24 l (D_2 - D_1)^2} \quad \text{für } l \gg D$$

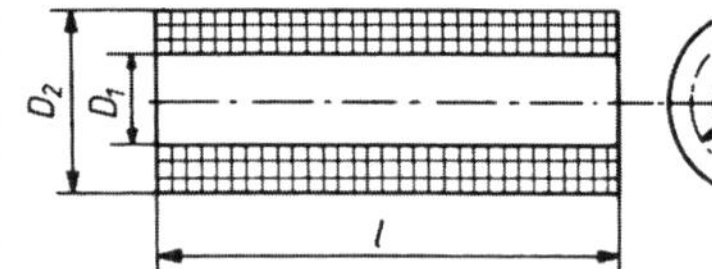

D mittlerer Windungsdurchmesser
N Windungszahl

5.4.6 Induktivität von Spulen mit Eisenkern

Induktivität

$$L = \frac{\Psi}{I} = \frac{N\Phi}{I} = N^2 \Lambda$$ (Gleichstrom)

$$L = \frac{N\hat{\Phi}}{\hat{i}} = N_2 \Lambda$$ (Wechselstrom)

$$L = N^2 A_L$$

$$\Lambda = \frac{1}{R_m} = \frac{A}{l} \mu$$

Φ magnetischer Fluss
Λ magnetischer Leitwert
R_m magnetischer Widerstand
Ψ Induktionsfluss, Flussverkettung

A magnetisch durchgesetzte Fläche
l mittlere Feldlinienlänge
μ Permeabilität

A_L Induktivitätsfaktor, Kernfaktor, A_L-Wert. Er ist die auf die Windungszahl $N = 1$ bezogene Induktivität und wird in der Einheit nH = 10^{-9} H angegeben.

Permeabilität bei Gleichstrommagnetisierung

(totale) Permeabilität $\mu = \frac{B_1}{H_1}$

Permeabilitätszahl, relative (totale) Permeabilität $\mu_r = \frac{B_1}{\mu_0 H_1}$

B magnetische Flussdichte
H magnetische Feldstärke

Permeabilität bei Wechselstrommagnetisierung um den Ursprung

Wechselpermeabilität $\mu = \frac{\hat{B}}{\hat{H}}$ (für $H > 0$)

Wechselpermeabilitätszahl, relative Wechselpermeabilität $\mu_\sim = \frac{\hat{B}}{\mu_0 \hat{H}}$ (für $H > 0$)

Anfangspermeabilität $\mu_i = \frac{\Delta B}{\Delta H}$ (für $\Delta H \to 0$)

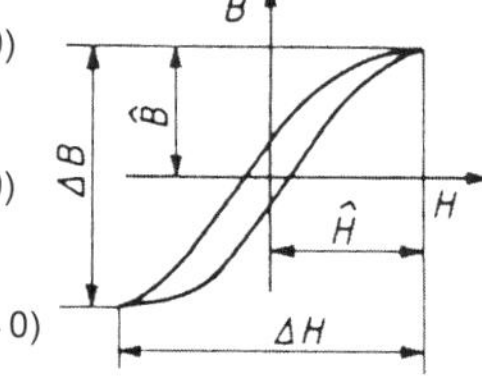

5.4.7 Drosselspule

Vollständige Ersatzschaltung

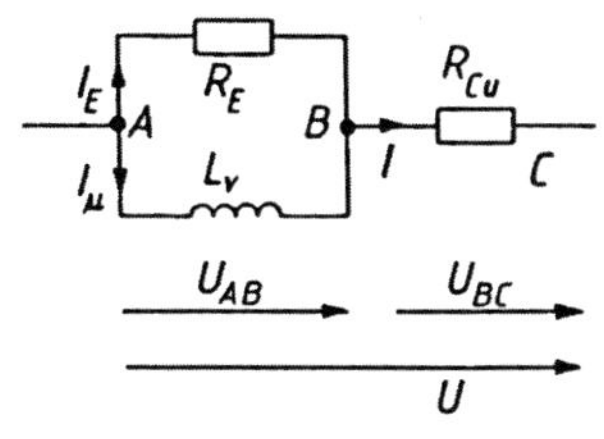

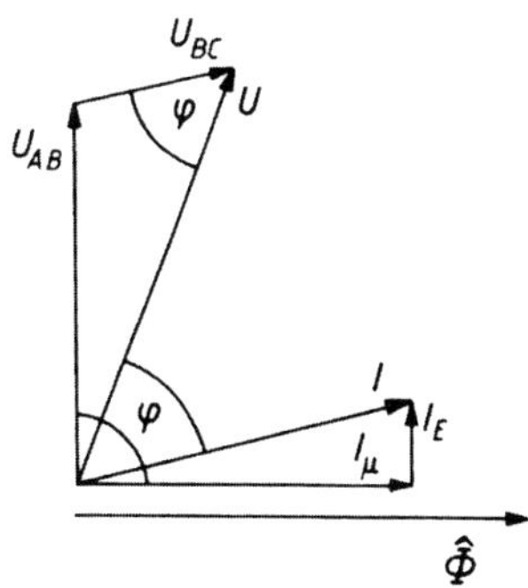

Spannungen

$$U_{AB} = 4{,}44\, f\, N\, \hat{B}\, A_E = 4{,}44\, f\, N\, \hat{\Phi}$$

$$U_{AB} = \sqrt{U^2 + U_{BC}^2 - 2\, U\, U_{BC} \cos\varphi}$$

Näherung: $U_{AB} \sim U$

Ströme

$$I_E = \frac{P_E}{U_{AB}}$$

$$I_\mu = \frac{\hat{H}_E\, l_E + \hat{H}_0\, l_0}{N\sqrt{2}}$$

$$I = \sqrt{I_E^{\,2} + I_\mu^{\,2}}$$

I_E	Eisenverluststrom
I_μ	Magnetisierungsstrom
I	Drosselstrom
$\hat{H}_E$	Scheitelwert der magnetischen Feldstärke in Eisen
$\hat{H}_0$	Scheitelwert der magnetischen Feldstärke im Luftspalt
l_E	mittlere Eisenweglänge
l_0	mittlere Luftspaltlänge

Leistungen

$$P_E = v_E\, m_E$$

$$P_{Cu} = I^2 R_{Cu}$$

$$P = P_E + P_{Cu}$$

$$\cos\varphi = \frac{P}{S} = \frac{P}{U\,I}$$

R_E	Eisenverlustwiderstand
R_{Cu}	Kupferverlustwiderstand
P_E	Eisenverlustleistung
P_{Cu}	Kupferverlustleistung
P	Drosselverlustleistung
v_E	Ummagnetisierungsverluste in W/kg
m_E	Masse des Eisenkerns

Induktivität

$$L_v = \frac{N\,\hat{\Phi}}{\hat{i}_\mu} = \frac{U_{AB}}{\omega I_\mu}$$

Komplexer Widerstand

$$\underline{Z} = R_{Cu} + \frac{R_E(\omega L_v)^2}{R_E^{\,2} + (\omega L_v)^2} + j\frac{R_E^{\,2}(\omega L_v)}{R_E^{\,2} + (\omega L_v)^2}$$

Reihen-Ersatzschaltung

Umrechnungsbeziehungen für die Umwandlung der vollständigen Ersatzschaltung in eine Reihen-Ersatzschaltung:

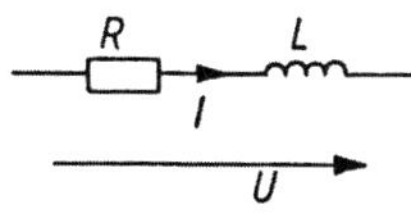

$$R = R_{Cu} + \frac{R_E(\omega L_v)^2}{R_E^{\,2} + (\omega L_v)^2} \qquad L = \frac{R_E^{\,2}\, L_v}{R_E^{\,2} + (\omega L_v)^2}$$

R	Gesamtverlustwiderstand der Drosselspule in der Reihen-Ersatzschaltung
L	Induktivität der Drosselspule in der Reihen-Ersatzschaltung

5.4.8 Schaltungen von Induktivitäten

Parallelschaltung von Induktivitäten

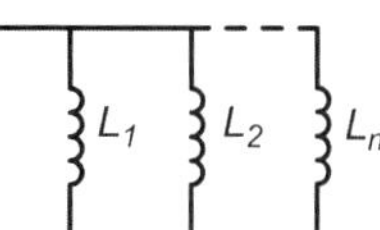

$$\frac{1}{L_{\text{ges}}} = \frac{1}{L_1} + \frac{1}{L_2} + \ldots + \frac{1}{L_n}$$

L_{ges} Gesamtinduktivität

Für zwei parallel geschaltete Spulen gilt: $L_{\text{ges}} = \dfrac{L_1 \cdot L_2}{L_1 + L_2}$

Für n Spulen mit gleicher Induktivität gilt: $L_{\text{ges}} = \dfrac{L}{n}$

Reihenschaltung von Induktivitäten

L_1 L_2 L_n

$$L_{\text{ges}} = L_1 + L_2 + \ldots + L_n$$

Für n Spulen mit gleicher Induktivität gilt: $L_{\text{ges}} = n\,L$

5.4.9 Einphasiger Transformator

(Transformator, verlust- und streuungsfrei)

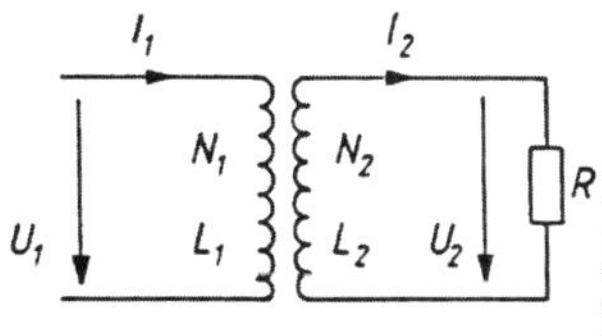

$$\ddot{u} = \frac{N_1}{N_2} = \frac{U_1}{U_2} = \frac{I_2}{I_1} = \sqrt{\frac{L_1}{L_2}} \qquad R' = \ddot{u}^2 R$$

$$U_0 = \frac{2\pi}{\sqrt{2}} f\,N\,\hat{B}\,A \approx 4{,}44\,f\,N\,\hat{B}\,A$$

(Transformatorhauptgleichung; U_0 sinusförmig)

U_0 Induktionsspannung
U_1 Primärspannung
U_2 Sekundärspannung
I_1 Primärstrom
L_1 Selbstinduktivität der Primärwicklung
$\ddot{u}$ Übersetzungsverhältnis
R' auf die Primärseite übersetzter Lastwiderstand R
f Frequenz
$\hat{B}$ Scheitelwert der Flussdichte im Kern
A Kernquerschnitt
L_2 Selbstinduktivität der Sekundärwicklung
R Lastwiderstand
I_2 Sekundärstrom
N_1 Primärwindungszahl
N_2 Sekundärwindungszahl

Kurzschlussspannung

$$u_K = \frac{U_K \cdot 100\,\%}{U_1}$$

u_K Kurzschlussspannung in Prozent der Nennspannung
U_K Kurzschlussspannung (gemessen in Volt)
U_1 Primärspannung

Bei kurzgeschlossener Sekundärwicklung ist die Kurzschlussspannung die Primärspannung, bei der ein Transformator seinen Nennstrom aufnimmt.

u_K niedrig → Transformator spannungssteif = kleiner Innenwiderstand (z. B. Spannungswandler, Netzanschlusstransformatoren)
u_K hoch → Transformator spannungsweich = großer Innenwiderstand (z. B. Klingeltransformatoren, Zündtransformatoren)

Dauerkurzschlussstrom

$$I_{Kd} = \frac{I_N \cdot 100\,\%}{u_K}$$

I_{Kd} Dauerkurzschlussstrom
I_N Nennstrom
u_K Kurzschlussspannung in Prozent der Nennspannung

5.5 Wechselstromtechnik

5.5.1 Kennwerte von Wechselgrößen

Zeigerdiagramm *Zeitdiagramm*

ω	Kreisfrequenz	φ_i	Nullphasenwinkel des Stromes
f	Frequenz	φ_u	Nullphasenwinkel der Spannung
T	Periodendauer	φ	Phasenverschiebungswinkel der Spannung gegen den Strom; hier: u eilt i um $\measuredangle\ \varphi$ voraus; i eilt u um $\measuredangle\ \varphi$ nach
i	Zeitwert des Stromes		
u	Zeitwert der Spannung		
$\hat{i}$	Scheitelwert des Stromes		
$\hat{u}$	Scheitelwert der Spannung		

$\omega = 2\,\pi\,f$

$f = \dfrac{1}{T}$

$i = \hat{i}\sin(\omega t + \varphi_i)$

$u = \hat{u}\sin(\omega t + \varphi_u)$

$\varphi = \varphi_u - \varphi_i$

Bei Darstellung des Effektivwertes im Zeigerdiagramm:
Zeigerlänge = Scheitelwert / $\sqrt{2}$

ω	f	T, t	$i, \hat{i}$	$u, \hat{u}$
$\dfrac{1}{s}$	$Hz = \dfrac{1}{s}$	s	A	V

Mittelwerte bei Sinusform

Effektivwert und Scheitelwert

$I = \dfrac{\hat{i}}{\sqrt{2}} = 0{,}707\,\hat{i}$

$U = \dfrac{\hat{u}}{\sqrt{2}} = 0{,}707\,\hat{u}$

$i, \hat{i}, I, \overline{\lvert i \rvert}$	$u, \hat{u}, U, \overline{\lvert u \rvert}$	F	S
A	V	1	1

Gleichrichtwert und Scheitelwert

$\overline{\lvert i \rvert} = \dfrac{2}{\pi}\hat{i} = 0{,}637\,\hat{i}$

$\overline{\lvert u \rvert} = \dfrac{2}{\pi}\hat{u} = 0{,}637\,\hat{u}$

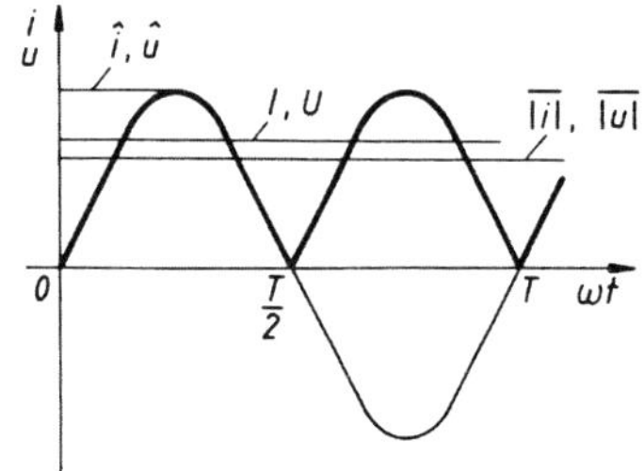

Effektivwert und Gleichrichtwert

$I = 1{,}111\,\overline{\lvert i \rvert}$ $\overline{\lvert i \rvert} = 0{,}9\,I$

$U = 1{,}111\,\overline{\lvert u \rvert}$ $\overline{\lvert u \rvert} = 0{,}9\,U$

$\text{Formfaktor} = \dfrac{\text{Effektivwert}}{\text{Gleichrichtwert}}$

$F = 1{,}111$

$\text{Scheitelfaktor} = \dfrac{\text{Scheitelwert}}{\text{Effektivwert}}$

$S = \sqrt{2} = 1{,}414$

i, u	Zeitwert
$\hat{i}, \hat{u}$	Scheitelwert
I, U	Effektivwert
$\overline{\lvert i \rvert}, \overline{\lvert u \rvert}$	Gleichrichtwert
F	Formfaktor
S	Scheitelfaktor

Mittelwerte bei beliebiger Kurvenform

Effektivwert	Linearer Mittelwert	Gleichrichtwert	Formfaktor
$I = \sqrt{\frac{1}{T}\int_0^T i^2 dt}$	$\bar{i} = \frac{1}{T}\int_0^T i\, dt$	$\overline{\lvert i \rvert} = \frac{1}{T}\int_0^T \lvert i \rvert\, dt$	$F = \frac{I}{\overline{\lvert i \rvert}} = \frac{U}{\overline{\lvert u \rvert}} \geq 1$
$U = \sqrt{\frac{1}{T}\int_0^T u^2 dt}$	$\bar{u} = \frac{1}{T}\int_0^T u\, dt$	$\overline{\lvert u \rvert} = \frac{1}{T}\int_0^T \lvert u \rvert\, dt$	Scheitelfaktor $S = \frac{\hat{i}}{I} = \frac{\hat{u}}{U}$

Mischgrößen

Effektivwert

$I = \sqrt{\bar{i}^2 + I_1^2 + I_2^2 + \dots}$

$U = \sqrt{\bar{u}^2 + U_1^2 + U_2^2 + \dots}$

Wechselgröße: Gleichanteil ist null

Mischgröße: Gleichanteil ist von null verschieden

Effektivwert des Wechselanteils

$I_{\sim} = \sqrt{I_1^2 + I_2^2 + I_3^2 + \dots} = \sqrt{I^2 - \bar{i}^2}$

$U_{\sim} = \sqrt{U_1^2 + U_2^2 + U_3^2 + \dots} = \sqrt{U^2 - \bar{u}^2}$

Schwingungsgehalt

$s = \frac{I_{\sim}}{I} = \frac{U_{\sim}}{U}$

Welligkeit

$w = \frac{I_{\sim}}{\bar{i}} = \frac{U_{\sim}}{\bar{u}}$

Geschaltete Sinuswelle (Phasenanschnitt bei Ohm'scher Last)

	Einweg-Gleichrichtung	Zweiweg-Gleichrichtung
Gleichrichtwert	$\overline{\lvert i \rvert} = \frac{\hat{i}}{2\pi}(1 + \cos\alpha)$	$\overline{\lvert i \rvert} = \frac{\hat{i}}{\pi}(1 + \cos\alpha)$
Effektivwert	$I = \frac{\hat{i}}{2}\sqrt{1 - \frac{\alpha}{180^\circ} + \frac{\sin 2\alpha}{2\pi}}$	$I = \frac{\hat{i}}{\sqrt{2}}\sqrt{1 - \frac{\alpha}{180^\circ} + \frac{\sin 2\alpha}{2\pi}}$

α Zündwinkel

Θ Stromflusswinkel

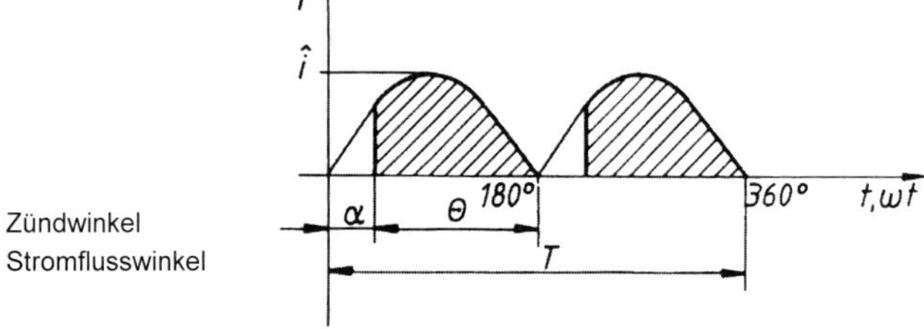

Zündwinkel		0°	30°	60°	90°	120°	150°
Einweg-Gleichrichtung	$\overline{\lvert i \rvert}$	0,3183 $\hat{i}$	0,2970 $\hat{i}$	0,2387 $\hat{i}$	0,1592 $\hat{i}$	0,0796 $\hat{i}$	0,0213 $\hat{i}$
	I	0,5 $\hat{i}$	0,4927 $\hat{i}$	0,4485 $\hat{i}$	0,3536 $\hat{i}$	0,2211 $\hat{i}$	0,0849 $\hat{i}$
Zweiweg-Gleichrichtung	$\overline{\lvert i \rvert}$	0,6366 $\hat{i}$	0,5940 $\hat{i}$	0,4775 $\hat{i}$	0,3183 $\hat{i}$	0,1592 $\hat{i}$	0,0427 $\hat{i}$
	I	0,7071 $\hat{i}$	0,6968 $\hat{i}$	0,6342 $\hat{i}$	0,5 $\hat{i}$	0,3127 $\hat{i}$	0,1201 $\hat{i}$

5.5.2 Passive Wechselstrom-Zweipole an sinusförmiger Wechselspannung

Größen, Einheiten, Kennwerte

Leistungen
- P Wirkleistung
- Q Blindleistung
- Q_L induktive Blindleistung
- Q_C kapazitive Blindleistung
- S Scheinleistung

Spannungen
- U_R Wirkspannung
- U_L induktive Blindspannung
- U_C kapazitive Blindspannung
- U Gesamtspannung

Leitwerte
- G Wirkleitwert = Konduktanz
- B Blindleitwert = Suszeptanz
- Y Scheinleitwert = Admittanz

Ströme
- I_R Wirkstrom
- I_L induktiver Blindstrom
- I_C kapazitiver Blindstrom
- I Gesamtstrom

Widerstände
- R Wirkwiderstand = Resistanz
- X Blindwiderstand = Reaktanz
- X_L induktiver Blindwiderstand = Induktanz
- X_C kapazitiver Blindwiderstand = Kondensanz (Kapazitanz)
- Z Scheinwiderstand = Impedanz

Kennwerte

$\lambda = \cos\varphi$

$$\text{Leistungsfaktor} = \frac{\text{Wirkgröße}}{\text{Scheingröße}}$$

$\beta = \sin\varphi$

$$\text{Blindfaktor} = \frac{\text{Blindgröße}}{\text{Scheingröße}}$$

$d = \tan\delta$

$$\text{Verlustfaktor} = \frac{\text{Wirkgröße}}{\text{Blindgröße}}$$

$$Q = \frac{1}{d}$$

$$\text{Gütefaktor} = \frac{1}{\text{Verlustfaktor}}$$

R, X, Z	G, B, Y	U	I	P	Q	S	$\cos\varphi, \sin\varphi, d, Q$
$\Omega = \frac{\text{V}}{\text{A}}$	$\text{S} = \frac{\text{A}}{\text{V}} = \frac{1}{\Omega}$	V	A	W	var	VA	1

Frequenzabhängigkeit

$$R = \frac{l}{\gamma q} \qquad G = \frac{\gamma q}{l}$$

$$X_L = \omega L \qquad B_L = \frac{1}{\omega L}$$

$$X_C = \frac{1}{\omega C} \qquad B_C = \omega C$$

f_r Resonanzfrequenz
$X_L = X_C$ Reihenresonanzbedingung
$B_L = B_C$ Parallelresonanzbedingung

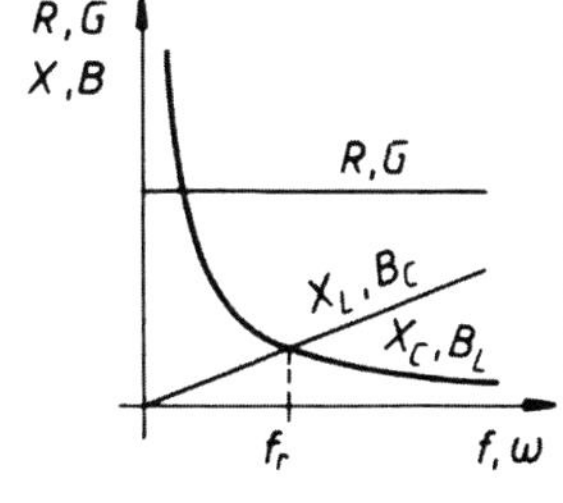

Wirkwiderstand R

Strom I und Spannung U sind phasengleich

$$U = IR = \frac{I}{G} \qquad G = \frac{1}{R} \qquad \cos\varphi = 1$$

$$P = UI = I^2R = \frac{U^2}{R} \qquad \sin\varphi = 0$$

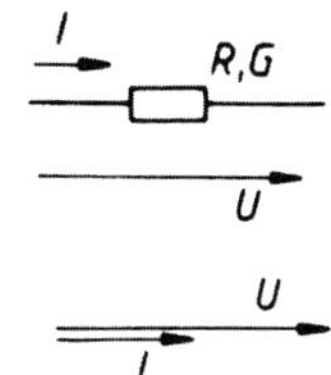

Induktiver Blindwiderstand X_L

Spannung U eilt dem Strom I um 90° voraus

$$U = I\,X_L = \frac{I}{B_L} \qquad B_L = \frac{1}{X_L}$$

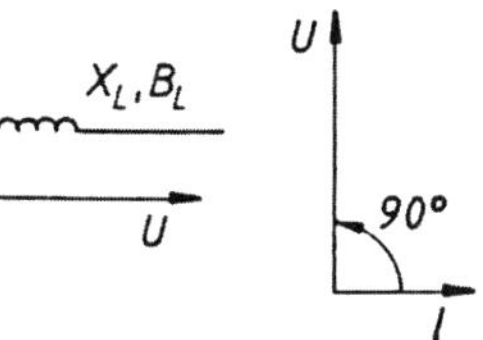

$$X_L = \omega L$$

$$Q_L = U\,I = I^2 X_L = \frac{U^2}{X_L}$$

$\cos\varphi = 0$

$\sin\varphi = 1$

Kapazitiver Blindwiderstand X_C

Spannung U eilt dem Strom I um 90° nach

$$U = I\,X_C = \frac{1}{B_C}$$

$$B_C = \frac{1}{X_C} = \omega C$$

$$X_C = \frac{1}{\omega C}$$

$$Q_C = U\,I = I^2 X_C = \frac{U^2}{X_C}$$

$\cos\varphi = 0$

$\sin\varphi = 1$

5.5.2.1 Reihenschaltung von Blindwiderständen

Reihenschaltung von induktiven Blindwiderständen X_L

$$U = U_{L1} + U_{L2} + \ldots$$

$$I = \frac{U}{X_L} = \frac{U_{L1}}{X_{L1}} = \frac{U_{L2}}{X_{L2}} = \ldots$$

$$X_L = X_{L1} + X_{L2} + \ldots$$

$$L = L_1 + L_2 + \ldots$$

$\cos\varphi = 0$

$\sin\varphi = 1$

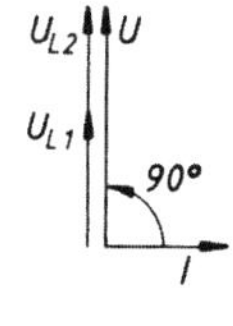

(Ersatzschaltung)

Reihenschaltung von kapazitiven Blindwiderständen X_C

$$U = U_{C1} + U_{C2} + \ldots$$

$$I = \frac{U}{X_C} = \frac{U_{C1}}{X_{C1}} = \frac{U_{C2}}{X_{C2}} = \ldots$$

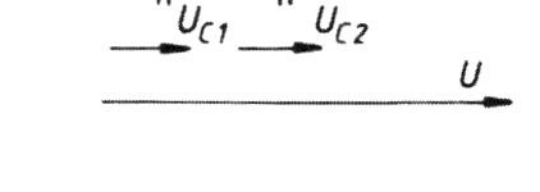

$$X_C = X_{C1} + X_{C2} + \ldots$$

$$\frac{1}{C} = \frac{1}{C_1} + \frac{1}{C_2} + \ldots$$

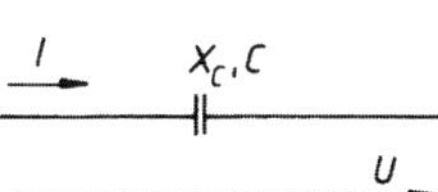

$\cos\varphi = 0$

$\sin\varphi = 1$

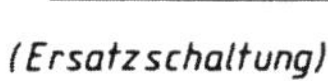
(Ersatzschaltung)

Für zwei in Reihe geschaltete Kondensatoren gilt: $C = \dfrac{C_1 C_2}{C_1 + C_2}$

Reihenschaltung von R und X_L

$$U = \sqrt{U_R^2 + U_L^2}$$

$$I = \frac{U}{Z} = \frac{U_R}{R} = \frac{U_L}{X_L}$$

$$Z = \sqrt{R^2 + X_L^2}$$

$$\cos\varphi = \frac{U_R}{U} = \frac{R}{Z} = \frac{P}{S}$$

$$\sin\varphi = \frac{U_L}{U} = \frac{X_L}{Z} = \frac{Q_L}{S}$$

(Ersatzschaltung)

$$d_L = \tan\delta = \frac{R}{X_L} = \frac{U_R}{U_L} = \frac{P}{Q_L} \qquad S = UI = I^2 Z = \frac{U^2}{Z} = \sqrt{P^2 + Q_L^2}$$

Reihenschaltung von R und X_C

$$U = \sqrt{U_R^2 + U_C^2}$$

$$I = \frac{U}{Z} = \frac{U_R}{R} = \frac{U_C}{X_C}$$

$$Z = \sqrt{R^2 + X_C^2}$$

$$\cos\varphi = \frac{U_R}{U} = \frac{R}{Z} = \frac{P}{S}$$

$$\sin\varphi = \frac{U_C}{U} = \frac{X_C}{Z} = \frac{Q_C}{S}$$

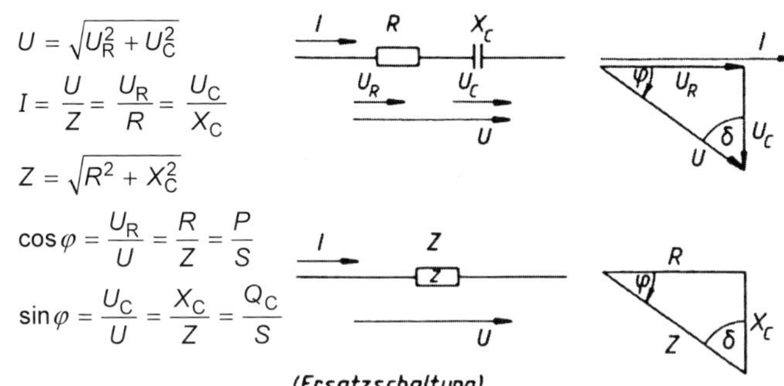

(Ersatzschaltung)

$$d_C = \tan\delta = \frac{R}{X_C} = \frac{U_R}{U_C} = \frac{P}{Q_C} \qquad S = UI = I^2 Z = \frac{U^2}{Z} = \sqrt{P^2 + Q_C^2}$$

Reihenschaltung von R, X_L und X_C ($X_L > X_C$) ($U_L > U_C$)

$$U = \sqrt{U_R^2 + (U_L - U_C)^2} \qquad I = \frac{U}{Z} = \frac{U_R}{R} = \frac{U_L}{X_L} = \frac{U_C}{X_C}$$

$$\cos\varphi = \frac{U_R}{U} = \frac{R}{Z} = \frac{P}{S} \qquad \sin\varphi = \frac{U_L - U_C}{U} = \frac{X_L - X_C}{Z} = \frac{Q_L - Q_C}{S}$$

$$Z = \sqrt{R^2 + (X_L - X_C)^2} \qquad d = d_L + d_C$$

$$S = UI = I^2 Z = \frac{U^2}{Z} = \sqrt{P^2 + (Q_L - Q_C)^2}$$

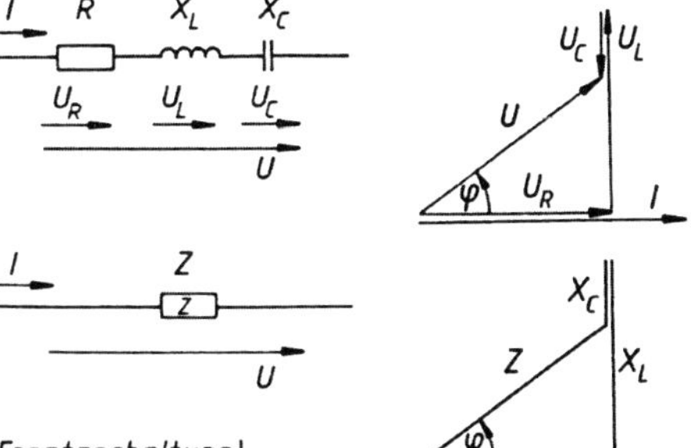

(Ersatzschaltung)

5.5.2.2 Parallelschaltung von Blindwiderständen

Parallelschaltung von induktiven Blindwiderständen X_L

$U = I X_L = I_1 X_{L1} = I_2 X_{L2} = \ldots$ $\quad I = I_1 + I_2 + \ldots$

$\cos\varphi = 0$ $\quad \sin\varphi = 1$

$B_L = B_{L1} + B_{L2} + \ldots$

$$\frac{1}{X_L} = \frac{1}{X_{L1}} + \frac{1}{X_{L2}} + \ldots \qquad \frac{1}{L} = \frac{1}{L_1} + \frac{1}{L_2} + \ldots$$

Für zwei parallelgeschaltete induktive Blindwiderstände/Induktivitäten gilt:

$$X_L = \frac{X_{L1} X_{L2}}{X_{L1} + X_{L2}}$$

$$L = \frac{L_1 L_2}{L_1 + L_2}$$

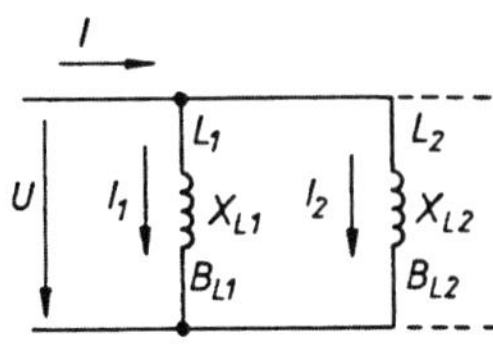

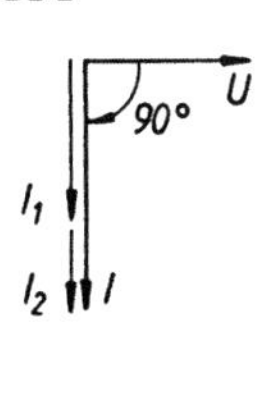

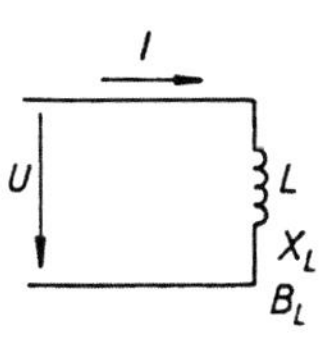

(Ersatzschaltung)

Parallelschaltung von kapazitiven Blindwiderständen X_C

$U = I X_C = I_1 X_{C1} = I_2 X_{C2} = \ldots$ $\quad I = I_1 + I_2 + \ldots$

$\cos\varphi = 0$ $\quad \sin\varphi = 1$

$B_C = B_{C1} + B_{C2} + \ldots$ $\quad C = C_1 + C_2 + \ldots$

$$\frac{1}{X_C} = \frac{1}{X_{C1}} + \frac{1}{X_{C2}} + \ldots$$

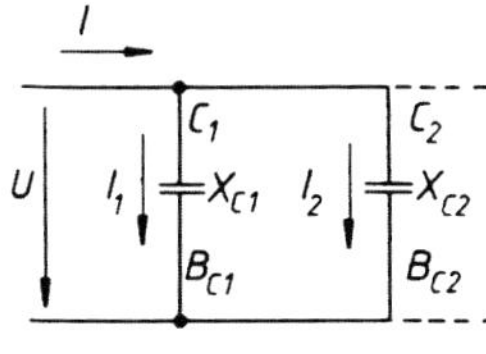

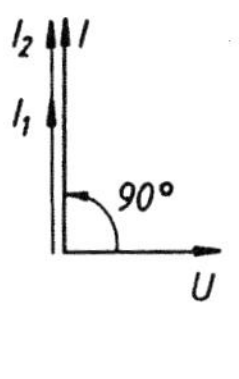

I

U

C

X_C

B_C

(Ersatzschaltung)

Parallelschaltung von R und X_L

$U = I\,Z = I_R\,R = I_L\,X_L$ $\qquad I = \sqrt{I_R^2 + I_L^2}$

$$\cos\varphi = \frac{I_R}{I} = \frac{G}{Y} = \frac{\frac{1}{R}}{\frac{1}{Z}} = \frac{Z}{R} = \frac{P}{S} \qquad \sin\varphi = \frac{I_L}{I} = \frac{B_L}{Y} = \frac{\frac{1}{X_L}}{\frac{1}{Z}} = \frac{Z}{X_L} = \frac{Q_L}{S}$$

$$Y = \frac{1}{Z} = \sqrt{G^2 + B_L^2} \qquad d_L = \tan\delta = \frac{G}{B_L} = \frac{X_L}{R} = \frac{I_R}{I_L} = \frac{P}{Q_L}$$

$$S = U\,I = I^2 Z = \frac{U^2}{Z} = \sqrt{P^2 + Q_L^2}$$

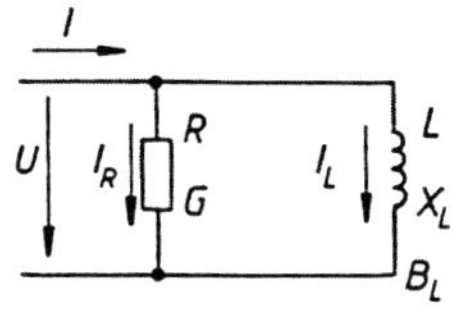

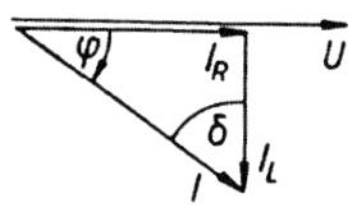

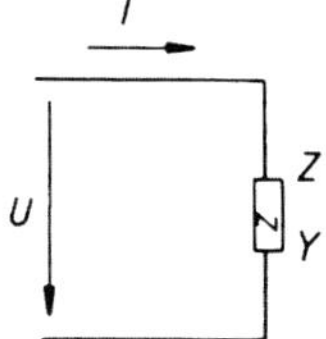

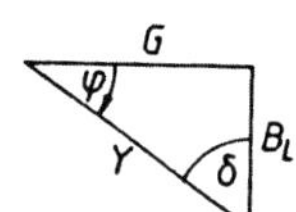

(Ersatzschaltung)

Parallelschaltung von R und X_C

$U = I\,Z = I_R\,R = I_C\,X_C$ $\qquad I = \sqrt{I_R^2 + I_C^2}$

$$\cos\varphi = \frac{I_R}{I} = \frac{G}{Y} = \frac{\frac{1}{R}}{\frac{1}{Z}} = \frac{Z}{R} = \frac{P}{S} \qquad \sin\varphi = \frac{I_C}{I} = \frac{B_C}{Y} = \frac{\frac{1}{X_C}}{\frac{1}{Z}} = \frac{Z}{X_C} = \frac{Q_C}{S}$$

$$Y = \frac{1}{Z} = \sqrt{G^2 + B_C^2} \qquad d_C = \tan\delta = \frac{G}{B_C} = \frac{X_C}{R} = \frac{I_R}{I_C} = \frac{P}{Q_C}$$

$$S = U\,I = I^2 Z = \frac{U^2}{Z} = \sqrt{P^2 + Q_C^2}$$

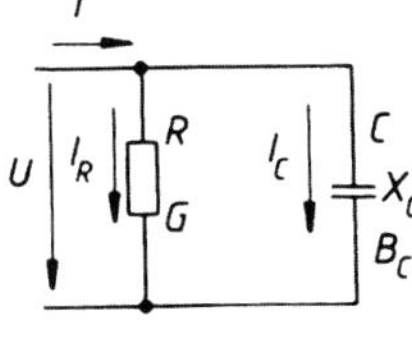

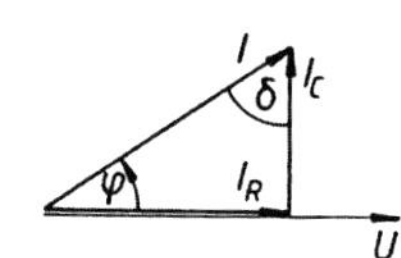

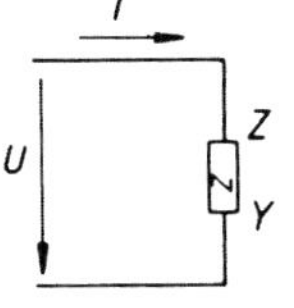

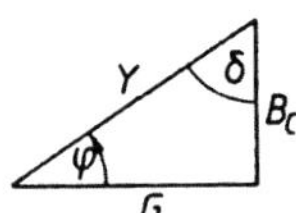

(Ersatzschaltung)

Parallelschaltung von R, X_L und X_C ($X_L < X_C$) ($B_L > B_C$) ($I_L > I_C$)

$$U = IZ = I_R R = I_L X_L = I_C X_C \qquad I = \sqrt{I_R^2 + (I_L - I_C)^2}$$

$$\cos\varphi = \frac{I_R}{I} = \frac{G}{Y} = \frac{\frac{1}{R}}{\frac{1}{Z}} = \frac{Z}{R} = \frac{P}{S} \qquad \sin\varphi = \frac{I_L - I_C}{I} = \frac{B_L - B_C}{Y} = \frac{Q_L - Q_C}{S}$$

$$Y = \frac{1}{Z} = \sqrt{G^2 + (B_L - B_C)^2} \qquad d = d_L + d_C$$

$$S = UI = I^2 Z = \frac{U^2}{Z} = \sqrt{P^2 + (Q_L - Q_C)^2}$$

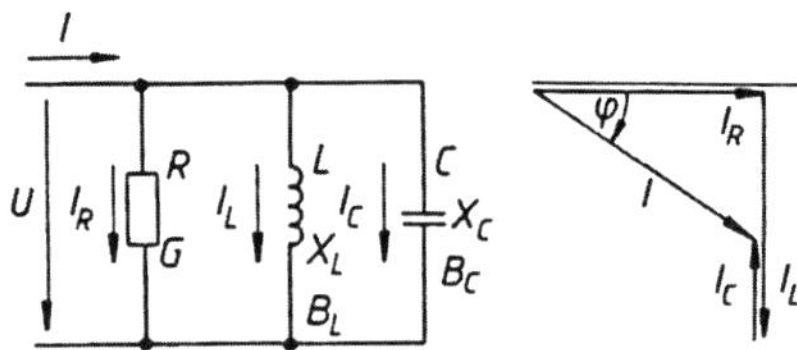

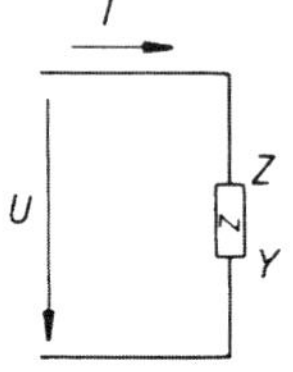

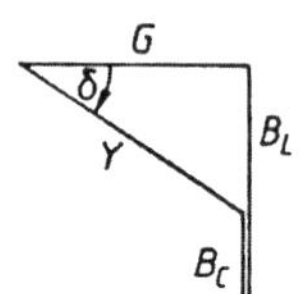

(Ersatzschaltung)

5.5.3 Umwandlung passiver Wechselstrom-Zweipole in gleichwertige Schaltungen

Bei konstanter Frequenz hat die gleichwertige Schaltung auf den Generator die gleiche Wirkung wie die Originalschaltung.

Umwandlung einer Reihenschaltung in eine gleichwertige Parallelschaltung

Umwandlung einer Parallelschaltung in eine gleichwertige Reihenschaltung

Gegebene Originalschaltung	Gesuchte gleichwertige Schaltung	Umrechnungsbeziehungen	
R, X_L; Z	G, B_L	$G = \frac{R}{Z^2}$ $\quad B_L = \frac{X_L}{Z^2}$	$Z^2 = R^2 + X^2$
R, X_C; Z	G, B_C	$G = \frac{R}{Z^2}$ $\quad B_C = \frac{X_C}{Z^2}$	
Y; G, B_L	R, X_L	$R = \frac{G}{Y^2}$ $\quad X_L = \frac{B_L}{Y^2}$	$Y^2 = G^2 + B^2$
Y; G, B_C	R, X_C	$R = \frac{G}{Y^2}$ $\quad X_C = \frac{B_C}{Y^2}$	

5.5.4 Blindleistungskompensation

Betriebswerte vor der Kompensation

$$I_1 = \frac{S_1}{U} = \frac{P_{zu}}{U\cos\varphi_1} = \sqrt{I_R^2 + I_L^2}$$

$$P_{L1} = I_1^2 R_L$$

$$I_B = I_L = \frac{U}{X_L} = \frac{Q_L}{U} = \frac{S\sin\varphi_1}{U} = \frac{P_{zu}\tan\varphi_1}{U}$$

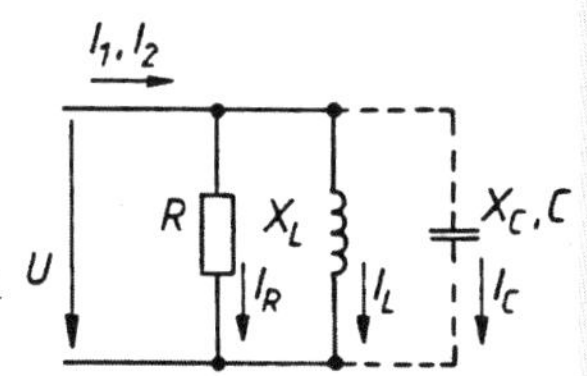

Betriebswerte nach der Kompensation

$$I_2 = \frac{S_2}{U} = \frac{P_{zu}}{U\cos\varphi_2} = \sqrt{I_R^2 + (I_L - I_C)^2}$$

$$P_{L2} = I_2^2 R_L$$

$$I_B = I_L - I_C$$

$$I_C = \frac{U}{X_C} = \frac{Q_C}{U} = \frac{P_{zu}(\tan\varphi_1 - \tan\varphi_2)}{U}$$

$$P_{zu} = \frac{P_{ab}}{\eta}$$

P_{zu} zugeführte Wirkleistung
P_{ab} abgegebene Wirkleistung (Nennleistung)
P_L Leistungsverlust auf der Zuleitung
R_L Leitungswiderstand
I_B Blindstrom auf der Zuleitung
Q_C kompensierte Blindleistung ($Q_L = Q_C$ bei Vollkompensation)

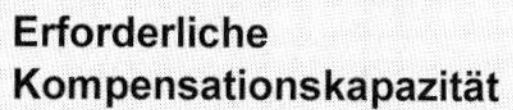

Erforderliche Kompensationskapazität

$$Q_C = P_{zu}(\tan\varphi_1 - \tan\varphi_2)$$

$$C = \frac{Q_C}{U^2\omega} \quad \text{(Einphasennetz)} \qquad C = \frac{\frac{Q_C}{3}}{U_{Str}^2\omega} \quad \text{(Dreiphasennetz)}$$

C Einzelkapazität
$U_{Str} = U$ bei Dreieckschaltung der Kondensatorbatterie
$U_{Str} = \frac{U}{\sqrt{3}}$ bei Sternschaltung der Kondensatorbatterie

Leistungsverluste in Abhängigkeit vom Leistungsfaktor

$$P_{LS} = \frac{P_L}{\cos^2\varphi} = P_L(1 + \tan^2\varphi)$$

P_L Leistungsverlust auf der Leitung bei $\cos\varphi = 1$ des Verbrauchers
P_{LS} Leistungsverlust auf der Leitung bei beliebigem $\cos\varphi$ des Verbrauchers
$\cos\varphi$, $\tan\varphi$ Leisungsfaktor/Verlustfaktor des Verbrauchers

5.6 Drehstromtechnik

5.6.1 Drehstromnetz

Benennungen

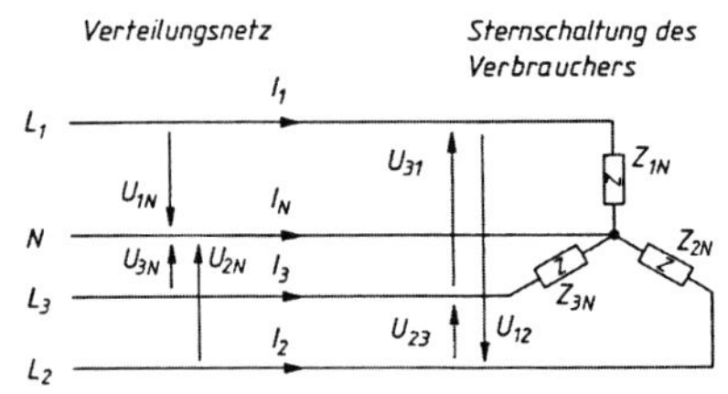

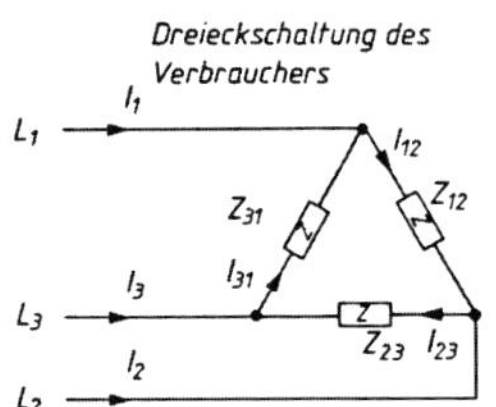

L_1, L_2, L_3	Außenleiter
N	Neutralleiter (Sternpunktleiter)
U_{1N}, U_{2N}, U_{3N}	Sternspannung (auch U_1, U_2, U_3 zulässig, wenn Verwechslung ausgeschlossen)
U_{12}, U_{23}, U_{31}, U	Dreieckspannung (Außenleiterspannung)
I_1, I_2, I_3, I	Außenleiterstrom (= Sternstrom bei Sternschaltung des Verbrauchers)
I_{12}, I_{23}, I_{31}	Dreieckstrom
I_N	Sternpunktleiterstrom
U_{Str}	Strangspannung, Spannung zwischen beiden Enden eines Stranges *unabhängig von der Schaltungsart*
I_{Str}	Strangstrom, Strom in einem Strang *unabhängig von der Schaltungsart*
P	Gesamtleistung des Verbrauchers
P_{Str}	Strangleistung des Verbrauchers

5.6.2 Stern- und Dreieckschaltung

Zeigerdiagramm der Spannungen

Dreieckspannungen

$$\underline{U}_{12} = U \angle -60^\circ$$

$$\underline{U}_{23} = U \angle 180^\circ$$

$$\underline{U}_{31} = U \angle 60^\circ$$

Sternspannungen

$$\underline{U}_{1N} = \frac{U}{\sqrt{3}} \angle -90^\circ$$

$$\underline{U}_{2N} = \frac{U}{\sqrt{3}} \angle 150^\circ$$

$$\underline{U}_{3N} = \frac{U}{\sqrt{3}} \angle 30^\circ$$

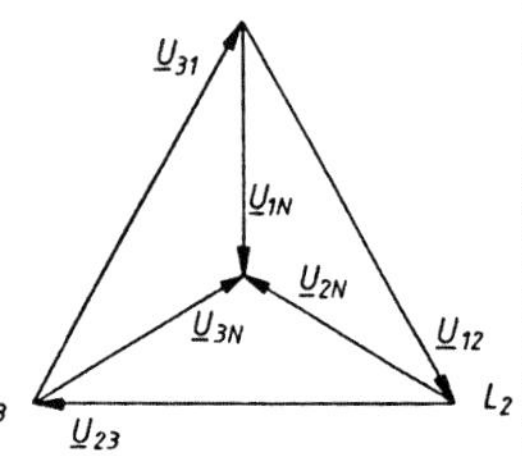

Sternschaltung des Verbrauchers

Stranggrößen

$$U_{Str} = \frac{U}{\sqrt{3}} \qquad I_{Str} = I$$

$$\underline{I}_1 = \frac{\underline{U}_{1N}}{\underline{Z}_{1N}} \qquad \underline{I}_2 = \frac{\underline{U}_{2N}}{\underline{Z}_{2N}} \qquad \underline{I}_3 = \frac{\underline{U}_{3N}}{\underline{Z}_{3N}}$$

Dreieckschaltung des Verbrauchers

Stranggrößen

$$U_{Str} = U \qquad \underline{I}_{12} = \frac{\underline{U}_{12}}{\underline{Z}_{12}} \qquad \underline{I}_{23} = \frac{\underline{U}_{23}}{\underline{Z}_{23}} \qquad \underline{I}_{31} = \frac{\underline{U}_{31}}{\underline{Z}_{31}}$$

Außenleiterströme

$$\underline{I}_1 = \underline{I}_{12} - \underline{I}_{31} \qquad \underline{I}_2 = \underline{I}_{23} - \underline{I}_{12} \qquad \underline{I}_3 = \underline{I}_{31} - \underline{I}_{23}$$

Sternschaltung des Verbrauchers

Symmetrische Last

$\underline{Z}_{1N} = \underline{Z}_{2N} = \underline{Z}_{3N}$
$I_1 = I_2 = I_3$
$\underline{I}_1 + \underline{I}_2 + \underline{I}_3 = 0$
$\underline{I}_N = 0$
$P = U I \sqrt{3} \cos\varphi = 3 P_{Str}$

$P_{Str} = U_{Str} I_{Str} \cos\varphi$

Unsymmetrische Last

$\underline{Z}_{1N} \neq \underline{Z}_{2N} \neq \underline{Z}_{3N}$
$I_1 \neq I_2 \neq I_3$
$\underline{I}_1 + \underline{I}_2 + \underline{I}_3 + \underline{I}_N = 0$
$\underline{I}_N \neq 0$
$P = P_{Str\,1} + P_{Str\,2} + P_{Str\,3}$

$P_{Str\,1} = U_{1N} I_1 \cos\varphi_1$
$P_{Str\,2} = U_{2N} I_2 \cos\varphi_2$
$P_{Str\,3} = U_{3N} I_3 \cos\varphi_3$

Bei fehlendem Sternpunktleiter ergeben sich ungleiche Sternspannungen bei ungleichen gegenseitigen Phasenverschiebungswinkeln ($\neq 120°$).

Dreieckschaltung des Verbrauchers

Symmetrische Last

$\underline{Z}_{12} = \underline{Z}_{23} = \underline{Z}_{31}$
$I_1 = I_2 = I_3$
$I_{12} = I_{23} = I_{31}$
$\underline{I}_1 + \underline{I}_2 + \underline{I}_3 = 0$
$P = U I \sqrt{3} \cos\varphi = 3 P_{Str}$

$P_{Str} = U_{Str} I_{Str} \cos\varphi$

$I_{Str} = \frac{I}{\sqrt{3}}$

Unsymmetrische Last

$\underline{Z}_{12} \neq \underline{Z}_{23} \neq \underline{Z}_{31}$
$I_1 \neq I_2 \neq I_3$
$I_{12} \neq I_{23} \neq I_{31}$
$\underline{I}_1 + \underline{I}_2 + \underline{I}_3 = 0$
$P = P_{Str\,1} + P_{Str\,2} + P_{Str\,3}$
$P_{Str\,1} = U_{12} I_{12} \cos\varphi_1$
$P_{Str\,2} = U_{23} I_{23} \cos\varphi_2$
$P_{Str\,3} = U_{31} I_{31} \cos\varphi_3$

Leistung bei Stern-Dreieck-Umschaltung

Bedingungen: gleiche Außenleiterspannungen für beide Schaltungsarten und $R_{Str\,Y} = R_{Str\,\Delta}$

$$\frac{P_Y}{P_\Delta} = \frac{1}{3}$$

P_Y Leistung des Verbrauchers in Sternschaltung
P_Δ Leistung des Verbrauchers in Dreieckschaltung

Leistung bei gestörten Drehstromschaltungen

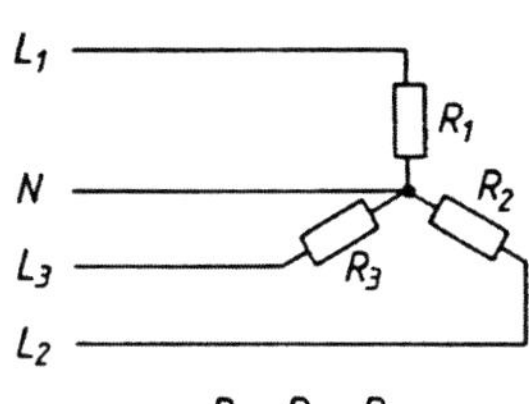

$R_1 = R_2 = R_3$

Unterbrechung von	$P_{Stör}$
R_2	$\frac{2}{3}P$
R_2, N	$\frac{1}{2}P$
R_2, R_3	$\frac{1}{3}P$
R_2, R_3, N	0

$P_{Stör}$ Leistung der gestörten Schaltung
P Leistung der ungestörten Schaltung

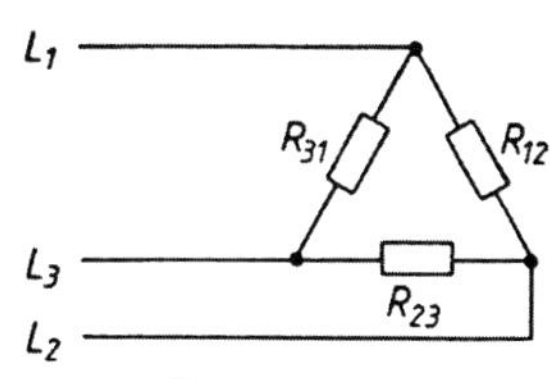

$R_{12} = R_{23} = R_{31}$

Unterbrechung von	$P_{Stör}$
R_{23}	$\frac{2}{3}P$
L_2	$\frac{1}{2}P$
R_{23}, R_{31}	$\frac{1}{3}P$
R_{23}, L_2	$\frac{1}{3}P$
R_{31}, L_2	$\frac{1}{6}P$

5.6.3 Stern-Dreieck-Umwandlung

Umwandlung einer Sternschaltung in eine gleichwertige Dreieckschaltung

Gegebene Originalschaltung	Gesuchte gleichwertige Schaltung	Umrechnungsbeziehungen
		$R_1 = R_x + R_z + \frac{R_x R_z}{R_y}$ $R_2 = R_x + R_y + \frac{R_x R_y}{R_z}$ $R_3 = R_y + R_z + \frac{R_y R_z}{R_x}$

Merkschema

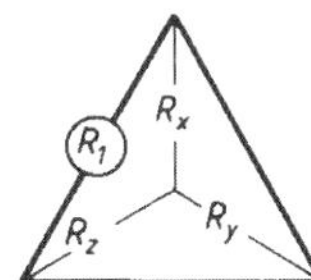

Ⓡ₁ gesuchter Widerstand der Dreieckschaltung

R_x, R_z benachbarte Widerstände der Sternschaltung

R_y gegenüberliegender Widerstand der Sternschaltung

$$(R_\Delta) = \Sigma R_{y\,\text{benachbart}} + \frac{\text{Produkt } R_{y\,\text{benachbart}}}{R_{y\,\text{gegenüber}}}$$

Umwandlung einer Dreieckschaltung in eine gleichwertige Sternschaltung

Gegebene Originalschaltung	Gesuchte gleichwertige Schaltung	Umrechnungsbeziehungen
		$R_x = \frac{R_1 R_2}{R_1 + R_2 + R_3}$ $R_y = \frac{R_2 R_3}{R_1 + R_2 + R_3}$ $R_z = \frac{R_1 R_3}{R_1 + R_2 + R_3}$

Merkschema

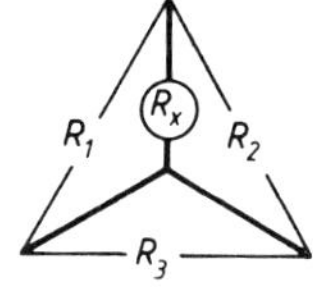

(R_x) gesuchter Widerstand der Sternschaltung

R_1, R_2 benachbarte Widerstände der Dreieckschaltung

R_y gegenüberliegender Widerstand der Dreieckschaltung

$$(R_y) = \frac{\text{Produkt } R_{\Delta\,\text{benachbart}}}{\Sigma R_\Delta}$$

Anmerkung

Die Umrechnungsbeziehungen gelten analog auch für Scheinwiderstände Z.

Beispiel für Z_1:
Umwandlung Stern in Dreieck $\underline{Z}_1 = \underline{Z}_x + \underline{Z}_z + \frac{\underline{Z}_x \underline{Z}_z}{\underline{Z}_y}$

5.7 Elementare Bauteile der Elektronik

5.7.1 Halbleiterdioden

5.7.1.1 Dioden zum Gleichrichten und Schalten

Typisches Kennlinienfeld einer Silizium-Diode

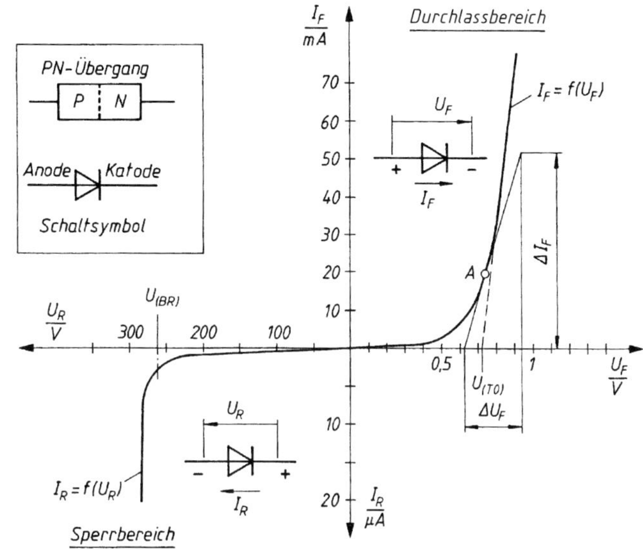

Durchbruchspannung $U_{(BR)}$ bis ≈ 3000 V
Schleusenspannung $U_{(TO)} \approx 0{,}7$ V
(Schwellspannung)

Widerstandsverhalten

$$R_F = \frac{U_F}{I_F}$$

R_F Gleichstromwiderstand in Durchlassrichtung
U_F Spannung in Durchlassrichtung
I_F Strom in Durchlassrichtung

$$R_R = \frac{U_R}{I_R}$$

R_R Gleichstromwiderstand in Sperrrichtung
U_R Spannung in Sperrrichtung
I_R Strom in Sperrrichtung

$$r_F = \frac{\Delta U_F}{\Delta I_F}$$

r_F Differentieller Widerstand im Arbeitspunkt *A*
ΔU_F Differenz der Durchlassspannung
ΔI_F Differenz des Durchlassstromes

Verlustleistung

$$P_V = U_F\, I_F$$

1. Bedingung: $P_V \le P_{tot}$ = totale Verlustleistung
2. Bedingung: Oberwellenfreie Gleichspannung

$$P_V = \frac{T_j - T_U}{R_{thJU}}$$

T_j Sperrschichttemperatur
T_U Umgebungstemperatur
R_{thJU} Gesamtwärmewiderstand zwischen Sperrschicht und Umgebung

Ströme und Stromgrenzwerte von Dioden in Vorwärtsrichtung

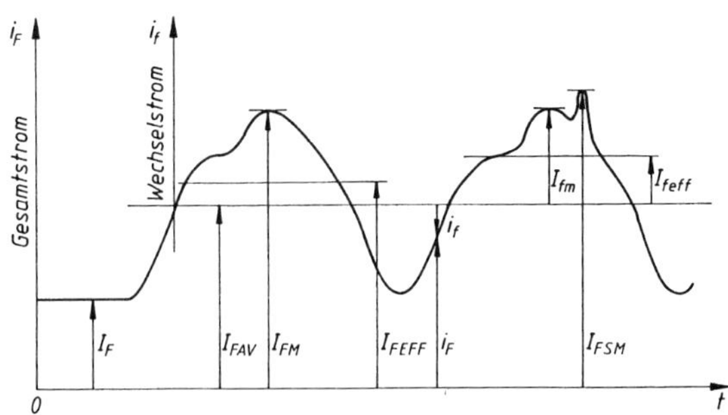

I_F	Gleichstromwert ohne Signal
I_{FAV}	Mittelwert des Gesamtstromes
I_{FM}	Scheitelwert des Gesamtstromes
I_{FEFF}	Effektivwert des Gesamtstromes
I_{FSM}	Stoßwert des Gesamtstromes
i_F	Augenblickswert des Gesamtstromes
I_f	Augenblickswert des Wechselstromes
I_{fm}	Scheitelwert des Wechselstromes
I_{feff}	Effektivwert des Wechselstromes

Beziehungen der Ströme

$I_{FM} = I_{FAV} + I_{fm}$ $\quad I_{FEFF} = \sqrt{I_{FAV}^2 + I_{feff}^2}$ $\quad i_F = I_{FAV} + i_f$

5.7.1.2 Dioden im Schaltbetrieb

Diode leitet

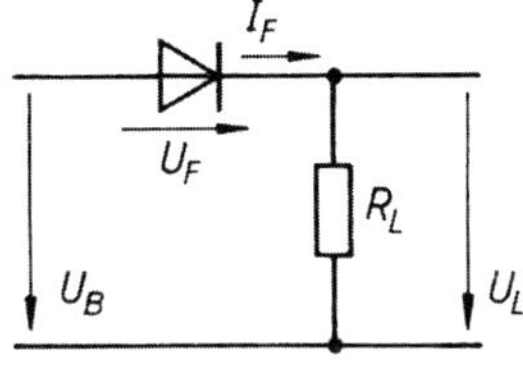

U_B	Betriebsspannung
U_F	Durchlassspannung
I_F	Durchlassstrom
R_L	Lastwiderstand
U_L	Spannung am Lastwiderstand

$$U_B = U_F + I_F R_L$$

Diode sperrt

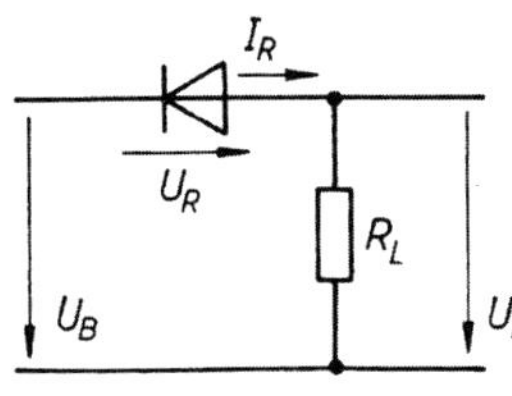

I_R	Strom in Sperrrichtung
U_R	Spannung in Sperrrichtung

$$U_B = U_R + I_R R_L$$

Maximale mögliche Schaltleistung der Diode

$$P_{Smax} = U_L I_{Fmax}$$

$$P_{Smax} = U_L \frac{P_{tot}}{U_F}$$

P_{Smax}	max. mögliche Diodenschaltleistung
U_L	Spannung am Lastwiderstand
I_{Fmax}	maximaler Durchlassstrom
P_{tot}	totale Verlustleistung

$$P_{Smax} = (U_B - U_F)\frac{P_{tot}}{U_F} = \left(\frac{U_B}{U_F} - 1\right) P_{tot}$$

5.7.1.3 Nichtlinearer Widerstand, Arbeitspunkt

Benennungen

1 linearer Widerstand
2 nichtlinearer Widerstand mit positivem differentiellem Widerstand
3 nichtlinearer Widerstand mit negativem differentiellem Widerstand (gelegentlich als „negativer Widerstand" bezeichnet). Strom nimmt ab bei steigender Spannung

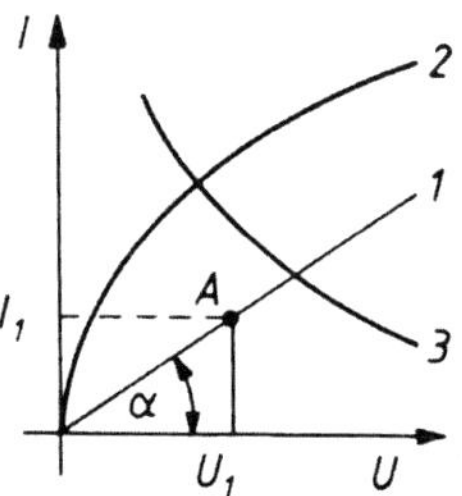

Linearer Widerstand

Der Widerstandswert ist *unabhängig* vom Arbeitspunkt *A*

$$R = \frac{U_1}{I_1} = \text{konstant}$$

Nichtlinearer Widerstand

Der Widerstandswert ist *abhängig* vom Arbeitspunkt *A*

$$R = \frac{U_1}{I_1}$$

$$r = \frac{\mathrm{d}U}{\mathrm{d}I} \approx \frac{\Delta U}{\Delta I}$$

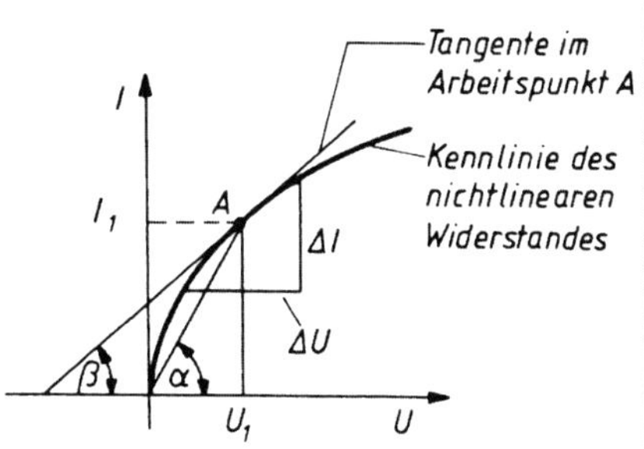

R Gleichstromwiderstand, statischer Widerstand
r differentieller Widerstand, dynamischer Widerstand, Wechselstromwiderstand

Änderung des Arbeitspunktes

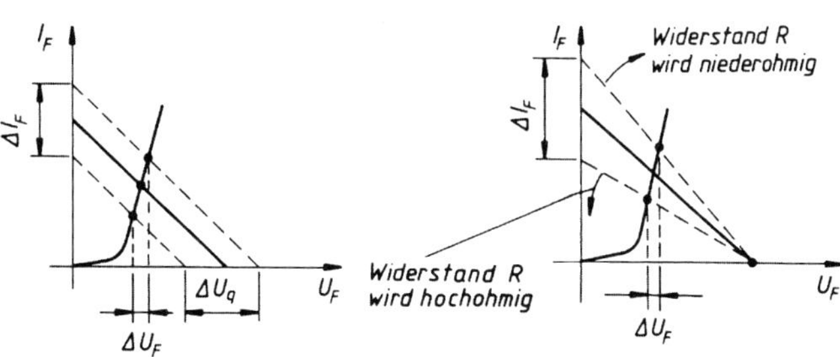

Einfluss der Quellenspannung U_q auf die Lage des Arbeitspunktes (R = konst.)

Einfluss des Widerstandes R auf die Lage des Arbeitspunktes (U_q = konst.)

5.7.1.4 Z-Dioden

Kennlinie einer Z-Diode

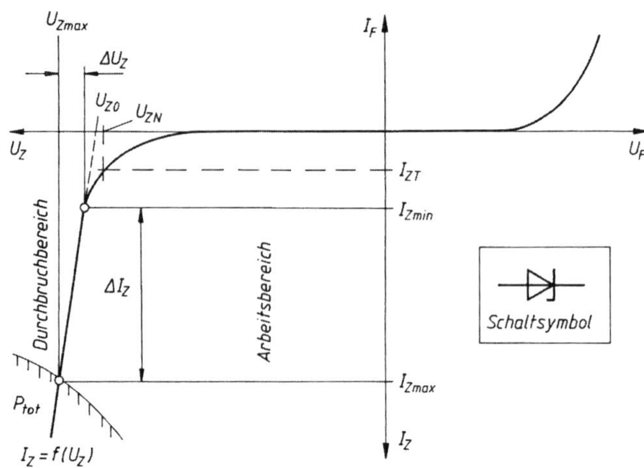

Benennungen

U_Z	Z-Arbeitsspannung (Durchbruchspannung)
I_Z	Z-Arbeitsstrom
U_{ZN}	Nennspannung der Z-Diode
U_{Z0}	Durchbruchspannung, extrapoliert für $I_Z = 0$
I_{ZT}	Messstrom (z. B. 5 mA)
r_Z	Statischer differentieller Widerstand im Durchbruchbereich
r_{Zj}	Dynamischer differentieller Widerstand im Durchbruchbereich (aus Datenblättern entnehmen)
$r_{Z\,th}$	Thermischer differentieller Widerstand im Durchbruchbereich
α_{UZ}	Temperaturkoeffizient der Arbeitsspannung
ΔT_j	Änderung der Sperrschichttemperatur
$R_{th\,JU}$	Gesamtwärmewiderstand

Schaltung und Ersatzschaltung

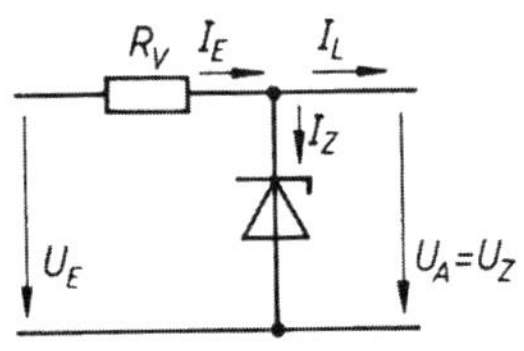

Schaltung mit Z-Diode

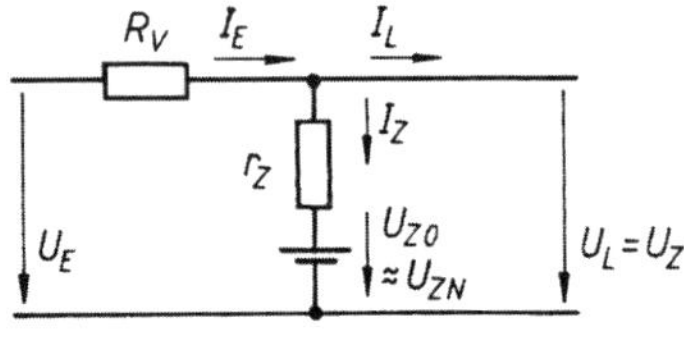

$U_Z = U_{Z0} + I_Z r_Z \approx U_{ZN} + I_Z r_Z$

Z-Diode als Spannungsquelle mit dem Innenwiderstand r_Z

Statischer differentieller Widerstand

$$r_Z = \frac{\Delta U_Z}{\Delta I_Z} \qquad r_Z = r_{Zj} + r_{Z\,th}$$

Im Arbeitsbereich ist $r_Z \approx$ konstant

Thermischer differentieller Widerstand

$$r_{Z\,th} = U_Z^2 \alpha_{UZ} R_{th\,JU}$$

$$\Delta T_j = U_Z R_{thJU} \Delta I_L$$

$$\alpha_{UZ} = \frac{\Delta U_Z}{U_{ZN} \Delta T_j}$$

5.7.2 Transistoren

5.7.2.1 Bipolare Transistoren

Zählrichtungen für Spannungen und Ströme

NPN-Transistor

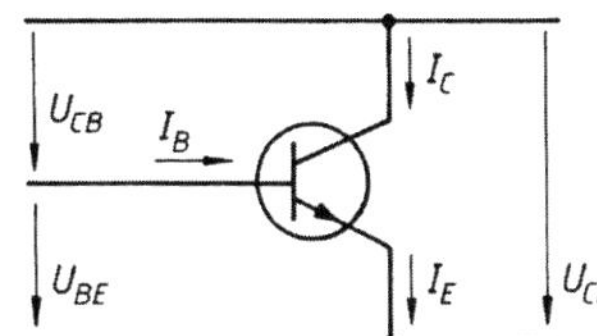

PNP-Transistor

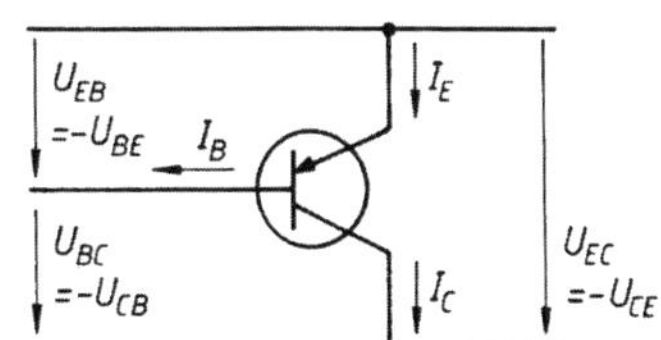

Ein NPN-Transistor zeigt in einer Schaltung die gleiche Wirkung wie ein PNP-Transitor.
Dazu ist lediglich die Betriebsspannung umzupolen.

$I_E = I_C + I_B$

$U_{CE} = U_{CB} + U_{BE}$

I_E	Emitterstrom
I_C	Kollektorstrom
I_B	Basisstrom
U_{CE}	Kollektor-Emitter-Spannung
U_{CB}	Kollektor-Basis-Spannung
U_{BE}	Basis-Emitter-Spannung Bei Si-Transistoren ≈ (0,5 … 0,7) V

5.7.2.2 Kennlinien und Kenngrößen bipolarer Transistoren

Vierquadranten-Kennliniendarstellung eines Transistors

Stromsteuerkennlinie

Ausgangskennlinienfeld

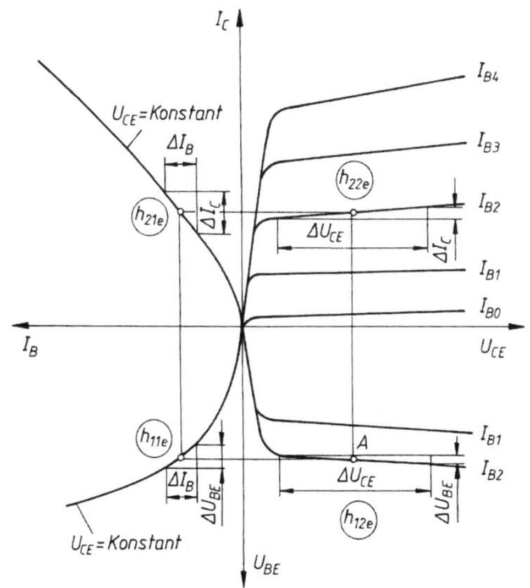

Eingangskennlinie

Spannungs-Rückwirkungskennlinienfeld

Statische Kennwerte des Transistors

Gleichstrom-Verstärkung

$$B = \frac{I_C}{I_B}$$

- B Gleichstromverstärkung
- I_C Kollektorstrom
- I_B Basisstrom

Gleichstrom-Eingangswiderstand

$$R_{BE} = \frac{U_{BE}}{I_B}$$

- R_{BE} Widerstand zwischen Basis und Emitter
- U_{BE} Basis-Emitter-Spannung

Gleichstrom-Ausgangswiderstand

$$R_{CE} = \frac{U_{CE}}{I_C}$$

- R_{CE} Widerstand zwischen Kollektor und Emitter
- U_{CE} Kollektor-Emitter-Spannung

Restströme, Sättigungsspannung

$$I_{CEO} \approx B\, I_{CBO}$$

- I_{CEO} Kollektor-Emitter-Reststrom ($I_B = 0$)
- I_{CES} Kollektor-Emitter-Reststrom ($U_{BE} = 0$)
- I_{CBO} Kollektor-Basis-Reststrom ($I_E = 0$)
- U_{CEsat} Sättigungsspannung, Restspannung zwischen Kollektor und Emitter

Dynamische Kennwerte des Transistors mit Vierpolparametern

Wechselstromverstärkung (U_{CE} = konst.)

$$\beta = \frac{\Delta I_C}{\Delta I_B} = h_{21e}$$

- β Wechselstrom-Verstärkungsfaktor ($\approx B$)
- ΔI_C Differenz des Kollektorstromes
- ΔI_B Differenz des Basisstromes

Dynamischer Eingangswiderstand (U_{CE} = konst.)

$$r_{BE} = \frac{\Delta U_{BE}}{\Delta I_B} = h_{11e}$$

- r_{BE} Differentieller Eingangswiderstand
- ΔU_{BE} Differenz der Basis-Emitter-Spannung
- ΔI_B Differenz des Basisstromes

Dynamischer Ausgangswiderstand (I_B = konst.)

$$r_{CE} = \frac{\Delta U_{CE}}{\Delta I_C} = \frac{1}{h_{22e}}$$

- r_{CE} Differentieller Ausgangswiderstand
- ΔU_{CE} Differenz der Kollektor-Emitter-Spannung
- ΔI_C Differenz des Kollektorstromes

Leerlaufspannungsrückwirkung (I_B = konst.)

$$D_U = \frac{\Delta U_{BE}}{\Delta U_{CE}} = h_{12e}$$

- D_U Leerlaufspannungsrückwirkung
- ΔU_{BE} Differenz der Basis-Emitter-Spannung
- ΔU_{CE} Differenz der Kollektor-Emitter-Spannung

Steilheit (U_{CE} = konst.)

$$S = \frac{\Delta I_C}{\Delta U_{BE}}$$

- S Steilheit
- ΔI_C Differenz des Kollektorstromes
- ΔU_{BE} Differenz der Basis-Emitter-Spannung

Grenzwerte des Transistors

Grenzwerte und Kennlinien

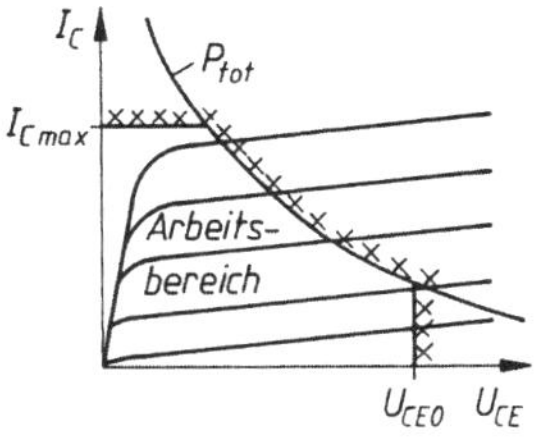

- P_{tot} totale Verlustleistung
- $I_{C\,max}$ maximaler Kollektorstrom
- U_{CE0}, U_{CEmax} Kollektor-Emitter-Sperrspannung bei offener Basis ($I\beta = 0$)
- T_{Umax}, T_{jmax} Temperaturgrenzwerte für die maximale Umgebungs- bzw. Sperrschichttemperatur
- T_{jmax} für Silizium $\approx$ (150 ... 200) °C

Verlustleistung

$$P_V = U_{CE}\, I_C + U_{BE}\, I_B \le P_{tot}$$
$$P_V \approx U_{CE}\, I_C \le P_{tot}$$
$$I_{C\,max} \le \frac{P_{tot}}{U_{CE}}$$

P_{tot} gilt für eine vom Hersteller definierte Umgebungstemperatur T_U (meist 25 °C).

5.7.3 Thyristoren

5.7.3.1 Grundschaltung und Kenndaten

Grundschaltung

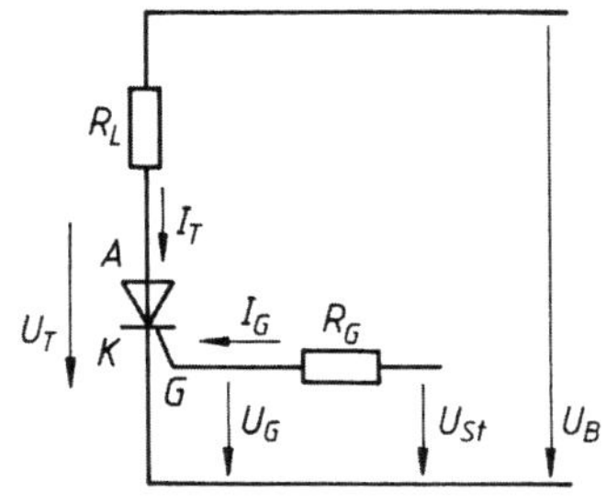

A Anode
K Katode
G Gate (Steueranschluss)
R_L Lastwiderstand
R_G Gatewiderstand
U_B Betriebsspannung
U_G Steuerspannung
U_{St} Steuerkreisspannung
U_T Durchlassspannung
I_T Durchlassstrom
I_G Steuerstrom

Ströme

$$I_T = \frac{U_B - U_T}{R_L} \approx \frac{U_B}{R_L}$$ Lastkreis

$$I_G = \frac{U_{St} - U_G}{R_G}$$ Steuerkreis

Verlustleistung

$$P_V = U_T I_T + U_G I_G \approx 1{,}1\ U_T I_T$$

Kenndaten

Vorwärtsrichtung

U_T, U_F Durchlassspannung
U_D Vorwärts-Sperrspannung
U_{DRM} Periodische Vorwärts-Spitzensperrspannung
$U_{(BO)}$ Kippspannung
$U_{(BO)0}$ Nullkippspannung
U_H Haltespannung
I_T, I_F Durchlassstrom
I_{TAV} Mittelwert des Durchlassstromes (Dauergrenzstrom)
I_{TEFF} Effektivwert des Durchlassstromes
I_D Vorwärts-Sperrstrom
I_H Haltestrom
$I_{(BO)}$ Kippstrom

Rückwärtsrichtung

U_R Rückwärts-Sperrspannung
U_{RRM} Periodische Rückwärts-Spitzensperrspannung
U_{RSM} Rückwärts-Stoßspitzensperrspannung
$U_{(BR)}$ Durchbruchspannung
I_R Rückwärts-Sperrstrom
I_{RRM} Periodische Rückstromspitze

5.7.3.2 Ausgewählte Thyristorbauelemente

Vierschichtdiode (Einrichtungs-Thyristordiode)

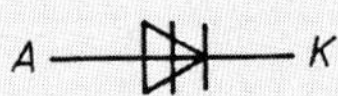

Charakteristische Kennlinie | Schaltung und Schaltverhalten

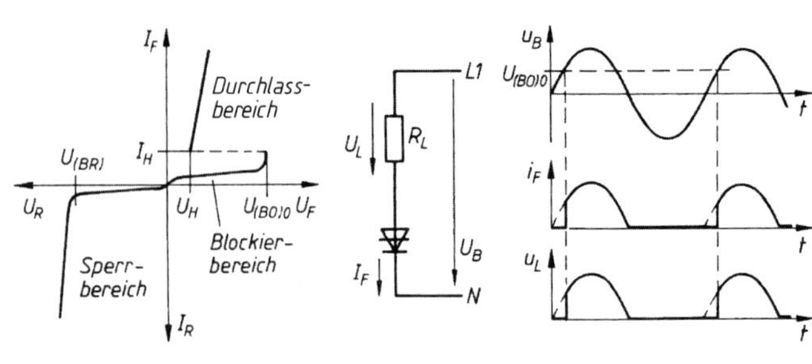

Auswahl typischer Werte:	Nullkippspannung	$U_{(BO)0}$	≈ 50 V
	Haltestrom	I_H	≈ 10 mA bis 50 mA
	Haltespannung	U_H	≈ 1 V
	Durchlassstrom	I_F	≈ bis 200 mA

Anwendungsbeispiele: Kippschaltungen, Impulsverstärker, Zählstufen. Zum Ansteuern von Thyristortrioden (Thyristoren).

Diac (Zweirichtungs-Diode im Dreischichtaufbau)

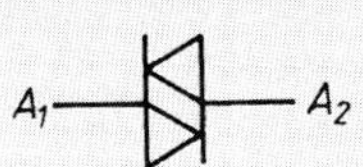

Charakteristische Kennlinie | Schaltung und Schaltverhalten

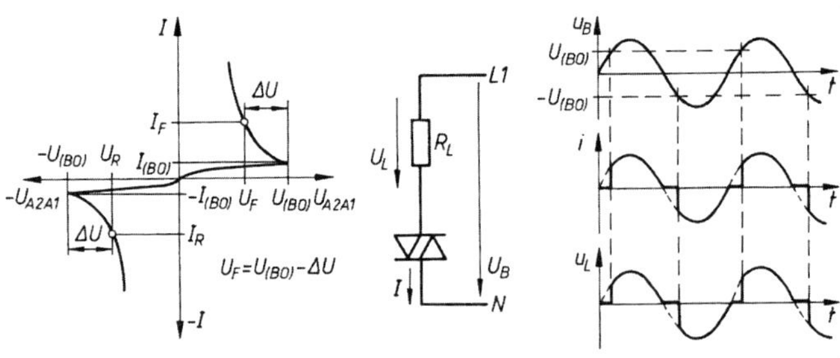

Auswahl typischer Werte: Kippspannung $U_{(BO)} \approx 30$ V
Rücklaufspannung $\Delta U \approx 6$ V für einen definierten Strom I_F bzw. I_R (z. B. 10 mA)
Max. Durchlassstrom $I_{max} \approx$ bis 3 A

Anwendungsbeispiele: Hauptsächlich zur Ansteuerung von Triacs und als kontaktloser Schalter.

Diac (Zweirichtungs-Thyristordiode)

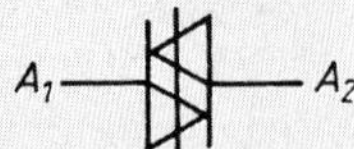

Der *DIAC* wird auch *als Zweirichtungs-Thyristordiode* ausgeführt. Das entspricht der Antiparallelschaltung von zwei Thyristordioden.

Antiparallelschaltung

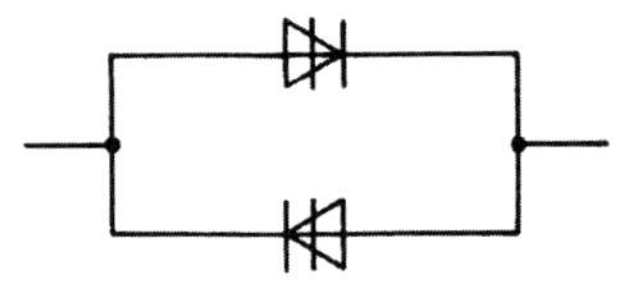

Thyristor (Einrichtungs-Thyristortriode)

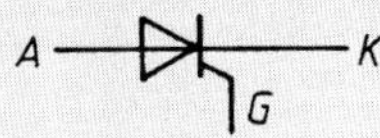

P-Gate-Thyristor

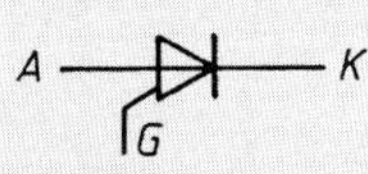

N-Gate-Thyristor

Charakteristische Kennlinie

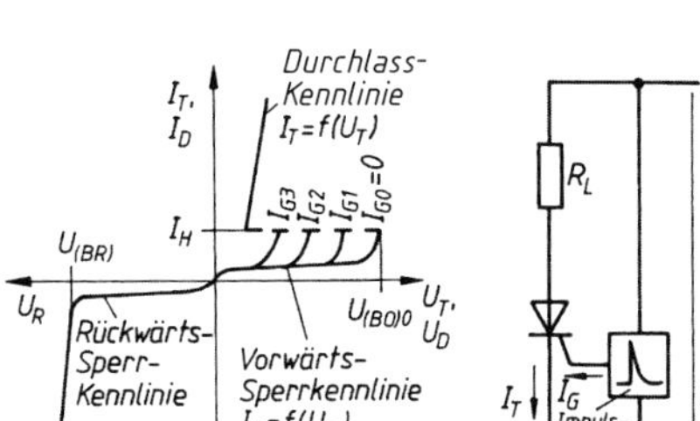

Schaltung und Schaltverhalten

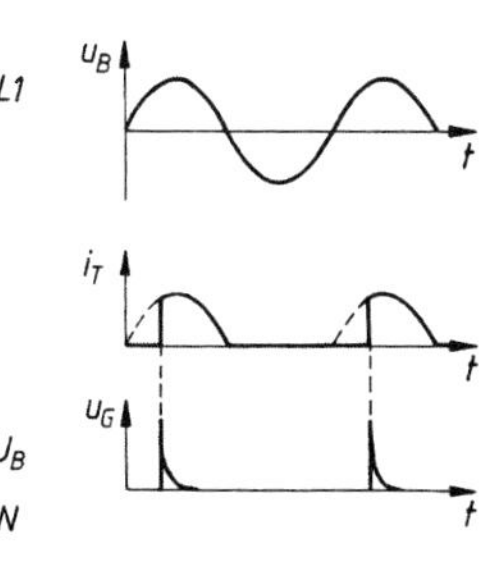

Auswahl typischer Werte:

Spitzensperrspannung	U_{RRM}	≈ 50 V bis 5000 V
Dauergrenzstrom	I_{TAV}	≈ 0,5 A bis > 1000 A
Zündspannung	U_G	≈ 1 V bis 5 V
Zündstrom	I_G	≈ 10 mA bis 500 mA

Anwendungsbeispiele: Als Leistungsschalter in Gleich-, Wechsel- und Drehstromkreisen. Als steuerbarer Stromrichter im Wechselstromkreis.

Triac (Zweirichtungs-Thyristortriode)

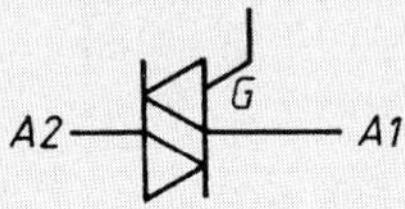

Charakteristische Kennlinie — Schaltung und Schaltverhalten

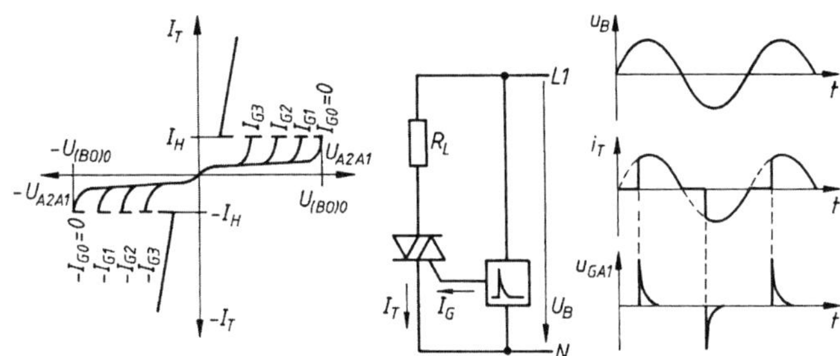

Auswahl typischer Werte:

Spitzensperrspannung	U_{DRM}	≈ bis 1500 V
Durchlassstrom	I_{TEFF}	≈ bis 50 A

Anwendungsbeispiele: Steuerung kleiner bis mittlerer Wechselstromleistungen. Phasenanschnittsteuerung.

GTO-Thyristor (Abschaltthyristortriode)

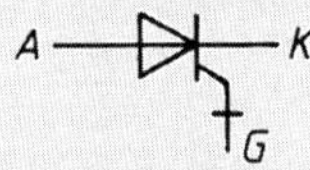

GTO (Gate-Turn-Off)-Thyristoren sind Thyristoren, die durch geeignete Steuerimpulse nicht nur vom Sperrzustand in den Durchlasszustand, sondern auch umgekehrt umgeschaltet werden können.

- Der Steuerstrom zum *Abschalten* eines GTO-Thyristors beträgt etwa 1/4 des Laststromes.
- GTO-Thyristoren werden u. a. in *Wechselrichter-Schaltungen* eingesetzt zur Umwandlung von Gleichspannung in Wechselspannung.

5.7.3.3 Phasenanschnittsteuerung

Phasenanschnittschaltung mit Diac und Triac

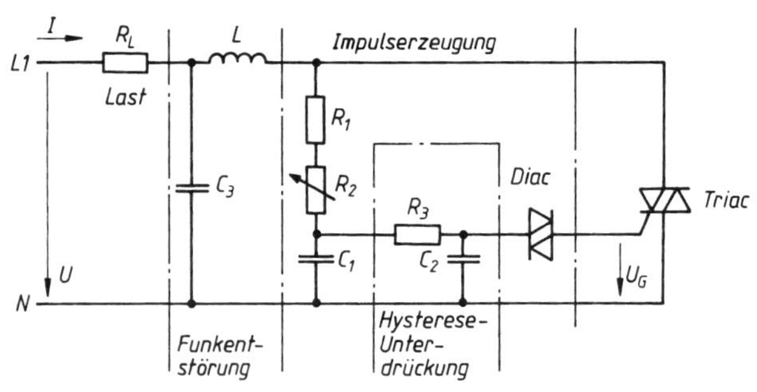

Phasenanschnittsteuerung mit Diac und Triac

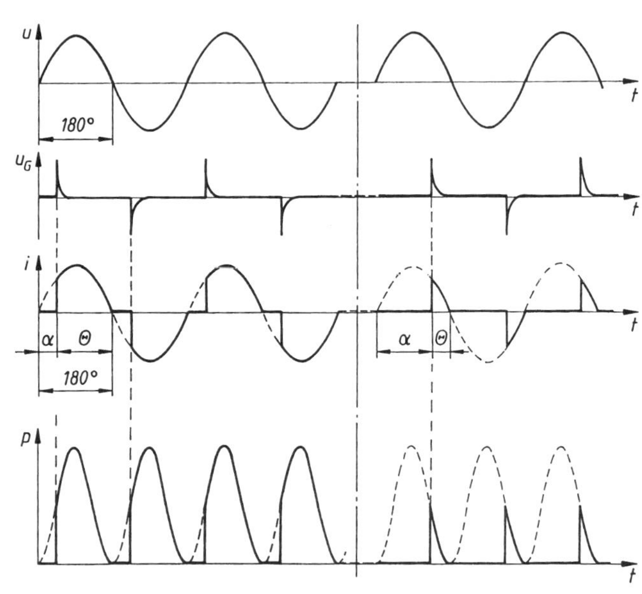

u	Netzspannung	α	Zündverzögerungswinkel
u_G	Steuerimpulse	Θ	Stromflusswinkel
i	Laststrom		$\alpha + \Theta = 180°$
p	im Lastwiderstand umgesetzte Leistung		

Beschreibung der Steuerung

- Die Steuerschaltung liefert netzsynchrone Zündimpulse
- Steuerbar zwischen den Zündverzögerungswinkeln 0° bis 180°
- Stufenlose Leistungssteuerung zwischen P_0 und P_{max}

6.1 Grundbegriffe

absoluter Druck p_{abs}

$p_{abs} = p_{amb} + p_e$ (bei Überdruck)

$p_{abs} = p_{amb} - p_e$ (bei Unterdruck)

p_e atmosphärische Druckdifferenz, Überdruck

p_{amb} umgebender Atmosphärendruck

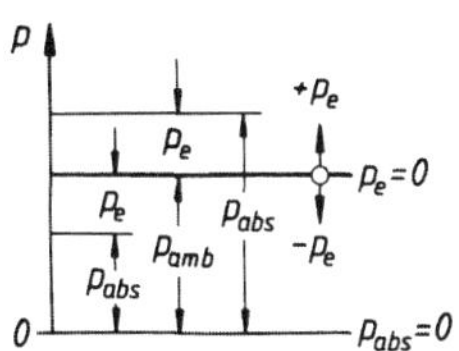

Normvolumen V_n

ist das Volumen einer beliebigen Gasmenge im Normzustand. Einheit m³.

Physikalischer Normzustand: $T = 273{,}15$ K; $\vartheta = 0°$ C, $p = 101\,325$ N/m² ≈ 1,013 bar
Das molare Normvolumen des idealen Gases beträgt $V_{mn} = 22{,}415$ m³/kmol

spezifisches Volumen v (6.9)

$$v = \frac{V}{m} = \frac{1}{\varrho}$$

v in m³/kg (6.9)
V Volumen in m³
m Masse in kg
ϱ Dichte in kg/m³ (6.9)

Beachte: v ist der Quotient aus Volumen V und Masse m. ϱ ist der Quotient aus Masse m und Volumen V. Die Wichte $\gamma = \varrho\, g$ soll nicht mehr benutzt werden!

spezifisches Normvolumen v_n (6.9)

$$v_n = \frac{V_n}{m}$$ ist das spezifische Volumen im Normzustand (siehe oben)

Wärme Q

$Q = m\,c\,\Delta T = m\,c\,(t_2 - t_1)$
1 Joule (J) = 1 Nm = 1 Ws.
Das J ist die gesetzliche Einheit der Energie, der Wärme und der Arbeit. Das Kelvin (K) ist die gesetzliche Einheit der Temperatur (1 K = 1°C).

Q	m	c	ΔT	t_2, t_1
J	kg	$\frac{J}{kgK}$	K	K oder °C

m Masse
c spezifische Wärmekapazität (6.10 und 6.11)
K und °C siehe 6.7

spezifische Wärme q

$$q = \frac{Q}{m}$$

q	Q	m
$\frac{J}{kg}$	J	kg

spezifische Wärmekapazität c (6.10 und 6.11)

gibt die Wärme (Wärmemenge) in J an, die erforderlich ist, um 1 kg oder 1 g eines Stoffes um 1 Kelvin (1 K) zu erwärmen, c ist temperatur- und druckabhängig.

mittlere spezifische Wärmekapazität c_{m12} zwischen t_1 und t_2 (6.10 und 6.11)

$$c_{m12} = \frac{c_{m02}\,t_2 - c_{m01}\,t_1}{t_2 - t_1}$$

c_{m02} ist mittlere spezifische Wärmekapazität zwischen 0 °C und t_2
c_{m01} entsprechend zwischen 0 °C und t_1

Mischungstemperatur t_g (Gemischtemperatur)

$$t_g = \frac{m_1 c_1 t_1 + m_2 c_2 t_2}{m_1 c_1 + m_2 c_2}$$

K und °C siehe 6.7

t	m	c
K oder °C	kg	$\frac{J}{kg\,K}$

Schmelzenthalpie q_s (6.12)

gibt die Wärme in J an, die nötig ist, um die Stoffmenge 1 kg des Stoffes bei der jeweiligen Schmelztemperatur zu schmelzen.

Verdampfungs-enthalpie q_v (6.13 und 6.15)

gibt die Wärme in J an, die nötig ist, um die Stoffmenge 1 kg des Stoffes bei der jeweiligen Siedetemperatur in den gasförmigen Zustand zu überführen.

Energieprinzip *(H. v. Helmholtz)*

Der Energieinhalt eines abgeschlossenen Systems kann bei irgendwelchen Veränderungen innerhalb des Systems weder zu- noch abnehmen:

$$\Delta U = \Delta Q + \Delta W$$

ΔU	ΔQ	ΔW
J	J	Nm = J

1 J = 1 Nm = 1 Ws

ΔU Zuwachs an innerer Energie
ΔW Arbeit
ΔQ Wärme

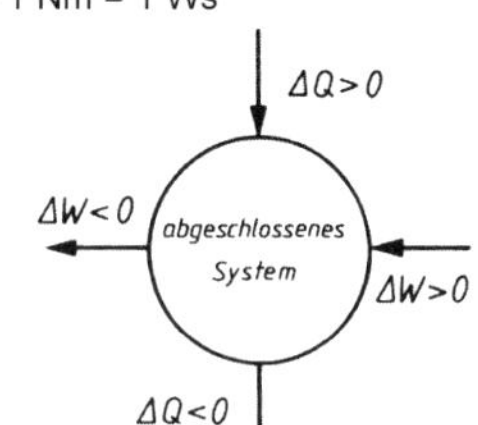

thermischer Wirkungsgrad η_{th}

$$\eta_{th} = \frac{\Delta W}{\Delta Q_1} = \frac{\Delta Q_1 - |\Delta Q_2|}{\Delta Q_1} = 1 - \frac{|\Delta Q_2|}{\Delta Q_1}$$

6.2 Wärmeausdehnung

Wärmeausdehnung fester Körper (6.16)

Längenzunahme Δl nach Erwärmung

$$\Delta l = l_1\ \alpha_l\ (t_2 - t_1)$$

Länge l_2 nach Erwärmung

$$l_2 = l_1\ [1 + \alpha_l\ (t_2 - t_1)]$$

l	V	α_1, α_V	t
m	m^3	$\frac{1}{K}$	K oder °C

Volumenzunahme ΔV nach Erwärmung

$$\Delta V \approx V_1\ \alpha_V\ (t_2 - t_1)$$

Volumen V_2 nach Erwärmung

$$V_2 \approx V_1\ [1 + \alpha_V\ (t_2 - t_1)]$$

α_l Längenausdehnungskoeffizient (6.16)
α_V Volumenausdehnungskoeffizient (6.16): $\alpha_V \approx 3\ \alpha_l$ für feste Körper
V_1 Volumen vor Erwärmung
K und °C siehe 6.7

Wärmeausdehnung flüssiger Körper (6.17)

Volumenzunahme ΔV nach Erwärmung

$$\Delta V = V_1 \frac{\alpha_V (t_2 - t_1)}{1 + \alpha_V\ t_1}$$

Volumen V_2 nach Erwärmung

$$V_2 = V_1 \frac{1 + \alpha_V\ t_2}{1 + \alpha_V\ t_1}$$

V	α_V	t
m^3	$\frac{1}{K}$	K oder °C

K und °C siehe 6.7

Wärmeausdehnung von Gasen

Vollkommene Gase dehnen sich bei Erwärmung um 1 K = 1 °C (bei gleich bleibendem Druck) um den 273,15ten Teil des Volumens aus, das sie bei 0 °C = 273,15 K und 101325 Pa (Normvolumen) einnehmen. 1 Pa = 1 N/m^2. Temperatur-Umrechnung siehe 6.7.

Volumenausdehnungskoeffizient α_V (konstant für alle vollkommenen Gase)

$$\alpha_V = \frac{1}{273{,}15}\frac{m^3}{m^3\,K} = \frac{1}{273{,}15}\frac{1}{K} \quad \text{oder}$$

$$\alpha_V = \frac{1}{273{,}15}\frac{m^3}{m^3\,°C} = \frac{1}{273{,}15}\frac{1}{°C} = 0{,}00366\frac{1}{°C}$$

Gesetz von Gay-Lussac

$$\frac{V_1}{V_2} = \frac{T_1}{T_2}$$

gilt bei p = konstant

$$\frac{p_1}{p_2} = \frac{T_1}{T_2}$$

gilt bei V = konstant

Gesetz von Boyle-Mariotte

$$\frac{V_1}{V_2} = \frac{p_2}{p_1}$$

gilt bei t = konstant

V	T	p
m^3	K	$\frac{N}{m^2} = Pa$

Volumenzunahme ΔV nach Erwärmung

$$\Delta V = \frac{V_0}{273{,}15}(T_2 - T_1) = \frac{V_1}{T_1}(T_2 - T_1)$$

Volumen V_2 nach Erwärmung

$$V_2 = V_1\frac{T_2}{T_1}$$

T Temperatur (thermodynamische Temperatur). Zwischen dieser und der Celsiustemperatur t eines Körpers gilt:
$T = t + 273{,}15$ K
(siehe 6.7)

6.3 Wärmeübertragung

Wärmeleitung

Wärmeleitung (6.18 bis 6.20)

ist der Wärmetransport von Teilchen zu Teilchen innerhalb eines Stoffes.

Wärmeleitfähigkeit λ (6.18 bis 6.20)

gibt die Wärme in J an, die in 1 s bei einem Durchtrittsquerschnitt von 1 m^2 und einem Temperaturunterschied von 1 K durch die Stoffdicke von 1 m hindurchströmt. λ ändert sich mit der Temperatur und bei Gasen auch mit dem Druck.

Wärmestrom Φ_{th} bei ebener Wand und bei dünnwandigem Rohr

$$\Phi_{th} = \lambda\frac{A}{s}(t_1 - t_2)$$

$$\Phi_{th} = \frac{\text{Wärme } Q}{\text{Zeit } t}$$

$A = \pi\, d\, L$ innere Mantelfläche
t_1, t_2 Oberflächentemperaturen
s Wanddicke
t Zeit

Φ_{th}	λ	A	s, l, D, d	t
W	$\frac{J}{m\,s\,K} = \frac{W}{K\,m}$	m^2	m	°C

Beachte: Weil 1 Joule je Sekunde gleich 1 Watt ist (1 J/s = 1 W), wird für die Einheit der Wärmeleitfähigkeit λ das Watt je Kelvin und Meter (W/Km) benutzt.

Thermodynamik
Wärmeübertragung

Wärmestrom Φ_{th} bei dickwandigem Rohr

$$\Phi_{th} = \frac{2\pi\lambda l}{\ln\frac{D}{d}}(t_1 - t_2)$$

Wärmestrom Φ_{th} bei ebener mehrschichtiger Wand

$$\Phi_{th} = \frac{A(t_1 - t_2)}{\sum\frac{s}{\lambda}}$$

Wärmestrom Φ_{th} bei mehrschichtigem Hohlzylinder

$$\Phi_{th} = \frac{2\pi l(t_1 - t_2)}{\sum\frac{1}{\lambda}\ln\frac{D}{d}}$$

l Rohrlänge in m
D Außendurchmesser in m
d Innendurchmesser in m
s Wanddicke in m
ln natürlicher Logarithmus
Φ_{th} Wärmestrom in J/s = W

Beachte: $1\frac{J}{s} = W$

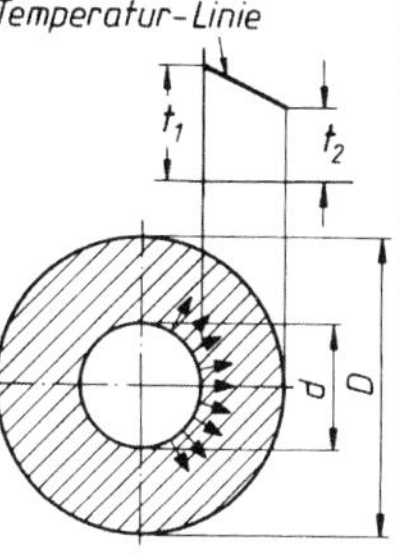

Wärmestrom Φ_{th} bei mehrschichtiger Hohlkugel

$$\Phi_{th} = \frac{2\pi(t_1 - t_2)}{\sum\frac{1}{\lambda}\left(\frac{1}{d} - \frac{1}{D}\right)}$$

Wärmeübergang

Wärmeübergang (6.21)

ist die Wärmeübertragung durch Konvektion von einem flüssigen oder gasförmigen Medium an eine feste Wand und umgekehrt.

Wärmeübergangszahl α (Wärmeübergangskoeffizient)

gibt die Wärme in J an, die bei einer Berührungsfläche von 1 m^2 und einer Temperaturdifferenz von 1 K in 1 s übergeht. Die große Zahl von Einflussgrößen macht die Bestimmung von α schwierig.

Wärmestrom Φ_{th}

$$\Phi_{th} = \alpha A\,(t_{fl} - t_w)$$

Φ_{th}	α	A	t
W	$\frac{J}{m^2\,sK} = \frac{W}{m^2K}$	m^2	K

A wärmeübertragende Fläche
t_{fl} mittlere Temperatur des strömenden Mediums
t_w Wandtemperatur

Formeln für Wärmeübergangszahl $\alpha_{Luft,20°C}$ in J/m^2 sK = W/m^{2}K (nach *Jürges*)

für Luftgeschwindigkeit	$w < 5$ m/s	$w > 5$ m/s
glatte, polierte Wand	$\alpha = 5{,}6 + 3{,}9\,w$	$\alpha = 7{,}1\ \ w^{0,78}$
Wand mit Walzhaut	$\alpha = 5{,}8 + 3{,}9\,w$	$\alpha = 7{,}14\ \ w^{0,78}$
raue Wand	$\alpha = 6{,}2 + 4{,}2\,w$	$\alpha = 7{,}52\ \ w^{0,78}$

Wärmedurchgang

ist die Wärmeübertragung von einem flüssigen oder gasförmigen Körper durch eine Trennwand auf einen kälteren flüssigen oder gasförmigen Körper.

Teil Vorgänge:
Wärmeübergang Flüssigkeit (t_1) → Wandoberfläche (t_{w1})

Wärmeleitung Wandoberfläche (t_{w1}) → Wandoberfläche (t_{w2})

Wärmeübergang Wandoberfläche (t_{w2}) → kältere Flüssigkeit (t_2)

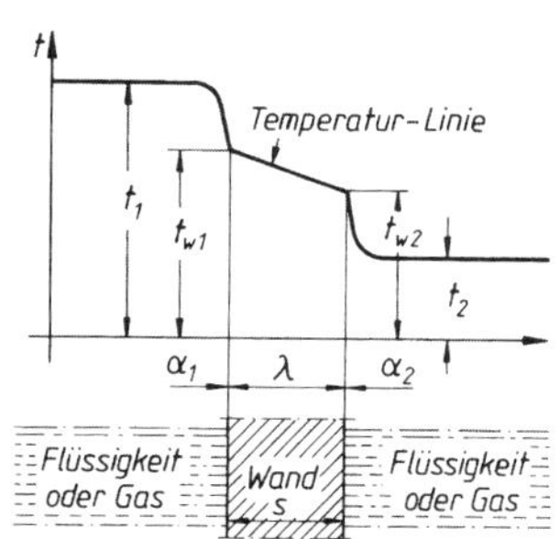

Wärmedurchgangszahl k (6.22) (Wärmedurchgangskoeffizient)

gibt die Wärme in J an, die bei einer Wandfläche von 1 m² und einer Temperaturdifferenz von 1 K in 1 s hindurchgeht

Wärmestrom Φ_{th}

$$\Phi_{th} = k\,A\,(t_1 - t_2)$$

A Durchgangsfläche
t Temperatur

Φ_{th}	k	A	t
W	$\frac{J}{m^2 sK} = \frac{W}{m^2 K}$	m²	K

Wärmedurchgangszahl k für ebene mehrschichtige Wand

$$k = \frac{1}{\frac{1}{\alpha_1} + \sum \frac{s}{\lambda} + \frac{1}{\alpha_1}}$$

k, α	λ	s, d, D	ln (D/d)
$\frac{W}{K m^2}$	$\frac{W}{K m}$	m	1

für mehrschichtigen Hohlzylinder

$$k = \frac{1}{\frac{1}{\alpha_1} + \frac{d_i}{2}\sum \frac{1}{\lambda} \ln \frac{D}{d} + \frac{d_i}{\alpha_a D_a}}$$

d_i Innendurchmesser der innersten Schicht

D_a Außendurchmesser der äußersten Schicht

für mehrschichtige Hohlkugel

$$k = \frac{1}{\frac{1}{\alpha_i} + \frac{d_i}{2}\sum \frac{1}{\lambda}\left(\frac{1}{d} - \frac{1}{D}\right) + \frac{d_i^2}{\alpha_a D_a^2}}$$

$\frac{D}{d} > 1$ Durchmesserverhältnis einer Schicht

ln natürlicher Logarithmus

Wärmestrahlung (6.23)

Stefan-Boltzmann'sches Gesetz

$$\Phi_s = C_s\,A\,T^4$$

Φ_s Strahlungsfluss

Φ	C	A	T	ε
W	$\frac{J}{m^2 sK^4} = \frac{W}{m^2 K^4}$	m²	K	1

allgemeine Strahlungskonstante

$$C_s \; 5{,}67 \cdot 10^{-8} \frac{J}{m^2 sK^4} = 5{,}67 \cdot 10^{-8} \frac{W}{m^2 K^4}$$

Strahlungsfluss Φ des wirklichen Körpers

$$\Phi = CAT^4 = \varepsilon\,C_s\,AT^4$$

$$\Phi = \varepsilon\,Q_s$$

$\varepsilon = C/C_s$ Emissionsverhältnis
C Strahlungszahl, beide nach 6.23
A parallel gegenüberstehende Flächen der Temperatur T_1, T_2
C_1, C_2 Strahlungszahlen der Körper
ε_1, ε_2 Emissionsverhältnis nach 6.23

Strahlungsfluss Φ

$$\Phi_{1,2} = C_{1,2}\,A\,(T_1^4 - T_2^4)$$

Strahlungsaustauschzahl $C_{1,2}$

$$C_{1,2} = \frac{1}{\frac{1}{C_1} + \frac{1}{C_2} - \frac{1}{C_s}} = \frac{C_s}{\frac{1}{\varepsilon_1} + \frac{1}{\varepsilon_2} - 1}$$

6.4 Gasmechanik

allgemeine Zustandsgleichung idealer Gase

$$\frac{p_1 v_1}{T_1} = \frac{p_2 v_2}{T_2} \qquad \frac{p_1 V_1}{T_1} = \frac{p_2 V_2}{T_2}$$

$$\frac{p v}{T} = \frac{p_0 v_0}{273\,\text{K}} \qquad \frac{p V}{T} = \frac{p_0 V_0}{273\,\text{K}}$$

$p v = R_i T$; $p V = m R_i T$; $p = \varrho R_i T$

p	v	R_i	T	V	m	ϱ
$\frac{\text{N}}{\text{m}^2} = \text{Pa}$	$\frac{\text{m}^3}{\text{kg}}$	$\frac{\text{J}}{\text{kgK}}$	K	m^3	kg	$\frac{\text{kg}}{\text{m}^3}$

p Druck
v spezifisches Volumen
R_i spezifische Gaskonstante (individuelle Gaskonstante)
T Temperatur
V Volumen
m Masse
ϱ Dichte

spezifische Gaskonstante R_i (6.24)

ist eine Stoffkonstante, die durch Messung der zugehörigen Größen p, v, T bestimmt werden kann. Sie stellt die Raumschaffungsarbeit dar, die von 1 kg Gas verrichtet wird, wenn diese Gasmenge bei p = konstant um 1 K erwärmt wird: $R_i = c_p - c_v$

(c_p spezifische Wärmekapazität bei p = konstant, c_v bei V = konstant, Werte in 6.11)

$R_i = \frac{R}{M}$ M molare Masse oder stoffmengenbezogene Masse (siehe 6.24)

universelle Gaskonstante R

$R = 8315 \frac{\text{J}}{\text{kmolK}}$

R ist von der chemischen Beschaffenheit eines Gases unabhängig

molares Normvolumen V_{mn}

$V_{mn} = 22{,}415 \frac{\text{m}^3}{\text{kmol}}$ (bei 0 °C und 101 325 Pa; 1 Pa = 1 N/m^2)

v_0 ist (unabhängig von der Gasart) das von 1 kmol eingenommene Volumen beim physikalischen Normzustand (6.1)

spezifische Wärmekapazitäten c_v und c_p bei konstantem Volumen und bei konstantem Druck (6.11)

$$c_v = \frac{1}{\kappa - 1} R_i$$

$$c_p = \frac{\kappa}{\kappa - 1} R_i$$

$R_i = c_p - c_v$

c_v, c_p	κ	R_i
$\frac{\text{J}}{\text{kgK}}$	1	$\frac{\text{J}}{\text{kg K}}$

1 Nm = 1 J = 1 Ws

Verhältnis $\kappa = c_p / c_v$ (6.24)

innere Energie U

$U = m\, c_v \Delta T$

spezifische innere Energie u

$u = c_v \Delta T$

$u = \frac{U}{m}$

m	U	u	c_v	ΔT, t_1, t_2
kg	J	$\frac{\text{J}}{\text{kg}}$	$\frac{\text{J}}{\text{kg K}}$	K

Änderung der spezifischen inneren Energie Δu

$\Delta u = u_2 - u_1 = c_v (t_2 - t_1)$

äußere Arbeit *W* (absolute) eines Gases (Volumenänderungsarbeit)

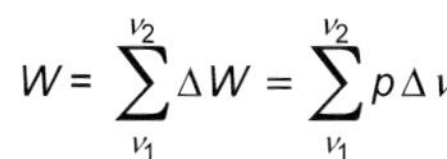

$$W = \sum_{v_1}^{v_2} \Delta W = \sum_{v_1}^{v_2} p\,\Delta v$$

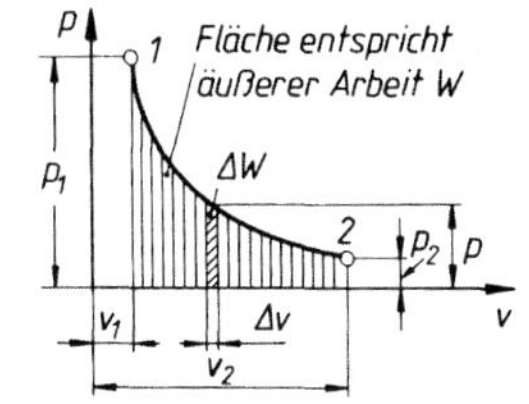

technische Arbeit W_t (Druckänderungsarbeit)

$$W_t = \sum_{p_1}^{p_2} \Delta W_t = \sum_{p_1}^{p_2} v\,\Delta p$$

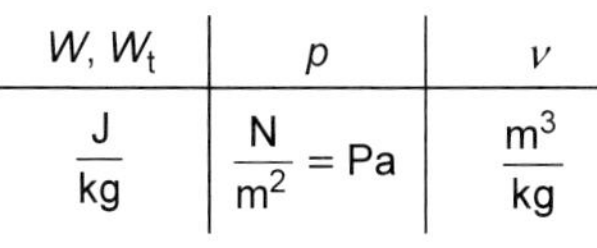

W, W_t	p	v
$\frac{J}{kg}$	$\frac{N}{m^2} = Pa$	$\frac{m^3}{kg}$

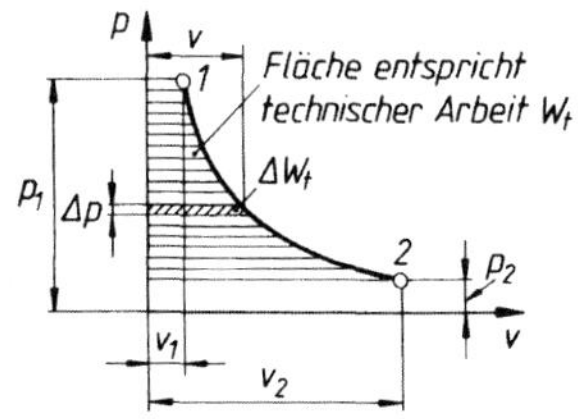

Enthalpie *H*

$H = m\,c_p\,\Delta T$

H	h	m	c_p	$\Delta T, t_1, t_2$
J	$\frac{J}{kg}$	kg	$\frac{J}{kg\,K}$	K

spezifische Enthalpie *h*

$h = c_p\,\Delta T$

Änderung der spezifischen Enthalpie Δh

$\Delta h = h_2 - h_1 = c_p\,(t_2 - t_1)$

6.5 Gleichungen für Zustandsänderungen und Carnot'scher Kreisprozess

Isochore (isovolume) Zustandsänderung

Das Gasvolumen v bleibt während der Zustandsänderung konstant (v = konstant); damit ist auch p / T = konstant:

$q\,(u)$	c	T	h	κ
$\frac{J}{kg}$	$\frac{J}{kg\,K}$	K	$\frac{J}{kg}$	1

$$\frac{p_1}{T_1} = \frac{p_2}{T_2} = \text{konstant}$$

$$\frac{p_1}{p_2} = \frac{T_1}{T_2} = \frac{273° + \vartheta_1}{273° + \vartheta_2}$$

s	W	v	p
$\frac{J}{kg\,K}$	$\frac{J}{kg}$	$\frac{m^3}{kg}$	$\frac{N}{m^2} = Pa$

c_p, c_v nach 6.11
κ nach 6.24

6 Thermodynamik

Gleichungen für Zustandsänderungen und Carnot'scher Kreisprozess

zu- oder abgeführte Wärme Δq

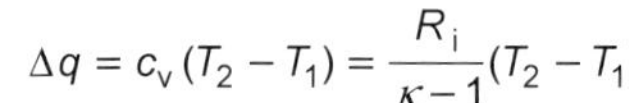

$$\Delta q = c_v (T_2 - T_1) = \frac{R_i}{\kappa - 1}(T_2 - T_1)$$

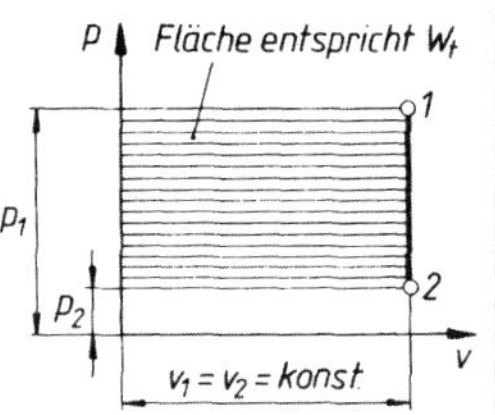

Änderung der inneren Energie Δu

$$\Delta u = c_v (T_2 - T_1) = \frac{R_i}{\kappa - 1}(T_2 - T_1)$$

Änderung der Enthalpie Δh

$$\Delta h = c_p (T_2 - T_1)$$

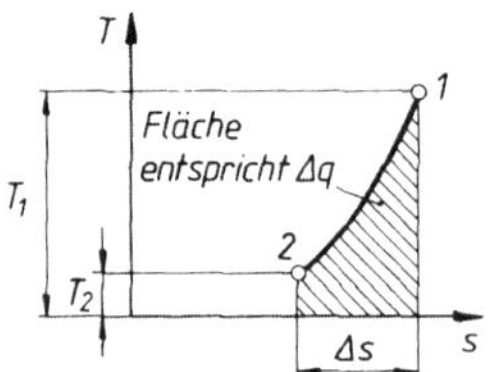

Änderung der Entropie Δs

$$\Delta s = c_v \ln \frac{T_2}{T_1}$$

technische Arbeit W_t (äußere Arbeit $W = 0$)

$$W_t = v(p_1 - p_2) = (\kappa - 1)\Delta u$$

Isobare Zustandsänderung

Der Gasdruck p bleibt während der Zustandsänderung konstant (p = konstant); damit ist auch v / T = konstant:

$$\frac{v_1}{T_1} = \frac{v_2}{T_2} = \text{konstant}$$

$$\frac{v_1}{v_2} = \frac{T_1}{T_2} = \frac{273\,\text{K} + t_1}{273\,\text{K} + t_2} = \frac{V_1}{V_2}$$

$q(u)$	c	T	h	κ
$\frac{\text{J}}{\text{kg}}$	$\frac{\text{J}}{\text{kg K}}$	K	$\frac{\text{J}}{\text{kg}}$	1

s	W	v	p
$\frac{\text{J}}{\text{kg K}}$	$\frac{\text{J}}{\text{kg}}$	$\frac{\text{m}^3}{\text{kg}}$	$\frac{\text{N}}{\text{m}^2} = \text{Pa}$

c_p, c_v nach 6.11
κ nach 6.24

zu- oder abgeführte Wärme Δq

$$\Delta q = c_p (T_2 - T_1) = \frac{\kappa}{\kappa - 1} R_i (T_2 - T_1)$$

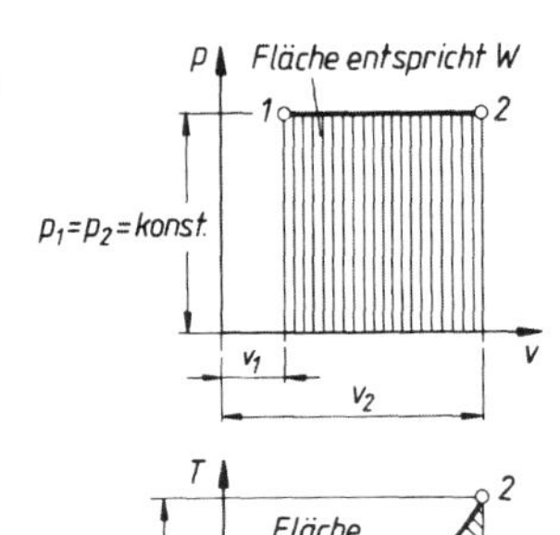

Änderung der inneren Energie Δu

$$\Delta u = c_v (T_2 - T_1)$$

Änderung der Enthalpie Δh

$$\Delta h = c_p (T_2 - T_1)$$

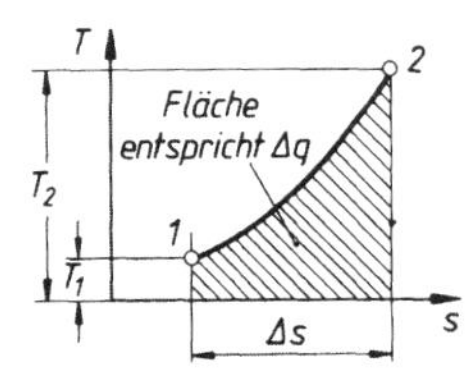

Änderung der Entropie Δs

$$\Delta s = c_p \ln \frac{T_2}{T_1}$$

äußere Arbeit W (technische Arbeit $W_t = 0$)

$$W = p(v_2 - v_1) = \frac{\kappa - 1}{\kappa}\Delta q$$

Isotherme Zustandsänderung

Die Temperatur T bleibt während der Zustandsänderung konstant (T = konstant); damit ist auch pv = konstant:

Einheiten siehe 6.5 (isochore Zustandsänderung)

$$p_1 v_1 = p_2 v_2 = \text{konstant}$$

$$\frac{p_1}{p_2} = \frac{v_2}{v_1}$$

zu- oder abgeführte Wärme Δq

$$\Delta q = R_i T \ln \frac{v_2}{v_1} = R_i T \ln \frac{p_1}{p_2}$$

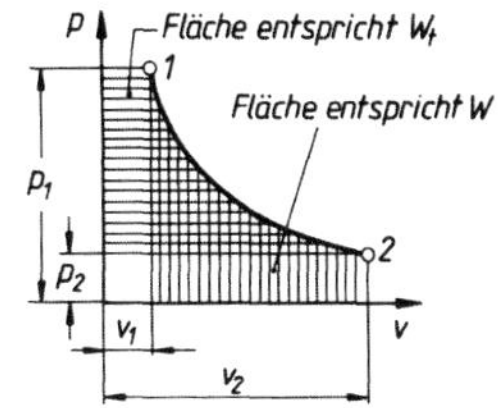

Änderung der inneren Energie $\Delta u = 0$ ebenso Änderung der Enthalpie $\Delta h = 0$

Änderung der Entropie Δs

$$\Delta s = R_i \ln \frac{v_2}{v_1} = R_i \ln \frac{p_1}{p_2}$$

äußere Arbeit W (technische Arbeit $W_t = \Delta q$)

$$W = W_t = \Delta q = R_i T \ln \frac{v_1}{v_2} = R_i T \ln \frac{p_2}{p_1}$$

Adiabate (isentrope) Zustandsänderung

Während der Zustandsänderung wird Wärme weder zu- noch abgeführt (Δq = 0, also auch Δs = 0); damit wird pv^{κ} = konstant:

Einheiten siehe 6.5 (isochore Zustandsänderung)

$$p_1 v_1^{\kappa} = p_2 v_2^{\kappa} = \text{konstant}$$

$$\frac{p_1}{p_2} = \left(\frac{v_2}{v_1}\right)^{\kappa} = \left(\frac{T_1}{T_2}\right)^{\kappa/\kappa-1}$$

$$\frac{T_1}{T_2} = \left(\frac{v_2}{v_1}\right)^{\kappa-1} = \left(\frac{p_1}{p_2}\right)^{\kappa-1/\kappa}$$

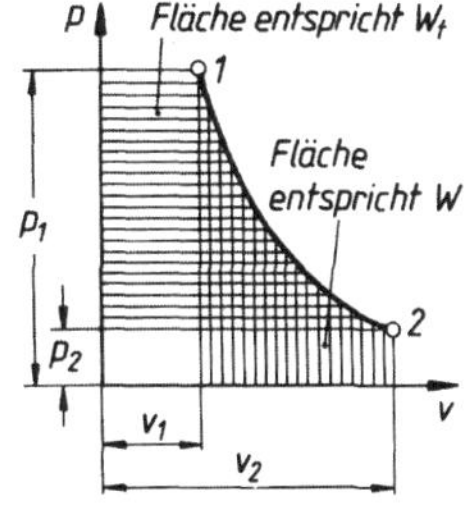

Änderung der inneren Energie Δu (≅ | äußere Arbeit W |)

$$\Delta u = c_v (T_2 - T_1)$$

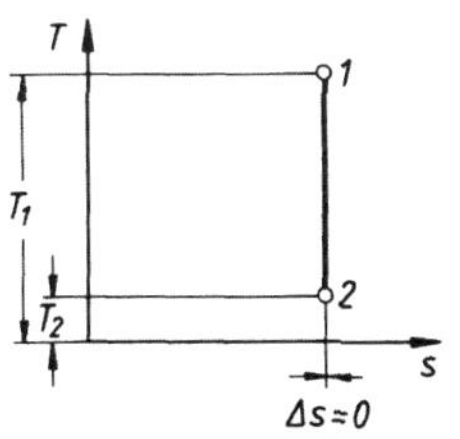

Thermodynamik

Gleichungen für Zustandsänderungen und Carnot'scher Kreisprozess

Änderung der Enthalpie Δh

$$\Delta h = c_p (T_2 - T_1) = \frac{\kappa}{\kappa - 1} p_1 v_1 \frac{T_2}{T_1} - 1$$

$$\Delta h = \frac{\kappa}{\kappa - 1} p_1 v_1 \left[\left(\frac{p_2}{p_1} \right)^{\kappa - 1/\kappa} - 1 \right] = \frac{\kappa}{\kappa - 1} p_1 v_1 \left[\left(\frac{v_1}{v_2} \right)^{\kappa - 1} - 1 \right]$$

Änderung der Entropie Δs

$$\Delta s = 0$$

äußere Arbeit W ($\cong |\Delta u|$)

$$W = c_v (T_1 - T_2) = \frac{1}{\kappa - 1}(p_1 v_1 - p_2 v_2) = \frac{p_1 v_1}{\kappa - 1}\left(1 - \frac{T_2}{T_1}\right)$$

$$W = \frac{p_1 v_1}{\kappa - 1}\left[1 - \left(\frac{p_2}{p_1}\right)^{\kappa - 1/\kappa}\right] = \frac{p_1 v_1}{\kappa - 1}\left[1 - \left(\frac{v_1}{v_2}\right)^{\kappa - 1}\right]$$

technische Arbeit W_t ($\triangleq |\Delta h|$)

$$W_t = c_p (T_1 - T_2) = \frac{\kappa}{\kappa - 1}(p_1 v_1 - p_2 v_2) = \frac{\kappa}{\kappa - 1} p_1 v_1 \left(1 - \frac{T_2}{T_1}\right)$$

$$W_t = \kappa A = \frac{\kappa}{\kappa - 1} p_1 v_1 \left[1 - \left(\frac{p_2}{p_1}\right)^{\kappa - 1/\kappa}\right] = \frac{\kappa}{\kappa - 1} p_1 v_1 \left[1 - \left(\frac{v_1}{v_2}\right)^{\kappa - 1}\right]$$

Polytrope Zustandsänderung

Allgemeinste Zustandsänderung nach dem Gesetz $p v^n$ = konstant.
Die anderen Zustandsänderungen sind Sonderfälle der polytropen Zustandsänderung. Exponent n kann von $-\infty$ bis $+\infty$ variieren.

Einheiten siehe 6.5 (isochore Zustandsänderung)

$$p_1 v_1^n = p_2 v_2^n = \text{konstant}$$

$$\frac{p_1}{p_2} = \left(\frac{v_2}{v_1}\right)^n = \left(\frac{T_1}{T_2}\right)^{\frac{n}{n-1}}$$

$$\frac{T_1}{T_2} = \left(\frac{v_2}{v_1}\right)^{n-1} = \left(\frac{p_1}{p_2}\right)^{\frac{n-1}{n}}$$

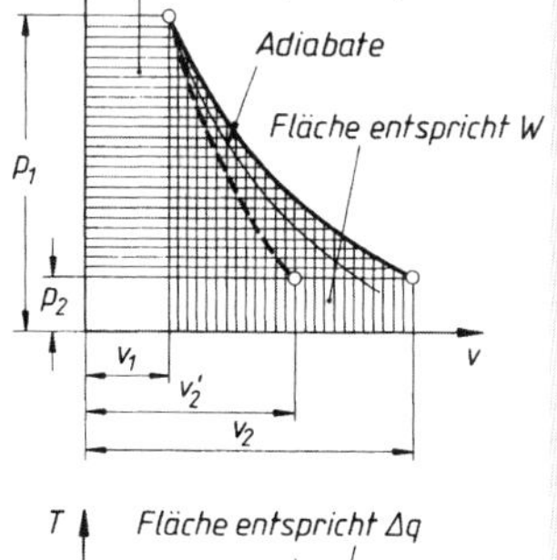

zu- oder abgeführte Wärme Δq

$$\Delta q = c_v \frac{n - \kappa}{n - 1}(T_2 - T_1)$$

Änderung der inneren Energie Δu

$$\Delta u = c_v (T_2 - T_1)$$

Änderung der Enthalpie Δh

wie bei adiabater Zustandsänderung, wenn für κ der Exponent n eingesetzt wird

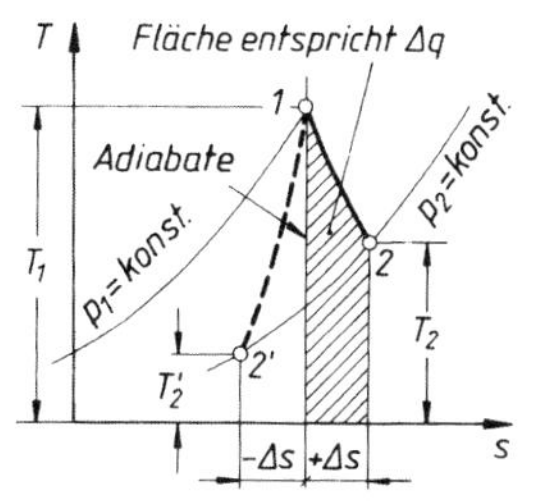

Änderung der Entropie Δs

$$\Delta s = c_v \frac{n-\kappa}{n-1} \ln \frac{T_2}{T_1}$$

äußere Arbeit W und technische Arbeit W_t

wie bei adiabater Zustandsänderung, wenn für κ der Exponent n eingesetzt wird

Carnot'scher Kreisprozess

1 – 2 isotherme Kompression
2 – 3 adiabate Kompression
3 – 4 isotherme Expansion
4 – 1 adiabate Expansion

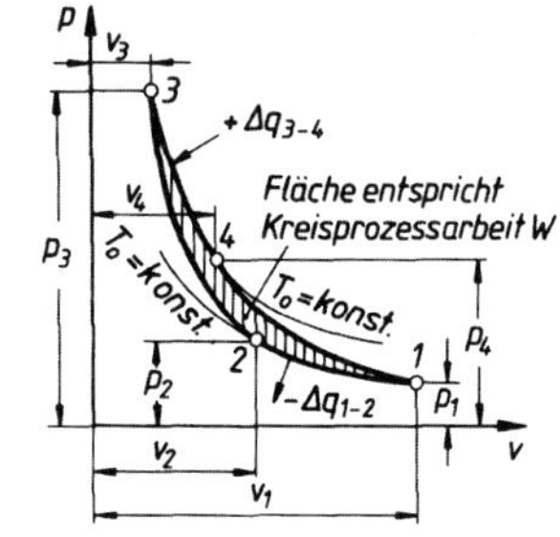

Kreisprozessarbeit W

$$W = R_i (T_u - T_o) \ln \frac{p_1}{p_2}$$

thermischer Wirkungsgrad η_{th}

$$\eta_{th} = 1 - \frac{T_u}{T_o}$$

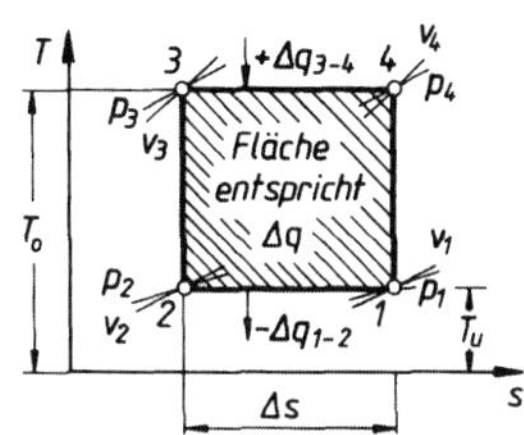

6.6 Gleichungen für Gasgemische

Gesetz von Dalton

Nach *Dalton* nimmt jeder Gemischpartner das gesamte zur Verfügung stehende Gemischvolumen ein, als ob die anderen Partner nicht vorhanden wären.
Daher steht jedes Einzelgas unter einem Teildruck (Partialdruck). Die Summe aller Partialdrücke ergibt den Gesamtdruck

Gesamtdruck p_g
Gesamtmasse m_g
Gesamtvolumen V_g (bei n Einzelgasen) des Gemisches

$$p_g = p_1 + p_2 + \dots p_n$$
$$m_g = m_1 + m_2 + \dots m_n$$
$$V_g = V_1 + V_2 + \dots V_n$$

$\dot{m}_n = \dfrac{m_n}{m_g}$ Massenanteil $\sum \dot{m} = 1$

$r_n = \dfrac{V_n}{V_g}$ Raumanteil $\sum r = 1$

Gaskonstante R_g des Gemisches (6.24)

$$R_g = \dot{m}_1 R_1 + \dot{m}_2 R_2 + \dots \dot{m}_n R_n$$

p	m	V	$\dot{m}_n, r_n$
$\text{Pa} = \frac{\text{N}}{\text{m}^2}$	kg	m^3	Einheit Eins (Verhältnisgrößen)

Partialdruck p_n des Gemisches	$p_n = \dot{m}_n \frac{R_n}{R_g} p_g = r_n p_g$	
spezifische Wärmekapazität c_{pg} des Gemisches	$c_{pg} = \dot{m}_1 c_{p1} + \dot{m}_2 c_{p2} + \ldots \dot{m}_n c_{pn}$ $c_{vg} = \dot{m}_1 c_{v1} + \dot{m}_2 c_{v2} + \ldots \dot{m}_n c_{vn}$	$c_{p1} \ldots, c_{v1} \ldots$ sind die spezifischen Wärmekapazitäten der Einzelgase (6.11)
Dichte ϱ_g des Gemisches	$\varrho_g = r_1 \varrho_1 + r_2 \varrho_2 + \ldots r_n \varrho_n$	$\varrho_1 \ldots$ Dichten der Einzelgase (6.24)
Temperatur t_g des Gemisches	siehe 6.1	

6.7 Temperatur-Umrechnungen

t in Grad Celsius (°C): $t = \frac{5}{9}(t_F - 32) = T - 273{,}15 = \frac{5}{9}(T_R - 491{,}67)$

t_F in Grad Fahrenheit (°F): $t_F = 1{,}8\,t + 32 = 1{,}8\,T - 459{,}67 = T_R - 459{,}67$

T in Grad Kelvin (K): $T = t + 273{,}15 = \frac{5}{9}t_F + 255{,}37 = \frac{5}{9}T_R$

T_R in Grad Rankine (°R): $T_R = 1{,}8\,t + 491{,}67 = t_F + 459{,}67 = 1{,}8\,T$

6.8 Temperatur-Fixpunkte

Sauerstoff (Siedepunkt)	– 182,97 °C
Wasser (Tripelpunkt)	0,01 °C
Wasser (Siedepunkt)	100,00 °C
Schwefel (Siedepunkt)	444,60 °C
Silber (Schmelzpunkt)	960,80 °C
Gold (Schmelzpunkt)	1063,00 °C

6.9 Spezifisches Normvolumen v_n und Dichte ϱ_n (0 °C und 101 325 N/m²)

Gasart	chemisches Kurzzeichen	v_n in $\frac{m^3}{kg}$	ϱ_n in $\frac{kg}{m^3}$
Kohlendioxid	CO_2	0,506	1,977
Kohlenoxid	CO	0,800	1,250
Luft	–	0,774	1,293
Methan	CH_4	1,396	0,717
Sauerstoff	O_2	0,700	1,429
Stickstoff	N_2	0,799	1,251
Wasserdampf	H_2O	1,243	0,804
Wasserstoff	H_2	11,111	0,090

6.10 Mittlere spezifische Wärmekapazität c_m fester und flüssiger Stoffe zwischen 0 °C und 100 °C in J / (kg K)

Aluminium	896	Kork	2010	Steinzeug	773
Beton	1005	Kupfer	390	Ziegelstein	920
Blei	130	Marmor	870	Alkohol	2430
Eichenholz	2390	Messing	386	Ammoniak	4187
Eis	2050	Nickel	444	Aceton	2300
Eisen (Stahl)	450	Platin	134	Benzol	1840
Fichtenholz	2720	Quarzglas	725	Glycerin	2430
Glas	796	Quecksilber	138	Maschinenöl	1675
Graphit	870	Sandstein	920	Petroleum	2093
Gusseisen	540	Schamotte	796	Schwefelsäure	1380
Kieselgur	870	Silber	234	Wasser	4187

6.11 Mittlere spezifische Wärmekapazität c_p, c_v in J / (kg K) nach *Justi* und *Lüder*

ϑ in °C	CO	CO_2	Luft	CH_4	O_2	N_2	H_2O	H_2
0 c_p	1038,13	707,43	1004,64	2155,79	912,55	1038,13	1854,40	14 232,40
c_v	740,92	519,06	715,81	1636,73	653,02	740,92	1393,94	10 109,19
100 c_p	1042,31	870,69	1008,83	2260,44	920,92	1042,31	1866,96	14 316,12
c_v	745,11	682,32	719,99	1741,38	661,39	745,11	1406,50	10 192,91
200 c_p	1046,50	916,73	1013,01	2453,00	933,48	1046,50	1887,89	14 399,84
c_v	749,29	728,36	724,18	1933,93	673,95	749,29	1427,43	10 276,63
300 c_p	1054,87	958,59	1021,38	2637,18	950,22	1050,69	1908,82	14 441,70
c_v	757,67	770,22	732,55	2118,12	690,69	753,48	1448,36	1946,49
400 c_p	1063,24	987,90	1029,76	2808,81	966,97	1059,06	1938,12	14 483,56
c_v	766,04	799,53	740,92	2289,74	707,43	761,85	1477,66	10 360,35
500 c_p	1075,80	1021,38	1042,31	2955,32	979,52	1074,43	1971,61	14 483,56
c_v	778,60	833,01	753,48	2436,25	719,99	770,22	1511,15	10 360,35
600 c_p	1088,36	1050,69	1050,69	3147,87	992,08	1075,82	2000,91	14 525,42
c_v	791,15	862,31	761,85	2628,81	732,55	778,60	1540,45	10 402,21
700 c_p	1096,73	1071,62	1059,06	3302,57	1004,64	1084,17	2030,21	14 567,28
c_v	799,53	883,25	770,22	7283,69	745,11	786,97	1569,75	10 444,07
800 c_p	1109,30	1092,55	1071,62	3436,71	1017,20	1096,73	2067,88	14 651,00
c_v	812,08	904,18	782,78	2917,64	757,67	799,53	1607,42	10 527,79
900 c_p	1121,85	1113,48	1084,17	3570,66	1025,57	1105,10	2101,37	14 692,86
c_v	824,64	925,11	795,34	3051,59	766,04	807,90	1640,91	10 569,65
1000 c_p	1130,22	1130,22	1092,55	3658,56	1033,94	1117,66	2134,86	14 734,72
c_v	833,01	941,85	803,71	3139,50	744,41	820,46	1674,40	10 611,51

6.12 Schmelzenthalpie q_s fester Stoffe in J / kg bei p = 101 325 N/m²

Aluminium	$3{,}9 \cdot 10^5$	Grauguss	$0{,}96 \cdot 10^5$	Nickel	$2{,}3 \cdot 10^5$	Zink	$1{,}1 \cdot 10^5$
Blei	$0{,}23 \cdot 10^5$	Kupfer	$1{,}7 \cdot 10^5$	Platin	$1{,}0 \cdot 10^5$	Zinn	$0{,}6 \cdot 10^5$
Eis	$3{,}4 \cdot 10^5$	Magnesium	$2{,}0 \cdot 10^5$	Stahl	$2{,}5 \cdot 10^5$		

6.13 Verdampfungs- und Kondensationsenthalpie q_v in J / kg bei 101 325 N/m²

Alkohol	$8{,}7 \cdot 10^5$	Quecksilber	$2{,}85 \cdot 10^5$	Stickstoff	$2{,}01 \cdot 10^5$
Benzol	$4{,}4 \cdot 10^5$	Sauerstoff	$2{,}14 \cdot 10^5$	Wasser	$22{,}5 \cdot 10^5$
				Wasserstoff	$5{,}0 \cdot 10^5$

6.14 Schmelzpunkt fester Stoffe in °C bei p = 101 325 N/m²

Aluminium	658	Gold	1063	Messing	900
Blei	327	Graphit	3600	Platin	1770
Chrom	1765	Iridium	2455	Silber	960
Diamant	3500	Kupfer	1084	Wolfram	3350
Eisen (rein)	1528	Magnesium	655	Zink	419
Elektron	625	Mangan	1260	Zinn	232

6.15 Siede- und Kondensationspunkt einiger Stoffe in °C bei p = 101 325 N/m²

Alkohol	78	Helium	– 269	Sauerstoff	– 183
Benzin	95	Kohlenoxid	– 190	Silber	2000
Benzol	80	Kupfer	2310	Stickstoff	– 196
Blei	1525	Magnesium	1100	Wasser	100
Eisen (rein)	2500	Mangan	1900	Wasserstoff	– 253
Glycerin	290	Methan	– 164	Zink	915
Gold	2650	Quecksilber	357	Zinn	2200

6.16 Längenausdehnungskoeffizient α_l fester Stoffe in 1/K zwischen 0 °C und 100 °C (Volumenausdehnungskoeffizient $\alpha_V \approx 3\,\alpha_l$)

Aluminium	$23{,}5 \cdot 10^{-6}$	Invarstahl	$1{,}6 \cdot 10^{-6}$	Porzellan	$3{,}0 \cdot 10^{-6}$
Baustahl	$12{,}0 \cdot 10^{-6}$	Jenaer Glas	$4{,}5 \cdot 10^{-6}$	PVC	$78{,}1 \cdot 10^{-6}$
Blei	$92{,}2 \cdot 10^{-6}$	Kunststoffe	$(10 - 50) \cdot 10^{-6}$	Quarzglas	$0{,}6 \cdot 10^{-6}$
Bronze	$17{,}5 \cdot 10^{-6}$	Kupfer	$16{,}5 \cdot 10^{-6}$	Widia	$5{,}3 \cdot 10^{-6}$
Chromstahl	$11{,}0 \cdot 10^{-6}$	Magnesium	$26{,}0 \cdot 10^{-6}$	Wolfram	$4{,}5 \cdot 10^{-6}$
Glas	$9{,}0 \cdot 10^{-6}$	Messing	$18{,}4 \cdot 10^{-6}$	Zinn	$23{,}0 \cdot 10^{-6}$
Gold	$14{,}2 \cdot 10^{-6}$	Nickel	$14{,}1 \cdot 10^{-6}$	Zinnbronze	$17{,}8 \cdot 10^{-6}$
Gusseisen	$9{,}0 \cdot 10^{-6}$	Platin	$8{,}9 \cdot 10^{-6}$	Zink	$30{,}1 \cdot 10^{-6}$

6.17 Volumenausdehnungskoeffizient α_V von Flüssigkeiten in 1/K bei 18 °C

Äthylalkohol	$11{,}0 \cdot 10^{-4}$	Glycerin	$5{,}0 \cdot 10^{-4}$	Schwefelsäure	$5{,}6 \cdot 10^{-4}$
Äthyläther	$16{,}3 \cdot 10^{-4}$	Olivenöl	$7{,}2 \cdot 10^{-4}$	Wasser	$1{,}8 \cdot 10^{-4}$
Benzol	$12{,}4 \cdot 10^{-4}$	Quecksilber	$1{,}8 \cdot 10^{-4}$		

6.18 Wärmeleitzahlen λ fester Stoffe bei 20 °C in $10^3\ \frac{J}{mhK}$; Klammerwerte in $\frac{W}{mK}$

Stoff			Stoff			Stoff		
Aluminium	754	(209)	Kesselstein, amorph [1]	4	(1,1)	Quarzglas	5,0	(1,39)
Asbestwolle	0,3	(0,08)	–, gipsreich [1]	5,5	(1,53)	Ruß	0,17	
Asphalt	2,5	(0,69)	–, kalkreich [1]	1,8	(0,5)	Sandstein	6,7	
Bakelit	0,8	(0,22)	Kies	1,3	(0,36)	Schamottestein [1]	3	(0,8)
Beton	4,6	(1,28)	Kohle, amorph	0,63	(0,17)	–, (1000 °C)	3,6	(1,0)
Blei	126	(35)	–, graphitisch	4,2	(1,17)	Schaumgummi [1]	0,2	(0,06)
Duraluminium	628	(174)	Korkplatten	0,17	(0,05)	Schnee [1]	0,5	(0,14)
Eichenholz, radial	0,6	(0,17)	Kupfer	1360	(380)	Silber	1500	(420)
Eis bei 0 °C	8,1	(2,25)	Leder	0,6	(0,17)	Stahl (0,1 % C)	193	(54)
Eisenzunder (1000 °C)	5,9	(1,64)	Linoleum	0,67	(0,19)	– (0,6 %C)	150	(42)
Fensterglas	4,2	(1,17)	Magnesium	510	(142)	– (V 2 A)	54	(15)
Fichtenholz, axial	0,84	(0,23)	Marmor	10,5	(2,92)	Ziegelmauer, außen	3,1	(0,86)
–, radial	0,42	(0,12)	Messing	376	(104)	–, innen	2,5	(0,7)
Gips, trocken [1]	1,5	(0,42)	Mörtel und Putz	3,4	(0,94)	Zink	406	(113)
Gold	1120	(310)	Nickel	293	(81)	Zinn	239	(66)
Graphit	500	(140)	Nickelstahl (30% Ni)	42	(11,7)			
Hartgummi	0,6	(0,17)	Porzellan [1]	4,5	(1,3)			

[1] Mittelwerte

6.19 Wärmeleitzahlen λ von Flüssigkeiten bei 20 °C in $\frac{J}{mhK}$; Klammerwerte in $\frac{W}{mK}$

Stoff			Stoff			Stoff		
Ammoniak	1 800	(0,5)	Glycerin	1 000	(0,28)	Spindelöl	500	(0,14)
Äthylalkohol	700	(0,19)	– mit 50% Wasser	1 500	(0,42)	Transformatorenöl	460	(0,13)
Aceton	600	(0,17)	Paraffinöl	460	(0,13)	Wasser	2 200	(0,61)
Benzin	500	(0,14)	Quecksilber	33 000	(9,2)	Xylol	470	(0,13)

6.20 Wärmeleitzahlen λ von Gasen in Abhängigkeit von der Temperatur (Ungefährwerte) in $\frac{J}{mhK}$ Klammerwerte in $\frac{W}{mK}$

	0 °C	200 °C	400 °C	600 °C	800 °C	1000 °C
Luft	84 (0,023)	47 (0,013)	188 (0,052)	222 (0,062)	251 (0,07)	281 (0,078)
Wasserdampf	63 (0,017)	117 (0,032)	197 (0,055)	293 (0,081)		
Argon	59 (0,016)	92 (0,026)	126 (0,035)	155 (0,043)	184 (0,05)	209 (0,058)

6.21 Wärme-Übergangszahlen α für Dampferzeuger bei normalen Betriebsbedingungen (Mittelwerte)

	in $\frac{J}{m^2 hK}$		in $\frac{W}{m^2 K}$
Verdampfer	$\alpha_1 = (83 \ldots 209) \cdot 10^3$	zwischen Feuergas und Wand	23 ... 58
	$\alpha_2 = (210 \ldots 420) \cdot 10^6$	zwischen Wand und Wasser	$(58 \ldots 117) \cdot 10^3$
Überhitzer	$\alpha_1 = (125 \ldots 209) \cdot 10^3$	zwischen Rohrwand und Feuergas oder Dampf	35 ... 58
Lufterhitzer	$\alpha_1 = (42 \ldots 83) \cdot 10^3$	zwischen Blechwand und Luft oder Feuergas	12 ... 23
Wasservorwärmer	$\alpha_1 = (63 \ldots 126) \cdot 10^3$	zwischen Feuergas und Rohrwand	17 ... 35
	$\alpha_2 = (210 \ldots 330) \cdot 10^6$	zwischen Rohrwand und Wasser	$(58 \ldots 92) \cdot 10^3$

6.22 Wärmedurchgangszahlen *k* bei normalem Kesselbetrieb (Mittelwerte)

in $\frac{J}{m^2 hK}$		in $\frac{W}{m^2 K}$
(42 ... 126) · 10^3	für Wasservorwärmer	11,7 ... 35
(83 ... 209) · 10^3	für Verdampferheizfläche	23 ... 58
(83 ... 251) · 10^3	für Berührungsüberhitzer	23 ... 70
(33 ... 63) · 10^3	für Plattenlufterhitzer	9,2 ... 17,5

6.23 Emissionsverhältnis ε und Strahlungszahl *C* bei 20 °C

	ε	C in $\frac{J}{m^2 hK^4}$	C in $\frac{W}{m^2 K^4}$
absolut schwarzer Körper	1	20,8 · 10^{-5}	5,78 · 10^{-8}
Aluminium, unbehandelt	0,07 ... 0,09	(1,47 ... 1,88) · 10^{-5}	(0,41 ... 0,52) · 10^{-8}
–, poliert	0,04	0,796 · 10^{-5}	0,22 · 10^{-8}
Glas	0,93	19,3 · 10^{-5}	5,36 · 10^{-8}
Gusseisen, ohne Gusshaut	0,42	8,8 · 10^{-5}	2,44 · 10^{-8}
Kupfer, poliert	0,045	0,92 · 10^{-5}	0,26 · 10^{-8}
Messing, poliert	0,05	1,05 · 10^{-5}	0,29 · 10^{-8}
Öle	0,82	16,96 · 10^{-5}	4,71 · 10^{-8}
Porzellan, glasiert	0,92	19,17 · 10^{-5}	5,32 · 10^{-8}
Stahl, poliert	0,28	5,86 · 10^{-5}	1,63 · 10^{-8}
Stahlblech, verzinkt	0,23	4,69 · 10^{-5}	1,30 · 10^{-8}
–, verzinnt	0,06 ... 0,08	(1,3 ... 1,7) · 10^{-5}	(0,36 ... 0,47) · 10^{-8}
Dachpappe	0,91	18,92 · 10^{-5}	5,26 · 10^{-8}

6.24 Spezifische Gaskonstante R_i, Dichte ϱ und Verhältnis $\kappa = \frac{c_p}{c_v}$ einiger Gase

Gasart	Atomzahl	R_i in $\frac{J}{kg\,K}$	ϱ in $\frac{kg}{m^3}$ [1]	κ	molare Masse M in $\frac{kg}{kmol}$ (gerundet)
Argon (Ar)	1	208	1,7821	1,66	40
Acetylen(C_2H_2)	4	320	1,1607	1,26	26
Ammoniak (NH_3)	4	488	0,7598	1,31	17
Helium (He)	1	2 078	0,1786	1,66	4
Kohlendioxid (CO_2)	3	189	1,9634	1,30	44
Kohlenoxid (CO)	2	297	1,2495	1,40	28
Luft	–	287	1,2922	1,40	–
Methan (CH_4)	5	519	0,7152	1,32	16
Sauerstoff (O_2)	2	260	1,4276	1,31	32
Stickstoff (N_2)	2	297	1,2499	1,40	28
Wasserdampf (H_2O)	3	462	–	1,40	18
Wasserstoff (H_2)	2	4 158	0,0899	1,41	2

[1] Die Werte gelten für die Temperatur von 0 °C und für einen Druck von 101 325 $\frac{N}{m^2}$ = 1,01325 bar.

7.1 Freimachen der Bauteile

Alle am freizumachenden Körper K angreifenden Bauteile B_1, B_2, B_3 ... gedanklich nacheinander wegnehmen und deren Aktionskräfte F_1, F_2, F_3 ... an K antragen. Gewichtskraft F_G des Körpers K wirkt immer lotrecht nach unten und greift im Schwerpunkt S an. Angreifende Bauteile in diesem Sinn sind auch Gase, Flüssigkeiten usw. F_R ist die Reibungskraft.

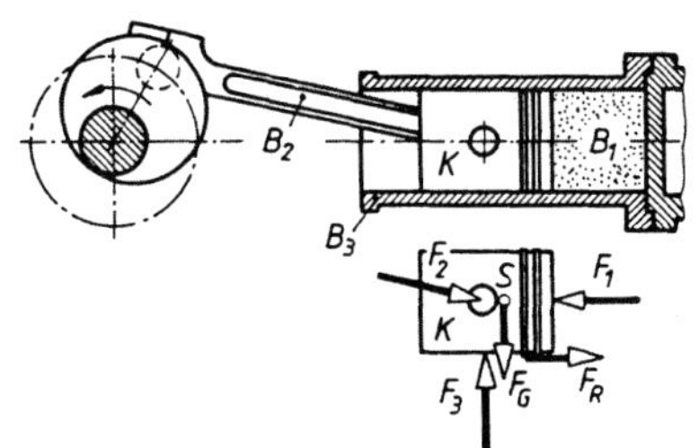

Seile, Ketten, Bänder, Riemen übertragen nur Zugkräfte in Richtung ihrer Schwerachse.

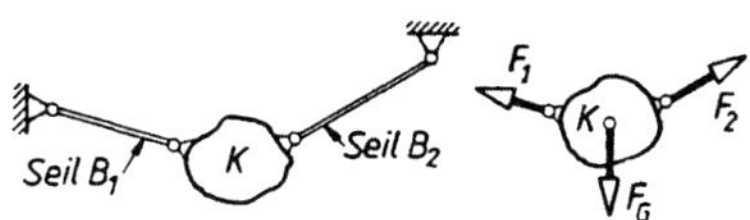

Zweigelenkstäbe (Pendelstützen) übertragen ohne Rücksicht darauf, ob die Stäbe gerade oder gekrümmt sind, nur *Zug-* oder *Druck*kräfte (Axialkräfte), deren Wirklinie durch beide Gelenkpunkte verläuft. Dies gilt jedoch nur dann exakt, wenn das Eigengewicht vernachlässigt wird.

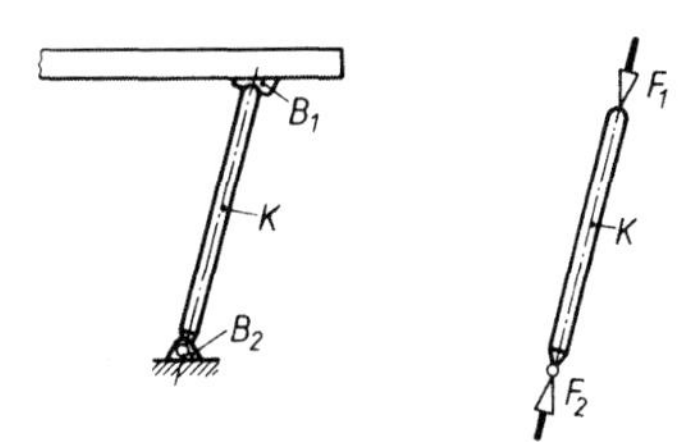

Stützflächen, auch gekrümmte, übertragen je eine Normalkraft F_N und eine Tangentialkraft (Reibungskraft) F_R. F_N wirkt immer normal zur Auflagefläche. Bei gekrümmten Flächen geht die Wirklinie (WL) von F_N durch den Krümmungsmittelpunkt T. Bei ebenen Flächen liegt dieser im Unendlichen. F_R versucht den langsameren Körper zu beschleunigen, den schnelleren zu verlangsamen. F_N und F_R stehen immer rechtwinklig aufeinander.

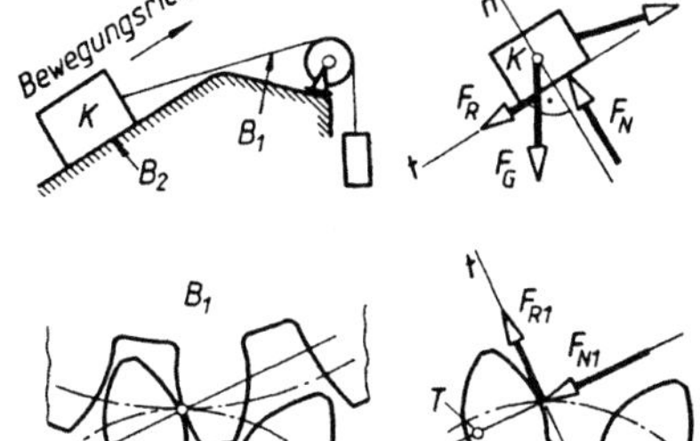

Rollen, Kugeln haben gekrümmte Stützflächen mit Krümmungsradius = Kreisradius. Normalkraft F_N geht durch Berührungspunkt und Kreismittelpunkt, WL der Reibungskraft ist Kreistangente.

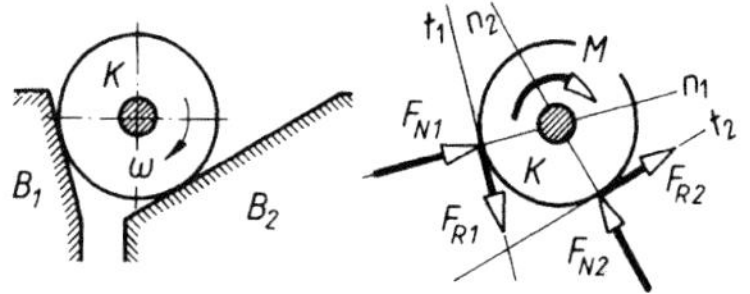

7.2 Zeichnerische Bestimmung der Resultierenden F_r (zeichnerische Ersatzaufgabe)

Beim zentralen ebenen Kräftesystem:

Kräfte in beliebiger Reihenfolge maßstabgerecht aneinanderreihen, so dass sich fortlaufender Kräftezug ergibt.

F_r ist Verbindungslinie *vom* Anfangspunkt *A* der zuerst gezeichneten Kraft *zum* Endpunkt *E* der zuletzt gezeichneten Kraft.

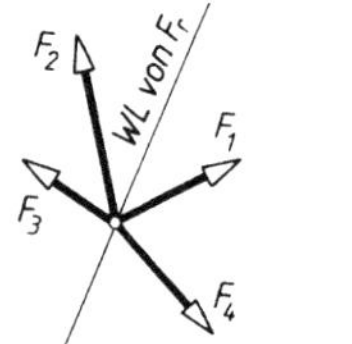

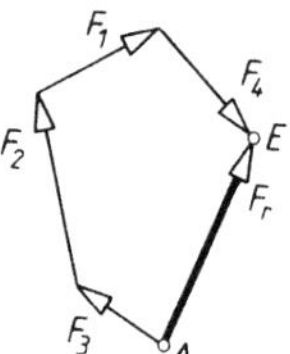

Beim zentralen räumlichen Kräftesystem:

Nach den Gesetzen der darstellenden Geometrie Kraftecke im Grund- und Aufriss zeichnen, daraus wahre Größe und wahre Winkel bestimmen.

Beim allgemeinen ebenen Kräftesystem:

Bei schrägen Kräften durch wiederholte Parallelogrammzeichnung : F_1 und F_2 auf WL verschieben und zum Schnitt bringen ergibt $F_{r1,2}$, diese mit F_3 zum Schnitt bringen ergibt WL von F_r.

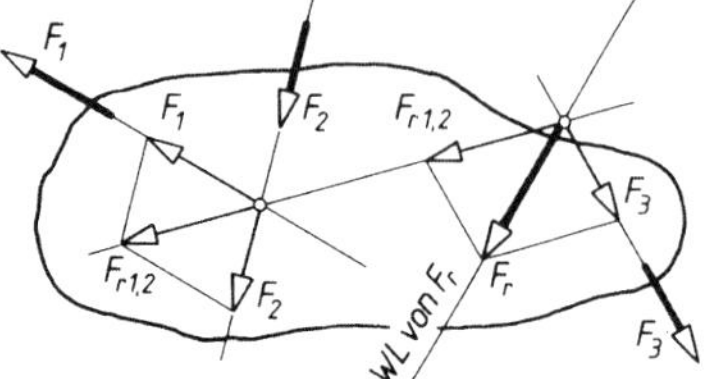

Bei *parallelen* oder annähernd parallelen Kräften durch **Seileckverfahren.** Kräfteplan der gegebenen Kräfte durch Parallelverschiebung der WL aus dem Lageplan in den Kräfteplan; F_r als Verbindungslinie *vom* Anfangspunkt *A zum* Endpunkt *E* des Kräftezugs; Polpunkt *P* beliebig wählen und Polstrahlen ziehen; durch Parallelverschiebung in den Lageplan Seilstrahlen zeichnen; Anfangs- und Endseilstrahl zum Schnitt *S* bringen, womit ein Punkt der WL von F_r gefunden ist.

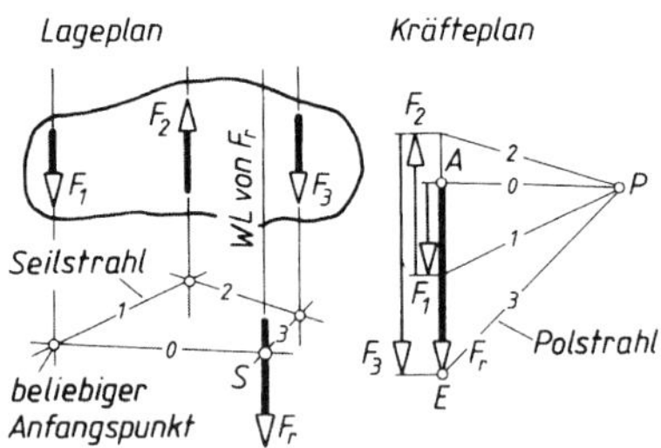

Beim allgemeinen räumlichen Kräftesystem:

Besser die rechnerische Lösung anwenden.

7.3 Rechnerische Bestimmung der Resultierenden F_r (rechnerische Ersatzaufgabe)

Beim zentralen ebenen Kräftesystem:

Zwei Kräfte, die den Winkel α einschließen, haben die Resultierende

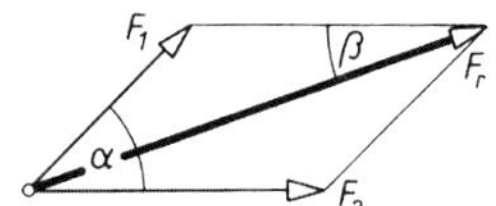

$$F_r = \sqrt{F_1^2 + F_2^2 + 2\,F_1 F_2 \cos\alpha}$$

$$\sin\beta = \frac{F_1 \sin\alpha}{F_r}; \quad \beta = \arcsin\frac{F_1 \sin\alpha}{F_r}$$

Besonders bei mehreren Kräften bestimmt man die Resultierende F_r durch Zerlegen aller gegebenen Kräfte in Komponenten $F_{nx} = F_n \cdot \cos \alpha_n$; $F_{ny} = F_n \cdot \sin \alpha_n$ (Buchstabe „n" steht für Zahlen 1, 2, 3 ...) nach Lageskizze.
Teilresultierende F_{rx} und F_{ry} berechnen aus:

$$F_{rx} = F_{1x} + F_{2x} + F_{3x} + \dots F_{nx} = \sum F_{nx}$$
$$F_{ry} = F_{1y} + F_{2y} + F_{3y} + \dots F_{ny} = \sum F_{ny}$$

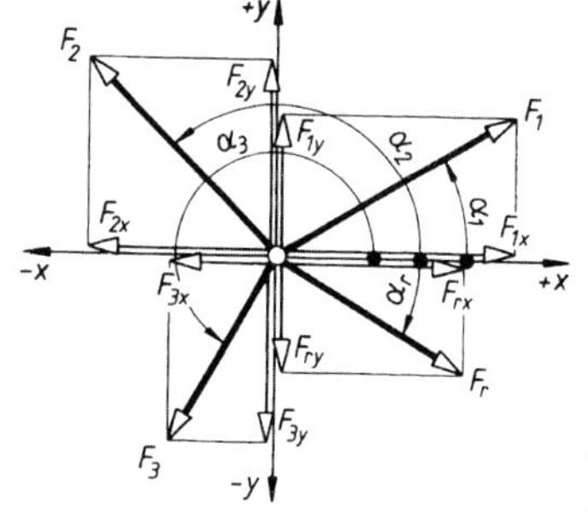

Gesamtresultierende:

$$F_r = \sqrt{F_{rx}^2 + F_{ry}^2}$$

deren Winkel zur positiven x-Achse (Richtungswinkel):

$$\tan \alpha_r = \frac{F_{ry}}{F_{rx}} \qquad \alpha_r = \arctan \frac{F_{ry}}{F_{rx}}$$

Beim zentralen räumlichen Kräftesystem:

Wie beim zentralen ebenen Kräftesystem, mit zusätzlich dritter (z-)Richtung:

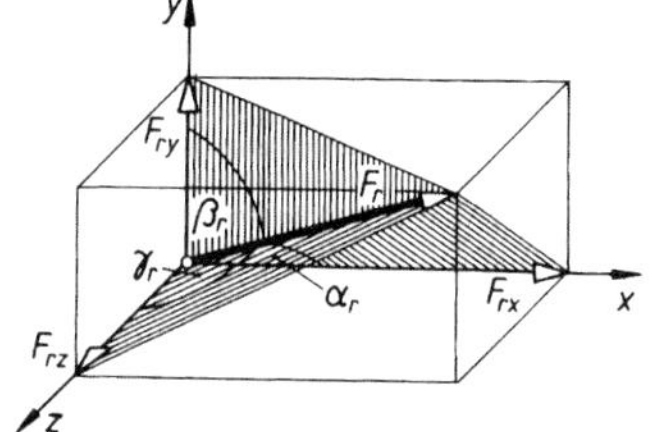

$$F_{nx} = F_n \cos \alpha_n$$
$$F_{ny} = F_n \cos \beta_n \qquad F_{nz} = F_n \cos \gamma_n$$
$$F_{rx} = \sum F_n \cos \alpha_n$$
$$F_{ry} = \sum F_n \cos \beta_n \qquad F_{rz} = \sum F_n \cos \gamma_n$$
$$F_r = \sqrt{F_{rx}^2 + F_{ry}^2 + F_{rz}^2}$$

$$\alpha_r = \arccos \frac{F_{rx}}{F_r} \quad \beta_r = \arccos \frac{F_{ry}}{F_r} \quad \gamma_r = \arccos \frac{F_{rz}}{F_r}$$

Beim allgemeinen ebenen Kräftesystem:

Betrag und Richtung der Resultierenden F_r wie beim zentralen ebenen Kräftesystem, zusätzlich *Lage* von F_r durch den

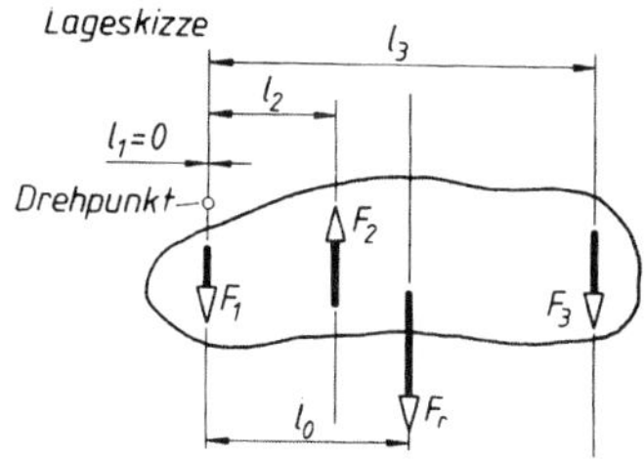

Momentensatz

Wirken mehrere Kräfte drehend auf einen Körper, so ist die algebraische Summe ihrer Momente gleich dem Moment der Resultierenden in Bezug auf den gleichen Drehpunkt.

$$F_r\, l_0 = F_1\, l_1 + F_2\, l_2 + \dots + F_n\, l_n$$

$F_1, F_2 \dots F_n$ gegebene Kräfte oder deren Komponenten F_x, F_y
$l_0, l_1, l_2, \dots l_n$ deren Wirkabstände (⊥) vom gewählten (beliebigen) Drehpunkt
$F_1\, l_1$, $F_2\, l_2 \dots F_n\, l_n$ die statischen Momente der gegebenen Kräfte in Bezug auf den gewählten Drehpunkt (Vorzeichen beachten)

7.4 Zeichnerische Bestimmung unbekannter Kräfte (zeichnerische Gleichgewichtsaufgabe)

Beim zentrales ebenes Kräftesystem:

Das Krafteck muss sich schließen.
Gegebene Kräfte in beliebiger Reihenfolge maßstäblich aneinanderreihen; gesuchte Gleichgewichtskraft F_g (oder zwei Kräfte F_{g1}, F_{g2}) bekannter Wirklinie schließen das Krafteck.

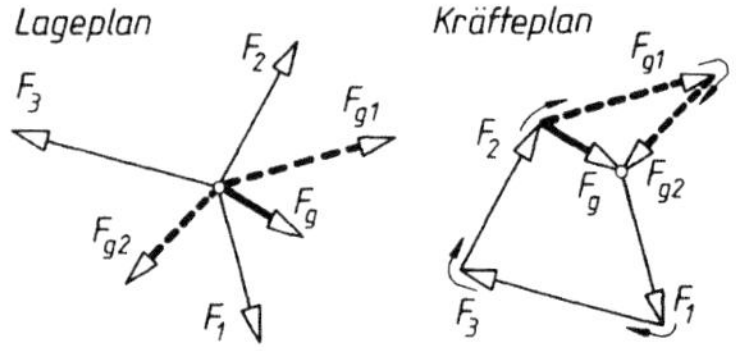

Beim zentrales räumliches Kräftesystem:

Räumliches Krafteck muss sich schließen. Nach den Gesetzen der darstellenden Geometrie Kraftecke im Grund- und Aufriss konstruieren.

Beim allgemeines ebenes Kräftesystem:

Kraft- und Seileck müssen sich schließen. Oder je nach Anzahl der beteiligten Kräfte:

Zwei-Kräfteverfahren

Zwei Kräfte stehen im Gleichgewicht, wenn sie gleichen Betrag und Wirklinie, jedoch entgegengesetzten Richtungssinn haben.

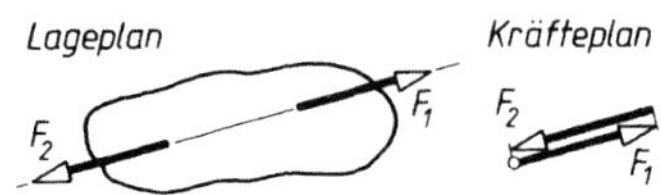

Drei-Kräfteverfahren

Drei nicht parallele Kräfte sind im Gleichgewicht, wenn das Krafteck geschlossen ist und die Wirklinien sich in einem Punkt schneiden. WL der gegebenen Kraft F_1 mit der bekannten WL der gesuchten Kraft schneiden lassen. Verbindungslinie vom Schnittpunkt S mit dem Angriffspunkt der gesuchten Kraft F_3 ist deren WL. Kräfteplan mit gegebener Kraft F_1 beginnen und mit F_2 und F_3 schließen. Zweiwertige Lager können eine beliebig gerichtete Lagerkraft aufnehmen (F_3), also zwei rechtwinklig aufeinander stehende Komponenten (F_{3x} und F_{3y}).

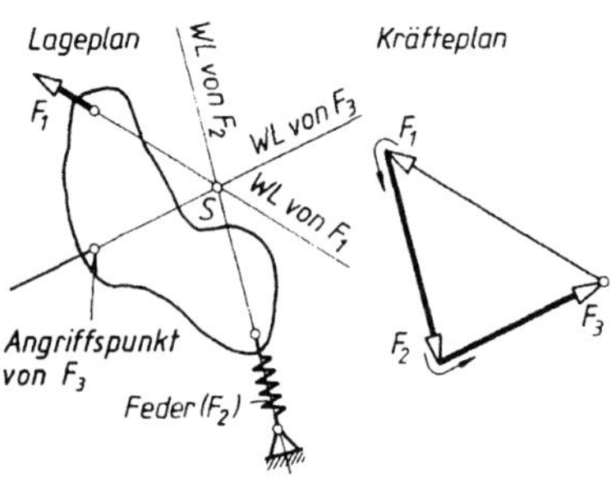

Vier-Kräfteverfahren

Vier nicht parallele Kräfte sind im Gleichgewicht, wenn die Resultierenden je zweier Kräfte ein geschlossenes Krafteck bilden und eine gemeinsame Wirklinie haben (die Culmann'sche Gerade).
WL je zweier Kräfte zum Schnitt I und II bringen; Kräfteplan mit der bekannten Kraft beginnen; dann mit Culmann'scher Geraden und den WL der anderen Kräfte schließen. Voraussetzung: Alle WL sind bekannt.

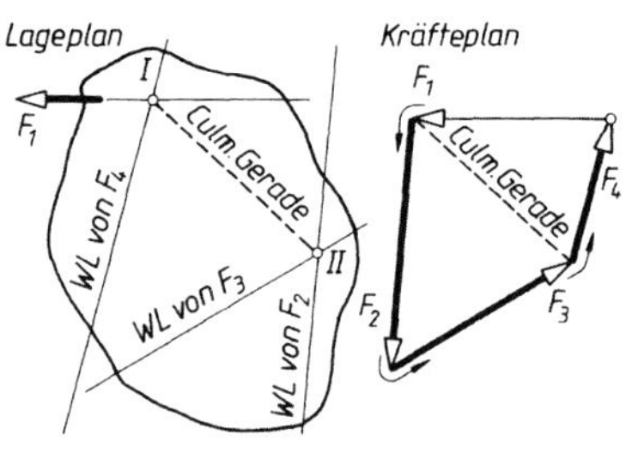

Schlusslinien-Verfahren

Kraft- und Seileck müssen sich schließen. Geeignet für parallele oder nahezu parallele Kräfte, die sich nicht auf der Zeichenebene zum Schnitt bringen lassen.
Krafteck und Seileck zeichnen, dabei ersten Seilstrahl (0) durch zweiwertigen Lagerpunkt legen und Endseilstrahl (3) mit der WL der einwertigen Stützkraft zum Schnitt bringen, ergibt „Schlusslinie *S*" im Seileck, die im Krafteck (übertragen) Teilpunkt *T* festlegt. Stützkräfte nach zugehörigen Seilstrahlen ins Krafteck einzeichnen.

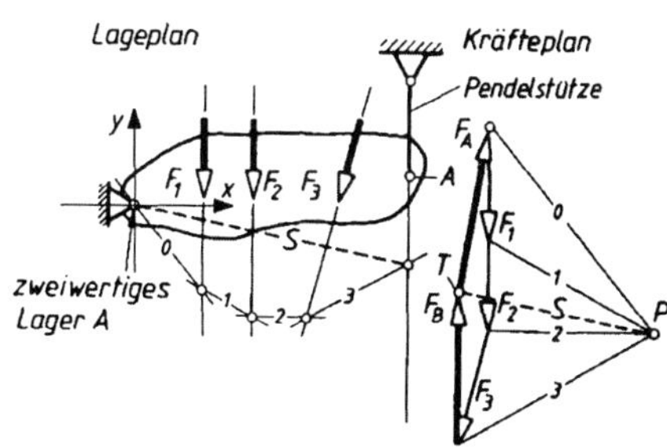

7.5 Rechnerische Bestimmung unbekannter Kräfte (rechnerische Gleichgewichtsaufgabe)

Beim zentrales ebenes Kräftesystem:

Zerlegen aller gegebenen und gesuchten Kräfte (diese mit angenommenem Richtungssinn) in ihre Komponenten in *x*- und *y*-Richtung mit

$F_{nx} = F_n \cos \alpha_n \qquad F_{ny} = F_n \sin \alpha_n$

berechnen.

Algebraische Summe aller Komponentenbeträge muss null sein. Damit stehen *zwei Gleichungen* zur Verfügung:

$\sum F_x = 0 = F_{1x} + F_{2x} + \ldots F_{nx} \qquad \sum F_y = 0 = F_{1y} + F_{2y} + \ldots F_{ny}$

Beim zentralen räumlichen Kräftesystem:

Wie beim zentralen ebenen Kräftesystem, zusätzlich einer dritten Richtung (*z*-Achse) und damit auch die dritte *Gleichung*:

$\sum F_z = 0 = F_{1z} + F_{2z} + \ldots F_{nz}$

Beim allgemeinen ebenen Kräftesystem:

Wie beim zentralen ebenen Kräftesystem; zusätzlich muss die Summe aller Momente der Komponenten um einen beliebigen Drehpunkt *D* null sein; damit stehen bei diesem hauptsächlichen Fall *drei Gleichungen* zur Verfügung:

$\sum F_x = 0 \qquad \sum F_y = 0 \qquad \sum M_{(D)} = 0$

Beim allgemeinen räumlichen Kräftesystem:

Es stehen drei Kräfte- und drei Momentgleichungen zur Verfügung.

7.6 Fachwerke

Jeder Knotenpunkt stellt ein zentrales Kräftesystem dar.
s Anzahl der Stäbe, *k* Anzahl der Knoten.
Bei $s = 2\,k - 3$ ist ein Fachwerk innerlich statisch bestimmt, bei $s > 2\,k - 3$ ist es innerlich statisch unbestimmt, bei $s < 2\,k - 3$ ist es kinematisch unbestimmt (beweglich).

7.7 Schwerpunkt

Dreiecksumfang

Dreieckseiten halbieren, Mittelpunkte A, B, C verbinden. S ist Mittelpunkt des dem Dreieck A, B, C einbeschriebenen Kreises.

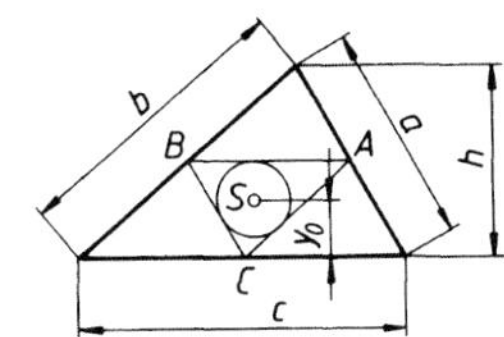

$$y_0 = \frac{h}{2} \cdot \frac{a+b}{a+b+c}$$

Parallelogrammumfang und -fläche: S ist Schnittpunkt der Diagonalen

Kreisbogen

S liegt auf der Winkelhalbierenden des Zentriwinkels 2α (Symmetrielinie).

$$y_0 = \frac{rs}{b} \qquad y_{01} \approx \frac{2}{3} h \text{ für flache Bögen}$$

$$y_0 = \frac{2r}{\pi} = 0{,}637\, r \text{ für } 2\,\alpha = 180°$$

$$y_0 = \frac{2r}{\pi}\sqrt{2} = 0{,}9\, r \text{ für } 2\,\alpha = 90° \qquad y_0 = \frac{3r}{\pi} = 0{,}955\, r \text{ für } 2\,\alpha = 60°$$

Dreieckfläche

S liegt im Schnittpunkt der Seitenhalbierenden.

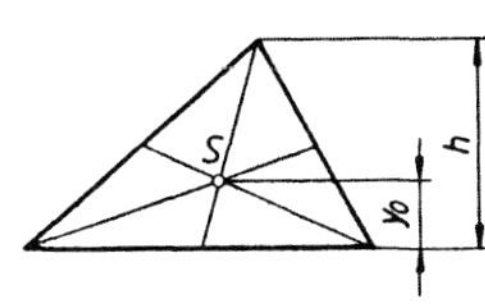

$$y_0 = \frac{1}{3} h$$

Liegt eine Dreiecksfläche im ebenen Achsenkreuz und sind x_1, x_2, x_3 bzw. y_1, y_2, y_3 die Koordinaten der Eckpunkte des Dreiecks, so sind die Koordinaten des Schwerpunkts S:

$$x_0 = \frac{1}{3}(x_1 + x_2 + x_3) \qquad y_0 = \frac{1}{3}(y_1 + y_2 + y_3)$$

Trapezfläche

Grundseiten a und b wechselseitig antragen und Endpunkte dieser Strecken verbinden, ebenso Mitten der Seiten a und b verbinden. S liegt im Schnittpunkt beider Verbindungslinien.

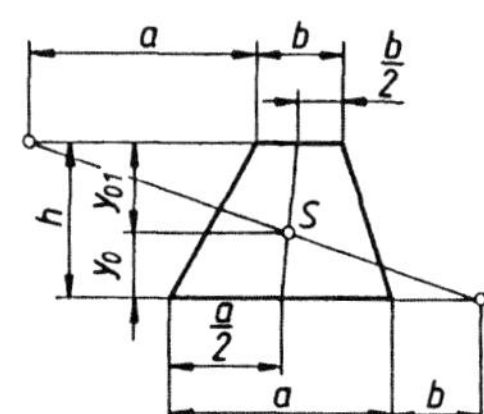

$$y_0 = \frac{h}{3} \cdot \frac{a + 2b}{a + b} \qquad y_{01} = \frac{h}{3} \cdot \frac{2a + b}{a + b}$$

Kreisausschnittfläche

S liegt auf der Winkelhalbierenden des Zentriwinkels $2\,\alpha$.

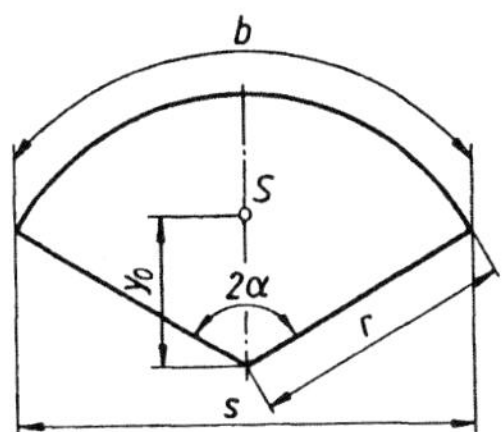

$$y_0 = \frac{2}{3} \cdot \frac{rs}{b}$$

$$y_0 = \frac{4r}{3\pi} = 0{,}424\, r \text{ für } 2\,\alpha = 180°$$

$$y_0 = \frac{4r}{3\pi}\sqrt{2} = 0{,}6\, r \text{ für } 2\,\alpha = 90° \qquad y_0 = \frac{2r}{\pi} = 0{,}637\, r \text{ für } 2\,\alpha = 60°$$

Kreisringstückfläche

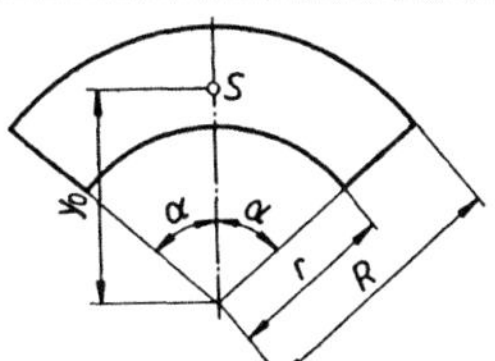

S liegt auf der Winkelhalbierenden des Zentriwinkels 2 α.

$$y_0 = 38{,}197 \frac{(R^3 - r^3)\sin\alpha}{(R^2 - r^2)\,\alpha^\circ}$$

Kreisabschnittsfläche

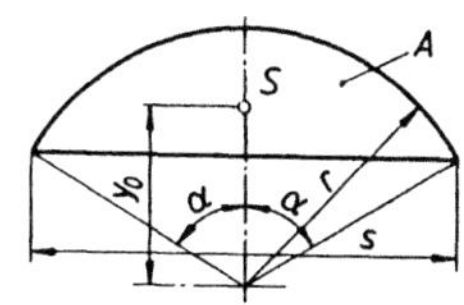

S liegt auf der Winkelhalbierenden des Zentriwinkels 2 α.

$$y_0 = \frac{2}{3} \cdot \frac{r \sin^3 \alpha}{\text{arc}\,\alpha - \sin\alpha\cos\alpha} = \frac{s^3}{12\,A}$$

Parabelfläche

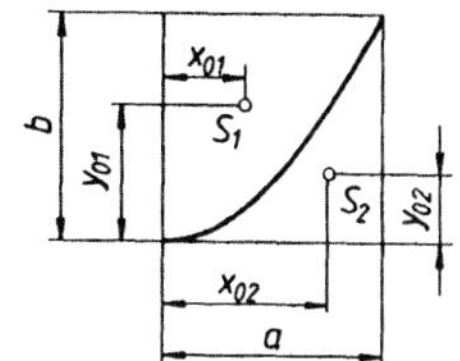

$$x_{01} = \frac{3}{8}a \qquad y_{01} = \frac{3}{5}b$$

$$x_{02} = \frac{3}{4}a \qquad y_{02} = \frac{3}{10}b$$

Mantel der Kugelzone und der Kugelhaube

Die Mittelpunkte beider Stirnflächen durch eine Gerade miteinander verbinden. Der Mantelschwerpunkt liegt auf der Mitte der Verbindungsstrecke. Bei der Kugelhaube tritt an die Stelle der kleinen Stirnfläche der Kugelpol.

Kegelmantel und Pyramidenmantel

Kegel- oder Pyramidenspitze mit dem Schwerpunkt des Umfangs der Grundfläche verbinden. Auf dieser Schwerlinie liegt der Mantelschwerpunkt. Sein Abstand beträgt ein Drittel der Kegel (Pyramiden-) höhe.

Mantel des abgestumpften Kreiskegels

Die Mitten beider Stirnflächen (Schwerlinie) verbinden. Der Schwerpunktsabstand von der Grundfläche beträgt:

$$y_0 = \frac{h}{3} \cdot \frac{R + 2r}{R + r}$$

h Höhe des Kegelstumpfes, R Radius der unteren, r Radius der oberen Stirnfläche.

gerades und schiefes Prisma (und Zylinder) mit parallelen Stirnflächen

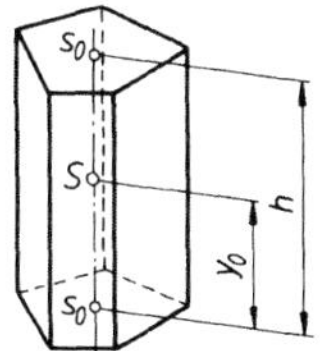

Körperschwerpunkt S liegt in der Mitte der Verbindungslinie der Flächenschwerpunkte S_0, also

$$y_0 = \frac{h}{2}$$

abgeschrägter gerader Kreiszylinder

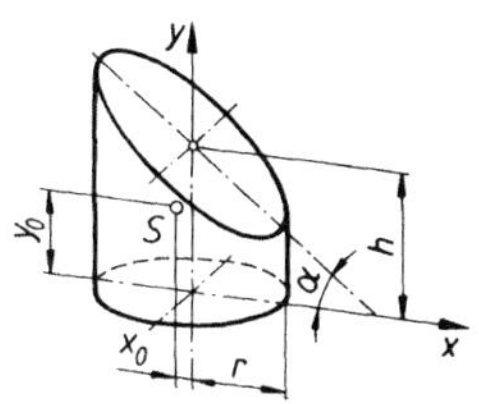

Körperschwerpunkt S liegt auf der x, y-Ebene als Symmetrieebene mit den Abständen:

$$x_0 = \frac{r^2 \tan\alpha}{4\,h} \qquad y_0 = \frac{h}{2} + \frac{r^2 \tan^2\alpha}{8\,h}$$

gerade und schiefe Pyramide und Kegel

Die Spitze mit dem Schwerpunkt der Grundfläche verbinden. Der Körperschwerpunkt liegt auf dieser Schwerlinie. Sein Abstand von der Grundfläche beträgt ein Viertel der Pyramiden-(Kegel-)höhe.

Pyramidenstumpf mit beliebiger Grundfläche

Der Körperschwerpunkt liegt auf der Verbindungslinie der Schwerpunkte beider Stirnflächen. Sind A_1, A_2 die Stirnflächen, h die Höhe des Stumpfes, so ist der Abstand des Schwerpunkts von der unteren Stirnfläche A_1:

$$y_0 = \frac{h}{4} \cdot \frac{A_1 + 2\sqrt{A_1 A_2} + 3A_2}{A_1 + \sqrt{A_1 A_2} + A_2}$$

gerader und schiefer Kegelstumpf

Der Körperschwerpunkt liegt auf der Verbindungslinie der Schwerpunkte beider Stirnflächen. Ist h Höhe des Kegelstumpfes, R der Radius der unteren Stirnfläche, r der Radius der oberen Stirnfläche, so ist der Abstand des Schwerpunkts von der unteren Stirnfläche

$$y_0 = \frac{h}{4} \cdot \frac{R^2 + 2Rr + 3r^2}{R^2 + Rr + r^2}$$

Keil

$$y_0 = \frac{h}{2} \cdot \frac{a + a_1}{2a + a_1}$$

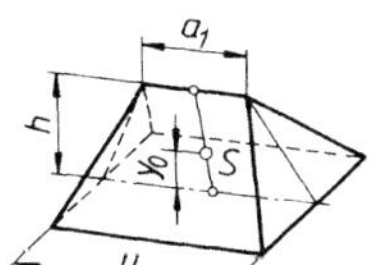

Umdrehungsparaboloid

$$y_0 = \frac{2}{3} b$$

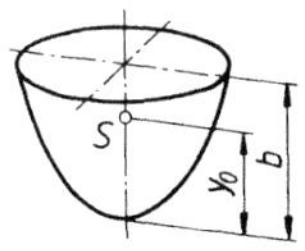

Kugelabschnitt

Der Körperschwerpunkt liegt auf der Symmetrieachse. Ist R der Kugelradius, und h die Abschnittshöhe, so ist der Abstand des Schwerpunkts vom Kugelmittelpunkt

$$y_0 = \frac{3}{4} \cdot \frac{(2R - h)^2}{3R - h}$$

$$y_0 = \frac{3}{8} R$$

für Halbkugel

$$y_0 = \frac{3}{8} \cdot \frac{R^4 - r^4}{R^3 - r^3}$$

für halbe Hohlkugel

Kugelausschnitt

Der Körperschwerpunkt liegt auf der Symmetrieachse. Sein Abstand vom Kugelmittelpunkt ist

$$y_0 = \frac{3}{8} r (1 + \cos\alpha) \qquad y_0 = \frac{3}{8}(2r - h)$$

7.8 Guldin'sche Regeln

Oberfläche

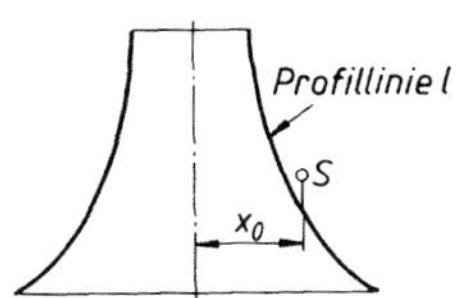

A Flächeninhalt der Umdrehungsfläche in cm^2
x_0 Schwerpunktsabstand von der Drehachse in cm
l Länge der Profillinie in cm

$$A = 2\pi x_0 l$$

Volumen

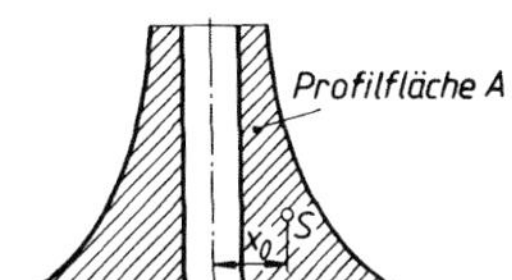

V Volumen der Umdrehungsfläche in cm^3
x_0 Schwerpunktsabstand von der Drehachse in cm
A Flächeninhalt der Profilfläche in cm^2

$$V = 2\pi x_0 A$$

7.9 Reibung

Gleitreibung und Haftreibung

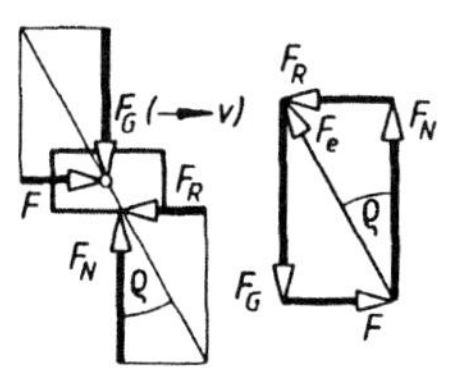

F_R Gleitreibungskraft (F_{R0} Haftreibungskraft), F_N Normalkraft,
F_e Ersatzkraft (Resultierende aus Normalkraft und Reibungskraft),
μ Reibungszahl (μ_0 Haftreibungszahl), ϱ Reibungswinkel
(ϱ_0 Haftreibungswinkel)

$F_R = F_N \, \mu$ $\qquad$ $F_{R0\,max} = F_N \, \mu_0$

$\tan \varrho = \mu = F_R \,/\, F_N$ $\qquad$ $\tan \varrho_0 = \mu_0 = F_{R0\,max} \,/\, F_N$

Reibung auf schiefer Ebene

F_G Gewichtskraft des Körpers, F Verschiebe- oder Haltekraft, F_R Reibungskraft, F_{R0} Haftreibungskraft, F_N Normalkraft, F_e Ersatzkraft aus F_N und F_R (F_{R0}), Neigungswinkel $\alpha >$ Reibungswinkel $\varrho\,(\varrho_0)$.

	Zugkraft wirkt parallel zur Ebene *Lageskizze* *Krafteckskizze*	*Zugkraft wirkt waagerecht* *Lageskizze* *Krafteckskizze*
Körper bewegt sich gleichförmig *F = Verschiebekraft** * *oberes Vorzeichen: aufwärts* *unteres Vorzeichen: abwärts*	$F = F_G \cdot \frac{\sin(\alpha \pm \varrho)}{\cos \varrho}$ $F = F_G \cdot (\sin\alpha \pm \mu \cos\alpha)$	$F = F_G \cdot \tan(\alpha \pm \varrho)$ $F = F_G \cdot \frac{\sin\alpha \pm \mu \cos\alpha}{\cos\alpha \mp \mu \sin\alpha}$
Körper ist in Ruhe *F = Haltekraft*	$F = F_G \cdot \frac{\sin(\alpha - \varrho_0)}{\cos \varrho_0}$ $F = F_G \cdot (\sin\alpha - \mu_0 \cos\alpha)$	$F = F_G \cdot \tan(\alpha - \varrho_0)$ $F = F_G \cdot \frac{\sin\alpha - \mu_0 \cos\alpha}{\cos\alpha + \mu_0 \sin\alpha}$

Selbsthemmungsbedingung

Ein Körper bleibt auf schiefer Ebene solange in Ruhe, d. h. es liegt Selbsthemmung vor, solange der Neigungswinkel α einen Grenzwinkel ϱ_0 nicht überschreitet (z. B. bei Befestigungsgewinde mit $\alpha \approx 3°$).

$\tan \alpha \leqq \tan \varrho_0$ $\qquad$ $\tan \alpha \leqq \mu_0$

(Selbsthemmungsbedingung)

7.10 Reibung in Maschinenelementen

Schraube

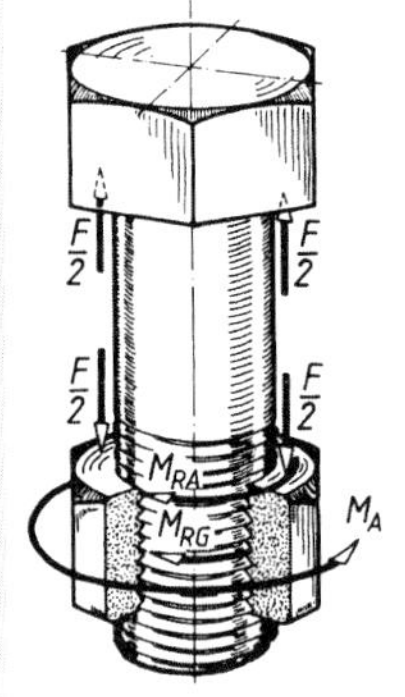

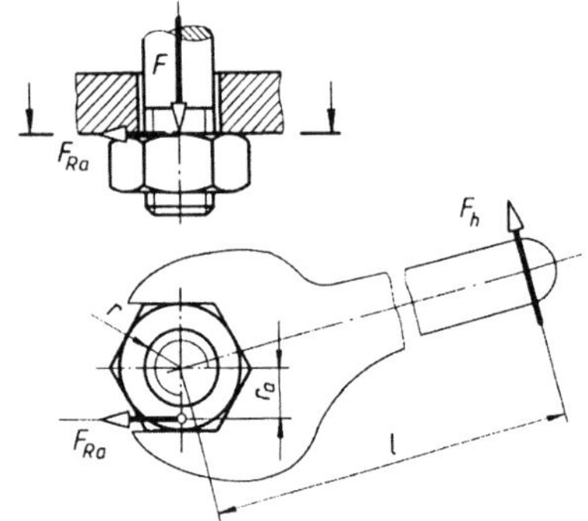

F	Schraubenlängskraft (z. B. Vorspannkraft)
M_{RG}	Gewindereibungsmoment
M_{RA}	Auflagereibungsmoment (F_{Ra} Auflagereibungskraft)
M_A	Anziehdrehmoment
α	Steigungswinkel am Flankenradius r_2 $\tan\alpha = P/2\,r_2\,\pi$; $\alpha = \arctan(P/2\,r_2\,\pi)$
ϱ'	Reibungswinkel im Gewinde
μ'	Reibungszahl im Gewinde
μ	Reibungszahl nach 7.12
P	Steigung des Gewindes
r_2	Flankenradius
$r_a = 1{,}4\,r$	Wirkabstand der Auflagereibung
r	Nennradius (z. B. bei M 12: $r = 6$ mm)
μ_a	Reibungszahl der Mutterauflage, vom Werkstoff abhängig nach 7.12
η	Wirkungsgrad des Schraubgetriebes
β	Spitzenwinkel des Gewindes ($\beta = 30°$ für Trapezgewinde, $\beta = 60°$ für Spitzgewinde)

$$M_{RG} = F r_2 \tan(\alpha \pm \varrho')$$
$$M_{RA} = F_{Ra}\, r_a = F\,\mu_a\, r_a$$
$$M_A = M_{RG} + M_{RA} = F_h\, l$$

$$m_A = F\,[r_2 \tan(\alpha \pm \varrho') + \mu_a\, r_a]$$

$$\mu' = \tan\varrho' = \frac{\mu}{\cos(\beta/2)}$$

$$\eta = \frac{\tan\alpha}{\tan(\alpha + \varrho')}$$

$$\eta = \frac{\tan(\alpha - \varrho')}{\tan\alpha}$$

(+) für Anziehen (Heben)

(–) für Lösen (Senken der Last)

Selbsthemmung bei $\alpha \leqq \varrho'$

Zylinderführung

F resultierende Verschiebekraft aus Gewichtskraft und äußerer Belastung.

Führungsbuchse klemmt sich fest, solange die Wirklinie von F durch die Überdeckungsfläche der beiden Reibungskegel geht.

Führungslänge l: $l = 2\,\mu\, l_a$

Bei $l < 2\,\mu\, l_a$ klemmt die Buchse fest, bei $l > 2\,\mu\, l_a$ gleitet sie.

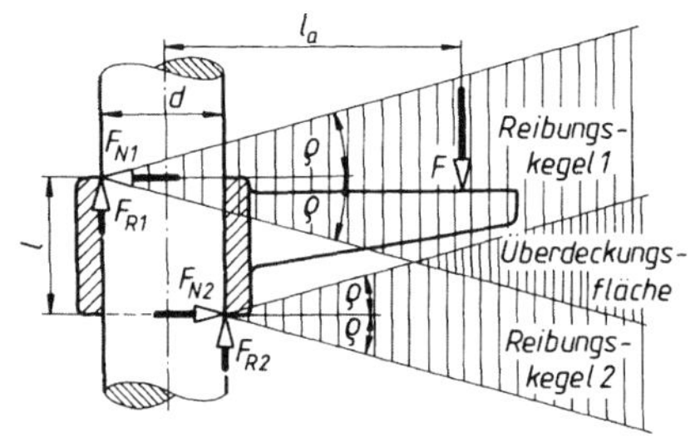

Keilgetriebe

Verschiebekraft: $F = F_1 \dfrac{\sin(\alpha + \varrho_2 + \varrho_3)\cos\varrho_1}{\cos(\alpha + \varrho_1 + \varrho_2)\cos\varrho_3}$

Bei $\varrho_1 = \varrho_2 = \varrho_3 = \varrho$ ist

$$F = F_1 \frac{\sin(\alpha + 2\varrho)\cos\varrho}{\cos(\alpha + 2\varrho)\cos\varrho} = F_1 \tan(\varrho + 2\varrho)$$

Wirkungsgrad η bei Lastheben:

$$\eta = \frac{\tan\alpha}{\tan(\alpha + 2\varrho)}$$

Selbsthemmung bei $\alpha < 2\,\varrho_0$

Haltekraft, die Herausdrücken des Keiles verhindert:

$F' = F_1 \tan(\alpha - 2\,\varrho_0)$

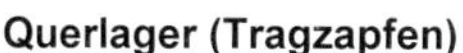

Querlager (Tragzapfen)

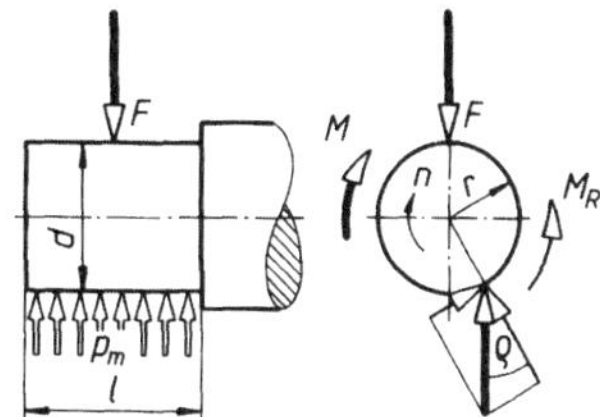

mittlere Flächenpressung:

$$p_m = \frac{F}{dl}$$

Mit Zapfenreibungszahl μ, Zapfenradius r wird das Reibungsmoment:

$M_R = F\,r\,\mu$

Mit Winkelgeschwindigkeit $\omega = 2\,\pi\,n$ oder mit Drehzahl n wird die Reibungsleistung:

$P_R = M_R\,\omega = 2\,F\,r\,\mu\,\pi\,n$

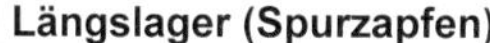

Längslager (Spurzapfen)

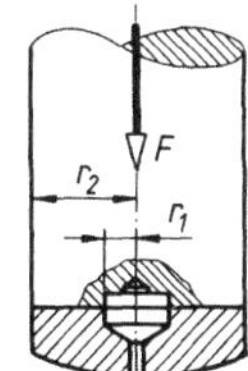

für Hohlzapfen ist Reibungsmoment $M_R = \dfrac{2}{3}\,\mu F \dfrac{r_2^3 - r_1^3}{r_2^2 - r_1^2}$

Reibungsleistung $P_R = M_R\,\omega$

Für Vollzapfen ist $M_R = \dfrac{2}{3}\mu F r_2$

Rollreibung

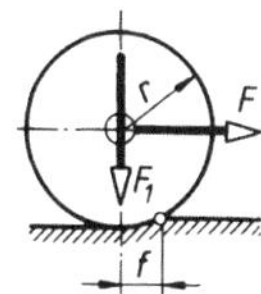

Rollkraft: $F = F_1 \dfrac{f}{r}$

Rollbedingung: $F_R < \mu_0 F_N$ oder $\dfrac{f}{r} < \mu_0$

f Hebelarm der Rollreibung: Stahlräder auf Stahlschienen $f \approx 0{,}05$ cm

Fahrwiderstand

Wird ein Fahrzeug mit konstanter Geschwindigkeit v auf horizontaler Bahn bewegt, so ist, abgesehen vom Luftwiderstand, außer dem Rollwiderstand noch der durch Lagerreibung entstehende Widerstand zu überwinden. Beide werden zusammengefasst zum Fahrwiderstand F_f.

$F_f = F_N\,\mu_f$

F_N gesamte Normalkraft (Anpresskraft) des Fahrzeugs. Bei horizontaler Bahn ist F_N = Gewichtskraft des Fahrzeugs;

μ_f Fahrwiderstandszahlen:
Eisenbahn 0,0025
Straßenbahn mit Wälzlagern 0,005
Straßenbahn mit Gleitlagern 0,018
Kraftfahrzeuge auf Asphalt 0,025
Drahtseilbahn 0,01.

Seilreibung

Durch Reibung F_R zwischen Zugmittel und Scheibe wird Spannkraft F_1 größer als Gegenkraft F_2. Bei Gleichgewicht ist

$F_1 = F_2\, e^{\mu\alpha}$

$e = 2{,}71828$ ... heißt Euler'sche Zahl

μ Reibungszahl zwischen Zugmittel und Scheibe: $\alpha = \dfrac{\alpha^\circ \cdot \pi\,\text{rad}}{180^\circ}$

Umschlingungswinkel α im Bogenmaß (rad). (Werte für $e^{\mu\alpha}$ in 7.13)

Seilreibung F_R ist die größte Umfangskraft, die eine Seil-, Band- oder Riemenscheibe übertragen kann:

$$F_R = F_1 - F_2 = F_2\,(e^{\mu\alpha} - 1) = F_1\,\frac{(e^{\mu\alpha} - 1)}{e^{\mu\alpha}}$$

Rollen- und Flaschenzüge

F Zugkraft, F_1 Last, s_1 Kraftweg, s_2 Lastweg, η Wirkungsgrad der festen und der losen Rolle, η_r Wirkungsgrad des Rollenzugs, n Anzahl der tragenden Seilstränge.

Feste Rolle (Leit- oder Umlenkrolle)

$F = \dfrac{F_1}{\eta}$ $\quad \eta$ für Ketten und Seile $\approx 0{,}96$

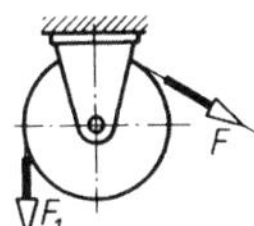

Lose Rolle

$F = \dfrac{F_1}{2\,\eta}$ $\qquad s_1 = 2\,s_2$

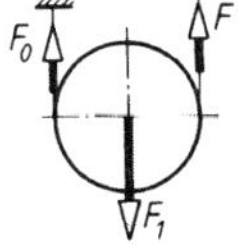

Flaschenzug (Rollenzug)

$$F = \frac{F_1}{n\,\eta_r} = F_1\,\frac{1-\eta}{\eta(1-\eta^n)}$$

$$\eta_r = \frac{\eta(1-\eta^n)}{n(1-\eta)}$$

$s_1 = n\,s_2$

(η_r nach 7.13)

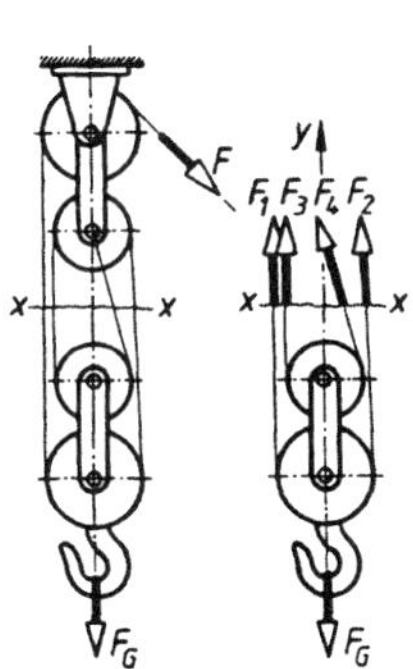

Rollenzug mit
$n = 4$ tragenden Seilsträngen

7.11 Bremsen

F Bremskraft in N, M Bremsmoment in Nm, P Wellenleistung in kW, μ Reibungszahl, sämtliche Längen l und r in m, Umschlingungswinkel in rad.

Backenbremse mit überhöhtem Drehpunkt D

$F = F_N\,\dfrac{(l_1 \pm \mu l_2)}{l}$ $\quad$ (+) bei Rechtslauf, (−) bei Linkslauf

Selbsthemmung bei Linkslauf, wenn $l_1 < \mu\, l_2$.

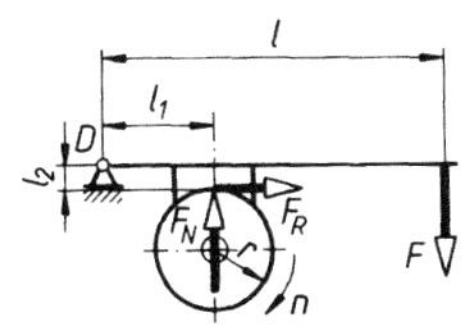

Backenbremse mit unterzogenem Drehpunkt *D*

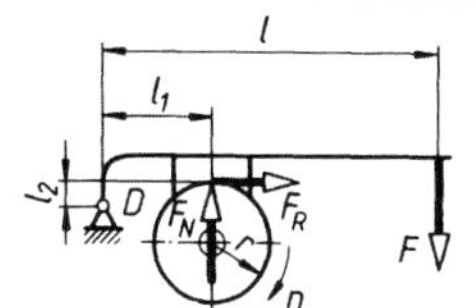

$F = F_N \frac{(l_1 \mp \mu l_2)}{l}$ (–) bei Rechtslauf
(+) bei Linkslauf

Selbsthemmung bei Rechtslauf, wenn $l_1 < \mu l_2$.

Backenbremse mit tangentialem Drehpunkt *D*

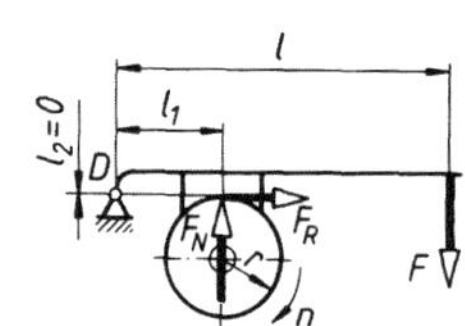

$F = F_N \frac{l_1}{l}$

Selbsthemmung tritt nicht auf.
Die Normalkraft F_N ergibt sich bei den drei Backenbremsarten aus dem Bremsmoment M:

$M = F_R\, r = F_N\, \mu\, r$

Einfache Bandbremse

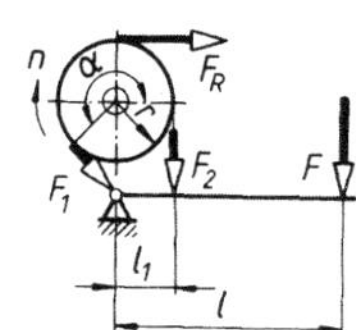

$M = F_R\, r = F\, r \frac{l}{l_1} (e^{\mu\alpha} - 1)$

Summenbremse

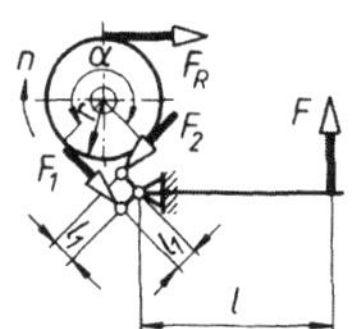

$M = F_R\, r = F\, r \frac{l}{l_1} \cdot \frac{e^{\mu\alpha} - 1}{e^{\mu\alpha} + 1}$

Differenzbremse

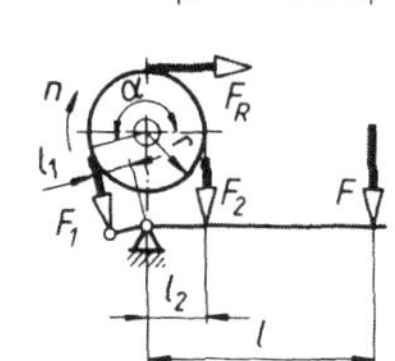

$M = F_R\, r = F\, r\, l \frac{e^{\mu\alpha} - 1}{l_2 - l_1 e^{\mu\alpha}}$

Bremszaum

$P = \frac{F_G\, l\, n}{9550}$ Einheiten siehe Bandbremszaum

Bandbremszaum

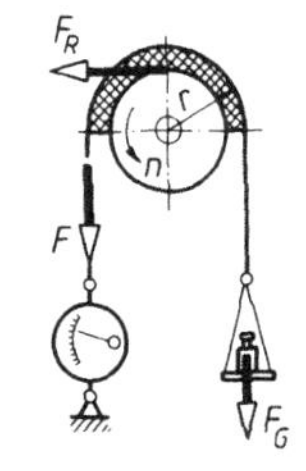

$P = \frac{(F_G - F)\, r\, n}{9550}$

P	F_G	F	r, l	n
kW	N	N	m	min^{-1}

7.12 Gleitreibungszahl μ und Haftreibungszahl μ_0 (Klammerwerte sind die Gradzahlen für den Reibungswinkel ϱ bzw. ϱ_0)

Werkstoff	Haftreibungszahl μ_0		Gleitreibungszahl μ	
	trocken	gefettet	trocken	gefettet
Stahl auf Stahl	0,5 (8,5)	0,1 (5,7)	0,15 (8,5)	0,01 (0,6)
Stahl auf Gusseisen oder Bronze	0,19 (10,8)	0,1 (5,7)	0,18 (10,2)	0,01 (0,6)
Gusseisen auf Gusseisen		0,16 (9,1)		0,1 (5,7)
Holz auf Holz	0,5 (26,6)	0,16 (9,1)	0,3 (16,7)	0,08 (4,6)
Holz auf Metall	0,7 (35)	0,11 (6,3)	0,5 (26,6)	0,1 (5,7)
Lederriemen auf Gusseisen		0,3 (16,7)		
Gummiriemen auf Gusseisen			0,4 (21,8)	
Textilriemen auf Gusseisen			0,4 (21,8)	
Bremsbelag auf Stahl			0,5 (26,6)	0,4 (21,8)
Lederdichtungen auf Metall	0,6 (31)	0,2 (11,3)	0,2 (11,3)	0,12 (6,8)

7.13 Wirkungsgrad η_r des Rollenzugs in Abhängigkeit von der Anzahl n der tragenden Seilstränge (η = 0,96 angenommen)

n	1	2	3	4	5	6	7	8	9	10
η_r	0,960	0,941	0,922	0,904	0,886	0,869	0,852	0,836	0,820	0,804

7.14 Geradlinige gleichmäßig beschleunigte (verzögerte) Bewegung

Die Gleichungen gelten auch für den *freien Fall* und für den *senkrechten Wurf* mit Fall- oder Steighöhe h = Weg s und Fallbeschleunigung g = Beschleunigung oder Verzögerung a; $g = 9{,}81\ \text{m/s}^2$.

Beschleunigung *a*

Die Beschleunigung a ist konstant. Die rechnerische Behandlung beginnt mit dem Aufzeichnen des v, t-Diagramms, weil immer die Fläche unter der Geschwindigkeitslinie dem zurückgelegten Weg s entspricht.

$$a = \frac{\text{Geschwindigkeitsänderung } \Delta v}{\text{Zeitabschnitt } t} \quad \text{in } \frac{\text{m}}{\text{s}^2}$$

Umrechnung von $\frac{\text{km}}{\text{h}}$ in $\frac{\text{m}}{\text{s}}$

$$A\,\frac{\text{km}}{\text{h}} = \frac{A}{3{,}6}\,\frac{\text{m}}{\text{s}}$$

A, B Zahlenwert

$$B\,\frac{\text{m}}{\text{s}} = B \cdot 3{,}6\,\frac{\text{km}}{\text{h}}$$

Beispiel: $72\,\frac{\text{km}}{\text{h}} = \frac{72}{3{,}6}\,\frac{\text{m}}{\text{s}} = 20\,\frac{\text{m}}{\text{s}}$

$20\,\frac{\text{m}}{\text{s}} = 20 \cdot 3{,}6\,\frac{\text{km}}{\text{h}} = 72\,\frac{\text{km}}{\text{h}}$

Endgeschwindigkeit v_e (bei $v_a = 0$)

$$v_e = a\,t = \sqrt{2as}$$

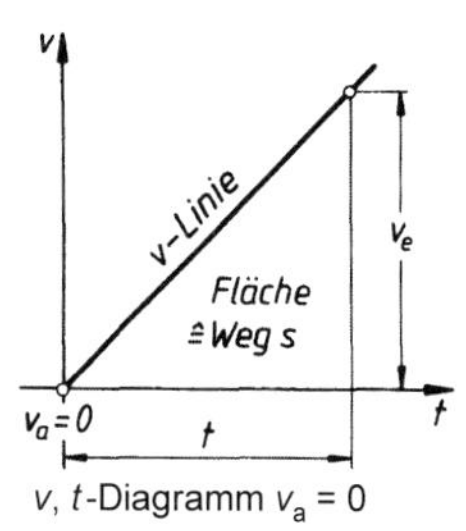

v, t-Diagramm $v_a = 0$

Endgeschwindigkeit v_e (bei $v_a \neq 0$)

$$v_e = v_a + \Delta v = v_a + a\,t$$

$$v_e = \sqrt{v_a^2 + 2as}$$

Weg s (bei $v_a = 0$)

$$s = \frac{v_e\,t}{2} = \frac{at^2}{2} = \frac{v_e^2}{2a}$$

Weg s (bei $v_a \neq 0$)

$$s = \frac{v_a + v_e}{2}t = v_a t + \frac{at^2}{2} = \frac{v_e^2 - v_a^2}{2a}$$

Zeit t (bei $v_a = 0$)

$$t = \frac{v_e}{a} = \sqrt{\frac{2s}{a}}$$

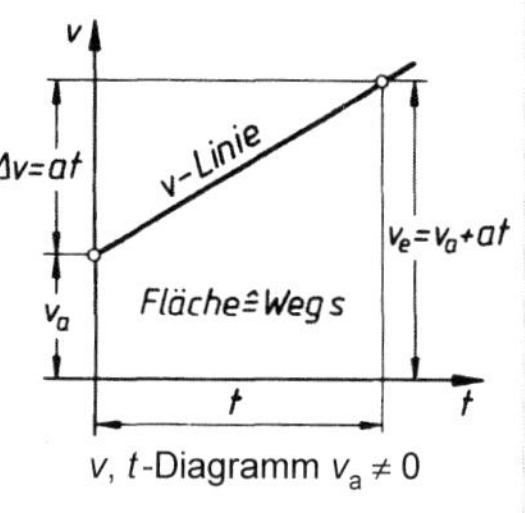

v, t-Diagramm $v_a \neq 0$

Zeit t (bei $v_a \neq 0$)

$$t = \frac{v_e - v_a}{a} = -\frac{v_a}{a} \pm \sqrt{\left(\frac{v_a}{a}\right)^2 + \frac{2s}{a}}$$

Beschleunigung a (bei $v_a = 0$)

$$a = \frac{v_e^2}{2s} = \frac{v_e}{t} = \frac{2s}{t^2}$$

Beschleunigung a (bei $v_a \neq 0$)

$$a = \frac{v_e - v_a}{t} = \frac{v_e^2 - v_a^2}{2s}$$

Anfangsgeschwindigkeit v_a (bei $v_e = 0$)

$$v_a = a\,t = \sqrt{2as}$$

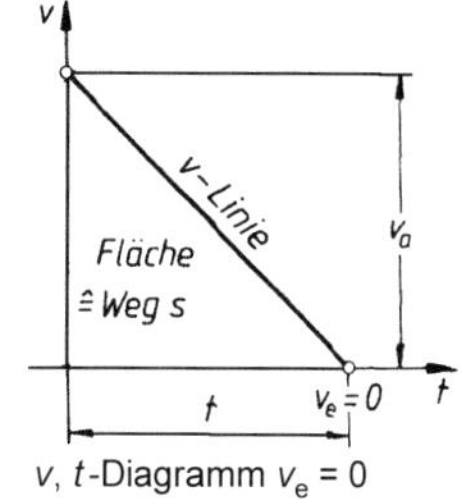

v, t-Diagramm $v_e = 0$

Anfangsgeschwindigkeit v_a (bei $v_e \neq 0$)

$$v_a = v_e + \Delta v = v_e + a\,t$$

$$v_a = \sqrt{v_e^2 + 2as}$$

Weg s (bei $v_e = 0$)

$$s = \frac{v_a\,t}{2} = \frac{at^2}{2} = \frac{v_a^2}{2a}$$

Weg s (bei $v_e \neq 0$)

$$s = \frac{v_a + v_e}{2}t = v_a t - \frac{at^2}{2}$$

Zeit t (bei $v_e = 0$)

$$t = \frac{v_a}{a} = \sqrt{\frac{2s}{a}}$$

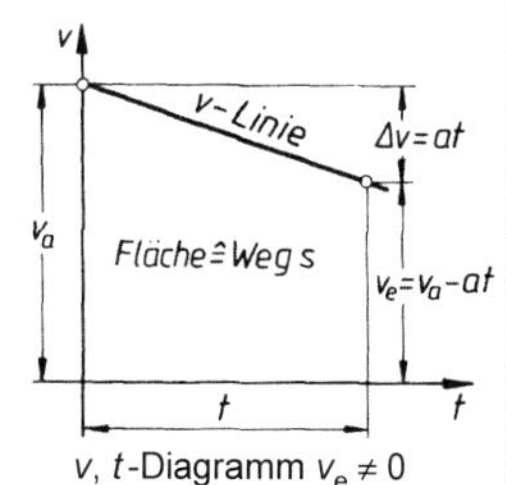

v, t-Diagramm $v_e \neq 0$

Zeit t (bei $v_e \neq 0$)

$$t = \frac{v_a - v_e}{a} = \frac{v_a}{a} \pm \sqrt{\left(\frac{v_a}{a}\right)^2 - \frac{2s}{a}}$$

Verzögerung a (bei $v_e = 0$)

$$a = \frac{v_a}{t} = \frac{v_a^2}{2s} = \frac{2s}{t^2}$$

Verzögerung a (bei $v_e \neq 0$)

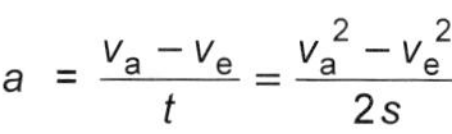

$$a = \frac{v_a - v_e}{t} = \frac{v_a^2 - v_e^2}{2s}$$

7.15 Wurfgleichungen

7.15.1 Horizontaler Wurf (ohne Luftwiderstand)

Geschwindigkeit *v* in einem Bahnpunkt

$$v = \sqrt{v_x^2 + v_y^2} = \sqrt{v_a^2 + (g\,t)^2}$$

Geschwindigkeit *v* nach Fallhöhe *h*

$$v = \sqrt{v_a^2 + 2\,g\,h}$$

Fallhöhe *h* nach Wurfweite *w*

$$h = \frac{g w^2}{2\,v_a^2}$$ Gleichung der Wurfbahn

Wurfweite *w*

$$w = v_a \sqrt{\frac{2h}{g}}$$

17.15.2 Wurf schräg nach oben (ohne Luftwiderstand)

Wurfweite *w* (Größtwert bei $\alpha = 45°$)

$$w = \frac{v_a^2 \sin 2\alpha}{g}$$

Wurfdauer *t*

$$t = \frac{w}{v_a \cos\alpha} = \frac{2 v_a \sin\alpha}{g}$$

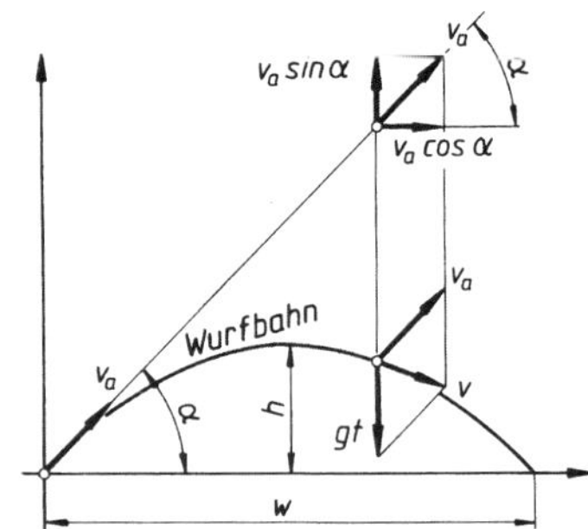

Wurfhöhe *h*

$$h = \frac{v_a^2 \sin^2\alpha}{2g}$$

Geschwindigkeit v_x in *x*-Richtung

$$v_x = v_a \cos\alpha$$

Geschwindigkeit v_y in *y*-Richtung

$$v_y = v_a \sin\alpha - g\,t$$

7.16 Gleichförmige Drehbewegung

Winkelgeschwindigkeit ω

$$\omega = 2\,\pi\,n = \frac{\varphi}{t} = \frac{v_u}{r}$$

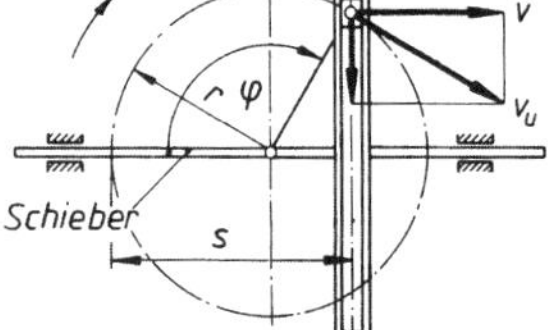

Schieberweg *s* (Hub)

$$s = r\,(1 - \cos\varphi)$$

Umfangsgeschwindigkeit v_u

$$v_u = \frac{\varphi}{t} r = \omega r = d\,\pi\,n = 2\,\pi\,r\,n$$

Schiebergeschwindigkeit *v*

$$v = r\,\omega \sin\varphi$$
$$v_{max} = v_u$$

Drehwinkel φ (z Anzahl der Umdrehungen)

$$\varphi = \omega t = 2\pi z$$

v_u, v	ω, n	t	r, s	φ	z
$\frac{m}{s}$	$\frac{rad}{s}$	s	m	rad	1

In der Technik sind als Zahlenwertgleichungen gebräuchlich:

Umfangsgeschwindigkeit v_u

$$v_u = \frac{\pi d n}{1000}$$

v_u	d	n
$\frac{m}{min}$	mm	min^{-1}

$$v_u = \frac{\pi d n}{60000}$$

v_u	d	n
$\frac{m}{s}$	mm	min^{-1}

Winkelgeschwindigkeit ω

$$\omega = \frac{\pi n}{30} \approx 0{,}1 n$$

ω	n
$\frac{rad}{s}$	min^{-1}

7.17 Gleichmäßig beschleunigte (verzögerte) Kreisbewegung

Winkelbeschleunigung α

Die Winkelbeschleunigung α ist konstant. Die rechnerische Behandlung beginnt mit dem Aufzeichnen des ω, t-Diagramms (ω Winkelgeschwindigkeit), weil immer die Fläche unter der Winkelgeschwindigkeitslinie dem überstrichenen Drehwinkel φ entspricht.

$$\alpha = \frac{\text{Winkelgeschwindigkeitsänderung } \Delta\omega}{\text{Zeitabschnitt } t} \quad \text{in } \frac{rad}{s^2}$$

Endwinkelgeschwindigkeit ω_e (bei $\omega_a = 0$)

$$\omega_e = \alpha t = \sqrt{2\alpha\varphi}$$

Endwinkelgeschwindigkeit ω_e (bei $\omega_a \neq 0$)

$$\omega_e = \omega_a + \Delta\omega = \omega_a + \alpha t$$

$$\omega_e = \sqrt{\omega_a^2 + 2\alpha\varphi}$$

Drehwinkel φ (bei $\omega_a = 0$)

$$\varphi = \frac{\omega_e t}{2} = \frac{\alpha t^2}{2} = \frac{\omega_e^2}{2\alpha}$$

ω, t-Diagramm bei $\omega_a = 0$

Drehwinkel φ (bei $\omega_a \neq 0$)

$$\varphi = \frac{\omega_a + \omega_e}{2} t = \omega_a t + \frac{\alpha t^2}{2} = \frac{\omega_e^2 - \omega_a^2}{2\alpha}$$

Zeit t (bei $\omega_a = 0$)

$$t = \frac{\omega_e}{\alpha} = \sqrt{\frac{2\varphi}{\alpha}}$$

Zeit t (bei $\omega_a \neq 0$)

$$t = \frac{\omega_e - \omega_a}{\alpha} = -\frac{\omega_a}{\alpha} \pm \sqrt{\left(\frac{\omega_a^2}{\alpha} + \frac{2\varphi}{\alpha}\right)}$$

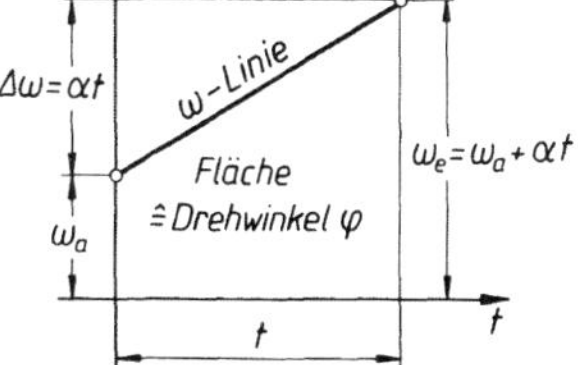

ω, t-Diagramm bei $\omega_a \neq 0$

Winkelbeschleunigung α (bei $\omega_a = 0$)

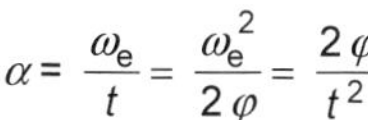

$$\alpha = \frac{\omega_e}{t} = \frac{\omega_e^2}{2\varphi} = \frac{2\varphi}{t^2}$$

Winkelbeschleunigung α (bei $\omega_a \neq 0$)

$$\alpha = \frac{\omega_e - \omega_a}{t} = \frac{\omega_e^2 - \omega_a^2}{2\varphi}$$

Anfangswinkelgeschwindigkeit ω_a (bei $\omega_e = 0$)

$$\omega_a = \alpha t = \sqrt{2\alpha\varphi}$$

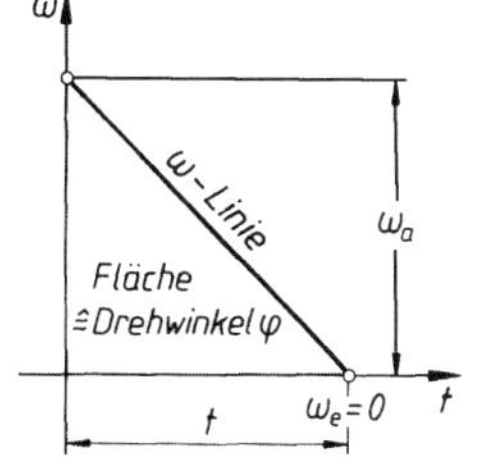

ω, t-Diagramm bei $\omega_e = 0$

Anfangswinkelgeschwindigkeit ω_a (bei $\omega_e \neq 0$)

$$\omega_a = \omega_e + \Delta\omega = \omega_e + \alpha t$$

$$\omega_a = \sqrt{\omega_e^2 + 2\alpha\varphi}$$

Drehwinkel φ (bei $\omega_e = 0$)

$$\varphi = \frac{\omega_a t}{2} = \frac{\alpha t^2}{2} = \frac{\omega_a^2}{2\alpha}$$

Drehwinkel φ (bei $\omega_e \neq 0$)

$$\varphi = \frac{\omega_a + \omega_e}{2} t = \omega_a t - \frac{\alpha t^2}{2}$$

Zeit t (bei $\omega_e = 0$)

$$t = \frac{\omega_a}{\alpha} = \sqrt{\frac{2\varphi}{\alpha}}$$

Zeit t (bei $\omega_e \neq 0$)

$$t = \frac{\omega_a - \omega_e}{\alpha} = \frac{\omega_a}{\alpha} \pm \sqrt{\left(\frac{\omega_a}{\alpha}\right)^2 - \frac{2\varphi}{\alpha}}$$

ω, t-Diagramm bei $\omega_e \neq 0$

Winkelverzögerung α (bei $\omega_e = 0$)

$$\alpha = \frac{\omega_a}{t} = \frac{\omega_a^2}{2\varphi} = \frac{2\varphi}{t^2}$$

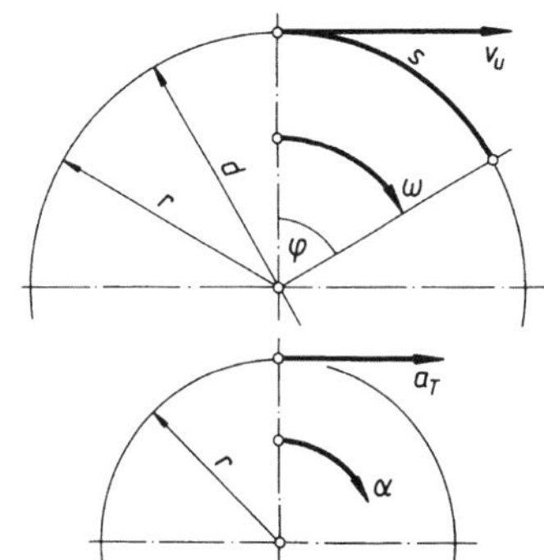

Winkelverzögerung α (bei $\omega_e \neq 0$)

$$\alpha = \frac{\omega_a - \omega_e}{t} = \frac{\omega_a^2 - \omega_e^2}{2\varphi}$$

Tangentialbeschleunigung oder -verzögerung a_T

$$a_T = \frac{\Delta\omega r}{t} = \alpha r = \frac{\Delta v_u}{t}$$

7.18 Sinusschwingung (harmonische Schwingung)

Periodische Schwingung

liegt vor, wenn sich eine physikalische Größe (z. B. Auslenkung y eines Punktes) zeitlich so verändert, dass sich der Vorgang nach Periodendauer T (Schwingungsdauer) in genau gleicher Weise wiederholt.

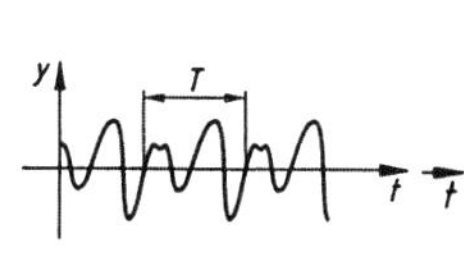

Sinusschwingung (harmonische Schwingung)

ist Sonderfall einer periodischen Schwingung, z. B. eine lineare Schwingung, die sich als seitliche Projektion eines gleichförmig auf der Kreisbahn umlaufenden Punktes darstellen lässt.

Zusammenhang zwischen periodischer Schwingung und Sinusschwingung	Jede periodische Schwingung lässt sich durch eine Fourier-Entwicklung in Sinusschwingungen zerlegen: $y(t) = \frac{A_0}{2} + \sum A_n \cos(n\,\omega t) + \sum B_n \sin(n\,\omega t)$
Differenzialgleichung der freien ungedämpften Schwingung	$m\ddot{y} + Ry = 0$ für geradlinige Schwingbewegung $J\ddot{\varphi} + R\varphi = 0$ für Drehbewegung m Masse des Schwingers, y Auslenkung, R Federrate, J Trägheitsmoment, φ Drehwinkel
Phase	Phase ist der Winkel φ im Bogenmaß (rad), den der umlaufende Punkt im Zeitabschnitt t durchläuft: $\varphi = \omega t = 2\,\pi\,f\,t = 2\,\pi\,z$
Auslenkung *y*	y ist die momentane Entfernung des schwingenden Punktes von der Nulllage (Mittellage, Gleichgewichtslage)
Amplitude *A*	A (Schwingungsweite) ist die maximale Auslenkung y_{max} aus der Nulllage. Bei ungedämpfte Schwingung ist A = konstant.
Periodendauer *T* (Schwingungsdauer)	$T = \frac{t}{z} = \frac{\text{gemessener Zeitabschnitt}}{\text{Anzahl der Schwingungen}}$ T ist die Zeit für eine volle Schwingung
Frequenz *f*	f (Schwingungszahl) ist der Quotient aus der Anzahl z der Schwingungen und dem zugehörigen Zeitabschnitt t: $f = \frac{z}{t} = \frac{1}{T} = \frac{\omega}{2\pi}$

f	T, t	z	ω	φ	n	A, y	v_y	a_y
$\frac{1}{s}$	s	1	$\frac{1}{s}$	rad	$\frac{1}{s}$	m	$\frac{m}{s}$	$\frac{m}{s^2}$

Kreisfrequenz ω	$\omega = 2\,\pi\,n = 2\pi\frac{z}{t} = 2\pi f = \frac{2\pi}{T}$
Auslenkung *y*, Geschwindigkeit v_y und Beschleunigung a_y eines harmonisch schwingenden Punktes	$y = A\sin(\omega t) = A\sin(2\pi f t) = A\sin\frac{2\pi t}{T}$ $v_y = A\omega\cos(\omega t) = A\omega\cos(2\pi f t) = A\omega\cos\frac{2\pi t}{T}$ $a_y = -A\,\omega^2\sin(\omega t) = -A\,\omega^2\sin(2\pi f t) = -A\,\omega^2\sin\frac{2\pi t}{T} = -y\,\omega^2$
Schwingungsbeginn bei Phasenwinkel $\Delta\varphi_0$	$y = A\sin(\varphi + \Delta\varphi_0) = A\sin(\omega t + \Delta\varphi_0)$
Auslenkung-Zeit-Diagramm	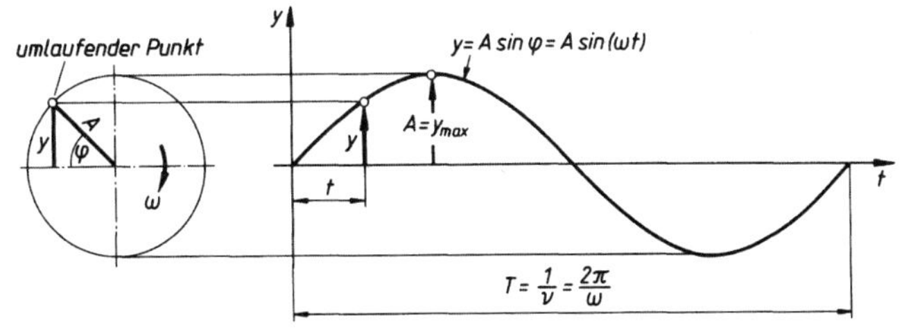

Geschwindigkeit-Zeit-Diagramm

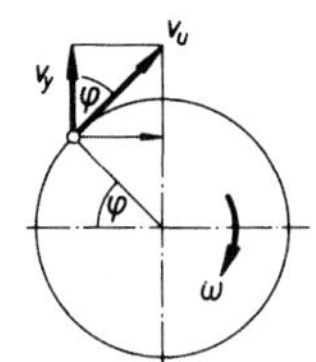

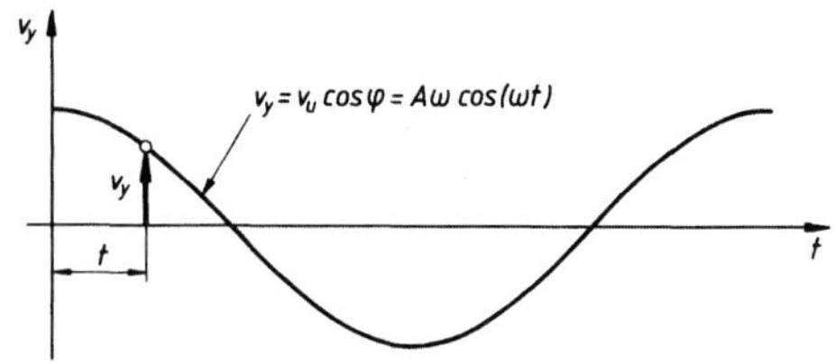

Beschleunigung-Zeit-Diagramm

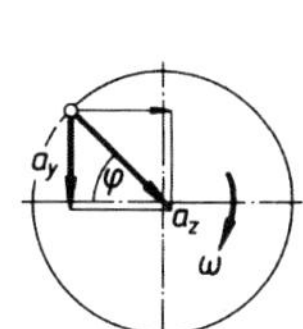

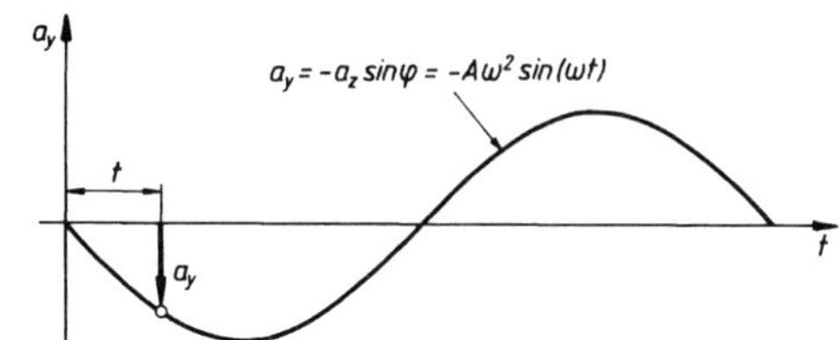

7.19 Pendelgleichungen

	Schwerependel	Schraubenfederpendel	Torsionspendel
Pendelart	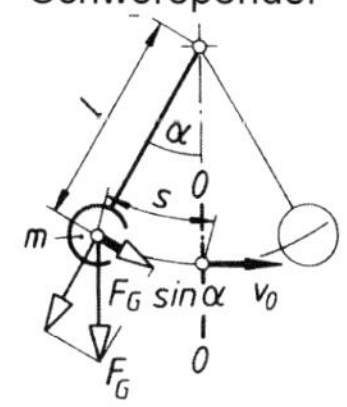	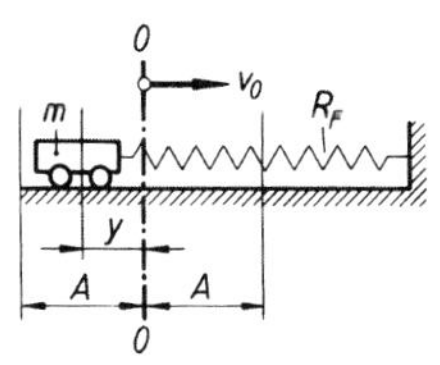	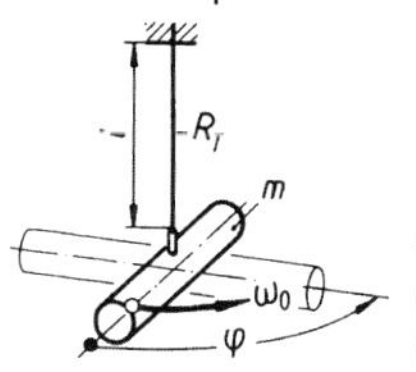
Rückstellkraft F_R **Rückstellmoment M_R**	$F_R = F_G \sin\alpha =$ $= mg \sin\alpha$ $F_R = \frac{mg}{l} s = Ds$	$F_R = R_F\, y = m \frac{4\pi^2}{T^2} y$	$M_R = R_T\, \varphi$
Richtgröße D **Federrate R_F, R_T**	$D = \frac{mg}{l}$	$R_F = m \frac{4\pi^2}{T^2}$	$R_T = \frac{M_R}{\Delta\varphi} = \frac{I_p G}{l}$ (G Schubmodul, I_p polares Flächenmoment 2.Grades)
Periodendauer T	$T = 2\pi \sqrt{\frac{l}{g}}$	$T = 2\pi \sqrt{\frac{m}{R_F}}$	$T = 2\pi \sqrt{\frac{J}{R_T}}$ J Trägheitsmoment
maximale Geschwindigkeit v_0 **maximale Winkelgeschwindigkeit ω_0**	$v_0 = \sqrt{2gl(1 - \cos\alpha_{max})}$ gilt bis $\alpha_{max} < 14°$	$v_0 = A\sqrt{\frac{R_F}{m}}$	$\omega_0 = \varphi \sqrt{\frac{R_T}{J}}$ J Trägheitsmoment

experimentelle Bestimmung des Trägheitsmomentes J_2 eines Körpers

$$J_2 = J_1 \frac{T_2^2 - T_1^2}{T_1^2}$$

J_1 bekanntes Trägheitsmoment
J_2 unbekanntes Trägheitsmoment
T_1 gemessene Schwingungsdauer bei Körper 1 allein
T_2 bei Körper 1 und 2 zusammen

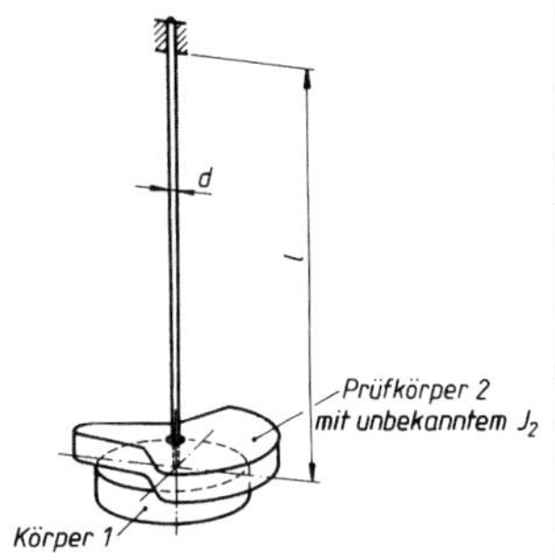

Einheiten der vorkommenden physikalischen Größen

F_R, F_G	M_R	m	g	l, s, y, A	R_F	R_T	φ	T	ω	J	v_0	ω_0
N	$\frac{\text{Nm}}{\text{rad}}$	kg	$\frac{\text{m}}{\text{s}^2}$	m	$\frac{\text{N}}{\text{m}}$	$\frac{\text{Nm}}{\text{rad}}$	rad	s	$\frac{1}{\text{s}}$	kgm^2	$\frac{\text{m}}{\text{s}}$	$\frac{1}{\text{s}}$

7.20 Schubkurbelgetriebe
(für ω = konstant = $\pi n/30$)

Umfangsgeschwindigkeit v_u

$$v_u = \omega r = \frac{\pi h n}{60}$$

Kolbenweg s
(+) für Hingang
(–) für Rückgang

$$s = r(1 - \cos\varphi) \pm l(1 - \cos\beta)$$

$$s \approx r(1 - \cos\varphi \pm 0{,}5\,\lambda \sin^2\varphi)$$

Schubstangenverhältnis λ

$$\lambda = \frac{\text{Kurbelradius } r}{\text{Länge der Schubstange } l}$$

Kolbengeschwindigkeit v
(+) für Hingang
(–) für Rückgang

$$v = v_u(\sin\varphi \pm 0{,}5\,\lambda \sin 2\varphi)$$

$$v = \omega r(\sin\omega t \pm 0{,}5\,\lambda \sin 2\omega t)$$

$$v_{max} = v_u(1 + 0{,}5\,\lambda^2) = \omega r(1 + 0{,}5\,\lambda^2)$$

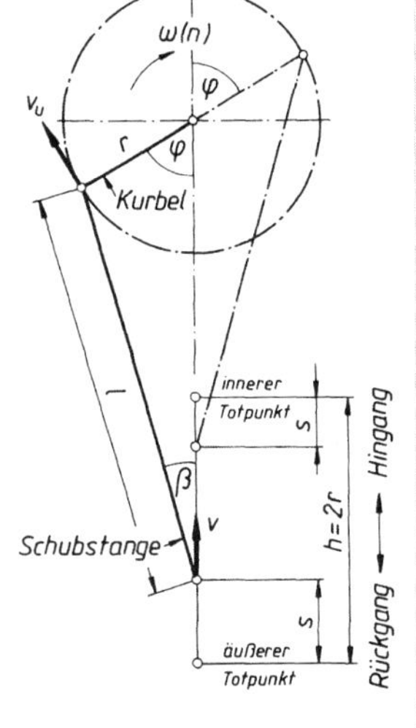

mittlere Geschwindigkeit v_m

$$v_m = \frac{hn}{30}$$

v_u, v_m, v	ω	a	h, r, s, l	λ	n
$\frac{\text{m}}{\text{s}}$	$\frac{1}{\text{s}}$	$\frac{\text{m}}{\text{s}^2}$	m	1	min^{-1}

Kolbenbeschleunigung a
(+) für Hingang
(–) für Rückgang

$$a = \frac{v_u^2}{r}(\cos\varphi \pm \lambda\cos 2\varphi)$$

$$a = \omega^2 r(\cos\omega t \pm \lambda\cos 2\omega t)$$

$$a_{max} = \omega^2 r(1 \pm \lambda) \quad \text{in den Totlagen}$$

7.21 Gerader zentrischer Stoß

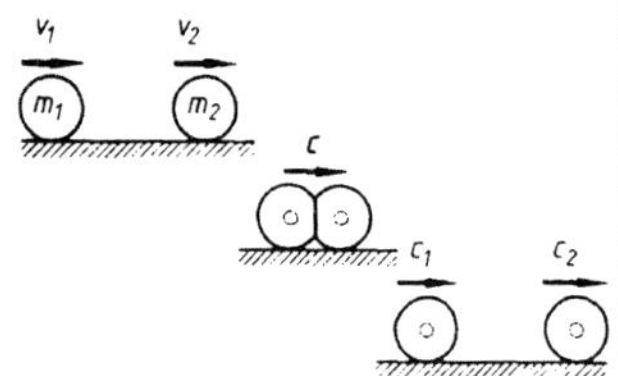

Zwei Körper der Masse m_1, m_2 bewegen sich vor dem Stoß in Richtung der Stoßlinie mit den Geschwindigkeiten $v_1 > v_2$. Gemeinsamer Berührungspunkt und die Schwerpunkte beider Körper liegen auf der Stoßlinie. Nach erstem Stoßabschnitt (Stoßkraft $F = F_{max}$) haben beide Körper die Geschwindigkeit c, nach zweitem Stoßabschnitt ($F = 0$) die Geschwindigkeiten c_1, c_2.

Stoßzahl k

$$k = \frac{c_2 - c_1}{v_1 - v_2}$$

$k = \frac{15}{16}$ für Glas, $\frac{8}{9}$ für Elfenbein,

$\frac{5}{9}$ für Stahl und Kork, $\frac{1}{2}$ für Holz

$k = 0$ vollkommen unelastischer Stoß; $\Delta W = 0$ (ΔW Energieverlust)
$k = 1$ vollkommen elastischer Stoß
allgemeiner Fall: $0 < k < 1$

Stoßzahlbestimmung

$$k = \sqrt{\frac{h_1}{h}}$$

h freie Fallhöhe einer Kugel auf waagerechte Platte aus gleichem Material

h_1 Rücksprunghöhe der Kugel

gemeinsame Geschwindigkeit c

$$c = \frac{m_1 v_1 + m_2 v_2}{m_1 + m_2}$$

c, v	m	k	W
$\frac{\text{m}}{\text{s}}$	kg	1	J

Geschwindigkeiten c_1, c_2 nach dem Stoß

$$c_1 = \frac{m_1 v_1 + m_2 v_2 - m_2 (v_1 - v_2) k}{m_1 + m_2}$$

$$c_2 = \frac{m_1 v_1 + m_2 v_2 + m_1 (v_1 - v_2) k}{m_1 + m_2}$$

Energieverlust ΔW beim Stoß

$$\Delta W = \frac{m_1 m_2}{2(m_1 + m_2)} (v_1 - v_2)^2 (1 - k^2)$$

Energieverlust ΔW beim vollkommen unelastischen Stoß

$k = 0 \qquad c_1 = c_2 = c$

$$\Delta W = \frac{m_1 m_2}{2(m_1 + m_2)} (v_1 - v_2)^2$$

Für Schmieden und Nieten muss ΔW möglichst groß sein ($m_2 \gg m_1$)

Geschwindigkeiten c_1, c_2 nach dem vollkommen elastischen Stoß

$k = 1 \qquad \Delta W = 0$

$$c_1 = \frac{(m_1 - m_2) v_1 + 2 m_2 v_2}{m_1 + m_2} \qquad c_2 = \frac{(m_2 - m_1) v_2 + 2 m_1 v_1}{m_1 + m_2}$$

Sonderfälle

bei $m_1 = m_2$ wird $c_1 = v_2$ und $c_2 = v_1$

bei $m_2 = \infty$ und $v_2 = 0$ wird $c_1 = -v_1$

bei $m_1 = \infty$ und $v_2 = 0$ wird $c_2 = 2\, v_1$

7.22 Mechanische Arbeit W

Die mechanische Teilarbeit ΔW einer den Körper bewegenden Kraft F ist das Produkt aus dem Wegabschnitt Δs und der Kraftkomponente F in Wegrichtung. Die Gesamtarbeit W ist die Summe aller Teilarbeiten ΔW:

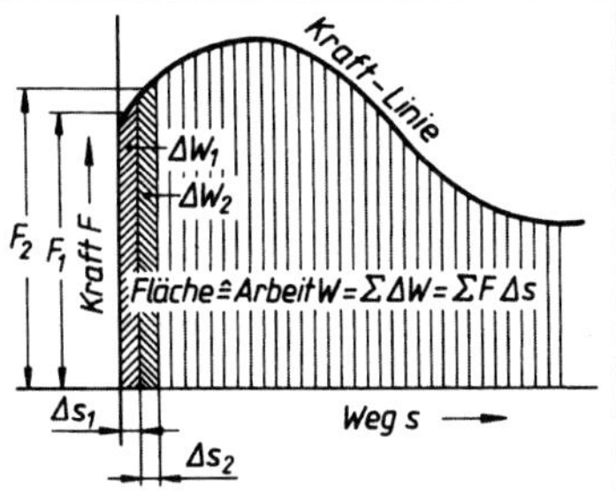

Arbeit W einer veränderlichen Kraft

$$W = \sum \Delta W = \sum F \Delta s = F_1 \Delta s_1 + F_2 \Delta s_2 + \ldots F_n \Delta s_n$$

Die von der Kraft F oder dem Drehmoment M verrichtete Arbeit W entspricht immer der Fläche unter der Kraft- oder Momentenlinie im Kraft-Weg-Diagramm oder im Moment-Drehwinkel-Diagramm.

kohärente Einheit (gesetzliche Einheit, zugleich SI-Einheit)

1 Joule (J) = 1 Wattsekunde (Ws)

$$1\,\text{J} = 1\frac{\text{kgm}}{\text{s}^2}\text{m} = \frac{\text{kgm}^2}{\text{s}^2}$$

1 J = 1 N = 1 Ws

Arbeit W der konstanten Kraft F

$W = Fs \cos \alpha$

$W = Fs$ (für $\alpha = 0°$)

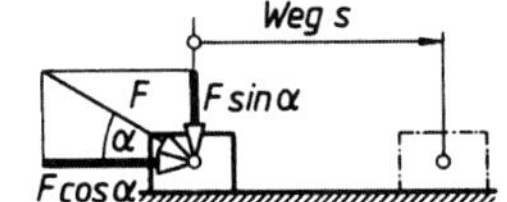

Arbeit W der Gewichtskraft F_G (Hubarbeit)

$W = F_G\, h = mgh$

W	F_G	m	g	h
J = Nm	N	kg	$\frac{\text{m}}{\text{s}^2}$	m

F_G Gewichtskraft des Körpers
m Masse des Körpers
h Hubhöhe

Reibungsarbeit W_R auf schiefer Ebene mit Winkel α, Kraft F parallel zur Bahn

$W_R = F_R\, s$ $\qquad$ μ Reibungszahl nach 7.12

$W_R = F_G\, \mu\, s \cos \alpha = mg\, \mu\, s \cos \alpha$

W_R	F_R, F_G	m	g	s
J =Nm	N	kg	$\frac{\text{m}}{\text{s}^2}$	m

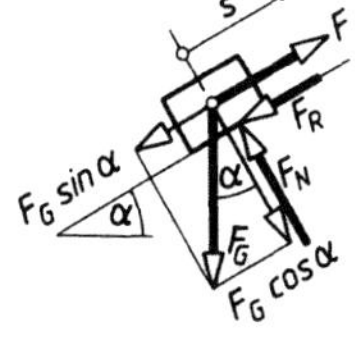

Kraft F waagerecht

$W_R = F_R\, s$

$W_R = \mu\, s\, (F_G \cos \alpha + F \sin \alpha)$

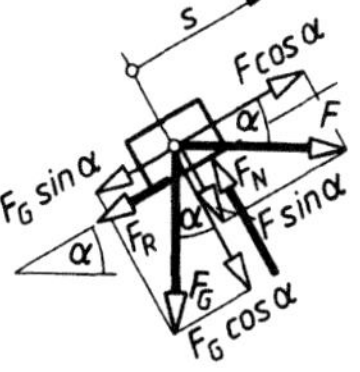

Mechanik fester Körper

Formänderungsarbeit W_f

R Federrate (Federsteifigkeit)

$$W_f = \frac{F_1 + F_2}{2}\Delta s; \quad R = \frac{F_2 - F_1}{\Delta s} = \frac{F_2}{s_2} = \frac{F_1}{s_1}$$

$$W_f = \frac{R}{2}(s_2^2 - s_1^2)$$

W_f	F_1, F_2	s_1, s_2	R
J = Nm	N	m	$\frac{N}{m}$

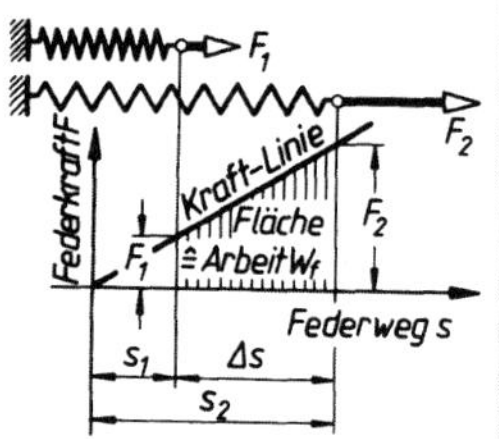

Arbeit W eines konstanten Drehmoments M

F_T Tangentialkraft
z Anzahl der Umdrehungen

$$W = M\,\varphi$$

$$W = F_T\, 2\,\pi\, r\, z$$

W	M	φ	F_T	r	z
J = Nm	$\frac{Nm}{rad}$	rad	N	m	1

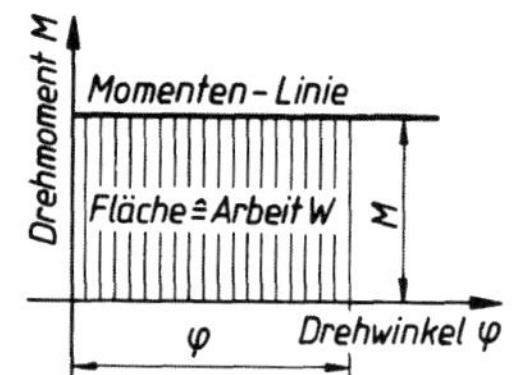

Beschleunigungsarbeit W_b eines konstanten Kraftmoments M

$$W = \frac{J}{2}(\omega_2^2 - \omega_1^2)$$

W_b	J	ω
J = Nm	kgm^2	$\frac{1}{s}$

ω_1, ω_2 Winkelgeschwindigkeit vor oder nach dem Beschleunigungs- oder Verzögerungsvorgang

7.23 Leistung P, Übersetzung I und Wirkungsgrad η

P_{trans} bei geradliniger Bewegung

$$P_{trans} = \frac{W}{t} = \frac{Fs}{t} = Fv$$

P_{trans}	F	v
$\frac{J}{s} = \frac{Nm}{s} = W$	N	$\frac{m}{s}$

P_{rot} bei Drehbewegung

$$P_{rot} = M\,\omega = 2\,\pi\, Mn$$

P_{rot}	M	n, ω
$J = \frac{Nm}{s} = W$	Nm	$\frac{1}{s}$

Zahlenwertgleichungen für Leistung P und Drehmoment M

$$P = \frac{Mn}{9550}$$

$$M = 9550\frac{P}{n}$$

P	M	n
kW	Nm	min^{-1}

Wirkungsgrad η

M_1 Antriebsmoment
M_2 Abtriebsmoment
i Übersetzung

$$\eta = \frac{\text{Nutzarbeit } W_n}{\text{zugeführte Arbeit } W_z} = \frac{\text{Nutzleistung } P_n}{\text{zugeführte Leistung } P_z} < 1$$

$$\eta = \frac{M_2}{M_1} \cdot \frac{1}{i} \qquad M_2 = M_1\, \eta_{ges}\, i_{ges}$$

Gesamtwirkungsgrad η_{ges}

$$\eta_{ges} = \eta_1\, \eta_2\, \eta_3 \ldots \eta_n < 1$$

Übersetzung i

$$i = \frac{n_1}{n_2} = \frac{\omega_1}{\omega_2} = \frac{d_2}{d_1} = \frac{d_{02}}{d_{01}} = \frac{z_2}{z_1}$$

$$i = \frac{M_2}{M_1} \text{ (ohne Reibung)} \qquad i = \frac{M_2}{M_1} \cdot \frac{1}{\eta_{res}} \text{ (mit Reibung)}$$

7.24 Dynamik der Verschiebebewegung (Translation)

Dynamisches Grundgesetz, allgemein

$F_{res} = ma$

F_{res}, F_G	m	a, g
$N = \frac{kgm}{s^2}$	kg	$\frac{m}{s^2}$

F_{res} ist Resultierende der Kräftegruppe in Beschleunigungsrichtung
m Masse des Körpers
a Beschleunigung
g Fallbeschleunigung
g_n Normfallbeschleunigung = $9{,}80665 \frac{m}{s^2}$
F_{Gn} Normgewichtskraft des Körpers

Dynamisches Grundgesetz für freien Fall

$F_G = m g$
$F_{Gn} = m g_n$

Dynamisches Grundgesetz für Tangenten- und Normalenrichtung

F_N Zentripetalkraft
ϱ Krümmungsradius
(für Kreisbogen ist $\varrho = r$)

$$F_N = m a_N = m \frac{v^2}{\varrho} = m \varrho \omega^2$$

$$F_T = m a_T$$

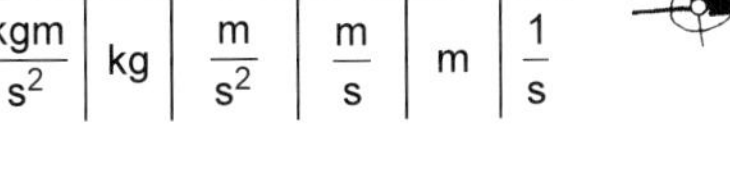

F_N, F_T	m	a_N, a_T	v	ϱ	ω
$N = \frac{kgm}{s^2}$	kg	$\frac{m}{s^2}$	$\frac{m}{s}$	m	$\frac{1}{s}$

Energieerhaltungssatz

E_E	=	E_A	+	W_z	–	W_a
Energie am Ende des Vorganges	=	Energie am Anfang des Vorganges	+	zugeführte Arbeit	–	abgeführte Arbeit (meist Reibungsarbeit W_R)

potenzielle Energie E_p (Energie der Lage)

$E_p = F_G h = mgh$

kinetische Energie E_k (Bewegungsenergie)

$E_k = \frac{m}{2}(v_2^2 - v_1^2)$

E_k = Beschleunigungsarbeit W_b

E	m	g	h	F_G	v_1, v_2
J = Nm = Ws	kg	$\frac{m}{s^2}$	m	N	$\frac{m}{s}$

Impulserhaltungssatz (Antriebssatz)

$F_{res}(t_2 - t_1) = m(v_2 - v_1)$
für den „kräftefreien" Körper ($F_{res} = 0$) gilt
$m v_2 - m v_1 = 0$
$m v_1 = m v_2$ = konstant

F_{res}	t	m	v
$N = \frac{kgm}{s^2}$	s	kg	$\frac{m}{s}$

d'Alembert'scher Satz

Körper freimachen, Beschleunigungsrichtung eintragen, Trägheitskraft
$T = ma$
entgegengesetzt zur Beschleunigungsrichtung eintragen,
Gleichgewichtsbedingungen unter Einschluss der Trägheitskraft (oder -kräfte) ansetzen.

T	m	a
$N = \frac{kgm}{s^2}$	kg	$\frac{m}{s^2}$

7.25 Dynamik der Drehung (Rotation)

Dynamisches Grundgesetz, allgemein

$M_{res} = J\,\alpha$

M_{res} resultierendes Drehmoment
J Trägheitsmoment nach 7.26
α Winkelbeschleunigung

M_{res}	J	α
$\mathrm{Nm} = \frac{\mathrm{kgm}^2}{\mathrm{s}^2}$	kgm^2	$\frac{1}{\mathrm{s}^2}$

Trägheitsmoment *J* Definitionsgleichung

$J = \sum \Delta m r^2$ Berechnungsgleichungen in 7.26

$J = \int \mathrm{d}m\,\varrho^2$

Verschiebesatz (Steiner)

$J_0 = J_s + m\,l^2$

J_0 Trägheitsmoment für gegebene parallele Drehachse 0 – 0
J_s Trägheitsmoment für parallele Schwerachse S – S
$m\,l^2$ Masse m mal Abstandsquadrat der beiden Achsen

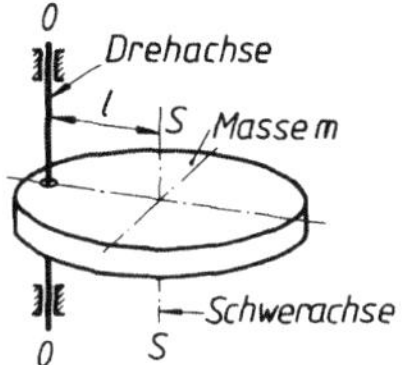

Trägheitsradius *i*

$i = \sqrt{\frac{J}{m}}$ $\quad i = \frac{D_i}{2}$

i, D_i	J	m
m	kgm^2	kg

Reduktion der Trägheitsmomente J_1, J_2 ... bei Getrieben

$J_{red} = J_1 + J_2\left(\frac{n_2}{n_1}\right)^2 + J_3\left(\frac{n_3}{n_1}\right)^2 + \dots$ $\quad n$ Drehzahl

resultierendes Beschleunigungsmoment M_{res} der Antriebsachse 1

$M_{res} = J_{red}\,\alpha_1$ $\quad \alpha_1$ Winkelbeschleunigung

Drehenergie *E* (Drehwucht)

$E = \frac{J}{2}(\omega_2^2 - \omega_1^2) =$ Beschleunigungsarbeit W_b

Energieerhaltungssatz der Drehung

$$\frac{J}{2}\omega_2^2 = \frac{J}{2}\omega_1^2 \pm M_{res}\,\varphi$$

Drehwucht am Ende des Vorganges = Drehwucht am Anfang des Vorganges ± zu- oder abgeführter Arbeit des resultierenden Moments aller Kräfte

Impulserhaltungssatz (Antriebssatz)

$M_{res}\,(t_2 - t_1) = J\,(\omega_2 - \omega_1)$

M_{res}	t	J	ω
J = Nm = Ws	s	kgm^2	$\frac{1}{\mathrm{s}}$

für den „kräftefreien" Körper (M_{res} = 0) gilt

$J\,\omega_2 - J\,\omega_1 = 0$
$J\,\omega_1 - J\,\omega_2 =$ konstant

Fliehkraft F_z

$F_z = m\,r_s\,\omega^2 = \mathrm{m}\,\frac{v^2}{r_s}$

F_z	m	r_s	ω	v
$\mathrm{N} = \frac{\mathrm{kgm}}{\mathrm{s}^2}$	kg	m	$\frac{1}{\mathrm{s}}$	$\frac{\mathrm{m}}{\mathrm{s}}$

r_s Abstand des Körperschwerpunkts S von Drehachse
ω Winkelgeschwindigkeit
v Umfangsgeschwindigkeit des Schwerpunkts um die Drehachse

7.26 Gleichungen für Trägheitsmomente *J* (Massenmomente 2. Grades)

Art des Körpers	Trägheitsmoment J (J_x um die x-Achse; J_z um die z-Achse); ϱ Dichte
Rechteck, Quader 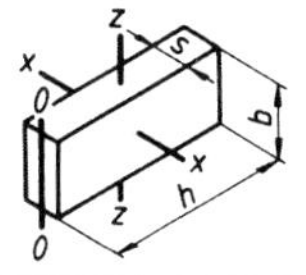	$J_x = \frac{1}{12}m(b^2+h^2) = \frac{1}{12}\varrho hbs(b^2+h^2)$ bei geringer Plattendicke s ist $J_z = \frac{1}{12}mh^2 = \frac{1}{12}\varrho bh^3 s$ $\quad J_0 = \frac{1}{3}mh^2 = \frac{1}{3}\varrho bh^3 s$ Würfel mit Seitenlänge a: $J_x = J_z = m\frac{a^2}{6}$
Kreiszylinder 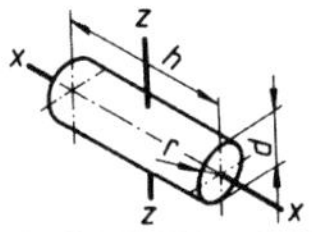	$J_x = \frac{1}{2}mr^2 = \frac{1}{8}md^2 = \frac{1}{32}\varrho\pi d^4 h = \frac{1}{2}\varrho\pi r^4 h$ $J_z = \frac{1}{16}m(d^2+\frac{4}{3}h^2) = \frac{1}{64}\varrho\pi d^2 h(d^2+\frac{4}{3}h^2)$
Hohlzylinder 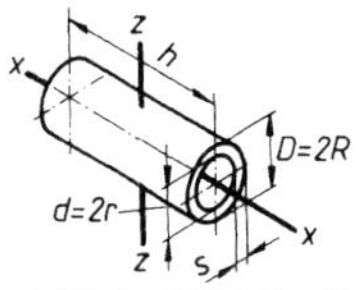	$J_x = \frac{1}{2}m(R^2+r^2) = \frac{1}{8}m(D^2+d^2) = \frac{1}{32}\varrho\pi h(D^4-d^4)$ $J_x = \frac{1}{2}\varrho\pi h(R^4-r^4)$ $J_z = \frac{1}{4}m(R^2+r^2+\frac{1}{3}h^2) = \frac{1}{16}m(D^2+d^2+\frac{4}{3}h^2)$
Kreiskegel 	$J_x = \frac{3}{10}mr^2$ Kreiskegelstumpf: $J_x = \frac{3}{10}m\frac{R^5-r^5}{R^3-r^3}$
Zylindermantel	$J_x = \frac{1}{4}md_m^2 = \frac{1}{4}\varrho\pi d_m^3 hs$ $J_z = \frac{1}{8}m(d_m^2+\frac{2}{3}h^2) = \frac{1}{8}\varrho\pi d_m hs(d_m^2+\frac{2}{3}h^2)$ Hohlzylinder mit Wanddicke $s = \frac{1}{2}(D-d)$ sehr klein im Verhältnis zum mittleren Durchmesser $d_m = \frac{1}{2}(D+h)$
Kugel 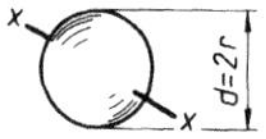	$J_x = \frac{2}{5}mr^2 = \frac{1}{10}md^2 = \frac{1}{60}\varrho\pi d^5 = \frac{8}{15}\varrho\pi r^5$
Hohlkugel (Kugelschale)	$J_x = J_z = \frac{1}{6}md_m^2 = \frac{1}{6}\varrho\pi d_m^4 s$ Wanddicke $s = \frac{1}{2}(D-d)$ sehr klein im Verhältnis zum mittleren Durchmesser $d_m = \frac{1}{2}(D+d)$
Ring 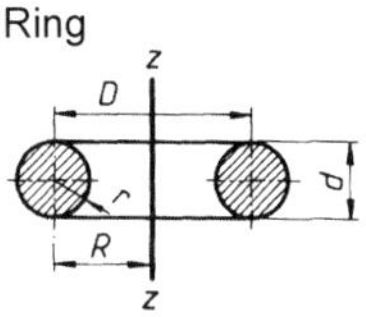	$J_z = m(R^2+\frac{3}{4}r^2) = \frac{1}{4}m(D^2+\frac{3}{4}d^2)$ $\quad m = 2\pi^2 r^2 R\varrho$ $J_z = \frac{1}{16}\varrho\pi^2 Dd^2(D^2+\frac{3}{4}d^2) = \frac{1}{4}mD^2\left[1+\frac{3}{4}\left(\frac{d}{D}\right)^2\right]$
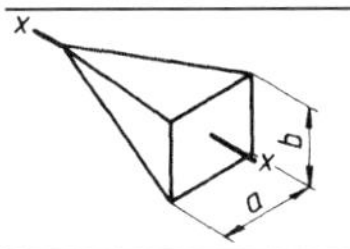	$J_x = \frac{1}{20}m(a^2+b^2)$

7.27 Gegenüberstellung einander entsprechender Größen und Definitionsgleichungen für Schiebung und Drehung

Geradlinige (translatorische) Bewegung | **Drehende (rotatorische) Bewegung**

Größe	Definitionsgleichung	Einheit	Größe	Definitionsgleichung	Einheit
Weg s	Basisgröße	m	Drehwinkel φ	$\frac{\text{Bogen } b}{\text{Radius } r}$	rad = 1
Zeit t	Basisgröße	s	Zeit t	Basisgröße	s
Masse m	Basisgröße	kg	Trägheitsmoment J	$J = \int \mathrm{dm}\, \varrho^2$	kgm^2
Geschwindigkeit v	$v = \frac{ds}{dt} \left(= \frac{\Delta s}{\Delta t}\right)$	$\frac{\mathrm{m}}{\mathrm{s}}$	Winkelgeschwindigkeit ω	$\omega = \frac{d\varphi}{dt} \left(= \frac{\Delta \varphi}{\Delta t}\right)$	$\frac{\mathrm{rad}}{\mathrm{s}} = \frac{1}{\mathrm{s}}$
Beschleunigung a	$a = \frac{dv}{dt} \left(= \frac{\Delta v}{\Delta t}\right)$	$\frac{\mathrm{m}}{\mathrm{s}^2}$	Winkelbeschleunigung α	$\alpha = \frac{d\omega}{dt} \left(= \frac{\Delta \omega}{\Delta t}\right)$	$\frac{\mathrm{rad}}{\mathrm{s}^2} = \frac{1}{\mathrm{s}^2}$
Beschleunigungskraft F_{res}	$F_{res} = m\, a$	$\mathrm{N} = \frac{\mathrm{kgm}}{\mathrm{s}^2}$	Beschleunigungsmoment M_{res}	$M_{res} = J\, \alpha$	$\mathrm{Nm} = \frac{\mathrm{kgm}^2}{\mathrm{s}^2}$
Arbeit W_{trans}	$W_{trans} = F\, s$	J = Nm = Ws	Arbeit W_{rot}	$W_{rot} = M\, \varphi$	J = Nm = Ws
Leistung P_{trans}	$P_{trans} = \frac{W_{trans}}{t} = Fv$	$\frac{\mathrm{J}}{\mathrm{s}} = \frac{\mathrm{Nm}}{\mathrm{s}} = \mathrm{W}$	Leistung P_{rot}	$P_{rot} = \frac{W_{rot}}{t} M\, \omega$	$\frac{\mathrm{J}}{\mathrm{s}} = \frac{\mathrm{Nm}}{\mathrm{s}} = \mathrm{W}$
Wucht W_{trans}	$W_{trans} = \frac{m}{2} v^2$	$\mathrm{Nm} = \frac{\mathrm{kgm}^2}{\mathrm{s}^2}$	Drehwucht W_{rot}	$W_{rot} = \frac{J}{2} \omega^2$	$\mathrm{Nm} = \frac{\mathrm{kgm}^2}{\mathrm{s}^2}$
Arbeitssatz (Wuchtsatz)	$W_{trans} = \frac{m}{2}(v_2^2 - v_1^2)$	$\mathrm{Nm} = \frac{\mathrm{kgm}^2}{\mathrm{s}^2}$	Arbeitssatz (Wuchtsatz)	$W_{rot} = \frac{J}{2}(\omega_2^2 - \omega_1^2)$	$\mathrm{Nm} = \frac{\mathrm{kgm}^2}{\mathrm{s}^2}$
Impulserhaltungssatz	$F_{res}\,(t_2 - t_1) = m\,(v_2 - v_1)$ Kraftstoß = Impulsänderung		Impulserhaltungssatz	$M_{res}\,(t_2 - t_1) = J\,(\omega_2 - \omega_1)$ Momentenstoß = Drehimpulsänderung	

8.1 Statik der Flüssigkeiten

Druck p auf ebene und gewölbte Flächen

$$p = \frac{F}{A}$$

p	F	A
$\frac{N}{m^2} = Pa$	N	m^2

Der Druck, der von außen auf irgendeinen Teil der abgesperrten Flüssigkeit ausgeübt wird (z. B. durch Kolbenkraft), pflanzt sich auf alle Teile nach allen Richtungen unverändert fort.
(1 Pascal (Pa) = 1 Newton durch Quadratmeter (N/m²))

Triebkraft F_1 (Kolbenkraft)

$$F_1 = \frac{\pi d_1^2}{4} p$$

Last F_2 (Kolbenkraft)

$$F_2 = \frac{\pi d_2^2}{4} p$$

$$F_2 = F_1 \left(\frac{d_2}{d_1}\right)^2 \eta$$

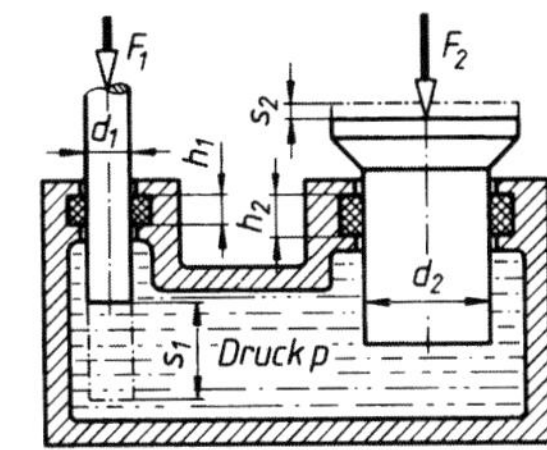

Hydraulische Presse

Wirkungsgrad η
μ Reibzahl zwischen Kolben und Dichtung

$$\eta = \frac{1 - 4\mu \frac{h_2}{d_2}}{1 + 4\mu \frac{h_1}{d_1}}$$

F_1, F_2	p	d, h, s	η, μ
N	$\frac{N}{m^2} = Pa$	m	1

Kolbenwege s_1, s_2

$$s_2 = s_1 \left(\frac{d_1}{d_2}\right)^2$$

Druckübersetzung

$$\frac{p_2}{p_1} = \frac{d_1^2}{d_1^2 - d_2^2}$$

$$\frac{p_2}{p_1} = \frac{d_1^2}{d_2^2}$$

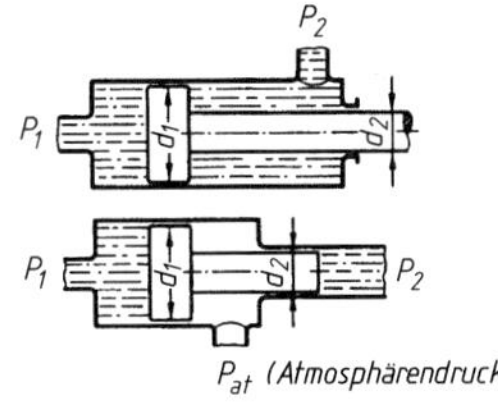

hydrostatischer Druck p infolge der Schwerkraft (Schweredruck)

$$p = \varrho g h$$

$$p_{abs} = \varrho g h + p_{amb}$$

ϱ Dichte
g Fallbeschleunigung
p_{abs} absoluter Druck
p_{amb} umgebender Atmosphärendruck

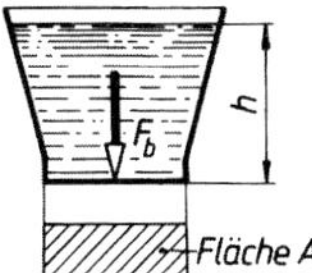

Bodenkraft F_b

$$F_b = \varrho g h A$$

F_b	p	ϱ	g	h
N	$\frac{N}{m^2} = Pa$	$\frac{kg}{m^3}$	$\frac{m}{s^2}$	m

Seitenkraft F_s
I_s Flächenmoment 2. Grades der gedrückten Fläche *A* bezogen auf die Schwerachse S – S
***D* – Druckmittelpunkt**

$F_s = \varrho\, g\, h_s\, A = \varrho\, g\, y_s \sin\alpha\, A$

$h_s = y_s \sin\alpha; \quad y_s = \dfrac{h_s}{\sin\alpha}$

$y_D = y_s + e = y_s + \dfrac{I_s}{A\, y_s}; \quad e = \dfrac{I_s}{A\, y_s}$

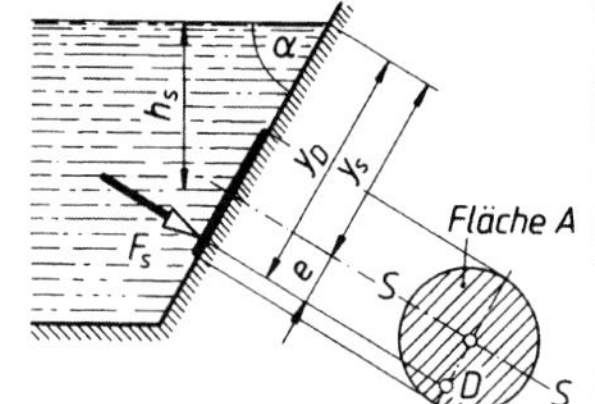

Abstand *e*

$e = \dfrac{h^2}{12\, y_s}$ für Rechteckfläche

$e = \dfrac{d^2}{16\, y_s}$ für Kreisfläche

F_s	ϱ	g	A	I	V_v	h, y, e, d
N	$\frac{kg}{m^3}$	$\frac{m}{s^2}$	m^2	m^4	m^3	m

Auftrieb F_a

$F_a = V_v\, \varrho\, g$

V_v verdrängtes Flüssigkeitsvolumen

8.2 Strömungsgleichungen

Mach'sche Zahl *Ma*

$Ma = \dfrac{w}{c}$

w Strömungsgeschwindigkeit
c Schallgeschwindigkeit

Bis $Ma < 0{,}3$ können die Strömungen von Gasen als inkompressibel angesehen werden.

Reynolds'sche Zahl *Re*

$Re = \dfrac{w\, d\, \varrho}{\eta} = \dfrac{w\, d}{\nu}$

w mittlere Durchflussgeschwindigkeit
d Durchmesser bei Kreisröhren
ϱ Dichte
ν kinematische Zähigkeit
η dynamische Zähigkeit

kritische Strömungsgeschwindigkeit w_{kr}

$w_{kr} = \dfrac{Re\, \eta}{d\, \varrho}$

Re	w	d	ϱ	η	ν
1	$\frac{m}{s}$	m	$\frac{kg}{m^3}$	$\frac{Ns}{m^2}$	$\frac{m^2}{s}$

kinematische Zähigkeit ν

$\nu = \dfrac{\eta}{\varrho}$

Umrechnungen der Zähigkeit

für die dynamische Zähigkeit η das Poise (P):

$1\ Ns/m^2$ = 10 P (Poise) = 1000 cP (Zentipoise)
1P = 0,1 Ns/m^2 = 100 cP (Zentipoise)

für die kinematische Zähigkeit ν das Stokes (St):

1 m^2/s = 10^4 St (Stokes)
1 St = $10^{-4} m^2/s$ = 100 cSt (Zentistokes)

Umrechnung aus Englergraden in $\dfrac{m^2}{s}$:

$\nu = \left(7{,}32\,E - \dfrac{6{,}31}{°E}\right) 10^{-6}$ in $\dfrac{m^2}{s}$

Umrechnungen °E in cSt

°E	cSt	°E	cSt
1	1	4,5	33,4
1,5	6,25	5	37,4
2	11,8	5,5	41,4
2,5	16,7	6	45,2
3	21,2	6,5	49,0
3,5	25,4	8	60,5
4	29,6	10	76,0

Strömungsgeschwindigkeit w_x im Abstand x von der Rohrachse

$$w_x = 2w\left[1-\left(\frac{2x}{d}\right)^2\right]$$

$$w = \frac{q_V}{A}$$

q_V Volumenstrom in $\frac{m^3}{s}$

A Querschnitt in m^2

turbulente und laminare Strömung wird durch die kritische Reynoldszahl bestimmt; für ein Kreisrohr ist Re_{kr} = 2300

bei $Re < 2300$:
laminare Strömung stellt sich auch nach Störung wieder ein

bei $Re > 2300$:
bleibt einmal gestörte Strömung turbulent

Bei $Re > 3000$ immer turbulente Strömung

Kontinuitätsgleichung (q_V Volumenstrom q_m Massenstrom)

$q_V = A_1\, w_1 = A_2\, w_2$ = konstant
$q_m = A_1\, w_1\, \varrho_1 = A_2\, w_2\, \varrho_2$

q_V	A	w	q_m	ϱ
$\frac{m^3}{s}$	m^2	$\frac{m}{s}$	$\frac{kg}{s}$	$\frac{kg}{m^3}$

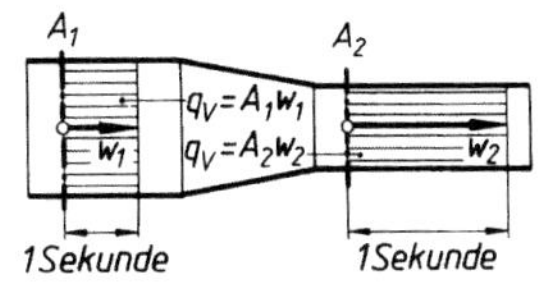

Bernoulli'sche Druckgleichung

$$p_1 + \varrho g h_1 + \frac{\varrho}{2}w_1^2 = p_2 + \varrho g h_2 + \frac{\varrho}{2}w_2^2 = \text{konstant}$$

$\frac{\varrho}{2}w^2$ **Geschwindigkeitsdruck**

$\varrho g h$ **Schweredruck (8.1)**

p	ϱ	g	h	w
$\frac{N}{m^2}$ = Pa	$\frac{kg}{m^3}$	$\frac{m}{s^2}$	m	$\frac{m}{s}$

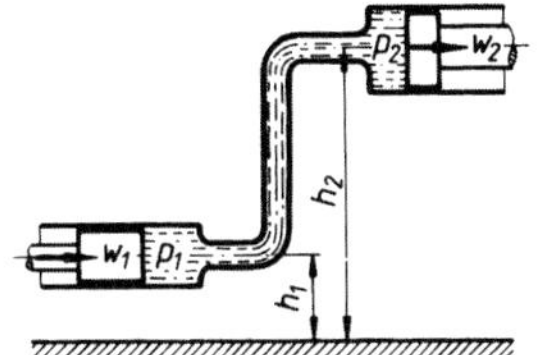

für Leitungen ohne Höhenunterschied

$$p_1 + \frac{\varrho}{2}w_1^2 = p_2 + \frac{\varrho}{2}w_2^2$$

Der Gesamtdruck (statischer Druck p + Geschwindigkeitsdruck $\varrho\, w^2/2$ = Staudruck q) der Flüssigkeit ist an jeder Stelle einer Horizontalleitung gleich groß.

Messung des statischen Drucks p_s

$p_s = p_1 = p_2 + \varrho\, g h$
(siehe auch 8.1)

p_2 Luftdruck

Messung des Gesamtdrucks p_g

$$p_g = p_s + \frac{\varrho}{2}w^2 = p_s + q$$

q Staudruck

Messung des Staudrucks q (Prandtl'sches Staurohr)

$$q = p_g - p_s = \beta\frac{\varrho}{2}w^2$$

$\beta \approx$ 1° bis ca. 17° Anströmwinkel zwischen Rohrachse und Strömungsrichtung

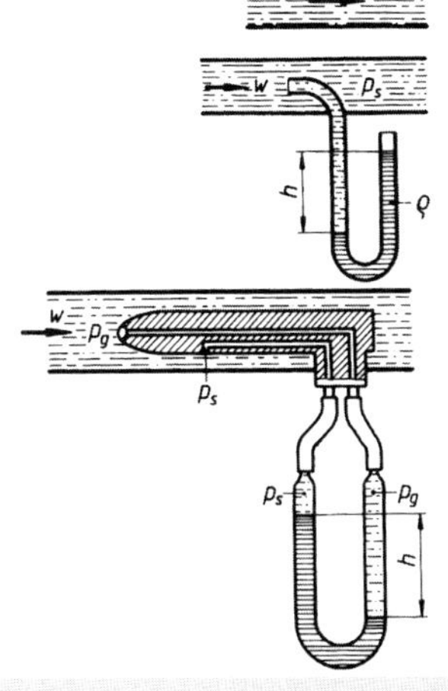

Volumenstrom q_V (theoretischer)

$$q_V = \sqrt{\frac{2(p_1 - p_2)}{\varrho\left(\frac{1}{A_2^2} - \frac{1}{A_1^2}\right)}}$$

q_V	p	ϱ	A
$\frac{m^3}{s}$	$\frac{N}{m^2} = Pa$	$\frac{kg}{m^3}$	m^2

$p_1 - p_2 = \Delta p$ $\quad$ Δp Wirkdruck

Massenstrom q_m (praktischer)

$$q_m = \alpha \frac{A_2}{\sqrt{1 - m^2}} \sqrt{2\varrho(p_1 - p_2)}$$

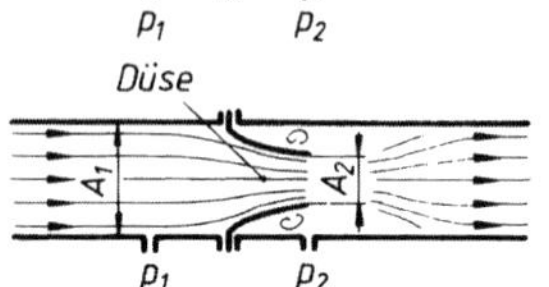

Für Staurand (Blende) nach Prandtl:
$\alpha = 0{,}598 + 0{,}395\ m^2$

α Durchflusszahl (DIN 1952)
m Querschnittsverhältnis $= A_2 / A_1$

praktischer Volumenstrom q_V und Massenstrom q_m bei Gasen und Flüssigkeiten

$$q_V = 0{,}04\ \alpha\, \varepsilon\ m D_t^2 \sqrt{\frac{\Delta p}{\varrho_1}}$$

q_V	α, ε, m	D_t	Δp	ϱ_1
$\frac{m^3}{h}$	1	mm	$\frac{N}{m^2} = Pa$	$\frac{kg}{m^3}$

$$q_m = 0{,}04\ \alpha\, \varepsilon\ m D_t^2 \sqrt{\Delta p\, \varrho_1}$$

q_m	α, ε, m	D_t	Δp	ϱ_1
$\frac{kg}{h}$	1	mm	$\frac{N}{m^2} = Pa$	$\frac{kg}{m^3}$

Durchflusszahl α (DIN 1952) ist oberhalb bestimmter Re-Zahlen konstant. Expansionszahl ε berücksichtigt die Dichteänderung des Mediums infolge des Druckabfalls ($\varepsilon = 1$ für inkompressible Medien). Dichte ϱ_1 ist auf den statischen Druck ϱ_1 vor die Drosselstelle bezogen. D_t lichte Weite der Rohrleitung bei Betriebstemperatur.
$\Delta p = p_1 - p_2$ Wirkdruck.

8.3 Ausflussgleichungen

Geschwindigkeitszahl φ

abhängig von der Zähigkeit der Flüssigkeit
$\varphi_{Wasser} = 0{,}97 \ldots 0{,}99$

Kontraktionszahl α

berücksichtigt die Einschnürung des Flüssigkeitsstrahles und dadurch die Verringerung der Ausflussmenge

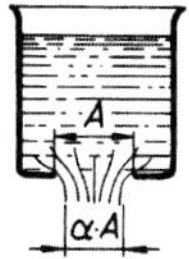

$\alpha \approx 0{,}6$ bei scharfer Kante
$\alpha \approx 0{,}75$ bei gebrochener Kante
$\alpha \approx 0{,}9$ bei kleinem Abrundungsradius

Ausflusszahl μ

$\mu = \alpha\, \varphi$

μ ist abhängig von der Form der Öffnung

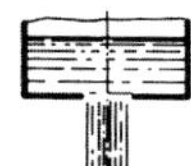

$\mu = 0{,}62 \ldots 0{,}64$

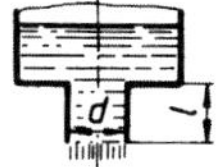

$\mu = 0{,}82$ bei $l \approx 2{,}5d$

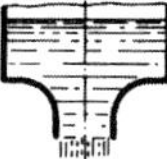

$\mu = 0{,}97 \ldots 0{,}99$

offenes Gefäß, konstante Druckhöhe *h*

q_V Volumenstrom

$$w = \varphi\sqrt{2gh}$$

$$q_V = \mu A\sqrt{2gh}$$

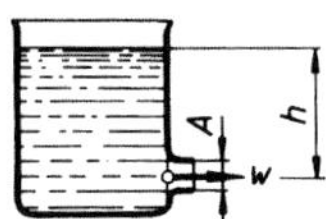

geschlossenes Gefäß, konstante Druckhöhe *h*

q_V Volumenstrom
q_m Massenstrom
$p_ü$ Überdruck über dem Flüssigkeitsspiegel

$$w = \varphi\sqrt{2\left(gh + \frac{p_ü}{\varrho}\right)}$$

$gh + p_ü / \varrho = \Delta p_ü$ = Überdruck, mit Manometer in Austrittshöhe gemessen

$$q_V = \mu A\sqrt{2\left(gh + \frac{p_ü}{\varrho}\right)}$$

$$q_m = q_V\,\varrho$$

w	g	h	q_V	q_m	A	p	ϱ	V	t	μ, φ
$\frac{m}{s}$	$\frac{m}{s^2}$	m	$\frac{m^3}{s}$	$\frac{kg}{s}$	m^2	$\frac{N}{m^2}$ = Pa	$\frac{kg}{m^3}$	m^3	s	1

Dichtebestimmung von Gasen

Fließen unter gleichen Bedingungen zwei Flüssigkeiten oder Gase mit den Dichten ϱ_1, ϱ_2 aus gleichen Gefäßen, so gilt

$$\frac{t_1}{t_2} = \frac{w_2}{w_1} = \sqrt{\frac{\varrho_1}{\varrho_2}}$$

offenes Gefäß mit sinkendem Flüssigkeitsspiegel

$$V = \mu A\, w_m\, t$$

$$V = \mu A t\frac{\sqrt{2gh_1} + \sqrt{2gh_2}}{2}$$

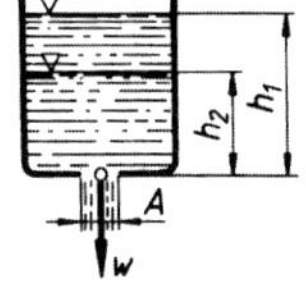

bei völliger Entleerung

$$V = \frac{1}{2}\mu A t\sqrt{2gh_1}$$

Ausflusszeit *t*

$$t = \frac{2V}{\mu A\sqrt{2gh_1}}$$

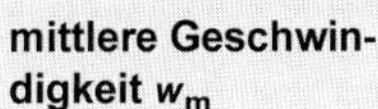

mittlere Geschwindigkeit w_m

$$w_m = \frac{(w_1 + w_2)}{2}$$

Ausfluss unter Gegendruck

q_V = Volumenstrom

$$w = \varphi\sqrt{2g(h_1 - h_2)}$$

$$q_V = \mu A\sqrt{2g(h_1 - h_2)}$$

8.4 Widerstände in Rohrleitungen

Druckabfall Δp in kreisförmigen Rohren

$$\Delta p = \lambda\frac{l\varrho}{2d}w^2$$

λ = 0,015 ... 0,02 für überschlägige Berechnungen für Luft, Wasser, Dampf
d Rohrdurchmesser
l Rohrlänge
λ Rohrreibungszahl

Fluidmechanik
Widerstände in Rohrleitungen

Rohrreibungszahl λ für glattes Kreisrohr und laminare Strömung ($Re \leq 2300$)

$$\lambda = \frac{64}{Re} = \frac{\Delta p\, 2d}{w^2 \varrho\, l}$$

p	l, d	ϱ	w	λ	η
$\frac{\text{N}}{\text{m}^2} = \text{Pa}$	m	$\frac{\text{kg}}{\text{m}^3}$	$\frac{\text{m}}{\text{s}}$	1	$\frac{\text{Ns}}{\text{m}^2}$

Druckabfall Δp

$$\Delta p = 32\, \eta w \frac{l}{d^2}$$

η dynamische Zähigkeit (8.2)

für turbulente Strömung

$\lambda = 0{,}3164\, Re^{-0{,}25}$ bis $Re = 100\,000$

$\lambda = 0{,}0054 + 0{,}396\, Re^{-0{,}3}$ bis $Re = 2\,000\,000$

$\lambda = 0{,}0032 + 0{,}221\, Re^{-0{,}237}$ für $Re = 10^5 \ldots 3{,}23 \cdot 10^6$

Rohrreibungszahl λ für raues Kreisrohr für körnige Rauigkeiten

$$\lambda = \frac{1}{[2 \lg(d/k) + 1{,}14]^2}$$

$\frac{d}{k}$ relative Wandrauigkeit

d Rohrdurchmesser in mm

k absolute Wandrauigkeit nach 8.7

Rohrreibungszahl λ für Stahlrohrleitungen

$$\lambda = \lambda_{\text{glatt}} + \frac{0{,}86 \cdot 10^{-3}}{d^{0{,}28}} \left(\lg \frac{Re}{(10^5\, d)^{1{,}1}} \right)^{\frac{7}{4}}$$

λ_{glatt} wie für turbulente Strömung

unrunde Querschnitte

Es gelten die Gleichungen für Kreisrohre mit $d = 4a$,

mit $a = \frac{\text{Querschnittsfläche } A}{\text{benetzter Umfang } U}$

Umstellung auch bei Re-Zahl: $Re = \frac{4 w A}{U \nu}$

ν kinematische Zähigkeit (8.2)

Druckabfall Δp für Krümmer und Ventile

$$\Delta p = \zeta \frac{\varrho}{2} w^2$$

ζ Widerstandszahl nach 8.7 bis 8.9

Δp	ζ	ϱ	w
$\frac{\text{N}}{\text{m}^2} = \text{Pa}$	1	$\frac{\text{kg}}{\text{m}^3}$	$\frac{\text{m}}{\text{s}}$

Druckabfall Δp in einer Abzweigung

$$\Delta p = \zeta_a \frac{\varrho}{2} w^2$$

ζ_a, ζ_g Widerstandszahlen nach 8.10

Druckabfall Δp im Gesamtstrom nach der Abzweigung

$$\Delta p = \zeta_g \frac{\varrho}{2} w^2$$

8.5 Dynamische Zähigkeit η, kinematische Zähigkeit ν und Dichte ϱ von Wasser

Temperatur in °C	0	10	20	30	40	50	60	70	80	90	100
$10^{-6}\ \eta$ in Ns/m^2	1780	1300	1000	805	658	560	470	403	353	314	285
$10^{-6}\ \nu$ in m^2/s	1,78	1,31	1,01	0,81	0,66	0,56	0,48	0,42	0,37	0,33	0,3
ϱ in kg/m^3	1000	1000	998		992		983		972		958

8.6 Staudruck *q* in N/m^2 und Geschwindigkeit *w* in m/s für Luft und Wasser

Luft 15 °C. 1,013 bar = 1,013 · 10^5 N/m^2

q	9,8	39	49	88	98	157	196	245	294	390	490
w	4	8	8,95	12	12,65	16	17,9	20	21,9	25,3	28,3

Wasser

q	9,8	20	29	69	98	128	177	245	490	980
w	0,14	0,2	0,28	0,4	0,447	0,5	0,6	0,7	1	1,4

Wasser

q	1960	2940	3920	4900	7840	9800	19600	29400	39200
w	2	2,45	2,83	3,16	4	4,47	6,33	7,73	8,95

8.7 Absolute Wandrauigkeit *k*

Wandwerkstoff	absolute Rauigkeit *k* mm
Gezogene Rohre aus Buntmetallen, Glas, Kunststoffen, Leichtmetallen	0 ... 0,0015
Gezogene Stahlrohre	0,01 ... 0,05
feingeschlichtete, geschliffene Oberfläche	bis 0,010
geschlichtete Oberfläche	0,01 ... 0,040
geschruppte Oberfläche	0,05 ... 0,1
Geschweißte Stahlrohre handelsüblicher Güte	
neu	0,05 ... 0,10
nach längerem Gebrauch, gereinigt	0,15 ... 0,20
mäßig verrostet, leicht verkrustet	bis 0,40
schwer verkrustet	bis 3
Gusseiserne Rohre	
inwendig bitumiert	0,12
neu, nicht ausgekleidet	0,25 ... 1
angerostet	1 ... 1,5
verkrustet	1,5 ... 3
Betonrohre	
Glattstrich	0,3 ... 0,8
roh	1 ... 3
Asbestzementrohre	0,1

8.8 Widerstandszahlen ζ für plötzliche Rohrverengung

Querschnittsverhältnis $\frac{A_2}{A_1}$ =	0,1	0,2	0,3	0,4	0,6	0,8	1,0
ζ =	0,46	0,42	0,37	0,33	0,23	0,13	0

8.9 Widerstandszahlen ζ für Ventile

Ventilart	DIN-Ventil	Reform-Ventil	Rhei-Ventil	Koswa-Ventil	Freifluss-Ventil	Schieber
ζ =	4,1	3,2	2,7	2,5	0,6	0,05

8.10 Widerstandszahlen ζ von Leitungsteilen

Krümmer

	$\frac{d}{r}$	1	2	4	6	10
glatt	δ = 15°	0,03	0,03	0,03	0,03	0,03
glatt	δ = 22,5°	0,045	0,045	0,045	0,045	0,045
glatt	δ = 45°	0,14	0,09	0,08	0,075	0,07
glatt	δ = 60°	0,19	0,12	0,10	0,09	0,07
glatt	δ = 90°	0,21	0,14	0,11	0,09	0,11
rau	δ = 90°	0,51	0,30	0,23	0,18	0,20

Gusskrümmer 90°

NW	50	100	200	300	400	500
ζ =	1,3	1,5	1,8	2,1	2,2	2,2

scharfkantiges Knie

	δ =	22,5°	30°	45°	60°	90°
glatt	ζ =	0,07	0,11	0,24	0,47	1,13
rau	ζ =	0,11	0,17	0,32	0,68	1,27

Kniestück (45°)

	$\frac{l}{d}$ =	0,71	0,943	1,174	1,42	1,86	2,56	6,28
glatt	ζ =	0,51	0,35	0,33	0,28	0,29	0,36	0,40
rau	ζ =	0,51	0,41	0,38	0,38	0,39	0,43	0,45

Kniestück (30°)

	$\frac{l}{d}$ =	1,23	1,67	2,37	3,77
glatt	ζ =	0,16	0,16	0,14	0,16
rau	ζ =	0,30	0,28	0,26	0,24

Stromabzweigung (Trennung)

	$\frac{\dot{V}_a}{\dot{V}}$ =	0	0,2	0,4	0,6	0,8	1
δ = 90°	ζ_a =	0,95	0,88	0,89	0,95	1,10	1,28
	ζ_g =	0,04	– 0,08	– 0,05	0,07	0,21	0,35
δ = 45°	ζ_a =	0,9	0,66	0,47	0,33	0,29	0,35
	ζ_g =	0,04	– 0,06	– 0,04	0,07	0,20	0,33

Zusammenfluss (Vereinigung)		$\frac{\dot{V}_a}{\dot{V}}$ =	0	0,2	0,4	0,6	0,8	1
$\dot{V}-\dot{V}_a$ $\quad \dot{V}, w$ $\quad \delta$ $\quad \dot{V}_a$	$\delta = 90°$	ζ_a =	– 1,1	– 0,4	0,1	0,47	0,72	0,9
		ζ_g =	0,04	0,17	0,3	0,4	0,5	0,6
	$\delta = 45°$	ζ_a =	0,9	– 0,37	0	0,22	0,37	0,38
		ζ_g =	0,05	0,17	0,18	0,05	– 0,2	– 0,57

für Warmwasserheizungen	Durchmesser	d = 14 mm	20	25	34	39	49
Bogenstück 90°		ζ = 1,2	1,1	0,86	0,53	0,42	0,51
Knie 90°		ζ = 1,2	1,7	1,3	1,1	1,0	0,83

9.1 Grundlagen

Normalspannung σ

$$\sigma = \frac{\Delta F_N}{\Delta A}$$

Schubspannung τ

$$\tau = \frac{\Delta F_T}{\Delta A}$$

σ, τ	F	A
$\frac{N}{mm^2}$	N	mm^2

A Querschnittsfläche

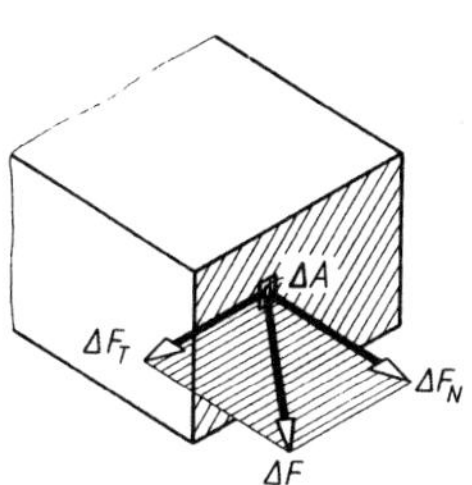

Formänderung

zur Normalspannung σ gehört eine Dehnung ε,
zur Schubspannung τ eine Gleitung γ

Einachsiger Spannungszustand

Schnitt rechtwinklig zur Achse

$$\sigma = \frac{F}{A}$$

Schnitt schräg zur Achse

$$\sigma_\varphi = \frac{\sigma}{2}(1 + \cos 2\varphi)$$

$$\tau_\varphi = \frac{\sigma}{2}\sin 2\varphi$$

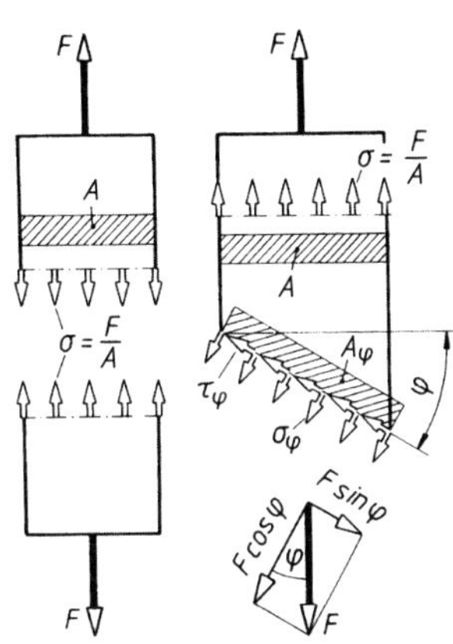

Ebener Spannungszustand

Bedingung

Scheibe konstanter Dicke, sämtliche Komponenten der angreifenden Spannungen liegen in Scheibenebene. Wegen Momentengleichgewichts am Flächenteilchen muss $\tau_{xy} = \tau_{yx} = \tau$ sein

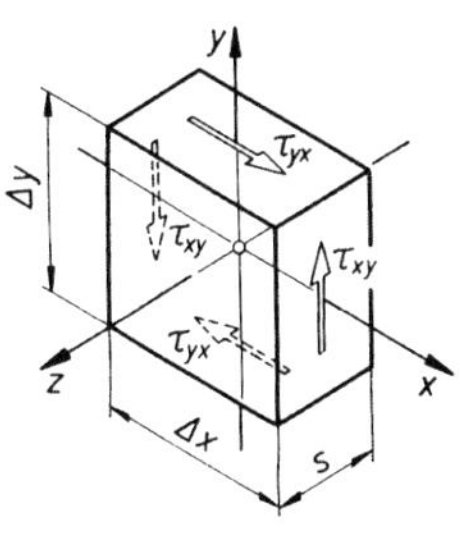

Normalspannung σ_φ

$$\sigma_\varphi = \frac{\sigma_y + \sigma_x}{2} + \frac{\sigma_y - \sigma_x}{2}\cos 2\varphi - \tau \sin 2\varphi$$

Schubspannung τ_φ

$$\tau_\varphi = \frac{\sigma_y - \sigma_x}{2}\sin 2\varphi + \tau \cos 2\varphi$$

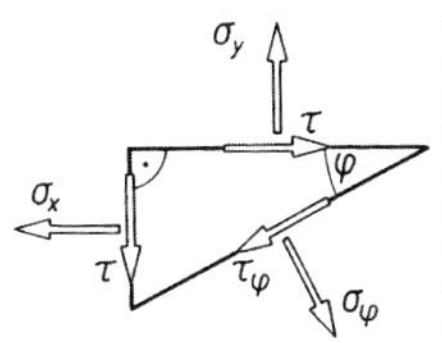

Festigkeitslehre

Grundlagen

Hauptspannungen σ_1, σ_2

$$\sigma_{1,2} = \frac{\sigma_y + \sigma_x}{2} \pm \sqrt{\left(\frac{\sigma_y - \sigma_x}{2}\right)^2 + \tau^2}$$

Schnittwinkel φ_1, φ_2

$$\tan 2\varphi_1 = -\frac{2\tau}{\sigma_y - \sigma_x}$$

$$\varphi_2 = \varphi_1 + \frac{\pi}{2}$$

maximale Schubspannung τ_{max} (in Schnittebene, die gegen Hauptrichtungen 1,2 um 45° gedreht sind)

$$\tau_{max} = \pm\sqrt{\left(\frac{\sigma_y - \sigma_x}{2}\right)^2 + \tau^2} = \pm\frac{\sigma_1 - \sigma_2}{2}$$

Spannungssumme

$$\sigma_\varphi + \sigma_{\varphi+(\pi/2)} = \sigma_x + \sigma_y = \sigma_1 + \sigma_2$$

Mohr'scher Spannungskreis

Kreis mit Radius $\tau_{max} = (\sigma_1 - \sigma_2)/2$ um Punkt $[\sigma = (\sigma_x + \sigma_y)/2;\ \tau = 0]$ ergibt zeichnerisch die Spannungen in den verschiedenen Schnittebenen. σ_1 und σ_y sind relative Größtwerte (z. B. können σ_2 und σ_x negativ und absolut größer sein als σ_1 und σ_y).

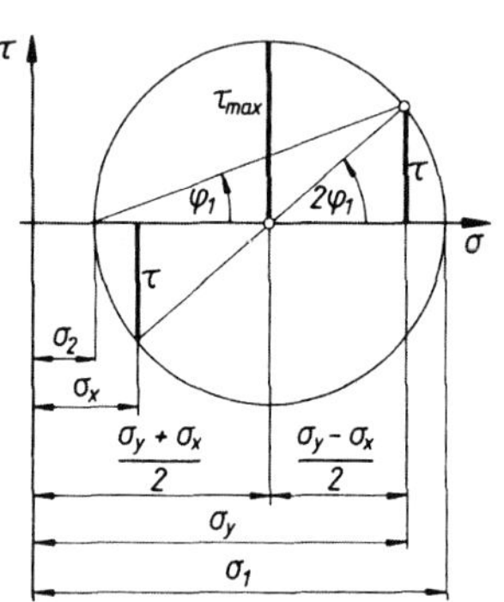

Formänderung

Verlängerung Δl

$\Delta l = l - l_0$ $\qquad l_0$ Ursprungslänge

Dehnung ε

$$\varepsilon = \frac{\Delta l}{l_0} = \frac{l - l_0}{l_0}$$

(bei Druck: Stauchung)

Hooke'sches Gesetz für Normalspannung

$$\frac{\sigma}{\varepsilon} = E = \text{konstant}$$

E Elastizitätsmodul (9.5)

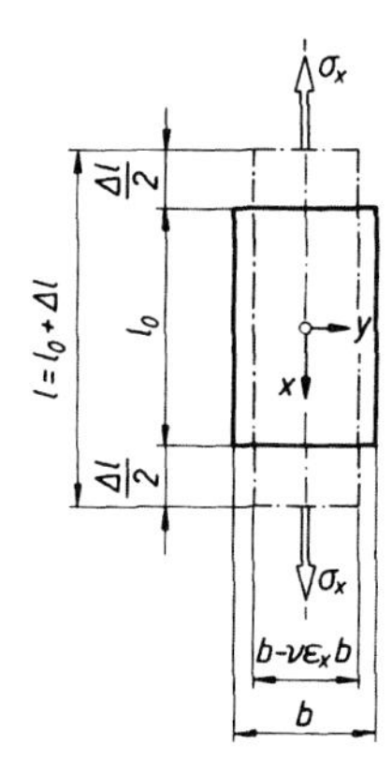

Bruchdehnung δ_0 beim Zerreißversuch

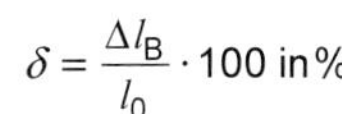

$$\delta = \frac{\Delta l_B}{l_0} \cdot 100 \text{ in\%}$$

Δl_B nach Zerreißen gebliebene Verlängerung

Querdehnung ε_y in y-Richtung

$$\varepsilon_y = \varepsilon_z = -\mu\varepsilon_x$$

μ Poisson-Zahl

Poisson-Zahl μ

$$\mu = \frac{\text{Querdehnung } \varepsilon_y}{\text{Dehnung } \varepsilon}$$

$\mu_{Stahl} = 0{,}3$ (auch für Leichtmetall)
$\mu_{GG} = 0{,}25$
$\mu_{Gummi} = 0{,}5$

Dehnung ε_x infolge sämtlicher Normalspannungen

$$\varepsilon_x = \frac{1}{E}[\sigma_x - \mu(\sigma_y + \sigma_z)]$$

ε_y und ε_z durch zyklisches Vertauschen von x, y und z

Volumendehnung e

$$e = \varepsilon_x + \varepsilon_y + \varepsilon_z = \frac{1-2\mu}{E}(\sigma_x + \sigma_y + \sigma_z)$$

Hooke'sches Gesetz für Schubspannungen

$$\frac{\tau}{\gamma} = G = \text{konstant}$$

γ Schiebung
G Schubmodul (9.5, 9.28, 9.29)

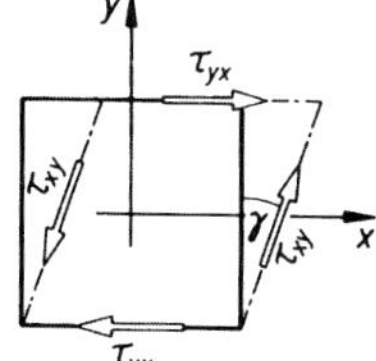

Modul-Verhältnis

$$\frac{G}{E} = \frac{1}{2\,(1+\mu)}$$

9.2 Zug- und Druckbeanspruchung

vorhandene Zug- oder Druckspannung $\sigma_{z,d}$

$$\sigma_{z,d\ vorh} = \frac{F_{max}}{A} \le \sigma_{zul}$$

(Spannungsnachweis)

erforderlicher Querschnitt A_{erf}

$$A_{erf} = \frac{F_{max}}{\sigma_{zul}}$$

(Querschnittsnachweis)

Bei *Zug*: Bohrungen und Nietlöcher vom tragenden Querschnitt abziehen.
Bei *Druck*: Schlanke Stäbe auf Knickung nachrechnen.
Bei Querschnittsänderungen gehört zum kleineren Querschnitt die größere Spannung und umgekehrt.

zulässige Belastung F_{max}

$$F_{max} = A\,\sigma_{zul}$$

(Belastungsnachweis)

$\sigma_{z,d}$, E	F	A	Δl, l, l_0, f	ε	W
$\frac{N}{mm^2}$	N	mm^2	mm	1	Nmm

Verlängerung Δl

$$\Delta l = l - l_0 = \varepsilon l_0 = \frac{\sigma l_0}{E} = \frac{F\,l_0}{EA}$$

Formänderungsarbeit W

$$W = \frac{F\Delta l}{2} = \frac{\sigma^2 V}{2E} = \frac{R}{2}\Delta l^2 = \frac{R}{2}f^2$$

$$R = \frac{F}{\Delta l} = \frac{F}{f} \mathrel{\hat{=}} \tan\alpha$$

V Volumen in mm^3
R Federrate in N/mm
f Federweg in mm

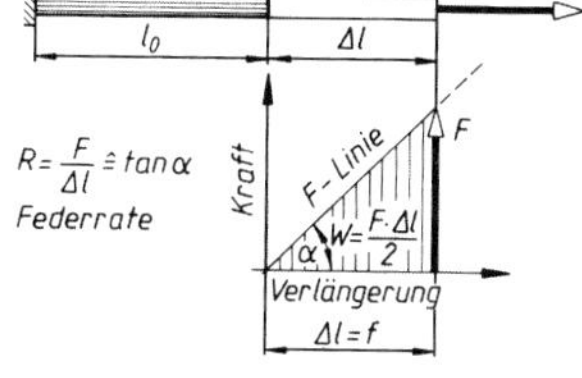

Stäbe gleicher Spannung (σ_{zul}) in jedem Querschnitt

$$A_{x\,erf} = A_0\,e^m = \frac{F}{\sigma_{zul}}e^m$$

$e = 2{,}71828...$ Basis des natürlichen Logarithmus

$$m = \frac{10^{-9}\varrho\,g\,x}{\sigma_{zul}}$$

$g = 9{,}81\ m/s^2$ Fallbeschleunigung

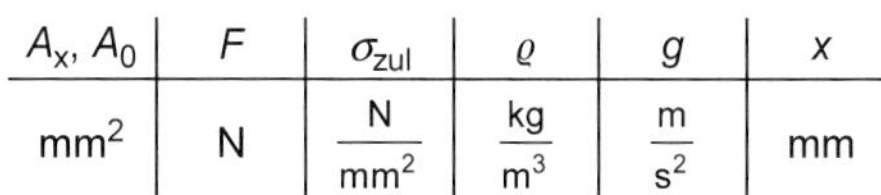

A_x, A_0	F	σ_{zul}	ϱ	g	x
mm^2	N	$\frac{N}{mm^2}$	$\frac{kg}{m^3}$	$\frac{m}{s^2}$	mm

größte Spannung σ_{dyn} bei dynamischer Belastung $F_{G\,dyn}$

$$\sigma_{dyn} = \sigma_0 + \sqrt{\sigma_0^2 + 2\sigma_0 E \frac{h}{l}}$$

$F_{G\,dyn}$ Gewichtskraft eines plötzlich frei am Seil fallenden Körpers
E Elastizitätsmodul
h Fallhöhe
l Seillänge
A Seilquerschnitt

$$\sigma_0 = \frac{F_{G\,dyn}}{A}$$

größte Dehnung ε_{dyn} bei dynamischer Belastung $F_{G\,dyn}$

$$\varepsilon_{dyn} = \varepsilon_0 + \sqrt{\varepsilon_0^2 + 2\varepsilon_0 \frac{h}{l}}$$

bei plötzlich aufgebrachter Last ohne vorherigen freien Fall (h = 0) ist

$\sigma_{dyn} = 2\,\sigma_0$

$\varepsilon_{dyn} = 2\,\varepsilon_0$

σ, E	h, l, Δl	ε	$F_{G\,dyn}$	A
$\frac{N}{mm^2}$	mm	1	N	mm^2

größte Verlängerung Δl_{dyn}

$$\Delta l_{dyn} = \frac{\sigma_{dyn}}{E} l$$

Verlängerung Δl_t bei Temperaturänderung ΔT

$$\Delta l_t = l_0\,\alpha_l\,\Delta T$$

α_l Längenausdehnungskoeffizient (6.16)
ΔT Temperaturdifferenz
E E-Modul (9.5, 9.28, 9.29)

Länge l_t nach Temperaturänderung ΔT

$$l_t = l_0\,(1 + \alpha_l\,\Delta T)$$

Δl_t, l_0, l_t	α_l	ΔT	σ_t, E
mm	$\frac{1}{K}$	K	$\frac{N}{mm^2}$

Wärmespannung σ_t

$$\sigma_t = \alpha_l\,\Delta T E$$

9.3 Biegebeanspruchung

vorhandene Biegespannung $\sigma_{b\,vorh}$

$$\sigma_{b\,vorh} = \frac{M_{b\,max}}{W} \le \sigma_{b\,zul}$$

(Spannungsnachweis)

Diese Gleichung nur anwenden, wenn $e_1 = e_2 = e$ ist. Sonst die Gleichung für unsymmetrischen Querschnitt benutzen.

W axiales Widerstandsmoment nach 9.8

I axiales Flächenmoment 2. Grades nach 9.8

erforderliches Widerstandsmoment W_{erf}

$$W_{erf} = \frac{M_{b\,max}}{\sigma_{b\,zul}}$$

(Querschnittsnachweis)

σ_b	M_b	W	I	e
$\frac{N}{mm^2}$	Nmm	mm^3	mm^4	mm

zulässige Belastung $M_{b\,max}$

$$M_{b\,max} = W\,\sigma_{b\,zul}$$

(Belastungsnachweis)

größte Zugspannung $\sigma_{z\,max}$

$$\sigma_{z\,max} = \sigma_{b2} = \frac{M_b e_2}{I} = \frac{M_b}{W_2} \le \sigma_{z\,zul}$$

größte Druckspannung $\sigma_{d\,max}$

$$\sigma_{d\,max} = \sigma_{b1} = \frac{M_b e_1}{I} = \frac{M_b}{W_1} \le \sigma_{d\,zul}$$

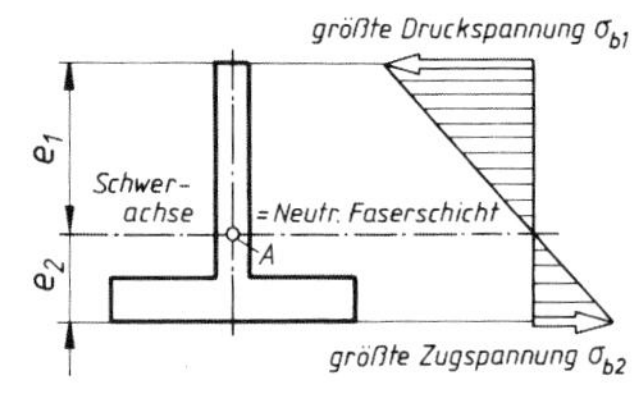

Bestimmung des maximalen Biegemomentes $M_{b\,max}$

Stützkräfte bestimmen, rechnerisch ($\sum F_y = 0$, $\sum M = 0$) oder zeichnerisch (Seileckfläche ≙ Biegemomentenfläche), worin

$$M_b = Hy\, m_K\, m_L$$

M_b	H, y	m_K	m_L
Nmm	mm	$\frac{N}{mm}$	$\frac{mm}{mm}$

H Polabstand in mm
$m_K = a$ N/mm Kräftemaßstab
$m_L = b$ mm/mm Längenmaßstab

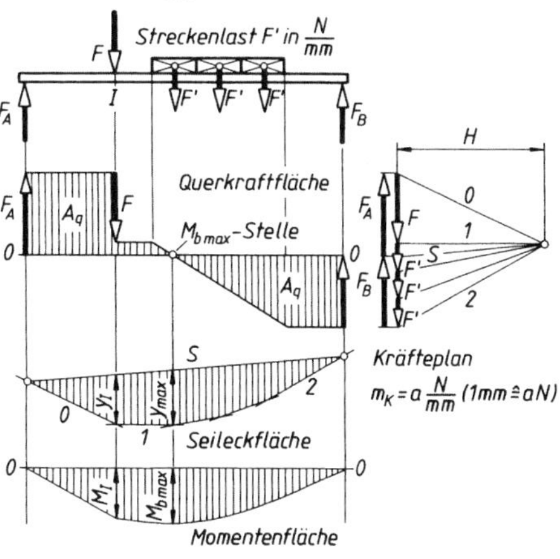

Querkraftfläche zeichnen und Nulldurchgänge festlegen.

$M_{b\,max}$ entweder aus Querkraftfläche links oder rechts vom Nulldurchgang ($M_b ≙ A_q$) berechnen, oder: In den Querschnitt x stellen und die Momente rechts oder links vom Querschnitt addieren, Summe ist $M_{b(x)}$.

9.4 Flächenmomente 2. Grades *I*, Widerstandsmomente *W*, Trägheitsradius *i*

(siehe auch 9.8, 9.9, 9.10)

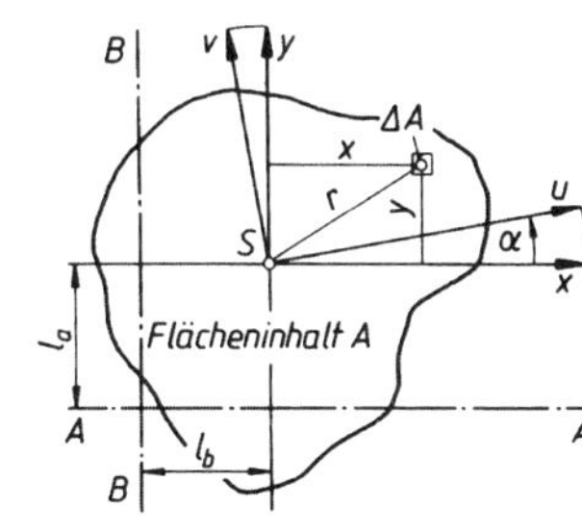

axiales Flächenmoment I_x	$I_x = \sum y^2\, \Delta A$ (bezogen auf die x-Achse)
axiales Flächenmoment I_y	$I_y = \sum x^2\, \Delta A$ (bezogen auf die y-Achse)
polares Flächenmoment I_p	$I_p = \sum r^2\, \Delta A = I_x + I_y$
Zentrifugalmoment I_{xy}	$I_{xy} = \sum x\, y\, \Delta A$
Trägheitsradius i	$i = \sqrt{\frac{I}{A}}$ — für I kann I_x, I_y, I_p eingesetzt werden, das ergibt dann i_x, i_y, i_p; A Flächeninhalt
bezogen auf Achsen, parallel zu den Schwerachsen A–A oder B–B	$I_A = I_x + A l_a^2$ axiales Flächenmoment bezogen auf A-A $I_B = I_y + A l_b^2$ axiales Flächenmoment bezogen auf B-B $I_{AB} = I_{xy} + A l_a l_b$ Zentrifugalmoment (Verschiebesatz von Steiner)
bei Drehung um Winkel α	$I_u = \frac{I_x + I_y}{2} + \frac{I_x - I_y}{2}\cos 2\alpha - I_{xy}\sin 2\alpha$ $I_v = \frac{I_x + I_y}{2} + \frac{I_x - I_y}{2}\cos 2\alpha + I_{xy}\sin 2\alpha$ $I_{uv} = \frac{I_x - I_y}{2}\sin 2\alpha + I_{xy}\cos 2\alpha$

Hauptflächenmomente I_{I}, I_{II}

$$I_{\text{I}} = I_{\max} = \frac{I_x - I_y}{2} + \frac{1}{2}\sqrt{(I_y - I_x)^2 + 4I_{xy}^2}$$

(zeichnerisch mit Trägheitskreis)

$$I_{\text{II}} = I_{\min} = \frac{I_x + I_y}{2} - \frac{1}{2}\sqrt{(I_y - I_x)^2 + 4I_{xy}^2}$$

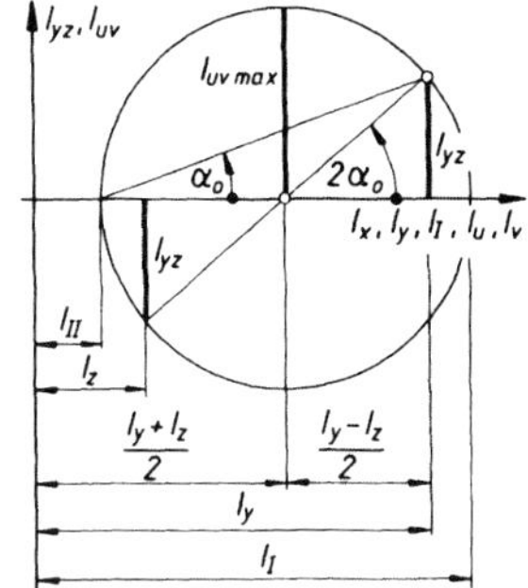

Lage der Hauptachsen ($I_{uv} = 0$)

$$\tan 2\alpha_0 = \frac{2I_{xy}}{I_y - I_x}$$

axiales Widerstandsmoment W_x, W_y

$$W_x = \frac{I_x}{e_x} \quad W_y = \frac{I_y}{e_y}$$

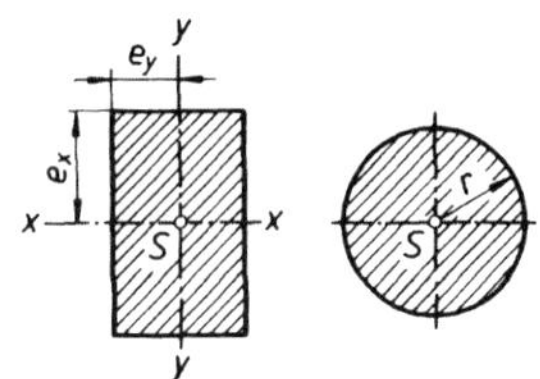

polares Widerstandsmoment W_p

$$W_p = \frac{I_p}{r}$$

axiales Widerstandsmoment bei unsymmetrischem Querschnitt

$$W_{x1} = \frac{I_x}{e_1} \quad W_{x2} = \frac{I_x}{e_2}$$

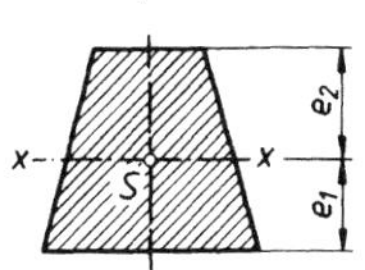

Flächenmomente 2. Grades zusammengesetzter Flächen unsymmetrischer Querschnitte:

1. Querschnitt in Teilflächen bekannter Schwerpunktslage zerlegen,
2. Schwerpunkte der Teilflächen bestimmen (7.7),
3. Flächenmomente der Teilflächen, bezogen auf ihre eigene Schwerachse nach 9.8 berechnen,
4. Lage des Gesamtschwerpunkts bestimmen, wenn die Gesamtschwerachse Bezugsachse ist,
5. Flächenmoment nach Verschiebesatz von Steiner bestimmen.

9.5 Elastizitätsmodul *E* und Schubmodul *G* verschiedener Werkstoffe in N/mm²

Werkstoff	*E*	*G*
Stahl und Stahlguss	200 000 ... 210 000	80 000 ... 83 000
Gusseisen	75 000 ... 105 000	30 000 ... 60 000
Temperguss	90 000 ... 100 000	50 000 ... 60 000
Messing	100 000 ... 110 000	35 000 ... 42 000
Zinnbronze	110 000 ... 115 000	40 000
Al Cu Mg	72 000	–
Kunstharz	4 000 ... 16 000	–
Fichte (‖/⊥) [1]	11 000/ 550	–
Buche (‖/⊥) [1]	16 000/1 500	–
Esche (‖/⊥) [1]	13 400/1 100	28 000

[1] parallel/rechtwinklig zur Faserrichtung

9.6 Träger gleicher Biegebeanspruchung

Längs- und Querschnitt des Trägers	Begrenzung des Längsschnittes	Gleichungen zur Berechnung der Querschnitts-Abmessungen

Die Last F greift am Ende des Trägers an:

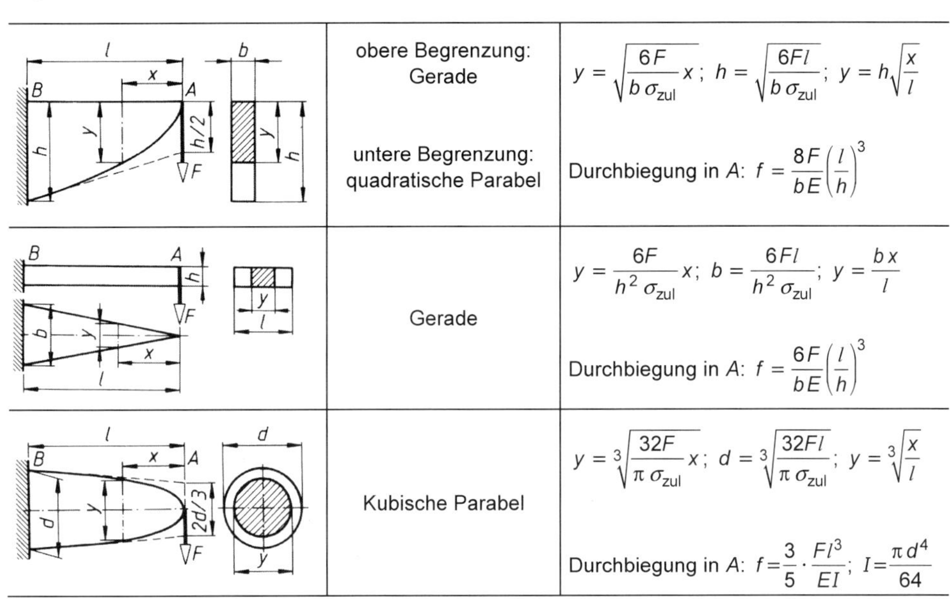

Längs- und Querschnitt des Trägers	Begrenzung des Längsschnittes	Gleichungen zur Berechnung der Querschnitts-Abmessungen
	obere Begrenzung: Gerade untere Begrenzung: quadratische Parabel	$y = \sqrt{\frac{6F}{b\,\sigma_{zul}}x}$; $h = \sqrt{\frac{6Fl}{b\,\sigma_{zul}}}$; $y = h\sqrt{\frac{x}{l}}$ Durchbiegung in A: $f = \frac{8F}{bE}\left(\frac{l}{h}\right)^3$
	Gerade	$y = \frac{6F}{h^2\,\sigma_{zul}}x$; $b = \frac{6Fl}{h^2\,\sigma_{zul}}$; $y = \frac{bx}{l}$ Durchbiegung in A: $f = \frac{6F}{bE}\left(\frac{l}{h}\right)^3$
	Kubische Parabel	$y = \sqrt[3]{\frac{32F}{\pi\,\sigma_{zul}}x}$; $d = \sqrt[3]{\frac{32Fl}{\pi\,\sigma_{zul}}}$; $y = \sqrt[3]{\frac{x}{l}}$ Durchbiegung in A: $f = \frac{3}{5}\cdot\frac{Fl^3}{EI}$; $I = \frac{\pi d^4}{64}$

Die Last F ist gleichmäßig über den Träger verteilt:

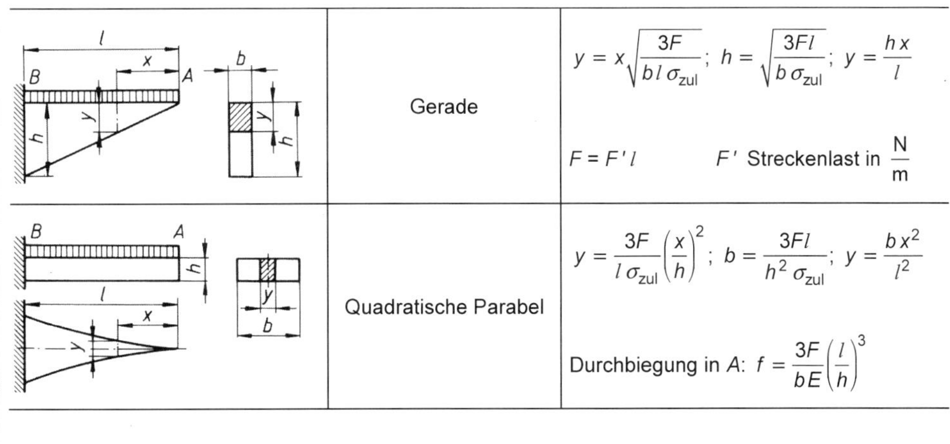

Längs- und Querschnitt des Trägers	Begrenzung des Längsschnittes	Gleichungen zur Berechnung der Querschnitts-Abmessungen
	Gerade	$y = x\sqrt{\frac{3F}{b\,l\,\sigma_{zul}}}$; $h = \sqrt{\frac{3Fl}{b\,\sigma_{zul}}}$; $y = \frac{hx}{l}$ $F = F'l$ $\quad$ F' Streckenlast in $\frac{\text{N}}{\text{m}}$
	Quadratische Parabel	$y = \frac{3F}{l\,\sigma_{zul}}\left(\frac{x}{h}\right)^2$; $b = \frac{3Fl}{h^2\,\sigma_{zul}}$; $y = \frac{bx^2}{l^2}$ Durchbiegung in A: $f = \frac{3F}{bE}\left(\frac{l}{h}\right)^3$

Die Last F wirkt in C:

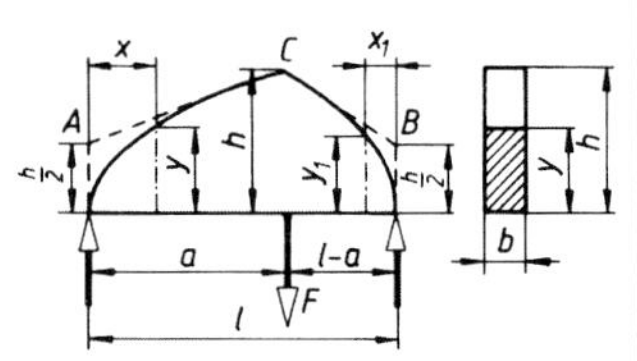	obere Begrenzung: zwei quadratische Parabeln	$y = \sqrt{\frac{6F(l-a)}{b\,l\,\sigma_{zul}}x} = h\sqrt{\frac{x}{a}}$ $y_1 = \sqrt{\frac{6F\,a}{b\,l\,\sigma_{zul}}x_1} = h\sqrt{\frac{x_1}{l-a}}$ $h = \sqrt{\frac{6F(l-a)a}{b\,l\,\sigma_{zul}}}$

Die Last F ist gleichmäßig über den Träger verteilt:

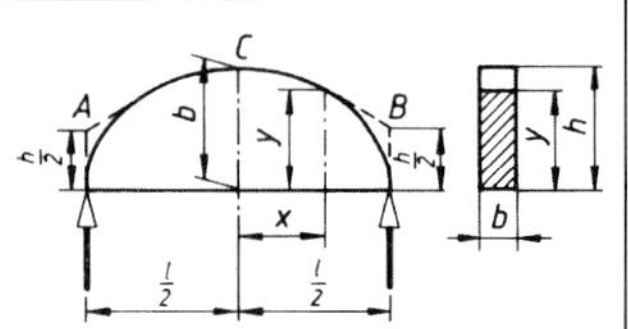	obere Begrenzung: Ellipse	$\frac{x^2}{\left(\frac{l}{2}\right)^2} + \frac{y^2}{h^2} = 1;\quad h = \sqrt{\frac{3Fl}{4\,b\,\sigma_{zul}}}$ Durchbiegung in C: $f = \frac{1}{64}\cdot\frac{Fl^3}{EI} = \frac{3}{16}\cdot\frac{F}{bE}\left(\frac{l}{h}\right)^3$

9.7 Stützkräfte, Biegemomente und Durchbiegungen bei Biegeträgern von gleichbleibendem Querschnitt

F Einzellast oder Resultierende der Streckenlast
F' die auf die Längeneinheit bezogene Streckenlast
F_A, F_B Stützkräfte in den Lagerpunkten A und B
M_{max} maximales Biegemoment in den Wendepunkten der Biegelinie ist $M = 0$
I axiales Flächenmoment 2. Grades des Querschnitts
E Elastizitätsmodul des Werkstoffs
f Durchbiegung.

Die strichpunktierte Linie gibt den Momentenverlauf über der Balkenlänge an. Positive Momentenlinien laufen nach oben, negative nach unten.

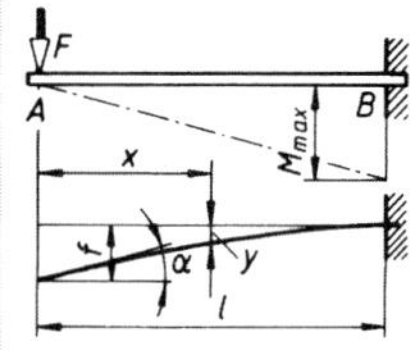 $F_B = F$ $M_{max} = Fl$ $f = \frac{Fl^3}{3EI}$	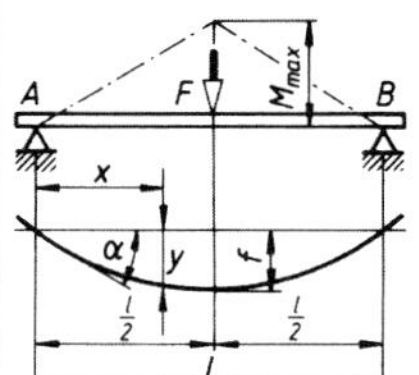 $F_A = F_B = \frac{F}{2}$ $M_{max} = \frac{Fl}{4}$ $f = \frac{Fl^3}{48EI}$
$y = \frac{Fl^3}{3EI}\left(1 - \frac{3x}{2l} + \frac{x^3}{2l^3}\right)$; $\tan\alpha = \frac{Fl^2}{2EI} = \frac{3f}{2l}$	$y = \frac{Fl^2 x}{16EI}\left(1 - \frac{4x^2}{3l^2}\right)$ für $x \le \frac{l}{2}$ $\quad \tan\alpha = \frac{Fl^2}{16EI} = \frac{3f}{l}$

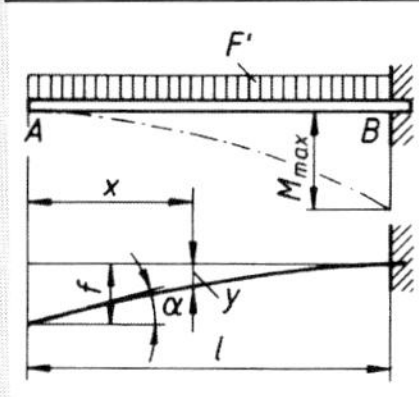

$F_B = F = F'l$

$M_{max} = \dfrac{Fl}{2}$

$f = \dfrac{Fl^3}{8EI} = \dfrac{F'l^4}{8EI}$

$\tan\alpha = \dfrac{Fl^2}{6EI} = \dfrac{4f}{3l}$

$y = \dfrac{F'l^4}{24EI}\left(\dfrac{x^4}{l^4} - 4\dfrac{x}{l} + 3\right)$

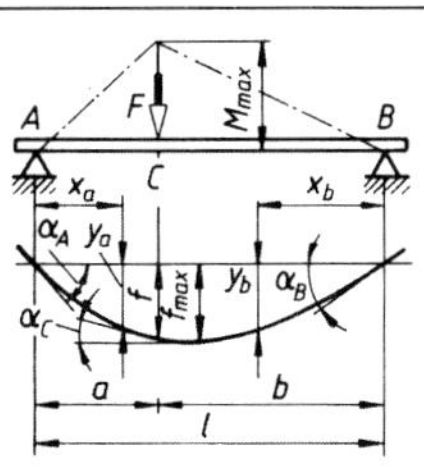

$F_A = F\dfrac{b}{l} \qquad F_B = F\dfrac{a}{l}$

$M_{max} = F\dfrac{ab}{l}$

$f = \dfrac{Fa^2b^2}{EI3l}$

$f_{max} = f\dfrac{l+a}{3a}\sqrt{\dfrac{l+a}{3b}}$

$\tan\alpha_A = f\left(\dfrac{1}{a} + \dfrac{1}{2b}\right) \qquad \tan\alpha_B = f\left(\dfrac{1}{b} + \dfrac{1}{2a}\right)$

$y_a = \dfrac{Fab^2x_a}{6EIl}\left(1 + \dfrac{l}{b} - \dfrac{x_a^2}{ab}\right); \quad y_b = \dfrac{Fa^2bx_b}{6EIl}\left(1 + \dfrac{l}{a} - \dfrac{x_b^2}{ab}\right)$

(für $x_a \le a$)

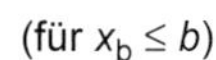
(für $x_b \le b$)

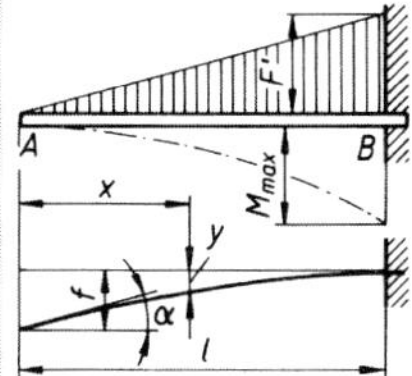

$F_B = F = \dfrac{F'l}{2}$

$M_{max} = \dfrac{Fl}{3}$

$f = \dfrac{Fl^3}{15EI}$

$\tan\alpha = \dfrac{Fl^2}{12EI} = \dfrac{5f}{4l}$

$y = \dfrac{F'l^4}{120EI}\left(\dfrac{x^5}{l^5} - 5\dfrac{x}{l} + 4\right)$

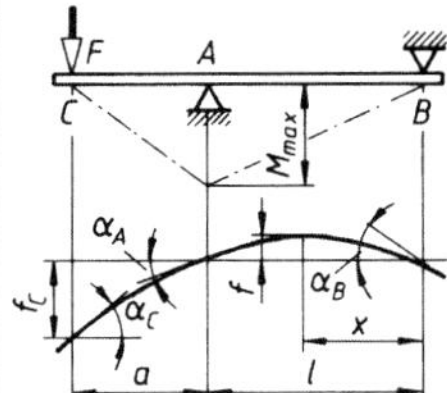

$F_A = F\left(1 + \dfrac{a}{l}\right) \qquad F_B = F\dfrac{a}{l}$

$M_{max} = Fa = M_A$

$f = \dfrac{Fl^3a}{EI9\sqrt{3}l}$

für $x = 0{,}577\,l$

$f_C = \dfrac{Fl^3a^2}{3EIl^2}\left(1 + \dfrac{a}{l}\right)$

$\tan\alpha_A = \dfrac{Fal}{3EI}; \ \tan\alpha_B = \dfrac{Fal}{6EI}; \ \tan\alpha_C = \dfrac{Fa(2l + 3a)}{6EI}$

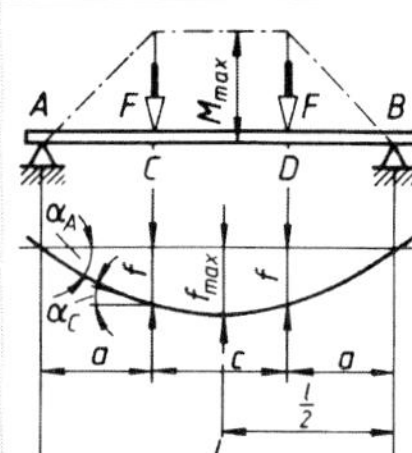

$F_A = F_B = F$

$M_{max} = Fa$

$f = \dfrac{Fl^3a^2}{2EIl^2}\left(1 - \dfrac{4a}{3l}\right) \qquad \tan\alpha_A = \dfrac{Fa(a+c)}{2EI}$

$f_{max} = \dfrac{Fl^3a}{8EIl}\left(1 - \dfrac{4a^2}{3l^2}\right) \qquad \tan\alpha_C = \tan\alpha_D = \dfrac{Fac}{2EI}$

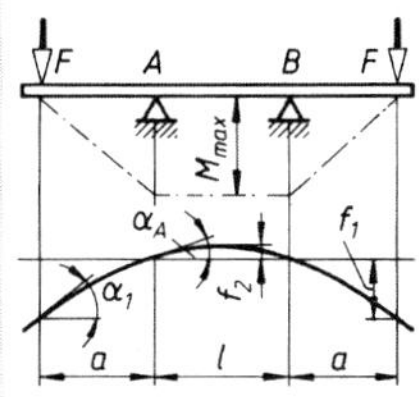

$F_A = F_B = F$

$M_{max} = Fa$

$f_1 = \dfrac{Fa^2}{EI}\left(\dfrac{a}{3} + \dfrac{l}{2}\right)$

$f_2 = \dfrac{Fal^2}{8EI}$

$\tan\alpha_1 = \dfrac{Fa(l+c)}{2EI} \qquad \tan\alpha_A = \dfrac{Fal}{2EI}$

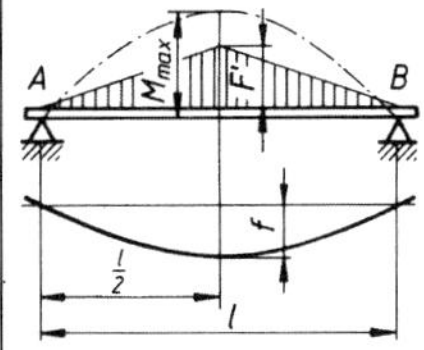

$F_A = F_B = \dfrac{F'l}{4}$

$M_{max} = \dfrac{Fl}{6} = \dfrac{F'l^2}{12}$

$f = \dfrac{Fl^3}{60EI} = \dfrac{F'l^4}{120EI}$

Festigkeitslehre

Stützkräfte, Biegemomente und Durchbiegungen

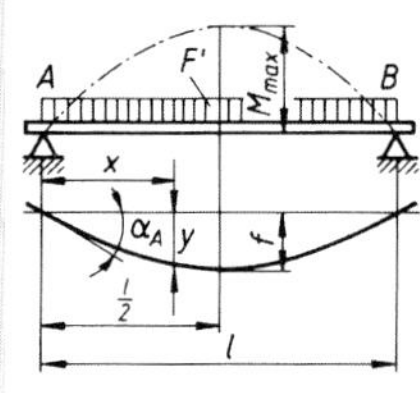

$$F_A = F_B = \frac{F'l}{2}$$

$$M_{max} = \frac{F'l^2}{8}$$

$$f \approx 0{,}013\frac{F\,l^3}{EI}$$

$$\tan\alpha_A = \frac{F'l^3}{24EI} = \frac{16f}{5l}$$

$$y = \frac{F'l^3x}{24EI}\left(1-\frac{x}{l}\right)\left(1+\frac{x}{l}-\frac{x^2}{l^2}\right)$$

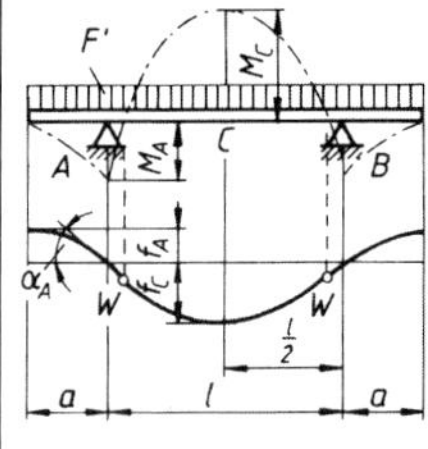

$$F_A = F_B = F'\left(\frac{l}{2}+a\right)$$

$$M_A = \frac{F'a^2}{2}$$

$$M_C = \frac{F'l^2}{2}\left[\frac{1}{4}-\left(\frac{a}{l}\right)^2\right]$$

$$f_A = \frac{F'l^4}{4EI}\left[\frac{a}{6l}-\left(\frac{a}{l}\right)^3-\frac{1}{2}\left(\frac{a}{l}\right)^4\right]$$

$$\tan\alpha_A = \frac{F'l^3}{4EI}\left[\frac{1}{6}-\left(\frac{a}{l}\right)^2\right]$$

$$f_C = \frac{F'l^4}{16EI}\left[\frac{5}{24}-\left(\frac{a}{2}\right)^2\right]$$

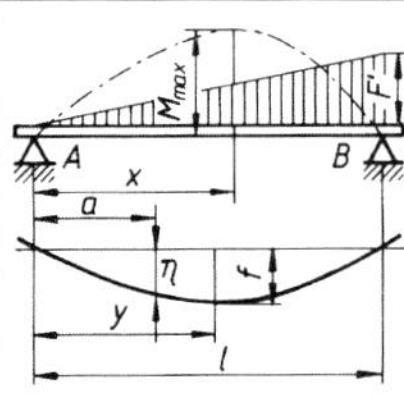

$$F_A = \frac{F'l}{6} \qquad F_B = \frac{F'l}{3}$$

$$M_{max} = 0{,}064\,F'l^2$$

bei $x = 0{,}5774\ l$

$$f = \frac{F'l^4}{153{,}4EI}$$

bei $y = 0{,}5193\ l$

$$\eta = \frac{F'l^3a}{360EI}\left(1-\frac{a^2}{l^2}\right)\left(7-3\frac{a^2}{l^2}\right)$$

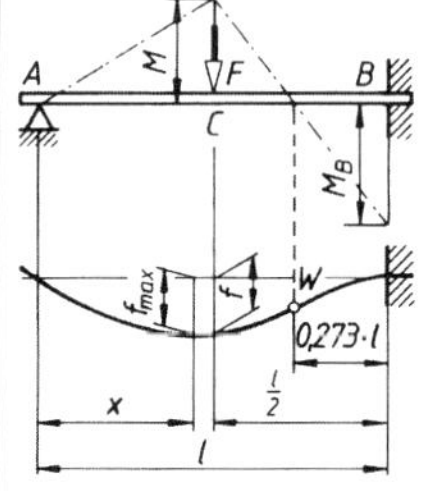

F in Stabmitte

$$F_A = \frac{5}{16}F \qquad F_B = \frac{11}{16}F$$

$$M = \frac{5}{32}F\,l \qquad M_B = \frac{3}{16}F\,l$$

$$f = \frac{7F\,l^3}{768EI}$$

$$f_{max} = \frac{F\,l^3}{48\sqrt{5}\,EI} \quad \text{bei}\ x = 0{,}447\,l$$

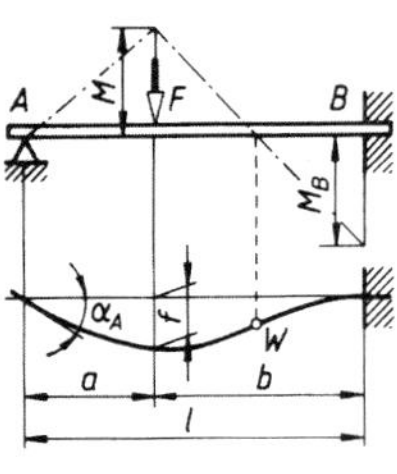

$$F_A = F\frac{b^2}{l^2}\left(1+\frac{a}{2l}\right)$$

$$F_B = F - F_A$$

$$f = \frac{Fa^2b^3}{4EI\,l^2}\left(1+\frac{a}{3l}\right)$$

$$\tan\alpha_A = \frac{F\,a\,b^2}{4EI\,l}$$

$$M = Fa\left[1+\frac{1}{2}\left(\frac{a}{b}\right)^3-\frac{3a}{2l}\right]$$

$$M_B = \frac{Fl}{2}\left[\frac{a}{l}-\left(\frac{a}{l}\right)^3\right]$$

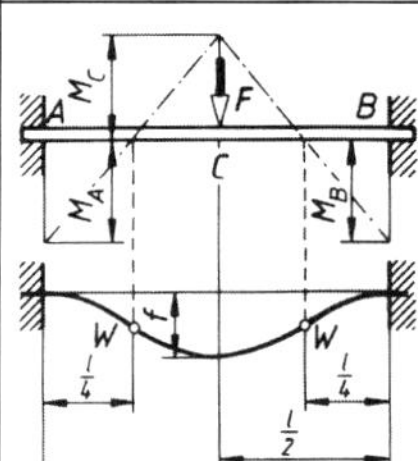

$$F_A = F_B = \frac{F}{2}$$

$$M_C = \frac{F\,l}{8} = M_A = M_B$$

$$f = \frac{F\,l^3}{192EI}$$

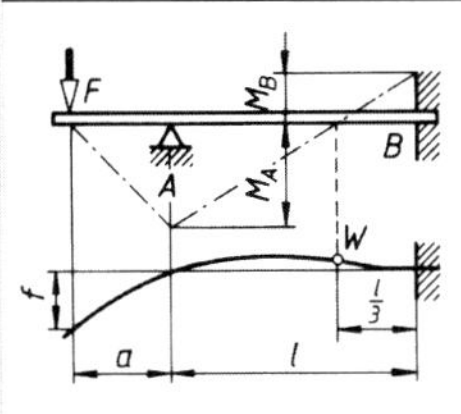

$$F_A = F\left(1+\frac{3a}{2l}\right)$$
$$F_B = F\frac{3a}{2l}$$
$$M_A = Fa$$
$$M_B = \frac{Fa}{2}$$
$$f = \frac{Fl^3}{EI}\left[\frac{1}{3}\left(\frac{a}{l}\right)^3 + \frac{1}{4}\left(\frac{a}{l}\right)^2\right]$$

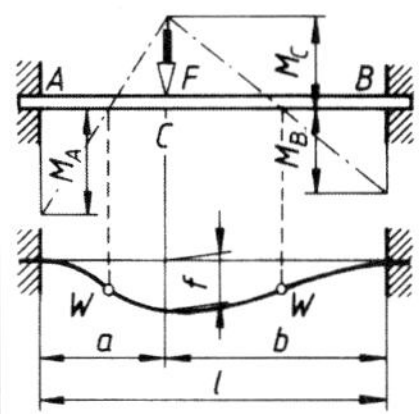

$$M_A = Fa\left(\frac{b}{l}\right)^2$$
$$M_B = Fb\left(\frac{a}{l}\right)^2$$
$$f = \frac{Fa^3b^3}{3EIl^3}$$
$$M_C = 2Fb\left(\frac{a}{l}\right)^2\left(1-\frac{a}{l}\right)$$
$$F_A = F\left(\frac{b}{l}\right)^2\left(3-2\frac{b}{l}\right)$$
$$F_B = F\left(\frac{a}{l}\right)^2\left(3-2\frac{a}{l}\right)$$

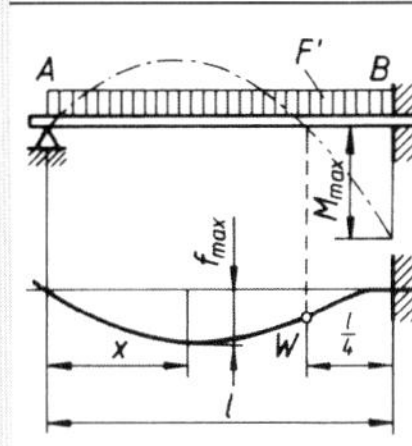

$$F_A = \frac{3}{8}F'l$$
$$F_B = \frac{5}{8}F'l$$
$$M_{max} = \frac{F'l^2}{8}$$
$$f_{max} = \frac{F'l^4}{185EI}$$

für $x = 0,4215\,l$

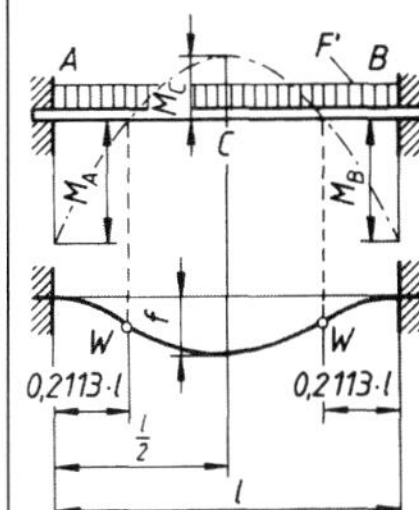

$$F_A = F_B = \frac{F'l}{2}$$
$$M_C = \frac{F'l^2}{24}$$
$$M_A = M_B = \frac{F'l^2}{12} = M_{max}$$
$$f = \frac{F'l^4}{384EI}$$

9.8 Axiale Flächenmomente I, Widerstandsmomente W, Flächeninhalte A und Trägheitsradius i verschieden gestalteter Querschnitte für Biegung und Knickung

(die Gleichungen gelten für die eingezeichneten Achsen)

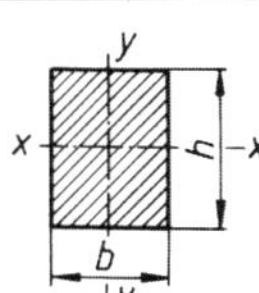

$$I_x = \frac{bh^3}{12} \qquad I_y = \frac{hb^3}{12} \qquad A = b\,h$$
$$W_x = \frac{bh^2}{6} \qquad W_y = \frac{hb^2}{6}$$
$$i_x = 0,289\,h \qquad i_y = 0,289\,b$$

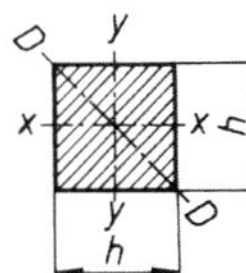

$$I_x = I_y = I_D = \frac{h^4}{12} \qquad i = 0,289\,h \qquad A = h^2$$
$$W_x = W_y = \frac{h^3}{6} \qquad W_D = \sqrt{2}\frac{h^3}{12}$$

Festigkeitslehre

Axiale Flächenmomente I, Widerstandsmomente W, Flächeninhalte A, Trägheitsradius i

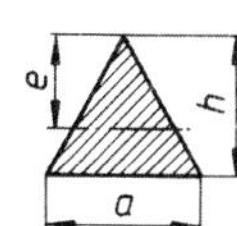

$$I = \frac{ah^3}{36} \qquad e = \frac{2}{3}h \qquad A = \frac{ah}{2}$$

$$W = \frac{ah^2}{24} \qquad i = 0{,}236\,h$$

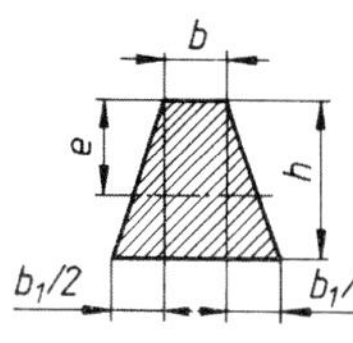

$$I = \frac{6b^2 + 6bb_1 + b_1^2}{36(2b + b_1)}h^3 \qquad A = \frac{2b + b_1}{2}h$$

$$W = \frac{6b^2 + 6bb_1 + b_1^2}{12(3b + 2b_1)}h^2 \qquad e = \frac{1}{3}\,\frac{3b + 2b_1}{2b + b_1}h$$

$$i = \sqrt{\frac{I}{A}}$$

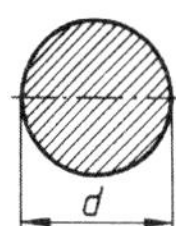

$$I = \frac{\pi d^4}{64} \approx \frac{d^4}{20} \qquad A = \frac{\pi}{4}d^2$$

$$W = \frac{\pi d^3}{32} \approx \frac{d^3}{10} \qquad i = \frac{d}{4}$$

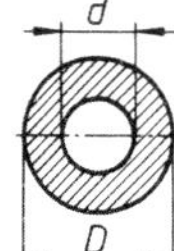

$$I = \frac{\pi}{64}(D^4 - d^4) \qquad A = \frac{\pi}{4}(D^2 - d^2)$$

$$W = \frac{\pi}{32}\,\frac{D^4 - d^4}{D} \qquad i = 0{,}25\sqrt{D^2 + d^2}$$

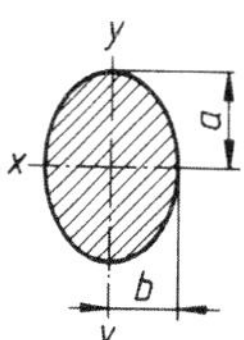

$$I_x = \frac{\pi a^3 b}{4} \qquad I_y = \frac{\pi b^3 a}{4} \qquad i_x = \frac{a}{2} \qquad A = \pi\, a\, b$$

$$W_x = \frac{\pi a^2 b}{4} \qquad W_y = \frac{\pi b^2 a}{4} \qquad i_y = \frac{b}{2}$$

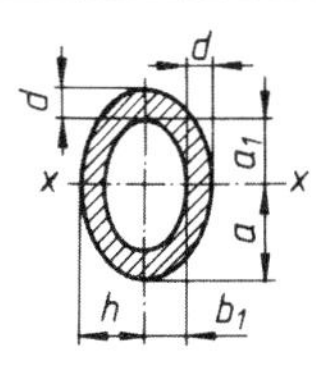

$$I_x = \frac{\pi}{4}(a^3 b - a_1^3 b_1) \approx \frac{\pi}{4}a^2 d(a + 3b) \qquad A = \pi(ah - a_1 b_1)$$

$$W_x = \frac{I_x}{a} \approx \frac{\pi}{4}a\,d(a + 3b) \qquad i_x = \sqrt{\frac{I_x}{A}}$$

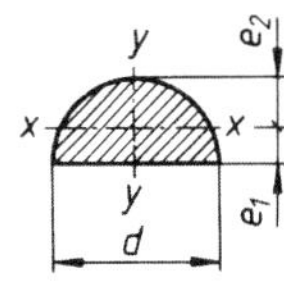

$I_x = 0{,}0068\, d^4$ $\qquad$ $I_y = 0{,}0245\, d^4$

$W_{x1} = 0{,}0238\, d^3$ $\qquad$ $W_{x2} = 0{,}0323\, d^3$

$W_y = 0{,}049\, d^3$ $\qquad$ $i_x = 0{,}132\, d$

$$e_1 = \frac{4r}{3\pi} = 0{,}4244\, r$$

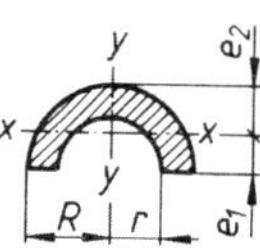

$$I_x = 0{,}1098(R^4 - r^4) - 0{,}283 R^2 r^2 \frac{R - r}{R + r}$$

$$I_y = \pi\frac{R^4 - r^4}{8} \qquad W_y = \frac{\pi(R^4 - r^4)}{8R}$$

$$W_{x1} = \frac{I_x}{e_1} \qquad W_{x2} = \frac{I_x}{e_2} \qquad e_1 = \frac{2(D^3 - d^3)}{3\pi(D^2 - d^2)}$$

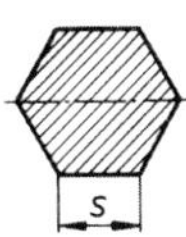

$$I = \frac{5\sqrt{3}}{16}s^4 = 0{,}5413\,s^4 \qquad A = \frac{3}{2}\sqrt{3}\,s^2$$

$$W = \frac{5}{8}s^3 = 0{,}625\,s^3 \qquad i = 0{,}456\,s$$

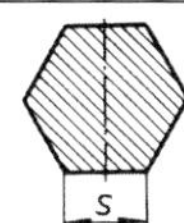

$$I = \frac{5\sqrt{3}}{16}s^4 = 0{,}5413\,s^4 \qquad A = \frac{3}{2}\sqrt{3}\,s^2$$

$$W = 0{,}5413\,s^3 \qquad i = 0{,}456\,s$$

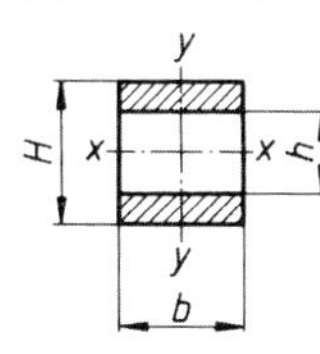

$$I_x = \frac{b}{12}(H^3 - h^3) \qquad I_y = \frac{b^3}{12}(H - h) \qquad A = b(H - h)$$

$$W_x = \frac{b}{6H}(H^3 - h^3) \qquad W_y = \frac{b^2}{6}(H - h)$$

$$i_x = \sqrt{\frac{H^3 - h^3}{12(H - h)}} \qquad I_y = 0{,}289\,b$$

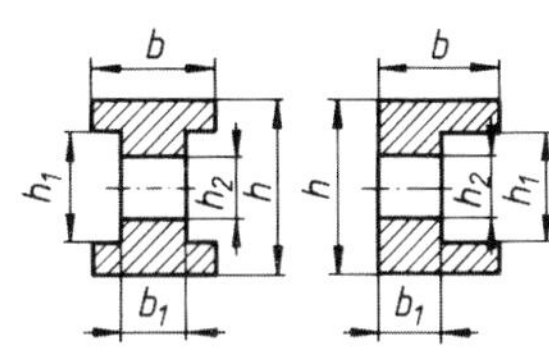

$$I = \frac{b(h^3 - h_1^3) + b_1(h_1^3 - h_2^3)}{12} \qquad A = bh - b_1h_2 - h_1(b - b_1)$$

$$W = \frac{b(h^3 - h_1^3) + b_1(h_1^3 - h_2^3)}{6h} \qquad i = \sqrt{\frac{I}{A}}$$

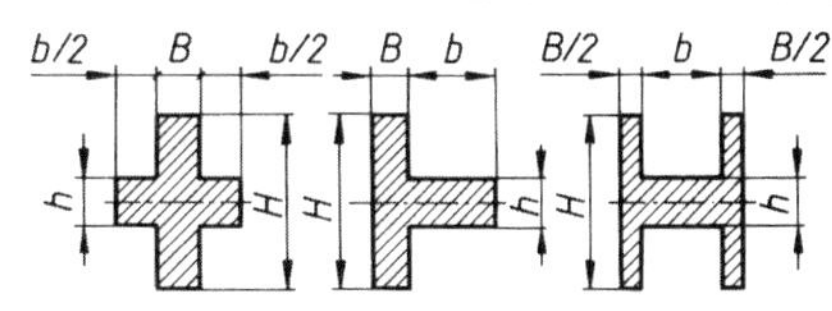

$$I = \frac{BH^3 + bh^3}{12} \qquad A = BH + bh$$

$$W = \frac{BH^3 + bh^3}{6H} \qquad i = \sqrt{\frac{I}{A}}$$

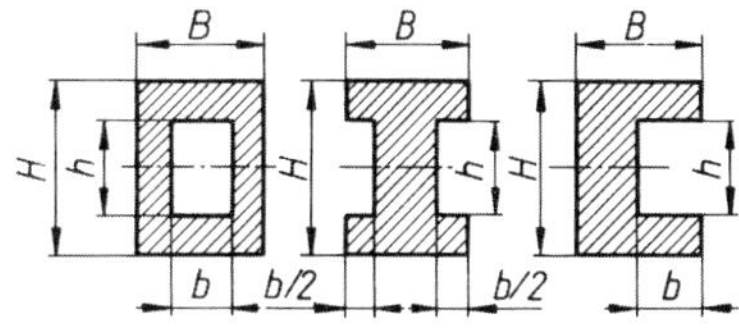

$$I = \frac{BH^3 - bh^3}{12} \qquad A = BH - bh$$

$$W = \frac{BH^3 - bh^3}{6H} \qquad i = \sqrt{\frac{I}{A}}$$

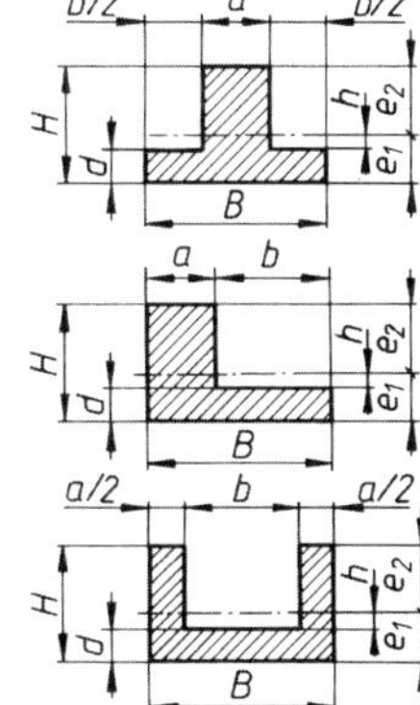

$$I = \frac{1}{3}(Be_1^3 - bh^3 + ae_2^3) \qquad A = Bd + a(H - d)$$

$$e_1 = \frac{1}{2} \cdot \frac{aH^2 + bd^2}{aH + bd} \qquad i = \sqrt{\frac{I}{A}}$$

$$e_2 = H - e_1$$

$$I = \frac{1}{3}(Be_1^3 - bh^3 + B_1 e_2^3 - b_1 h_1^3) \qquad A = Bd + b_1 d_1 + a(h + h_1)$$

$$e_1 = \frac{1}{2} \cdot \frac{aH^2 + bd^2 + b_1 d_1 (2H - d_1)}{aH + bd + b_1 d_1} \qquad i = \sqrt{\frac{I}{A}}$$

$$e_2 = H - e_1$$

9.9 Warmgewalzter rundkantiger U-Stahl

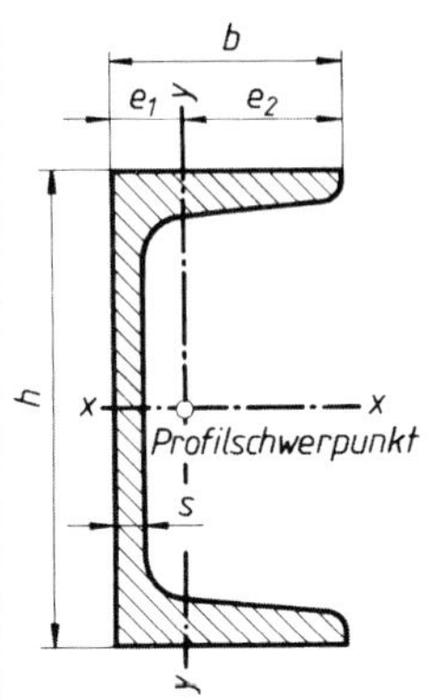

Beispiel für die Bezeichnung eines U-Stahls und für das Ablesen von Flächenmomenten I und Widerstandsmomenten W:

U 100 DIN 1026

Höhe	h	= 100 mm
Breite	b	= 50 mm
Flächenmoment	I_x	= $206 \cdot 10^4$ mm^4
Widerstandsmoment	W_x	= $41{,}2 \cdot 10^3$ mm^3
Flächenmoment	I_y	= $29{,}3 \cdot 10^4$ mm^4
Widerstandsmoment	W_{y1}	= $18{,}9 \cdot 10^3$ mm^3
	W_{y2}	= $8{,}49 \cdot 10^3$ mm^3
Oberfläche je Meter Länge	A'_0	= 0,372 m^2/m
Profilumfang	U	= 0,372 m
Trägheitsradius	$i_x = \sqrt{I_x/A}$	= 39,1 mm

Kurzzeichen U	h mm	b mm	s mm	Querschnitt A mm^2	e_1/e_2 mm	I_x $\cdot 10^4$ mm^4	W_x $\cdot 10^3$ mm^3	I_y $\cdot 10^4$ mm^4	W_{y1} $\cdot 10^3$ mm^3	W_{y2} $\cdot 10^3$ mm^3	Oberfläche je Meter Länge A'_0 m^2/m [1)]	Gewichtskraft je Meter Länge F'_G N/m
30 × 15	30	15	4	221	5,2/ 9,8	2,53	1,69	0,38	0,73	0,39	0,103	17,0
30	30	33	5	544	13,1/19,9	6,39	4,26	5,33	4,07	2,68	0,174	41,9
40 × 20	40	20	5	366	6,7/13,3	7,58	3,79	1,14	1,70	0,86	0,142	28,2
40	40	35	5	621	13,3/21,7	14,1	7,05	6,68	5,02	3,08	0,200	47,8
50 × 25	50	25	5	492	8,1/16,9	16,8	6,73	2,49	3,07	1,47	0,181	37,9
50	50	38	5	712	13,7/24,3	26,4	10,6	9,12	6,66	3,75	0,232	54,8
60	60	30	6	646	9,1/20,9	31,6	10,5	4,51	4,98	2,16	0,215	49,7
65	65	42	5,5	903	14,2/27,8	57,5	17,7	14,1	9,93	5,07	0,273	69,5
80	80	45	6	1100	14,5/30,5	106	26,5	19,4	13,4	6,36	0,312	84,7
100	100	50	6	1350	15,5/34,5	206	41,2	29,3	18,9	8,49	0,372	104,0
120	120	55	7	1700	16,0/39,0	364	60,7	43,2	27,0	11,1	0,434	130,9
140	140	60	7	2040	17,5/42,5	605	86,4	62,7	35,8	14,8	0,489	157,1
160	160	65	7,5	2400	18,4/46,6	925	116	85,3	46,4	18,3	0,546	184,8
180	180	70	8	2800	19,2/50,8	1350	150	114	59,4	22,4	0,611	215,6
200	200	75	8,5	3220	20,1/54,9	1910	191	148	73,6	27,0	0,661	248,0
220	220	80	9	3740	21,4/58,6	2690	245	197	92,1	33,6	0,718	288,0
240	240	85	9,5	4230	22,3/62,7	3600	300	248	111	39,6	0,775	325,7
260	260	90	10	4830	23,6/66,4	4820	371	317	134	47,7	0,834	372
280	280	95	10	5330	25,3/69,7	6280	448	399	158	57,3	0,890	410,5
300	300	100	10	5880	27,0/73,0	8030	535	495	183	67,8	0,950	452,8
320	320	100	14	7580	26,0/74,0	10870	679	597	230	80,7	0,982	583,7
350	350	100	14	7730	24,0/76,0	12840	734	570	238	75,0	1,05	595,3
380	380	102	13,5	8040	23,8/78,2	15760	829	615	258	78,6	1,11	619,1
400	400	110	14	9150	26,5/83,5	20350	1020	846	355	101	1,18	704,6

[1)] Die Zahlenwerte geben zugleich den Profilumfang U in m an.

9.10 Warmgewalzter gleichschenkliger rundkantiger Winkelstahl

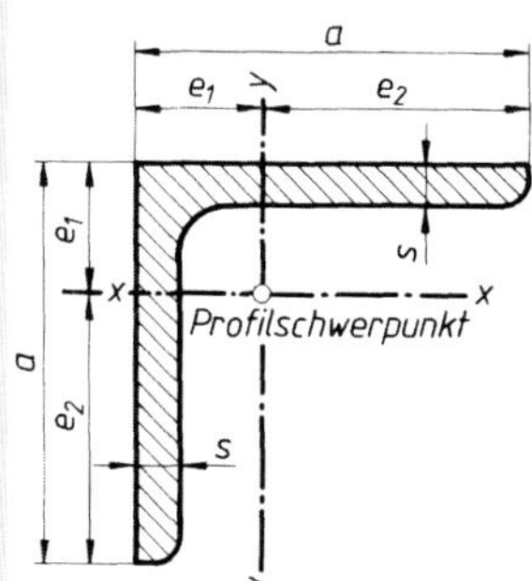

Beispiel für die Bezeichnung eines Winkelstahls und für das Ablesen von Flächenmomenten I und Widerstandsmomenten W:

L 40 × 6 DIN 1028

Schenkelbreite	a	= 40 mm
Schenkeldicke	s	= 6 mm
Flächenmoment	I_x	$= 6{,}33 \cdot 10^4$ mm^4
Widerstandsmoment	W_{x1}	$= 5{,}28 \cdot 10^3$ mm^3
	W_{x2}	$= 2{,}26 \cdot 10^3$ mm^3
Oberfläche je Meter Länge	A'_0	= 0,16 m^2/m
Profilumfang	U	= 0,16 m
Trägheitsradius	$i_x = \sqrt{I_x/A}$	= 11,9 mm

Kurzzeichen	$\frac{a}{s}$ mm	Querschnitt A mm^2	$\frac{e_1}{e_2}$ mm	$I_x = I_y$ $\cdot 10^4$ mm^4	$W_{x1} = W_{y1}$ $\cdot 10^3$ mm^3	$W_{x2} = W_{y2}$ $\cdot 10^3$ mm^3	Oberfläche je Meter Länge A'_0 m^2/m [1]	Gewichtskraft je Meter Länge F'_G N/m
20 × 4	20/ 4	145	6,4/ 13,6	0,48	0,75	0,35	0,08	11,2
25 × 5	25/ 5	226	8 / 17	1,18	1,48	0,69	0,10	17,4
30 × 5	30/ 5	278	9,2/ 20,8	2,16	2,35	1,04	0,12	21,4
35 × 5	35/ 5	328	10,4/ 24,6	3,56	3,42	1,45	0,14	25,3
40 × 6	40/ 6	448	12 / 28	6,33	5,28	2,26	0,16	34,5
45 × 6	45/ 6	509	13,2/ 31,8	9,16	6,94	2,88	0,17	39,2
50 × 6	50/ 6	569	14,5/ 35,5	12,8	8,83	3,61	0,19	43,8
50 × 8	50/ 8	741	15,2/ 34,8	16,3	10,7	4,68	0,19	57,1
55 × 8	55/ 8	823	16,4/ 38,6	22,1	13,5	5,73	0,21	63,4
60 × 6	60/ 6	691	16,9/ 43,1	22,8	13,5	5,29	0,23	53,2
60 × 10	60/10	1110	18,5/ 41,5	34,9	18,9	8,41	0,23	85,2
65 × 8	65/ 8	985	18,9/ 46,1	37,5	19,8	8,13	0,25	75,9
70 × 7	70/ 7	940	19,7/ 50,3	42,4	21,5	8,43	0,27	72,4
70 × 9	70/ 9	1190	20,5/ 49,5	52,6	25,7	10,6	0,27	91,6
70 × 11	70/11	1430	21,3/ 48,7	61,8	29,0	12,7	0,27	110,1
75 × 8	75/ 8	1150	21,3/ 53,7	58,9	27,7	11,0	0,29	88,6
80 × 8	80/ 8	1230	22,6/ 57,4	72,3	32,0	12,6	0,31	94,7
80 × 10	80/10	1510	23,4/ 56,6	87,5	37,4	15,5	0,31	116,7
80 × 12	80/12	1790	24,1/ 55,9	102	42,3	18,2	0,31	138,3
90 × 9	90/ 9	1550	25,4/ 64,6	116	45,7	18,0	0,35	119,4
90 × 11	90/11	1870	26,2/ 63,8	138	52,7	21,6	0,36	144,0
100 × 10	100/10	1920	28,2/ 71,8	177	62,8	24,7	0,39	147,9
100 × 14	100/14	2620	29,8/ 70,2	235	78,9	33,5	0,39	201,8
110 × 12	110/12	2510	31,5/ 78,5	280	88,9	35,7	0,43	193,3
120 × 13	120/13	2970	34,4/ 85,6	394	115	46,0	0,47	228,7
130 × 12	130/12	3000	36,4/ 93,6	472	130	50,4	0,51	231,0
130 × 16	130/16	3930	38,0/ 92	605	159	65,8	0,51	302,6
140 × 13	140/13	3500	39,2/100,8	638	163	63,3	0,55	269,5
140 × 15	140/15	4000	40,0/100,0	723	181	72,3	0,55	308,0
150 × 12	150/12	3480	41,2/108,8	737	179	67,7	0,59	268,0
150 × 16	150/16	4570	42,9/107,1	949	221	88,7	0,59	351,9
150 × 20	150/20	5630	44,4/105,6	1150	259	109	0,59	433,6
160 × 15	160/15	4610	44,9/115,1	1100	245	95,6	0,63	355,0
160 × 19	160/19	5750	46,5/113,5	1350	290	119	0,63	442,8
180 × 18	180/18	6190	51,0/129,0	1870	367	145	0,71	476,7
180 × 22	180/22	7470	52,6/127,4	2210	420	174	0,71	575,3
200 × 16	200/16	6180	55,2/144,8	2340	424	162	0,79	475,9
200 × 20	200/20	7640	56,8/143,2	2850	502	199	0,79	588,3
200 × 24	200/24	9060	58,4/141,6	3330	570	235	0,79	697,7
200 × 28	200/28	10500	59,9/140,1	3780	631	270	0,79	808,6

[1] Die Zahlenwerte geben zugleich den Profilumfang U in m an.

9.11 Warmgewalzter ungleichschenkliger rundkantiger Winkelstahl nach EN 10056-1

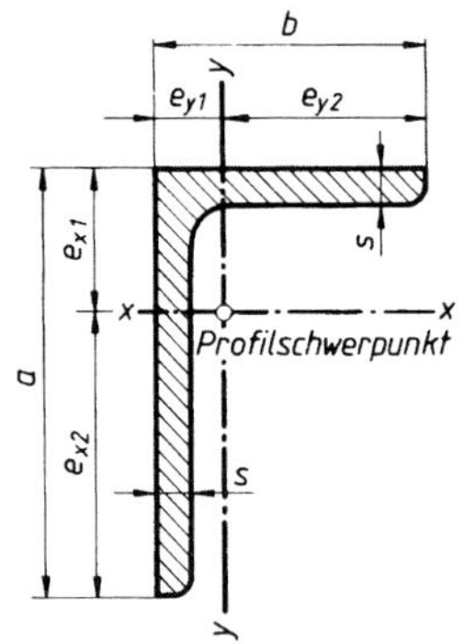

Beispiel für die Bezeichnung eines ungleichschenkligen Winkelstahls und für das Auswerten der Tabelle:

L EN 10056-1 – 30 × 20 × 4

Schenkel breite	a	= 30 mm, b = 20 mm
Schenkeldicke	s	= 4 mm
Flächenmoment 2. Grades	I_x	= $1{,}59 \cdot 10^4$ mm^4
Widerstandsmoment	W_{x1}	= $1{,}54 \cdot 10^3$ mm^3
Widerstandsmoment	W_{x2}	= $0{,}81 \cdot 10^3$ mm^3
Oberfläche je Meter Länge	A'_0	= 0,097 m^2/m
Profilumfang	U	= 0,097 m
Gewichtskraft je Meter Länge	F'_G	= 14,2 N/m
Trägheitsradius	$i_x = \sqrt{I_x/A}$	= 9,27 mm

Kurzzeichen	a mm	b mm	c mm	Ouer-schnitt A mm^2	e_{x1} / e_{y1} mm	I_x $\cdot 10^4$mm^4	W_{x1} $\cdot 10^3$mm^3	W_{x2} $\cdot 10^3$mm^3	I_y $\cdot 10^4$mm^4	W_{y1} $\cdot 10^3$mm^3	W_{y2} $\cdot 10^3$mm^3	Oberfläche je Meter Länge A'_0 m^2/m [1)]	Gewichtskraft je Meter Länge F'_G N/m
30 × 20 × 4	30	20	4	185	10,3 /5,4	1,59	1,54	0,81	0,55	1,02	0,38	0,097	14,2
40 × 20 × 4	40	20	4	225	14,7/ 4,8	3,59	2,44	1,42	0,60	1,25	0,39	0,117	17,4
45 × 30 × 5	45	30	5	353	15,2/ 7,8	6,99	4,60	2,35	2,47	3,17	1,11	0,146	27,2
50 × 40 × 5	50	40	5	427	15,6/10,7	10,4	6,67	3,02	5,89	5,50	2,01	0,177	32,9
60 × 30 × 7	60	30	7	585	22,4/ 7,6	20,7	9,24	5,50	3,41	4,49	1,52	0,175	45,0
60 × 40 × 6	60	40	6	568	20,0/10,1	20,1	10,1	5,03	7,12	7,05	2,38	0,195	43,7
65 × 50 × 5	65	50	5	554	19,9/12,5	23,1	11,6	5,11	11,9	9,52	3,18	0,224	42,7
65 × 50 × 9	65	50	9	958	21,5/14,1	38,2	17,8	8,77	19,4	13,8	5,39	0,224	73,7
75 × 50 × 7	75	50	7	830	24,8/12,5	46,4	18,7	9,24	16,5	13,2	4,39	0,244	63,8
75 × 55 × 9	75	55	9	1090	24,7/14,8	59,4	24,0	11,8	26,8	18,1	6,66	0,254	84,2
80 × 40 × 6	80	40	6	689	28,5/ 8,8	44,9	15,8	8,73	7,59	8,63	2,44	0,234	53,1
80 × 40 × 8	80	40	8	901	29,4/ 9,5	57,6	19,6	11,4	9,68	10,2	3,18	0,234	69,3
80 × 65 × 8	80	65	8	1100	24,7/17,3	68,1	27,6	12,3	40,1	23,2	8,41	0,283	84,9
90 × 60 × 6	90	60	6	869	28,9/14,1	71,7	24,8	11,7	25,8	18,3	5,61	0,294	66,9
90 × 60 × 8	90	60	8	1140	29,7/14,9	92,5	31,1	15,4	33,0	22,0	7,31	0,294	87,9
100 × 50 × 6	100	50	6	873	34,9/10,4	87,7	25,1	13,8	15,3	14,7	3,86	0,292	67,2
100 × 50 × 8	100	50	8	1150	35,9/11,3	116	32,3	18,0	19,5	17,3	5,04	0,292	88,2
100 × 50 × 10	100	50	10	1410	36,7/12,0	141	38,4	22,2	23,4	19,5	6,17	0,292	108,9
100 × 65 × 9	100	65	9	1420	33,2/15,9	141	42,5	21,0	46,7	29,4	9,52	0,321	108,9
100 × 75 × 9	100	75	9	1510	31,5/19,1	148	47,0	21,5	71,0	37,0	12,7	0,341	115,7
120 × 80 × 8	120	80	8	1550	38,3/18,7	226	59,0	27,6	80,8	43,2	13,2	0,391	119,6
120 × 80 × 10	120	80	10	1910	39,2/19,5	276	70,4	34,1	98,1	50,3	16,2	0,391	147,1
120 × 80 × 12	120	80	12	2270	40,0/20,3	323	80,8	40,4	114	56,0	19,1	0,391	174,6
130 × 65 × 10	130	65	10	1860	46,5/14,5	321	69,0	38,4	54,2	37,4	10,7	0,381	143,2
13O× 75 × 10	130	75	10	1960	44,5/17,3	337	75,7	39,4	82,9	47,9	14,4	0,401	151,0
130 × 75 × 12	130	75	12	2330	45,3/18,1	395	87,2	46,6	96,5	53,3	17,0	0,401	179,5
130 × 90 × 10	130	90	10	2120	41,5/21,8	358	86,3	40,5	141	65,0	20,6	0,430	162,8
130 × 90 × 12	130	90	12	2510	42,4/22,6	420	99,1	48,0	165	73,0	24,4	0,430	193,2
150 × 75 × 9	150	75	9	1950	52,8/15,7	455	86,2	46,8	78,3	49,9	13,2	0,441	150,0
150 × 75 × 11	150	75	11	2360	53,7/16,5	545	101	56,6	93,0	56,0	15,9	0,441	182,4
150 × 90 × 10	150	90	10	2320	49,9/20,3	532	107	53,1	145	71,0	20,9	0,469	178,5
150 × 90 × 12	150	90	12	2750	50,8/21,1	626	123	63,1	170	81,0	24,7	0,469	211,8
150 × 100 × 10	150	100	10	2420	48,0/23,4	552	115	54,1	198	85,0	25,8	0,489	186,3
150 × 100 × 12	150	100	12	2870	48,9/24,2	650	133	64,2	232	96,0	30,6	0,489	221,6
150 × 100 × 14	150	100	14	3320	49,7/25,0	744	150	74,1	264	106	35,2	0,489	255,9
160 × 80 × 12	160	80	12	2750	57,2/17,7	720	126	70,0	122	69,0	19,6	0,469	211,8
200 × 100 × 10	200	100	10	2920	69,3/20,1	1220	176	93,2	210	104	26,3	0,587	225,6
200 × 100 × 14	200	100	14	4030	71,2/21,8	1650	232	128	282	129	36,1	0,587	309,9
250 × 90 × 10	250	90	10	3320	94,5/15,6	2170	230	140	161	103	21,7	0,667	255,9
250 × 90 × 14	250	90	14	4590	96,5/17,3	2960	307	192	216	125	29,7	0,667	353,0

1) Die Zahlenwerte geben zugleich den Profilumfang U in m an.

9.12 Warmgewalzte schmale I-Träger nach DIN 1025-1 (Auszug)

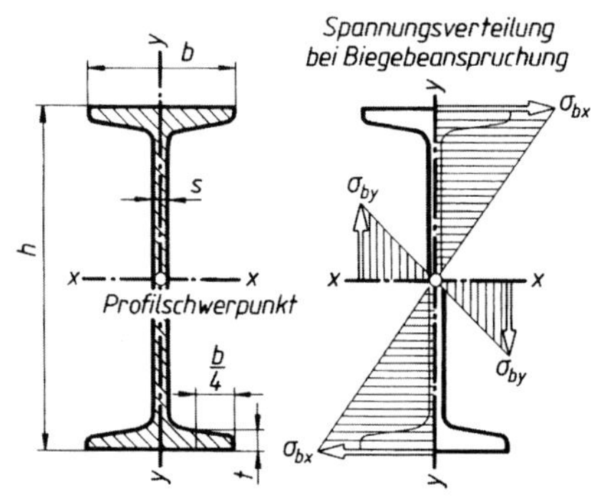

Beispiel für die Bezeichnung eines schmalen I-Trägers mit geneigten inneren Flanschflächen und für das Auswerten der Tabelle:

I-Profil DIN 1025 – S235JR – I 80

Höhe	h	= 80 mm
Breite	b	= 42 mm
Flächenmoment 2. Grades	I_x	= $77{,}8 \cdot 10^4$ mm^4
Widerstandsmoment	W_x	= $19{,}5 \cdot 10^3$ mm^3
Oberfläche je Meter Länge	A'_0	= 0,304 m^2/m
Profilumfang	U	= 0,304 m
Trägheitsradius	$i_x = \sqrt{I_x/A}$	= 32 mm

Kurzzeichen I	h mm	b mm	s mm	t mm	Querschnitt A mm^2	I_x $\cdot 10^4$ mm^4	W_x $\cdot 10^3$ mm^3	I_y $\cdot 10^4$ mm^4	W_y $\cdot 10^3$ mm^3	Oberfläche je Meter Länge A'_0 m^2/m [1)]	Gewichtskraft je Meter Länge F'_G N/m
80	80	42	3,9	5,9	758	77,8	19,5	6,29	3,00	0,304	58,4
100	100	50	4,5	6,8	1060	171	34,2	12,2	4,88	0,370	81,6
120	120	58	5,1	7,7	1420	328	54,7	21,5	7,41	0,439	110
140	140	66	5,7	8,6	1830	573	81,9	35,2	10,7	0,502	141
160	160	74	6,3	9,5	2280	935	117	54,7	14,8	0,575	176
180	180	82	6,9	10,4	2790	1450	161	81,3	19,8	0,640	215
200	200	90	7,5	11,3	3350	2140	214	117	26,0	0,709	258
220	220	98	8,1	12,2	3960	3060	278	162	33,1	0,775	305
240	240	106	8,7	13,1	4610	4250	354	221	41,7	0,844	355
260	260	113	9,4	14,1	5340	5740	442	288	51,0	0,906	411
280	280	119	10,1	15,2	6110	7590	542	364	61,2	0,966	471
300	300	125	10,8	16,2	6910	9800	653	451	72,2	1,03	532
320	320	131	11,5	17,3	7780	12510	782	555	84,7	1,09	599
340	340	137	12,2	18,3	8680	15700	923	674	98,4	1,15	668
360	360	143	13,0	19,5	9710	19610	1090	818	114	1,21	746
380	380	149	13,7	20,5	10700	24010	1260	975	131	1,27	824
400	400	155	14,4	21,6	11800	29210	1460	1160	149	1,33	908
425	425	163	15,3	23,0	13200	36970	1740	1440	176	1,41	1020
450	450	170	16,2	24,3	14700	45850	2040	1730	203	1,48	1128
475	475	178	17,1	25,6	16300	56480	2380	2090	235	1,55	1256
500	500	185	18,0	27,0	18000	68740	2750	2480	268	1,63	1383
550	550	200	19,0	30,0	21300	99180	3610	3490	349	1,80	1638
600	600	215	21,6	32,4	25400	139000	4630	4670	434	1,92	1952

1) Die Zahlenwerte geben zugleich den Profilumfang U in m an.

9.13 Warmgewalzte I -Träger, I PE-Reihe

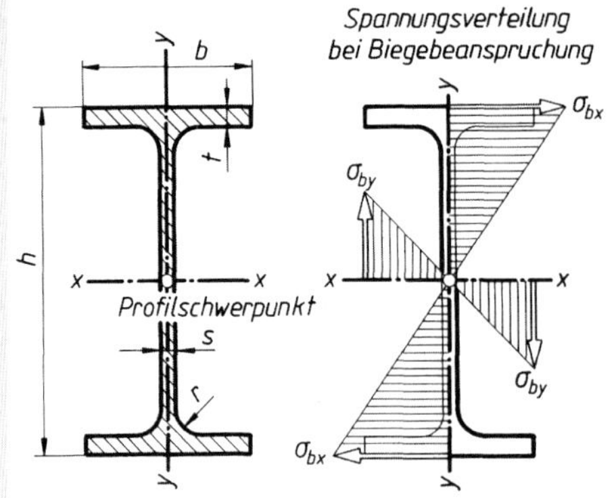

Beispiel für die Bezeichnung eines mittelbreiten I-Trägers mit parallelen Flanschflächen und für das Ablesen von Flächenmomenten I und Widerstandsmomenten W:

IPE 80 DIN 1025

Höhe	h	= 80 mm
Breite	b	= 46 mm
Flächenmoment	I_x	= $80{,}1 \cdot 10^4$ mm^4
Widerstandsmoment	W_x	= $20{,}0 \cdot 10^3$ mm^3
Oberfläche je Meter Länge	A'_0	= 0,328 m^2/m
Profilumfang	U	= 0,328 m
Trägheitsradius	$I_x = \sqrt{I_x/A}$	= 32,4 mm

Kurzzeichen IPE	b mm	t mm	h mm	s mm	r mm	Querschnitt A mm^2	I_x $\cdot 10^4$ mm^4	W_x $\cdot 10^3$ mm^3	I_y $\cdot 10^4$ mm^4	W_y $\cdot 10^3$ mm^3	Oberfläche je Meter Länge A'_0 m^2/m [1]	Gewichtskraft je Meter Länge F'_G N/m
80	46	5,2	80	3,8	5	764	80,1	20,0	8,49	3,69	0,328	59
100	55	5,7	100	4,1	7	1030	171	34,2	15,9	5,79	0,400	79
120	64	6,3	120	4,4	7	1320	318	53,0	27,7	8,65	0,475	102
140	73	6,9	140	4,7	7	1640	541	77,3	44,9	12,3	0,551	126
160	82	7,4	160	5,0	9	2010	869	109	68,3	16,7	0,623	155
180	91	8,0	180	5,3	9	2390	1320	146	101	22,2	0,698	184
200	100	8,5	200	5,6	12	2850	1940	194	142	28,5	0,768	220
220	110	9,2	220	5,9	12	3340	2770	252	205	37,3	0,848	257
240	120	9,8	240	6,2	15	3910	3890	324	284	473	0,922	301
270	135	10,2	270	6,6	15	4590	5790	429	420	62,2	1,041	353
300	150	10,7	300	7,1	15	5380	8360	557	604	80,5	1,155	414
330	160	11,5	330	7,5	18	6260	11770	713	788	98,5	1,254	482
360	170	12,7	360	8,0	18	7270	16270	904	1040	123	1,348	560
400	180	13,5	400	8,6	21	8450	23130	1160	1320	146	1,467	651
450	190	14,6	450	9,4	21	9880	33740	1500	1680	176	1,605	761
500	200	16,0	500	10,2	21	11600	48200	1930	2140	214	1,738	893
550	210	17,2	550	11,1	24	13400	67120	2440	2670	254	1,877	1032
600	220	19,0	600	12,0	24	15600	92080	3070	3390	308	2,014	1200

[1] Die Zahlenwerte geben zugleich den Profilumfang U in m an.

9.14 Knickung im Maschinenbau

1. Lösungsweg

Gegeben: Querschnittsabmessungen und damit axiales Flächenmoment I, Stablänge l, Belastungsfall

Gesucht: Zulässige Druckkraft F oder vorhandene Knicksicherheit ν

Schlankheitsgrad λ

$$\lambda = \frac{s}{i}$$

Trägheitsradius i_{min}

$$i_{min} = \sqrt{\frac{I_{min}}{A}}$$

I_{min} kleinstes Flächenmoment 2. Grades des Querschnittes in mm^4 (9.8)
s freie Knicklänge in mm
i Trägheitsradius in mm (9.8)
$i = \frac{d}{4}$ für Kreisquerschnitt
A Querschnitt

Vergleich des Schlankheitsgrades λ mit Grenzschlankheitsgrad λ_0 nach 9.15

Beachte:
Meistens kann $s = l$ gesetzt werden (Fall 2)

Fall 1	Fall 2: Grundfall	Fall 3	Fall 4
$F_K = \frac{E \cdot I \cdot \pi^2}{4 \cdot l^2}$	$F_K = \frac{E \cdot I \cdot \pi^2}{l^2}$	$F_K = \frac{E \cdot I \cdot \pi^2 \cdot 2}{l^2}$	$F_K = \frac{E \cdot I \cdot \pi^2 \cdot 4}{l^2}$

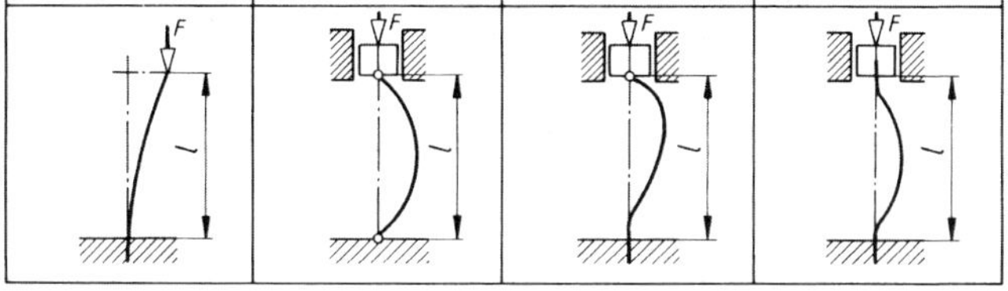

bei $\lambda > \lambda_0$ weiterrechnen nach Euler:

Knickkraft F_K nach Euler und Knickspannung σ_K

$$F_K = \frac{E\,I_{min}\,\pi^2}{s^2} \quad \text{oder} \quad \sigma_K = \frac{E\,\pi^2}{\lambda^2}$$

σ_K, σ_d, E	F_K, F	λ, ν	s, i	I	A
$\frac{N}{mm^2}$	N	1	mm	mm^4	mm^2

zulässige Druckkraft F oder Knicksicherheit ν_{vorh}

$$F = \frac{F_K}{\nu} \quad \text{oder} \quad \nu_{vorh} = \frac{F_K}{F}$$

bei $\lambda < \lambda_0$ weiterrechnen nach Tetmajer (9.15):

Knickspannung σ_K mit Tetmajer-Gleichung aus 9.15 berechnen.

vorhandene Druckspannung σ_d oder Knicksicherheit ν

$$\sigma_d = \frac{F}{A} \quad \text{oder} \quad \sigma_d = \frac{\sigma_K}{\nu} \quad \text{oder} \quad \nu = \frac{\sigma_K}{\sigma_d}$$

2. Lösungsweg

Gegeben: Druckkraft F, Knicksicherheit ν, Stablänge l, Belastungsfall

Gesucht: Erforderlicher Durchmesser d

Knickkraft F_K $\quad F_K = F\nu$

erforderliches Flächenmoment I_{min}

$$I_{min} = \frac{F_K\,s^2}{E\,\pi^2}$$

$I = \frac{d^4}{20}$ bei Kreisquerschnitt

erforderlicher Durchmesser *d* bei Kreisquerschnitt und Trägheitsradius *i*

$$d_{erf} = \sqrt[4]{20 I_{min}}$$

$$i = \sqrt{\frac{I_{min}}{A}} = \frac{d}{4}$$

Schlankheitsgrad λ

$$\lambda = \frac{s}{i}$$

Vergleich des Schlankheitsgrades λ mit Grenzschlankheit λ_0 nach 9.15.
Ist $\lambda > \lambda_0$ war die Annahme richtig, d. h. gefundener Durchmesser *d* kann ausgeführt werden.
Bei $\lambda < \lambda_0$ muss mit angenommenem Durchmesser *d* nach Tetmajer weitergerechnet werden; zweckmäßig wird *d* größer d_{erf} angenommen, dann der Schlankheitsgrad $\lambda = 4\ s/d$ (bei Kreisquerschnitt) *neu* berechnet, mit Tetmajer-Gleichung (9.15) die Knickspannung σ_K bestimmt, ebenso die vorhandene Druckspannung $\sigma_d = F/A$. Danach wird überprüft, ob

Knicksicherheit ν

$$\nu_{vorh} = \frac{\sigma_K}{\sigma_d} \geq \nu_{erf} \text{ ist.}$$

Ist $\nu_{vorh} < \nu_{erf}$, muss mit größerem *d* die Rechnung wiederholt werden.

9.15 Grenzschlankheitsgrad λ_0 für Euler'sche Knickung und Tetmajer-Gleichungen

Werkstoff	Elastizitätsmodul *E* in $\frac{N}{mm^2}$	Grenzschlankheitsgrad λ_0	Tetmajer-Gleichung für Knickspannung σ_K in $\frac{N}{mm^2}$
Nadelholz	10 000	100	$\sigma_K = 29{,}3 - 0{,}194 \cdot \lambda$
Gusseisen	100 000	80	$\sigma_K = 776 - 12 \cdot \lambda + 0{,}053 \cdot \lambda^2$
S235JR	210 000	105	$\sigma_K = 310 - 1{,}14 \cdot \lambda$
E295 und E355	210 000	89	$\sigma_K = 335 - 0{,}62 \cdot \lambda$
Vergütungsstahl z. B. 16NiCr4	210 000	86	$\sigma_K = 470 - 2{,}3 \cdot \lambda$

Beachte: Die Eulergleichung gilt nur, solange der errechnete Schlankheitsgrad λ gleich oder *größer* ist als der hier in der Tabelle angegebene Grenzschlankheitsgrad λ_0.

Die Tetmajer-Gleichungen sind Zahlenwertgleichungen mit σ_K in N/mm^2.

9.16 Abscheren und Torsion

Praktisches Beispiel für Abscherbeanspruchung ist das Scherschneiden. Die äußeren Kräfte F bilden ein Kräftepaar mit dem kleinen Wirkabstand u, dem so genannten Schneidspalt. Das entsprechend kleine Kraftmoment $M = Fu$ wird vernachlässigt. Die in der Schnittfläche auftretende Gleichgewichtskraft $F_q = F$ ist eine Tangentialkraft, die auftretende Tangentialspannung ist die Schubspannung τ. Zur Kennzeichnung der Beanspruchung nennt man sie Abscherspannung τ_a.

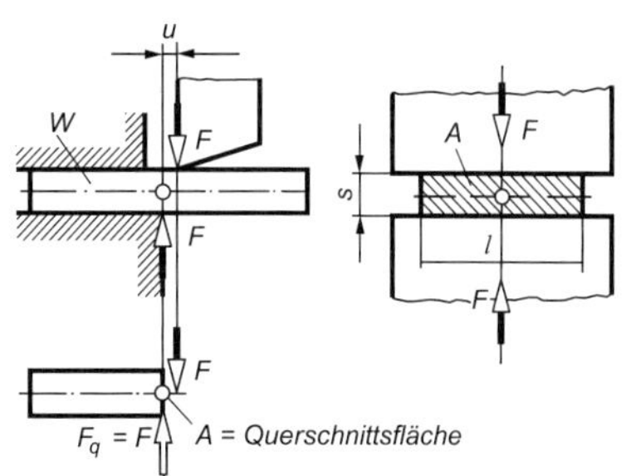

vorhandene Abscherspannung τ_a (Abscher-Hauptgleichung)

$$\tau_{a\,vorh} = \frac{F}{A} \leq \tau_{a\,zul}$$

(Spannungsnachweis)

τ_a	F	A
N/mm²	N	mm²

erforderlicher Querschnitt A

$$A_{erf} = \frac{F}{\tau_{a\,zul}}$$

(Querschnittsnachweis)

Diese Gleichungen gelten nur unter der Annahme einer gleichmäßigen Schubspannungsverteilung über der Querschnittsfläche A.

zulässige Belastung F_{max}

$$F_{max} = A\,\tau_{a\,zul}$$

(Belastungsnachweis)

Abscherfestigkeit τ_{aB}:

$\tau_{aB} = 0{,}85 \cdot R_m$ (für Flussstahl)

$\tau_{aB} = 1{,}1 \cdot R_m$ (für Gusseisen)

Untersuchungen am Rechteckquerschnitt ergeben eine parabolische Verteilung der Schubspannungen mit $\tau = 0$ in der Randfaser und $\tau = \tau_{max}$ in der mittleren Faserschicht.

Wird mit dem Mittelwert $\tau_{mittel} = \tau_a = F/A$ gerechnet, ergeben sich für verschiedene Querschnittsformen die folgenden Maximalwerte für die auftretende Schubspannung:

$\tau_{max} = (3/2) \cdot \tau_a$ für den Rechteckquerschnitt,

$\tau_{max} = (4/3) \cdot \tau_a$ für den Kreisquerschnitt,

$\tau_{max} = \text{ca. } 2 \cdot \tau_a$ für den Rohrquerschnitt.

Niete und Bolzen werden mit der Abscher-Hauptgleichung $\tau_{a\,vorh} = F/A$ berechnet, obwohl keine gleichmäßige Spannungsverteilung vorliegt und der gefährdete Querschnitt neben der Querkraft $F_q = F$ noch ein Biegemoment M_b zu übertragen hat. In warm eingezogenen Nieten tritt gar keine Schubspannung auf, sie werden durch das Schrumpfen in Längsrichtung auf Zug beansprucht.

Die zulässigen Abscherspannungen für Nietverbindungen im Stahlhoch- und Kranbau sowie im Kesselbau sind vorgeschrieben.

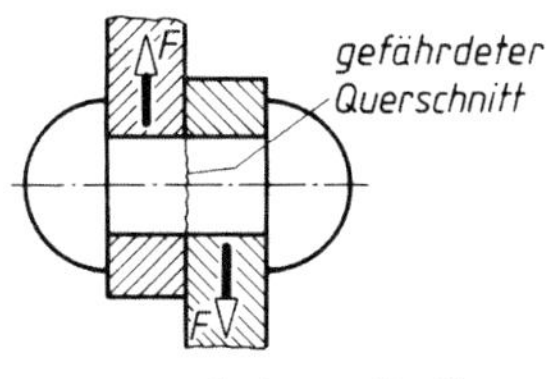

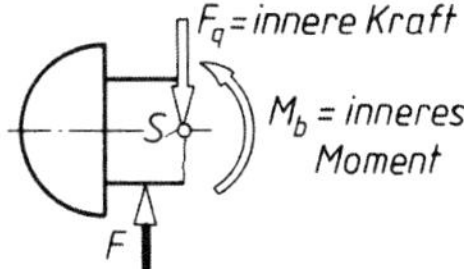

vorhandene Torsionsspannung τ_t

$$\tau_{t\,vorh} = \frac{M_T}{W_p} \leq \tau_{t\,zul}$$

(Spannungsnachweis)

τ_t	M_T	W_p
$\frac{N}{mm^2}$	Nmm	mm^3

W_p polares Widerstandsmoment (9.20)

erforderliches polares Widerstandsmoment W_p

$$W_{p\,erf} = \frac{M_T}{\tau_{t\,zul}}$$

(Querschnittsnachweis)

zulässiges Torsionsmoment $M_{T\,max}$

$$M_{T\,max} = W_p\, \tau_{t\,zul}$$

(Belastungsnachweis)

erforderliches polares Widerstandsmoment(Zahlenwertgleichung) W_p

$$M_T = 9{,}55 \cdot 10^6 \frac{P}{n}$$

(Zahlenwertgleichung)

M_T	P	n
Nmm	kW	min^{-1}

Verdrehwinkel φ in Grad (°)

$$\varphi = \frac{180°}{\pi} \frac{\tau_t\, l}{G r}$$

$$\varphi = \frac{180°}{\pi} \frac{M_T\, l}{W_p\, r G}$$

$$\varphi = \frac{180°}{\pi} \frac{M_T\, l}{I_p G}$$

G Schubmodul in N/mm^2 nach 9.5
l Verdrehlänge in mm
r Wellenradius in mm
M_T Torsionsmoment in Nmm
W_p polares Widerstandsmoment in mm^3
I_p polares Flächenmoment in mm^4 nach 9.20

Formänderungsarbeit W

$$W = M_T \frac{\varphi}{2} = \frac{\tau_t^2 V}{4G} = \frac{R}{2} \varphi^2$$

$$R = \frac{M_T}{\varphi} \triangleq \tan \alpha$$

V Volumen in mm^3
R Federrate in N/mm
φ Drehwinkel in rad
G Schubmodul in N/mm^2

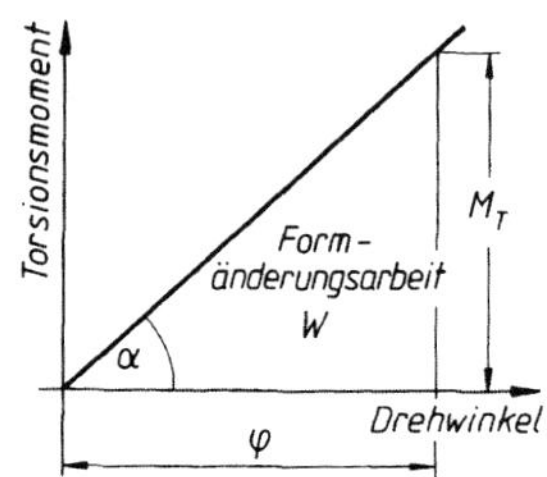

9.17 Widerstandsmoment W_p (W_t) und Flächenmoment I_p (Drillungswiderstand I_t)

Form des Querschnittes	Widerstandsmoment W_p (W_t)	Flächenmoment I_p Drillungswiderstand I_t	Bemerkungen
Vollkreis, d	$W_t = W_p = \frac{\pi}{16} d^3 \approx \frac{d^3}{5} \approx 0{,}2 d^3$	$I_t = I_p = \frac{\pi}{32} d^4 \approx \frac{d^4}{10} \approx 0{,}1 d^4$	τ_{max} am Umfang
Kreisring, d_i, d_a	$W_t = W_p = \frac{\pi}{16} \cdot \frac{d_a^4 - d_i^4}{d_a}$	$I_t = I_p = \frac{\pi}{32}(d_a^4 - d_i^4)$	τ_{max} am Umfang
Ellipse, h, b	$W_t = \frac{\pi}{16} n b^3$ $\frac{h}{b} = n > 1$	$I_t = \frac{\pi}{16} \cdot \frac{n^3 b^4}{n^2 + 1}$	τ_{max} an den Endpunkten der kleinen Achse
Elliptischer Ring, h_i, h_a, b_i, b_a	$\frac{h_a}{b_a} = \frac{h_i}{b_i} = n > 1$ $\qquad \frac{h_i}{h_a} = \frac{b_i}{b_a} = \alpha < 1$ $I_t = \frac{\pi}{16} \cdot \frac{n^3}{n^2+1} \cdot b_a^4 (1 - \alpha^4)$ $W_t = \frac{\pi}{16} n b_a^3 (1 - \alpha^4)$		τ_{max} an den Endpunkten der kleinen Achse
Quadrat, a	$W_t = 0{,}208 a^3$	$I_t = 0{,}141 a^4$	τ_{max} in der Mitte der Seiten
Rechteck, h, b	$\frac{h}{b} = n > 1$ $W_t = c_1 b^3$	$I_t = c_2 b^4$	τ_{max} in der Mitte der langen Seiten

n	1	1,5	2	3	4	6	8	10
c_1	0,208	0,346	0,493	0,801	1,150	1,789	2,456	3,123
c_2	0,1404	0,2936	0,4572	0,7899	1,1232	1,789	2,456	3,123

9.18 Zusammengesetzte Beanspruchung bei gleichartigen Spannungen

Zug und Biegung

resultierende Zugspannung $\sigma_{res\,Zug}$ und resultierende Druckspannung $\sigma_{res\,Druck}$

$$\sigma_{res\,Zug} = \sigma_z + \sigma_{bz} \qquad c = \frac{i^2}{a} = \frac{I}{A\,a}$$

$$\sigma_{res\,Zug} = \frac{F}{A} + \frac{F\,a\,e}{I} \le \sigma_{z\,zul}$$

$$\sigma_{res\,Druck} = \sigma_{bz} - \sigma_z$$

$$\sigma_{res\,Druck} = \frac{F\,a\,e}{I} - \frac{F}{A} \le \sigma_{d\,zul}$$

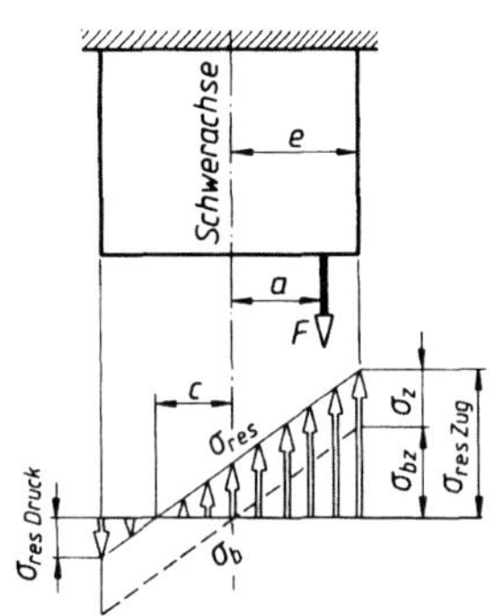

Druck und Biegung

resultierende Druckspannung $\sigma_{res\,Druck}$ und resultierende Zugspannung $\sigma_{res\,Zug}$

$$\sigma_{res\,Druck} = \sigma_d + \sigma_{bd} \qquad c = \frac{i^2}{a} = \frac{I}{A\,a}$$

$$\sigma_{res\,Druck} = \frac{F}{A} + \frac{F\,a\,e}{I} \le \sigma_{d\,zul}$$

$$\sigma_{res\,Zug} = \sigma_{bd} - \sigma_d$$

$$\sigma_{res\,Zug} = \frac{F\,a\,e}{I} - \frac{F}{A} \le \sigma_{z\,zul}$$

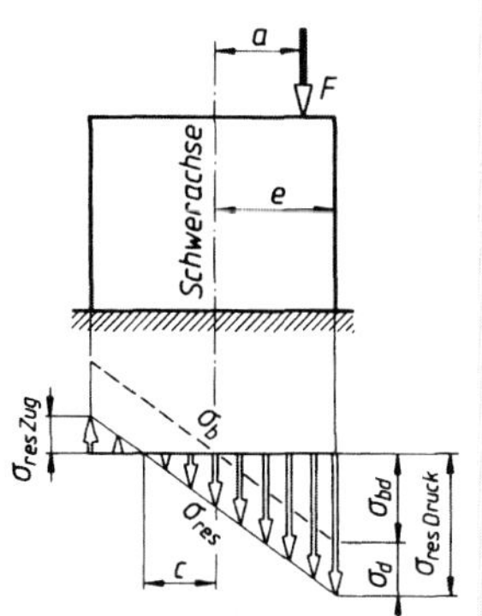

Torsion und Abscheren

maximale Schub-Spannung τ_{max} in den Umfangspunkten *B*

$$\tau_{max} = \tau_s + \tau_t = \frac{16\,F}{3\,\pi\,d^2} + \frac{8\,F}{\pi\,d^2}$$

$$\tau_{max} = 4{,}24\,\frac{F}{d^2}$$

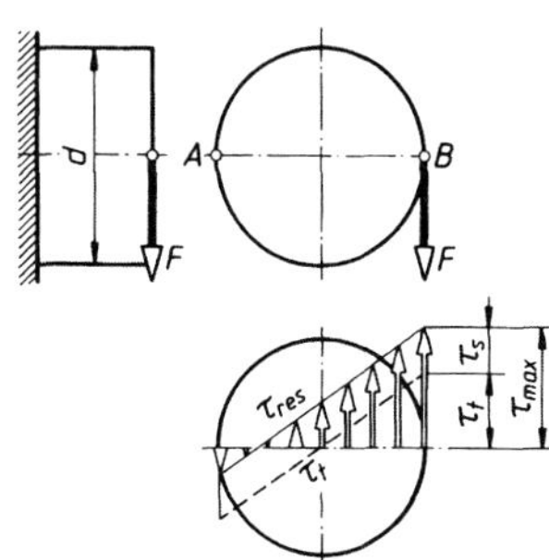

9.19 Zusammengesetzte Beanspruchung bei ungleichartigen Spannungen

Gleichzeitiges Auftreten von Normal- und Schubspannungen ergibt *mehrachsigen* Spannungszustand, so dass algebraische Addition (wie bei Zug/Druck und Biegung oder Torsion und Abscheren) nicht möglich ist. Es wird die *Vergleichsspannung* σ_v eingeführt, die unmittelbar mit dem Festigkeitskennwert des Werkstoffs bei einachsigem Spannungszustand verglichen wird und nach einer der aufgestellten *Festigkeitshypothesen* ermittelt werden kann.

Bei Biegung und Torsion z. B. besteht das innere Kräftesystem aus dem Biegemoment $M_b = Fx$, dem Torsionsmoment $M_T = Fr$ und der Querkraft $F_q = F$. Größte Normalspannung tritt in den Punkten A, B auf, größte Torsionsschubspannung am Kreisumfang. Querkraft-Schubspannung kann bei langen Stäben vernachlässigt werden.

Maximalwerte σ und τ zur Bestimmung der Vergleichsspannung σ_v in Wellen mit Kreisquerschnitt

$$\sigma_{max} = \frac{M_b}{W} = \frac{32\,Fx}{\pi d^3} = \sigma \quad \text{und} \quad \tau_{max} = \frac{M_T}{W_p} = \frac{16\,Fr}{\pi d^3} = \tau$$

Dehnungshypothese (C. Bach)

$$\sigma_v = 0{,}35\,\sigma + 0{,}65\sqrt{\sigma^2 + 4\,\tau^2}$$

Schubspannungshypothese (Mohr)

$$\sigma_v = \sqrt{\sigma^2 + 4\,\tau^2}$$

Hypothese der größten Gestaltänderungsenergie

$$\sigma_v = \sqrt{\sigma^2 + 3\,\tau^2}$$

Diese Gleichungen gelten nur, wenn σ und τ durch gleichen Belastungsfall entstehen (z. B. beide durch wechselnde Belastung), sonst ist mit dem „Anstrengungsverhältnis α_0" zu rechnen.

Anstrengungsverhältnis α_0

$$\alpha_0 = \frac{\sigma_{zul}}{\varphi\,\tau_{zul}}$$

φ ist für jede Hypothese verschieden, siehe folgende α_0-Werte

Dehnungshypothese

$$\sigma_v = 0{,}35\,\sigma + 0{,}65\sqrt{\sigma^2 + 4(\alpha_0\,\tau)^2} \qquad \alpha_0 = \frac{\sigma_{zul}}{1{,}3\,\tau_{zul}}$$

Schubspannungshypothese

$$\sigma_v = \sqrt{\sigma^2 + 4(\alpha_0\,\tau)^2} \qquad \alpha_0 = \frac{\sigma_{zul}}{2\,\tau_{zul}}$$

Hypothese der größten Gestaltänderungsenergie

$$\sigma_v = \sqrt{\sigma^2 + 3(\alpha_0\,\tau)^2} \qquad \alpha_0 = \frac{\sigma_{zul}}{1{,}73\,\tau_{zul}}$$

Zug/Druck und Torsion

Normalspannung σ

$$\sigma = \pm\frac{F}{A}$$

Beide Spannungen zur Vergleichsspannung σ_v zusammensetzen

Schubspannung τ

$$\tau = \frac{M_T}{W_p}$$

Zug/Druck und Schub

Normalspannung σ $\sigma = \pm\frac{F}{A}$ Beide Spannungen zur Vergleichsspannung σ_v zusammensetzen

Schubspannung τ $\tau = \frac{F_q}{A}$

Biegung und Torsion

Normalspannung σ $\sigma = \frac{M_b}{W}$ Beide Spannungen zur Vergleichsspannung σ_v zusammensetzen

Schubspannung τ $\tau = \frac{M_T}{W_p}$

Vergleichsmomente M_v und d_{erf} für Wellen mit Kreisquerschnitt

$$M_v = \sqrt{M_b^2 + 0{,}75(\alpha_0 M_T)^2}$$

$$d_{erf} = \sqrt[3]{\frac{32 M_v}{\pi \sigma_{b\,zul}}}$$

(Hypothese der größten Gestaltänderungsenergie)

$\alpha_0 \approx 1{,}0$ – wenn σ_b und τ_t im gleichen Belastungsfall

$\alpha_0 \approx 0{,}7$ – wenn σ_b wechselnd (III) und τ_t schwellend (II) oder ruhend (I)

9.20 Beanspruchung durch Fliehkraft

umlaufender Ring Zugspannung in Umfangsrichtung σ_t (Tangentialspannung)

$$\sigma_t = \varrho\,\omega^2 r_m^2$$

σ_t	ϱ	ω	r	E	μ
$\frac{N}{m^2}$	$\frac{kg}{m^3}$	$\frac{1}{s}$	m	$\frac{N}{m^2}$	1

Vergrößerung des Radius Δr_m

$$\Delta r_m = \frac{\varrho\,\omega^2 r_m^3}{E}$$

$$r_m = \frac{r_a + r_i}{2}$$

ϱ Dichte des Werkstoffs

ω Winkelgeschwindigkeit

E E-Modul (9.5)

r_m mittlerer Radius

s Dicke $\ll r_m$

μ Poissonzahl (9.1)

Umlaufende zylindrische Scheibe gleicher Dicke, Einheiten siehe umlaufender Ring

Tangentialspannung σ_t

$$\sigma_t = \varrho\,\omega^2 r_a^2 \frac{3+\mu}{8}\left[1 + \frac{r_i^2}{r_a^2} + \frac{r_i^2}{r_m^2} - \frac{(1+3\mu)r_m^2}{(3+\mu)r_a^2}\right]$$

μ Poissonzahl (9.1)

Radialspannung σ_r

$$\sigma_r = \varrho\,\omega^2 r_a^2 \frac{3+\mu}{8}\left[1 + \frac{r_i^2}{r_a^2} - \frac{r_i^2}{r_m^2} - \frac{r_m^2}{r_a^2}\right]$$

Umlaufender Hohlzylinder, Einheiten siehe umlaufender Ring

μ Poissonzahl (9.1)

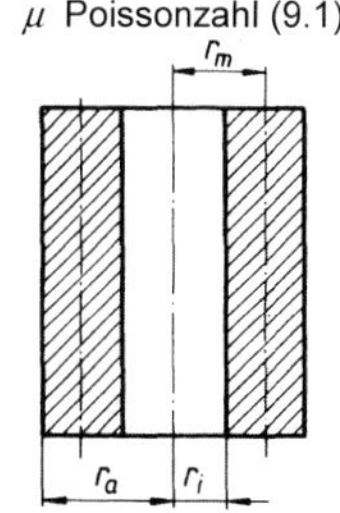

Tangentialspannung σ_t

$$\sigma_t = \varrho\,\omega^2\,r_m\frac{3-2\mu}{8(1-\mu)}\left[1+\frac{r_i^2}{r_a^2}+\frac{r_i^2}{r_m^2}-\frac{(1+2\mu)r_m^2}{(3-2\mu)r_a^2}\right]$$

Radialspannung σ_r

$$\sigma_r = \varrho\,\omega^2\,r_a^2\frac{3-2\mu}{8(1-\mu)}\left[1+\frac{r_i^2}{r_a^2}-\frac{r_i^2}{r_m^2}-\frac{r_m^2}{r_a^2}\right]$$

Axialspannung σ_x

$$\sigma_x = \varrho\,\omega^2\,r_a^2\frac{2\mu}{8(1-\mu)}\left[1+\frac{r_i^2}{r_a^2}-2\frac{r_m^2}{r_a^2}\right]$$

9.21 Flächenpressung, Lochleibungsdruck, Hertz'sche Pressung

Einheiten: Kraft F in N; Flächenpressung p in N/mm^2
(Längen und Durchmesser in mm)

Flächenpressung p ebener Flächen

$$p = \frac{\text{Normalkraft } F_N}{\text{Berührungsfläche } A}$$

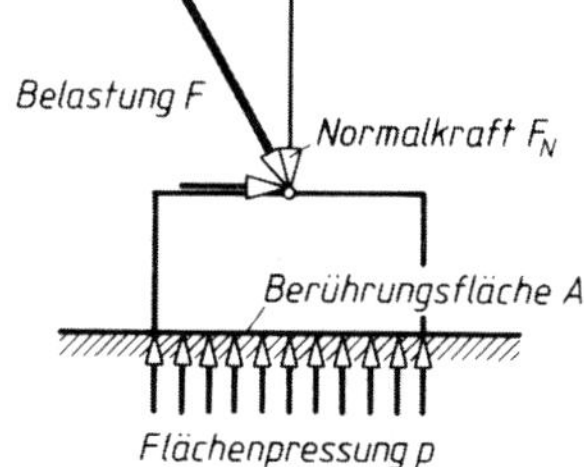

Flächenpressung p der Prismenführung

$$p = \frac{F}{(B-b)l} = \frac{F}{2lT\tan\alpha}$$

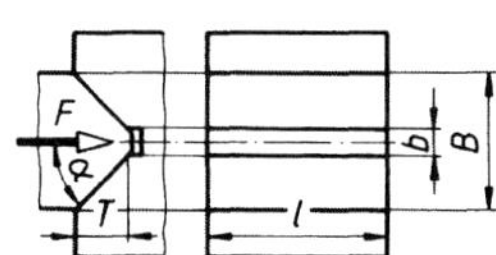

Flächenpressung p im Kegelzapfen

$$p = \frac{4F}{\pi(D^2-d^2)} = \frac{F}{\pi\,l\,d_m\tan\alpha}$$

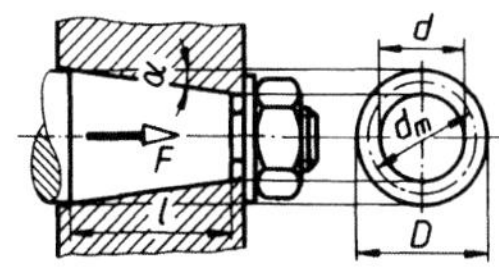

Flächenpressung p in Kegelkupplung

$$p = \frac{F}{\pi\,d_m\,B\sin\alpha}$$

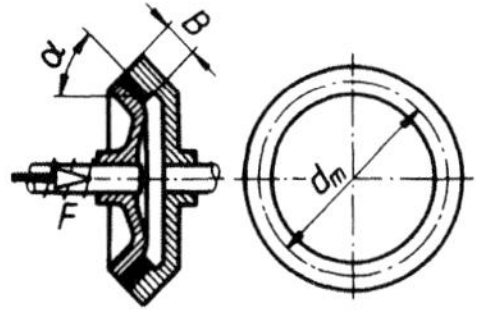

Festigkeitslehre

Flächenpressung, Lochleibungsdruck, Hertz'sche Pressung

Flächenpressung p im Gewinde

$$p = \frac{F P}{\pi d_2 H_1 m}$$

m Mutterhöhe
P Steigung eines Ganges

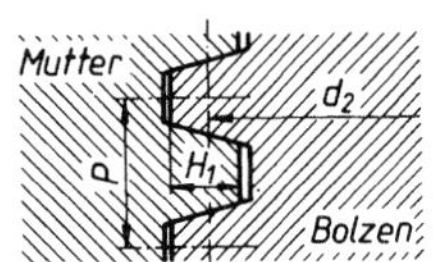

Flächenpressung p im Gleitlager

$$p = \frac{F}{d\, l}$$

F Radialkraft
d Lagerdurchmesser
l Lagerlänge

Lochleibungsdruck σ_l = Flächenpressung am Nietschaft

$$\sigma_l = \frac{F_1}{d_1 s}$$

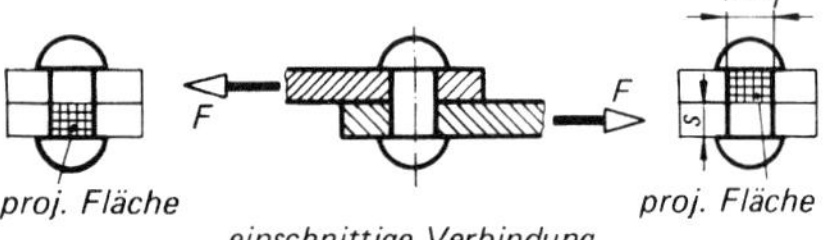

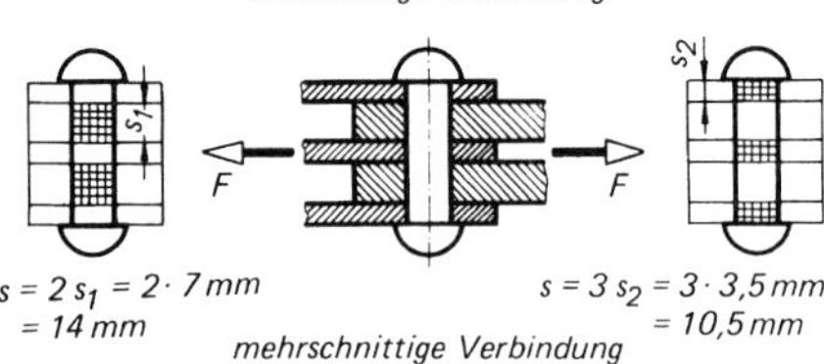

F_1 Kraft, die ein Niet zu übertragen hat; d_1 Lochdurchmesser = Durchmesser des geschlagenen Nietes; s kleinste Summe aller Blechdicken in *einer* Kraftrichtung.

Pressung p_{max} Kugel gegen Ebene

$$p_{max} = \frac{1{,}5 F}{\pi a^2} = \frac{1}{\pi} \sqrt[3]{\frac{1{,}5 F E^2}{r^2 (1-\mu^2)^2}}$$

$$a = \sqrt[3]{\frac{1{,}5 (1-\mu^2) F r}{E}} = 1{,}11 \sqrt[3]{\frac{F r}{E}}$$

$$\delta = \sqrt[3]{\frac{2{,}25 (1-\mu^2)^2 F^2}{r E^2}} = 1{,}23 \sqrt[3]{\frac{F^2}{r E^2}}$$

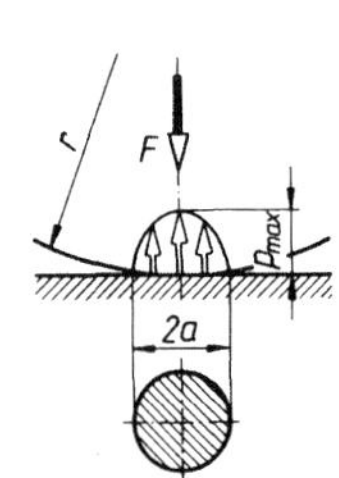

μ Poisson-Zahl (9.1); $E = 2 E_1 E_2 / (E_1 + E_2)$ bei unterschiedlichen Werkstoffen (9.5)
δ gesamte Annäherung beider Körper

Pressung p_{max} Kugel gegen Kugel

Gleichungen wie Kugel gegen Ebene, mit $1/r = (1/r_1) + (1/r_2)$. Für Hohlkugel ist $1/r_2$ negativ einzusetzen

Pressung p_{max} Walze gegen Ebene

$$p_{max} = \frac{2F}{\pi b l} = \sqrt{\frac{F E}{2 \pi l r (1-\mu^2)}}$$

$$b = \sqrt{\frac{8 F r (1-\mu^2)}{\pi E l}} = 1{,}52 \sqrt{\frac{F r}{E l}}$$

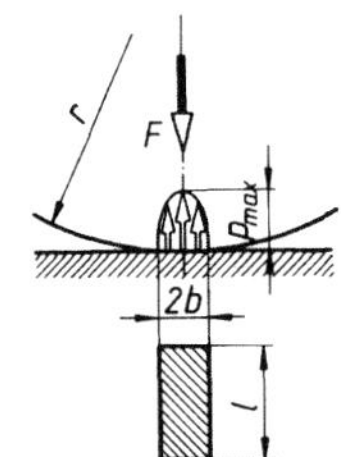

Pressung p_{max} Walze gegen Walze (parallele Achsen)

Gleichungen wie Walze gegen Ebene, mit $1/r = (1/r_1) + (1/r_2)$. Für Hohlzylinder ist $1/r_2$ negativ einzusetzen

9.22 Hohlzylinder unter Druck

Radialspannung σ_r im Abstand r

$$\sigma_r = \frac{r_i^2}{r_a^2 - r_i^2}\left[p_i\left(1 - \frac{r_a^2}{r^2}\right) + p_a\frac{r_a^2}{r_i^2}\left(-1 + \frac{r_i^2}{r^2}\right)\right]$$

Tangentialspannung σ_t im Abstand r

$$\sigma_t = \frac{r_i^2}{r_a^2 - r_i^2}\left[p_i\left(1 + \frac{r_a^2}{r^2}\right) - p_a\frac{r_a^2}{r_i^2}\left(1 + \frac{r_i^2}{r^2}\right)\right]$$

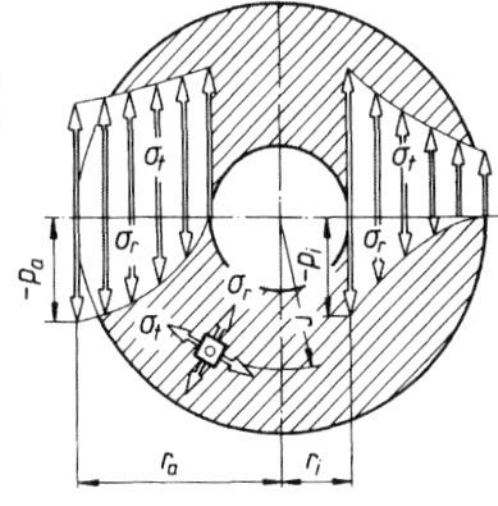

p_i Innenpressung, p_a Außenpressung

Spannung am Innenrand

$$\sigma_r = -p_i \qquad \sigma_t = \frac{p_i(r_a^2 + r_i^2) - 2p_a r_a^2}{r_a^2 - r_i^2}$$

Spannung am Außenrand

$$\sigma_r = -p_a \qquad \sigma_t = \frac{2p_i r_i^2 - p_a(r_a^2 + r_i^2)}{r_a^2 - r_i^2}$$

Schrumpfmaß für Pressverbindung

$$\frac{r_{a1} - r_{i2}}{r_i} = p\frac{1}{E}\left(\frac{r_i^2 + r_{a2}^2}{r_{a2}^2 - r_i^2} + \frac{r_i^2 + r_{i1}^2}{r_i^2 - r_{i1}^2}\right)$$

$r_i \approx r_{i2} \approx r_{a1}$

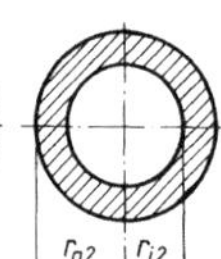

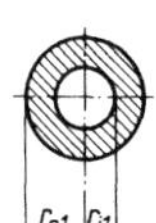

p erforderliche Pressung

10.1 Toleranzen und Passungen

Normen (Auswahl)[1]

DIN 323 Normzahlen und Normzahlreihen; Hauptwerte, Genauwerte, Rundwerte
DIN 4760 Oberflächenabweichungen; Begriffe, Ordnungssystem
DIN 4766 Herstellverfahren und Rauheit von Oberflächen, Richtlinien für Konstruktion und Fertigung
DIN 5425 Toleranzen für den Einbau von Wälzlagern
DIN 7150 ISO-Toleranzen und ISO-Passungen
DIN 7154 ISO-Passungen für Einheitsbohrung
DIN 7155 ISO-Passungen für Einheitswelle
DIN 7157 Passungsauswahl; Toleranzfelder, Abmaße, Passtoleranzen
DIN EN ISO 1302 Angabe der Oberflächenbeschaffenheit in der technischen Produktdokumentation
DIN ISO 286 ISO-System für Grenzmaße und Passungen; Ersatz für DIN 7150, T1, DIN 7151, DIN 7152, DIN 7182
DIN ISO 965 Toleranzen, Metrisches ISO-Gewinde, Grenzmaße
DIN ISO 1101 Technische Zeichnung; Form- und Lagetolerierung; Symbole, Zeichnungseintragungen
DIN ISO 2768 Allgemeintoleranzen

10.1.1 Normzahlen

Stufung der vier Grundreihen

Reihe	Stufensprung	Rechenwert	Genauwert	Mantisse
R 5	$q_5 = \sqrt[5]{10}$	1,58	1,5849 ...	200
R 10	$q_{10} = \sqrt[10]{10}$	1,26	1,2589 ...	100
R 20	$q_{20} = \sqrt[20]{10}$	1,12	1,1220 ...	050
R 40	$q_{40} = \sqrt[40]{10}$	1,06	1,0593 ...	025

Die Normzahlen in DIN 323 sind nach dezimal- geometrischen Reihen gestuft. Werte der „niederen Reihe“ sind denen der „höheren“ vorzuziehen.

Normzahlen

Reihe R 5	1,00	1,60	2,50	4,00	6,30	10,00						
Reihe R 10	1,00	1,25	1,60	2,00	2,50	3,15	4,00	5,00	6,30	8,00	10,00	
Reihe R 20	1,00	1,12	1,25	1,40	1,60	1,80	2,00	2,24	2,50	2,80	3,15	3,55
	4,00	4,50	5,00	5,50	6,30	7,10	8,00	9,00	10,00			
Reihe R40	1,00	1,06	1,12	1,18	1,25	1,32	1,40	1,50	1,60	1,70	1,80	1,90
	2,00	2,12	2,24	2,36	2,50	2,65	2,80	3,00	3,15	3,35	3,55	3,75
	4,00	4,25	4,50	4,75	5,00	5,30	5,60	6,00	6,30	6,70	7,10	7,50
	8,00	8,50	9,00	9,50	10,00							

Die Wurzelexponenten 5, 10, 20, 40 geben die Anzahl der Glieder im Dezimal-Bereich an (R5 hat 5 Glieder: 1, 1,6 2,5 4 6,3. Für Dezimalbereiche unter 1 und über 10 wird das Komma jeweils um eine oder mehrere Stellen nach links oder rechts verschoben. Die Zahlen sind gerundete Werte.

[1] Ausführlich im Internet unter www.beuth.de

10.1.2 Grundbegriffe zu Toleranzen und Passungen

Toleranzeinheit i

$$i = 0{,}45\sqrt[3]{D} + 0{,}001D$$

$$D = \sqrt{D_1 D_2}$$

i	D
µm	mm

D geometrisches Mittel des Nennmaßbereichs nach Tabelle „Grundtoleranzen"

Passungssystem Einheitsbohrung (EB) Kennzeichen: Die Bohrung hat das untere Abmaß Null (EI = 0).

Alle Bohrungsmaße haben das Grundabmaß H. Erforderliche Passungen ergeben sich durch verschiedene Toleranzfeldlagen der Wellen und der oberen Abmaße (ES) der Bohrungen.

Passungssystem Einheitswelle (EW) Kennzeichen: Die Welle hat das obere Abmaß Null (EI = 0).

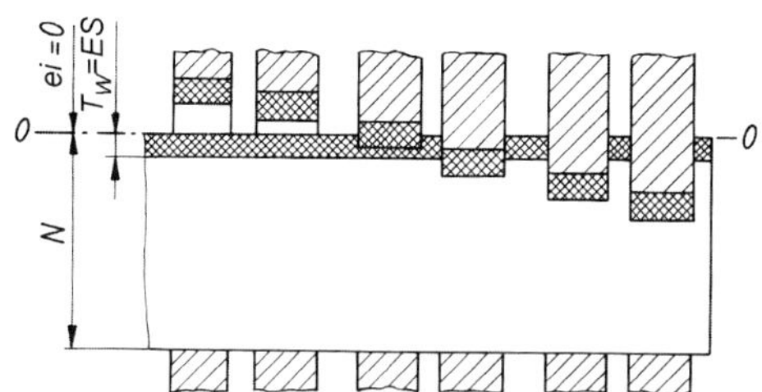

Alle Wellenmaße haben das Grundabmaß h. Erforderliche Passungen ergeben sich durch verschiedene Toleranzfeldlagen der Bohrungen und der unteren Abmaße (ei) der Wellen.

Passungsauswahl (Toleranzfeldauswahl) im System EB für Nennmaß 50 mm

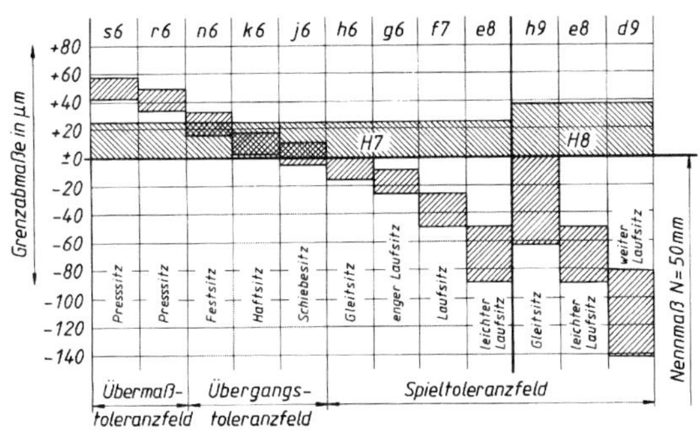

Bezeichnungen

N Nennmaß, G_o Höchstmaß, G_u Mindestmaß, *I* Istmaß, *ES*, es oberes Grenzabmaß, *EI*, *ei* unteres Grenzabmaß, *T* Maßtoleranz, P_S Spiel, $P_ü$ Übermaß.

E, *e*, *ES*, *EI*, *ei* sind die französischen Bezeichnungen mit der Bedeutung: *E* (Abstand, écart), *ES* (oberer Abstand, écart supérieur), *EI* (unterer Abstand, écart inférieur). Große Buchstaben für Bohrungen (Innenmaße), kleine für Wellen (Außenmaße).

Darstellung der wichtigsten Passungsgrundbegriffe an Welle und Bohrung

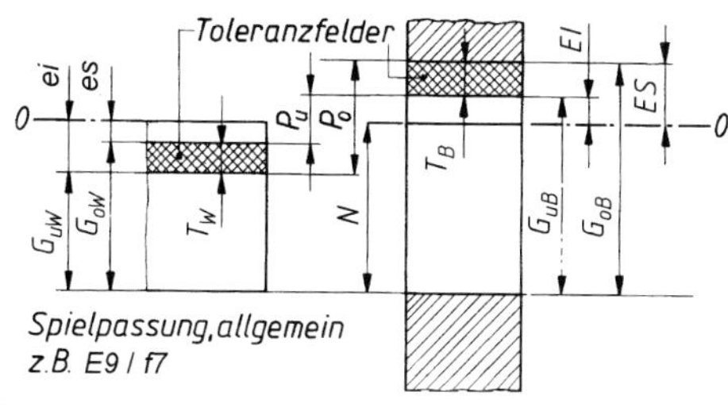

Abmaße, Grenzmaße, Toleranzen

	Bohrung	Welle
Nennmaß	N	N
oberes Grenzabmaß	$ES = G_{oB} - N$	$es = G_{oW} - N$
unteres Grenzabmaß	$EI = G_{uB} - N$	$ei = G_{uW} - N$
Höchstmaß G_o	$G_{oB} = N + ES$	$G_{oW} = N + es$
Mindestmaß G_u	$G_{uB} = N + EI$	$G_{uW} = N + ei$
Toleranz T	$T_B = ES - EI$ $T_B = G_{oB} - G_{uB}$	$T_W = es - ei$ $T_W = G_{oW} - G_{uW}$

Passungsarten

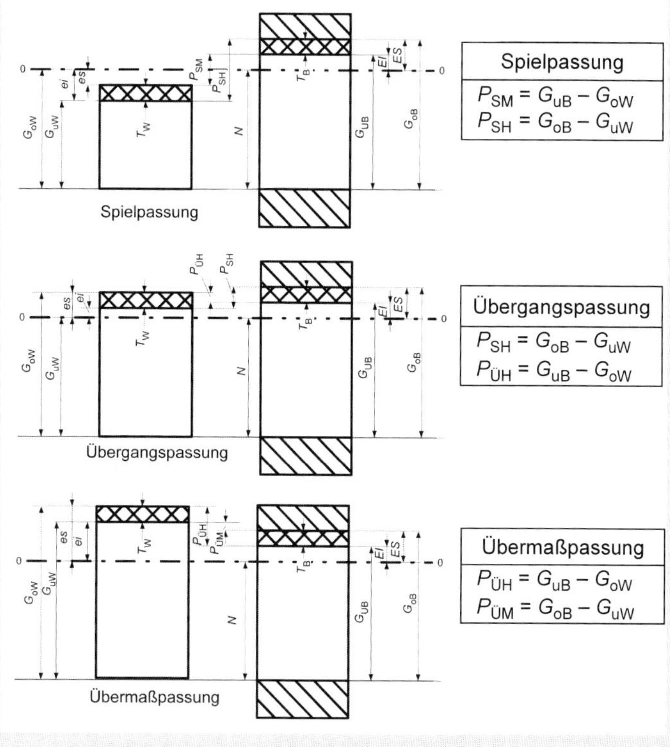

10.1.3 Eintragung von Toleranzen in Zeichnungen

Eintragung von Grenzabmaßen

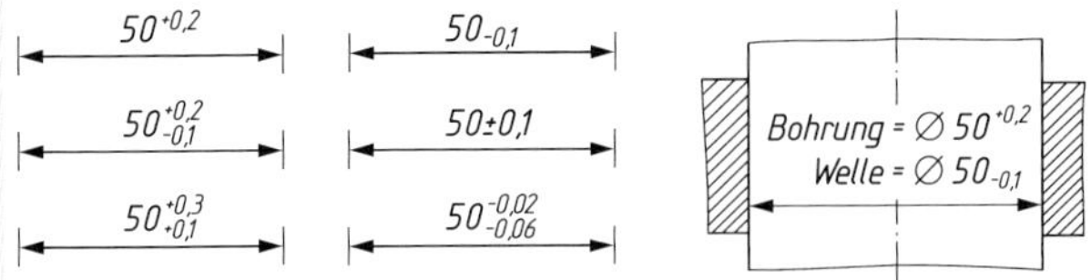

Eintragung von Toleranzklassen

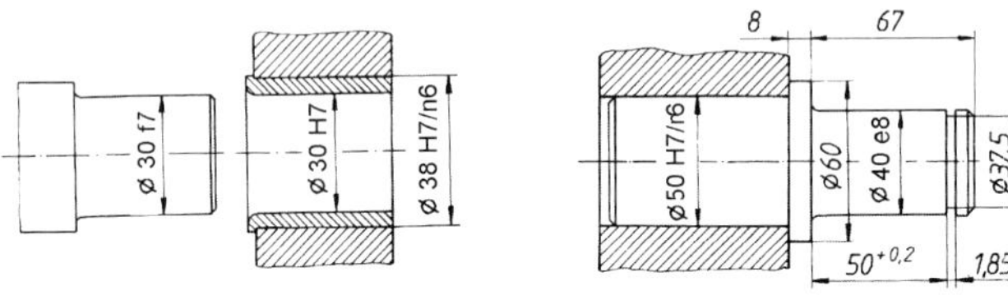

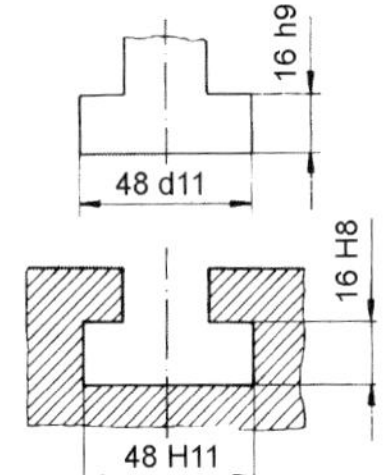

10.1.4 Grundtoleranzen der Nennmaßbereiche in µm

Qualität	ISO Toleranz	Nennmaßbereich in mm 1 bis 3	über 3 bis 6	über 6 bis 10	über 10 bis 18	über 19 bis 30	über 30 bis 50	über 50 bis 80	über 80 bis 120	über 120 bis 180	über 180 bis 250	über 250 bis 315	über 315 bis 400	über 400 bis 500	Toleranzen in *i*
01	IT 01	0,3	0,4	0,4	0,5	0,6	0,6	0,8	1	1,2	2	2,5	3	4	
0	IT 0	0,5	0,6	0,6	0,8	1	1	1,2	1,5	2	3	4	5	6	
1	IT 1	0,8	1	1	1,2	1,5	1,5	2	2,5	3,5	4,5	6	7	8	
2	IT 2	1,2	1,5	1,5	2	2,5	2,5	3	4	5	7	8	9	10	–
3	IT 3	2	0,5	2,5	3	4	4	5	6	8	10	12	13	15	–
4	IT 4	3	4	4	5	6	7	8	10	12	14	16	18	20	–
5	IT 5	4	5	6	8	9	11	13	15	18	20	23	25	27	≈ 7
6	IT 6	6	8	9	11	13	16	19	22	25	29	32	36	40	10
7	IT 7	10	12	15	18	21	25	30	35	40	46	52	57	63	16
8	IT 8	14	18	22	27	33	39	46	54	63	72	81	89	97	25
9	IT 9	25	30	36	43	52	62	74	87	100	115	130	140	155	40
10	IT 10	40	48	58	70	84	100	120	140	160	185	210	230	250	64
11	IT 11	60	75	90	110	130	160	190	220	250	290	320	360	400	100
12	IT 12	90	120	150	180	210	250	300	350	400	460	520	570	630	160
13	IT 13	140	180	220	270	330	390	460	540	630	720	810	890	970	250
14	IT 14	250	300	360	430	520	620	740	870	1 000	1 150	1 300	1 400	1 550	400
15	IT 15	400	480	580	700	840	1 000	1 200	1 400	1 600	1 850	2 100	2 300	2 500	640
16	IT 16	600	750	900	1 100	1 300	1 600	1 900	2 200	2 500	2 900	3 200	3 600	4 000	1 000
17	IT 17	–	–	1 500	1 800	2 100	2 500	3 000	3 500	4 000	4 600	5 200	5 700	6 300	1 600
18	IT 18	–	–	–	2 700	3 300	3 900	4 600	5 400	6 300	7 200	8 100	8 900	9 700	2 500

10.1.5 Allgemeintoleranzen für Längenmaße nach DIN ISO 2768-1

Toleranzklassen	Grenzabmaße in mm für Nennmaßbereiche							
	0,5 bis 3	über 3 bis 6	über 6 bis 30	über 30 bis 120	über 120 bis 400	über 400 bis 1000	über 1000 bis 2000	über 2000 bis 4000
f fein	± 0,05	± 0,05	± 0,1	± 0,15	± 0,2	± 0,3	± 0,5	–
m mittel	± 0,1	± 0,1	± 0,2	± 0,3	± 0,5	± 0,8	± 1,2	± 2
c grob	± 0,2	± 0,3	± 0,5	± 0,8	± 1,2	± 2	± 3	± 4
v sehr grob	–	± 0,5	± 1	± 1,5	± 2,5	± 4	± 6	± 8

10.1.6 Allgemeintoleranzen für Winkelmaße nach DIN ISO 2768-1

Toleranzklassen	Grenzabmaße in Grad und Minuten für Nennmaßbereiche in mm (kürzere Schenkel)				
	bis 10	über 10 bis 50	über 50 bis 120	über 120 bis 400	über 400
f fein	± 1°	± 0° 30′	± 0° 20′	± 0° 10′	± 0° 5′
m mittel	± 1°	± 0° 30′	± 0° 20′	± 0° 10′	± 0° 5′
c grob	± 1° 30′	± 1°	± 0° 30′	± 0° 15′	± 0° 10′
v sehr grob	± 3°	± 2°	± 1°	± 0° 30′	± 0° 20′

10.1.7 Allgemeintoleranzen für Fasen und Rundungshalbmesser nach DIN ISO 2768-1

<table>
<tr><th rowspan="2">Toleranzklassen</th><th colspan="3">Grenzabmaße in mm für Nennmaßbereiche</th></tr>
<tr><th>0,5 bis 3</th><th>über 3 bis 6</th><th>über 6</th></tr>
<tr><td>f fein</td><td rowspan="2">± 0,2</td><td rowspan="2">± 0,5</td><td rowspan="2">± 1</td></tr>
<tr><td>m mittel</td></tr>
<tr><td>c grob</td><td rowspan="2">± 0,4</td><td rowspan="2">± 1</td><td rowspan="2">± 2</td></tr>
<tr><td>v sehr grob</td></tr>
</table>

10.1.8 Allgemeintoleranzen für Form und Lage nach DIN ISO 2768-2

<table>
<tr><th rowspan="3">Toleranzklassen</th><th colspan="13">Toleranzen in mm für</th></tr>
<tr><th colspan="5">Geradheit/Ebenheit</th><th colspan="4">Rechtwinkligkeit</th><th colspan="4">Symmetrie</th></tr>
<tr><th>bis 10</th><th>über 10 bis 30</th><th>über 30 bis 100</th><th>über 100 bis 300</th><th>über 300 bis 1000</th><th>bis 100</th><th>über 100 bis 300</th><th>über 300 bis 1000</th><th>über 1000 bis 3000</th><th>bis 100</th><th>über 100 bis 300</th><th>über 300 bis 1000</th><th>über 300 bis 1000</th></tr>
<tr><td>H</td><td>0,02</td><td>0,05</td><td>0,1</td><td>0,2</td><td>0,3</td><td>0,2</td><td>0,3</td><td>0,4</td><td>0,5</td><td colspan="4">0,5</td></tr>
<tr><td>K</td><td>0,05</td><td>0,1</td><td>0,2</td><td>0,4</td><td>0,6</td><td>0,4</td><td>0,6</td><td>0,8</td><td>1</td><td colspan="2">0,6</td><td>0,8</td><td>1</td></tr>
<tr><td>L</td><td>0,1</td><td>0,2</td><td>0,4</td><td>0,8</td><td>1,2</td><td>0,6</td><td>1</td><td>1,5</td><td>2</td><td>0,6</td><td>1</td><td>1,5</td><td>2</td></tr>
</table>

10.1.9 Symbole für Form- und Lagetoleranzen nach DIN ISO 1101

Formtoleranzen					
Eigenschaft	Symbol	Toleranz	Abweichung	Definition	Beispiel
Geradheit	—	t_G	f_G	Die tolerierte Achse eines zylindrischen Bauteils muss innerhalb eines Zylinders vom Durchmesser t_G = 0,02 mm liegen.	— | Ø 0,02
Ebenheit	⏥	t_E	f_E	Die tolerierte Fläche muss zwischen zwei parallelen Ebenen vom Abstand t_E = 0,09 mm liegen.	⏥ | 0,09
Rundheit	○	t_K	f_K	Die Umfangslinie jedes Querschnittes muss in einem Kreisring mit der Breite f_K = 0,05 mm liegen	○ | 0,05
Zylindrizität	⌭	t_Z	f_Z	Die tolerierte Fläche muss zwischen zwei koaxialen Zylindern mit dem radialen Abstand t_Z = 0,5 mm liegen.	⌭ | 0,5
Linienprofil	⌒	t_{LP}	f_{LP}	Die tolerierte Fläche muss zwischen zwei Hülllinien mit dem Abstand f_{LP} = 0,1 mm liegen	⌒ | Ø 0,1
Flächenprofil	⌓	t_{FP}	f_{FP}	Die tolerierte Fläche muss zwischen zwei kugelförmigen Hüllflächen mit dem Abstand f_{FP} = 0,17 mm liegen.	⌓ | 0,17

Lagetoleranzen					
Eigenschaft	Symbol	Toleranz	Abweichung	Definition	Beispiel
Parallelität	//	t_P	f_P	Die tolerierte Fläche muss zwischen zwei zur Bezugsfläche parallelen Ebenen vom Abstand t_P = 0,05 mm liegen.	// | 0,05
Rechtwinkligkeit	⊥	t_R	f_R	Die tolerierte Fläche muss zwischen zwei parallelen und zur Bezugsfläche A rechtwinkligen Ebenen vom Abstand t_R = 0,2 mm liegen.	⊥ | 0,2 | A
Neigung	∠	t_N	f_N	Die tolerierte Fläche muss zwischen zwei parallelen und zur Bezugsfläche A im geometrisch idealen Winkelgeneigten Ebenen vom Abstand f_N = 0,4 mm liegen.	∠ | 0,4 | A
Position	⌖	t_{PS}	f_{PS}	Die tolerierte Achse einer Bohrung muss innerhalb eines Zylinders vom Durchmesser t_{PS} = 0,05 mm liegen, dessen Achsen sich am geometrisch idealen Ort befinden.	⌖ | Ø 0,05
Koaxialität, Achsabweichung	◎	t_{KO}	f_{KO}	Die Achse des großen Durchmessers muss in einem zur Bezugsachse A koaxialem Zylinder vom Durchmesser f_{KO} = 0,02 mm liegen.	◎ | Ø 0,02
Symmetrie	⌯	t_S	f_S	Die Mittelachse z. B. einer Nut muss zwischen zwei parallelen Ebenen vom Abstand f_S = 0,5 mm liegen, die symmetrisch zur Mittelebene der Bezugsfläche A angeordnet sind.	⌯ | Ø 0,5
Rundlauf, Planlauf	↗	t_L	f_L	Bei Drehung um die Bezugsachse darf die Rundlaufabweichung in jeder rechtwinkligen Messebene f_L = 0,08 mm nicht überschreiten. Diese Toleranz ist die Summe aus Rundheits- und Koaxialitätstoleranz.	↗ | Ø 0,08
Gesamtlauf	⌰	t_{LG}	f_{LG}	Bei mehrmaliger Drehung um die Bezugsachse und axialer Verschiebung zwischen Werkstück und Messgerät müssen alle Messpunkte innerhalb der Gesamtrundlauftoleranz von f_{LG} = 0,25 mm liegen.	⌰ | Ø 0,25

10.1.10 Kennzeichnung der Oberflächenbeschaffenheit nach DIN EN ISO 1302

Symbol	Definition	Symbol	Definition
√	**Grundsymbol**; Angabe der Oberflächenbeschaffenheit.	e▽√	Bearbeitungszugabe
▽√	spanend bearbeitete Oberfläche	a▽√	höchstzulässiger Rauheitswert R_a in µm
○√	spanende Bearbeitung nicht zugelassen oder Zustand des vorangegangenen Arbeitsganges belassen	▽√⊥	Rillenrichtung rechtwinklig zur Projektionsebene
a1 a2 ▽√	Größtwert Rauheit a_1 Kleinstwert Rauheit a_2	a b c d e (Symbol)	a Rauheitswert R_a oder Rauheitsklassen N; b Oberflächenbehandlung oder Fertigungsverfahren; c Bezugsstrecke; d Rillenrichtung; e Bearbeitungszugabe
▽√ vernickelt	Verfahren der Herstellung oder Oberflächenbehandlung		

Rauheitsklasse N	N 1	N 2	N 3	N 4	N 5	N 6	N 7	N 8	N 9	N 10	N 11	N 12
Rauheitswert R_a in µm	0,025	0,05	0,1	0,2	0,4	0,8	1,6	3,2	6,3	12,5	25	50

10.1.11 Mittenrauwerte R_a in µm

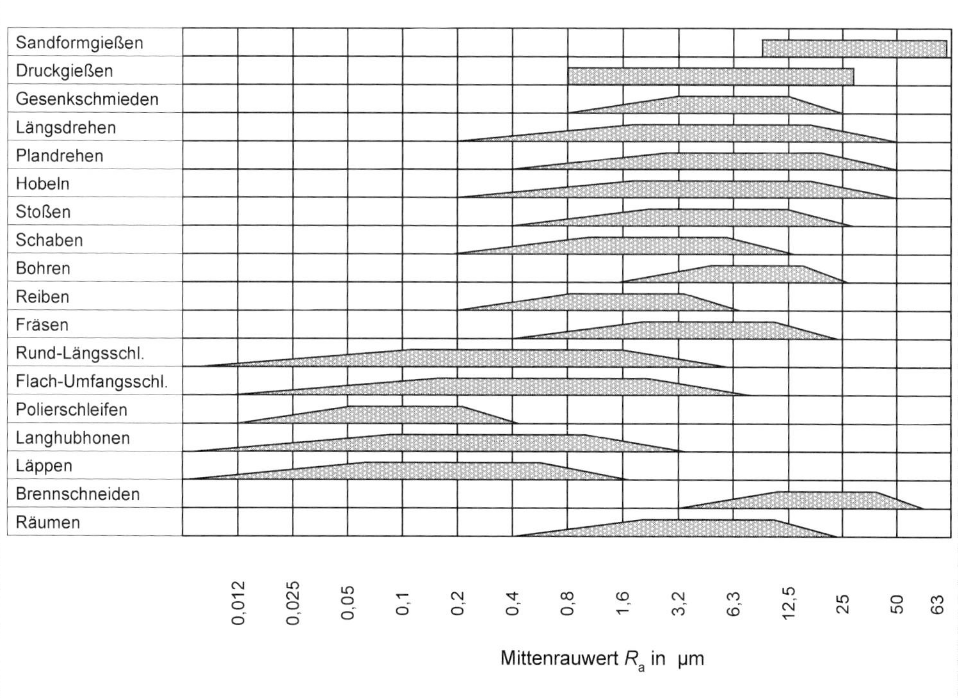

10.1.12 Verwendungsbeispiele für Passungen

Passungs-bezeichnung	Kennzeichnung, Verwendungsbeispiele, sonstige Hinweise
H 8 / x 8 H 7 / s 6 H 7 / r 6	**Übermaß- und Übergangstoleranzfelder** Teile unter großem Druck mit Presse oder durch Erwärmen/Kühlen fügbar (Presssitz); Bronzekränze auf Zahnradkörpern, Lagerbuchsen in Gehäusen, Radnaben, Hebelnaben, Kupplungen auf Wellenenden; zusätzliche Sicherung gegen Verdrehen nicht erforderlich.
H 7 / n 6	Teile unter Druck mit Presse fügbar (Festsitz); Radkränze auf Radkörpern, Lagerbuchsen in Gehäusen und Radnaben, Laufräder auf Achsen, Anker auf Motorwellen, Kupplungen und Wellenenden; gegen Verdrehen sichern.
H 7 / k 6	Teile leicht mit Handhammer fügbar (Haftsitz); Zahnräder, Riemenscheiben, Kupplungen, Handräder, Bremsscheiben auf Wellen; gegen Verdrehen zusätzlich sichern.
H 7 / j 6	Teile mit Holzhammer oder von Hand fügbar (Schiebesitz); für leicht ein- und auszubauende Zahnräder, Riemenscheiben, Handräder, Buchsen; gegen Verdrehen zusätzlich sichern.
	Spieltoleranzfelder
H 7 / h 6 H 8 / h 9	Teile von Hand noch verschiebbar (Gleitsitz); für gleitende Teile und Führungen, Zentrierflansche, Wechselräder, Stellringe, Distanzhülsen.
H 7 / g 6 G 7 / h 6	Teile ohne merkliches Spiel verschiebbar (Enger Laufsitz); Wechselräder, verschiebbare Räder und Kupplungen.
H 7 / f 7	Teile mit merklichem Spiel beweglich (Laufsitz); Gleitlager allgemein, Hauptlager an Werkzeugmaschinen, Gleitbuchsen auf Wellen.
H 7 / e 8 H 8 / e 8 E 9 / h 9	Teile mit reichlichem Spiel (Leichter Laufsitz); mehrfach gelagerte Welle (Gleitlager), Gleitlager allgemein, Hauptlager für Kurbelwellen, Kolben in Zylindern, Pumpenlager, Hebellagerungen.
H 8 / d 9 F 8 / h 9 D 10 / h 9 D 10 / h 11	Laufsitz: Teile mit sehr reichlichem Spiel (Weiter Laufsitz); Transmissionslager, Lager für Landmaschinen, Stopfbuchsenteile, Leerlauf Scheiben.

10.1.13 Ausgewählte Passtoleranzfelder und Grenzabmaße (in µm) für das System Einheitsbohrung (H)

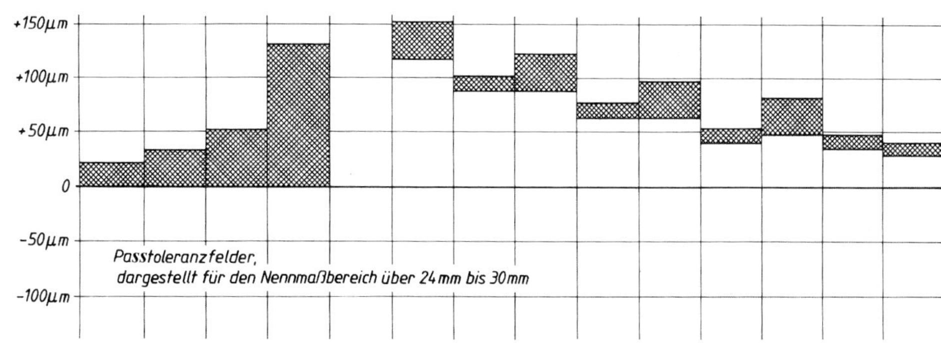

Nennmaßbereich mm	H 7	H 8	H 9	H 11	za 6	za 8	z 6	z 8	x 6	x 8	u 6[1)] / t 6	u 8	s 6	r 6
über 1 bis 3	+ 10 0	+ 14 0	+ 25 0	+ 60 0	+ 38 + 32	–	+ 32 + 26	+ 40 + 26	+ 26 + 20	+ 34 + 20	+ 24 + 18	–	+ 20 + 14	+ 16 + 10
über 3 bis 6	+ 12 0	+ 18 0	+ 30 0	+ 75 0	+ 50 + 42	–	+ 43 + 35	+ 53 + 35	+ 36 + 28	+ 46 + 28	+ 31 + 23	–	+ 27 + 19	+ 23 + 15
über 6 bis 10	+ 15 0	+ 22 0	+ 36 0	+ 90 0	+ 61 + 52	+ 74 + 52	+ 51 + 42	+ 64 + 42	+ 43 + 34	+ 56 + 34	+ 37 + 28	–	+ 32 + 23	+ 28 + 19
über 10 bis 14	+ 18 0	+ 27 0	+ 43 0	+ 110 0	+ 75 + 64	+ 91 + 64	+ 61 + 50	+ 77 + 50	+ 51 + 40	+ 67 + 40	+ 44 + 33	–	+ 39 + 28	+ 34 + 23
über 14 bis 18					+ 88 + 77	+ 104 + 77	+ 71 + 60	+ 87 + 60	+ 56 + 45	+ 72 + 45				
über 18 bis 24	+ 21 0	+ 33 0	+ 52 0	+ 130 0	–	+ 131 + 98	+ 86 + 73	+ 106 + 73	+ 67 + 54	+ 87 + 54	+ 54 + 41	–	+ 48 + 35	+ 41 + 28
über 24 bis 30						+ 151 + 118	+ 101 + 88	+ 121 + 88	+ 77 + 64	+ 97 + 64	+ 54 + 41	+ 81 + 48		
über 30 bis 40	+ 25 0	+ 39 0	+ 62 0	+ 160 0	–	+ 187 + 148	+ 128 + 112	+ 151 + 112	+ 96 + 80	+ 119 + 80	+ 64 + 48	+ 99 + 60	+ 59 + 43	+ 50 + 34
über 40 bis 50						+ 219 + 180	–	+ 175 + 136	+ 113 + 97	+ 136 + 97	+ 70 + 54	+ 109 + 70		
über 50 bis 65	+ 30 0	+ 46 0	+ 74 0	+ 190 0	–	+ 272 + 226	–	+ 218 + 172	+ 141 + 122	+ 168 + 122	+ 85 + 66	+ 133 + 87	+ 72 + 53	+ 60 + 41
über 65 bis 80						+ 320 + 274		+ 256 + 210	+ 165 + 146	+ 192 + 146	+ 94 + 75	+ 148 + 102	+ 78 + 59	+ 62 + 43
über 80 bis 100	+ 35 0	+ 54 0	+ 87 0	+ 220 0	–	+ 389 + 335	–	+ 312 + 258	+ 200 + 178	+ 232 + 178	+ 113 + 91	+ 178 + 124	+ 93 + 71	+ 73 + 51
über 100 bis 120						–		+ 364 + 310	+ 232 + 210	+ 264 + 210	+ 126 + 104	+ 198 + 144	+ 101 + 79	+ 76 + 54
über 120 bis 140	+ 40 0	+ 63 0	+ 100 0	+ 250 0	–	–	–	+ 428 + 365	+ 273 + 248	+ 311 + 248	+ 147 + 122	+ 233 + 170	+ 117 + 92	+ 88 + 63
über 140 bis 160								+ 478 + 415	+ 305 + 280	+ 343 + 280	+ 159 + 134	+ 253 + 190	+ 125 + 100	+ 90 + 65
über 160 bis 180								–	+ 335 + 310	+ 373 + 310	+ 171 + 146	+ 273 + 210	+ 133 + 108	+ 93 + 68
über 180 bis 200	+ 46 0	+ 72 0	+ 115 0	+ 290 0	–	–	–	–	+ 379 + 350	+ 422 + 350	+ 195 + 166	+ 308 + 236	+ 151 + 122	+ 106 + 77
über 200 bis 225									+ 414 + 385	+ 457 + 385	–	+ 330 + 258	+ 159 + 130	+ 109 + 80
über 225 bis 250									+ 454 + 425	+ 497 + 425		+ 356 + 284	+ 169 + 140	+ 113 + 84
über 250 bis 280	+ 52 0	+ 81 0	> 130 0	+ 320 0	–	–	–	–	+ 507 + 475	+ 556 + 475	–	+ 396 + 315	+ 190 + 158	+ 126 + 94
über 280 bis 315									+ 557 + 525	+ 606 + 525		+ 431 + 350	+ 202 + 170	+ 130 + 98
über 315 bis 355	+ 57 0	+ 89 0	+ 140 0	+ 360 0	–	–	–	–	+ 626 + 590	+ 679 + 590	–	+ 479 + 390	+ 226 + 190	+ 144 + 108
über 355 bis 400									+ 696 + 660	–		+ 524 + 435	+ 244 + 208	+ 150 + 114

[1)] u 6 bei Nennmaß bis 24 mm, t 6 darüber

Fortsetzung 10.1.13

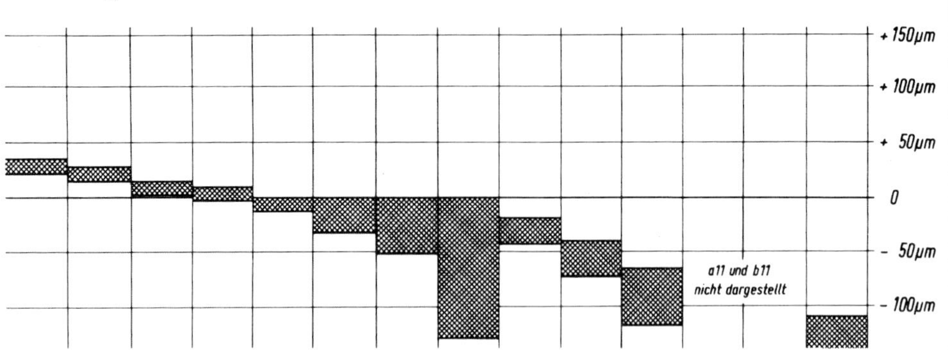

p 6	n 6	k 6	j 6	h 6	h 8	h 9	h 11	f 7	e 8	d 9	a 11	b 11	c 11	Nennmaß bereich mm
+ 12 + 6	+ 10 + 4	+ 6 0	+ 4 – 2	0 – 6	0 – 14	0 – 25	0 – 60	– 6 – 16	– 14 – 28	– 20 – 45	– 270 – 330	– 140 – 200	– 60 – 120	über 1 bis 3
+ 20 + 12	+ 16 + 8	+ 9 + 1	+ 6 – 2	0 – 8	0 – 18	0 – 30	0 – 75	– 10 – 22	– 20 – 38	– 30 – 60	– 270 – 345	– 140 – 215	– 70 – 145	über 3 bis 6
+ 24 + 15	+ 19 + 10	+ 10 + 1	+ 7 – 2	0 – 9	0 – 22	0 – 36	0 – 90	– 13 – 28	– 25 – 47	– 40 – 76	– 280 – 370	– 150 – 240	– 80 – 170	über 6 bis 10
+ 29 + 18	+ 23 + 12	+ 12 + 1	+ 8 – 3	0 – 11	0 – 27	0 – 43	0 – 110	– 16 – 34	– 32 – 59	– 50 – 93	– 290 – 400	– 150 – 260	– 95 – 205	über 10 bis 14 über 14 bis 18
+ 35 + 22	+ 28 + 15	+ 15 + 2	+ 9 – 4	0 – 13	0 – 33	0 – 52	0 – 130	– 20 – 41	– 40 – 73	– 65 – 117	– 300 – 430	– 160 – 290	– 110 – 240	über 18 bis 24 über 24 bis 30
+ 42 + 26	+ 33 + 17	+ 18 + 2	+ 11 – 5	0 – 16	0 – 39	0 – 62	0 – 160	– 25 – 50	– 50 – 89	– 80 – 142	– 310 – 470	– 170 – 330	– 120 – 280	über 30 bis 40
											– 320 – 480	– 180 – 340	– 130 – 290	über 40 bis 50
+ 51 + 32	+ 39 + 20	+ 21 + 2	+ 12 – 7	0 – 19	0 – 46	0 – 74	0 – 190	– 30 – 60	– 60 – 106	– 100 – 174	– 340 – 530	– 190 – 380	– 140 – 330	über 50 bis 65
											– 360 – 550	– 200 – 390	– 150 – 340	über 65 bis 80
+ 59 + 37	+ 45 + 23	+ 25 + 3	+ 13 – 9	0 – 22	0 – 54	0 – 87	0 – 220	– 36 – 71	– 72 – 126	– 120 – 207	– 380 – 600	– 220 – 440	– 170 – 390	über 80 bis 100
											– 410 – 630	– 240 – 460	– 180 – 400	über 100 bis 120
+ 68 + 43	+ 52 + 27	+ 28 + 3	+ 14 – 11	0 – 25	0 – 63	0 – 100	0 – 250	– 43 – 83	– 85 – 148	– 145 – 245	– 460 – 710	– 260 – 510	– 200 – 450	über 120 bis 140
											– 520 – 770	– 280 – 530	– 210 – 460	über 140 bis 160
											– 580 – 830	– 310 – 560	– 230 – 480	über 160 bis 180
+ 79 + 50	+ 60 + 31	+ 33 + 4	+ 16 – 13	0 – 29	0 – 72	0 – 115	0 –290	– 50 – 96	– 100 – 172	– 170 – 285	– 660 – 950	– 340 – 630	– 240 – 530	über 180 bis 200
											– 740 – 1030	– 380 – 670	– 260 – 550	über 200 bis 225
											– 820 – 1110	– 420 – 710	– 280 – 570	über 225 bis 250
+ 88 + 56	+ 66 + 34	+ 36 + 4	+ 16 – 16	0 – 32	0 – 81	0 – 130	0 – 320	– 56 – 108	– 110 – 191	– 190 – 320	– 920 – 1240	– 480 – 800	– 300 – 620	über 250 bis 280
											– 1050 – 1370	– 540 – 860	– 330 – 650	über 280 bis 315
+ 98 + 62	+ 73 + 37	+ 40 + 4	+ 18 – 18	0 – 36	0 – 89	0 – 140	0 – 360	– 62 – 119	– 125 – 214	– 210 – 350	– 1200 – 1560	– 600 – 900	– 360 – 720	über 315 bis 355
											– 1350 – 1710	– 680 – 1040	– 400 – 760	über 355 bis 400

10.1.14 Passungsauswahl, empfohlene Passtoleranzen, Spiel-, Übergangs- und Übermaßtoleranzfelder in µm nach DIN ISO 286

Passung / Nennmaßbereich mm	H8/x8 u 8 1)	H 7 s 6	H 7 r 6	H 7 n 6	H 7 k 6	H 7 j 6	H 7 h 6	H 8 h 9	H 11 h 9	H 11 h 11	G7 H7 h 6 g 6
über 1 bis 3	− 6 − 34	− 4 − 20	− 0 − 16	+ 6 −10	–	+12 − 4	+16 0	+ 39 0	+ 85 0	+ 120 0	+ 18 + 2
über 3 bis 6	− 10 − 46	− 7 − 27	− 3 − 23	+ 4 −16	–	+13 − 7	+20 0	+ 48 0	+ 105 0	+ 150 0	+ 24 + 4
über 6 bis 10	− 12 − 56	− 8 − 32	− 4 − 28	+ 5 −19	+14 −10	+17 − 7	+24 0	+ 58 0	+ 126 0	+ 180 0	+ 29 + 5
über 10 bis 14	− 13 − 67	− 10 − 39	− 5 − 34	+ 6 −23	+17 −12	+21 − 8	+29 0	+ 70 0	+ 153 0	+ 220 0	+ 35 + 6
über 14 bis 18	− 18 − 72										
über 18 bis 24	− 21 − 87	− 14 − 48	− 7 − 41	+ 6 −28	+19 −15	+25 − 9	+34 0	+ 85 0	+ 182 0	+ 260 0	+ 41 + 7
über 24 bis 30	− 15 − 81										
über 30 bis 40	− 21 − 99	− 18 − 59	− 9 − 50	+ 8 −33	+23 −18	+30 −11	+41 0	+ 101 0	+ 222 0	+ 320 0	+ 50 + 9
über 40 bis 50	− 31 −109										
über 50 bis 65	− 41 −133	− 23 − 72	− 11 − 60	+10 −39	+28 −21	+37 −12	+49 0	+ 120 0	+ 264 0	+ 380 0	+ 59 + 10
über 65 bis 80	− 56 −148	− 29 − 78	− 13 − 62								
über 80 bis 100	− 70 −178	− 36 − 93	− 16 − 73	+12 −45	+32 −25	+44 −13	+57 0	+ 141 0	+ 307 0	+ 440 0	+ 69 + 12
über 100 bis 120	− 90 −198	− 44 −101	− 19 − 76								
über 120 bis 140	−107 −233	− 52 −117	− 23 − 88	+13 −52	+37 −28	+51 −14	+65 0	+ 163 0	+ 350 0	+ 500 0	+ 79 + 14
über 140 bis 160	−127 −253	− 60 −125	− 25 − 90								
über 160 bis 180	−147 −273	− 68 −133	− 28 − 93								
über 180 bis 200	−164 −308	− 76 −151	− 31 −106	+15 −60	+42 −33	+59 −16	+75 0	+ 187 0	+ 405 0	+ 580 0	+ 90 + 15
über 200 bis 225	−186 −330	− 84 −159	− 34 −109								
über 225 bis 250	−212 −356	− 94 −169	− 38 −113								
über 250 bis 280	−234 −396	−106 −190	− 42 −126	+18 −66	+48 −36	+68 −16	+84 0	+ 211 0	+ 450 0	+ 640 0	+ 101 + 17
über 280 bis 315	−269 −431	−118 −202	− 46 −130								
über 315 bis 355	−301 −479	−133 −226	− 51 −144	+20 −73	+53 −40	+75 −18	+93 0	+ 229 0	+ 500 0	+ 720 0	+ 111 + 18
über 355 bis 400	−346 −524	−151 −244	− 57 −150								

1) bis Nennmaß 24 mm: x 8; über 24 mm Nennmaß: u 8

Fortsetzung 10.1.14

H 7 f 7	F 8 h 6	H 8 f 7	F 8 h 9	H 8 e 8	E 9 h 9	H 8 d 9	D 10 h 9	H 11 d 9	D 10 h 11	C 11 h 9	C 11 H 11 h 11 c 11	A 11 H 11 h 11 a 11
+ 26 + 6 + 34 + 10 + 43 + 13	+ 28 + 6 + 36 + 10 + 44 + 13	+ 30 + 6 + 40 + 10 + 50 + 13	+ 47 + 6 + 58 + 10 + 71 + 13	+ 42 + 14 + 56 + 20 + 69 + 25	+ 64 + 14 + 80 + 20 + 97 + 25	+ 59 + 20 + 78 + 30 + 98 + 40	+ 85 + 20 + 108 + 30 + 134 + 40	+ 105 + 20 + 135 + 30 + 166 + 40	+ 120 + 20 + 153 + 30 + 188 + 40	+ 145 + 60 + 175 + 70 + 206 + 80	+ 180 + 60 + 220 + 70 + 260 + 80	+ 390 + 270 + 420 + 270 + 460 + 280
+ 52 + 16	+ 54 + 16	+ 61 + 16	+ 86 + 16	+ 86 + 32	+ 118 + 32	+ 120 + 50	+ 163 + 50	+ 203 + 50	+ 230 + 50	+ 248 + 95	+ 315 + 95	+ 510 + 290
+ 62 + 20	+ 66 + 20	+ 74 + 20	+ 105 + 20	+ 106 + 40	+ 144 + 40	+ 150 + 65	+ 201 + 65	+ 247 + 65	+ 279 + 65	+ 292 + 110	+ 370 + 110	+ 560 + 300
+ 75 + 25	+ 80 + 25	+ 89 + 25	+ 126 + 25	+ 128 + 50	+ 174 + +50	+ 181 + 80	+ 242 + 80	+ 302 + 80	+ 340 + 80	+ 342 + 120 + 352 + 130	+ 440 + 120 + 450 + 130	+ 630 + 310 + 640 + 320
+ 90 + 30	+ 95 + 30	+ 106 + 30	+ 150 + 30	+ 152 + 60	+ 208 + 60	+ 220 + 100	+ 294 + 100	+ 364 + 100	+ 410 + 100	+ 404 + 140 + 414 + 150	+ 520 + 140 + 530 + 150	+ 720 + 340 + 740 + 360
+ 106 + 36	+ 112 + 36	+ 125 + 36	+ 177 + 36	+ 180 + 72	+ 246 + 72	+ 261 + 120	+ 347 + 120	+ 427 + 120	+ 480 + 120	+ 477 + 170 + 487 + 180	+ 610 + 170 + 620 + 180	+ 820 + 380 + 850 + 410
+ 123 + 43	+ 131 + 43	+ 146 + 43	+ 206 + 43	+ 211 + 85	+ 285 + 85	+ 308 + 145	+ 405 + 145	+ 495 + 145	+ 555 + 145	+ 550 + 200 + 560 + 210 + 580 + 230	+ 700 + 200 + 710 + 210 + 730 + 230	+ 960 + 460 + 1020 + 520 + 1080 + 580
+ 142 + 50	+ 151 + 50	+ 168 + 50	+ 237 + 50	+ 244 + 100	+ 330 + 100	+ 357 + 170	+ 470 + 170	+ 575 + 170	+ 645 + 170	+ 645 + 240 + 665 + 260 + 685 + 280	+ 820 + 240 + 840 + 260 + 860 + 280	+ 1240 + 660 + 1320 + 740 + 1400 + 820
+ 160 + 56	+ 169 + 56	+ 189 + 56	+ 267 + 56	+ 272 + 110	+ 370 + 110	+ 401 + 190	+ 530 + 190	+ 640 + 190	+ 720 + 190	+ 750 + 300 + 780 + 330	+ 940 + 300 + 970 + 330	+ 1560 + 920 + 1690 + 1050
+ 176 + 62	+ 187 + 62	+ 208 + 62	+ 291 + 62	+ 303 + 123	+ 405 + 125	+ 439 + 210	+ 580 + 210	+ 710 + 210	+ 800 + 210	+ 860 + 360 + 900 + 400	+ 1080 + 360 + 1120 + 400	+ 1920 + 1200 + 2070 + 1350

10.2 Schraubenverbindungen

Normen (Auswahl) und Bezugsliteratur

DIN 13 Metrisches ISO-Gewinde
DIN 74 Senkungen
DIN 78 Gewindeenden, Schraubenüberstände
DIN 103 Metrisches ISO-Trapezgewinde
DIN 475 Schlüsselweiten
VDI-Richtlinie 2230; Systematische Berechnung hoch beanspruchter Schraubenverbindungen, Feb. 2003. Die Richtlinie enthält eine ausführliche Liste wichtiger Bezugsliteratur.

10.2.1 Berechnung axial belasteter Schrauben ohne Vorspannung

Erforderlicher Spannungs-Querschnitt $A_{S\,erf}$ und Wahl des Gewindes nach 10.2.13 (Schraubendurchmesser *d*) und der Festigkeitsklasse nach 10.2.9

$$A_{S\,erf} \geq \frac{\alpha_A F}{0{,}8 \cdot R_{p\,0{,}2}}$$

$A_{S\,erf}$	F	$R_{p\,0{,}2}$	α_A
mm²	N	$\frac{N}{mm^2}$	1

$A_{S\,erf}$ erforderlicher Spannungsquerschnitt
F gegebene Betriebskraft
$R_{p\,0{,}2}$ 0,2-Dehngrenze nach 10.2.9
α_A Anziehfaktor s. S. 265

Zugspannung σ_z

$$\sigma_z = \frac{F}{A_S}$$

Flächenpressung im Gewinde *p*

$$p = \frac{F \cdot P}{\pi \cdot d_2 \cdot H_1 \cdot m} \leq p_{zul}$$

P Gewindesteigung nach 10.2.13

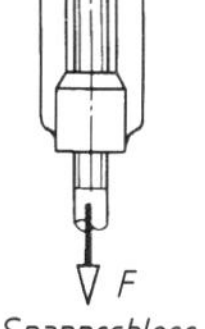

Erforderliche Mutterhöhe m_{erf}

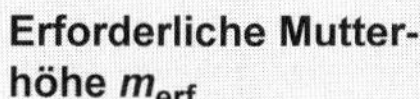

$$m_{erf} = \frac{F \cdot P}{\pi \cdot d_2 \cdot H_1 \cdot p_{zul}}$$

p_{zul} nach 10.2.7

Ausschlagspannung σ_a bei schwingender Belastung

$$\sigma_a = \frac{F}{2A_S} \leq \sigma_A$$

σ_A Ausschlagfestigkeit nach 10.2.4

10.2.2 Berechnung unter Last angezogener Schrauben

Erforderlicher Spannungs-Querschnitt und Wahl des Gewindes nach 10.2.13 (Schraubendurchmesser *d*) und der Festigkeitsklasse nach 10.2.9

$$A_{S\,erf} \geq \frac{F}{\nu \cdot R_{p0{,}2}}$$

$A_{S\,erf}$	F	$R_{p\,0{,}2}$
mm²	N	$\frac{N}{mm^2}$

$A_{S\,erf}$ erforderlicher Spannungsquerschnitt
F gegebene Spannkraft
ν Ausnutzungsgrad für die Streckgrenze R_e oder für die 0,2-Dehngrenze $R_{p\,0{,}2}$, zweckmäßig wird $\nu = 0{,}6 \ldots 0{,}8$ gesetzt (Erfahrungswert)
$R_{p\,0{,}2}$ 0,2-Dehngrenze (10.2.9)

Zugspannung σ_z

$$\sigma_z = \frac{F}{A_S}$$

Torsionsspannung τ_t

$$\tau_t = \frac{F \cdot d_2}{2 \cdot W_{ps}} \cdot \tan(\alpha + \varrho')$$

d_2 Flankendurchmesser (10.2.13)
α Gewindesteigungswinkel (10.2.13)
W_p polares Widerstandsmoment (10.2.13)
ϱ' Reibungswinkel im Gewinde (10.2.4)

Vergleichsspannung σ_{red} (reduzierte Spannung)

$$\sigma_{red} = \sqrt{\sigma_z^2 + 3\tau_t} \leq 0{,}9 \cdot R_{p0,2}$$

Ausschlagspannung σ_a

$$\sigma_a = \frac{F}{2 \cdot A_S} \leq \sigma_A$$

σ_A Ausschlagfestigkeit nach 10.2.4

10.2.3 Berechnung einer vorgespannten Schraubenverbindung bei axial wirkender Betriebskraft

10.2.3.1 Überschlägige Ermittlung des erforderlichen Gewindes

Überschlägige Ermittlung des erforderlichen Spannungsquerschnitts und Wahl des Gewindes

$$A_{S\,erf} \geq \frac{F_A}{\nu \cdot R_{p0,2}}$$

$A_{S\,erf}$	F_A	$R_{p\,0,2}$
mm^2	N	$\frac{N}{mm^2}$

Herleitung: Es wird reine Zugspannung im Spannungsquerschnitt A_S angenommen, hervorgerufen durch die Zugkraft F_A. Die zulässige Zugspannung wird gleich dem ν-fachen der 0,2-Dehngrenze gesetzt ($\sigma_{z\,zul} = \nu \cdot R_{p\,0,2}$), sodass mit der Zughauptgleichung $\sigma_z = F_A/A_{S\,erf} < \nu \cdot R_{p\,0,2}$ wird.

$A_{S\,erf}$ erforderlicher Spannungsquerschnitt
F_A gegebene axiale Vorspannkraft
ν Ausnutzungsgrad
$R_{p\,0,2}$ 0,2- Dehngrenze der Schraube (10.2.9)

Ausnutzungsgrad ν

$\nu < 1$ gibt an, mit welchem Anteil von der Streckgrenze R_e oder der 0,2-Dehngrenze $R_{p\,0,2}$ die Schraube belastet werden soll, z. B. $\nu = 0{,}6 = 60$ % von $R_{p\,0,2}$.

Erfahrungswerte:
$\nu = 0{,}25$ bei dynamisch und exzentrisch angreifender Axialkraft F_A.
$\nu = 0{,}4$ bei dynamisch und zentrisch oder statisch und exzentrisch angreifender Axialkraft F_A.
$\nu = 0{,}6$ bei statisch und zentrisch angreifender Axialkraft F_A.

10.2.3.2 Berechnungsbeispiel

Die skizzierte exzentrisch vorgespannte Verschraubung eines Hydraulik-Zylinderdeckels soll berechnet werden.

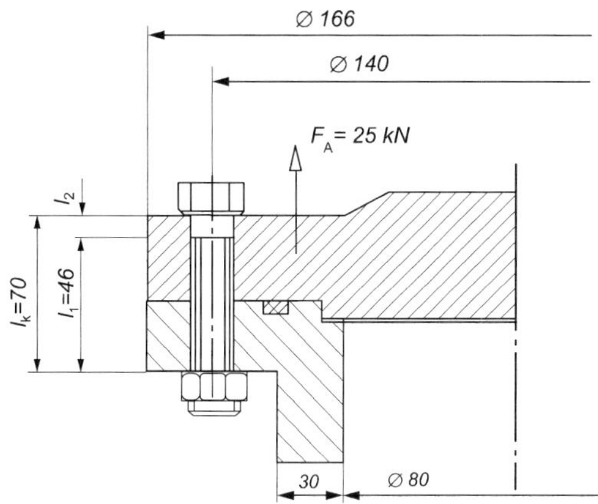

Beispiel: Zylinderdeckel-Verschraubung

Die zu übertragende größte Axialkraft je Schraube beträgt 20530 N. Beide Bauteile bestehen aus Gusseisen EN-GJS-450-10 nach DIN EN 1563 mit der Elastizitätsgrenze $R_{p\,0,2}$ = 310 MPa = 310 N/mm^2. Die Schraube soll die Festigkeitsklasse 8.8 haben ($R_{p\,0,2}$ = 660 MPa) und mit dem Drehmomentenschlüssel angezogen werden.

Für F_A die nächsthöhere Normzahl aus R5 wählen

Normzahlen der Reihe R5:
630/1000/1600/2500/4000/6300/10000/16000/25000/40000/630000
gewählt: F_A = 25 000 N

Erforderlicher Spannungsquerschnitt

$$A_{S\,erf} = \frac{F_A}{\nu \cdot R_{p0,2}} = \frac{25000\,\text{N}}{0,4 \cdot 660\,\text{Mpa}} = 94,7\,\text{mm}^2$$

Der Ausnutzungsgrad wird für eine statisch wirkende und exzentrisch angreifende Axialkraft mit 0,4 eingesetzt (siehe oben)

Abmessungen der Schraube

Nach 10.2.13 wird das Gewinde M16 gewählt:

Gewindedurchmesser	d = 16 mm
Flankendurchmesser	d_2 = 14,701 mm
Steigungswinkel	α = 2,48°
Spannungsquerschnitt	A_S = 157 mm^2 > 94,7 mm^2
Schaftquerschnitt	A = 50,201 mm^2
polares Widerstandsmoment	W_{pS} = 554,9 mm^3
Bezeichnung der Schraube:	M8 × 80 DIN 13 – 8.8
Durchmesser der Kopfauflage	d_w = 13 mm
Schraubenlänge (gewählt)	l = 50 mm
Gewindelänge	b = 22 mm
Durchgangsbohrung	d_h = 9 mm
Kopfauflagefläche	A_p = 69,1 mm^2

Außendurchmesser der verspannten Teile D_A = 25 mm

Die weiteren und umfangreicheren Rechnungen sollten mit den Unterlagen aus der VDI-Richtlinie 2230 durchgeführt werden.

10.2.4 Kräfte und Verformungen in zentrisch vorgespannten Schraubenverbindungen

Verspannungsdiagramm einer vorgespannten Schraubenverbindung nach dem Aufbringen einer axialen Betriebskraft F_A, die zentrisch an Schraubenkopf- und Mutterauflage angreift. Dann ist der Krafteinleitungsfaktor $n = 1$. Er wird nach der VDI-Richtlinie 2230 berechnet und beschreibt den Einfluss des Einleitungsortes der Axialkraft F_A auf die Verschiebung des Schraubenkopfes.

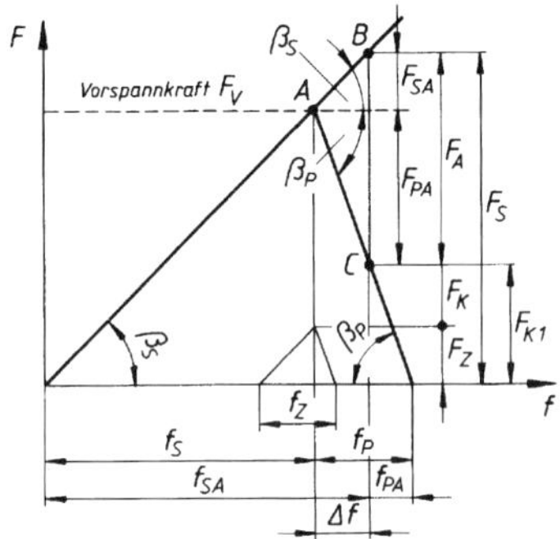

F_V	Vorspannkraft der Schraube
F_A	axiale Betriebskraft
F_K	Klemmkraft (Dichtkraft)
F_{K1}	theoretische Klemmkraft
F_Z	Vorspannkraftverlust durch Setzen während der Betriebszeit
F_S	Schraubenkraft
F_{SA}	Axialkraftanteil (Betriebskraftanteil der Schraube)
F_{PA}	Axialkraftanteil der verspannten Teile
f_S	Verlängerung der Schraube nach der Montage
f_P	Verkürzung der verspannten Teile nach der Montage
f_{SA}, f_{PA}	entsprechende Formänderungen nach Aufbringen der Betriebskraft F_A
f_Z	Setzbetrag (bleibende Verformung durch „Setzen")
Δf	Längenänderung nach dem Aufbringen von F_A
β_S, β_P	Neigungswinkel der Kennlinie

Elastische Nachgiebigkeit δ_S einer Sechskantschraube

$$\delta_S = \frac{\frac{l_1}{A} + \frac{l_2 + 0{,}8\,d}{A_S}}{E_S}$$

Nach Aufbringen der Vorspannkraft F_V

$$\delta_S = \frac{f_S}{F_V} = \frac{\Delta f}{F_{SA}}$$

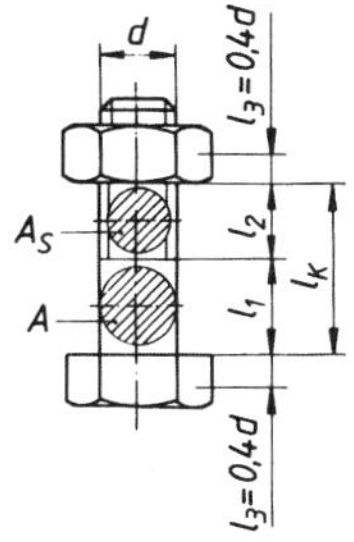

Dehnquerschnitte und Dehnlängen an der Sechskantschraube

Ersatzhohlzylinder zur Berechnung der elastischen Nachgiebigkeit δ_P der Platten und Ersatzquerschnitt (Ersatz-Hohlzylinder) A_{ers} der Platten für $d_w + l_K < D_A$

$$\delta_P = \frac{l_K}{A_{ers} \cdot E_P} = \frac{f_P}{F_V} = \frac{\Delta f}{F_{PA}} = \frac{\Delta f}{F_A - F_{SA}}$$

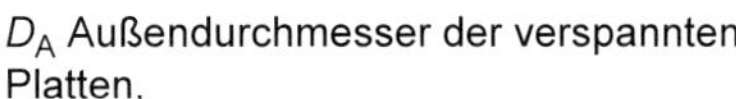

$$A_{ers} = \frac{\pi}{4}\left(d_w^2 - d_h^2\right) + \frac{\pi}{8}\left[\left(\sqrt[3]{\frac{l_K \cdot d_w}{\left(l_K + d_w\right)^2}} + 1\right)^2 - 1\right]$$

D_A Außendurchmesser der verspannten Platten,
D_w Außendurchmesser der Kopfauflage, bei Sechskantschrauben Durchmesser des Telleransatzes, sonst Schlüsselweite, bei Zylinderschrauben Kopfdurchmesser,
D_h Durchmesser der Durchgangsbohrung nach 10.2.10, l_K Klemmlänge

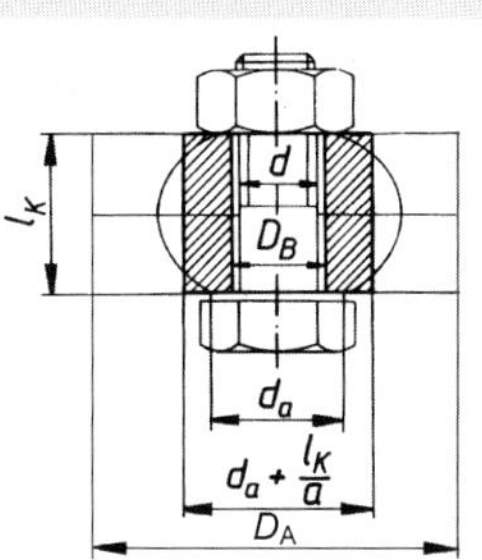

Ersatz-Hohlzylinder in den verspannten Platten

Axialkraftanteil F_{SA} in der Schraube

$$F_{SA} = F_A \frac{\delta_P}{\delta_P + \delta_S} \text{ und mit } \frac{\delta_P}{\delta_P + \delta_S} = \Phi$$

$$F_{SA} = \Phi F_A$$

Gleichungsentwicklung:

$\Delta f = \delta_S F_{SA} = \delta_P (F_A - F_{SA})$

$\delta_S F_{SA} = \delta_P F_A - \delta_P F_{SA}$

$F_{SA}(\delta_S + \delta_P) = \delta_P F_A$

Kraftverhältnis Φ

Φ_K ist das Kraftverhältnis bei zentrischer Verspannung und zentrischer Krafteinleitung in Ebenen durch die Schraubenkopf- und Mutterauflage.

$$\Phi = \frac{\delta_P}{\delta_P + \delta_S} = \frac{F_{SA}}{F_A}$$

$$\Phi = \frac{l_K}{l_K + \frac{A_{ers} E_P}{E_S}\left(\frac{l_1}{A} + \frac{l_2 + 0{,}8\,d}{A_S}\right)}$$

l_K Klemmlänge
E_P Elastizitätsmodul der Platten
E_S Elastizitätsmodul der Schraube, für Stahl ist $E_S = 21 \cdot 10^4$ N/mm²
A_{ers} Ersatzquerschnitt
l_1, l_2 Teillängen der Schraube (10.2.10)
d Gewindenenndurchmesser
A Schaftquerschnitt der Schraube
A_S Spannungsquerschnitt der Schraube (10.2.13)

Φ-Kontrolle für Sechskantschrauben, berechnet mit der obigen Gleichung und den folgenden Überschlagswerten: für Stahlflansche mit $E_P = 21 \cdot 10^4$ N/mm² und Flansche aus EN-GJL-300 (Klammerwerte) mit $E_P = 12 \cdot 10^4$ N/mm² in Abhängigkeit von l_K/d berechnet.

l_K/d =	1	2	3	4	5
Φ =	0,21 (0,31)	0,23 (0,32)	0,22 (0,30)	0,20 (0,28)	0,19 (0,26)
l_K/d =	6	7	8	9	10
Φ =	0,18 (0,24)	0,16 (0,22)	0,15 (0,20)	0,14 (0,19)	0,13 (0,17)
l_K/d =	11	12	13	14	15
Φ =	0,12 (0,16)	0,11 (0,15)	0,10 (0,14)	0,097 (0,13)	0,091 (0,12)
l_K/d =	16	17	18	20	–
Φ =	0,086 (0,11)	0,081 (0,105)	0,076 (0,099)	0,068 (0,088)	– –

Berechnet mit den Vereinfachungen: $d_a = 1{,}6\,d$; $D_B = 1{,}1\,d$; $d_S = 0{,}85\,d$ (für A_S); $l_1 = 0{,}7\,l_K$; $l_2 = 0{,}3\,l_K$

Axialkraftanteil F_{PA} in den verspannten Platten (Plattenzusatzkraft)

$F_{PA} = F_A (1 - \Phi)$

Herleitung: Das Verspannungsdiagramm zeigt $F_{PA} = F_A - F_{SA}$. Außerdem ist $F_{SA} = F_A \Phi$.

Axialkraftanteile F_{SA} und F_{PA} mit $\Phi_n = n \cdot \Phi$ für den allgemeinen Krafteinleitungsfall

$$\Phi_n = n \frac{\delta_P}{\delta_P + \delta_S} = n\Phi = \frac{F_{SA}}{F_A}$$

n ist der nach VDI 2230 zu berechnende Krafteinleitungsfaktor, n ist abhängig vom Ort der Einleitung der Axialkraft F_A.

Krafteinleitungsfaktoren n und zugehörige Verbindungstypen nach VDI 2230

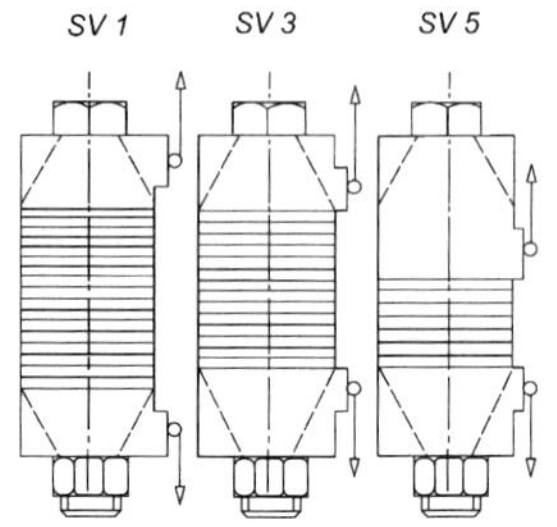
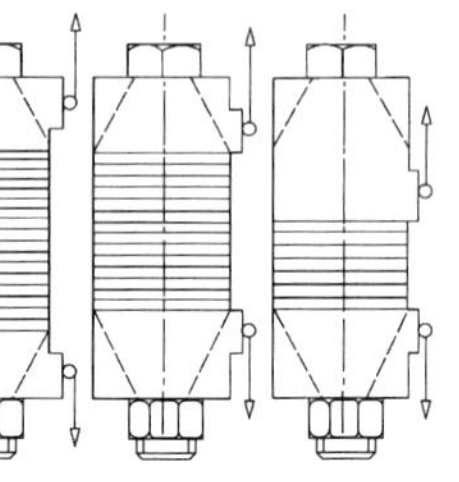

Verbindungstypen SV zur Lage der Krafteinleitung

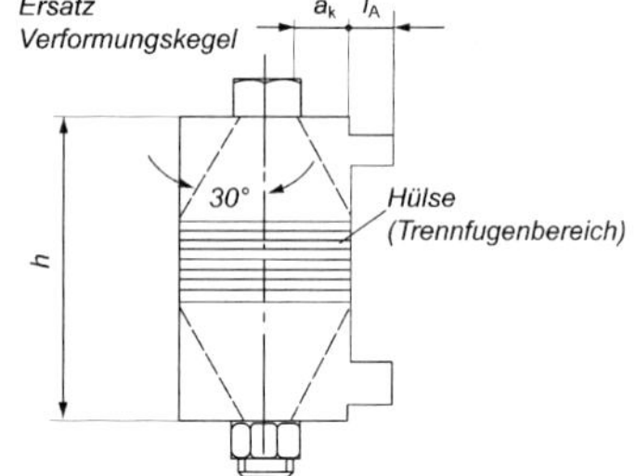

Parameter zur Ermittlung von n
h Höhe, a_k Abstand zwischen dem Rand der Verspannfläche,
l_A Länge zwischen Grundkörper und Krafteinleitungspunkt K im Anschlusskörper

Krafteinleitungsfaktoren n:

A/h	0,00			0,10			0,20			≥0,30		
a_K/h	0,10	0,30	≥0,50	0,10	0,30	≥0,50	0,10	0,30	≥0,50	0,10	0,30	≥0,50
SV1	0,55	0,30	0,13	0,41	0,22	0,10	0,28	0,16	0,07	0,14	0,12	0,04
SV3	0,37	0,26	0,12	0,30	0,20	0,09	0,23	0,15	0,07	0,14	0,12	0,04
SV5	0,25	0,22	0,10	0,21	0,15	0,07	0,17	0,12	0,06	0,13	0,10	0,03

Klemmkraft F_K (bei $n < 1$)

$F_K = F_V - F_Z - F_A (1 - \Phi_n)$

Das Verspannungsbild zeigt
$F_K = F_V - F_Z - F_{PA}$
$F_{PA} = F_A (1 - \Phi_n)$

Schraubenkraft F_S und Vorspannkraft F_V

$$F_S = \overbrace{\underbrace{F_Z}_{\text{Setzkraft}} + \underbrace{F_K}_{\text{Klemmkraft}} + \underbrace{(1-\Phi)F_A}_{\text{Axialkraftanteil der verspannten Teile}}}^{\text{Vorspannkraft } F_V} + \underbrace{\Phi F_A}_{\text{Axialkraftanteil der Schraube}}$$

$(1-\Phi)F_A + \Phi F_A$: axiale Betriebskraft F_A

Schraubenkraft F_S (bei $n < 1$)

$F_S = F_V + F_{SA}$

$F_S = F_V + \Phi_n F_A$

Setzkraft F_Z

$$F_Z = \frac{f_Z}{(\delta_S + \delta_P)} = f_Z \frac{\Phi}{\delta_P}$$

Die Setzkraft F_Z ist der Vorspannungskraftverlust durch Setzen der Verbindung während der Betriebszeit. f_Z ist die dadurch bleibende Verformung.

Richtwerte für Setzbeträge f_Z in µm
bei Schrauben, Muttern und kompakten verspannten Teilen aus Stahl (VDI 2230)

Gemittelte Rautiefe R_Z	Beanspruchung	im Gewinde	je Kopf oder Mutterauflage	je innere Trennfuge
< 10 µm	Zug/Druck Schub	3 3	2,5 3	1,5 2
10 µm bis < 40 µm	Zug/Druck Schub	3 3	3 4,5	2 2,5
40 µm bis < 160 µm	Zug/Druck Schub	3 3	4 6,5	3 3,5

Montagevorspannkraft F_{VM}
Anziehfaktor α_A

$$F_{VM} = \alpha_A \left[F_{K\,erf} + F_Z + F_A \cdot (1 - \Phi_n)\right]$$

Richtwerte für den Anziehfaktor α_A (VDI 2230)

Anziehfaktor α_A	**Streuung**	**Anziehverfahren**	**Einstellverfahren**	**Bemerkungen**
1,2 bis 1,4	+/- (9 bis 17)%	Drehwinkelgesteuertes Anziehen	Versuchsmäßige Bestimmung von Vorziehmoment und Drehwinkel	Vorspannkraftstreuung wird wesentlich durch die Streckgrenzenstreuung bestimmt.
1,4 bis 1,6	+/- (17 bis 2)%	Drehmomentengesteuertes Anziehen mit Drehmomentenschlüssel	Versuchsmäßige Bestimmung der Sollanziehmomente am Originalverschraubungsteil	Niedrigere Werte für kleine Drehwinkel, höhere Werte große Drehwinkel
2,5 bis 4	+/- (43 bis 60)%	Schlag- oder Impulsschrauber	Einstellen des Schraubers über das Nachstellmoment und einem Zuschlag	Niedrigere Werte für große Zahl von Einstellversuchen

Längenänderungen f_S, f_P nach der Montage

$f_S = F_{VM}\,\delta_S$ $\quad$ $f_P = F_{VM}\,\delta_P$ $\quad$ F_{VM} Montagevorspannkraft

Erforderliches Anziehdrehmoment M_A

$$M_A = F_{VM}\left[\frac{d_2}{2}\cdot\tan(\alpha+\varrho') + \mu_A \cdot 0{,}7d\right]$$

M_A	F_{VM}	d_2, d	μ_A
Nmm	N	mm	1

F_{VM}	Montagevorspannkraft
d_2	Flankendurchmesser am Gewinde (10.2.13)
d	Gewindedurchmesser (10.2.13)
α	Steigungswinkel am Gewinde (10.2.13)
ϱ'	Reibungswinkel am Gewinde
μ_A	Gleitreibungszahl der Kopf- oder Mutterauflagefläche
$\mu_A \approx 0{,}1$	für Stahl/Stahl, trocken (≈ 0,05 geölt)
$\mu_A \approx 0{,}15$	für Stahl/Gusseisen, trocken (≈ 0,05 geölt)

Richtwerte für Reibungszahlen μ' und Reibungswinkel ϱ' für metrisches ISO-Regelgewinde

Reibungsverhältnisse / Behandlungsart	trocken		geschmiert		MoS_2-Paste	
	μ'	ϱ'	μ'	ϱ'	μ'	ϱ'
ohne Nachbehandlung	0,16	9°	0,14	8°	0,1	6°
phosphatiert	0,18	10°	0,14	8°		
galvanisch verzinkt	0,14	8°	0,13	7,5°		
galvanisch verkadmet	0,1	6°	0,09	5°		

Montagevorspannung σ_{VM}

$$\sigma_{VM} = \frac{F_{VM}}{A_S}$$

F_{VM}	Montagevorspannkraft
A_S	Spannungsquerschnitt

Torsionsspannung τ_t

$$\tau_t = \frac{F_{VM}\cdot d_2\cdot\tan(\alpha+\varrho')}{2\cdot W_{pS}}$$

d_2	Flankendurchmesser*)
W_{pS}	polares Widerstandsmoment der Schraube*)

$$W_{pS} = \frac{\pi}{16}d_s^3$$

d_S	Durchmesser des Spannungsquerschnitts A_S*)
α	Steigungswinkel des Gewindes*)
P	Gewindesteigung*)
ϱ'	Reibungswinkel (siehe oben)
*)	siehe 10.2.13

Vergleichsspannung σ_{red} (reduzierte Spannung)

$$\sigma_{red} = \sqrt{\sigma_{VM}^2 + 3\cdot\tau_t^2} \le 0{,}9\cdot R_{p\,0{,}2}$$

$R_{p\,0{,}2}$ 0,2-Dehngrenze (10.2.9)

Ist die Bedingung $\sigma_{red} \le 0{,}9\cdot R_{p\,0{,}2}$ nicht erfüllt, muss die Berechnung mit einem größeren Schraubendurchmesser oder mit einer höheren Festigkeitsklasse wiederholt werden.

Ausschlagkraft F_a bei dynamischer Betriebskraft F_B

$$F_a = \frac{F_{SA\,max} - F_{SA\,min}}{2} = \frac{F_{A\,max} - F_{A\,min}}{2} n \cdot \Phi$$

$$F_a = \frac{F_{SA}}{2} \text{ bei } F_{SA\,min} = 0$$

$$F_m = F_{VM} + F_{SAmin} + F_a$$

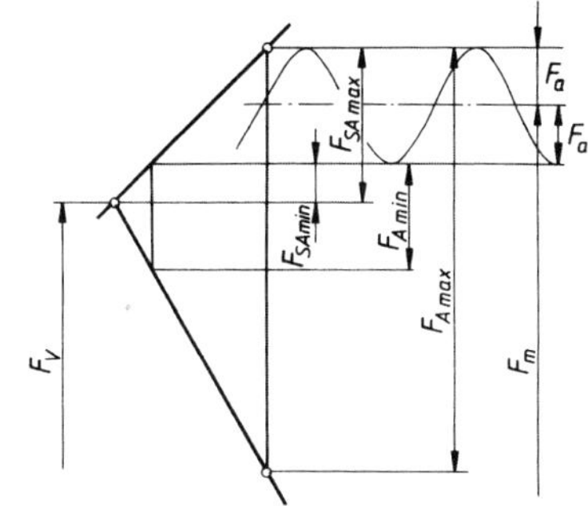

Ausschlagspannung σ_a

$$\sigma_a = \frac{F_a}{A_S} \leq 0{,}9 \cdot \sigma_A$$

σ_A Ausschlagfestigkeit der Schraube
A_S Spannungsquerschnitt (10.2.13)

Ausschlagfestigkeit $\pm\,\sigma_A$ in N/mm²

Festigkeits-klasse	Gewinde < M 8	M 8 ... M 12	M 14 ... M 20	> M 20
4.6 und 5.6	50	40	35	35
8.8 bis 12.9	60	50	40	35
10.9 und 12.9 schlussgerollt	100	90	70	60

Flächenpressung p

$$p = \frac{F_S}{A_p} \leq p_G$$

A_p gepresste Fläche (10.2.10)
p_G Grenzflächenpressung

Richtwerte für die Grenzflächenpressung p_G in N/mm²

Anziehart	Grenzflächenpressung p_G in N/mm² bei Werkstoff der Teile: S235JO	E 335	C 45 E	Stahl, vergütet	Stahl, einsatz-gehärtet	EN-GJL-250 EN-GJL-300	AlSiCu -Leg.
motorisch	200	350	600	–	–	500	120
von Hand (drehmomentgesteuert)	300	500	900	ca. 1 000	ca. 1 500	750	180

10.2.5 Berechnung vorgespannter Schraubenverbindungen bei Aufnahme einer Querkraft

Die Schraubenverbindung überträgt die gesamte statisch oder dynamisch wirkende Querkraft $F_{Q\,ges}$ allein durch Reibungsschluss: Reibungskraft $F_R = F_{Q\,ges}$ Die erforderliche Vorspannkraft F_V (Schraubenlängskraft) setzt sich zusammen aus der erforderlichen Klemmkraft $F_{K\,erf}$ und der Setzkraft F_Z. Eine axiale Betriebskraft F_A tritt nicht auf ($F_A = 0$).

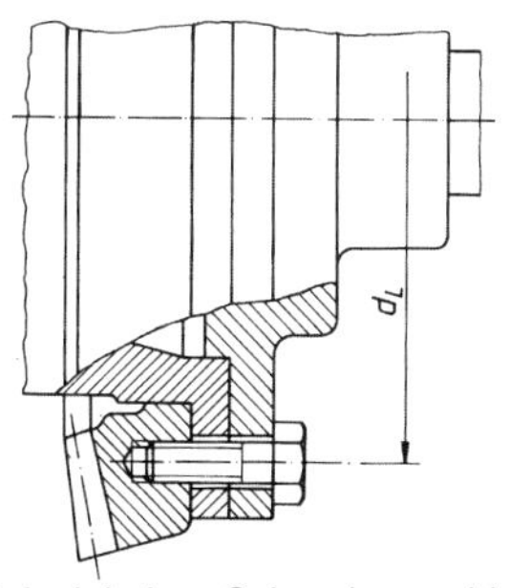

Beispiel einer Schraubenverbindung mit Querkraftaufnahme: Tellerrad am Kraftfahrzeug

Maschinenelemente

Schraubenverbindungen

Erforderliche Klemmkraft $F_{K\,erf}$ je Schraube

$$F_{K\,erf} \geq \frac{F_{Q\,ges}}{n \cdot \mu_A}$$

n Anzahl der Schrauben, die $F_{Q\,ges}$ aufnehmen sollen

μ_A Gleitreibungszahl zwischen den Bauteilen

Erforderliche Klemmkraft $F_{K\,erf}$ je Schraube bei Drehmomentübertragung

$$F_{K\,erf} \geq \frac{2 \cdot M}{n \cdot \mu_A \cdot d_L}$$

Die Anzahl n der Schrauben ergibt sich aus dem zum Anziehen der Schraubenverbindung erforderlichen Mindestabstand auf dem Lochkreis.

M zu übertragendes Drehmoment

Erforderlicher Spannungsquerschnitt $A_{s\,erf}$ und Wahl des Gewindes nach Tabelle im Abschnitt 10.2.13

$$A_{S\,erf} \geq \frac{\alpha_A \cdot F_{K\,erf}}{0{,}6 \cdot R_{p0,2}}$$

α_A Anziehfaktor (10.2.4)

$R_{p\,0,2}$ 0,2-Dehngrenze (10.2.9)

10.2.6 Berechnung von Bewegungsschrauben

Für Bewegungsschrauben wird meist Trapezgewinde nach Tabelle im Abschnitt 10.2.14 verwendet. Man rechnet dann mit dem Kernquerschnitt A_3. Wird die Bewegungsschraube auf Druck beansprucht, muss die Knickung überprüft werden.

Beispiel einer Bewegungsschraube: Handspindelpresse

- l Knickgefährdete Spindellänge
- τ_t Spindelteil mit Torsionsspannung $\tau_t = M_T/W_p$
- l_1 tragende Gewindelänge der Führungsmutter
- F Druckkraft in der Spindel
- d_3 Kerndurchmesser des Trapezgewindes
- σ_d Druckspannung im Gewinde
- F Druckkraft
- A Querschnittsfläche des Drucktellers

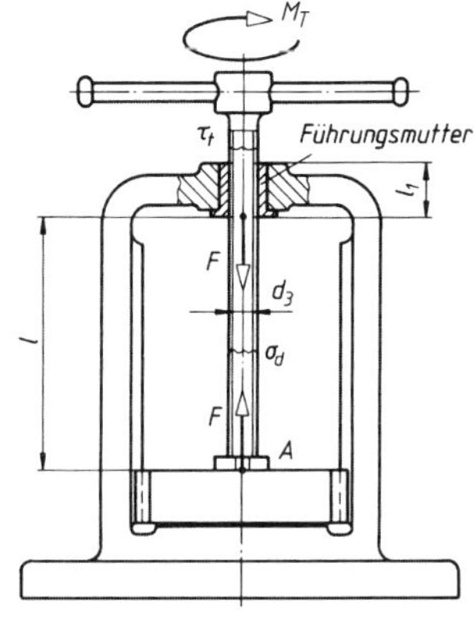

Erforderlicher Kernquerschnitt $A_{3\,erf}$ (überschlägig)

$$A_{3\,erf} \geq \frac{F}{0{,}45 \cdot R_{p0,2}}$$

F Zug- oder Druckkraft in der Schraube (Spindel)

$R_{p\,0,2}$ siehe Tabelle in 10.2.9 u. 4.4

A_3 siehe Tabelle in 10.2.14

Vergleichsspannung σ_{red} (reduzierte Spannung)

$$\sigma_{red} = \sqrt{\sigma_{z,d}^2 + 3 \cdot \tau_t^2} \qquad \sigma_{z,d} = \frac{F}{A_3} \qquad \tau_t = \frac{M_{RG}}{W_p} \qquad W_p = \frac{\pi}{16} d_3^2$$

Gewindereibungsmoment M_{RG}

$$M_{RG} = F \frac{d_2}{2} \tan(\alpha + \varrho')$$

Erforderliche Mutterhöhe m_{erf}

$$m_{erf} = \frac{F \cdot P}{\pi \cdot d_2 \cdot H_1 \cdot p_{zul}}$$

Gewindegrößen nach 10.2.14

P_{zul} = 2…3 MP für Gusseisenmuttern/Stahl

= 5…15 MP für Bronzemutter/Stahl

= 7 für Stahl/Stahl

Wirkungsgrad η

$$\eta = \frac{\tan\alpha}{\tan(\alpha+\beta)}$$

α Steigungswinkel (10.2.14)
ϱ' Reibungswinkel im Gewinde (10.2.8)

Festigkeitsnachweis

Für ruhende Belastung: $\sigma_{red} \leq 0{,}9 \cdot R_{p\,0,2}$ — $R_{p\,0,2}$ = 0,2 Dehngrenze (10.2.9)

Für schwellende Belastung:

$$\sigma_a = \frac{F}{2 \cdot A_3} \leq \sigma_A$$

$$\sigma_A = \frac{\sigma_{Sch} \cdot b_1 \cdot b_2}{\beta_k}$$

σ_a Ausschlagspannung
σ_A Ausschlagfestigkeit
σ_{Sch} Schwellfestigkeit
b_1 Oberflächenbeiwert } s. S. 295
b_2 Größenbeiwert } s. S. 295
β_k Kerbwirkungszahl ≈ 2 für Trapezgewinde

10.2.7 Richtwerte für die zulässige Flächenpressung bei Bewegungsschrauben

Werkstoff		p_{zul} in N/mm^2
Schraube (Spindel)	Mutter (Spindelführung)	
Stahl	Stahl	8
Stahl	Gusseisen	5
Stahl	CuZn und CuSn-Legierung	10
Stahl, gehärtet	CuZn und CuSn-Legierung	15

10.2.8 Reibungszahlen und Reibungswinkel für Trapezgewinde

Gewinde	trocken		geschmiert	
	μ'	ϱ'	μ'	ϱ'
Spindel aus Stahl, Mutter aus Gusseisen	0,22	12°		
Spindel aus Stahl, Mutter aus CuZn- und CuSn-Legierungen	0,18	10°		
Aus vorstehenden Werkstoffen	–	–	0,1	6°

10.2.9 $R_{p\,0,2}$ 0,2-Dehngrenze der Schraube

(Festigkeitseigenschaften der Schraubenstähle nach DIN EN 20898)

Kennzeichen (Festigkeitsklasse)	4.6	4.8	5.6	5.8	6.6	6.8	6.9	8.8	10.9	12.9
Mindest-Zugfestigkeit R_m in N/mm^2	400		500		600			800	1 000	1 200
Mindest-Streckgrenze R_e oder $R_{p\,0,2}$ Dehngrenze in N/mm^2	240	320	300	400	360	480	540	640	900	1 080
Bruchdehnung A_5 in %	25	14	20	10	16	8	12	12	9	8

10.2.10 Geometrische Größen an Sechskantschrauben

Bezeichnung einer Sechskantschraube M10, Länge l = 90 mm, Festigkeitsklasse 8.8:
Sechskantschraube M10 × 90 DIN 931–8.8

Maße in mm, Kopfauflagefläche A_p in mm²

Gewinde	$d_a \triangleq s$	k	l-Bereich [1]	b [2]	b [3]	d_h fein	d_h mittel	A_p [4]	A_p [5]
M 5	8	3,5	22 ... 80	16	22	5,3	5,5	26,5	30
M 6	10	4	28 ... 90	18	24	6,4	6,6	44,3	41
M 8	13	5,5	35 ... 110	22	28	8,4	9	69,1	64
M 10	17	7	45 ... 160	26	32	10,5	11	132	100
M 12	19	8	45 ... 180	30	36	13	13,5	140	93
M 14	22	9	45 ... 200	34	40	15	15,5	191	134
M 16	24	10	50 ... 200	38	44	17	17,5	212	185
M 18	27	12	55 ... 210	42	48	19	20	258	244
M 20	30	13	60 ... 220	46	52	21	22	327	311
M 22	32	14	60 ... 220	50	56	23	24	352	383
M 24	36	15	70 ... 220	54	60	25	26	487	465
M 27	41	17	80 ... 240	60	66	28	30	613	525
M 30	46	19	80 ... 260	66	72	31	33	806	707

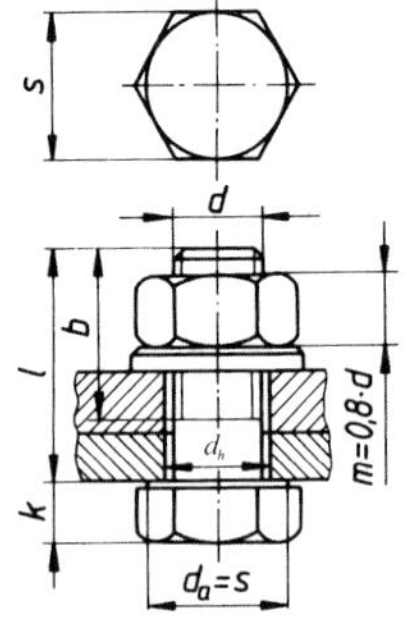

1) gestuft: 18, 20, 25, 28, 30, 35, 40,
2) für $l \leq$ 125 mm
3) für $l >$ 125 mm ... 200 mm
4) für Sechskantschrauben
5) für Innen-Sechskantschrauben

Anmerkung: Die Kopfauflagefläche A_p für Sechskantschrauben wurde als Kreisringfläche berechnet mit $A_p = \pi/4\ (d_a^2 \quad d^2_{h\,mittel})$, für Innen-Sechskantschrauben aus den Maßen nach DIN. Aussenkungen der Durchgangsbohrungen (d_h) verringern die Auflagefläche A_p unter Umständen erheblich.

10.2.11 Maße an Senkschrauben mit Schlitz und an Senkungen für Durchgangsbohrungen

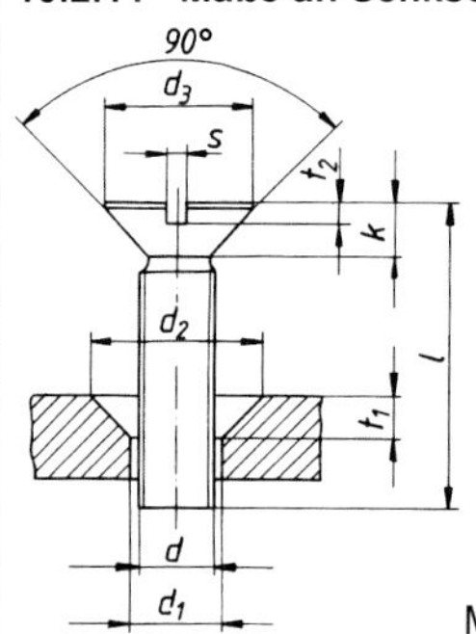

Bezeichnung einer Senkschraube M10
Länge l = 20 mm, Festigkeitsklasse 5.8:

Senkschraube M10 × 20 DIN 962 – 58

Bezeichnung der zugehörigen Senkung der Form A
mit Bohrungsausführung mittel (m):
Senkung A m 10 DIN 74

Maße in mm

Gewinde-durch-messer d = M ...	1	1,2	1,4	1,6	2	2,5	3	4	5	6	8	10	12	16	20
k_{max}	0,6	0,72	0,84	0,96	1,2	1,5	1,65	2,2	2,5	3	4	5	6	8	10
d_3	1,9	2,3	2,6	3	3,8	4,7	5,6	7,5	9,2	11	14,5	18	22	29	36
$t_{2\,max}$	0,3	0,35	0,4	0,45	0,6	0,7	0,85	1,1	1,3	1,6	2,1	2,6	3	4	5
s	0,25	0,3	0,3	0,4	0,5	0,6	0,8	1	1,2	1,6	2	2,5	3	4	5
d_1	1,2	1,4	1,6	1,8	2,4	2,9	3,4	4,5	5,5	6,6	9	11	14	18	22
d_2	2,4	2,8	3,3	3,7	4,6	5,7	6,5	8,6	10,4	12,4	16,4	20,4	24,4	32,4	40,4
t_1	0,6	0,7	0,8	0,9	1,1	1,4	1,6	2,1	2,5	2,9	3,7	4,7	5,2	7,2	9,2

10.2.12 Einschraublänge l_a für Sacklochgewinde

Festigkeitsklasse	8.8	8.8 10.9	10.9
Gewindefeinheit d/P	< 9	≥ 9 < 9	≥ 9
AlCuMg1 F40	1,1 *d*	1,4 *d*	
GJL220	1,0 *d*	1,2 *d*	1,4 *d*
E295	0,9 *d*	1,0 *d*	1,2 *d*
C45V	0,8 *d*	0,9 *d*	1,0 *d*

10.2.13 Metrisches ISO-Gewinde nach DIN 13

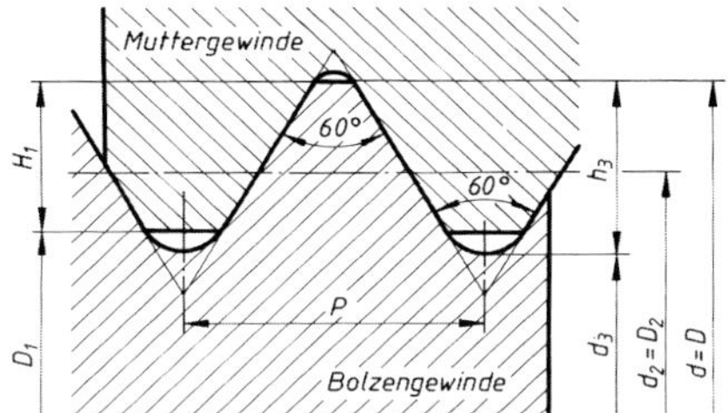

Bezeichnung des metrischen Regelgewindes z. B.
M 12 Gewinde-Nenndurchmesser
$d = D = 12$ mm

Maße in mm

Gewinde-Nenndurchmesser $d = D$ Reihe 1	Reihe 2	Steigung P	Steigungswinkel α in Grad	Flankendurchmesser $d_2 = D_2$	Kerndurchmesser d_3	Kerndurchmesser D_1	Gewindetiefe [1] h_3	Gewindetiefe [1] H_1	Spannungsquerschnitt A_S mm²	polares Widerstandsmoment W_{ps} mm³
3		0,5	3,40	2,675	2,387	2,459	0,307	0,271	5,03	3,18
	3,5	0,6	3,51	3,110	2,764	2,850	0,368	0,325	6,78	4,98
4		0,7	3,60	3,545	3,141	3,242	0,429	0,379	8,73	7,28
	4,5	0,75	3,40	4,013	3,580	3,688	0,460	0,406	11,3	10,72
5		0,8	3,25	4,480	4,019	4,134	0,491	0,433	14,2	15,09
6		1	3,40	5,350	4,773	4,917	0,613	0,541	20,1	25,42
8		1,25	3,17	7,188	6,466	6,647	0,767	0,677	36,6	62,46
10		1,5	3,03	9,026	8,160	8,376	0,920	0,812	58,0	124,6
12		1,75	2,94	10,863	9,853	10,106	1,074	0,947	84,3	218,3
	14	2	2,87	12,701	11,546	11,835	1,227	1,083	115	347,9
16		2	2,48	14,701	13,546	13,835	1,227	1,083	157	554,9
	18	2,5	2,78	16,376	14,933	15,294	1,534	1,353	192	750,5
20		2,5	2,48	18,376	16,933	17,294	1,534	1,353	245	1 082
	22	2,5	2,24	20,376	18,933	19,294	1,534	1,353	303	1 488
24		3	2,48	22,051	20,319	20,752	1,840	1,624	353	1 871
	27	3	2,18	25,051	23,319	23,752	1,840	1,624	459	2 774
30		3,5	2,30	27,727	25,706	26,211	2,147	1,894	561	3 748
	33	3,5	2,08	30,727	28,706	29,211	2,147	1,894	694	5 157
36		4	2,18	33,402	31,093	31,670	2,454	2,165	817	6 588
	39	4	2,00	36,402	34,093	34,670	2,454	2,165	976	8 601
42		4,5	2,10	39,077	36,479	37,129	2,760	2,436	1120	10 574
	45	4,5	1,95	42,077	39,479	40,129	2,760	2,436	1300	13 222
48		5	2,04	44,752	41,866	42,587	3,067	2,706	1470	15 899
	52	5	1,87	48,752	45,866	46,587	3,067	2,706	1760	20 829
56		5,5	1,91	52,428	49,252	50,046	3,374	2,977	2030	25 801
	60	5,5	1,78	56,428	53,252	54,046	3,374	2,977	2360	32 342
64		6	1,82	60,103	56,639	57,505	3,681	3,248	2680	39 138
	68	6	1,71	64,103	60,639	61,505	3,681	3,248	3060	47 750

[1] H_1 ist die Tragtiefe (siehe Handbuch Maschinenbau, D Festigkeitslehre: Flächenpressung im Gewinde)

10.2.14 Metrisches ISO-Trapezgewinde nach DIN 103

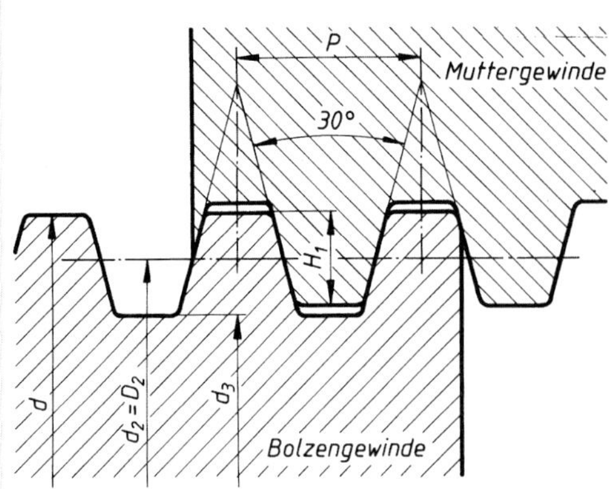

Bezeichnung für

a) eingängiges Gewinde z. B.
Tr 75 × 10 Gewindedurchmesser d = 75 mm, Steigung P = 10 mm = Teilung

b) zweigängiges Gewinde z. B.
Tr 75 × 20 P 10 Gewindedurchmesser d = 75 mm, Steigung Ph = 20 mm, Teilung P = 10 mm

$$\text{Gangzahl } z = \frac{\text{Steigung } P_h}{\text{Teilung } P} = \frac{20 \text{ mm}}{10 \text{ mm}} = 2$$

Maße in mm

Gewindedurchmesser d	Steigung P	Steigungswinkel α in Grad	Tragtiefe H_1 $H_1 = 0{,}5\,P$	Flankendurchmesser $D_2 = d_2$ $D_2 = d - H_1$	Kerndurchmesser d_3	Kernquerschnitt $A_3 = \frac{\pi}{4} d_3^2$ mm²	polares Widerstandsmoment $W_p = \frac{\pi}{16} d_3^3$ mm³
8	1,5	3,77	0,75	7,25	6,2	30,2	46,8
10	2	4,05	1	9	7,5	44,2	82,8
12	3	5,20	1,5	10,5	9	63,6	143
16	4	5,20	2	14	11,5	104	299
20	4	4,05	2	18	15,5	189	731
24	5	4,23	2,5	21,5	18,5	269	1 243
28	5	3,57	2,5	25,5	22,5	398	2 237
32	6	3,77	3	29	25	491	3 068
36	6	3,31	3	33	29	661	4 789
40	7	3,49	3,5	36,5	32	804	6 434
44	7	3,15	3,5	40,5	36	1 018	9 161
48	8	3,31	4	44	39	1 195	11 647
52	8	3,04	4	48	43	1 452	15 611
60	9	2,95	4,5	55,5	50	1 963	24 544
65	10	3,04	5	60	54	2 290	30 918
70	10	2,80	5	65	59	2 734	40 326
75	10	2,60	5	70	64	3 217	51 472
80	10	2,43	5	75	69	3 739	64 503
85	12	2,77	6	79	72	4 071	73 287
90	12	2,60	6	84	77	4 656	89 640
95	12	2,46	6	89	82	5 281	108 261
100	12	2,33	6	94	87	5 945	129 297
110	12	2,10	6	104	97	7 390	179 203
120	14	2,26	7	113	104	8 495	220 867

10.3 Federn

Normen (Auswahl) und Richtlinien

DIN 2088	Zylindrische Schraubenfedern aus runden Drähten und Stäben, Berechnung und Konstruktion von kaltgeformten Drehfedern (Schenkelfedern)
DIN 2089	Zylindrische Schraubenfedern aus runden Drähten und Stäben, Berechnung und Konstruktion von Druck- und Zugfedern
DIN 2090	Zylindrische Schraubendruckfedern aus Flachstahl, Berechnung
DIN 2091	Drehstabfedern mit rundem Querschnitt, Berechnung und Konstruktion
DIN 2092	Tellerfedern, Berechnung
DIN 2093	Tellerfedern, Maße und Güteeigenschaften
DIN 2094	Blattfedern für Straßenfahrzeuge, Anforderung, Prüfung
DIN 2095	Zylindrische Druckfedern aus Runddraht, kaltgeformt
DIN 2097	Zylindrische Zugfedern aus Runddraht

10.3.1 Federkennlinie, Federrate, Federarbeit, Eigenfrequenz

Federkennlinie, Federrate *c*, Federarbeit W_f

Für *Zug*-, *Druck*- und *Biege*federn:

$$c = \frac{F_2 - F_1}{f_2 - f_1} = \frac{\Delta F}{\Delta f} \quad \text{oder}$$

$$c = \frac{dF}{df}$$

$$c \mathrel{\hat{=}} \tan\alpha$$

$$W_f = \frac{F_1 + F_2}{2}\Delta f = \frac{c}{2}(f_2^2 - f_1^2)$$

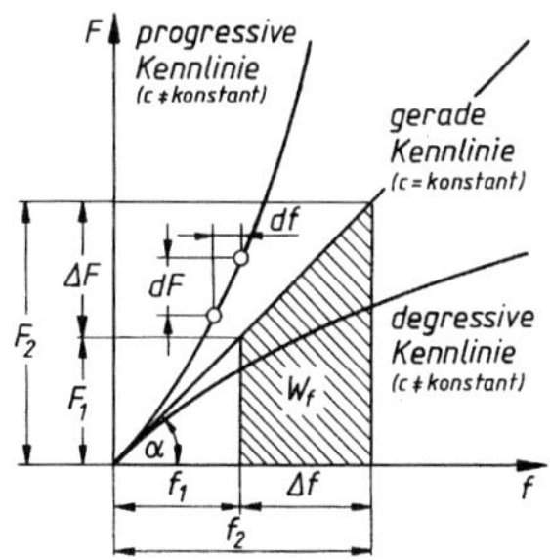

F	f	c	W_f
N	mm	$\frac{\text{N}}{\text{mm}}$	Nmm

F Federkraft
f Federweg

Für *Drehstab*federn:

$$c = \frac{M_2 - M_1}{\varphi_2 - \varphi_1} = \frac{\Delta M}{\Delta\varphi} \quad \text{oder}$$

$$c = \frac{dM}{d\varphi}$$

$$c \mathrel{\hat{=}} \tan\alpha$$

$$W_f = \frac{M_1 + M_2}{2}\Delta\varphi = \frac{c}{2}(\varphi_2^2 - \varphi_1^2)$$

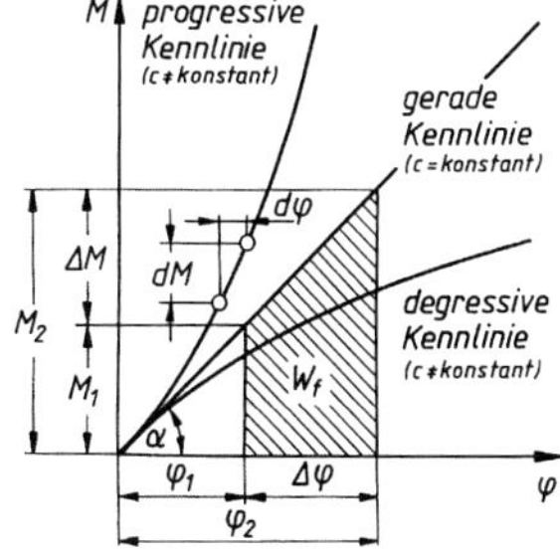

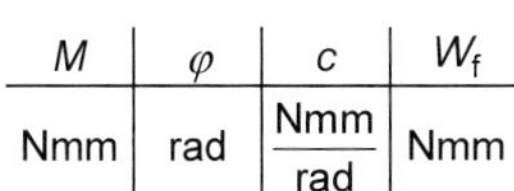

M	φ	c	W_f
Nmm	rad	$\frac{\text{Nmm}}{\text{rad}}$	Nmm

M Federmoment
φ Drehwinkel

Beachte: In den Gleichungen für Drehstabfedern steht das Federmoment M für die Federkraft F sowie der Drehwinkel φ für den Federweg f (Analogie: $M \mathrel{\hat{=}} F$, $\varphi \mathrel{\hat{=}} f$).

Maschinenelemente
Federn

Resultierende Federrate c_0 bei hintereinandergeschalteten Federn

Wegen $F_0 = F_1 = F_2 = \ldots$
und $f_0 = f_1 + f_2 + \ldots$
wird

$$\frac{1}{c_0} = \frac{1}{c_1} + \frac{1}{c_2} + \ldots$$

Bei zwei Federn gilt:

$$c_0 = \frac{c_1 c_2}{c_1 + c_2}$$

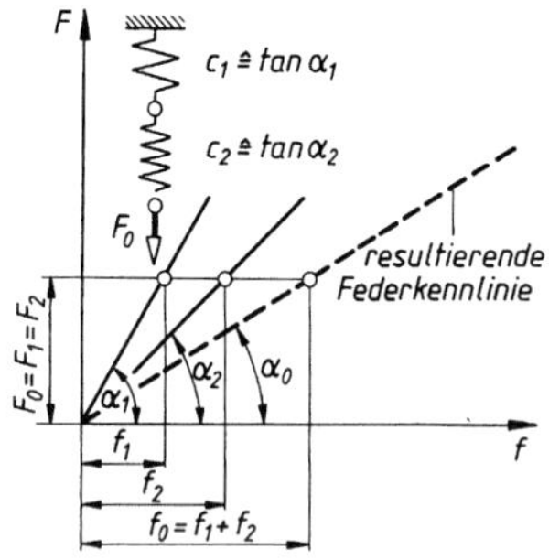

Resultierende Federrate c_0 bei parallelgeschalteten Federn

Wegen $F_0 = F_1 + F_2 + \ldots$
und $f_0 = f_1 = f_2 = \ldots$
wird

$c_0 = c_1 + c_2 + \ldots$

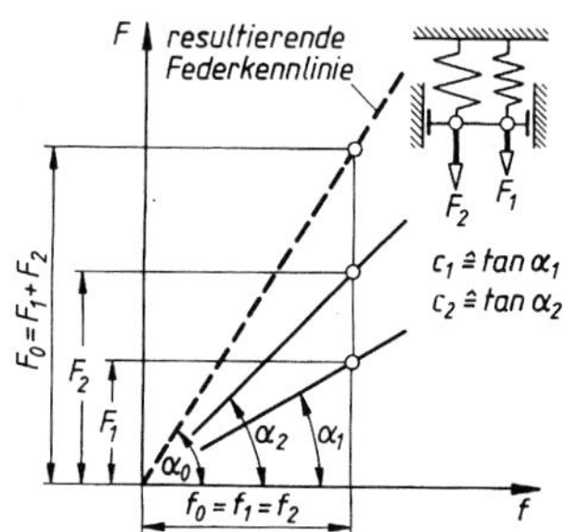

Eigenfrequenz ν_e (Federmasse vernachlässigt)

$$\nu_e = \frac{1}{2\pi}\sqrt{\frac{c}{m}}$$

für Zug-, Druck- und Biegefedern

$$\nu_e = \frac{1}{2\pi}\sqrt{\frac{c_D}{J}}$$

für Drehstabfedern

c, c_D Federraten
m Masse des abgefederten Körpers
J Trägheitsmoment des Körpers, bezogen auf die Drehachse
Hz Hertz (1 Hz = $\frac{1}{s}$)

ν_e	c	c_D	m	J
$\frac{1}{s} = \text{Hz}$	$\frac{\text{N}}{\text{m}}$	$\frac{\text{Nm}}{\text{rad}}$	kg	kgm^2

In der Gleichung für Drehstabfedern steht das Trägheitsmoment J für die Masse m (Analogie: $J \triangleq m$).

10.3.2 Metallfedern

Größen und Einheiten

Spannung σ, τ in N/mm², Elastizitätsmodul E und Schubmodul G in N/mm² (E_{Stahl} = 210 000 N/mm², G_{Stahl} = 83 000 N/mm²), Federkraft (Federbelastung) F in N, Federmoment (Kraftmoment, Drehmoment) M in Nmm, Federrate c in N/mm (bei Drehstabfedern in Nmm/rad), Federarbeit W_f in Nmm, Widerstandsmoment W in mm³, Flächenmoment 2. Grades I in mm⁴, Federvolumen V in mm³, Federweg f in mm, Drehwinkel φ in rad, sämtliche Längenmaße in mm.

10.3.2.1 Rechteck-Blattfeder

$$\sigma_b = \frac{F\,l}{W_x} = \frac{6F\,l}{b\,h^2} \le \sigma_{b\,zul} \qquad f = \frac{F\,l^3}{3E\,I_x} = \frac{4F\,l^3}{b\,h^3 E} \qquad c = \frac{E\,b\,h^3}{4l^3}$$

$$f_{max} = \frac{2l^2}{3hE}\sigma_{b\,zul} \qquad W_f = \frac{V\,\sigma_b^2}{18E}$$

$$V = b\,h\,l$$

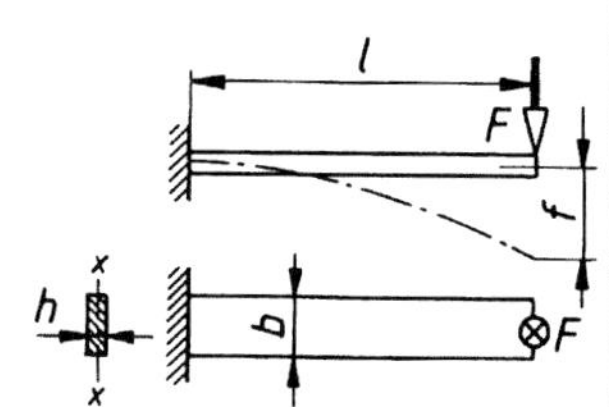

Zulässige Biegespannung $\sigma_{b\,zul}$:
Bei *ruhender* Belastung $\sigma_{b\,zul} = 0{,}7\,R_m$ mit R_m = 1300 ... 1500 N/mm² für Federstahl.
Bei *schwingender* Belastung gilt das Dauerfestigkeits- oder Gestaltfestigkeitsdiagramm.
Dann muss sein:

$\sigma_{b\,zul} \approx \sigma_m + 0{,}7\,\sigma_A$ — σ_A Ausschlagfestigkeit

$\sigma_{a\,vorh} \le 0{,}75\,\sigma_A$ — σ_a Ausschlagspannung

Anhaltswert für σ_A = 50 N/mm² für Federstahl.

10.3.2.2 Dreieck-Blattfeder

$$\sigma_b = \frac{F\,l}{W_x} = \frac{6F\,l}{b\,h^2} \le \sigma_{b\,zul} \qquad f = \frac{F\,l^3}{2E\,I_x} = \frac{6F\,l^3}{b\,h^3 E} \qquad c = \frac{b\,h^3 E}{6l^3}$$

$\sigma_{b\,zul}$ wie oben

$$f_{max} = \frac{l^2 \sigma_{b\,zul}}{hE} \qquad W_f = \frac{V\,\sigma_b^2}{6E}$$

$$V = \frac{1}{2} b\,h\,l$$

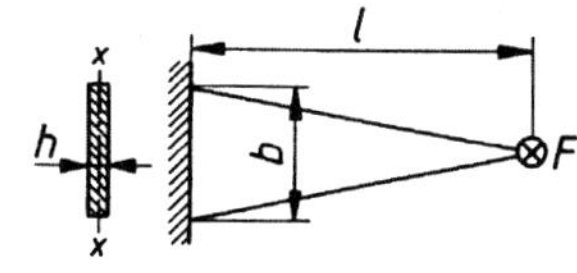

10.3.2.3 Trapez-Blattfeder

$$\sigma_b = \frac{F\,l}{W_x} = \frac{6F\,l}{b\,h^2} \le \sigma_{b\,zul} \qquad f = K_{Tr}\frac{F\,l^3}{3E\,I_x} = K_{Tr}\frac{4F\,l^3}{b\,h^3 E} \qquad c = \frac{b\,h^3 E}{4K_{Tr}\,l^3}$$

$\sigma_{b\,zul}$ wie oben

$$f_{max} = K_{Tr}\frac{2l^2\,\sigma_{b\,zul}}{3hE} \qquad W_f = \frac{K_{Tr}\,V\,\sigma_b^2}{9\left(1+\frac{b'}{b}\right)E}$$

Formfaktor K_{Tr} aus nachstehendem Diagramm $\quad V = \frac{1}{2} b\,h\,l\left(1+\frac{b'}{b}\right)$

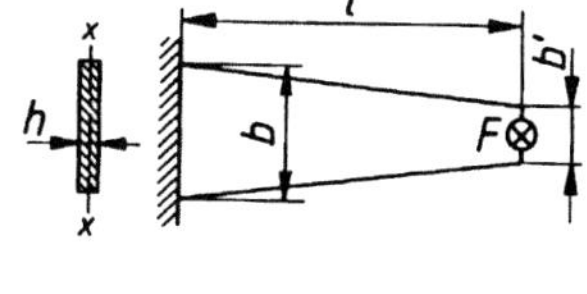

10.3.2.4 Geschichtete Blattfeder

$$\sigma_b = \frac{F\,l}{W_x} \le \sigma_{b\,zul} \qquad f = K_{Tr}\frac{F\,l^3}{3E\,I_x} = K_{Tr}\frac{4F\,l^3}{z\,b\,h^3 E} \qquad c = \frac{z\,b\,h^3 E}{4K_{Tr}\,l^3}$$

$$\sigma_b = \frac{6F\,l}{z\,b\,h^2} \le \sigma_{b\,zul} \qquad f_{max} = K_{Tr}\frac{2l^2\sigma_{b\,zul}}{3hE} \qquad W_f = \frac{K_{Tr}\,V\,\sigma_b^2}{9\left(1+\frac{z'}{z}\right)E}$$

$\sigma_{b\,zul}$ = 600 N/mm² für Vorderfedern an Fahrzeugen

$$V = \frac{1}{2}b\,h\,l\left(1+\frac{z'}{z}\right)$$

$\sigma_{b\,zul}$ = 750 N/mm² für Hinterfedern

z Anzahl der Blätter
z' Anzahl der Blätter von der Länge L
Formfaktor K_{Tr} aus nachstehendem Diagramm

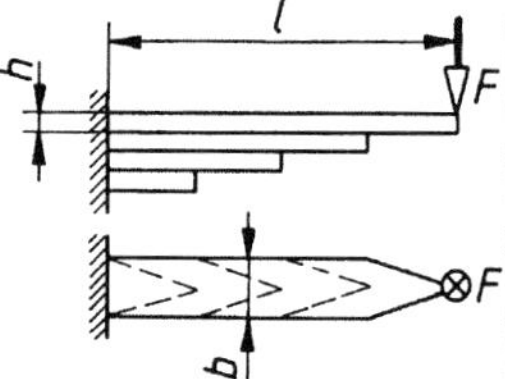
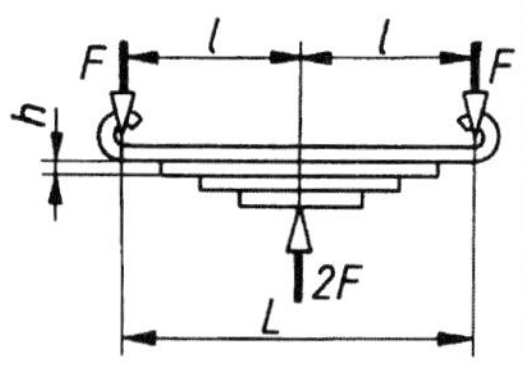

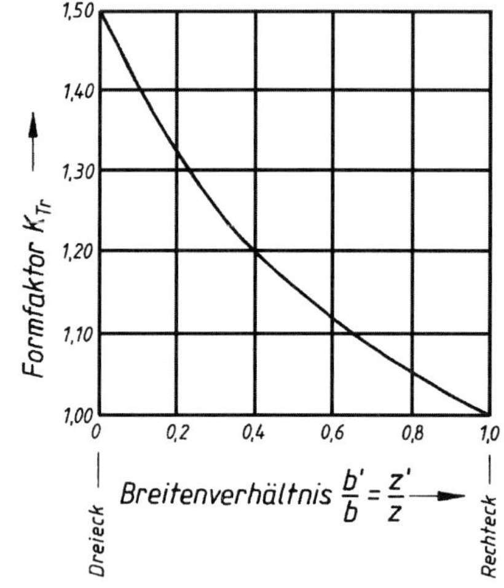

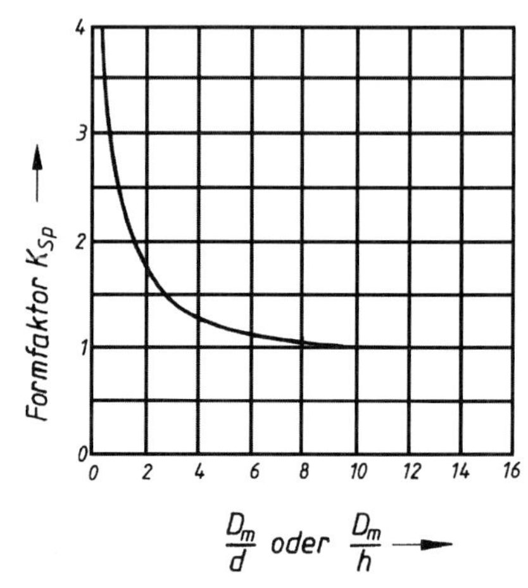

10.3.2.5 Spiralfeder

$$\sigma_b = 10\,K_{Sp}\frac{M}{d^3} \le \sigma_{b\,zul} \qquad \varphi = \frac{M\,l}{E\,I_x} \qquad \varphi_{max} = \frac{2l\,\sigma_{b\,zul}}{d\,E} \qquad c = \frac{\pi\,d^4 E}{64\,l}$$

für Kreisquerschnitt $\qquad W_f = \dfrac{V\,\sigma^2}{8E}$

$$\sigma_b = 6\,K_{Sp}\frac{M}{b\,h^2} \le \sigma_{b\,zul} \qquad \varphi = \frac{M\,l}{E\,I_x};\quad \varphi_{max} = \frac{2l\,\sigma_{b\,zul}}{hE} \qquad c = \frac{b\,h^3 E}{12\,l}$$

für Rechteckquerschnitt $\qquad l = \dfrac{\pi(r_a^2 - r_i^2)}{(d \text{ oder } h) + w} \qquad W_f = \dfrac{V\,\sigma^2}{6E}$

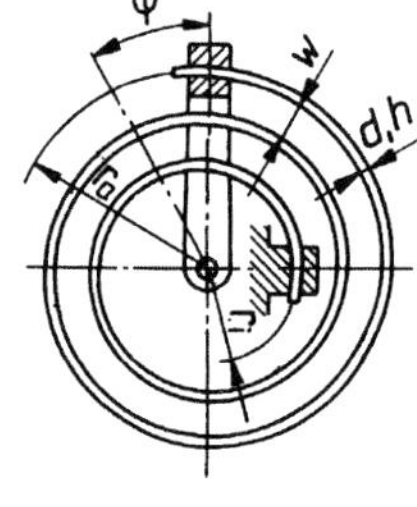

K_{Sp} aus vorstehendem Diagramm
Die zulässige Biegespannung $\sigma_{b\,zul}$ ist abhängig vom Drahtwerkstoff (patentiert-gezogener Federdraht) und vom Drahtdurchmesser.

Anhaltswerte:							
Drahtdurchmesser d in mm	2	3	4	5	6	8	10
$\sigma_{b\,zul}$ in N/mm²	1200	1170	1130	980	920	860	800

10.3.2.6 Drehfeder (Schenkelfeder)

$$\sigma_b = 10\,K_{Sp}\,\frac{F\,r}{d^3} \leq \sigma_{b\,zul} \qquad \varphi = \frac{F\,l\,r}{E\,I_x} \qquad \varphi_{max} = \frac{2\,l\,\sigma_{b\,zul}}{(d\,\text{oder}\,h)E}$$

Größen c und W_f wie in 10.3.2.5

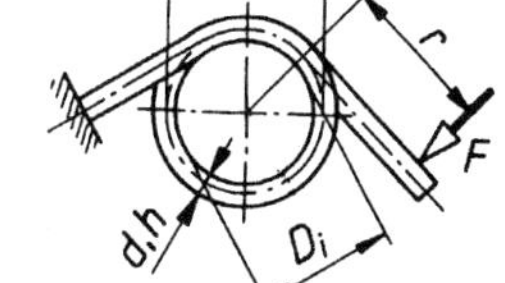

$\sigma_{b\,zul}$ wie in 10.3.2.5
K_{Sp} aus Diagramm in 10.3.2.4

Bei *schwingender* Belastung ist der Beiwert k zu berücksichtigen. (Diagramm unter Entwurfsberechnung, unten)

$$l = i_f\sqrt{(D_m\,\pi)^2 + s^2}$$

gestreckte Lände der Windungen

i_f Anzahl der federnden Windungen
s Windungssteigung

Entwurfsberechnung des Drahtdurchmessers d:

$$d = k_1\frac{\sqrt[3]{F\,r}}{1-k_2}$$

d, r	F	k_1, k_2
mm	N	1

$$k_2 = 0{,}06\frac{\sqrt[3]{F\,r}}{D_i}$$

$k_1 = 0{,}22$ für $d < 5$ mm
$k_1 = 0{,}24$ für $d \geq 5$ mm

10.3.2.7 Drehstabfeder (Drehmoment *M* = Torsionsmoment *T*)

$$\tau_{t\,max} = \frac{T}{W_p} = \frac{16T}{\pi\,d^3} \leq \tau_{t\,zul} \qquad \varphi = \frac{T\,l}{G\,I_p} = \frac{32\,T\,l}{\pi\,d^4 G} \qquad c = \frac{\pi\,d^4 G}{32\,l}$$

$$d \geq \sqrt[3]{\frac{16T}{\pi\,\tau_{t\,zul}}} \qquad \varphi_{max} = \frac{2\,l\,\tau_{t\,zul}}{d\,G} \qquad W_f = \frac{V\,\tau_t^2}{16G}$$

$$d \geq \frac{d\,l\,\tau_{t\,zul}}{\varphi G}$$

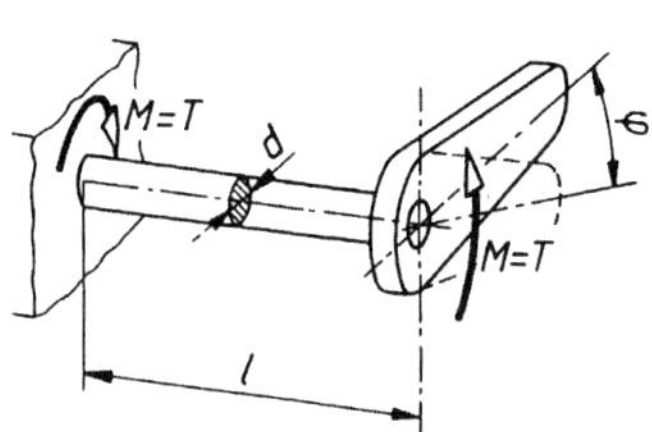

$\tau_{t\,zul}$ für 50 CrV4 ≈ 700 N/mm² für nicht gesetzte Stäbe, ≈ 1000 N/mm² für gesetzte Stäbe;
$\tau_{t\,zul} = \pm\,100\,...\,200$ N/mm² für Dauerbeanspruchung bei geschliffener Oberfläche.
Sonst: Gestaltfestigkeit $\tau_G \leq 700$ N/mm², Ausschlagfestigkeit $\tau_A \leq \pm\,200$ N/mm², es muss sein:
$\tau_m + \tau_A \leq \tau_G$ und $\tau_{a\,zul} \approx 0{,}75\,\tau_A$.

10.3.2.8 Ringfeder

$$\sigma = \frac{F}{\pi\,h_{am}\,b\tan(\beta+\varrho)} \leq \sigma_{zul}$$

$$\sigma_{Außenring} = \frac{F}{\pi\,h_{am}\,b\tan(\beta+\varrho)} = \frac{h_m}{h_{am}}\sigma \leq 800\frac{\text{N}}{\text{mm}^2}$$

$\varrho \approx 9°$ für schwere Ringe,
$\varrho \approx 7°$ für leichte Ringe,

$$\beta = 14°,\ b \approx \frac{D_a}{4}$$

$$h_m = \frac{1}{4}(D_a - D_i)$$

$$\sigma_{Innenring} = \frac{h_m}{h_{im}}\sigma \leq 1200\frac{\text{N}}{\text{mm}^2}$$

$$f = \frac{L\,F}{b^2 E\,\pi\tan\beta\tan(\beta+\varrho)}\left(\frac{D_a}{h_{am}} + \frac{D_i}{h_{im}}\right)$$

Für Belasten: $F_{bel} = F_{el}\,\dfrac{\tan(\beta+\varrho)}{\tan\beta}$

F_{el} allein von der elastischen Verformung herrührende Federkraft

für Entlasten: $F_{entl} = F_{el}\,\dfrac{\tan(\beta-\varrho)}{\tan\beta}$

$F_{entl} \approx \frac{1}{3}F_{bel}$; $(\varrho_{entl} \leq \varrho_{bel})$

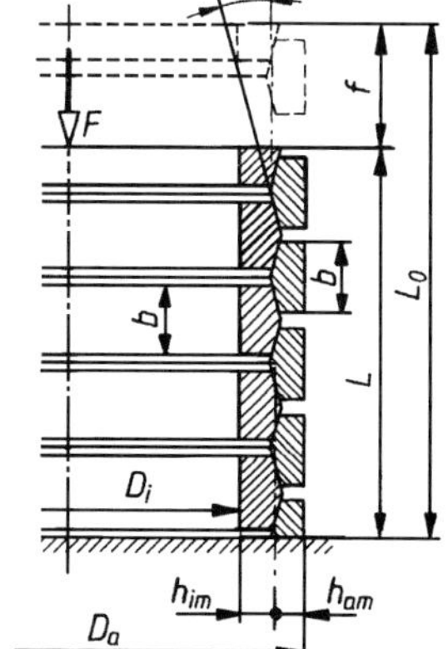

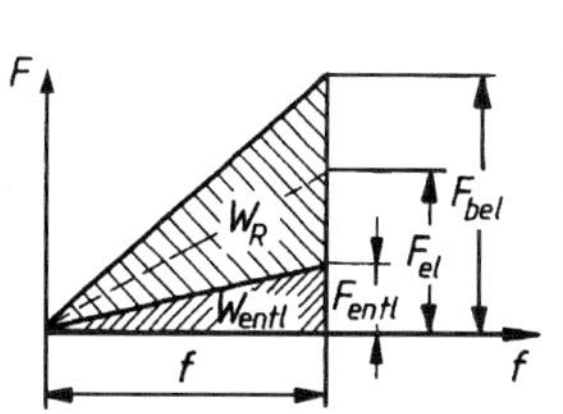

10.3.2.9 Zylindrische Schraubendruckfeder

$$\tau_i = \frac{8FD_m}{\pi d^3} = \frac{G d f}{\pi i_f D_m^2} \le \tau_{i\,zul} \qquad F = \frac{d^4 f G}{8 i_f D_m^3}$$

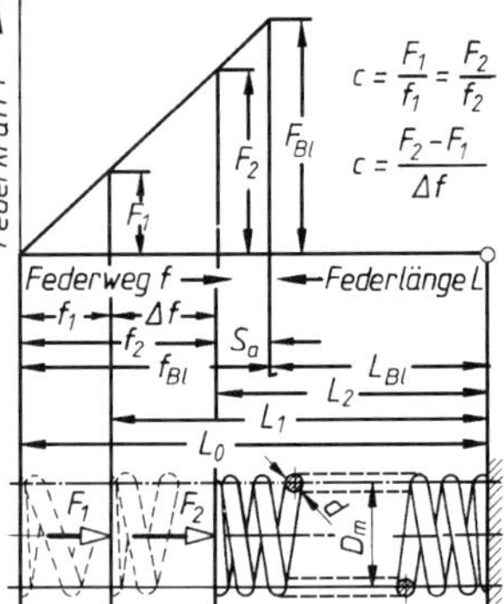

$$d \ge \sqrt[3]{\frac{8 F D_m}{\pi \tau_{i\,zul}}}$$

G Schubmodul

G_{Stahl} = 83 000 N/mm²

τ_i ideelle Schubspannung

i_f Anzahl der federnden Windungen

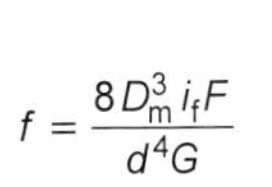

$$f = \frac{8 D_m^3 i_f F}{d^4 G} \qquad c = \frac{d^4 G}{8 i_f D_m^3} \qquad i_f = \frac{1}{c} \cdot \frac{d^4 G}{8 D_m^3} \qquad W_f = \frac{V \tau^2}{4G}$$

$$L_{Bl} = (i_f + 1{,}8)\, d = i_g\, d \qquad i_g = i_f + 1{,}8$$

$$L_0 = L_{Bl} + S_a + f_2$$

i_g Gesamtzahl der Windungen

L_{Bl} Blocklänge

S_a Summe aller Windungsabstände

Anhaltswerte für die zulässige ideelle Schubspannung

Drahtdurchmesser in mm	2	4	6	8	10
$\tau_{i\,zul}$ in N/mm²	900	750	670	620	570

Ermittlung der Summe der Mindestabstände S_a bei kaltgeformten Druckfedern nach DIN 2095

d mm	Berechnungsformel für S_a in mm	x-Werte in 1/mm bei Wickelverhältnis $w = \frac{D_m}{d}$ 4 … 6	über 6 … 8	über 8 … 12	über 12
0,07 … 0,5	$0{,}5\, d + x\, d^2\, i_f$	0,50	0,75	1,00	1,50
über 0,5 … 1,0	$0{,}4\, d + x\, d^2\, i_f$	0,20	0,40	0,60	1,00
über 1,0 … 1,6	$0{,}3\, d + x\, d^2\, i_f$	0,05	0,15	0,25	0,40
über 1,6 … 2,5	$0{,}2\, d + x\, d^2\, i_f$	0,035	0,10	0,20	0,30
über 2,5 … 4,0	$1\, d + x\, d^2\, i_f$	0,02	0,04	0,06	0,10
über 4,0 … 6,3	$1\, d + x\, d^2\, i_f$	0,015	0,03	0,045	0,06
über 6,3 … 10	$1\, d + x\, d^2\, i_f$	0,01	0,02	0,030	0,04
über 10 … 17	$1\, d + x\, d^2\, i_f$	0,005	0,01	0,018	0,022

Entwurfsberechnung des Drahtdurchmessers d bei gegebener größter Federkraft F_2 und geschätzten Durchmessern D_a und D_i:

$$d \approx k_1 \sqrt[3]{F_2 D_a}$$

$$d \approx k_1 \sqrt[3]{F_2 D_i} + \frac{2(k_1 \sqrt[3]{F_2 D_i})^2}{3 D_i}$$

d, D_a, D_i	F_2	k_1
mm	N	1

$k_1 = 0{,}15$ bei $d < 5$ mm
$k_1 = 0{,}16$ bei $d = 5$ mm…14 mm
} für Federstahldraht C (siehe Dauerfestigkeitsdiagramm)

Die Gleichung $\tau_i = 8\,FD_m / \pi\,d^3$ berücksichtigt nicht die Spannungserhöhung durch die Drahtkrümmung. Bei *schwingender* Belastung der Feder wird diese Spannungserhöhung berücksichtigt. Es gilt dann:

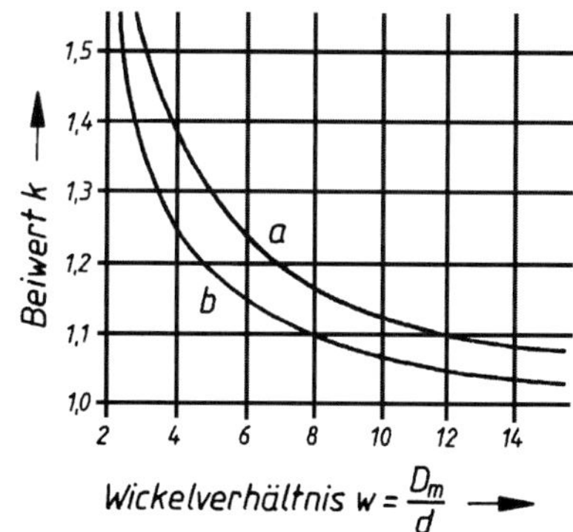

$$\tau_{k1} = k\frac{8F_1D_m}{\pi\,d^3} = k\frac{G\,d\,f_1}{\pi\,i_f\,D_m^2} < \tau_{kO}$$

$$\tau_{k2} = k\frac{8F_2D_m}{\pi\,d^3} = k\frac{G\,d\,f_2}{\pi\,i_f\,D_m^2} < \tau_{kH} \qquad \Delta F = F_2 - F_1$$

k Beiwert nach nebenstehendem Diagramm in Abhängigkeit vom Wickelverhältnis. Kurve a für Schraubendruckfeder, Kurve b für Drehfedern

τ_{kO} Oberspannungsfestigkeit aus dem Dauerfestigkeitsdiagramm für kaltgeformte Druckfedern aus Federstahldraht *C*

Zusätzliche Bedingungen:

Die Hubspannung τ_{kh} (berechnet mit dem Federhub $h = f_2 - f_1 = \Delta f$) darf die Dauerhubfestigkeit τ_{kH} (siehe Diagramm) nicht überschreiten:

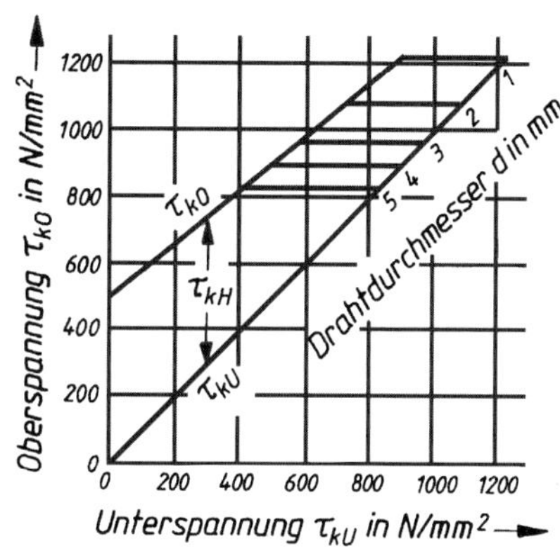

Dauerfestigkeitsdiagramm für kaltgeformte Druckfedern aus Federstahldraht *C*

$$\tau_{kh} = k\frac{G\,d\,h}{\pi\,i_f\,D_m^2} < \tau_{kH} \qquad (h \text{ Federhub}) \text{ oder}$$

$$\tau_{kh} = k\frac{8\,\Delta F D_m}{\pi\,d^3} < \tau_{kH} \qquad \Delta F = F_2 - F_1$$

Ebenso darf die größte Schubspannung τ_{k2} (berechnet mit dem Federweg f_2) die Oberspannungsfestigkeit τ_{kO} (siehe Diagramm) nicht überschreiten:

$$\tau_{k2} = k\frac{G\,d\,f_2}{\pi\,i_f\,D_m^2} < \tau_{kO}$$

$$\tau_{k2} = k\frac{8F_2D_m}{\pi\,d^3} < \tau_{kO}$$

Zur Überprüfung der Dauerhaltbarkeit bestimmt man aus dem Federweg f_1 oder nach

$$\tau_{k1} = k\frac{8F_1D_m}{\pi\,d^3}$$

die Spannung τ_{k1}, setzt $\tau_{k1} = \tau_{kU}$ (Unterspannungsfestigkeit aus dem Diagramm und liest τ_{kO} und τ_{kH} ab.

Sicherheit gegen Ausknicken ist ausreichend, wenn die geometrischen Größen im nebenstehenden Diagramm einen Schnittpunkt unterhalb der Kurven ergeben.

Kurve a: Federn mit geführten Einspannenden

Kurve b: Federn mit veränderlichen Auflagebedingungen

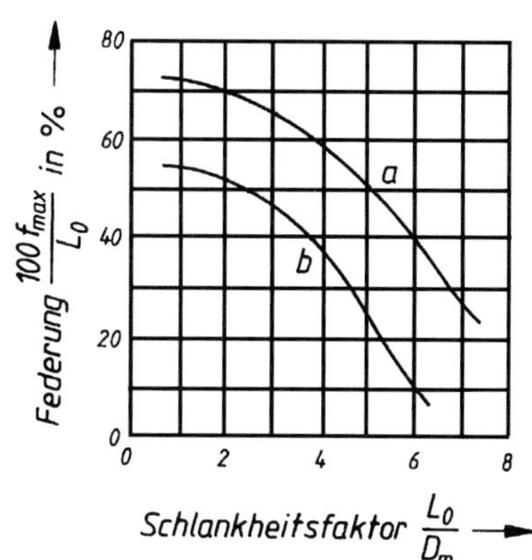

10.3.2.10 Zylindrische Schraubenzugfeder

Bei Zugfedern ohne innere Vorspannung gelten die Spannungs- und Formänderungsgleichungen wie bei Druckfedern in 10.3.2.9, ebenso die Anhaltswerte für $\tau_{i\,zul}$.

Bei Zugfedern mit innerer Vorspannkraft F_0 ist statt F die Differenz $F - F_0$ einzusetzen. Die innere Vorspannkraft F_0 ergibt sich aus

$$F_0 = F - f\,c$$

$$F_0 = F - f \frac{G\,d^4}{8\,i_f\,D_m^3}$$

Damit wird nachgeprüft:

$$\tau_{i\,0} = \frac{8\,F_0\,D_m}{\pi\,d^3} \le \tau_{i0\,zul}$$

Richtwerte für $\tau_{i\,0\,zul}$

Herstellungsverfahren		Wickelverhältnis $w = D_m/d$	
		$w = 4 \ldots 10$	$w > 10 \ldots 15$
kalt-geformt	auf Wickelbank	$0{,}25 \cdot \tau_{i\,zul}$	$0{,}14 \cdot \tau_{i\,zul}$
	auf Automat	$0{,}14 \cdot \tau_{i\,zul}$	$0{,}07 \cdot \tau_{i\,zul}$

10.3.2.11 Tellerfedern

Normen

DIN 2092 Tellerfedern, Berechnung
DIN 2093 Tellerfedern, Maße, Qualitätsforderungen

Formelzeichen und Einheiten

D_a, D_i	mm	Außen-, Innendurchmesser des Federtellers
D_0	mm	Durchmesser des Stülpmittelpunktkreises
E	N/mm²	Elastizitätsmodul (für Federstahl E = 206 000 N/mm²)
F	N	Federkraft des Einzeltellers
L_0	mm	Länge von Federsäule oder Federpaket, unbelastet
L_C	mm	berechnete Länge von Federsäule oder Federpaket, platt gedrückt
N		Anzahl der Lastspiele bis zum Bruch
R	N/mm	Federrate
W	Nmm	Federungsarbeit
$H_0 = l_0 - t$, h'_0	mm	lichte Tellerhöhe des unbelasteten Einzeltellers (Rechengröße = Federweg bis zur Plananlage) bei Tellerfedern ohne Auflagefläche, mit Auflagefläche
S (s_1, s_2, s_3...)	mm	Federweg des Einzeltellers (bei F_1, F_2, F_3 ...)
$s_{0,75}$	mm	Federweg des Einzeltellers beim Federweg $s = 0{,}75\,h_0$
t, t'	mm	Tellerdicke, reduzierte Dicke bei Tellern mit Auflagefläche (Gruppe 3)
μ		Poisson-Zahl (μ = 0,3 für Stahl)
σ (σ_I, σ_{II}, σ_{III}, σ_{OM})	N/mm²	rechnerische Normalspannung (für die Querschnitte nach Bild in 10.3.2.11.1)
σ_h	N/mm²	Hubspannung bei Dauerschwingbeanspruchung der Feder
σ_0, σ_u	N/mm²	rechnerische Oberspannung, Unterspannung bei Schwingbeanspruchung
σ_O, σ_U	N/mm²	Ober-, Unterspannung der Dauerschwingfestigkeit
$\sigma_H = \sigma_O - \sigma_U$	N/mm²	Dauerhubfestigkeit

10.3.2.11.1 Maße, Begriffe und Bezeichnungen

Maße der Einzelteller

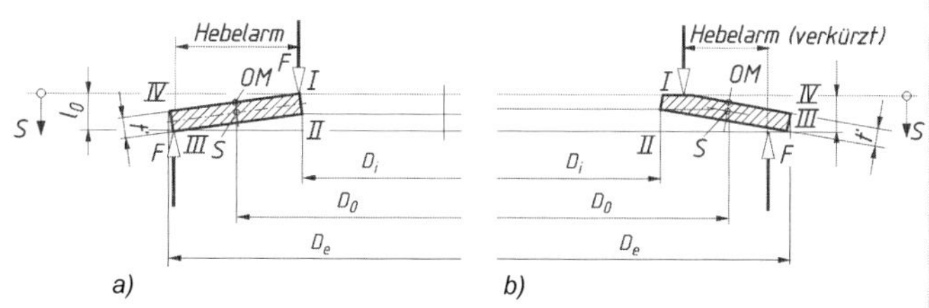

a) ohne Auflagefläche, b) mit Auflagefläche und Lage der Berechnungspunkte (I, II, III, IV, OM), I und II sind Krafteinleitungskreise, S ist der Stülpmittelpunkt.

Querschnitt (schematisch) einer Tellerfeder
a) ohne Auflagefläche,
b) mit Auflagefläche

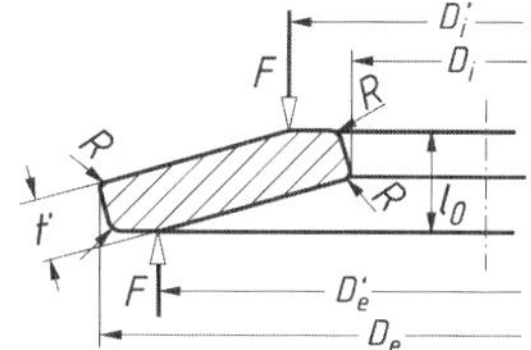

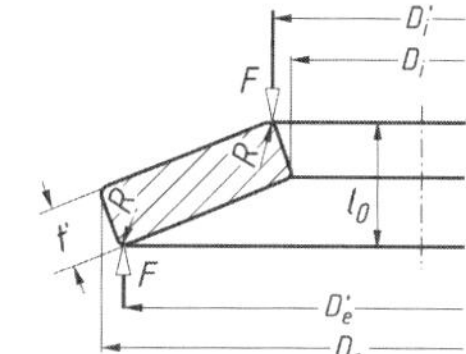

Federkennlinien von Einzeltellern mit verschiedenen Verhältnissen h_0/t = lichte Tellerhöhe h_0/Tellerdicke t, (gestrichelte Ordinate gilt für Werte nach DIN 2093).

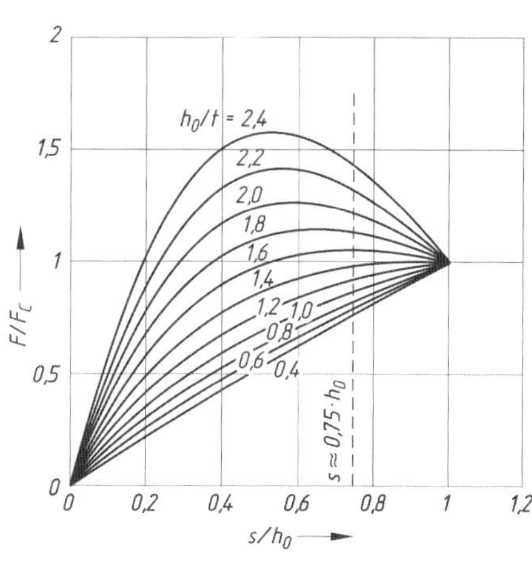

Kombinationen geschichteter Tellerfedern
a) Federpaket,
b) Federsäule

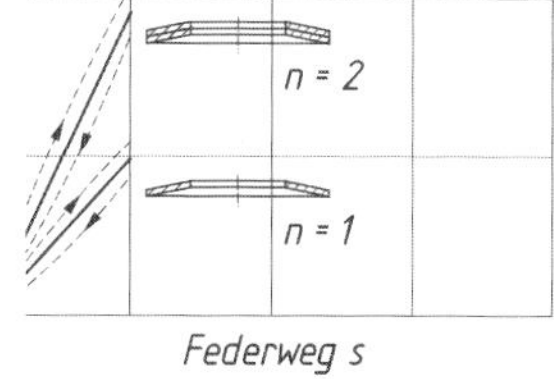

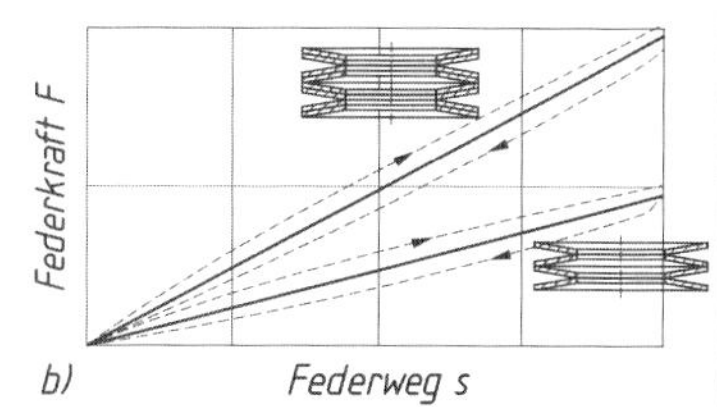

10.3.2.11.2 Berechnungen

F, s, l_0, t, h_0 siehe 10.3.2.11.3 (Tabelle)

Federpaket mit n Anzahl der gleichsinnig geschichteten Einzelteller:

Gesamtfederkraft	$F_{ges} = n \cdot F$
Gesamtfederweg	$s_{ges} = s$
Pakethöhe (*unbelastet*)	$L_0 = l_0 + (n-1) \cdot t$
Pakethöhe (*belastet*)	$L = L_0 - s_{ges}$

Federsäule mit Anzahl i der wechselsinnig aneinander gereihten Pakete und je n Einzelteller:

Gesamtfederkraft	$F_{ges} = F$
Gesamtfederweg	$s_{ges} = i \cdot s$
Säulenlänge (*unbelastet*)	$L_0 = i \cdot [l_0 + (n-1) \cdot t] = i \cdot (h_0 + n \cdot t)$
Säulenlänge (*belastet*)	$L = L_0 - s_{ges} = i \cdot (h_0 + n \cdot t - s)$

Berechnungsgleichungen für die Einzeltellerfeder Kennwerte K

$\delta = \frac{D_e}{D_i}$ Durchmesserverhältnis

$$K_1 = \frac{1}{\pi} \cdot \frac{\left(\frac{\delta - 1}{\delta}\right)^2}{\frac{\delta + 1}{\delta - 1} - \frac{2}{\ln \delta}}$$

$$K_2 = \frac{6}{\pi} \cdot \frac{\left(\frac{\delta - 1}{\ln \delta} - 1\right)}{\ln \delta}$$

$$K_3 = \frac{3}{\pi} \cdot \frac{\delta - 1}{\ln \delta}$$

$$K_4 = \sqrt{-\frac{C_1}{2} + \sqrt{\left(\frac{C_1}{2}\right)^2 + C_2}}$$

$K_4 = 1$ bei Federteller ohne Auflagefläche

$$C_1 = \frac{\left(\frac{t'}{t}\right)^2}{\left(\frac{1}{4} \cdot \frac{l_0}{t} - \frac{t'}{t} + \frac{3}{4}\right)\left(\frac{5}{8} \cdot \frac{l_0}{t} - \frac{t'}{t} + \frac{3}{8}\right)}$$

$$C_2 = \frac{C_1}{\left(\frac{t'}{t}\right)^3}\left[\frac{5}{32} \cdot \left(\frac{l_0}{t} - 1\right)^2 + 1\right]$$

Federkraft F bei beliebigem Federweg s des Einzeltellers (s_1, s_2, s_3 ...)

$$F = \frac{4E}{1 - \mu^2} \cdot \frac{t^4}{K_1 D_e^2} \cdot K_4^2 \frac{s}{t}\left[K_4^2 \left(\frac{h_0}{t} - \frac{s}{t}\right)\left(\frac{h_0}{t} - \frac{s}{2t}\right) + 1\right]$$

Beachte: Für Tellerfedern der Gruppe 3 mit Auflagefläche und reduzierter Dicke t' ist in allen Gleichungen t durch t' und h_0 durch $h'_0 = l_0 - t'$ zu ersetzen.

Federkraft F_C bei platt gedrückter Tellerfeder ($s = h_0$)

$$F_C = F\,h_0 = \frac{4E}{1-\mu^2} \cdot \frac{t^3 h_0}{K_1 D_e^2} \cdot K_4^2$$

Für Federstahl kann mit dem Faktor $\frac{4E}{1-\mu^2}$ = 905 495 N/mm² gerechnet werden (Elastizitätsmodul E = 206000 N/mm² und Poisson-Zahl μ = 0,3).

Rechnerische Spannungen (negative Beträge sind Druckspannungen)

$$\sigma_{0M} = -\frac{4E}{1-\mu^2} \cdot \frac{t^2}{K_1 D_e^2} \cdot K_4 \cdot \frac{s}{t} \cdot \frac{3}{\pi} \le \sigma_{zul}$$

$$\sigma_{I} = -\frac{4E}{1-\mu^2} \cdot \frac{t^2}{K_1 D_e^2} \cdot K_4 \cdot \frac{s}{t} \cdot \left[K_4 \cdot K_2\left(\frac{h_0}{t} - \frac{s}{2t}\right) + K_3\right] \le \sigma_{zul}$$

$$\sigma_{II} = -\frac{4E}{1-\mu^2} \cdot \frac{t^2}{K_1 D_e^2} \cdot K_4 \cdot \frac{s}{t} \cdot \left[K_4 \cdot K_2\left(\frac{h_0}{t} - \frac{s}{2t}\right) - K_3\right] \le \sigma_{zul}$$

$$\sigma_{III} = -\frac{4E}{1-\mu^2} \cdot \frac{t^2}{K_1 D_e^2} \cdot K_4 \cdot \frac{s}{t} \cdot \left[K_4 \cdot (K_2 - 2K_3) \cdot \left(\frac{h_0}{t} - \frac{s}{2t}\right) - K_3\right] \le \sigma_{zul}$$

$$\sigma_{VI} = -\frac{4E}{1-\mu^2} \cdot \frac{t^2}{K_1 D_e^2} \cdot K_4 \cdot \frac{1}{\delta} \cdot \frac{s}{t} \cdot \left[K_4 \cdot (K_2 - 2K_3) \cdot \left(\frac{h_0}{t} - \frac{s}{2t}\right) + K_3\right] \le \sigma_{zul}$$

Federrate R

$$R = \frac{4E}{1-\mu^2} \cdot \frac{t^3}{K_1 D_e^2} \cdot K_4^2 \cdot \left[K_4^2 \cdot \left\{\left(\frac{h_0}{t}\right)^2 - 3 \cdot \frac{h_0}{t} \cdot \frac{s}{t} + \frac{3}{2}\left(\frac{s}{t}\right)^2\right\} + 1\right]$$

Federungsarbeit W

$$W = \frac{4E}{1-\mu^2} \cdot \frac{t^5}{K_1 D_e^2} \cdot K_4^2 \cdot \left(\frac{s}{t}\right)^2 \cdot \left[K_4^2\left(\frac{h_0}{t} - \frac{s}{2t}\right) + 1\right]$$

Maschinenelemente

Federn

Festigkeitsnachweis bei statischer Belastung:
Für diese und die so genannte quasistatische Belastung bei $N < 10^4$ Lastspielen wählt man die Tellerfeder aus Tabelle 10.3.2.11.3 so aus, dass die vorhandene größte Federkraft F kleiner ist als die in der Tabelle angegebene zulässige Federkraft $F_{0,75}$ bei dem Federweg $s_{0,75} = 0,75 \cdot h_0$. Die im Querschnitt I auftretende Druckspannung σ_I soll 2 400 N/mm² bei dem Federweg $s = 0,75 \cdot h_0 = s_{0,75}$ nicht überschreiten.

Nachweis bei schwingender Belastung (Dauerfestigkeit):

Grundlage für den Nachweis der Dauer- oder Zeitfestigkeit sind die in den dargestellten Dauerfestigkeitsdiagrammen (Goodman-Diagramme). Zur Auswertung werden die vorhandenen rechnerischen oberen und unteren Zugspannungen σ_{IIo} σ_{IIu} σ_{IIIo} σ_{IIIu} in den Querschnitten II und III mit den entsprechenden Gleichungen ermittelt. Diese Werte müssen kleiner sein als die Spannungshubgrenzen in den Dauerfestigkeitsdiagrammen.

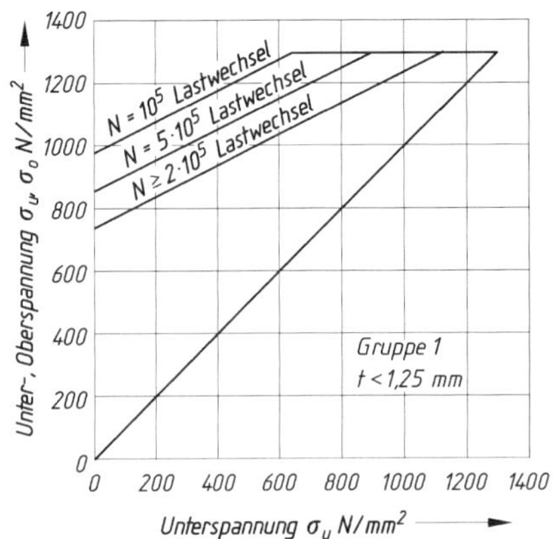

Dauer- und Zeitfestigkeitsdiagramm der Tellerfedergruppe 1 mit $t < 1,25$ mm

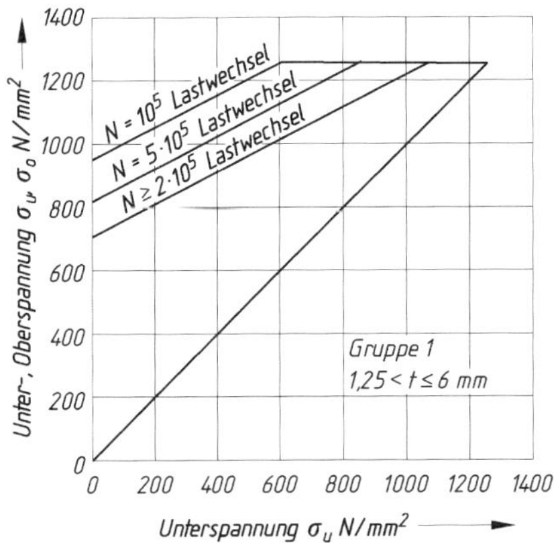

Dauer- und Zeitfestigkeitsdiagramm der Tellerfedergruppe 2 mit 1,25 mm $< t <$ 6 mm

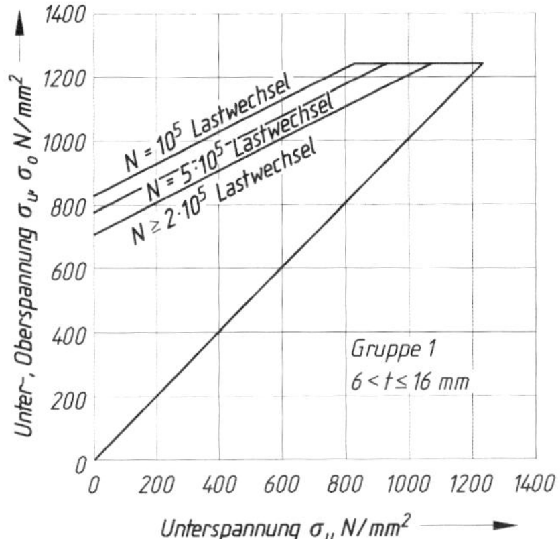

Dauer und Zeitfestigkeitsdiagramm der Tellerfedergruppe 3 mit 6 mm $< t <$ 14 mm

10.3.2.11.3 Original-SCHNORR [1] Tellerfedern (nach DIN 2093), erweitert

D_e Außendurchmesser
D_i Innendurchmesser
t Tellerdicke des Einzeltellers
l_0 Bauhöhe des unbelasteten Federtellers
$h_0 = l_0 - t$ Federweg bis zur Plananlage der Tellerfeder ohne Auflagefläche
h_0 = lichte Höhe am unbelasteten Einzelteller
$F_{0,75}$ Federkraft am Einzelteller bei Federweg $s_{0,75} = 0,75 \cdot h_o$
$s_{0,75}$ Federweg am Einzelteller bei $s = 0,75 \cdot h_o$
σ_{OM}[2], σ_{II}[3], σ_{III} Rechnerische Spannung an der Stelle OM, II, III (siehe Bild in 10.3.2.11.1)

[1] t' ist die verringerte Tellerdicke der Gruppe 3 (Grenzabmaße nach DIN 2093, Abschnitt 6.2).
[2] rechnerische Druckspannung am oberen Mantelpunkt OM (siehe Bild in 10.3.2.11.1).
[3] größte rechnerische Zugspannung an der Tellerunterseite,
*) Werte gelten für die Stelle II, sonst für Stelle III (siehe Bild in 10.3.2.11.1).

							bei $s = 0,75 \cdot h_0$				bei $s \approx 1,0 \cdot h_0$
Reihe	D_e	D_i	$t\,(t')$[1]	l_0	h_0	h_0/t	$F_{0,75}$	$s_{0,75}$	σ_{OM}	σ_{II}*), σ_{III}*)	σ_{OM}
	mm	mm	mm	mm	mm		N	mm	N/mm²	N/mm²	N/mm²
C	8	4,2	0,2	0,45	0,25	1,25	39	0,19	– 762	1040	– 1000
B	8	4,2	0,3	0,55	0,25	0,83	119	0,19	– 1140	1330	– 1510
A	8	4,2	0,4	0,6	0,2	0,50	210	0,15	– 1200	1220	– 1610
C	10	5,2	0,25	0,55	0,3	1,20	58	0,23	– 734	980	– 957
B	10	5,2	0,4	0,7	0,3	0,75	213	0,23	– 1170	1300	– 1530
A	10	5,2	0,5	0,75	0,25	0,50	329	0,19	– 1210	1240	– 1600
C	12,5	6,2	0,35	0,8	0,45	1,29	152	0,34	– 944	1280	– 1250
B	12,5	6,2	0,5	0,85	0,35	0,70	291	0,26	– 1000	1110	– 1390
A	12,5	6,2	0,7	1	0,3	0,43	673	0,23	– 1280	1420	– 1670
C	14	7,2	0,35	0,8	0,45	1,29	123	0,34	– 769	1060	– 1020
B	14	7,2	0,5	0,9	0,4	0,80	279	0,3	– 970	1100	– 1290
A	14	7,2	0,8	1,1	0,3	0,38	813	0,23	– 1190	1340	– 1550
C	16	8,2	0,4	0,9	0,5	1,25	155	0,38	– 751	1020	– 988
B	16	8,2	0,6	1,05	0,45	0,75	412	0,34	– 1010	1120	– 1330
A	16	8,2	0,9	1,25	0,35	0,39	1000	0,26	– 1160	1290	– 1560
C	18	9,2	0,45	1,05	0,6	1,33	214	0,45	– 789	1110	– 1050
B	18	9,2	0,7	1,2	0,5	0,71	572	0,38	– 1040	1130	– 1360
A	18	9,2	1	1,4	0,4	0,40	1250	0,3	– 1170	1300	– 1560
C	20	10,2	0,5	1,15	0,65	1,30	254	0,49	– 772	1070	– 1020
B	20	10,2	0,8	1,35	0,55	0,69	745	0,41	– 1030	1110	– 1390
A	20	10,2	1,1	1,55	0,45	0,41	1530	0,34	– 1180	1300	– 1560
C	22,5	11,2	0,6	1,4	0,8	1,33	425	0,6	– 883	1230	– 1180
B	22,5	11,2	0,8	1,45	0,65	0,81	710	0,49	– 962	1080	– 1280
A	22,5	11,2	1,25	1,75	0,5	0,40	1950	0,38	– 1170	1320	– 1530
C	25	12,2	0,7	1,6	0,9	1,29	601	0,68	– 936	1270	– 1240
B	25	12,2	0,9	1,6	0,7	0,78	868	0,53	– 938	1030	– 1240
A	25	12,2	1,5	2,05	0,55	0,37	2910	0,41	– 1210	1410	– 1620
C	28	14,2	0,8	1,8	1	1,25	801	0,75	– 961	1300	– 1280
B	28	14,2	1	1,8	0,8	0,80	1110	0,6	– 961	1090	– 1280
A	28	14,2	1,5	2,15	0,65	0,43	2850	0,49	– 1180	1280	– 1560
C	31,5	16,3	0,8	1,85	1,05	1,31	687	0,79	– 810	1130	– 1080
B	31,5	16,3	1,25	2,15	0,9	0,72	1920	0,68	– 1090	1190	– 1440
A	31,5	16,3	1,75	2,45	0,7	0,40	3900	0,53	– 1190	1310	– 1570
C	35,5	18,3	0,9	2,05	1,15	1,28	831	0,86	– 779	1080	– 1040
B	35,5	18,3	1,25	2,25	1	0,80	1700	0,75	– 944	1070	– 1260
A	35,5	18,3	2	2,8	0,8	0,40	5190	0,6	– 1210	1330	– 1610
C	40	20,4	1	2,3	1,3	1,30	1020	0,98	– 772	1070	– 1020
B	40	20,4	1,5	2,65	1,15	0,77	2620	0,86	– 1020	1130	– 1360
A	40	20,4	2,25	3,15	0,9	0,40	6540	0,68	– 1210	1340	– 1600

							bei $s = 0{,}75 \cdot h_0$				bei $s \approx 1{,}0 \cdot h_0$
Reihe	D_e	D_i	$t\,(t')$[1]	l_0	h_0	h_0/t	$F_{0,75}$	$s_{0,75}$	σ_{OM}	σ_{II}*), σ_{III}*)	σ_{OM}
	mm	mm	mm	mm	mm		N	mm	N/mm²	N/mm²	N/mm²
C	45	22,4	1,25	2,85	1,6	1,28	1890	1,2	– 920	1250	– 1230
B	45	22,4	1,75	3,05	1,3	0,74	3660	0,98	– 1050	1150	– 1400
A	45	22,4	2,5	3,5	1	0,40	7720	0,75	– 1150	1300	– 1530
C	50	25,4	1,25	2,85	1,6	1,28	1550	1,2	– 754	1040	– 1010
B	50	25,4	2	3,4	1,4	0,70	4760	1,05	– 1060	1140	– 1410
A	50	25,4	3	4,1	1,1	0,37	12000	0,83	– 1250	1430	– 1660
C	56	28,5	1,5	3,45	1,95	1,30	2620	1,46	– 879	1220	– 1170
B	56	28,5	2	3,6	1,6	0,80	4440	1,2	– 963	1090	– 1280
A	56	28,5	3	4,3	1,3	0,43	11400	0,98	– 1180	1280	– 1570
C	63	31	1,8	4,15	2,35	1,31	4240	1,76	– 985	1350	– 1320
B	63	31	2,5	4,25	1,75	0,70	7180	1,31	– 1020	1090	– 1360
A	63	31	3,5	4,9	1,4	0,40	15000	1,05	– 1140	1300	– 1520
C	71	36	2	4,6	2,6	1,30	5140	1,95	– 971	1340	– 1300
B	71	36	2,5	4,5	2	0,80	6730	1,5	– 934	1060	– 1250
A	71	36	4	5,6	1,6	0,40	20500	1,2	– 1200	1330	– 1590
C	80	41	2,25	5,2	2,95	1,31	6610	2,21	– 982	1370	– 1310
B	80	41	3	5,3	2,3	0,77	10500	1,73	– 1030	1140	– 1360
A	80	41	5	6,7	1,7	0,34	33700	1,28	– 1260	1460	– 1680
C	90	46	2,5	5,7	3,2	1,28	7680	2,4	– 935	1290	– 1250
B	90	46	3,5	6	2,5	0,71	14200	1,88	– 1030	1120	– 1360
A	90	46	5	7	2	0,40	31400	1,5	– 1170	1300	– 1560
C	100	51	2,7	6,2	3,5	1,30	8610	2,63	– 895	1240	– 1190
B	100	51	3,5	6,3	2,8	0,80	13100	2,1	– 926	1050	– 1240
A	100	51	6	8,2	2,2	0,37	48000	1,65	– 1250	1420	– 1660
C	112	57	3	6,9	3,9	1,30	10500	2,93	– 882	1220	– 1170
B	112	57	4	7,2	3,2	0,80	17800	2,4	– 963	1090	– 1280
A	112	57	6	8,5	2,5	0,42	43800	1,88	– 1130	1240	– 1510
C	125	64	3,5	8	4,5	1,29	15400	3,38	– 956	1320	– 1270
B	125	64	5	8,5	3,5	0,70	30000	2,63	– 1060	1150	– 1420
A	125	64	8	10,6	2,6	0,41	85900	1,95	– 1280	1330	– 1710
C	140	72	3,8	8,7	4,9	1,29	17200	3,68	– 904	1250	– 1200
B	140	72	5	9	4	0,80	27900	3	– 970	1110	– 1290
A	140	72	8	11,2	3,2	0,49	85300	2,4	– 1260	1280	– 1680
C	160	82	4,3	9,9	5,6	1,30	21800	4,2	– 892	1240	– 1190
B	160	82	6	10,5	4,5	0,75	41100	3,38	– 1000	1110	– 1330
A	160	82	10	13,5	3,5	0,44	139000	2,63	– 1320	1340	– 1750
C	180	92	4,8	11	6,2	1,29	26400	4,65	– 869	1200	– 1160
B	180	92	6	11,1	5,1	0,85	37500	3,83	– 895	1040	– 1190
A	180	92	10	14	4	0,49	125000	3	– 1180	1200	– 1580
C	200	102	5,5	12,5	7	1,27	36100	5,25	– 910	1250	– 1210
B	200	102	8	13,6	5,6	0,81	76400	4,2	– 1060	1250	– 1410
A	200	102	12	16,2	4,2	0,44	183000	3,15	– 1210	1230	– 1610
C	225	112	6,5	13,6	7,1	1,19	44600	5,33	– 840	1140	– 1120
B	225	112	8	14,5	6,5	0,93	70800	4,88	– 951	1180	– 1270
A	225	112	12	17	5	0,51	171000	3,75	– 1120	1140	– 1490
C	250	127	7	14,8	7,8	1,21	50500	5,85	– 814	1120	– 1090
B	250	127	10	17	7	0,81	119000	5,25	– 1050	1240	– 1410
A	250	127	14	19,6	5,6	0,50	249000	4,2	– 1200	1220	– 1600

[1] Adolf Schnorr GmbH + Co. KG, 71050 Sindelfingen

10.3.3 Gummifedern

Anmerkung zu Gummifedern:

Die prozentuale Dämpfung beträgt
$d = (W_{fzu} - W_{fab}) \cdot 100/W_{fab} = 6...30$ %.
Der E-Modul aus $E = 2\,G\,(1 + \mu) = 3\,G$ (mit $\mu = 0{,}5$) gilt nur für Federn, bei denen keine Behinderungen an den Befestigungsstellen durch Reibung oder chemische Bindung eintritt. Die Zerreißfestigkeit beträgt etwa 15 N/mm^2.
Die Dauerfestigkeit ist abhängig von Beanspruchungsart, Gummiqualität, Herstellungsverfahren und Form.
Allseitig eingeschlossener Gummi kann nicht federn (Formfaktor $k = \infty$). Zugbeanspruchung ist bei Gummi zu vermeiden.

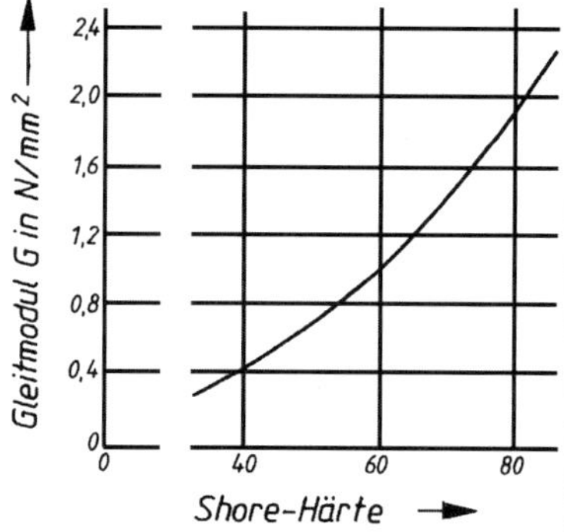

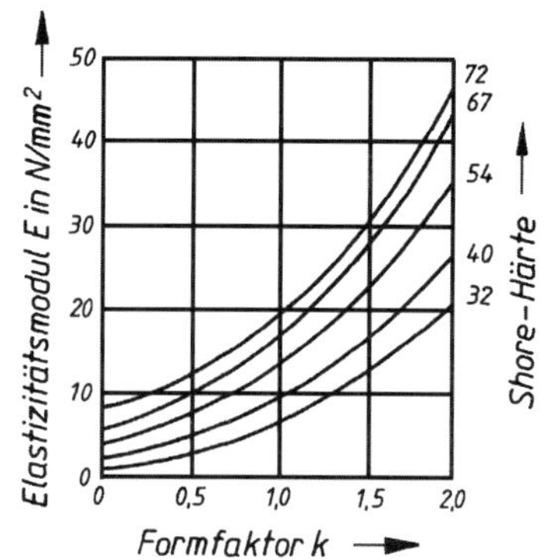

Richtwerte für die zulässige Spannung τ_{zul} in N/mm^2

Beanspruchung	Belastung statisch	Belastung dynamisch
Druck	3	± 1
Parallelschub	1,5	± 0,4
Drehschub	2	± 0,7
Verdrehschub	1,5	± 0,4

Beanspruchung: Druck

$\sigma = \frac{F}{A} = \frac{fE}{h} \leq \sigma_{zul}$ $\quad f = \frac{Fh}{EA}$ $\quad F = \frac{fEA}{h}$ $\quad c = \frac{AE}{h}$

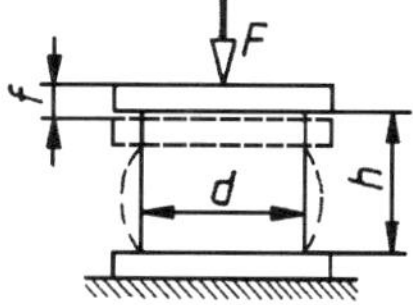

$\sigma_G \leq 3$ N/mm^2; $\sigma_A \leq \pm 1$ N/mm^2; Gleichungen gelten für $f < 0{,}2\,h$

Beanspruchung der Scheibenfeder: Parallelschub

$\tau = \gamma G = \frac{F}{A} = \frac{fG}{h} \leq \tau_{zul}$ $\quad f = \frac{Fh}{GA}$ $\quad F = \frac{fGA}{h}$ $\quad c = \frac{AG}{h}$

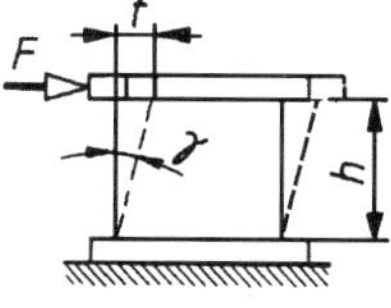

bei kleinem γ ist: $\gamma = \frac{f}{h}$ sonst: aus $\tan \gamma = \frac{f}{h} = \tan \frac{F}{AG}$; $f = h \tan \frac{F}{AG}$

Beanspruchung der Hülsenfeder: Parallelschub

$\tau = \gamma G = \frac{F}{A} = \frac{F}{2\pi r h} \leq \tau_{zul}$ $\quad f = \frac{F}{2\pi hG} \ln \frac{r_2}{r_1}$ $\quad c = \frac{F}{f} = \frac{2\pi hG}{\ln \frac{r_2}{r_1}}$

$$\gamma = \frac{F}{2\pi r hG}$$

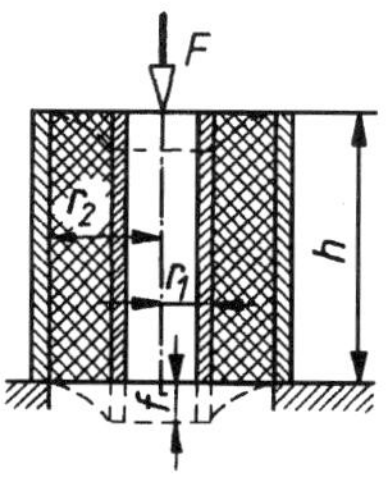

Beanspruchung der Hülsenfeder: Drehschub

$$\tau = \frac{M}{2\pi r^2 l} \le \tau_{zul} \qquad \varphi = \frac{M}{4\pi l G}\left(\frac{1}{r_1^2} - \frac{1}{r_2^2}\right) \qquad c = \frac{M}{\varphi} = \frac{4\pi l G}{\left(\frac{1}{r_1^2}\right) - \left(\frac{1}{r_2^2}\right)}$$

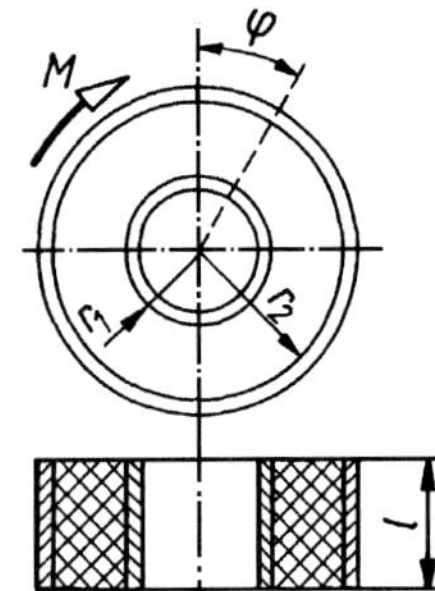

Beanspruchung der Scheibenfeder: Verdrehschub

$$\tau = \gamma G = \frac{\varphi r_2 G}{s} \le \tau_{zul}$$

$$\gamma s \approx \varphi r$$

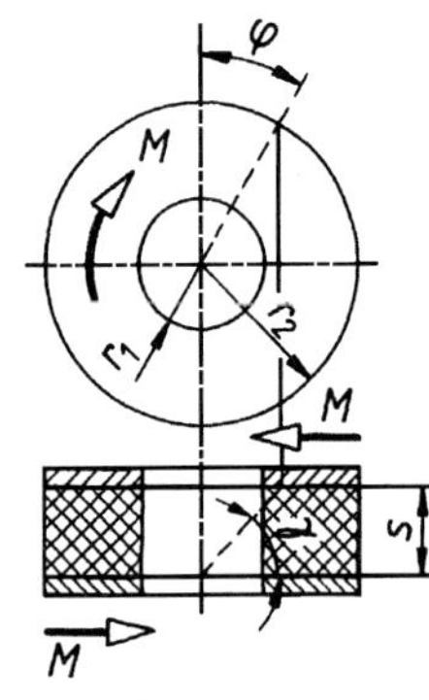

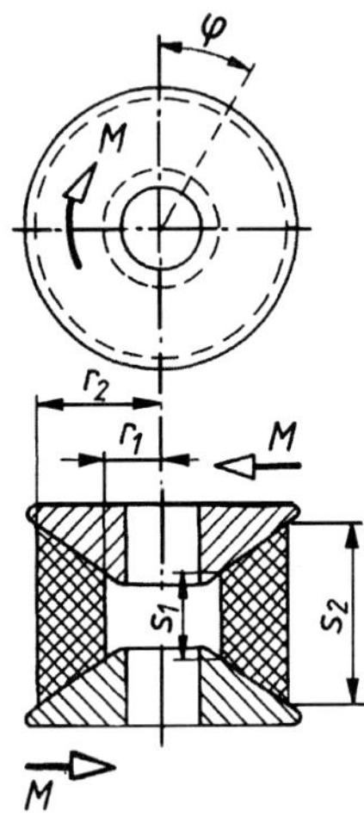

$$M = \frac{2\pi G\varphi}{4s}(4r_2^4 - r_1^4) \qquad M = \frac{2}{3}\pi G\,\varphi(r_2^3 - r_1^3)\frac{r_2}{s_2}$$

10.4 Achsen, Wellen und Zapfen

Normen (Auswahl)

DIN 509	Freistiche
DIN 668, 670, 671	Blanker Rundstahl
DIN 669	Blanke Stahlwellen
DIN 743	Tragfähigkeitsberechnung von Wellen und Achsen
DIN 748	Zylindrische Wellenenden
DIN 1448, 1449	Keglige Wellenenden mit Außen-, Innengewinde
DIN 59360	Geschliffen-polierter Rundstahl

10.4.1 Achsen

Grundlagen zur Berechnung von Achsen, Wellen und Zapfen siehe auch Abschnitt 9 Festigkeitslehre.

Vorhandene Biegespannung σ_b

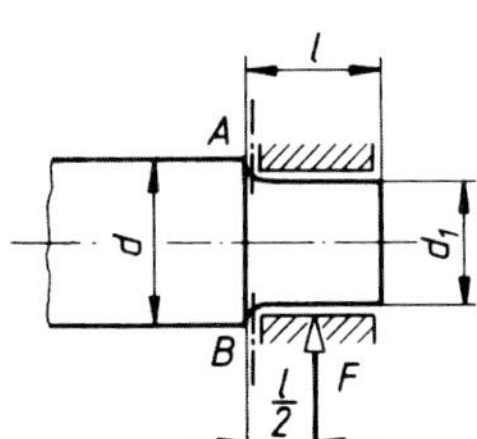

$$\sigma_b = \frac{M_{bx}}{W_x}$$

σ_b	M_b	W
$\frac{N}{mm^2}$	Nmm	mm^3

M_{bx} Biegemoment an beliebiger Schnittstelle x-x

W_x Axiales Widerstandsmoment an der gewählten Schnittstelle, siehe 9 Festigkeitslehre.

Zusätzliche Schubbeanspruchung ist meist gering und wird vernachlässigt.

10.4.2 Wellen

10.4.2.1 Konstruktionsentwurf

Zusammenstellung wichtiger Normen für den Konstruktionsentwurf einer Getriebewelle

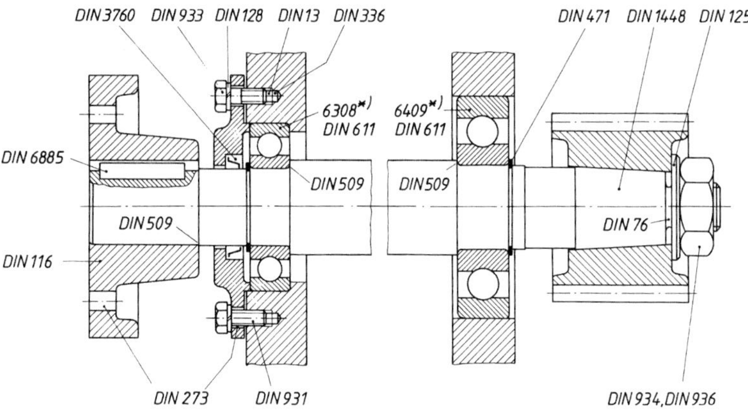

*) 6308 und 6409 sind die Bezeichnungen für Wälzlager

DIN 76 Teil 1	Gewindeausläufe; Gewindefreistiche für Metrisches ISO-Gewinde
DIN 116	Antriebselemente; Scheibenkupplungen, Maße, Drehmomente, Drehzahlen
DIN 125	Scheiben
DIN 128	Federringe
ISO 273	Durchgangslöcher für Schrauben
DIN 336 Teil 1	Durchmesser für Bohrwerkzeuge für Gewindekernlöcher
DIN 471 Teil 1	Sicherungsringe für Wellen
DIN 509	Freistiche
DIN 611	Wälzlagerteile, Wälzlagerzubehör und Gelenklager
IIN 931, DIN 933	Sechskantschrauben
DIN 1448 Teil 1	Kegelige Wellenenden mit Außengewinde
DIN 3760	Radial-Wellendichtringe
DIN 6885	Passfedern, Nuten
DIN 13 Teil 1	Metrisches ISO-Gewinde, Regelgewinde

10.4.2.2 Überschlägige Ermittlung der Wellendurchmesser

Beanspruchung

Bei Wellen liegt gleichzeitige Torsions- und Biegebeanspruchung vor. Durch die Zahnrad-, Riemenzug- und sonstigen Kräfte treten noch kleine, meist vernachlässigbare Schubspannungen auf. Häufig ist das Biegemoment vorerst nicht bekannt. Der Wellendurchmesser *d* wird dann überschlägig berechnet.

Wellendurchmesser *d*

– nur Drehmoment M_T bzw. Leistung *P* und Drehzahl *n* bekannt –

$$d \approx c_1 \sqrt[3]{M_T} \approx c_2 \sqrt[3]{\frac{P}{n}}$$

d	c_1, c_2	M_T	P	n
mm	1	Nmm	kW	min^{-1}

Biegemoment M_b und Torsionsmoment M_T bekannt –

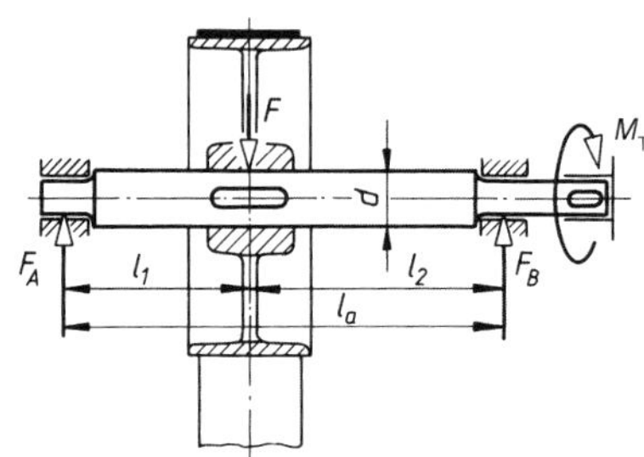

Wellenentwurf mit gleichzeitiger Torsions- und Biegebeanspruchung, Kräfte *F* und Längen *l* bekannt

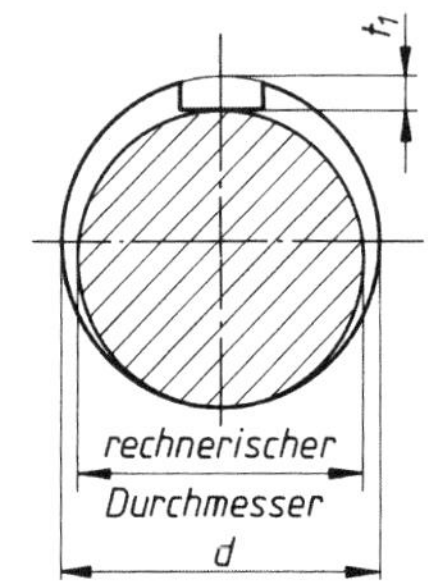

Rechnerischer Wellendurchmesser

Vergleichsspannung σ_V

$$\sigma_V = \sqrt{\sigma_b^2 + 3(\alpha_0\ \tau_t)^2} \leq \sigma_{b\,zul}$$

σ_b vorhandene Biegespannung
τ_t vorhandene Torsionsspannung

$$\alpha_0 = \frac{\sigma_{b\,zul}}{1{,}73\ \tau_{t\,zul}}$$

Anstrengungsverhältnis α_0

Man setzt $\alpha_0 \approx 1{,}0$, wenn σ_b und τ_t im gleichen Belastungsfall (z. B. beide wechselnd) auftreten, $\alpha_0 \approx 0{,}7$ wenn σ_b wechselnd und τ_t schwellend oder ruhend auftritt (häufigster Fall).
$\sigma_{b\,zul}$ zulässige Biegespannung je nach Belastungsfall, siehe Abschnitt Festigkeitslehre.
Sind Torsionsmoment und Biegemoment bekannt, dann lässt sich der Wellendurchmesser mit dem *Vergleichsmoment* M_V berechnen:

Vergleichsmoment M_V

$$M_V = \sqrt{M_b^2 + 0{,}75(\alpha_0 M_T)^2}$$

M_V, M_b, M_T	α_0
Nmm	1

Wellendurchmesser *d*

$$d \geq \sqrt[3]{\frac{M_V}{0{,}1\ \sigma_{b\,zul}}}$$

d	M_V	$\sigma_{b\,zul}$
mm	Nmm	$\frac{\text{N}}{\text{mm}^2}$

10.4.3 Stützkräfte und Biegemomente an Getriebewellen (siehe auch 10.6.1 Kräfte am Zahnrad)

Bezeichnungen: Umfangskraft $F_t = M/r$; Radialkraft F_r; Axialkraft F_a; F_V Vorspannkraft für Riemen nach 9.1; Biegemomente M_b in Nmm, alle Längenmaße l und r in mm.

resultierende Radialkraft F_{Ar} in A

$$F_{Ar} = \frac{1}{l}\sqrt{(F_r l_2 + F_a r)^2 + (F_t l_2)^2}$$

resultierende Radialkraft F_{Br} in B

$$F_{Br} = \frac{1}{l}\sqrt{(F_r l_1 + F_a r)^2 + (F_t l_1)^2}$$

maximales Biegemoment $M_{b\,max}$ in B

$$M_{b\,max} = F_{Ar}\, l = \sqrt{(F_r l_2 + F_a r)^2 + (F_t l_2)^2}$$

$$r = \frac{z_1 m_n}{2 \cos \beta}$$

Diese Gleichungen gelten für entgegengesetzten Richtungssinn der Axialkraft F_a in den obigen Gleichungen

$$F_{Ar} = \frac{1}{l}\sqrt{(F_r l_2 - F_a r)^2 + (F_t l_2)^2}$$

$$F_{Br} = \frac{1}{l}\sqrt{(F_r l_1 - F_a r)^2 + (F_t l_1)^2}$$

$$M_{b\,max} = F_{Ar}\, l = \sqrt{(F_r l_2 - F_a r)^2 + (F_t l_2)^2}$$

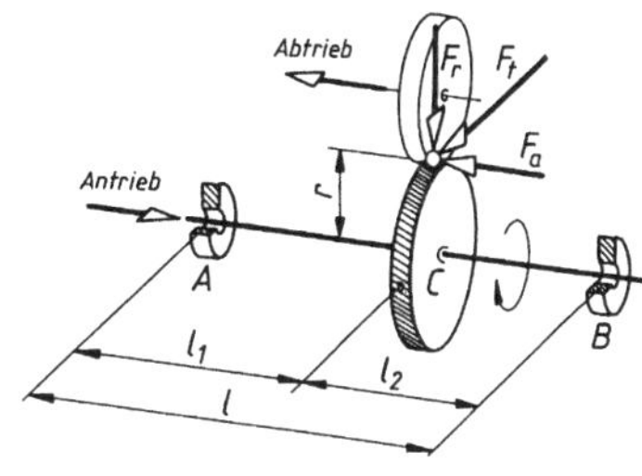

resultierende Radialkraft F_{Ar} in A

$$F_{Ar} = \frac{1}{l}\sqrt{(F_r l_2 + F_a r)^2 + (F_t l_2)^2}$$

resultierende Radialkraft F_{Br} in B

$$F_{Br} = \frac{1}{l}\sqrt{(F_r l_1 - F_a r)^2 + (F_t l_1)^2}$$

$$r = \frac{z_1 m_n}{2 \cos \beta}$$

maximales Biegemoment $M_{b\,max}$ in C

$M_{b\,max\,1} = F_{Ar}\, l_1$ oder $M_{b\,max\,2} = F_{Br}\, l_2$

(beide Beträge ausrechnen und mit dem größeren Betrag weiterrechnen)

Diese Gleichungen gelten für entgegengesetzten Richtungssinn der Axialkraft F_a in den obigen Gleichungen

$$F_{Ar} = \frac{1}{l}\sqrt{(F_r l_2 - F_a r)^2 + (F_t l_2)^2}$$

$$F_{Br} = \frac{1}{l}\sqrt{(F_r l_1 + F_a r)^2 + (F_t l_1)^2}$$

$M_{b\,max\,1} = F_{Ar}\, l_1$ oder $M_{b\,max\,2} = F_{Br}\, l_2$

(beide Beträge ausrechnen und mit dem größeren Betrag weiterrechnen)

Maschinenelemente

Achsen, Wellen und Zapfen

resultierende Radialkraft F_{Ar} in A

$$F_{Ar} = \frac{1}{l}\sqrt{[F_r(l_2 - l_3) - F_v \cos\alpha l_3 + F_a r]^2 + [F_t(l_2 - l_3) - F_v l_3 \sin\alpha]^2}$$

resultierende Radialkraft F_{Br} in B

$$F_{Br} = \frac{1}{l}\sqrt{[F_r l_1 + F_v \cos\alpha(l_1 + l_2) - F_a r]^2 + [F_t l_1 + F_v \sin\alpha(l_1 + l_2)]^2}$$

Biegemomente M_b in B und C

$$M_{b(B)} = F_v l_3$$

$$M_{b(C)} = F_{Ar} l_1$$

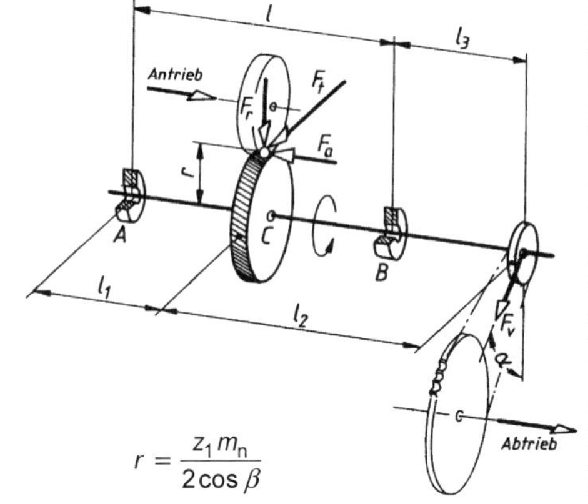

$$r = \frac{z_1 m_n}{2\cos\beta}$$

resultierende Radialkraft F_{Ar} in A

$$F_{Ar} = \frac{1}{l}\sqrt{[F_{r1}(l_2 + l_3) - F_{r2} l_3 \cos\alpha - F_{t2} l_3 \sin\alpha - F_{a1} r_1 - F_{a2} r_2 \cos\alpha]^2 + [F_{t1}(l_2 + l_3) + F_{t2} l_3 \cos\alpha - F_{r2} l_3 \sin\alpha - F_{a2} r_2 \sin\alpha]^2}$$

resultierende Radialkraft F_{Br} in B

$$F_{Br} = \frac{1}{l}\sqrt{[F_{r1} l_1 - (l_1 + l_2)(F_{t2}\sin\alpha + F_{r2}\cos\alpha) + F_{a1} r_1 + F_{a2} r_2 \cos\alpha]^2 + [F_{t1} l_1 - (l_1 + l_2)(F_{r2}\sin\alpha - F_{t2}\cos\alpha) + F_{a2} r_2 \sin\alpha]^2}$$

Biegemomente M_b in C und D

$$M_{b(C)} = F_{Ar} l_1$$

$$M_{b(D)} = F_{Br} l_3$$

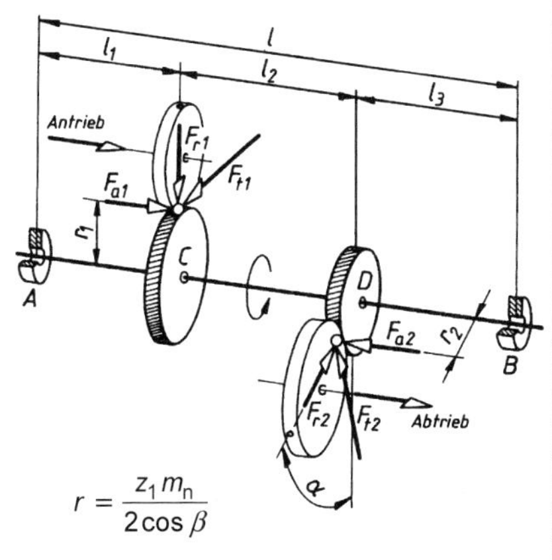

$$r = \frac{z_1 m_n}{2\cos\beta}$$

10.4.4 Berechnung der Tragfähigkeit nach DIN 743

10.4.4.1 Sicherheitsnachweis gegen Dauerbruch

Sicherheitsnachweis *S* gegen Dauerfestigkeit

$$S = \frac{1}{\sqrt{\left(\frac{\sigma_{z,d}}{\sigma_{z,dADK}} + \frac{\sigma_b}{\sigma_{bADK}}\right)^2 + \left(\frac{\tau_t}{\tau_{tADK}}\right)^2}}$$

S	$\sigma_{z,d}$	σ_b	τ_t	$\sigma_{z,dADK}$	σ_{bADK}	τ_{tADK}
1	$\frac{N}{mm^2}$	$\frac{N}{mm^2}$	$\frac{N}{mm^2}$	$\frac{N}{mm^2}$	$\frac{N}{mm^2}$	$\frac{N}{mm^2}$

$\sigma_{z,d}$, σ_b, τ_t vorhandene Zug-, Druck-, Biege- und Torsionsspannungen.

$\sigma_{z,dADK}$, σ_{bADK}, τ_{tADK} Gestalt- oder Bauteil-Ausschlagfestigkeit.
Die Indizes σ und τ fassen jeweils die Beanspruchungen Zug, Druck, Biegung (σ) bzw. Abscheren und Torsion (τ) zusammen.

Sicherheitsnachweis *S* bei reiner Biegebeanspruchung

$$S = \frac{\sigma_{bADK}}{\sigma_b}$$

S	σ_b	σ_{bADK}
1	$\frac{N}{mm^2}$	$\frac{N}{mm^2}$

Sicherheitsnachweis *S* bei reiner Torsionsbeanspruchung

Bei $S = \frac{\tau_{tADK}}{\tau_t}$

S	τ_t	τ_{bADK}
1	$\frac{N}{mm^2}$	$\frac{N}{mm^2}$

10.4.4.2 Ermittlung der Gestaltfestigkeit

Technologischer Größeneinflussfaktor K_1

$$K_1 = 1 - 0{,}23 \cdot \lg\left(\frac{d_{eff}}{10\ \text{mm}}\right)$$

K_1	d_{eff}
1	mm

Für Nitrierstähle und Baustähle (nicht vergütet)

Für die *Streckgrenze* allgemeiner und höherfester Baustähle im nicht vergüteten Zustand gilt:

$$K_1 = 1 - 0{,}26 \cdot \lg\left(\frac{d_{eff}}{2 \cdot d_B}\right)$$

K_1	d_{eff}, d_B
1	mm

Für Baustähle (nicht vergütet)

Für Vergütungsstähle und Baustähle im vergüteten Zustand, CrNiMo-Einsatzstähle im gehärteten Zustand gilt:

$$K_1 = 1 - 0{,}26 \cdot \lg\left(\frac{d_{eff}}{d_B}\right)$$

K_1	d_{eff}, d_B
1	mm

Für Vergütungsstähle, vergütete Baustähle und NiCrMo-Einsatzstähle (gehärtet)

Für Einsatzstähle im gehärteten Zustand außer CrNiMo-Einsatzstähle gilt:

$$K_1 = 1 - 0{,}41 \cdot \lg\left(\frac{d_{eff}}{d_B}\right)$$

K_1	d_{eff}, d_B
1	mm

Für Einsatzstähle (gehärtet) außer CrNiMo-Einsatzstähle

Geometrischer Einflussfaktor K_2

Dieser Faktor berücksichtigt, dass bei größer werdendem Durchmesser die Biegewechselfestigkeit in die Zug/Druckwechselfestigkeit übergeht und die Torsionswechselfestigkeit sinkt.

Für die Zug- und Druckbeanspruchung ist $K_2 = 1$.

Für Biegungs- und Torsionsbeanspruchungen berechnet sich K_2 aus:

$$K_2 = 1 - 0{,}2 \cdot \lg\left(\frac{\lg\left(\frac{d}{7{,}5\,\text{mm}}\right)}{\lg 20}\right)$$

K_2	d
1	mm

Bei Kreisringquerschnitten ist d der Außendurchmesser.

Einflussfaktor der Oberflächenrauheit $K_{F\sigma}$, $K_{F\tau}$

Dieser Faktor berücksichtigt den Einfluss der Oberflächen-Rauheit auf die Dauerfestigkeit von Wellen und Achsen.
Für die Zug-, Druck- oder Biegebeanspruchung gilt:

$$K_{F\sigma} = 1 - 0{,}22 \cdot \lg(R_Z) \cdot \lg((\sigma_B / 20) - 1)$$

$K_{F\sigma}$, K_{Ft}	R_m	R_Z
$\frac{\text{N}}{\text{mm}^2}$	$\frac{\text{N}}{\text{mm}^2}$	µm

R_m Zugfestigkeit, $R_m \leq 2000\,\frac{\text{N}}{\text{mm}^2}$ R_Z gemittelte Rautiefe

Für die Torsionsbeanspruchung gilt: $K_{F\tau} = 0{,}575\, K_{F\sigma} + 0{,}425$

Einflussfaktor der Oberflächenverfestigung K_V

Dieser Faktor berücksichtigt in Abhängigkeit vom Wellen- bzw. Achsendurchmesser bei einem *gekerbten* Probestab. Veränderungen von Spannung und Härte, z. B. durch Nitrieren oder Kugelstrahlen, an der Wellen- oder Achsenoberfläche (siehe DIN 743-2, Seite 13).

Nitrieren:
Für d = 8 mm bis 25 mm: K_V = 1,15 ... 1,25
Für d = 25 mm bis 40 mm: K_V = 1,10 ... 1,15

Einsatzhärten:
Für d = 8 mm bis 25 mm: K_V = 1,20 ... 2,10
Für d = 25 mm bis 40 mm: K_V = 1,10 ... 1,50

Kugelstrahlen:
Für d = 8 mm bis 25 mm: K_V = 1,10 ... 1,30
Für d = 25 mm bis 40 mm: K_V = 1,10 ... 1,20

Einflussfaktor Kerbwirkung $\beta_{\sigma,\tau}$

Richtwerte für Kerbwirkungszahlen siehe Festigkeitslehre. Genauere und umfangreichere Werte in DIN 743-2.
Kerbwirkungszahlen für Welle-Nabe-Verbindungen werden errechnet aus

$$\beta_\sigma \approx 3{,}0 \cdot \left(\frac{R_m}{1000\,\frac{N}{mm^2}}\right)^{0{,}38}$$

$\beta_{\sigma,\tau}$	R_m
1	$\frac{N}{mm^2}$

$$\beta_\sigma \approx 0{,}56 \cdot \beta_\sigma + 0{,}1$$

Aus den vier Einflussfaktoren K_V, K_2, K_F und β wird je nach Beanspruchungsart ein Gesamteinflussfaktor $K_{\sigma,\tau}$ gebildet.

Für Zug-, Druck- oder Biegebeanspruchung gilt:

$$K_\sigma = \left(\frac{\beta_\sigma}{K_2} + \frac{1}{K_{F\sigma}} - 1\right) \cdot \frac{1}{K_V}$$

Für Torsionsbeanspruchung gilt:

$$K_\tau = \left(\frac{\beta_\tau}{K_2} + \frac{1}{K_{F\tau}} - 1\right) \cdot \frac{1}{K_V}$$

Mit den Gleichungen für die Bauteil-Wechselfestigkeiten $\sigma_{z,d,bWK}$ und τ_{tWK} können die Gleichungen für die Gestaltfestigkeit definiert werden.

für Zug- und Druckbeanspruchung $\sigma_{z,dWK}$:

$$\sigma_{z,dWK} = \frac{0{,}4 \cdot R_m \cdot K_1}{K_\sigma}$$

für Biegebeanspruchung σ_{bWK}:

$$\sigma_{bWK} = \frac{0{,}5 \cdot R_m \cdot K_1}{K_\sigma}$$

$\sigma_{z,dWK}$, σ_{bWK}	R_m	K_1, $K_{\sigma,\tau}$
$\frac{N}{mm^2}$	$\frac{N}{mm^2}$	1

für Biegebeanspruchung τ_{tWK}:

$$\sigma_{tWK} = \frac{0{,}3 \cdot R_m \cdot K_1}{K_\tau}$$

Bei der Berechnung der Bauteil-Wechselfestigkeit ist der Größeneinflussfaktor K_1 zu bestimmen (siehe oben).

Faktor der Mittelspannungsempfindlichkeit für Zug- und Druckbeanspruchung $\psi_{z,dK}$:

für Zug- und Druckbeanspruchung $\psi_{z,dK}$:

$$\psi_{z,dK} = \frac{\sigma_{z,dWK}}{2 \cdot K_1 \cdot R_m - \sigma_{z,dWK}}$$

$\sigma_{z,dWK}$, σ_{bWK}, $\psi_{z,d,b,\tau K}$	R_m	K_1, $K_{\sigma,\tau}$
$\frac{N}{mm^2}$	$\frac{N}{mm^2}$	1

für Biegebeanspruchung ψ_{bK}:

$$\psi_{bK} = \frac{\sigma_{bWK}}{2 \cdot K_1 \cdot R_m - \sigma_{bWK}}$$

für Torsionsbeanspruchung $\psi_{\tau K}$:

$$\psi_{\tau K} = \frac{\tau_{tWK}}{2 \cdot K_1 \cdot R_m - \tau_{tWK}}$$

Vergleichsmittelspannung σ_{mv}

ergibt sich als Funktion aus der Bauteil-Fließgrenze und der Mittelspannungsempfindlichkeit.

$$\sigma_{mv} = \frac{(K_1 \cdot K_{2F} \cdot \gamma_F \cdot R_e) - \sigma_{z,d,bWK}}{1 - \psi_{z,d,bWK}}$$

Vergleichsmittelspannung τ_{mv}

$$\tau_{mv} = \frac{\frac{(K_1 \cdot K_{2F} \cdot \gamma_F \cdot R_e)}{\sqrt{3}} - \tau_{tWK}}{1 - \psi_{tWK}}$$

K_1 Technologischer Größeneinflussfaktor nach Gleichung in 10.4.4.2

K_{2F} Faktor für die statische Stützwirkung; bei einer Vollwelle für Biegung und Torsion ist $K_{2F} = 1{,}2$, bei einer Hohlwelle für Biegung und Torsion ist $K_{2F} = 1{,}05$

γ_F Erhöhungsfaktor der Fließgrenze R_e; für Biegebeanspruchung ist $\gamma_F = 1{,}1$, für Torsionsbeanspruchung ist $\gamma_F = 1{,}0$

Gestaltfestigkeit

für Zug- und Druckbeanspruchung $\sigma_{z,d,ADK}$:

$$\sigma_{z,d,ADK} = \sigma_{z,dWK} - \psi_{z,dK} \cdot \sigma_{mv}$$

für Biegebeanspruchung σ_{bADK}:

$$\sigma_{bADK} = \sigma_{bWK} - \psi_{bK} \cdot \sigma_{mv}$$

für Torsionsbeanspruchung τ_{tADK}:

$$\tau_{tADK} = \tau_{tWK} - \psi_{tK} \cdot \tau_{mv}$$

10.4.4.3 Sicherheitsnachweis gegen Fließgrenze

Sicherheit S bei gleichzeitigem Auftreten von Zug, Druck und Torsion

$$S = \frac{1}{\sqrt{\left(\frac{\sigma_{z,d\,max}}{\sigma_{z,dFK}} + \frac{\sigma_{b\,max}}{\sigma_{bFK}}\right)^2 + \left(\frac{\tau_{t\,max}}{\tau_{tFK}}\right)^2}}$$

$\sigma_{z,dmax}$, σ_{bmax}, τ_{tmax} vorhandene Maximalspannungen infolge der Betriebsbelastung. $\sigma_{z,dFK}$, σ_{bFK}, τ_{FK} Bauteil-Fließgrenze für die jeweilige Beanspruchung.

Sicherheit S bei reiner Biegebeanspruchung

$$S = \frac{\sigma_{bFK}}{\sigma_{bmax}}$$

S	$\sigma_{b\,max}$	$\sigma_{b\,FK}$
1	$\frac{N}{mm^2}$	$\frac{N}{mm^2}$

Sicherheit S bei reiner Torsionsbeanspruchung

$$S = \frac{\tau_{t\,FK}}{\tau_{t\,max}}$$

S	$\tau_{t\,max}$	$\tau_{t\,FK}$
1	$\frac{N}{mm^2}$	$\frac{N}{mm^2}$

10.4.4.4 Ermittlung der Bauteil-Fließgrenze $\sigma_{z,b,dFK}$ und $\tau_{t\,FK}$

Bauteil-Fließgrenze $\sigma_{z,b,dFK}$ für Zug-, Druck- und Biegebeanspruchung

$$\sigma_{z,b,dFK} = K_1 \cdot K_{2F} \cdot \gamma_F \cdot R_e$$

$\sigma_{z,d,bFK}$, $\tau_{t\,FK}$	R_e	K_1, K_{2F}, γ_F
$\frac{N}{mm^2}$	$\frac{N}{mm^2}$	$\frac{N}{mm^2}$

Bauteil-Fließgrenze $\tau_{t\,FK}$ für Torsionsbeanspruchung

$$\tau_{tFK} = \frac{(K_1 \cdot K_2 \cdot \gamma_F \cdot R_e)}{\sqrt{3}}$$

$\sigma_{z,d,bFK}$, $\tau_{t\,FK}$	R_e	K_1, K_{2F}, γ_F
$\frac{N}{mm^2}$	$\frac{N}{mm^2}$	$\frac{N}{mm^2}$

K_1 Technologischer Größeneinflussfaktor K1 nach Gleichung in 10.4.4.2

K_{1F} Faktor für die statische Stützwirkung; bei einer Vollwelle für Biegung und Torsion ist K_{2F} = 1,2 bei einer Hohlwelle für Biegung und Torsion ist K_{2F} = 1,05

γ_F Erhöhungsfaktor der Fließgrenze R_e, für Biegebeanspruchung ist γ_F = 1,1, für Torsionsbeanspruchung ist γ_F = 1,0

R_e Streckgrenze nach DIN 743-3. Bei gehärteter Randschicht gelten die Werte für den weicheren Kern.

10.4.4.5 Oberflächenbeiwert b_1 für Kreisquerschnitte

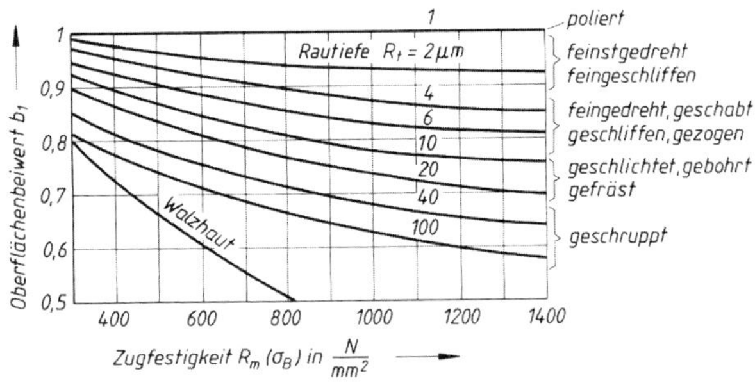

10.4.4.6 Größenbeiwert b_2 für Kreisquerschnitte

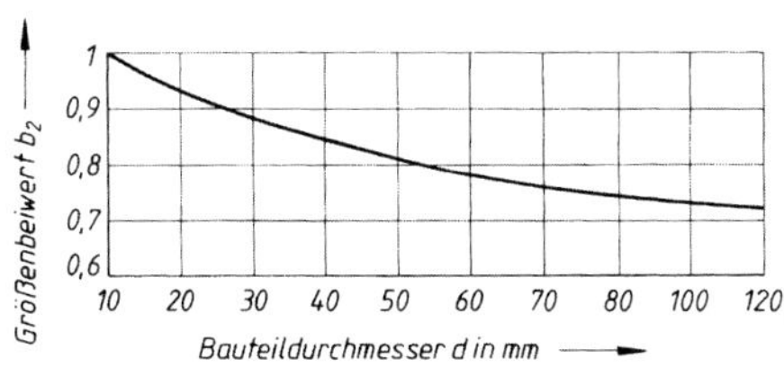

Für andere Querschnittsformen kann etwa gesetzt werden:

bei Biegung für Quadrat: Kantenlänge ≈ *d*; für Rechteck: in Biegeebene liegende Kantenlänge ≈ *d*
bei Verdrehung für Quadrat und Rechteck: Flächendiagonale ≈ *d*

10.5 Nabenverbindungen

10.5.1 Kraftschlüssige (reibschlüssige) Nabenverbindungen (Beispiele)

Hauptvorteil: Spielfreie Übertragung wechselnder Drehmomente

	Pressverbände (Presssitzverbindungen)
zylindrischer Pressverband	Vorwiegend für nicht zu lösende Verbindung und zur Aufnahme großer, wechselnder und stoßartiger Drehmomente und Axialkräfte: *Verbindungsbeispiele*: Riemenscheiben, Zahnräder, Kupplungen, Schwungräder im Großmaschinenbau, aber auch in der Feinwerktechnik. Ausführung als Längs- und Querpressverband (Schrumpfverbindung). Besonders wirtschaftliche Verbindungsart.
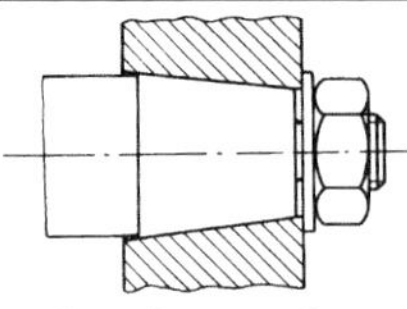 kegliger Pressverband (Wellenkegel) 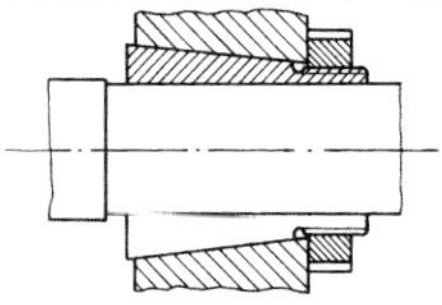 kegliger Pressverband (Kegelbuchse)	Leicht lösbare und in Drehrichtung nachstellbare Verbindung auf dem Wellenende zur Aufnahme großer, wechselnder und stoßartiger Drehmomente. Verbindungsbeispiele: Wie beim zylindrischen Pressverband, außerdem bei Werkzeugen und in den Spindeln von Werkzeugmaschinen und bei Wälzlagern mit Spannhülse und Abziehhülse. Wegen der Herstellwerkzeuge und der Lehren möglichst genormte Kegel verwenden (siehe keglige Wellenenden mit Kegel 1 : 10 nach DIN 1448). Die Naben werden durch Schrauben oder Muttern aufgepresst, die Werkzeuge durch die Axialkraft beim Fertigen (zum Beispiel Bohrer). Kegelbuchsen sind meist geschlitzt.
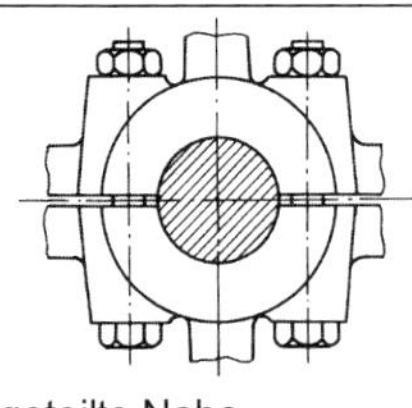 geteilte Nabe	**Klemmsitzverbindung** Leicht lösbare und in Längs- und Drehrichtung nachstellbare Verbindung zur Aufnahme wechselnder kleinerer Drehmomente. Bei größerer Drehmomentenaufnahme werden zusätzlich Passfedern oder Tangentkeile angebracht. *Verbindungsbeispiele*: Riemen- und Gurtscheiben, Hebel auf glatten Wellen. Die Nabe ist geschlitzt oder geteilt.
Einlegekeil	**Keilsitzverbindung** Lösbare Verbindung zur Aufnahme wechselnder Drehmomente. Kleinere Drehmomentenaufnahme beim Flach- und Hohlkeil, große und stoßartige Drehmomentenaufnahme beim Tangentkeil. Die Keilneigung beträgt meistens 1 : 100. 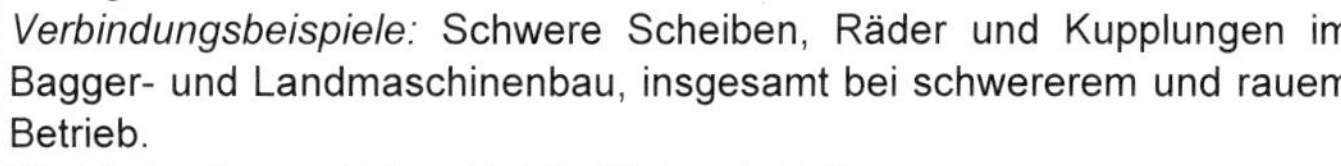 *Verbindungsbeispiele:* Schwere Scheiben, Räder und Kupplungen im Bagger- und Landmaschinenbau, insgesamt bei schwererem und rauem Betrieb. Die Verbindung mit dem Hohlkeil ist nachstellbar.
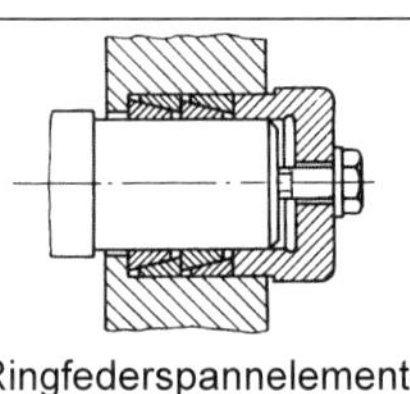 Ringfederspannelement	**Ringfeder-Spannverbindung** Leicht lösbare und in Längs- und Drehrichtung nachstellbare Verbindung zur Aufnahme großer, wechselnder und stoßartiger Drehmomente. Das übertragbare Drehmoment ist abhängig von der Anzahl der Spannelemente. Hierzu sind die Angaben der Herstellerfirmen zu beachten, zum Beispiel Fa. Ringfeder GmbH, Krefeld-Uerdingen.

10.5.2 Formschlüssige Nabenverbindungen (Beispiele)

Hauptvorteil: Lagesicherung

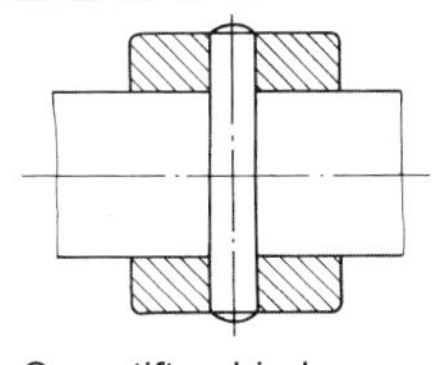

Querstiftverbindung

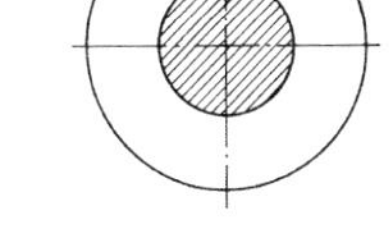

Längsstiftverbindung

Stiftverbindungen

Lösbare Verbindung zur Aufnahme meist richtungskonstanter kleinerer Drehmomente.

Verbindungsbeispiele: Bunde an Wellen, Stellringe, Radnaben, Hebel, Buchsen.

Verwendet werden Kegelstifte nach DIN 1 mit Kegel 1 : 50, Zylinderstifte nach DIN 7, für hochbeanspruchte Teile auch gehärtete Zylinderstifte nach DIN 6325.

Hinzu kommen Kerbstifte und Spannhülsen

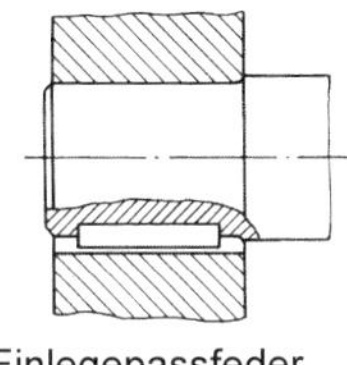

Einlegepassfeder

Passfederverbindung

Leicht lösbare und verschiebbare Verbindung zur Aufnahme richtungskonstanter Drehmomente.

Verbindungsbeispiele: Riemenscheiben, Kupplungen, Zahnräder. Gegen axiales Verschieben ist eine zusätzliche Sicherung vorzusehen (Wellenbund, Axialsicherungsring).

Gleitpassfedern werden zum Beispiel bei Verschieberädern in Getrieben verwendet.

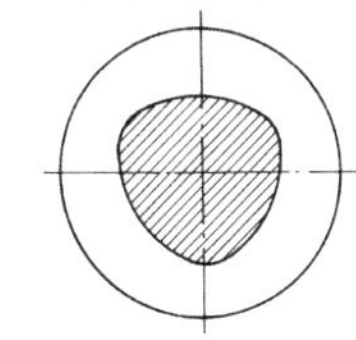

Polygonprofil

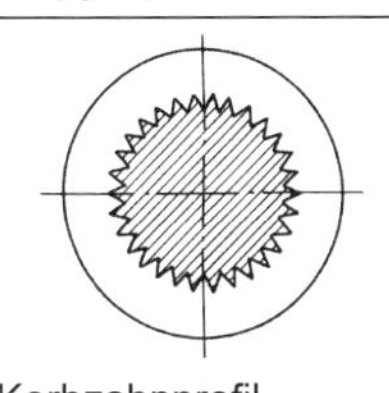

Kerbzahnprofil

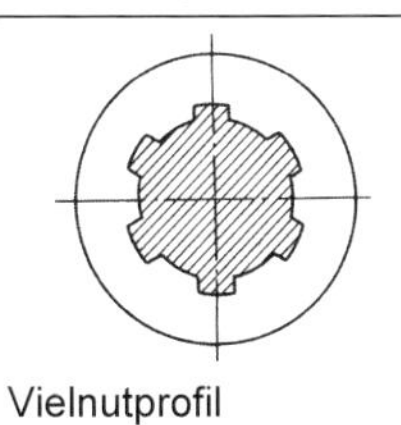

Vielnutprofil

Profilwellenverbindungen

Profilwellenverbindungen sind Formschlussverbindungen für hohe und höchste Belastungen.

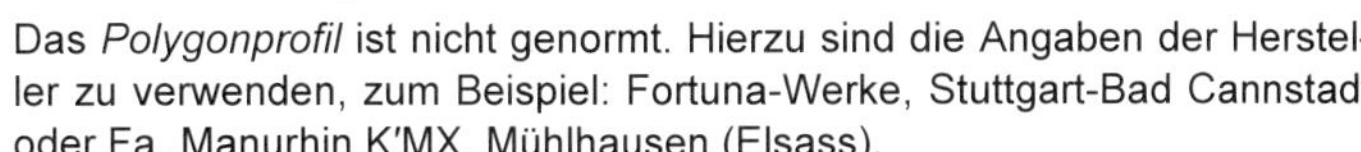

Das *Polygonprofil* ist nicht genormt. Hierzu sind die Angaben der Hersteller zu verwenden, zum Beispiel: Fortuna-Werke, Stuttgart-Bad Cannstadt oder Fa. Manurhin K'MX, Mühlhausen (Elsass).

Das *Kerbzahnprofil* ist nach DIN 5481 genormt. Die Verbindung ist leicht lösbar und feinverstellbar. Verwendung zum Beispiel bei Achsschenkeln und Drehstabfedern an Kraftfahrzeugen.
Ein Sonderfall ist die Stirnverzahnung (Hirthverzahnung) als Plan-Kerbverzahnung.

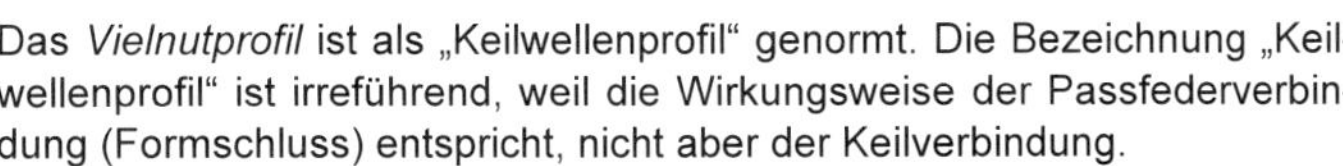

Das *Vielnutprofil* ist als „Keilwellenprofil" genormt. Die Bezeichnung „Keilwellenprofil" ist irreführend, weil die Wirkungsweise der Passfederverbindung (Formschluss) entspricht, nicht aber der Keilverbindung.

Die Verbindung ist leicht lösbar und verschiebbar. Verwendung zum Beispiel bei Verschieberädergetrieben, bei Kraftfahrzeugkupplungen und Antriebswellen von Fahrzeugen.

10.5.3 Zylindrische Pressverbände

Normen (Auswahl)

DIN 7190 Berechnung und Anwendung von Pressverbänden
DIN 4766 Ermittlung der Rauheitsmessgrößen R_a, R_z, R_{max}

10.5.3.1 Begriffe bei Pressverbänden

Der Pressverband ist eine kraftschlüssige (reibschlüssige) Nabenverbindung ohne zusätzliche Bauteile wie Passfedern und Keile.
Außenteil (Nabe) und Innenteil (Welle) erhalten eine Presspassung, sie haben also vor dem Fügen immer ein Übermaß U. Nach dem Fügen stehen sie unter einer Normalspannung σ mit dem Fugendruck p in der Fuge.

Die Presspassung ist eine Passung, bei der immer ein Übermaß U vorhanden ist. Das Höchstmaß der Bohrung ist daher also kleiner als das Mindestmaß der Welle. Zur Presspassung zählt auch der Fall $U = 0$.

Herstellen von Pressverbänden (Fügeart)

durch Einpressen (Längseinpressen des Innenteils): Längspressverband
durch Erwärmen des Außenteils (Schrumpfen des Außenteils)
durch Unterkühlen des Innenteils (Dehnen des Innenteils)
durch hydraulisches Fügen und Lösen (Dehnen des Außenteils)

Durchmesser Bezeichnungen und Fugenlänge l_F

D_F Fugendurchmesser (ungefähr gleich dem Nenndurchmesser der Passung)
D_{iI} Innendurchmesser des Innenteils I (Welle)
D_{aI} Außendurchmesser des Innenteils I, $D_{aI} \approx D_F$
D_{aA} Außendurchmesser des Außenteils A
D_{iA} Innendurchmesser des Außenteils A (Nabe), $D_{iA} \approx D_F$
l_F Fugenlänge ($l_F < 1{,}5\ D_F$)

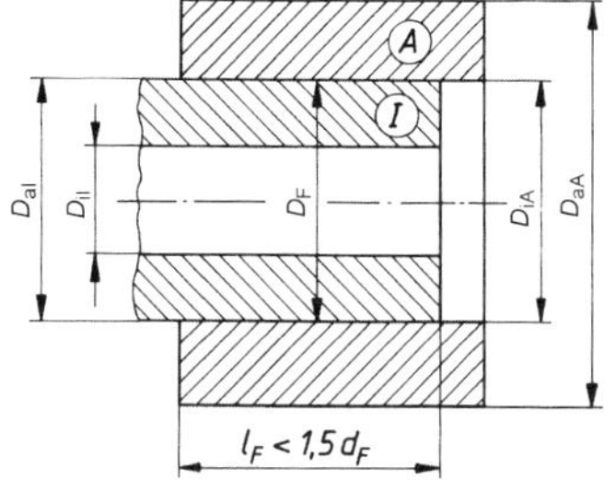

Durchmesserverhältnis Q

$$Q_A = \frac{D_F}{D_{aA}} < 1 \qquad Q_I = \frac{D_{iI}}{D_F} < 1$$

Das Übermaß U ist die Differenz des Außendurchmessers des Innenteils I und des Innendurchmessers des Außenteils A:

$$U = D_{aI} - D_{iA}$$

Die Glättung G ist der Übermaßverlust ΔU, der beim Fügen durch Glätten der Fügeflächen auftritt:

$G \approx 0{,}8\ (R_{ziA} + R_{zaI})$ $\qquad R_z$ gemittelte Rautiefe nach DIN 4768 Teil 1

Wirksames Übermaß U_W (Haftmaß), wirksames

ist das um $G = \Delta U$ verringerte Übermaß, also das Übermaß nach dem Fügen:

$U_W = U - G$

Fugendruck p

ist die nach dem Fügen in der Fuge auftretende Flächenpressung.

Fasenlänge l_e und Fasenwinkel φ

$l_e = \sqrt[3]{D_F}$

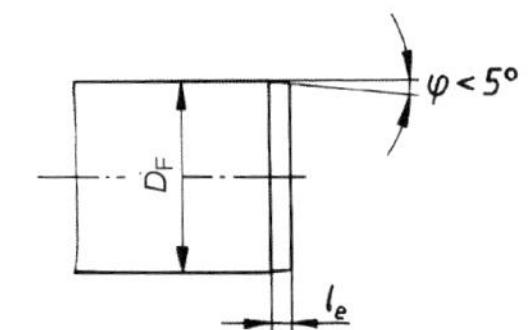

10.5.3.2 Berechnen von Pressverbänden

Erforderlicher Fugendruck p (Pressungsgleichung) und zulässige Flächenpressung p_{zul}

$$p \geq \frac{2M}{\pi\, D_F^2\, l_F\, \nu} \leq p_{zul}$$

M	D_F, l_F	ν	P	n	p
Nmm	mm	1	kW	min^{-1}	$\frac{N}{mm^2}$

$$M_H = F_H \frac{D_F}{2} = \frac{\pi}{2} p\, D_F^2\, l_F\, \nu \geq M$$

M Wellendrehmoment $M = 9{,}55 \cdot 10^6\, P/n$
D_F Fugendurchmesser
l_F Fugenlänge
ν Haftbeiwert
p_{zul} zulässige Flächenpressung

Anhaltswerte für p_{zul}

Belastung	Stahl	Gusseisen
ruhend und schwellend	$p_{zul} = \frac{R_e}{1{,}5}$	$p_{zul} = \frac{R_e}{3}$
wechselnd und stoßartig	$p_{zul} = \frac{R_e}{2{,}5}$	$p_{zul} = \frac{R_e}{4}$

R_e (oder $R_{p\,0,2}$) sowie R_m aus den Dauerfestigkeitsdiagrammen

Haftbeiwert ν und Rutschbeiwert ν_e (Mittelwerte)
Der Rutschbeiwert ν_e wird zur Berechnung der Einpresskraft F_e gebraucht.

Längspressverband

Werkstoffe Welle/Nabe	Haftbeiwert ν trocken	Rutschbeiwert ν_e geschmiert
Stahl/Stahl Stahl/Stahlguss	0,1 (0,1)	0,08 (0,06)
Stahl/Gusseisen	0,12 (0,1)	0,06
Stahl/Guss	0,07 (0,03)	0,05

Querpressverband

Werkstoffe, Fügeart, Schmierung		Haftbeiwert ν
Stahl/Stahl	hydraulisches Fügen, Mineralöl	0,12
Stahl/Stahl	hydraulisches Fügen, entfettete Fügeflächen Glyzerin – aufgetragen	0,18
Stahl/Stahl	Schrumpfen des Außenteils	0,14
Stahl/Gusseisen	hydraulisches Fügen, Mineralöl	0,1
Stahl/Gusseisen	hydraulisches Fügen, entfettete Fügeflächen	0,16

Herleitung der Pressungsgleichung

Normalkraft $F_N = p\,A_F = p\,\pi\,D_F\,l_F$
Fugenfläche $A_F = \pi\,D_F\,l_F$
Haftkraft $F_H = F_N\,\nu = p\,\pi\,D_F\,l_F\,\nu$
Normalkraft $F_N = p\,A_F = p\,\pi\,D_F\,l_F$

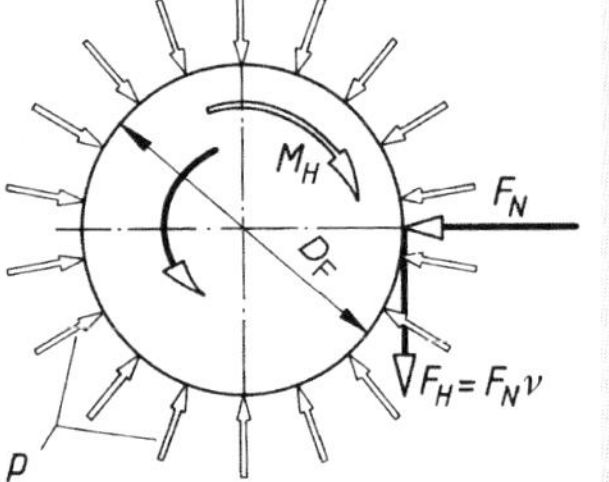

M Drehmoment, M_H Haftmoment
F_N Normalkraft, F_H Haftkraft - (Reibkraft)

Haftmoment

$$M_H = F_H\,\frac{D_F}{2} = \frac{\pi}{2} p\,D_F^2\,l_F\,\nu \geq M$$

$$p = \frac{2M}{\pi\,D_F^2\,l_F\,\nu} \leq p_{zul}$$

p	M	D_F, l_F	ν
$\frac{N}{mm^2}$	Nmm	mm	1

Formänderungs-Hauptgleichung für Pressverbände

$$U_w = p\,D_F\left[\frac{1}{E_A}\left(\frac{1+Q_A^2}{1-Q_A^2}+\mu_A\right)+\frac{1}{E_I}\left(\frac{1+Q_I^2}{1-Q_I^2}-\mu_I\right)\right]$$

U_w	p, E_A, E_I	Q_A, Q_I, μ_A, μ_I
mm	$\frac{N}{mm^2}$	1

U_w wirksames Übermaß nach dem Fügen (auch Haftmaß genannt)
p Fugendruck (Flächenpressung in den Fügeflächen)
l_F Fugenlänge
E_A, E_I Elastizitätsmodul des Außenteil; A (Nabe) und des Innenteils I (Welle)
μ_A, μ_I Querdehnzahl des Außenteils A (Nabe) und des Innenteils I (Welle)
Q_A, Q_I, Durchmesserverhältnis: $Q_A = D_F / D_{aA} < 1$ $\quad Q_I = D_{iI} / D_F < 1$

Die Querdehnzahl μ ist das Verhältnis der Querdehnung ε_q eines zugbeanspruchten Stabes zur Längsdehnung ε ($\mu = \varepsilon_q / \varepsilon$) und hat somit die Einheit 1. Die Querdehnung ist immer kleiner als die Längsdehnung, ($\mu < 1$).
(Beispiel: $\mu_{Stahl} \approx 0{,}3$).

Elastizitätsmodul E und Querdehnzahl μ (Mittelwerte)

Werkstoff	Elastizitätsmodul E $\frac{N}{mm^2}$	Querdehnzahl μ Einheit 1
Stahl	210 000	0,3
EN-GJL-200	105 000	0,25
EN-GJS-500-7	150 000	0,28
Bronze, Cu-Leg.	80 000	0,35
Al-Legierungen	70 000	0,33

Formänderungsgleichungen für Pressverbände mit Vollwelle ($Q_I = D_{iI}/D_F = 0$)

$$U_w = p\,D_F\left[\frac{1}{E_A}\left(\frac{1+Q_A^2}{1-Q_A^2}+\mu_A\right)+\frac{1}{E_I}(1-\mu_I)\right]$$

U_w, D_F	p, E_A, E_I	Q_A, Q_I, μ_A, μ_I
mm	$\frac{N}{mm^2}$	1

Formänderungsgleichung für Vollwelle und gleichelastische Werkstoffe ($E_A = E_I = E$)

$$U_w = \frac{2p\,D_F}{E(1-Q_A^2)}$$

U_w, D_F	p, E	Q_A
mm	$\frac{N}{mm^2}$	1

Übermaß U

U	=	U_w	+	G
gemessenes Übermaß vor dem Fügen		wirksames Übermaß (Haftmaß)		Glättung (Übermaßverlust ΔU beim Fügen der Teile)

Glättung G

$G = 0{,}8\,(R_{zAi} + R_{zIa})$ $\qquad R_z$ gemittelte Rautiefe nach DIN 4166

Beispiele für G (Mittelwerte):

polierte Oberfläche	G = 0,002 mm = 2 µm
feingeschliffene Oberfläche	G = 0,005 mm = 5 µm
feingedrehte Oberfläche	G = 0,010 mm = 10 µm

Einpresskraft F_e

$F_e = p_g\,\pi\,D_F\,l_F\,\nu_e$

p_g größter vorhandener Fugendruck
D_F Fugendurchmesser
l_F Fugenlänge
ν_e Rutschbeiwert

Herleitung der Gleichung:

$F_R = F_N\,\nu_e$
$F_N = p_g\,A_F$
$A_F = \pi\,D_F\,l_F$
$F_e = F_R = p_g\,\pi\,D_F\,l_F\,\nu_e$

F_e	p_g	D_F, l_F	ν_e
N	$\frac{N}{mm^2}$	mm	1

Spannungsverteilung im Pressverband (Spannungsbild)

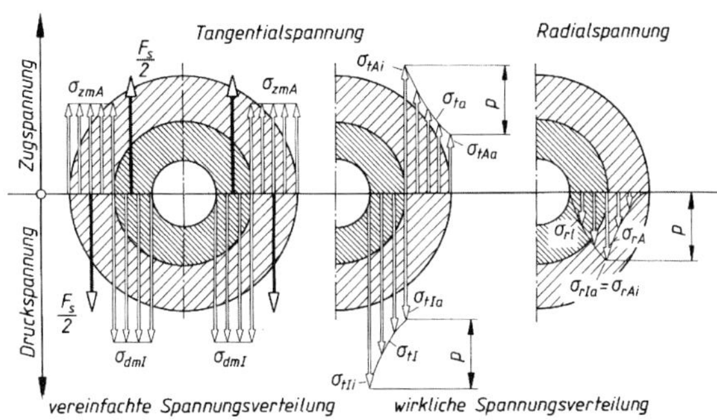

σ_{zmA} mittlere tangentiale Zugspannung im Außenteil
σ_{dmI} mittlere tangentiale Druckspannung im Innenteil
F_S Nabensprengkraft
σ_{tA} Tangentialspannung im Außenteil
σ_{rA} Radialspannung im Außenteil
σ_{tI} Tangentialspannung im Innenteil
σ_{rI} Radialspannung im Innenteil

Für Überschlagsrechnungen kann man sich die Tangentialspannungen σ_{rA} und σ_{tI} gleichmäßig verteilt vorstellen (σ_{zmA} und σ_{dmI})

Spannungsgleichungen (siehe Spannungsbild)

Tangentialspannung σ_t		Radialspannung σ_r	
Außenteil	Innenteil	Außenteil	Innenteil
$\sigma_{t\,Ai} = p\dfrac{1+Q_A^2}{1-Q_A^2}$	$\sigma_{t\,Ii} = p\dfrac{2}{1-Q_I^2}$	$\sigma_{r\,Ai} = p$	$\sigma_{r\,Ii} = 0$
$\sigma_{t\,Aa} = p\dfrac{2Q_A^2}{1-Q_A^2}$	$\sigma_{t\,Ia} = p\dfrac{1+Q_A^2}{1-Q_A^2}$	$\sigma_{r\,Aa} = 0$	$\sigma_{r\,Ia} = p$

Nabensprengkraft F_S

$$F_S = p\,D_F\,l_F$$

Mittlere tangentiale Zugspannung σ_{zmA} (siehe Spannungsbild)

$$\sigma_{zmA} = \frac{F_S}{A_{Nabe}} = \frac{p\,D_F\,l_F}{(D_{aA} - D_{iA})\,l_F}$$

$$\sigma_{zmA} = \frac{p\,D_F}{D_{aA} - D_{iA}} \approx \frac{p\,D_F}{D_{aA} - D_F}$$

Mittlere tangentiale Druckspannung σ_{dmI} (siehe Spannungsbild)

$$\sigma_{dmI} = \frac{F_S}{A_{Welle}} = \frac{p\,D_F\,l_F}{(D_F - D_{Ii})\,l_F}$$

$$\sigma_{dmI} = \frac{p\,D_F}{D_F - D_{Ii}}$$

Für die Vollwelle gilt mit $D_{Ii} = 0$:

$$\sigma_{dmI} = \frac{p\,D_F}{D_F - 0} = p$$

Fügetemperatur $\Delta\vartheta$ für Schrumpfen

$$\Delta\vartheta = \frac{U + U_{S\vartheta}}{\alpha\,D_F} \qquad U_{S\vartheta} \geq \frac{D_F}{1000}$$

U Übermaß in mm
$U_{S\vartheta}$ erforderliches Fügespiel in mm

α Längenausdehnungskoeffizient des Werkstoffs:

$\alpha_{Stahl} = 11 \cdot 10^{-6}\ 1/°C$
$\alpha_{Gusseisen} = 9 \cdot 10^{-6}\ 1/°C$

Herleitung einer Gleichung:

Mit dem Längenausdehnungskoeffizienten α in m/(m °C) = 1/°C beträgt die Verlängerung Δl eines Metallstabes der Ursprungslänge l_0 bei seiner Erwärmung um die Temperaturdifferenz $\Delta\vartheta$:

$\Delta l = \alpha\,\Delta\vartheta\,l_0$.

Für den Außenteil (Nabe) eines Pressverbands ist $\Delta l = U + U_{S\vartheta}$ und $l_0 = D_F$.

Damit wird analog zu $\Delta l = \alpha\,\Delta\vartheta\,l_0$:

$U + U_{S\vartheta} = \alpha\,\Delta\vartheta\,D_F$

und daraus die obige Gleichung für $\Delta\vartheta$.

10.5.3.4 Festlegen einer Übermaßpassung (Presspassung)

Bei Einzelfertigung führt man die Nabenbohrung aus und fertigt nach deren Istmaß die Welle für das errechnete Übermaß U.
Bei Serienfertigung müssen größere Toleranzen zugelassen werden.
Man muss also eine Übermaßpassung festlegen. Eine Auswahl der ISO-Toleranzlagen und -Qualitäten zeigt Tabelle 10.1.13 für das im Maschinenbau übliche System der Einheitsbohrung. Da sich kleinere Toleranzen bei Wellen leichter einhalten lassen als bei Bohrungen, wählt man zweckmäßig:

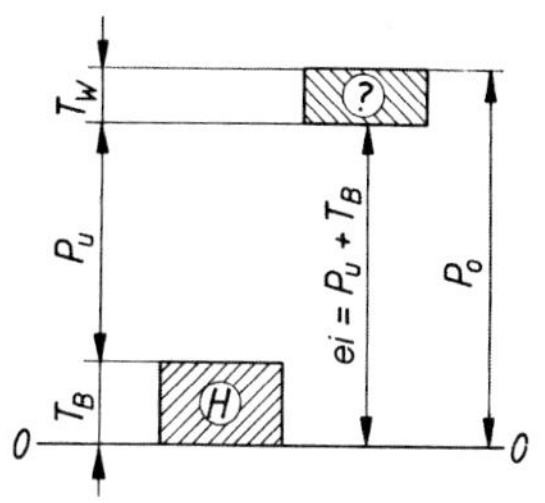

Bohrung H7 mit Wellen der Qualität 6
Bohrung H8 mit Wellen der Qualität 7 usw.

Liegt ein Toleranzfeld für die Bohrung vor, zum Beispiel H7, findet man das Toleranzfeld für eine Welle folgendermaßen:
Das errechnete Übermaß wird gleich dem Kleinstübermaß P_u gesetzt und die Toleranz der Bohrung T_B addiert.
Damit hat man das vorläufige untere Abmaß einer Welle:

$$e\,i = P_u + T_B \qquad P_u = U$$

Mit diesem Wert geht man in der Tabelle 10.1.14 in die Zeile für den vorliegenden Nennmaßbereich und wählt dort für die vorher festgelegte Qualität ein Toleranzfeld für die Welle, bei dem das angegebene untere Abmaß dem errechneten am nächsten kommt (siehe Beispiel).

Beispiel:

Nennmaßbereich	35 mm
Toleranzfeld für die Bohrung	H7
Qualität für die Welle	6
Toleranz der Bohrung T_B	= 25 µm
errechnetes Übermaß U	= 60 µm = P_u
unteres Abmaß der Welle:	$e\,i = P_u + T_B$ = 60 µm + 25 µm = 85 µm
Toleranzfeld der Welle:	x 6 mit $e\,i$ = 80 µm und $e\,s$ = 96 µm

Damit können die Höchstpassung P_o und die Mindestpassung P_u berechnet werden:

$P_o = E\,i - e\,s$ = 25 µm – 80 µm = – 55 µm

$P_u = E\,S - e\,i$ = 0 – 96 µm = – 96 µm

10.5.4 Keglige Pressverbände (Kegelsitzverbindungen)

Normen (Auswahl)

DIN 254	Kegel
DIN 1448, 1449	Keglige Wellenenden
DIN 7178	Kegeltoleranz- und Kegelpasssystem
ISO 3040	Eintragung von Maßen und Toleranzen für Kegel

10.5.4.1 Begriffe am Kegel

Kegelmaße:

Kegel sind im technischen Sinn sind keglige Werkstücke mit Kreisquerschnitt (spitze Kegel und Kegelstümpfe).

Bezeichnung eines Kegels mit dem Kegelwinkel
$\alpha = 30°$ – Kegel 30°

Bezeichnung eines Kegels mit dem Kegelverhältnis
$C = 1 : 10$ – Kegel 1 : 10

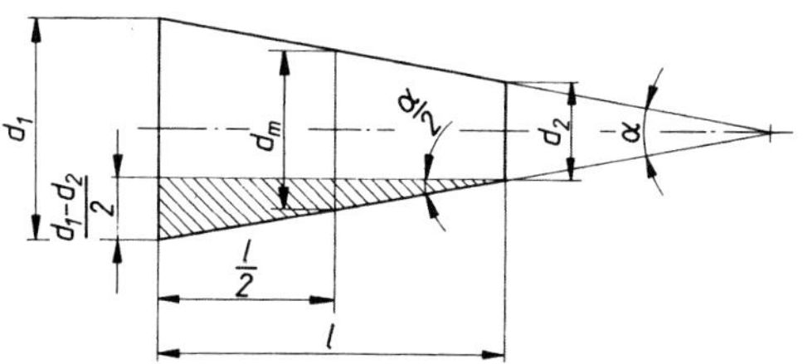

d_1, d_2	Kegeldurchmesser
$d_m = \dfrac{d_1 + d_2}{2}$	mittlerer Kegeldurchmesser
l	Kegellänge
α	Kegelwinkel
$\dfrac{\alpha}{2}$	Einstellwinkel zum Fertigen und Prüfen des Kegels

Kegelverhältnis *C*

$$C = \frac{d_1 - d_2}{l} \qquad C = 1 : x = \frac{1}{x} \qquad d_2 = d_1 - C\,l$$

Das Kegelverhältnis wird in der Form:

$C = 1 : x$ angegeben, zum Beispiel $C = 1 : 5$

Kegelwinkel α und Einstellwinkel $\frac{\alpha}{2}$

Aus dem schraffierten rechtwinkligen Dreieck lässt sich ablesen:

$$\tan\frac{\alpha}{2} = \frac{d_1 - d_2}{2\,l} \Rightarrow C = 2\tan\frac{\alpha}{2}$$

$$\frac{\alpha}{2} = \arctan\frac{C}{2}$$

$$\alpha = 2\arctan\frac{C}{2}$$

$$d_2 = d_1 - 2\,l\tan\frac{\alpha}{2}$$

10.5.4.2 Vorzugswerte für Kegel

Kegelverhältnis $C = 1 : x$	Kegelwinkel α	Einstellwinkel $\frac{\alpha}{2}$
1 : 0,2886751	120°	60°
1 : 0,5	90°	45°
1 : 1,8660254	30°	15°
1 : 3	18° 55'29" ≈ 18,925°	9° 27'44"
1 : 5	11° 25'16" ≈ 11,421°	5° 42'38"
1 : 10	5° 43'29" ≈ 5,725°	2° 51'45"
1 : 20	2° 51'51" ≈ 2,864°	1° 25'56"
1 : 50	1° 8'45" ≈ 1,146°	34'23"
1 : 100	34'22" ≈ 0,573°	17'11"

Werkzeugkegel und Aufnahmekegel an Werkzeugmaschinenspindeln, die so genannten Morsekegel (DIN 228), haben ein Kegelverhältnis von ungefähr 1 : 20.

10.5.4.3 Berechnungsformeln für keglige Pressverbände

Erforderliche Einpresskraft F_e

$$F_e = \frac{2\,M_T}{d_m\,\nu_e} \cdot \sin\left(\frac{\alpha}{2} + \varrho_e\right)$$

F_e	M_T	d_m, l_F	ν_e	P	n	p
N	Nmm	mm	1	kW	min^{-1}	$\frac{\text{N}}{\text{mm}^2}$

$$M_T = 9{,}55 \cdot 10^6 \cdot \frac{P}{n}$$

Vorhandene Fugenpressung p

$$p = \frac{2M_T \cos\left(\frac{\alpha}{2}\right)}{p\,\nu_e\,d_m^2\,l_F} \leq p_{zul}$$

Einpresskraft F_e für einen bestimmten Fugendruck p

$$F_e = \pi\,p\,d_m\,l_F \cdot \sin\left(\frac{\alpha}{2} + \varrho_e\right)$$

M_T	Drehmoment
P	Wellenleistung
n	Drehzahl
$\frac{\alpha}{2}$	Einstellwinkel
ϱ_e	Reibungswinkel aus $\tan \varrho_e = \nu_e$
$\varrho_e =$	arctan ν_e
ν_e	Rutschbeiwert
d_m	mittlerer Kegeldurchmesser
l_F	Fugenlänge

10.5.5 Maße für keglige Wellenenden mit Außengewinde

Bezeichnung eines langen kegligen Wellenendes mit Passfeder und Durchmesser d_1 = 40 mm:

Wellenende 40 × 82 DIN 1448

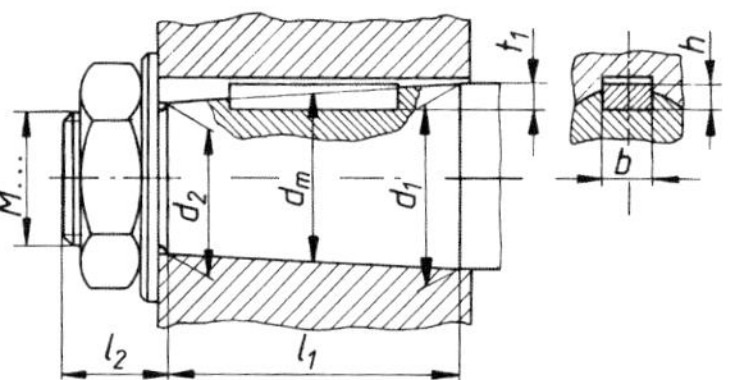

Maße in mm

Durchmesser d_1	6	7	8	9	10	11	12	14	16	19	20	22	24	25	28
Kegellänge l_1 lang	10		12		15		18		28		36			42	
Kegellänge l_1 kurz	–		–		–		–		16		22			24	
Gewindelänge l_2	6		8		8		12				14			18	
Gewinde	M4		M6				M8 × 1		M10 × 1,25		M12 × 1,25			M16 × 1,5	
Passfeder $b \times h$						2 × 2		3 × 3		4 × 4			5 × 5		
Nuttiefe t_1 lang	–					1,6	1,7	2,3	2,5	3,2	3,4		3,9	4,1	
Nuttiefe t_1 kurz	–					–	–	–	2,2	2,9	3,1		3,6	3,6	

Durchmesser d_1	30	32	35	38	40	42	45	48	50	55	60	65	70	75	80
Kegellänge l_1 lang	58				82						105				130
Kegellänge l_1 kurz	36				54						70				90
Gewindelänge l_2	22				28						35				40
Gewinde	M20 × 1,5			M24 × 2			M30 × 2		M36 × 3		M42 × 3		M48 × 3		M56 × 4
Passfeder $b \times h$	5 × 5		6 × 6		10 × 8		12 × 8			14 × 9	16 × 10		18 × 11		20 × 12
Nuttiefe t_1 lang	4,5		5		7,1					7,6	8,6		9,6		10,8
Nuttiefe t_1 kurz	3,9		4,4		6,4					6,9	7,8		8,8		9,8

10.5.6 Richtwerte für Nabenabmessungen

Verbindungsart	Nabendurchmesser D_{aA} Naben aus Gusseisen	Nabendurchmesser D_{aA} Naben aus Stahl oder Stahlguss	Nabenlänge l Gusseisen	Nabenlänge l Stahl oder Stahlguss
zylindrische und keglige Pressverbände und Spannverbindungen	2,2 ... 2,6 d	2 ... 2,5 d	1,2 ... 1,5 d	0,8 ... 1 d
Klemmsitz- und Keilsitzverbindungen	2 ... 2,2 d	1,8 ... 2 d	1,6 ... 2 d	1,2 ... 1,5 d
Keilwelle, Kerbverzahnung	1,8 ... 2 d	1,6 ... 1,8 d_1	0,8 ... 1 d_1	0,6 ... 0,8 d_1
Passfederverbindungen	1,8 ... 2 d	1,6 ... 1,8 d	1,8 ... 2 d	1,6 ... 1,8 d
längs bewegliche Naben	1,8 ... 2 d	1,6 ... 1,8 d	2 ... 2,2 d	1,8 ... 2 d
lose sitzende (sich drehende) Naben	1,8 ... 2 d	1,6 ... 1,8 d	2 ... 2,2 d	

d Wellendurchmesser

Die Werte für Keilwelle und Kerbverzahnung sind Mindestwerte (d_1 „Kerndurchmesser“). Bei größeren Scheiben oder Rädern mit seitlichen Kippkräften ist die Nabenlänge noch zu vergrößern.
Allgemein gelten die größeren Werte bei Werkstoffen geringerer Festigkeit, die kleineren Werte bei Werkstoffen höherer Festigkeit.

10.5.7 Klemmsitzverbindungen

Klemmsitzverbindungen werden mit geteilter oder geschlitzter Nabe hergestellt.

Mit Schrauben, Schrumpfringen oder Kegelringen werden die beiden Nabenhälften so auf die Welle gepresst, dass ohne Rutschen ein gegebenes Drehmoment M übertragen werden kann. Die dazu erforderliche Verspannkraft wird hier *Sprengkraft* F_S genannt. Die in der Fugenfläche entstehende Flächenpressung heißt *Fugendruck p*. Der errechnete Betrag ist mit der zulässigen Flächenpressung für den Werkstoff mit der geringeren Festigkeit zu vergleichen.

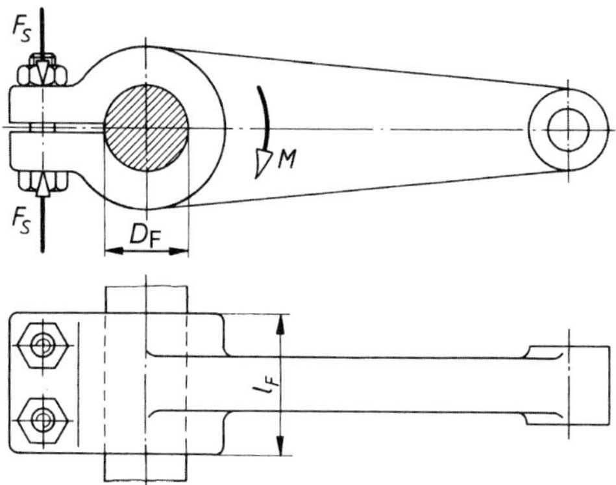

Die beiden folgenden Gleichungen gelten unter der Annahme, dass die Spannungsverteilung bei der Klemmsitzverbindung die gleiche ist wie beim zylindrischen Pressverband.

Insbesondere wird von einer gleichmäßigen Verteilung des Fugendrucks in der Fugenfläche ausgegangen.

Vor allem bei der geschlitzten Nabe ist eine gleichmäßige Verteilung des Fugendrucks kaum zu erzielen.

Die zulässige Flächenpressung p_{zul} sollte daher kleiner angesetzt werden als beim zylindrischen Pressverband.

Sicherheitshalber ist in der Gleichung für die Sprengkraft F_S der Rutschbeiwert ν_e zu verwenden, der kleiner ist als der Haftbeiwert ν, der in den Gleichungen für den zylindrischen Pressverband verwendet wird (siehe Tabelle in 10.5.3.2).

Sprengkraft F_S (gesamte Verspannkraft)

$$F_S = \frac{2\,M}{\pi\,\nu_e\,D_F}$$

$$M = 9{,}55 \cdot 10^6\,\frac{P}{n}$$

F_S	p, p_{zul}	M	D_F, l_F	ν_e	P	n
N	$\frac{\text{N}}{\text{mm}^2}$	Nmm	mm	1	kW	min^{-1}

Vorhandener Fugendruck p

$$p = \frac{F_S}{D_F\,l_F} \le p_{zul}$$

$$p = \frac{2\,M}{2\,\pi\,D_F^2\,l_F} \le p_{zul}$$

Zulässige Flächenpressung p_{zul}

für Stahl-Nabe: $p_{zul} = \frac{R_e}{3}$ oder $\frac{R_{p,\,0,2}}{3}$

für Gusseisen-Nabe: $p_{zul} = \frac{R_m}{3}$

10.5.8 Keilsitzverbindungen

Keilsitzverbindungen werden in der Praxis nicht berechnet, weil die Eintreibkraft, von der die Zuverlässigkeit des Reibungsschlusses abhängt, rechnerisch kaum erfasst werden kann.
Für bestimmte Wellen- und Nabenabmessungen sind die Abmessungen der Keile den Normen zu entnehmen, die in der folgenden Darstellung angegeben sind. Die Passfeder ist hier zur Vervollständigung noch einmal aufgenommen worden:

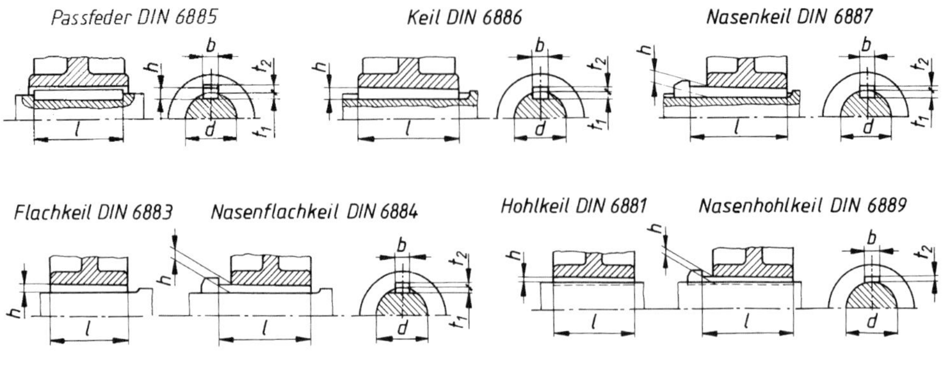

Ringfederspannverbindungen

Ringfederspannverbindungen werden in der Praxis nicht berechnet. Die Hersteller liefern Tabellen für die Abmessungen und die übertragbaren Drehmomente, die aus Versuchsergebnissen zusammengestellt wurden.
Man verwendet *Ringfederspannelemente* und *-spannsätze*. Die Kraftumsetzung von Axial- in Radialspannkräfte an den keglig aufeinandergeschobenen Ringen erfolgt wie bei Keilen. Die Neigungswinkel der kegligen Flächen sind so groß, dass keine Selbsthemmung auftritt. Wird die Verbindung gelöst, lässt sich die Spannverbindung leicht ausbauen.

Einbau und Einbaubeispiel für Ringfederspannverbindungen

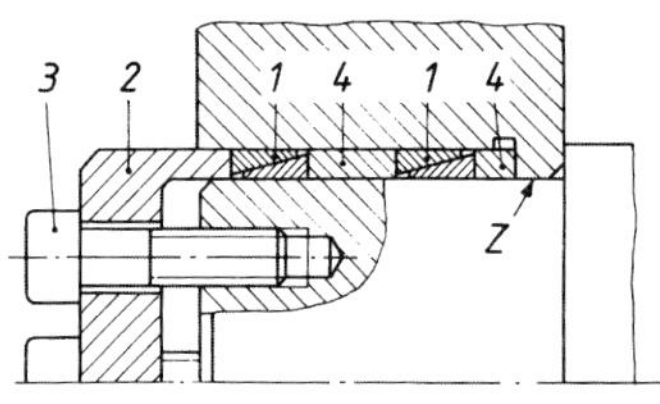

Ringfederspannelemente bestehen aus den Spannelementen 1, das sind keglige Stahlringe, dem Druckring 2, den Spannschrauben 3 und den Distanzhülsen 4. Welle und Nabe brauchen eine zusätzliche Zentrierung *Z*. Zum Aufeinanderschieben der kegligen Spannelemente (Ringpaare) ist ein ausreichender Spannweg *s* vorzusehen.
Er wird in den Tabellen der Herstellerfirmen angegeben. Wegen der exponential abfallenden Wirkung können nur bis zu n = 4 Spannelemente hintereinandergeschaltet werden.

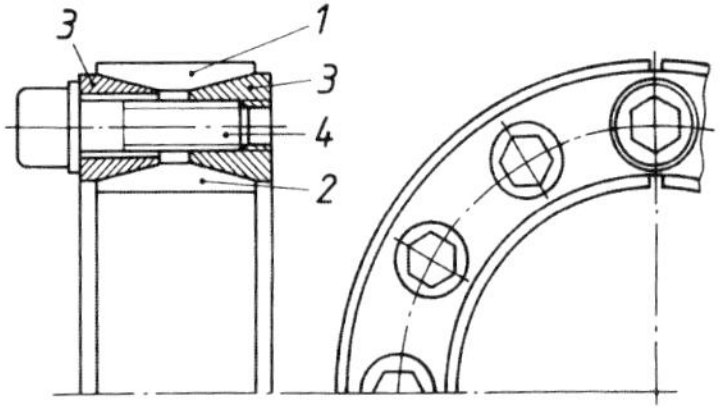

Spannsätze bestehen aus dem Außenring 1, dem Innenring 2, den beiden Druckringen 3 und den gleichmäßig am Umfang verteilten Spannschrauben 4, mit denen die Druckringe 3 axial verspannt werden. Dadurch wird der Innenring elastisch zusammengepresst (Wellensitz), der Außenring gedehnt (Nabensitz). Auch für Spannsätze ist eine zusätzliche Zentrierung von Welle und Nabe erforderlich.

10.5.9 Ringfederspannverbindungen, Maße, Kräfte und Drehmomente

(nach Ringfeder GmbH, Krefeld-Uerdingen)

Spannelement

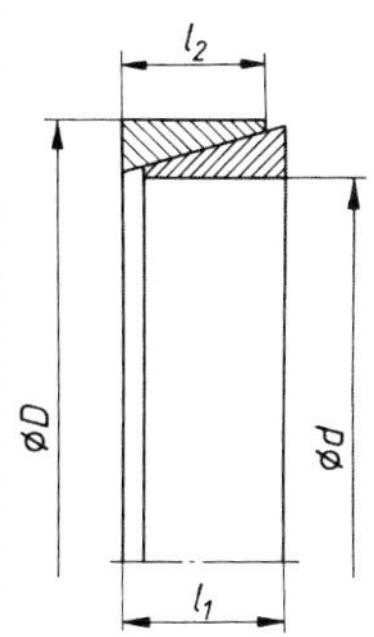

$M_{(100)}$ ist das von einem Spannelement übertragbare Drehmoment bei

$p = 100 \frac{\text{N}}{\text{mm}^2}$

Flächenpressung.

Entsprechendes gilt für $F_{(100)}$ und $F_{ax(100)}$. Ermittlung der Anzahl hintereinander geschalteter Elemente in 11.6.2.

Maße			Kräfte			Drehmoment	Spannweg s in mm bei n			
$d \times D$	l_1	l_2	F_0	$F_{(100)}$	$F_{ax(100)}$	$M_{(100)}$				
mm	mm	mm	kN	kN	kN	Nm	1	2	3	4
10 × 13	4,5	3,7	6,95	6,30	1,40	7,0	2	2	3	3
12 × 15	4,5	3,7	6,95	7,50	1,67	10,0	2	2	3	3
14 × 18	6,3	5,3	11,20	12,60	2,80	19,6	3	3	4	5
16 × 20	6,3	5,3	10,10	14,40	3,19	25,5	3	3	4	5
18 × 22	6,3	5,3	9,10	16,20	3,60	32,4	3	3	4	5
20 × 25	6,3	5,3	12,05	18,00	4,00	40	3	3	4	5
22 × 26	6,3	5,3	9,05	19,80	4,40	48	3	3	4	5
25 × 30	6,3	5,3	9,90	22,50	5,00	62	3	3	4	5
28 × 32	6,3	5,3	7,40	25,20	5,60	78	3	3	4	5
30 × 35	6,3	5,3	8,50	27,00	6,00	90	3	3	4	5
35 × 40	7	6	10,10	35,60	7,90	138	3	3	4	5
40 × 45	8	6,6	13,80	45,00	9,95	199	3	4	5	6
45 × 57	10	8,6	28,20	66,00	14,60	328	3	4	5	6
50 × 57	10	8,6	23,50	73,00	16,20	405	3	4	5	6
55 × 62	12	10,4	21,80	80,00	17,80	490	3	4	5	6
60 × 68	12	10,4	27,40	106,00	23,50	705	3	4	5	7
63 × 71	12	10,4	26,30	111,00	24,80	780	3	4	5	7
65 × 73	14	12,2	25,40	115,00	25,60	830	3	4	5	7
70 × 79	14	12,2	31,00	145,00	32,00	1120	3	5	6	7
75 × 84	17	15	34,60	155,00	34,40	1290	3	5	6	7
80 × 91	17	15	48,00	203,00	45,00	1810	4	5	6	8
85 × 96	17	15	45,60	216,00	48,00	2040	4	5	6	8
90 × 101	17	15	43,40	229,00	51,00	2290	4	5	6	8
95 × 106	17	15	41,20	242,00	54,00	2550	4	5	6	8
100 × 114	21	18,7	60,70	317,00	70,00	3520	4	6	7	9

Spannsätze

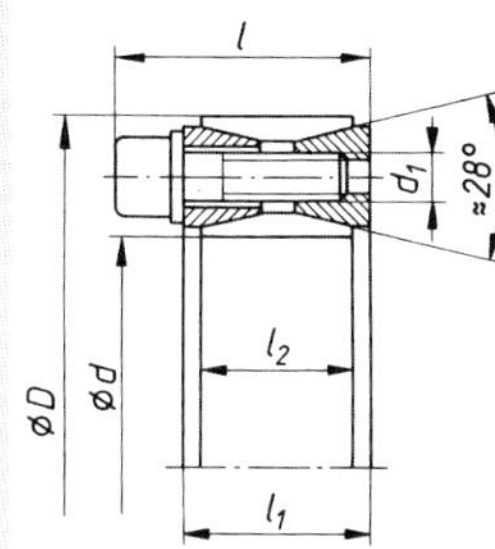

Bei zwei Spannsätzen verdoppeln sich die Beträge des übertragbaren Drehmoments M und der übertragbaren Axialkraft F_{ax}

Maße				Kraft	Drehmoment	Flächenpressung		Schrauben DIN 912		
$d \times D$	l_1	l_2	l	F_{ax}	M	p_{Welle}	p_{Nabe}	Anzahl	Gewinde d_1	M_A
mm	mm	mm	mm	kN	Nm	N/mm²	N/mm²			Nm
30 × 55	20	17	27,5	33,4	500	175	95	10	M 6 × 18	14
35 × 60	20	17	27,5	40	700	180	105	12	M 6 × 18	14
40 × 65	20	17	27,5	46	920	180	110	14	M 6 × 18	14
45 × 75	24	20	33,5	72	1610	210	125	12	M 8 × 22	35
50 × 80	24	20	33,5	71	1770	190	115	12	M 8 × 22	35
55 × 85	24	20	33,5	83	2270	200	130	14	M 8 × 22	35
60 × 90	24	20	33,5	83	2470	180	120	14	M 8 × 22	35
65 × 95	24	20	33,5	93	3040	190	130	16	M 8 × 22	35
70 × 110	28	24	39,5	132	4600	210	130	14	M 10 × 25	70
75 × 115	28	24	39,5	131	4900	195	125	14	M 10 × 25	70
80 × 120	28	24	39,5	131	5200	180	120	14	M 10 × 25	70
85 × 125	28	24	39,5	148	6300	195	130	16	M 10 × 25	70
90 × 130	28	24	39,5	147	6600	180	125	16	M 10 × 25	70
95 × 135	28	24	39,5	167	7900	195	135	18	M 10 × 25	70
100 × 145	30	26	44	192	9600	195	135	14	M 12 × 30	125
110 × 155	30	26	44	191	10500	180	125	14	M 12 × 30	125
120 × 165	30	26	44	218	13100	185	135	16	M 12 × 30	125
130 × 180	38	34	52	272	17600	165	115	20	M 12 × 35	125

10.5.10 Ermittlung der Anzahl *n* der Spannelemente und der axialen Spannkraft F_a

Anzahl *n* für gegebenes Drehmoment *M* in Nm

$$n = f_p f_n \frac{M}{M_{(100)}}$$

$M_{(100)}$ übertragbares Drehmoment M in Nm nach Tabelle 10.5.9 für *ein* Spannelement und eine Flächenpressung von $p = 100$ N/mm²

f_p Pressungsfaktor (nachfolgend)

f_n Anzahlfaktor, abhängig von der Anzahl der hintereinandergeschalteten Elemente:

für $n = 2$ ist $f_n = 1{,}55$,
für $n = 3$ ist $f_n = 1{,}85$ und
für $n = 4$ ist $f_n = 2{,}02$.

Pressungsfaktor f_p

$$f_p = \frac{p_w}{p_{(100)}} \qquad p_{(100)} = 100 \frac{\text{N}}{\text{mm}^2}$$

p_w Grenzwert der Flächenpressung für den Wellen- oder Nabenwerkstoff

p_w = 0,9 R_e (oder $R_{p\,0,2}$) für (Stahl und Stahlguss)

p_w = 0,6 R_m für Gusseisen

R_e Streckgrenze, $R_{p\,0,2}$ 0,2-Dehngrenze

R_m Zugfestigkeit alle Werte aus den Dauerfestigkeitsdiagrammen

Anzahl *n* für gegebene Axialkraft F_{ax} in kN

$$n = f_p f_n \frac{F}{F_{ax(100)}}$$

$F_{ax(100)}$ Axialkraft in kN nach Tabelle 10.5.9 für *ein* Spannelement und eine Flächenpressung von $p = 100$ N/mm²

f_p Pressungsfaktor (nachfolgend)

f_n Anzahlfaktor, abhängig von der Anzahl der hintereinander geschalteten Elemente:

für $n = 2$ ist $f_n = 1{,}55$,
für $n = 3$ ist $f_n = 1{,}85$ und
für $n = 4$ ist $f_n = 2{,}02$.

Erforderliche axiale Gesamtspannkraft F_a in kN

$$F_a = F_0 + F_{(100)} f_p$$

F_0 axiale Spannkraft in kN nach Tabelle 10.5.9 zur Überbrückung des Passungsspiels bei H6/H7 und einer gemittelten Rautiefe $R_z \approx 6$ µm

$F_{(100)}$ axiale Spannkraft in kN nach Tabelle 10.5.9 bei einer Flächenpressung $p = 100$ N/mm²

f_p Pressungsfaktor

10.5.11 Stiftverbindungen

Längsstiftverbindung

Bauverhältnisse (Anhaltswerte)

$$\frac{d_S}{d} = 0{,}13 \;...\; 0{,}16$$

$$\frac{l}{d} = 1{,}0 \;...\; 1{,}5 \qquad l \text{ Nabenlänge}$$

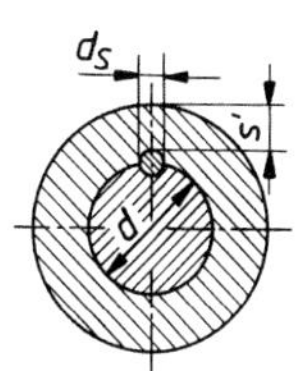

Nabendicke *s'* in mm (*M* in Nm einsetzen)

$s' = (3{,}2 \;...\; 3{,}9)\,\sqrt[3]{M}$ für Gusseisen-Nabe

$s' = (2{,}4 \;...\; 3{,}2)\,\sqrt[3]{M}$ für Stahl- und Stahlguss-Nabe

$$M = 9550\,\frac{P}{n}$$

M	P	n
Nm	kW	min^{-1}

Übertragbares Drehmoment *M*

$$M \le \frac{d_S\, d\, l_S}{4}\, p_{\text{zul (Nabe)}}$$

M	d_S, d, l_S	p_{zul}
Nmm	mm	$\frac{\text{N}}{\text{mm}^2}$

p_{zul} siehe unten

l_S Stiftlänge

Querstiftverbindung

Bauverhältnisse (Anhaltswerte)

$$\frac{d_S}{d} = 0{,}2 \;...\; 0{,}3$$

$$\frac{d_a}{d} = 2{,}5 \text{ für Gusseisen-Nabe}$$

$= 2{,}0$ für Stahl- und Stahlguss-Nabe

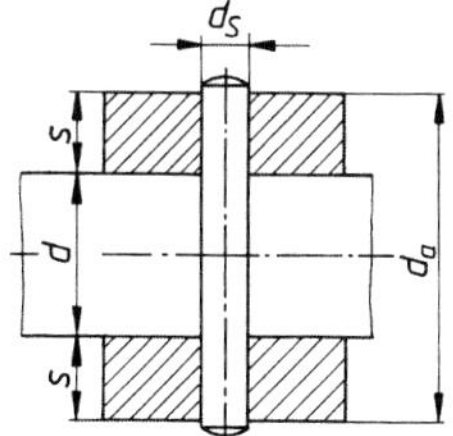

Übertragbares Drehmoment *M*

$$M \le \frac{d\, d_S^2\, \pi}{4}\, \tau_{\text{a zul}} \qquad M \le d_S\, s\,(d+s)\, p_{\text{zul (Nabe)}} \qquad M = 9{,}55 \cdot 10^6\, \frac{P}{n}$$

M	d, d_S, s	$\tau_{\text{a zul}}$, p_{zul}	P	n
Nmm	mm	$\frac{\text{N}}{\text{mm}^2}$	kW	min^{-1}

Übertragbare Längskraft F_l

$$F_l \le \frac{\pi\, d_S^2}{2}\, \tau_{\text{a zul}}$$

Zulässige Beanspruchungen

$p_{\text{zul (Nabe)}} = (120 \;...\; 180)\,\frac{\text{N}}{\text{mm}^2}$ für Stahl und Gusseisen

$= (90 \;...\; 120)\,\frac{\text{N}}{\text{mm}^2}$ für Gusseisen

$\tau_{\text{a zul}} = (90 \;...\; 130)\,\frac{\text{N}}{\text{mm}^2}$ für S235JR ... E295, 10S20K der Kegel- und Zylinderstifte

$= (140 \;...\; 170)\,\frac{\text{N}}{\text{mm}^2}$ für E335 und E360 der Kerbstifte

bei Schwellbelastung 70 %, bei Wechselbelastung 50 % der zulässigen Beanspruchung ansetzen

10.5.12 Passfederverbindungen

10.5.12.1 Maße für zylindrische Wellenenden mit Passfedern und übertragbare Drehmomente

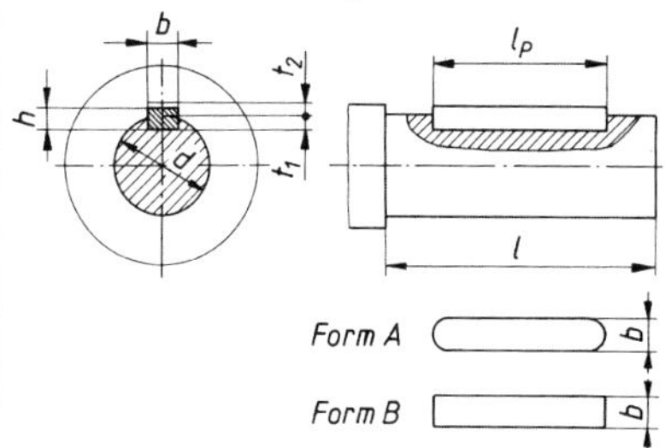

Bezeichnung der Passfeder Form A
für d = 40 mm, Breite b = 12 mm
Höhe h = 8 mm, Passfederlänge l_P = 70 mm:

Passfeder A12 × 8 × 70 DIN 6885

Bezeichnung eines zylindrischen Wellenendes von d = 40 mm und l = 110 mm:

Wellenende 40 × 110 DIN 748

Maße in mm

Wellen-durch-messer d	l kurz	l lang	Tole-ranz-feld	Passfedermaße [1] Breite mal Höhe $b \times h$	Passfedermaße [1] Wellennut-tiefe t_1	Passfedermaße [1] Nabennut-tiefe t_2	Richtwerte für das übertragbare Drehmoment M in Nm: reine Torsion [2]	Richtwerte: Torsion und Biegung [3]
6	–	16		–	–	–	1,7	0,7
10	15	23		4 × 4	2,5	1,8	7,9	3,3
16	28	40		5 × 5	3	2,3	32	14
20	36	50		6 × 6	3,5	2,8	63	26
25	42	60	k6/H7	8 × 7	4	3,3	120	52
30	58	80					210	89
35	58	80		10 × 8	5	3,3	340	140
40	82	110		12 × 8	5	3,8	500	210
45	82	110		14 × 9	5,5	3,8	720	300
50	82	110					980	410
55	82	110		16 × 10	6	4,3	$1{,}3 \cdot 10^3$	550
60	105	140		18 × 11	7	4,4	$1{,}7 \cdot 10^3$	710
70	105	140		20 × 12	7,5	4,9	$2{,}7 \cdot 10^3$	$1{,}1 \cdot 10^3$
80	130	170		22 × 14	9	5,4	$4 \cdot 10^3$	$1{,}7 \cdot 10^3$
90	130	170		25 × 14	9	5,4	$5{,}7 \cdot 10^3$	$2{,}4 \cdot 10^3$
100	165	210	k6/H7	28 × 16	10	6,4	$7{,}85 \cdot 10^3$	$3{,}3 \cdot 10^3$
120	165	210		32 × 18	11	7,4	$13{,}6 \cdot 10^3$	$5{,}7 \cdot 10^3$
140	200	250		36 × 20	12	8,4	$21{,}5 \cdot 10^3$	$9{,}1 \cdot 10^3$
160	240	300		40 × 22	13	9,4	$32{,}2 \cdot 10^3$	$13{,}5 \cdot 10^3$
180	240	300		45 × 25	15	10,4	$45{,}8 \cdot 10^3$	$19{,}2 \cdot 10^3$
200	280	350		50 × 28	17	11,4	$62{,}8 \cdot 10^3$	$26{,}4 \cdot 10^3$
220	280	350		56 × 32	20	12,4	$83{,}6 \cdot 10^3$	$35{,}1 \cdot 10^3$
250	330	410					$123 \cdot 10^3$	$51{,}6 \cdot 10^3$

[1] Passfederlänge l_p in mm:
8/10/12/14/16/18/20/22/25/28/32/36/40/45/50/56/63/70/80/90/100/110/125/140/160/180/200/220/250/280/315/355/400

[2] berechnet mit $M = 7{,}85 \cdot 10^{-3} \cdot d^3$ aus $\tau_t = \frac{M_t}{W_p} = \frac{M_t}{(\pi/16)d^3} = \tau_{t\,zul} = 40\ \text{N/mm}^2$

[3] berechnet mit $M = 3{,}3 \cdot 10^{-3} \cdot d^3$ aus $\sigma_b = \frac{M}{W} = \frac{M}{(\pi/32)d^3} = \sigma_{b\,zul} = 70\ \text{N/mm}^2$ sowie mit $M = M_V = \sqrt{M_b^2 + 0{,}75 \cdot (\alpha_0\, M_t)^2}$
für $\alpha_0 = 0{,}7$ und $M_b = 2\, M_t$ (Biegemoment = 2 × Torsionsmoment)

10.5.12.2 Passfederverbindungen (Nachrechnung)

Die beiden letzten Spalten der Tabelle im Abschnitt 10.5.12 enthalten Richtwerte für das übertragbare Drehmoment.

Im Normalfall ist das zu übertragende Drehmoment M bekannt oder kann über die gegebene Leistung P und die Wellendrehzahl n errechnet werden. Mit dem Drehmoment M werden der Wellendurchmesser d und die zugehörige Passfeder ($b \times h$) festgelegt.

Abgesehen von der Gleitfeder muss die Passfederlänge l_p etwas kleiner sein als die Nabenlänge l. Werden für die Nabenlänge l die in der Tabelle im Abschnitt 10.5.6 angegebenen Richtwerte verwendet, erübrigt es sich, die Flächenpressung p zu überprüfen ($p \leq p_{zul}$). Nur bei kürzeren Naben ist die folgende Nachrechnung erforderlich.

Vorhandene Flächenpressung p_W an der Welle

$$p_W = \frac{2\,M}{d\,l_t\,t_1} \leq p_{zul}$$

p	M	d, l_t, t_1	P	n
$\frac{N}{mm^2}$	Nmm	mm	kW	min^{-1}

$$M = 9{,}55 \cdot 10^6 \frac{P}{n}$$

Vorhandene Flächenpressung p_N an der Nabe

$$p_N = \frac{2\,M}{d\,l_t(h - t_1)} \leq p_{zul}$$

d Wellendurchmesser

t_1 Wellennuttiefe

l_t tragende Länge an der Passfeder

$l_t = l_p$ bei den Passfederformen A und B für die Wellennut

$l_t = l_p - b$ bei Passfederform A für die Nabennut

Zulässige Flächenpressung p_{zul}

Mit Sicherheit ν_S gegenüber der Streckgrenze R_e oder $R_{p\,0,2}$ (0,2-Dehngrenze) und ν_B gegenüber der Bruchfestigkeit R_m des Wellen- oder Nabenwerkstoffs setzt man je nach Betriebsweise (Stoßanfall):

$$p_{zul} = \frac{R_e}{\nu_S} \quad \text{für Stahl und Stahlguss mit } \nu_S = 1{,}3 \ldots 2{,}5$$

$$p_{zul} = \frac{R_m}{\nu_B} \quad \text{für Gusseisen mit } \nu_B = 3 \ldots 4$$

Herleitung der Gleichungen für die Flächenpressung p_W, p_N

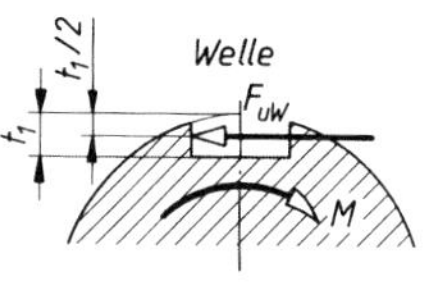

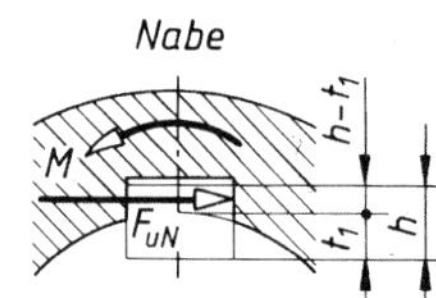

$$-M + F_{uW}\left(\frac{d}{2} - \frac{t_1}{2}\right) = 0 \qquad M - F_{uN}\left(\frac{d}{2} + \frac{h - t_1}{2}\right) = 0$$

$$F_{uW} = \frac{M}{\frac{d}{2} - \frac{t_1}{2}} \qquad F_{uN} = \frac{M}{\frac{d}{2} + \frac{h - t_1}{2}}$$

$$p_W = \frac{F_{uW}}{A_W} = \frac{F_{uW}}{l_t\,t_1} \qquad p_N = \frac{F_{uN}}{A_N} = \frac{F_{uN}}{l_t\,(h - t_1)}$$

$$p_W = \frac{2\,M}{(d - t_1)\,l_t\,t_1} \approx \frac{2\,M}{d\,l_t\,t_1} \qquad p_N = \frac{2\,M}{(d + h - t_1)\,l_t\,(h - t_1)}$$

$$p_N = \frac{2\,M}{d\,l_t(h - t_1)}$$

10.5.13 Keilwellenverbindung

Nennmaße für Welle und Nabe (Auswahl aus ISO 14: Keilwellenverbindung mit geraden Flanken, Übersicht)

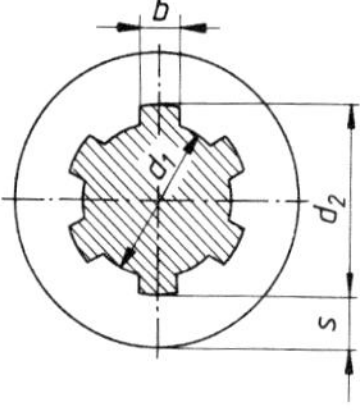

Innendurchmesser d_1 in mm	Außendurchmesser d_2 in mm	Anzahl der Keile z	Keil Breite b in mm
18	22	6	5
21	25	6	5
23	28	6	6
26	32	6	6
28	34	6	7
32	38	8	6
36	42	8	7
42	48	8	8
46	54	8	9
52	–	–	–
62	72	8	12
82	–	–	–
92	102	10	14
102	112	10	16
112	125	10	18

Nabendicke *s* in mm (*M* in Nm einsetzen)

$s = (2{,}6 \ldots 3{,}2)\,\sqrt[3]{M}$ für Gusseisen-Nabe

$s = (2{,}2 \ldots 3)\,\sqrt[3]{M}$ für Stahl- und Stahlguss-Nabe

$M = 9550\,\dfrac{P}{n}$

M	P	n
Nm	kW	min^{-1}

Nabenlänge *l* in mm (*M* in Nm einsetzen)

$l = (4{,}5 \ldots 6{,}5)\,\sqrt[3]{M}$ für Gusseisen-Nabe

$l = (2{,}8 \ldots 4{,}5)\,\sqrt[3]{M}$ für Stahl- und Stahlguss-Nabe

Flächenpressung *p*

$$p = \frac{2\,M}{0{,}75\,z\,h_1\,l\,d_m} \le p_{zul}$$

P	M	h_1, l, d_m	z
$\dfrac{N}{mm^2}$	Nmm	mm	1

$$h_1 = 0{,}8\,\frac{d_2 - d_1}{2}$$

Faktor 0,75 (nach Versuchen tragen nur etwa 75 % der Mitnehmerflächen)

$$d_m = \frac{d_1 + d_2}{2}$$

Zulässige Flächenpressung p_{zul}

$p_{zul} = \dfrac{R_{e(Nabe)}}{S}$ für Stahl-Nabe

$p_{zul} = \dfrac{R_{m(Nabe)}}{S}$ für Gusseisen-Nabe

R_e ($R_{p\,0{,}2}$) und R_m aus den Dauerfestigkeitsdiagrammen.
Für stoßfrei wechselnde Betriebslast wird bei Befestigungsnaben: S = 2,5 (1,7)

für unbelastet verschobene Verschiebenaben: S = 8 (5)

für unbelastet verschobene Verschiebenaben: S = (15)

für Stahl-Nabe und (3) für Gusseisen-Nabe

Klammerwerte bei gehärteten oder vergüteten Sitzflächen der Welle

10.6 Zahnradgetriebe

Normen (Auswahl)

DIN 780	Modulreihe für Zahnräder
DIN 867	Bezugsprofil für Stirnräder mit Evolventenverzahnung
DIN 868	Allgemeine Begriffe und Bestimmungsgrößen für Zahnräder
DIN 3960	Begriffe und Bestimmungsgrößen für Stirnräder und Stirnradpaare
DIN 3971	Begriffe und Bestimmungsgrößen für Kegelräder und Kegelradpaare
DIN 3975	Begriffe und Bestimmungsgrößen für Zylinderschneckengetriebe
DIN 3990	Tragfähigkeitsberechnung von Stirnrädern
DIN 3991	Tragfähigkeitsberechnung von Kegelrädern

10.6.1 Kräfte am Zahnrad

10.6.1.1 Benennung

P Leistung
M_T Drehmoment
F_{bn} Zahnnormalkraft normal zur Berührungslinie
F_{bt} Zahnnormalkraft im Stirnschnitt
F_t Umfangskraft bei Stirnrädern im Teilkreis im Stirnschnitt
F_{tn} Umfangskraft im Normalschnitt
F_{tm} Umfangskraft bei Kegelrädern im Teilkreis in Mitte Zahnbreite
d Teilkreisdurchmesser
d_w Betriebswälzkreisdurchmesser
d_m mittlerer Teilkreisdurchmesser bei Kegelrädern (bezogen auf Mitte Zahnbreite)

α_0 Herstell-Eingriffswinkel (bei Normverzahnung ist $\alpha_0 = 20°$)
α_n Eingriffswinkel im Normalschnitt am Teilkreis
α_t Eingriffswinkel im Stirnschnitt am Teilkreis
α_{wt} Betriebseingriffswinkel im Stirnschnitt
β Schrägungswinkel am Teilkreis
β_m Schrägungswinkel am Teilkreis in Mitte Zahnbreite bei Kegelrädern
β_b Schrägungswinkel am Grundkreis
δ Teilkegelwinkel
Σ Achsenwinkel
γ_m mittlerer Steigungswinkel der Schnecke
ϱ' Reibwinkel
m_n Normalmodul
m_t Stirnmodul

Indizes	bezogen auf	Indizes	bezogen auf
kein Index	Teilkreis	t	Stirnschnitt
a	Kopfkreis	v	Ergänzungskegel bei Kegelrädern
b	Grundkreis		
f	Fußkreis	w	Betriebswälzkreis
m	Mitte Zahnbreite bei Kegelrädern	C	Wälzpunkt
		1	Ritzel
n	Normalschnitt oder Ersatz-Geradstirnrad	2	Rad

10.6.1.2 Einheiten

Zur Berechnung des Drehmoments M_{T1} in Nmm aus der Leistung P in kW und der Drehzahl n_1 in min^{-1} (= 1/min = U/min) wird die bekannte Zahlenwertgleichung benutzt:

$$M_{T1} = 9{,}55 \cdot 10^6 \frac{P}{n_1}$$

M_{T1}	P	n_1
Nmm	kW	min^{-1}

Für alle folgenden Gleichungen zweckmäßig:
Drehmoment M_{T1} in Nmm, Kräfte F in N, sämtliche Längen (Durchmesser, Modul) in mm.

10.6.1.3 Geradstirnrad

Umfangskraft F_t am Teilkreis

$$F_t = \frac{2M_{T1}}{d_1} = \frac{2M_{T1}}{z_1 m_n}$$

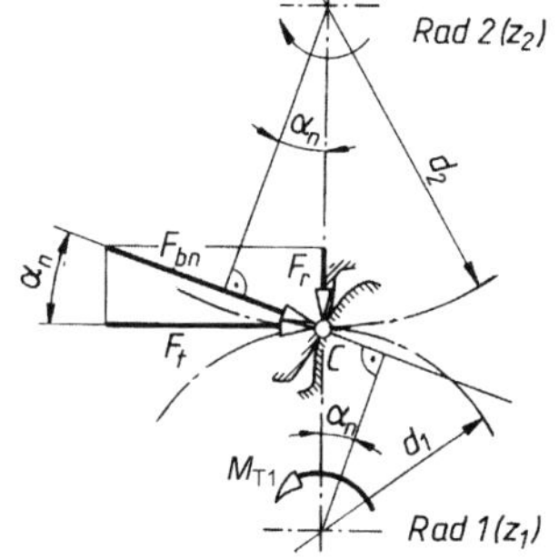

Normalkraft F_{bn} normal zur Berührungslinie

$$F_{bn} = \frac{F_t}{\cos \alpha_n}$$

Radialkraft F_r

$$F_r = F_t \tan \alpha_n$$

10.6.1.4 Schrägstirnrad

Umfangskraft F_t am Teilkreis

$$F_t = \frac{2M_{T1}}{d_1} = \frac{2M_{T1} \cos \beta}{z_1 m_n}$$

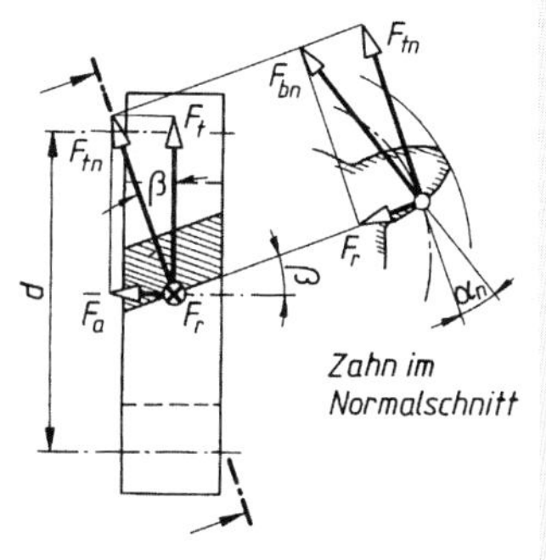

Radialkraft F_r

$$F_r = \frac{F_t \tan \alpha_n}{\cos \beta}$$

Axialkraft F_a

$$F_a = F_t \tan \beta$$

10.6.1.5 Geradzahn-Kegelrad

Umfangskraft F_{tm} im Teilkreis in Mitte Zahnbreite

$$F_{tm} = \frac{2M_{T1}}{d_{m1}}$$

Radialkraft F_r (für Achsenwinkel $\Sigma = 90°$ ist $F_{r1} = F_{a2}$ und $F_{r2} = F_{a1}$)

$$F_{r1} = F_{tm} \tan \alpha_n \cos \delta_1$$

$$F_{r2} = F_{tm} \tan \alpha_n \cos \delta_2$$

Axialkraft F_a (für Achsenwinkel $\Sigma = 90°$ ist $F_{a1} = F_{r2}$ und $F_{a2} = F_{r1}$)

$$F_{a1} = F_{tm} \tan \alpha_n \sin \delta_1$$

$$F_{a2} = F_{tm} \tan \alpha_n \sin \delta_2$$

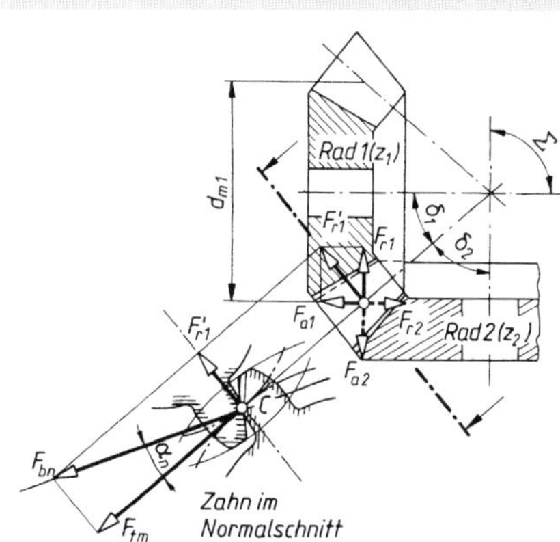

10.6.1.6 Schrägzahn-Kegelrad

Umfangskraft F_{tm} im Teilkreis in Mitte Zahnbreite

$$F_{tm} = \frac{2M_{T1}}{d_{m1}}$$

Radialkraft F_r (für Achsenwinkel $\Sigma = 90°$ ist $F_{r1} = F_{a2}$ und $F_{r2} = F_{a1}$)

$$F_{r1}{}^{1)} = F_{tm}\left(\tan \alpha_n \frac{\cos \delta_1}{\cos \beta_m} \mp \tan \beta \sin \delta_1\right)$$

$$F_{r2}{}^{2)} = F_{tm}\left(\tan \alpha_n \frac{\cos \delta_2}{\cos \beta_m} \pm \tan \beta \sin \delta_2\right)$$

Axialkraft F_a

$$F_{a1}{}^{3)} = F_{tm}\left(\tan \alpha_n \frac{\sin \delta_1}{\cos \beta_m} \pm \tan \beta \cos \delta_1\right)$$

$$F_{a2}{}^{4)} = F_{tm}\left(\tan \alpha_n \frac{\sin \delta_2}{\cos \beta_m} \mp \tan \beta \cos \delta_2\right)$$

1) (–) bei gleicher, (+) bei entgegengesetzter Spiral- und Drehrichtung
2) (+) bei gleicher, (–) bei entgegengesetzter Spiral- und Drehrichtung
3) (+) bei gleicher, (–) bei entgegengesetzter Spiral- und Drehrichtung
4) (–) bei gleicher, (+) bei entgegengesetzter Spiral- und Drehrichtung

10.6.1.7 Schnecke und Schneckenrad

Umfangskraft F_t

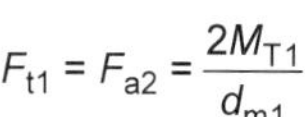

$$F_{t1} = F_{a2} = \frac{2M_{T1}}{d_{m1}}$$

Radialkraft F_r

$$F_{r1} = F_{r2} = F_{t1} \frac{\tan \alpha_n \cos \varrho'}{\sin(\gamma_m + \varrho')}$$

Axialkraft F_a

$$F_{a1} = F_{t2} \frac{2M_{T2}}{d_2}$$

$$F_{a1} = F_{t2} = \frac{F_{t1}}{\tan(\gamma_m + \varrho')}$$

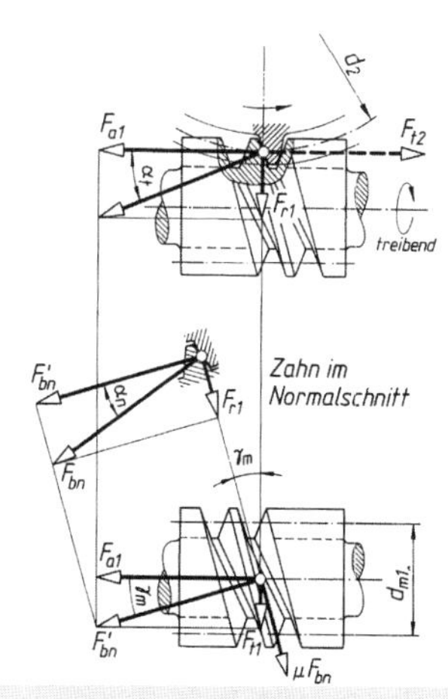

10.6.2 Einzelrad- und Paarungsgleichungen für Gerad- und Schrägstirnräder

Die Berechnungsgleichungen gelten für den allgemeinen Fall des Schrägstirnrad-V-Getriebes.

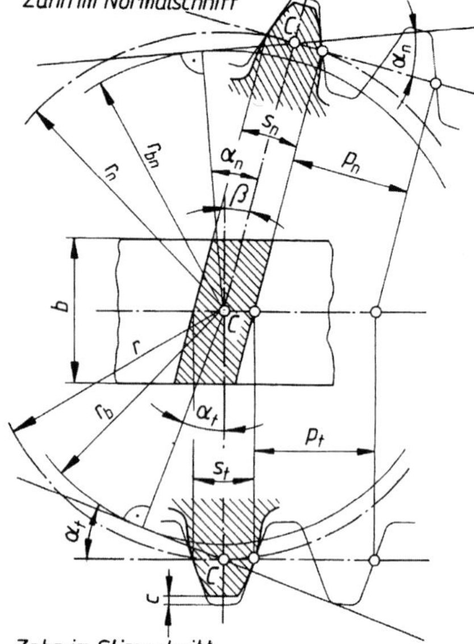

Für die Sonderfälle ist zu setzen:

Schrägstirnrad-Nullgetriebe: $x_1 = x_2 = 0$
Schrägstirnrad-V-Nullgetriebe: $x_2 = -x_1$
Geradstirnrad-Nullgetriebe: $\beta = 0°$, $x_1 = x_2 = 0$
Geradstirnrad-V-Nullgetriebe: $\beta = 0°$, $x_2 = -x_1$
Geradstirnrad-V-Getriebe: $\beta = 0°$, also $\cos\beta = 1$

Für das DIN-Verzahnungssystem ist der Herstell-Eingriffswinkel $\alpha_n = 20°$, also

$\cos\alpha_n = 0{,}93969$ $\tan\alpha_n = 0{,}36397$
$\sin\alpha_n = 0{,}34202$ $\mathrm{ev}\,\alpha_n = 0{,}01490$

Die Berechnungsgleichungen gelten auch für *Innengetriebe*. Dafür sind
die Zähnezahl z_2 des Innenrades,
alle Durchmesser des Innenrades,
das Zähnezahlverhältnis $u = z_2/z_1$ und der Achsabstand a mit *negativem* Vorzeichen einzusetzen.
Außerdem ist festgelegt: Die Profilverschiebung ist *positiv*, wenn durch sie die Zahndicke *vergrößert* wird.

b	Zahnbreite
c	Kopfspiel
p_t, p_n	Teilkreisteilung
r, r_n	Teilkreisradius
r_b, r_{bn}	Grundkreisradius
s_t, s_n	Zahndicke
α_t, α_n	Eingriffswinkel am Teilkreis
β	Schrägungswinkel am Teilkreis
	Index t für Stirnschnitt
	Index n für Normalschnitt

Übersetzung *i*

$$i = \frac{n_1}{n_2} = \frac{\omega_1}{\omega_2} = \frac{z_2}{z_1} = \frac{d_2}{d_1} = \frac{d_{b2}}{d_{b1}}$$

Ersatzzähnezahl z_n

$$z_n = \frac{z}{\cos^2\beta_b \cos\beta} \approx \frac{z}{\cos^3\beta}$$

β_b siehe Schrägungswinkel

Grenzzähnezahl z_g

$$z_g = 17\cos^3\beta$$

Profilverschiebungsfaktor x für $z < z_g$

$$x \geq \frac{17 - \dfrac{z}{\cos^3\beta}}{17}$$

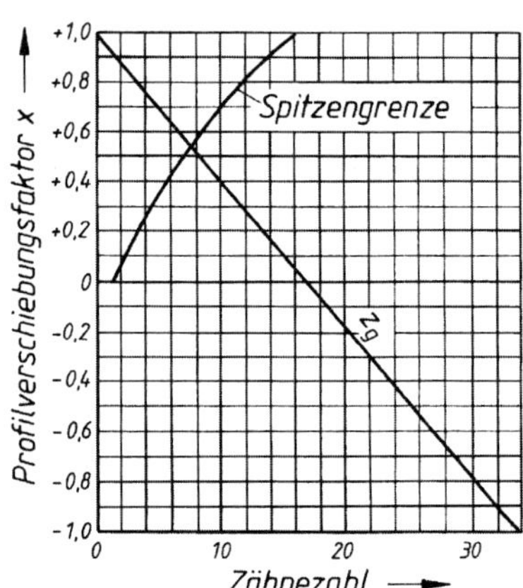

Grenzzähnezahl z_g der DIN-Geradverzahnung ($\beta = 0$)

Achsabstand a_d ohne Profilverschiebung (Rechengröße)	$a_d = \frac{m_n}{2\cos\beta}(z_1 + z_2)$	
Eingriffswinkel im Stirnschnitt am Teilkreis α_t	$\tan\alpha_t = \frac{\tan\alpha_n}{\cos\beta}$	bei Geradverzahnung ist $\beta = 0$ und damit $\alpha_t = \alpha_n = 20°$
Stirnmodul m_t	$m_t = \frac{m_n}{\cos\beta}$	Für Geradstirnrad ist: $m_t = m_n = m$ m_n Normalmodul
Teilkreisteilung im Stirnschnitt p_t	$p_t = \frac{\pi d}{z} = \pi m_t = \frac{\pi m_n}{\cos\beta}$	
Teilkreisteilung im Normalschnitt p_n	$p_n = \pi m_n = \pi m_t \cos\beta$	
Eingriffsteilung im Stirnschnitt p_{et}	$p_{et} = p_t \cos\alpha_t = \pi m_t \cos\alpha_t = \frac{p_{en}}{\cos\beta} = \frac{\pi d_b}{z}$	
Eingriffsteilung im Normalschnitt p_{en}	$p_{en} = p_n \cos\alpha_n = \pi m_n \cos\alpha_n$	
Schrägungswinkel am Grundkreis β_b	$\tan\beta_b = \tan\beta\cos\alpha_t$ $\sin\beta_b = \sin\beta\cos\alpha_n$	
Teilkreisdurchmesser d	$d_1 = \frac{z_1 m_n}{\cos\beta} = z_1 m_t$ $d_2 = \frac{z_2 m_n}{\cos\beta} = z_2 m_t$	
Grundkreisdurchmesser d_b	$d_{b1} = d_1\cos\alpha_t = z_1\frac{m_n}{\cos\beta}\cos\alpha_t$ $d_{b2} = d_2\cos\alpha_t = z_2\frac{m_n}{\cos\beta}\cos\alpha_t$	
Kopfkreisdurchmesser d_a	$d_{a1} = 2(a + m_n - x_2 m_n) - d_2 = 2[a + m_n(1 - x_2)] - \frac{z_2 m_n}{\cos\beta}$ $d_{a2} = 2(a + m_n - x_1 m_n) - d_1 = 2[a + m_n(1 - x_1)] - \frac{z_1 m_n}{\cos\beta}$	
erforderliche Kopfkürzung $k\,m_n$	$k\,m_n = \frac{m_n}{\cos\beta}\cdot\frac{z_1 + z_2}{2} + (x_1 + x_2)m_n - a$	
Fußkreisdurchmesser d_f	$d_{f1} = d_1 - 2(h_{fP} - x_1 m_n)$ $d_{f2} = d_2 - 2(h_{fP} - x_2 m_n)$	
Evolventenfunktion des Winkels α	$\text{inv}\,\alpha = \tan\alpha - \text{arc}\,\alpha = \tan\alpha - \left(\pi\frac{\alpha°}{180°}\right)$	

Betriebseingriffswinkel im Stirnschnitt α_{wt} und im Normalschnitt α_{wn}

$$\operatorname{inv}\alpha_{wt} = 2\frac{x_1 + x_2}{z_1 + z_2}\tan\alpha_n + \operatorname{inv}\alpha_t$$

$$\cos\alpha_{wt} = \frac{d_{b1}}{d_{w1}} = \frac{d_{b2}}{d_{w2}} \qquad \left(\operatorname{inv}\alpha_t = \tan\alpha_t - \frac{\pi \cdot \alpha_t}{180°}\right)$$

$$\sin\alpha_{wn} = \sin\alpha_{wt} \cdot \frac{\sin\alpha_n}{\sin\alpha_t}$$

Betriebseingriffswinkel im Stirnschnitt α_{wt} bei vorgeschriebenem Achsabstand *a*

$$\cos\alpha_{wt} = \frac{m_n(z_1 + z_2)}{2a} \cdot \frac{\cos\alpha_t}{\cos\beta} = \frac{a_d}{a}\cos\alpha_t$$

Betriebswälzkreisdurchmesser d_w

$$d_{w1} = \frac{d_{b1}}{\cos\alpha_{wt}} = z_1 m_t \cdot \frac{\cos\alpha_t}{\cos\alpha_{wt}}$$

$$d_{w2} = \frac{d_{b2}}{\cos\alpha_{wt}} = z_2 m_t \cdot \frac{\cos\alpha_t}{\cos\alpha_{wt}} \qquad m_t = \frac{m_n}{\cos\beta}$$

Achsabstand *a*

$$a = \frac{m_n}{\cos\beta} \cdot \frac{z_1 + z_2}{2} \cdot \frac{\cos\alpha_t}{\cos\alpha_{wt}}$$

Kopfspiel einer Radpaarung *c*

$$c - a - \frac{d_{a1} + d_{f2}}{2} = a - \frac{d_{a2} + d_{f1}}{2}$$

Summe der Profilverschiebungsfaktoren $x_1 + x_2$

$$x_1 + x_2 = \frac{(z_1 + z_2)(\operatorname{inv}\alpha_{wt} - \operatorname{inv}\alpha_t)}{2\tan\alpha_n} \qquad \left(\operatorname{inv}\alpha = \tan\alpha - \frac{\pi\,\alpha}{180°}\right)$$

Zahnkopfhöhe des Werkzeugs h_{fP} für Bezugsprofil I, II, III, IV

I: $h_{fP} = 1{,}167\,m_n$ II: $h_{fP} = 1{,}25\,m_n$

III: $h_{fP} = 1{,}25\,m_n + 0{,}25\sqrt[3]{m_n}$ IV: $h_{fP} = 1{,}25\,m_n + 0{,}6\sqrt[3]{m_n}$

Schrägungswinkel am Betriebswälzkreis β_w

$$\tan\beta_w = \frac{2a\tan\beta}{m_t(z_1 + z_2)} \qquad m_t = \frac{m_n}{\cos\beta}$$

Profilüberdeckung ε_α

$$\varepsilon_\alpha = \frac{\frac{1}{2}\sqrt{d_{a1}^2 - d_{b1}^2} \pm \frac{1}{2}\sqrt{d_{a2}^2 - d_{b2}^2} - a\sin\alpha_{wt}}{\pi\,m_t\cos\alpha_t}$$

Minuszeichen gilt für Innengetriebe, dabei ist *a* mit negativem Vorzeichen einzusetzen.

Sprungüberdeckung ε_β

$$\varepsilon_\beta = \frac{b\tan\beta}{\pi\,m_t} = \frac{b\sin\beta}{\pi\,m_n}$$

Gesamtüberdeckung ε

$$\varepsilon = \varepsilon_\alpha + \varepsilon_\beta$$

Zahndickennennmaß, Stirnschnitt s_t

$$s_{t1} = m_t\left(\frac{\pi}{2} + 2x_1\tan\alpha_n\right) \qquad s_{t2} = m_t\left(\frac{\pi}{2} + 2x_2\tan\alpha_n\right)$$

Zahndickennennmaß im Normalschnitt s_n

$$s_{n1} = m_n \left(\frac{\pi}{2} + 2x_1 \tan \alpha_n \right) \qquad s_{n2} = m_n \left(\frac{\pi}{2} + 2x_2 \tan \alpha_n \right)$$

Zahndicke auf dem Kopfkreis s_a

$$s_a = d_a \left[\frac{1}{z} \left(\frac{\pi}{2} + 2x \tan \alpha_n \right) - (\text{inv}\, \alpha_{ta} - \text{inv}\, \alpha_t) \right]$$

$$\cos \alpha_{ta} = \frac{d}{d_a} \cos \alpha_t$$

10.6.3 Einzelrad- und Paarungsgleichungen für Kegelräder

Die Gleichungen gelten, wenn nicht anders angegeben, für Kegelräder mit schrägen Zähnen, die unter dem Achsenwinkel von 90° als V-Nullgetriebe arbeiten: Schrägungswinkel in Mitte Zahnbreite β_m, Achsenwinkel Σ = 90°, Profilverschiebungsfaktor $x_2 = -x_1$, Profilverschiebung $v_2 = -v_1$. Für Kegelräder mit geraden Zähnen ist in den Gleichungen $\beta_m = 0$ zu setzen, für Nullgetriebe $x = 0$.

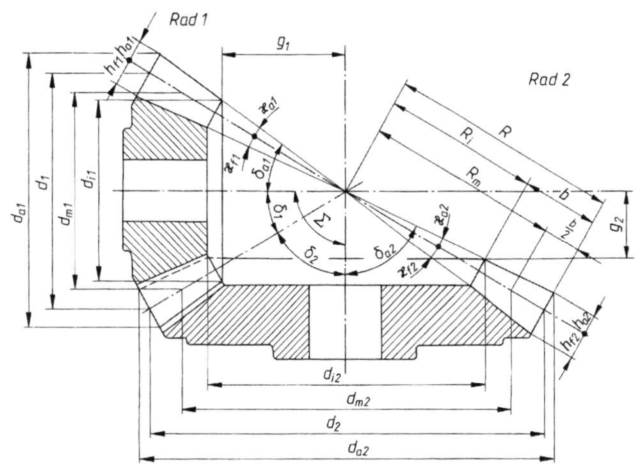

Übersetzung i

$$i = \frac{n_1}{n_2} = \frac{z_2}{z_1} = \frac{d_2}{d_1} = \frac{\sin \delta_2}{\sin \delta_1}$$

Zähnezahlverhältnis u

$$u = \frac{z_{\text{Rad}}}{z_{\text{Ritzel}}} \geq 1$$

Achsenwinkel Σ

$$\Sigma = \delta_1 + \delta_2$$

Teilkegelwinkel δ

$$\text{für } \Sigma = 90° : \tan \delta_1 = \frac{1}{u} = \frac{z_1}{z_2}$$

$$\text{für } \Sigma < 90° : \tan \delta_1 = \frac{\sin \Sigma}{u + \cos \Sigma}$$

$$\text{für } \Sigma > 90° : \tan \delta_1 = \frac{\sin(180° - \Sigma)}{u - \cos(180° - \Sigma)}$$

$$\delta_2 = \Sigma - \delta_1$$

Maschinenelemente

Teilkreisdurchmesser *d*	$d_1 = z_1\, m_t$ $d_2 = z_2\, m_t$ m_t Stirnmodul Bei Geradzahn-Kegelrädern ist der Stirnmodul zugleich der Normalmodul (Stirnschnitt = Normalschnitt), er wird als Normmodul festgelegt: $m_t = m_n = m$.
Teilkegellänge *R* (außen) und Zahnbreite *b*	$R = \dfrac{d_1}{2\sin\delta_1} = \dfrac{d_2}{2\sin\delta_2}$ $b \le \dfrac{R}{3}$ ausführen
Teilkegellänge R_i (innen)	$R_i = R - b$
mittlere Teilkegellänge R_m	$R_m = R - \dfrac{b}{2}$
Teilkreisdurchmesser in Mitte Zahnbreite d_m	$d_{m1} = d_1 - b\sin\delta_1$ $d_{m2} = d_2 - b\sin\delta_2$
äußerer Normalmodul m_{na}	$m_{na} = m_t \cos\beta_m$
Normalmodul in Mitte Zahnbreite m_{nm}	$m_{nm} = m_t \cos\beta_m \dfrac{R_m}{R}$ $m_{nm} = \dfrac{d_{m1}}{z_1}\cos\beta_m = \dfrac{d_{m2}}{z_2}\cos\beta_m$ m_{nm} ist identisch mit dem Normalmodul der Ergänzungs- und der Ersatzverzahnung
Ergänzungszähnezahl z_v	$z_{v1} = \dfrac{z_1}{\cos\delta_1}$ $z_{v2} = \dfrac{z_2}{\cos\delta_2}$
Ersatzzähnezahl z_n	$z_{n1} \approx \dfrac{z_{v1}}{\cos^3\beta_m}$ $z_{n2} \approx \dfrac{z_{v2}}{\cos^3\beta_m}$ Bei Geradzahn-Kegelrädern ist mit $\beta_m = 0°$ und $\cos\beta_m = 1$ $z_{n1} = z_{v1}$ und $z_{n2} = z_{v2}$.
Zähnezahl des Planrades z_p	$z_p = \dfrac{z_2}{\sin\delta_2}$
Zahnkopfhöhe h_a (außen)	$h_{a1} = (1 + x)m_{na}$ $h_{a2} = (1 - x)m_{na} = 2m_{na} - h_{a1}$
Kopfspiel *c*	$c = y\, m_{na}$ $y = 0{,}167$ oder $y = 0{,}2$

10.6.4 Einzelrad- und Paarungsgleichungen für Schneckengetriebe

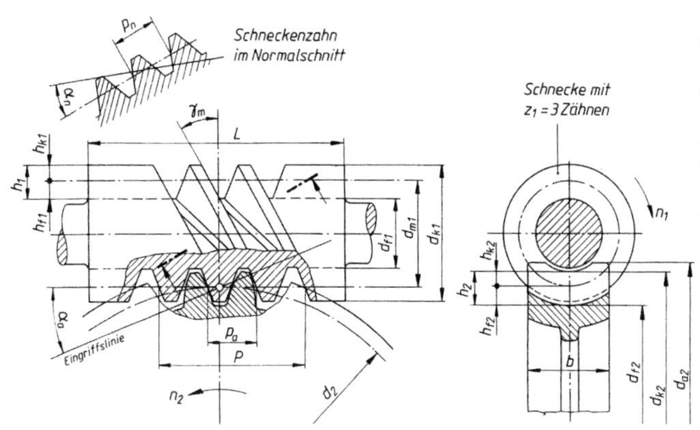

Index 1 gilt für die Schnecke, 2 für das Schneckenrad, Index n für die Größe im Normalschnitt, Index a im Achsschnitt

Übersetzung *i* (***m*** **Achsmodul,** z_1 **Gangzahl der Schnecke)**

$$i = \frac{n_1}{n_2} = \frac{z_2}{z_1} = \frac{d_2}{m\,z_1} = \frac{d_2}{d_{m1}\tan\gamma_m}$$

i möglichst keine ganze Zahl bei mehrgängiger Schnecke

$$M_{T1} = \frac{M_{T2}}{i\,\eta_{ges}}$$

η_{ges} Gesamtwirkungsgrad des Schneckengetriebes

Erfahrungswerte für *i*, Gangzahl z_1 und η_{ges}

i	≥ 30	15 ... 29	10 ... 14	6 ... 9
z_1	1	2	3	4
η_{ges}	0,7	0,8	0,85	0,9

Zähnezahl z_2 des Schneckenrades

$$z_2 = i\,z_1$$

z_2 möglichst ≥ 25 Zähne

Steigungshöhe der Schnecke *P*

$$P = z_1\,p_a = z_1\,m\,\pi = d_{m1}\,\pi\tan\gamma_m$$

p_a Achsteilung, m Achsmodul

mittlerer Steigungswinkel γ_m

$$\tan\gamma_m = \frac{m\,z_1}{d_{m1}} = \frac{z_1}{z_F} \qquad \cos\gamma_m = \frac{m_n}{m}$$

Formzahl z_F

$$z_F = \frac{d_{m1}}{m}$$

Zahnfußhöhe h_f

$$h_{f1} = 2\,m_{na} - h_{a1} + c \qquad h_{f2} = 2\,m_{na} - h_{a2} + c$$

c Kopfspiel
$c = 0{,}2\,m$

Kopfkreisdurchmesser d_{k1} der Schnecke

$$d_{k1} = d_{m1} + 2\,h_{k1}$$

Maschinenelemente

Zahnradgetriebe

Kopfwinkel κ_a	$\tan \kappa_{a1} = \frac{h_{a1}}{R}$	$\tan \kappa_{a2} = \frac{h_{a2}}{R}$
Fußwinkel κ_f	$\tan \kappa_{f1} = \frac{h_{f1}}{R}$	$\tan \kappa_{f2} = \frac{h_{f2}}{R}$
Kopfkegelwinkel δ_a	$\delta_{a1} = \delta_1 + \kappa_{a1}$	$\delta_{a2} = \delta_2 + \kappa_{a2}$
innerer Kopfkreisdurchmesser d_i	$d_{i1} = d_{a1} - 2\frac{b \sin \delta_{a1}}{\cos \kappa_{a1}}$	$d_{i2} = d_{a2} - 2\frac{b \sin \delta_{a2}}{\cos \kappa_{a2}}$
Innenkegelhöhe g	$g_1 = \frac{d_{i1}}{2 \tan \delta_{a1}}$	$g_2 = \frac{d_{i2}}{2 \tan \delta_{a2}}$
Mittenkreisdurchmesser d_{m2}	$d_{m2} = d_2 \pm 2xm = 2a - d_{m1}$	
Kopfkreisdurchmesser d_{k2}	$d_{k2} = d_2 \pm 2xm + 2h_{k2}$	$d_{k2} = d_2 + 2h_{k2}$
Fußkreisdurchmesser d_{f2}	$d_{f2} = d_{k2} - (4m + c)$ $d_{f2} = d_2 - 2h_{f2}$	$c = 0{,}2m$ c Kopfspiel
Außendurchmesser d_{a2}	$d_{a2} = d_{k2} + m$	
Profilverschiebung erforderlich bei	$z_2 < z_g = \frac{2h_{kf}}{m \sin^2 \alpha_a}$	h_{kf} Kopfhöhe des Fräsers α_a Eingriffswinkel im Achsschnitt
Mindest-Profilverschiebungsfaktor	$x_{min} = \frac{z_g - z_2}{z_g}$	$z_g = 17$ bei $\alpha_a = 20°$
Achsabstand a (z_F Formzahl)	$a = \frac{d_{m1} + d_2}{2} \pm xm = \frac{m}{2}(z_F + z_2 \pm 2x)$	
Zahnbreite b	$b = (0{,}4 \ldots 0{,}5)(d_{k1} + 4m)$ $b = (0{,}4 \ldots 0{,}5)(d_{k1} + 4m) + 1{,}8m$	für Bronzerad für Leichtmetallrad

Wirkungsgrad η_z der Verzahnung ($\mu' = \tan \varrho'$ Gleitreibungszahl)

$$\eta_z = \frac{\tan \gamma_m}{\tan(\gamma_m + \varrho')}$$

bei treibender Schnecke

$$\eta_z = \frac{\tan(\gamma_m - \varrho')}{\tan \gamma_m}$$

bei treibendem Schneckenrad

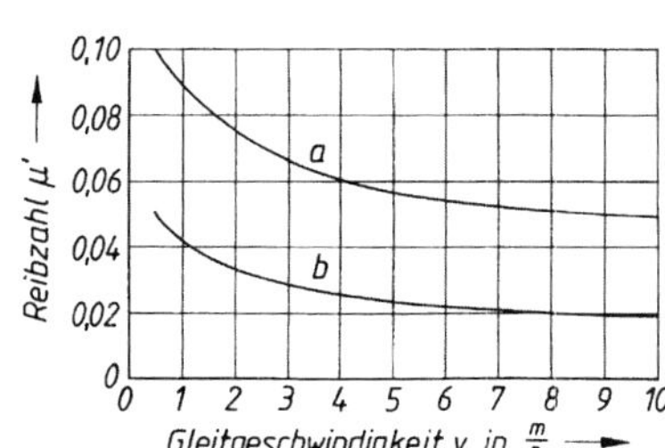

a Schnecke auf Drehmaschine geschlichtet, vergütet
b Schnecke gehärtet, geschliffen

Gesamtwirkungsgrad η_{ges}	$\eta_{ges} = \eta_z\,\eta_L$ — $\eta_L = \eta_{L1}\,\eta_{L2}$ = Wirkungsgrad der Lagerung η_{L1} für Schneckenwelle η_{L2} für Schneckenrad $\eta_{L1} = \eta_{L2} \approx 0{,}97$ bei Wälzlagern $\eta_{L1} = \eta_{L2} \approx 0{,}94$ bei Gleitlagern
Normalteilung p_n **Normalmodul m_n**	$p_n = p_a \cos\gamma_m$ $\quad m_n = m\cos\gamma_m$ $\quad m = m_a$ = Achsmodul
Moduln für Schnecke und Schneckenrad (DIN 780) in mm: 1, 1,25, 1,6, 2, 2,5, 3,15, 4, 5, 6,3, 8, 10, 12,5, 16, 20	Für Schnecken wird der Modul im Achsschnitt (Achsmodul) $m_a = m$ als Normmodul gewählt; m_a ist zugleich Modul für das Schneckenrad im Stirnschnitt
Mittenkreisdurchmesser d_{m1} der Schnecke	$d_{m1} = \dfrac{z_1 m}{\tan\gamma_m} = \dfrac{z_1 m_n}{\sin\gamma_m} = z_F\,m$ — d_{m1} ist eine Rechengröße

Zahnhöhen h
Kopfhöhen h_k
Fußhöhen h_f
in Abhängigkeit von γ_m

	$\gamma_m \le 15°$	$\gamma_m > 15°$
$h_1 = h_2 =$	$2{,}2\,m$	$2{,}2\,m_n$
$h_{k1} =$	m	m_n
$h_{k2} =$	$m \pm xm$	$m_n \pm xm_n$
$h_{f1} =$	$h_1 - h_{k1}$	
$h_{f2} =$	$h_2 - h_{k2}$	

Eingriffswinkel im Normal- und Achsschnitt

$$\tan\alpha_a = \frac{\tan\alpha_n}{\cos\gamma_m}$$

Richtwerte für α_n

γ_m	bis 15°	15 ... 25°	25 ... 35°	über 35°
α_{n0}	20°	22,5°	25°	30°

Kopfkreisdurchmesser d_{k1} der Schnecke	$d_{k1} = d_{m1} + 2h_{k1}$ — Profilverschiebung hat keinen Einfluss auf die Schnecken-Abmessungen
Fußkreisdurchmesser d_{f1} der Schnecke	$d_{f1} = d_{k1} - 2h_1$
Schneckenlänge L in mm	$L \approx 2m(1+\sqrt{z_2})$ für normale Belastung $L \approx 2m\sqrt{2z_2 - 4}$ für hohe Belastung

Umfangsgeschwindigkeit v (Zahlenwertgleichung)

$$v_1 = \frac{\pi\,d_{m1}\,n_1}{60000} \qquad v_2 = \frac{\pi\,d_{m2}\,n_2}{60000}$$

v_1, v_2	d_{m1}, d_{m2}	n_1, n_2
$\frac{m}{s}$	mm	min^{-1}

Gleitgeschwindigkeit v_g

$$v_g = \frac{v_1}{\cos\gamma_m}$$

Teilkreisdurchmesser d_2

$$d_2 = z_2\,m = \frac{z_2\,m_n}{\cos\gamma_m}$$

10.6.5 Wirkungsgrad, Kühlöldurchsatz und Schmierarten der Getriebe

Gesamtwirkungsgrad η_{ges} in einer Getriebestufe

η_{ges} = 0,96 ... 0,98
bei Schneckengetrieben gesondert berechnen nach 10.6.4

enthält Verzahnungsverluste, Lagerverluste, Plantschverluste bei Ölfüllung bis Zahnfuß, Verluste durch Wellenabdichtungen

erforderlicher Kühlöldurchsatz $\dot{V}_k$ bei Ölumlaufkühlung

$$\dot{V}_k = P_1 \frac{1-\eta_{ges}}{c\varrho(\vartheta_1-\vartheta_2)}$$

$\dot{V}_k$	P_1	ϱ	ϑ	η_{ges}, c
$\frac{m^3}{s}$	W	$\frac{kg}{m^3}$	°C	1

P_1 Antriebsleistung
c spezifische Wärmekapazität des Öls für Maschinenöl ist:
$c = 1675 \frac{J}{kgK}$ (1 K = 1 °C)

ϱ Dichte des Öls ≈ 900 $\frac{kg}{m^3}$ (Maschinenöl)

ϑ_1, ϑ_2 Temperatur des zu- und abfließenden Öls

erforderliche Schmierarten

Teilkreisgeschwindigkeit in m/s	Art der Schmierung
0 ... 0,8	Fett auftragen
0,8 ... 4	Fett- oder Öltauchschmierung,
4 ... 12	Öltauchschmierung
12 ... 60	Spritzschmierung

Normen (Auswahl)[1)]

DIN 884 Walzenfräser, DIN 885 Scheibenfräser
DIN 1412 Spiralbohrer aus Schnellarbeitsstahl, Anschliffformen
DIN 1415 Räumwerkzeuge; Einteilung, Benennung, Bauarten
DIN 1416 Räumwerkzeuge; Gestaltung von Schneidzahn und Spankammer
DIN 1417 Räumwerkzeuge; Runde und eckige Schäfte
DIN 1418 Räumwerkzeuge; Schafthalter und Endstückhalter für Räumwerkzeuge
DIN 1836 Werkzeug-Anwendungsgruppen zum Zerspanen
DIN 4951 Gerade Drehmeißel mit Schneiden aus Hartmetall
DIN 4971 Gerade Drehmeißel mit Schneidplatte aus Hartmetall
DIN ISO 5419 Spiralbohrer, Benennungen, Definitionen und Formen
DIN 6580 Begriffe der Zerspantechnik, Bewegungen und Geometrie des Zerspanvorgangs
DIN 6581 Begriffe der Zerspantechnik, Bezugssysteme und Winkel am Schneidteil des Werkzeugs
DIN 6582 Begriffe der Zerspantechnik, Ergänzende Begriffe am Werkzeug
DIN 6583 Begriffe der Zerspantechnik, Standbegriffe
DIN 6584 Begriffe der Zerspantechnik; Kräfte, Energie, Arbeit, Leistungen
DIN 6588 Fertigungsverfahren Zerteilen
DIN 6589 Fertigungsverfahren Spanen; Teil 0: Allgemeines; Einordnung, Unterteilung, Begriffe
Teil 1: Drehen, Teil 2: Bohren, Teil 3: Fräsen, Teil 4: Hobeln und Stoßen, Teil 5: Räumen,
Teil 6: Sägen, Teil 7: Feilen und Raspeln, Teil 8: Bürstspanen, Teil 9: Schaben und Meißeln,
Teil 11: Schleifen mit rotierendem Werkzeug, Teil 12: Bandschleifen, Teil 13: Hubschleifen,
Teil 14: Honen, Teil 15: Läppen, Teil 17: Gleitspanen
DIN 69120 Gerade Schleifscheiben

[1)] Nähere Angaben in http://beuth.de

11.1 Drehen und Grundbegriffe der Zerspantechnik

11.1.1 Bewegungen, Kräfte, Schnittgrößen und Spanungsgrößen

Bewegungen, Geschwindigkeiten und Kräfte beim Drehen (Außendrehen)

- F Zerspankraft (Kräfte in Bezug auf das Werkzeug)
- F_a Aktivkraft
- F_c Schnittkraft
- F_f Vorschubkraft
- F_p Passivkraft
- v_c Schnittgeschwindigkeit
- v_f Vorschubgeschwindigkeit
- v_e Wirkgeschwindigkeit
- f Vorschub
- a_p Schnitttiefe
- κ_r Einstellwinkel
- φ Vorschubrichtungswinkel (beim Drehen 90°)
- η Wirkrichtungswinkel

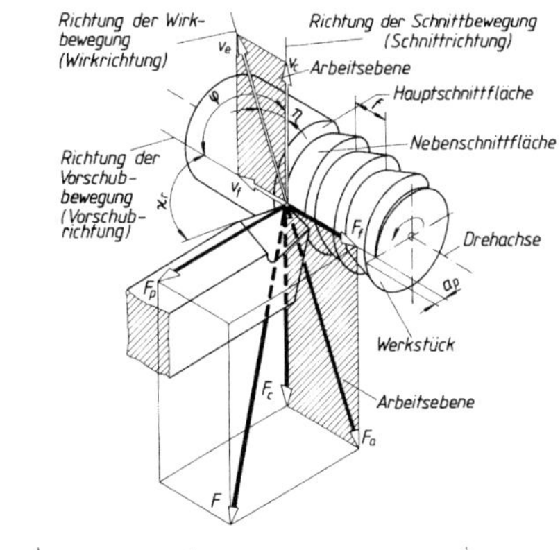

Schnittgrößen und Spanungsgrößen

- f Vorschub
- a_p Schnitttiefe
- b Spanungsbreite
- h Spanungsdicke
- A Spanungsquerschnitt
- l_s Schnittbogenlänge
- m Bogenspandicke

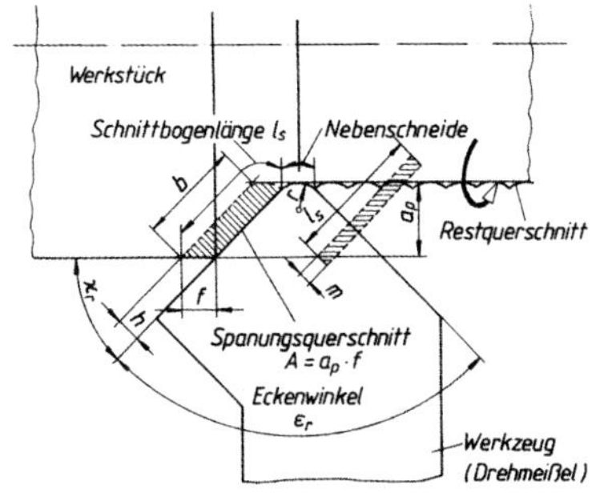

Zerspantechnik

Drehen und Grundbegriffe der Zerspantechnik

Schnitttiefe a_p

Tiefe des Eingriffs der Hauptschneide.
Berechnung der erforderlichen Schnitttiefe $a_{p\,erf}$ für eine ökonomische Nutzung der Motorleistung beim Runddrehen:

$$a_{p\,erf} = \frac{6 \cdot 10^4 P_m \, \eta_g}{f \, k_c \, v_c}$$

$a_{p\,erf}$	P_m	f	k_c	v_c
mm	kW	$\frac{\text{mm}}{\text{U}}$	$\frac{\text{N}}{\text{mm}^2}$	$\frac{\text{m}}{\text{min}}$

P_m Motorleistung
η_g Getriebewirkungsgrad
f Längsvorschub der Maschine
k_c spezifische Schnittkraft
v_c Schnittgeschwindigkeit

Vorschub f

Weg, den das Werkzeug während einer Umdrehung (U) des Werkstücks in Vorschubrichtung zurücklegt.
Für eine vorgegebene Rautiefe R_t gilt bei $r > 0{,}67\,f$:

$$f_{erf} = \sqrt{8 r R_t}$$

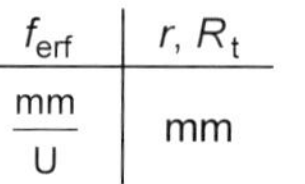

f_{erf}	r, R_t
$\frac{\text{mm}}{\text{U}}$	mm

r Radius der gerundeten Schneidenecke des Zerspanwerkzeugs
R_t vorgegebene Rautiefe

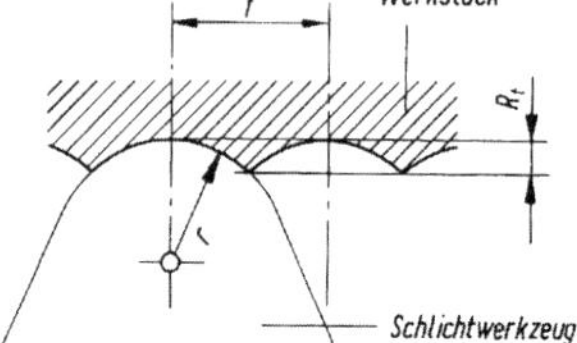

Vorschübe f nach DIN 803 (Auszug)

0,01	0,0315	0,1	0,315	1	3,15
0,0112	0,0355	0,112	0,355	1,12	3,55
0,0125	0,04	0,125	0,4	1,25	4
0,014	0,045	0,14	0,45	1,4	4,5
0,016	0,05	0,16	0,5	1,6	5
0,018	0,056	0,18	0,56	1,8	5,6
0,02	0,063	0,2	0,63	2	6,3
0,0224	0,071	0,224	0,71	2,24	7,1
0,025	0,08	0,25	0,8	2,5	8
0,028	0,09	0,28	0,9	2,8	9

Die angegebenen Vorschübe sind gerundete Nennwerte der Grundreihe R 20 (Normzahlen) in mm/U mit dem Stufensprung $\varphi = 1{,}12$.

Für gröbere Vorschubstufungen kann von 1 ausgehend wahlweise jeder 2., 3., 4. oder 6. Zahlenwert der Grundreihe zu Vorschubreihen mit den Stufensprüngen φ^2, φ^3, φ^4 und φ^6 zusammengestellt werden.

Spanungsdicke h

$$h = f \sin \kappa_r$$

Spanungsbreite b

$$b = \frac{a_p}{\sin \kappa_r}$$

Spanungsquerschnitt A

$$A = b\,h = a_p\,f$$

Spanungsverhältnis ε_s

$$\varepsilon_s = \frac{b}{h} = \frac{a_p}{f \sin^2 \kappa_r}$$

Schnittgeschwindigkeit v_c (Richtwerte in 11.1.2)

Momentanbewegung des Werkzeugs in Schnittrichtung relativ zum Werkstück

$$v_c = \frac{d \pi n}{1000}$$

v_c	d	n
$\frac{m}{min}$	mm	min^{-1}

d Werkstückdurchmesser
n Drehzahl des Werkstücks

Umrechnung der Richtwerte v_c auf abweichende Standzeitvorgaben bei sonst unveränderten Spanungsbedingungen:

$$v_{c1} = v_c \left(\frac{T}{T_1}\right)^y$$

v_{c1}, v_c	T, T_1	y
$\frac{m}{min}$	min	1

u_{c1} Schnittgeschwindigkeit, auf T_1 umgerechnet
v_c empfohlene Schnittgeschwindigkeit nach 11.1.3
T Standzeit, die bei v_c erreicht wird
T_1 vorgegebene Standzeitforderung (z. B. T_z oder T_k)
y Standzeitexponent (nach 1.8)

erforderliche Drehzahl n_{erf} des Werkstücks

$$n_{erf} = \frac{1000 v_c}{d \pi}$$

n_{erf}	v_c	d
min^{-1}	$\frac{m}{min}$	mm

v_c empfohlene Schnittgeschwindigkeit (nach 11.1.3)
d Werkstückdurchmesser

Maschinendrehzahl n

Bei der Festlegung der Werkstückdrehzahl sind bei Stufengetrieben die einstellbaren Maschinendrehzahlen zu beachten:
Drehzahlen n (Lastdrehzahlen) nach DIN 804 in min^{-1}

10	31,5	100	315	1000	3150
11,2	35,5	112	355	1120	3550
12,5	40	125	400	1250	4000
14	45	140	450	1400	4500
16	50	160	500	1600	5000
18	56	180	560	1800	5600
20	63	200	630	2000	6300
22,4	71	224	710	2240	7100
25	80	250	800	2500	8000
28	90	280	900	2800	9000

Die angegebenen Drehzahlen sind Lastdrehzahlen (Abtriebsdrehzahlen bei Nennbelastung des Motors) als gerundete Nennwerte der Grundreihe R 20 (Normzahlen) mit dem Stufensprung $\varphi = 1{,}12$.

Für gröbere Drehzahlstufungen kann wahlweise jeder 2., 3., 4. oder 6. Zahlenwert der Grundreihe zu Drehzahlreihen mit den Stufensprüngen φ^2, φ^3, φ^4 und φ^6 zusammengestellt werden.

Aus dem Drehzahlangebot der Maschine wird die Drehzahl gewählt, die der erforderlichen Drehzahl (n_{erf}) am nächsten liegt.

Zerspantechnik

Drehen und Grundbegriffe der Zerspantechnik

Ist eine Mindeststandzeit gefordert, so wird die nächstkleinere Maschinendrehzahl gewählt (Maschinendiagramm).

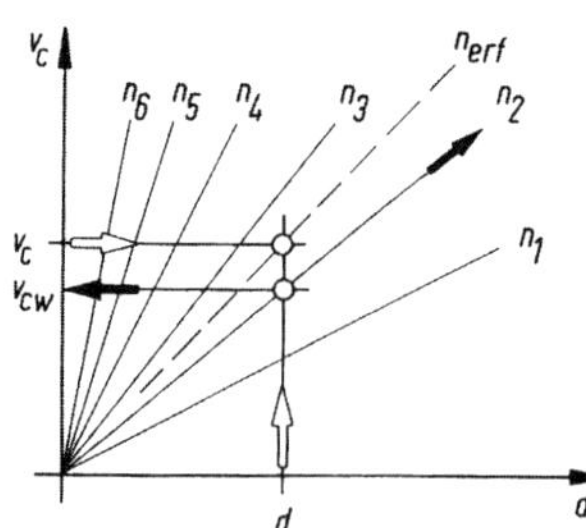

Maschinendiagramm mit einfach geteilten Koordinatenachsen

Maschinendiagramm mit logarithmisch geteilten Koordinatenachsen

wirkliche Schnittgeschwindigkeit v_{cw}

$$v_{cw} = \frac{d \pi n}{10^3}$$

v_{cw}	d	n
$\frac{m}{min}$	mm	min^{-1}

d Werkstückdurchmesser
n gewählte Maschinendrehzahl

wirkliche Standzeit T_w

$$T_w = T \left(\frac{v_c}{v_{cw}} \right)^{\frac{1}{y}}$$

T_w, T	v_c, v_{cw}	y
min	$\frac{m}{min}$	1

v_c, T vorgegebenes zusammengehörendes Wertepaar (nach 11.1.3)
v_{cw} wirkliche Schnittgeschwindigkeit
y Standzeitexponent (nach 11.1.7)

Vorschubgeschwindigkeit v_f

Momentangeschwindigkeit des Werkzeugs in Vorschubrichtung:

$$v_f = f n$$

v_f	f	n
$\frac{mm}{min}$	$\frac{mm}{U}$	min^{-1}

f Vorschub in mm/U
n Drehzahl des Werkstücks

Wirkgeschwindigkeit v_e

Momentangeschwindigkeit des betrachteten Schneidenpunkts (Bezugspunkt) in Wirkrichtung relativ zum Werkstück:

$$v_e = \sqrt{v_c^2 + v_f^2} \quad \text{bei } \varphi = 90°$$

$$v_e = \frac{v_c}{\cos \eta} = \frac{v_f}{\sin \eta}$$

$$v_f \ll v_c \Rightarrow v_e \approx v_c$$

11.1.2 Richtwerte für die Schnittgeschwindigkeit v_c beim Drehen

Die Richtwerte sind von der Firma Gebr. Boehringer in Göppingen aus Versuchswerten von Prof. Kienzle, AWF 158 und allgemeinen Hinweisen aus dem Schrifttum abgeleitet worden.

Werkstoff	Zugfestigkeit R_m in N/mm²	Schneidstoff [3]		Schnittgeschwindigkeit in v_c in m/min bei Vorschub f in mm/U und Einstellwinkel κ_r [1) 2)]																				
				0,063			0,1			0,16			0,25			0,4			0,63			1		
				45°	70°	90°	45°	70°	90°	45°	70°	90°	45°	70°	90°	45°	70°	90°	45°	70°	90°	45°	70°	90°
E295	500 ... 600	L	HM HSS	224	212	200	200	190	180	180 45	170 31,5	160 28	160 35,5	150 25	140 22,4	140 28	132 20	125	125 25	118 18	112 16	112 20	106 14	100 12,5
C35		W	HM Keramik				475	450 560	425	400	375 500	355	335	315 450	300	280	265 400	250	236	224 355	212	200	190	180
E335	600 ... 700	L	HM HSS	212	200	190	190	180	170	170 35,5	160 25	150 22,4	150 28	140 20	132 18	132 25	125 18	118 16	118 20	112 14	106 12,5	106 16	100 11,2	95 10
C45		W	HM Keramik				400	375 500	355	335	315 450	300	280	265 400	250	236	224 355	212	200	190 315	180	170	160	150
E360	700 ... 850	L	HM Keramik	180	170	160	160	150	140	140 28	132 20	125 18	125 25	118 18	112 16	106 20	100 14	95 12,5	95 16	90 11,2	85 10	85 12,5	80 9	75 8
C60		W	HM Keramik				315	300 450	280	265	250 400	236	224	212 355	200	190	180 315	170	160	150 280	140	132	125	118
Mn-, Cr Ni-, Cr Mo- und legierte Stähle	700 ... 850	L	HM HSS	180	170	160	160	150	140	140 25	132 18	125 16	125 20	118 14	112 12,5	106 16	100	95 10	95 124	90 9	85 8	85 11	80 8	75 7
		W	HM Keramik				315	300 450	280	265	250 400	236	224	212 355	200	190	180 315	170	160	150 280	140	132	125	118
	850 ... 1000	W	HM Keramik	140	132	125	125	118	112	100 20	95 14	90 12,5	90 16	85 11,2	80 10	71 12,5	67 9	63 8	63 10	60 7,1	56 6,3	56 8	53 5,6	50 5
		L	HM HSS				190	180 400	170	150	140 355	132	118	315	106	95	90 280	85	75	71 250	67	60	56	53
EN-GJL-150		W	HM Keramik	95	90	85	85	80	75	75 28	71 22,4	67 20	67 20	63 16	60 14	60 14	56 11,2	53 10	53 11	50 9	47,5 8	47,5 9	45 7,1	42,5 6,3
EN-GJL-250		L	HM HSS				212	200 450	190	180	170 400	160	150	140 355	132	125	118 315	112	106	100 280	95	90	85	80
EN-GIL-600-15		W	HM Keramik																					
		L	HM HSS				170	160 560	150	140	132 500	125	118	112 450	106	100	95 400	90	85	80 355	75	71	67	63
Leg. Gusseisen DIN EN 12513		W	HM Keramik	19	18	17	17	16	15	15	14	13,2	13,2	123	11,8	11,8	11,2	10,6	10,6	10	9,5	9	8,5	8
		L	HM HSS		125			112		26,5	25 100	23,6	21,2	20 90	19	17	16 80	15	13,2	12,5 71	11,8	10,6	10	9,5
Cu Sn - Leg. DIN EN 1982		L	HM HSS	315	300	280	280	265	250	250 53	236 50	224 47,5	224 47,5	212 45	200 42,5	200 423	190 40	180 37,5	180 37,5	170 353	160 33,5	160 31,5	150 30	140 28
Cu Sn Zn - Leg. DINEN 1982		L	HM HSS	425	400	375	400	375	355	355 75	335 71	315 67	335 63	315 60	300 56	300 50	280 47,5	265 45	265 40	250 37,5	236 35,5	250 31,5	236 30	224 28
Cu Sn - Leg. DIN EN 12 163		L	HM HSS	500	475	450	475	450	425	450 112	425 106	400 100	400 90	375 85	355 SO	355 67	335 63	315 60	335 50	315 47,5	300 45	300 37,5	280 35,5	265 33,5
[1)] Al- Gussleg. DIN EN 1 706	300 ... 420	L	HM HSS	250 125	236 118	224	224 100	212 95	200 85	200 75	190 71	180 67	180 56	170 53	160 50	160 42,5	150 40	140 37,5	140 31,5	132 30	125 28	125 25	118	112 22,4
[2)] Mg- Gussleg. DIN EN 1 753		L	HM HSS	1600 850	1500 800	1400 750	1400 800	1320 750	1250 710	1250 750	1180 710	1120 670	1120 670	1060 630	1000 600	1000 630	950 600	900 560	900 600	850 560	800 530	800 600	750 560	710 530

1) Die eingetragenen Werte gelten für Schnitttiefe a_p bis 2,24 mm. Über 2,24 bis 7,1 mm sind die Werte um 1 Stufe der Reihe R10 um angenähert 20 % und über 7,1 bis 22,4 mm um 1 Stufe der Reihe R5 angenähert 40 % zu kürzen.
2) Die Werte v_c müssen beim Abdrehen einer Kruste, Gusshaut oder bei Sandeinschlüssen um 30 ... 50 % verringert werden.
3) Die Standzeit T beträgt für gelötete Drehmeißel (L) aus HM = 240 min; aus HSS = 60 min; für Wendeschneidplatten (W) aus HM und Keramik =15 min.

11.1.3 Werkzeugwinkel

Werkzeug-Bezugssystem und Werkzeugwinkel am Drehwerkzeug (gerader, rechter Drehmeißel)

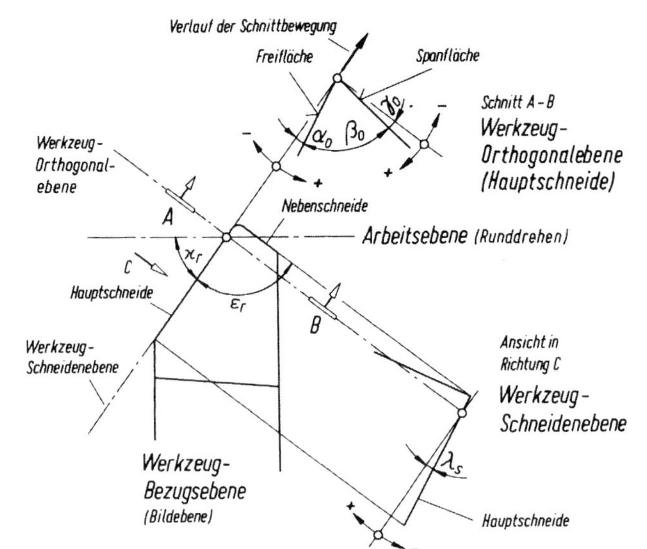

- α_o **Orthogonalfreiwinkel**
- β_o **Orthogonalkeilwinkel**
- γ_o **Orthogonalspanwinkel**
  $\alpha_o + \beta_o + \gamma_o = 90°$
- κ_r **Einstellwinkel**
- ε_r **Eckenwinkel**
- λ_s **Neigungswinkel**

Werkzeug-Bezugsebene P_r

Ebene durch den betrachteten Schneidenpunkt, rechtwinklig zur Richtung der Schnittbewegung und parallel zur Auflagefläche des Drehwerkzeugs.

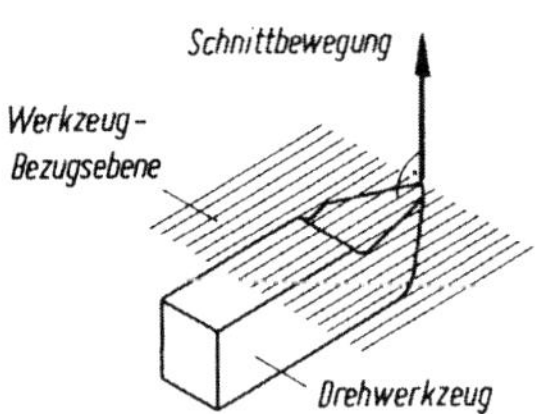

Werkzeug-Schneiden-ebene P_s

Ebene rechtwinklig zur Werkzeug-Bezugsebene. Sie enthält die (gerade) Hauptschneide.

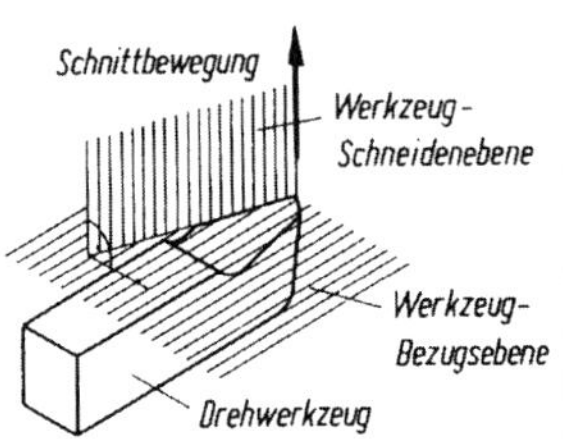

Werkzeug-Orthogonal-ebene P_o

Ebene durch den betrachteten Schneidenpunkt, rechtwinklig zur Werkzeug-Bezugsebene und rechtwinklig zur Werkzeug-Schneidenebene. In dieser Ebene werden die Winkel am Schneidkeil gemessen.

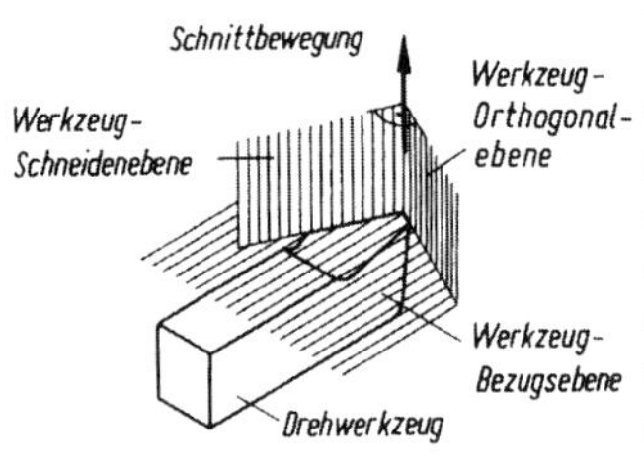

Arbeitsebene P_f

Ebene durch den betrachteten Schneidenpunkt, rechtwinklig zur Werkzeug-Bezugsebene.

Sie enthält die Richtungen von Vorschub- und Schnittbewegung.

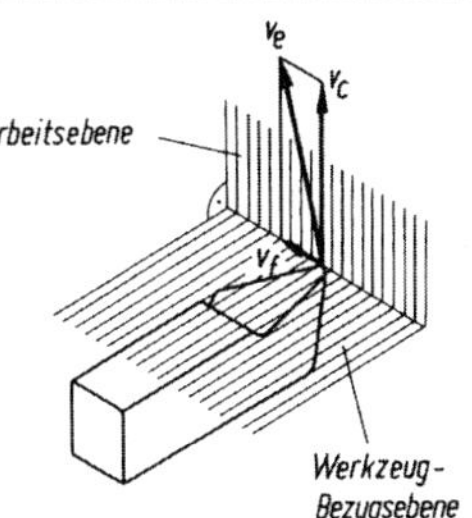

Orthogonalfreiwinkel α_o

Winkel zwischen Freifläche und Werkzeug-Schneidenebene, gemessen in der Werkzeug-Orthogonalebene.

Empfohlene Freiwinkel liegen im Bereich von 5° ... 12°.

Orthogonalkeilwinkel β_o

Winkel zwischen Freifläche und Spanfläche, gemessen in der Werkzeug-Orthogonalebene.

Er soll mit Rücksicht auf das Standverhalten des Werkzeugs möglichst groß sein.

$\beta_o = 90° - \alpha_o - \gamma_o$

Orthogonalspanwinkel γ_o

Winkel zwischen Spanfläche und Werkzeug-Bezugsebene, gemessen in der Werkzeug-Orthogonalebene.

Empfohlene Spanwinkel liegen im Bereich von 0° ... 20°.

Bei höherer Belastung und größerem Wärmeaufkommen – (*Beispiel*: Schruppzerspanung) werden auch negative Spanwinkel (bis etwa – 20°) angewendet. Der Schneidkeil ist dann mechanisch und thermisch höher belastbar und die Schneidkeilschwächung bei Kolkverschleiß geringer.

Einstellwinkel κ_r

Winkel zwischen Arbeitsebene und Werkzeug-Schneidenebene, gemessen in der Werkzeug-Bezugsebene.

Empfohlene Einstellwinkel liegen im Bereich von 45° ... 90°.

Eckenwinkel ε_r

Winkel zwischen den Werkzeug-Schneidenebenen zusammengehörender Haupt- und Nebenschneiden, gemessen in der Werkzeug-Bezugsebene.

Empfohlener Eckenwinkel für Vorschübe bis 1 mm/U: $\varepsilon_r = 90°$ (bei größeren Vorschüben ist ε_r größer).

Neigungswinkel λ_s

Winkel zwischen Hauptschneide und Werkzeug-Bezugsebene, gemessen in der Werkzeug-Schneidenebene.

Empfohlene Neigungswinkel von 5° ... 20° (positiv oder negativ).

11.1.4 Zerspankräfte

Schnittkraft F_c (nach Kienzle)

$F_c = a_p f k_c$

a_p Schnitttiefe
f Vorschub
k_c spezifische Schnittkraft

F_c	a_p	f	k_c
N	mm	$\frac{mm}{U}$	$\frac{N}{mm^2}$

spezifische Schnittkraft k_c

Richtwerte aus 11.1.5

spezifische Schnittkraft k_c (rechnerisch)

$$k_c = \frac{k_{c1\cdot1}}{h^z} K_v K_\gamma K_{ws} K_{wv} K_{ks} K_f$$

h Spanungsdicke nach 11.1.1
z Spanungsdickenexponent
K Korrekturfaktoren

k_c, $k_{c1\cdot1}$	h	z	K
$\frac{N}{mm^2}$	mm	1	1

Hauptwert der spezifischen Schnittkraft $k_{c1\cdot1}$ und Spanungsdickenexponent z

$k_{c1\cdot1}$ ist die spezifische Schnittkraft für 1 mm² Spanungsquerschnitt (1 mm Spanungsdicke mal 1 mm Spanungsbreite)

Richtwerte für $k_{c1\cdot1}$ in N/mm² und Spanungsdickenexponent z

Werkstoff	$k_{c1\cdot1}$	z
S 235 JR	1780	0,17
E295	1990	0,26
E335	2110	0,17
E360	2260	0,30
C15	1820	0,22
C35	1860	0,20
C45	2220	0,14
C60	2130	0,18
16 Mn Cr 5	2100	0,26
25 Cr Mo 4	2070	0,25
GE 240	1600	0,17
EN-GJL-200	1020	0,25
Messing	780	0,18
Gussbronze	1780	0,17

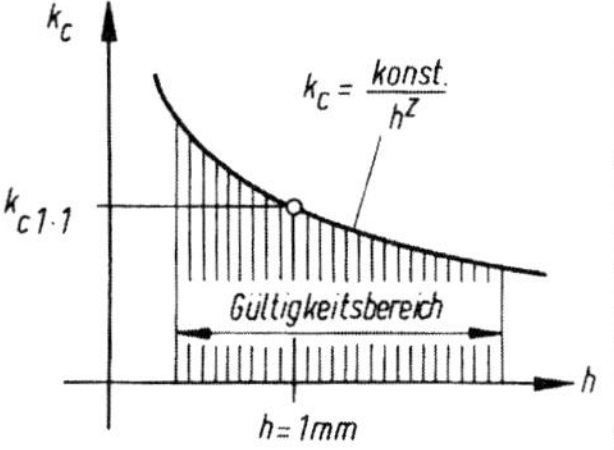

Tabellenwerte gelten für
h = 0,05 ... 2,5 mm
$\varepsilon_s \approx 4$

Schnittgeschwindigkeits-Korrekturfaktor K_v für $v_c = 20...600 \frac{m}{min}$

$$K_v = \frac{2{,}023}{v_c^{0{,}153}} \quad \text{für } v_c < 100 \frac{m}{min}$$

$$K_v = \frac{1{,}380}{v_c^{0{,}07}} \quad \text{für } v_c > 100 \frac{m}{min}$$

$$K_v = 1 \quad \text{für } v_c = 100 \frac{m}{min}$$

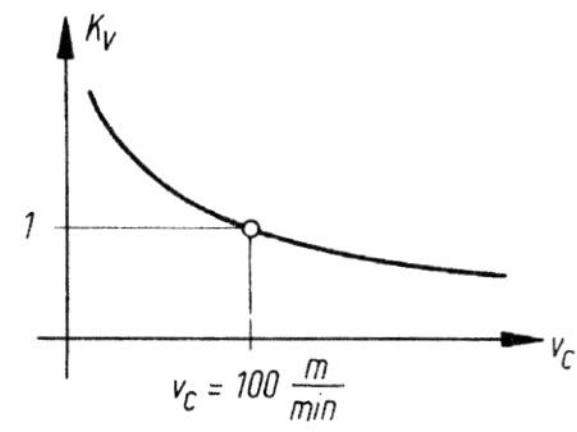

Spanwinkel-Korrekturfaktor K_γ

$K_\gamma = 1{,}09 - 0{,}015\ \gamma_0°$
für langspanende Werkstoffe (z. B. Stahl)

$K_\gamma = 1{,}03 - 0{,}015\ \gamma_0°$
für kurzspanende Werkstoffe (z. B. Gusseisen)

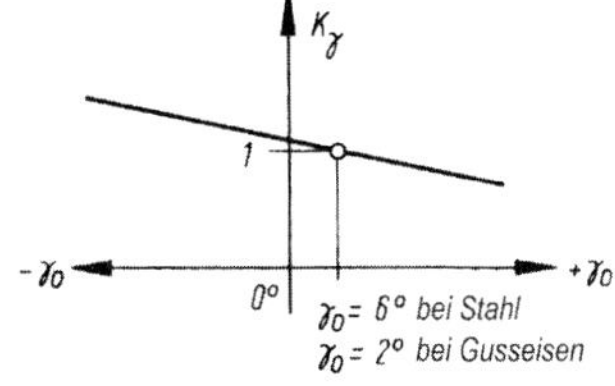

Schneidstoff-Korrekturfaktor K_{ws}

$K_{ws} = 1{,}05$ für Schnellarbeitsstahl
$K_{ws} = 1$ für Hartmetall
$K_{ws} = 0{,}9 \dots 0{,}95$ für Schneidkeramik

Werkzeugverschleiß-Korrekturfaktor K_{wv}

$K_{wv} = 1{,}3 \dots 1{,}5$
für Drehen, Hobeln und Räumen

$K_{wv} = 1{,}25 \dots 1{,}4$
für Bohren und Fräsen

$K_{wv} = 1$ bei scharfer Schneide

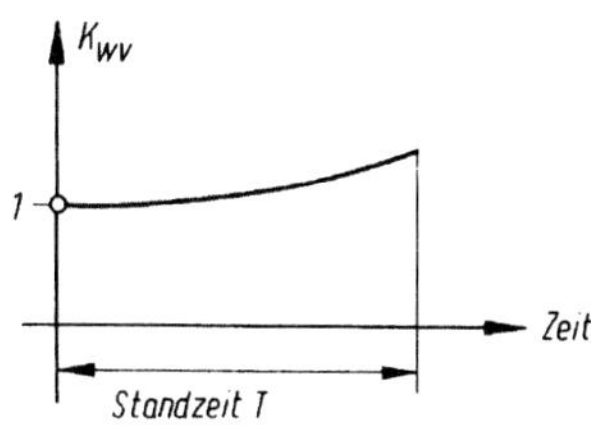

Kühlschmierungs-Korrekturfaktor K_{ks}

$K_{ks} = 1$ für trockene Zerspanung
$K_{ks} = 0{,}85$ für nicht wassermischbare Kühlschmierstoffe
$K_{ks} = 0{,}9$ für Kühlschmier-Emulsionen

Werkstückform-Korrekturfaktor K_f

$K_f = 1$ für konvexe Bearbeitungsflächen (*Beispiel*: Außendrehen)

$K_f = 1{,}1$ für ebene Bearbeitungsflächen (*Beispiel*: Hobeln, Räumen)

$K_f = 1{,}2$ für konkave Bearbeitungsflächen (*Beispiel*: Innendrehen, Bohren, Fräsen)

Vorschubkraft F_f

Komponente der Zerspankraft F in Vorschubrichtung.

Aktivkraft F_a

Resultierende aus Schnittkraft F_c und Vorschubkraft F_f:

$$F_a = \sqrt{F_c^2 + F_f^2}$$

Passivkraft F_p

Komponente der Zerspankraft F rechtwinklig zur Arbeitsebene.

Sie verformt während der Zerspanung das Werkstück in seiner Einspannung und verursacht dadurch Formfehler.

Drangkraft F_d

Resultierende aus Vorschubkraft F_f und Passivkraft F_p:

$$F_d = \sqrt{F_f^2 + F_p^2}$$

Zerspankraft F

Resultierende aus Schnittkraft F_c, Vorschubkraft F_f und Passivkraft F_p:

$$F = \sqrt{F_c^2 + F_f^2 + F_p^2}$$

11.1.5 Richtwerte für die spezifische Schnittkraft k_c beim Drehen

Die Richtwerte sind von der Firma Gebr. Boehringer in Göppingen aus Versuchswerten von Prof. Kienzle, AWF 158 und allgemeinen Hinweisen aus dem Schrifttum abgeleitet worden.

Werkstoff	Zugfestigkeit R_m in N/mm²	spez. Schnittkraft k_c in N/mm² bei Vorschub f in mm/U und Einstellwinkel κ_r																				
		0,063			0,1			0,16			0,25			0,4			0,63			1		
		45°	70°	90°	45°	70°	90°	45°	70°	90°	45°	70°	90°	45°	70°	90°	45°	70°	90°	45°	70°	90°
S275 JR	bis 500	3 010	2 860	2 820	2 760	2 635	2 600	2 550	2 435	2 400	2 360	2 265	2 240	2 200	2 085	2 060	2 030	1 945	1 920	1 890	1 810	1 800
E 295	520	4 470	4 180	4 100	3 980	3 690	3 610	3 500	3 260	3 190	3 100	2 880	2 830	2 740	2 550	2 500	2 430	2 280	2 240	2 180	2 040	1 990
E 335	620	3 620	3 430	3 380	3 300	3 130	3 080	3 010	2 870	2 830	2 780	2 650	2 620	2 580	2 470	2 440	2 400	2 300	2 270	2 220	2 130	2 110
E 360	720	5 680	5 260	5 150	4 980	4 610	4 500	4 350	4 010	3 920	3 800	3 500	3 410	3 300	2 060	2 990	2 900	2 670	2 600	2 520	2 310	2 260
C 45 E	670	3 450	3 300	3 260	3 200	3 080	3 040	2 990	2 870	2 840	2 800	2 690	2 660	2 620	2 530	2 500	2 460	2 370	2 340	2 310	2 240	2 220
C 60 E	770	3 690	3 500	3 450	3 380	3 200	3 150	3 100	2 960	2 920	2 860	2 730	2 700	2 650	2 530	2 490	2 450	2 330	2 300	2 260	2 160	2 130
16 Mn Cr 5	770	4 720	4 410	4 320	4 200	3 910	3 830	3 720	3 470	3 400	3 300	3 090	3 020	2 930	2 720	2 660	2 580	2 410	2 360	2 300	2 140	2 100
16 Cr Ni 6	630	5 680	5 260	5 150	4 980	4 610	4 510	4 350	4 015	3 920	3 800	3 505	3 410	3 300	3 070	3 000	2 900	2 665	2 590	2 520	2 315	2 260
34 Cr Mo 4	600	4 300	4 070	4 000	3 900	3 670	3 610	3 530	3 345	3 290	3 220	3 055	3 000	2 940	2 795	2 750	2 670	2 505	2 460	2 400	2 280	2 240
42 Cr Mo 4	730	5 450	5 100	5 000	4 880	4 580	4 500	4 370	4 080	4 000	3 890	3 620	3 550	3 450	3 220	3 150	3 060	2 860	2 800	2 720	2 550	2 500
50 Cr V 4	600	5 000	4 650	4 560	4 440	4 170	4 100	3 980	3 690	3 610	3 500	3 260	3 190	3 100	2 880	2 820	2 730	2 550	2 500	2 430	2 270	2 220
15 Cr Mo 5	590	3 880	3 715	3 660	3 590	3 430	3 390	3 320	3 175	3 130	3 070	2 935	2 900	2 850	2 720	2 680	2 630	2 505	2 470	2 420	2 325	2 290
Mn-, CrNi-,	850 ... 1000	4 530	4 270	4 200	4 100	3 870	3 800	3 710	3 440	3 450	3 380	3 200	3 150	3 080	2 900	2 850	2 780	2 640	2 600	2 550	2 420	2 380
CrMo- u.a.leg.St.	1000 ... 1400	4 780	4 520	4 450	4 350	4 120	4 050	3 960	3 760	3 700	3 610	3 410	3 350	3 280	3 120	3100	3 030	2 890	2 850	2 800	2 660	2 620
Nichtrost. St.	600 ... 700	4 500	4 270	4 200	4 120	3 910	3 850	3 770	3 580	3 530	3 460	3 300	3 250	3 180	3 040	3 000	2 940	2 820	2 780	2 730	2 610	2 580
Mn-Hartstahl		6 600	6 210	6 100	5 950	5 600	5 500	5 370	5 060	4 980	4 860	4 580	4 500	4 400	4 150	4 080	3 980	3 770	3 700	3 620	3 410	3 360
Hartguss		3 720	3 550	3 500	3 420	3 240	3 190	3 130	2 990	2 940	2 880	2 730	2 680	2 620	2 480	2 450	2 400	2 280	2 240	2 200	2 090	2 060
GE 240	300 ... 500	2 720	2 590	2 560	2 510	2 390	2 360	2 320	2 210	2 180	2 140	2 030	2 000	1 960	1 890	1 860	1 820	1 740	1 720	1 690	1 620	1 600
GE 260	500 ... 700	3 010	2 860	2 820	2 760	2 630	2 600	2 550	2 430	2 400	2 360	2 270	2 240	2 200	2 090	2 060	2 030	1 950	1 920	1 890	1 820	1 800
EN-GJL-150		1 800	1 700	1 670	1 630	1 530	1 510	1 480	1 390	1 370	1 340	1 270	1 250	1 220	1 160	1 140	1 120	1 050	1 040	1 020	960	950
EN-GJL-250		2 570	2 410	2 360	2 300	2 150	2 110	2 060	1 910	1 870	1 820	1 690	1 660	1 610	1 500	1 470	1 430	1 320	1 300	1 280	1 190	1 160
Temperguss		2 440	2 280	2 240	2 180	2 040	2 000	1 950	1 830	1 800	1 750	1 630	1 600	1 560	1 490	1 460	1 420	1 340	1 320	1 290	1 220	1 200
GuSn-Gussleg.		3 010	2 860	2 820	2 760	2 630	2 600	2 550	2 430	2 400	2 360	2 270	2 240	2 200	2 090	2 060	2 030	1 950	1 920	1 890	1 820	1 800
CuSnZn-Gussleg.		1 360	1 270	1 250	1 220	1 140	1 120	1 090	1 020	1 000	980	910	900	880	810	800	780	720	710	700	660	650
CuZn-Knetleg.		1 380	1 310	1 300	1 280	1 210	1 200	1 180	1 110	1 100	1 080	1 010	1 000	980	930	920	900	860	850	840	790	780
Al - Gussleg	300 ... 420	1 360	1 270	1 250	1 220	1 140	1 120	1 090	1 020	1 000	980	910	900	880	810	800	780	710	710	700	660	650
Mg - Gussleg		490	475	470	455	435	430	420	405	400	390	365	360	350	335	330	320	305	300	300	285	280

11.1.6 Leistungsbedarf

Leistungsflussbild einer Drehmaschine

P_c Schnittleistung
P_f Vorschubleistung
P_e Wirkleistung (Zerspanleistung)
P_m Motorleistung
P_{el} elektrische Motorleistung
P_{vm} Verlustleistung im Motor
P_{vg} Verlustleistung im Getriebe
P_v Verlustleistung im Antrieb

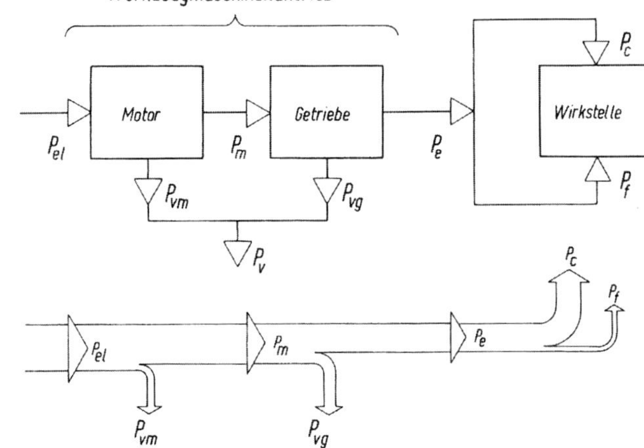

Schnittleistung P_c

$$P_c = \frac{F_c v_c}{6 \cdot 10^4} = \frac{a_p f k_c v_c}{6 \cdot 10^4}$$

P_c	F_c	a_p	f	k_c	v_c
kW	N	mm	$\frac{mm}{U}$	$\frac{N}{mm^2}$	$\frac{m}{min}$

Vorschubleistung P_f

$$P_f = \frac{F_f v_f}{6 \cdot 10^4}$$

F_f	v_f	P_f
N	$\frac{mm}{min}$	W

F_c Schnittkraft (11.1.4)
v_c Schnittgeschwindigkeit (11.1.1)
F_f Vorschubkraft
v_f Vorschubgeschwindigkeit (11.1.1)

Bei der Berechnung des Leistungsbedarfs ist die Vorschubleistung P_f wegen der geringen Vorschubgeschwindigkeit v_f vernachlässigbar.

Motorleistung P_m

$$P_m = \frac{P_c}{\eta_g}$$

P_m, P_c	η_g
kW	1

P_c Schnittleistung
η_g Getriebewirkungsgrad $\eta_g = 0{,}7 \ldots 0{,}85$

Zeitspanungsvolumen Q

Abzuspanendes Werkstoffvolumen (Spanungsvolumen V) je Zeiteinheit

$$Q = A \cdot v_c = a_p \cdot f \cdot v_c$$

$$Q = \frac{6 \cdot 10^4 \cdot P_c}{k_c}$$

Q	A	a_p	f	v_c	P_c	k_c
$\frac{cm^3}{min}$	mm^2	mm	$\frac{mm}{U}$	$\frac{m}{min}$	kW	$\frac{N}{mm^2}$

A Spanungsquerschnitt
a_p Schnitttiefe
f Vorschub
v_c Schnittgeschwindigkeit
P_c Schnittleistung
k_c spezifische Schnittkraft

11.1.7 Standverhalten

Standgleichung

Für spanende Fertigung durch Außendrehen gilt bei bestimmtem Werkstoff und Schneidstoff:

$$v_c\, T^y f^p a_p^{\,q} (\sin \kappa_r)^{p-q} \approx K$$

v_c	T	f	a_p	κ_r	K, y, p, q
$\frac{\text{m}}{\text{min}}$	min	$\frac{\text{mm}}{\text{U}}$	mm	°	1

v_c Schnittgeschwindigkeit
T Standzeit
f Vorschub
a_p Schnitttiefe
κ_r Einstellwinkel

K Konstante
y Standzeitexponent
p Spanungsdickenexponent
q Spanungsbreitenexponent

Richtwerte für Außendrehen

Richtwerte nach H. Hennermann, Werkstattblatt 576, Carl Hanser Verlag

Werkstoff	Schneid-stoff	f mm/U	K	y	p	q
S 235 JR, S 275 JR, C 15	P 10	0,1 ... 0,6	615	0,25	0,25	0,1
	M 20	0,1 ... 1,0	590	0,3	0,16	0,09
E 295, C 35	P 10	0,1 ... 0,6	480	0,3	0,3	0,1
	M 30	0,1 ... 1,2	410	0,3	0,2	0,08
E 335, C 45	P 10	0,1 ... 0,6	380	0,22	0,25	0,1
	M 30	0,1 ... 1,2	380	0,3	0,19	0,08
E 360, C 60	P 10	0,1 ... 0,6	330	0,25	0,25	0,1
	M 30	0,1 ... 1,2	330	0,31	0,2	0,08
16 Mn Cr 5	P 10	0,1 ... 0,6	300	0,3	0,25	0,1
25 Cr Mo 4	P 30	0,3 ... 1,5	180	0,27	0,3	0,1
GS 20	M 30	0,1 ... 1,2	400	0,3	0,2	0,1
GE 240	P 10	0,1 ... 0,6	240	0,3	0,3	0,1
EN-GJL-200	M 20	0,3 ... 0,6	245	0,5	0,18	0,11
Messing	K 20	0,1 ... 0,6	5000	0,59	0,18	0,1
Gussbronze	K 20	0,1 ... 0,6	1800	0,41	0,25	0,1

Die Tabellenwerte beziehen sich auf eine zulässige Verschleißmarkenbreite VB_{zul} = 0,8 mm und gelten für folgende Werkzeugwinkel:

	α_0	γ_0	λ_s
Stahl, Stahlguss	5° ... 8°	12°	– 4°
Gusseisen	5° ... 8°	0° ... 6°	0°
Messing, Bronze	8°	8° ... 12°	0°

Wird eine von VB = 0,8 mm abweichende maximal zulässige Verschleißmarkenbreite VB' (< 0,8 mm) vorgegeben, so wird für T die Größe T' in die Rechnung eingesetzt:

$$T' = \frac{0{,}8}{VB'} T$$

T, T'	VB'
min	mm

Berechnung der Standzeit T

$$T \approx \sqrt[y]{\frac{K}{v_c\, f^p\, a_p^{\,q}\, (\sin \kappa_r)^{p-q}}}$$

Berechnung der Standgeschwindigkeit v_{cT}

$$v_{cT} \approx \frac{K}{T^y\, f^p\, a_p^{\,q}\, (\sin \kappa_r)^{p-q}}$$

11.1.8 Hauptnutzungszeit

Hauptnutzungszeit t_h beim Runddrehen

$$t_h = \frac{L}{v_f} = \frac{l_w + l_a + l_ü + l_s}{f\, n}$$

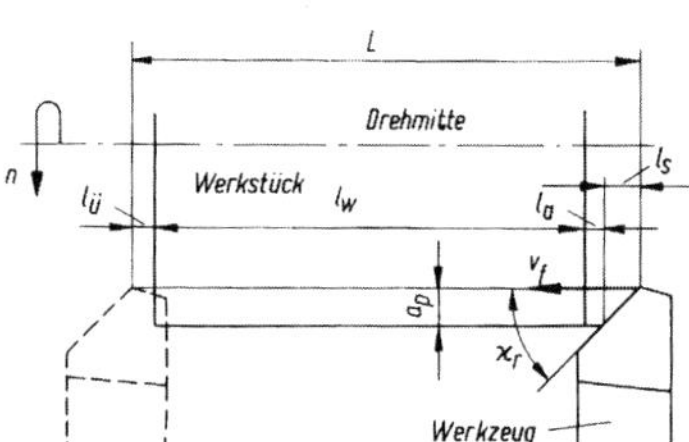

- L Werkzeugweg in Vorschubrichtung
- v_f Vorschubgeschwindigkeit (Längsvorschub)
- l_w Drehlänge am Werkstück
- l_a Anlaufweg, Richtwert: 1... 2 mm
- $l_ü$ Überlaufweg, Richtwert: 1 ... 2 mm
- l_s Schneidenzugabe (werkzeugabhängig)

$$l_s = \frac{a_p}{\tan \kappa_r}$$

a_p Schnitttiefe
κ_r Einstellwinkel

Hauptnutzungszeit t_h beim Plandrehen, n konstant

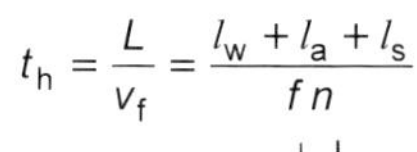

$$t_h = \frac{L}{v_f} = \frac{l_w + l_a + l_s}{f\, n}$$

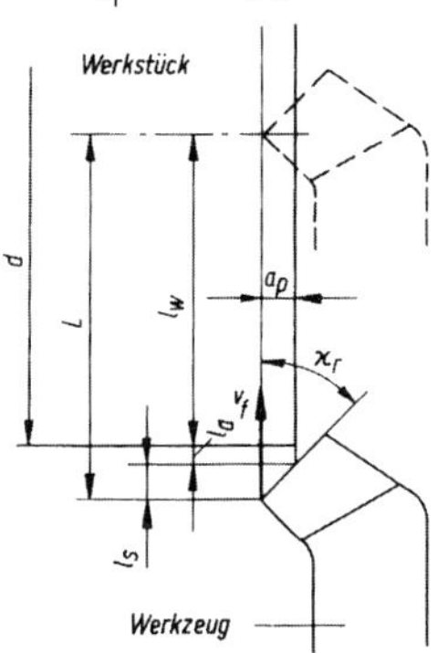

Stirnfläche des Werkstücks ist ein Vollkreis

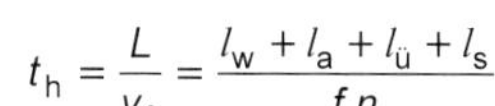

$$t_h = \frac{L}{v_f} = \frac{l_w + l_a + l_ü + l_s}{f\, n}$$

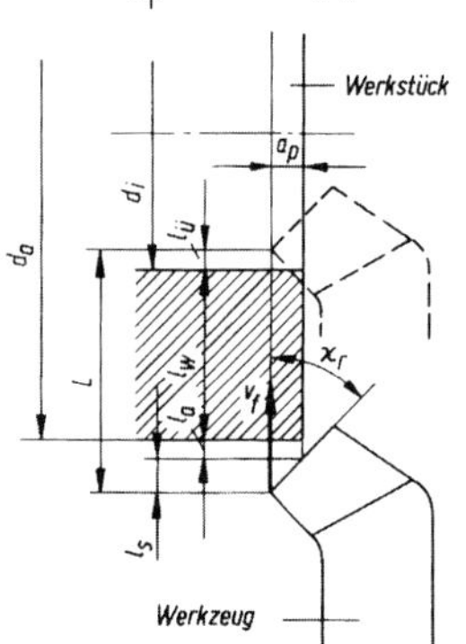

Stirnfläche des Werkstücks ist ein Kreisring

- L Werkzeugweg in Vorschubrichtung
- v_f Vorschubgeschwindigkeit (Planvorschub)
- l_w Drehlänge am Werkstück
- $l_w = \frac{d}{2}$ für Vollkreisfläche
- d Werkstückdurchmesser
- $l_w = \frac{d_a - d_i}{2}$ für Kreisringfläche
- d_a Außendurchmesser
- d_i Innendurchmesser

l_a Anlaufweg, Richtwert: 1 ... 2 mm
$l_ü$ Überlaufweg, Richtwert: 1 ... 2 mm
l_s Schneidenzugabe (werkzeugabhängig)

$$l_s = \frac{a_p}{\tan \kappa_r}$$

a_p Schnitttiefe
κ_r Einstellwinkel

Die Werkstückdrehzahl wird bei Stufengetrieben nach Berechnung der erforderlichen Drehzahl n_{erf} aus der Drehzahlreihe der Maschine gewählt:

$$n_{a\,erf} = \frac{v_c}{d_a \pi}$$ bei kleinerem Drehdurchmesserbereich

$$n_{m\,erf} = \frac{v_c}{d_m \pi}$$ bei größerem Drehdurchmesserbereich

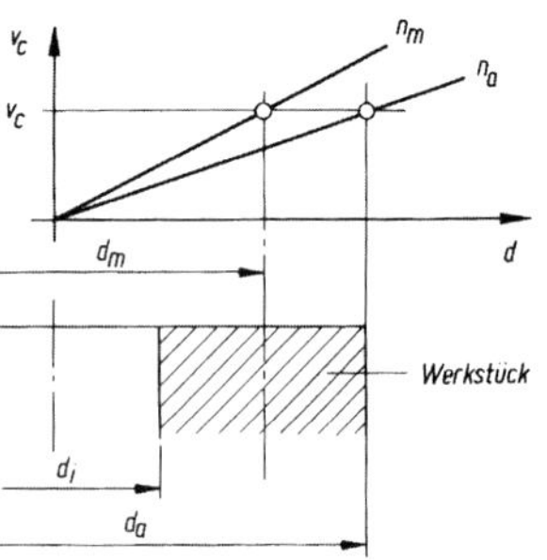

v_c Schnittgeschwindigkeit
d_a Außendurchmesser des Werkstücks
d_m mittlerer Werkstückdurchmesser

$$d_m = \frac{d_a + d_i}{2}$$ für Kreisringfläche

$$d_m = \frac{d}{2}$$ für Vollkreisfläche

Hauptnutzungszeit t_h beim Plandrehen, v_c = konstant

Da der stufenlose Antrieb immer nur einen durch endliche Drehzahlwerte begrenzten Abtriebsdrehzahlbereich (n_{min} ... n_{max}) erzeugen kann, ist der mit v_c = konstant überarbeitbare Durchmesserbereich ebenfalls begrenzt. Eine Plandrehbearbeitung mit v_c = konstant ist daher nur möglich, wenn die Durchmesser der Bearbeitungsfläche (Drehdurchmesser D_a und D_i) innerhalb des Grenzdurchmesserbereichs d_{min} ... d_{max} liegen.

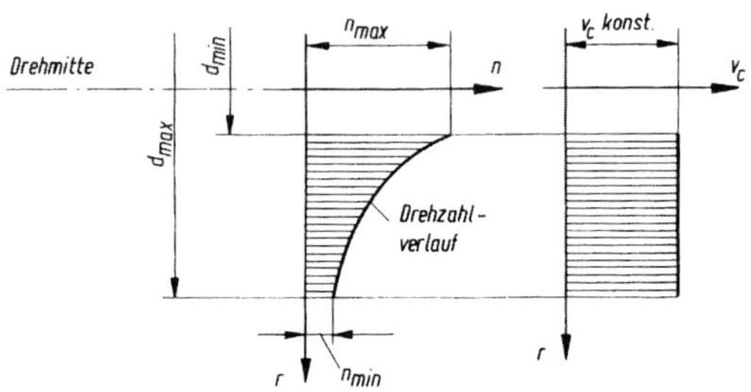

Grenzdurchmesser:

$$d_{min} = \frac{v_c}{\pi\, n_{max}} \qquad d_{max} = \frac{v_c}{\pi\, n_{min}}$$

d_{min} kleinstmöglicher Drehdurchmesser für v_c = konstant
d_{max} größtmöglicher Drehdurchmesser für v_c = konstant (größte Umlaufdurchmesser der Maschine beachten)
n_{max} größte Abtriebsdrehzahl des Antriebs
n_{min} kleinste Abtriebsdrehzahl des Antriebs

Plandrehen einer Kreisringfläche
(bei $D_i \geq d_{min}$ und $D_a \leq d_{max}$)

Zerspanung von D_a bis D_i mit v_c = konstant.

$$t_h = \frac{(D_a^2 - D_i^2)\pi}{4 f v_c}$$

D_a größter Drehdurchmesser: $D_a = d_a + 2\,(l_a + l_s)$

d_a Außendurchmesser des Werkstücks

l_a Anlaufweg (Richtwert: 1 ... 2 mm)

l_s Schneidenzugabe (werkzeugabhängig)

$$l_s = \frac{a_p}{\tan \kappa_r}$$ a_p Schnitttiefe, κ_r Einstellwinkel

D_i kleinster Drehdurchmesser: $D_i = d_i - 2\,l_ü$

d_i Innendurchmesser des Werkstücks

$l_ü$ Überlaufweg (Richtwert: 1 ... 2 mm)

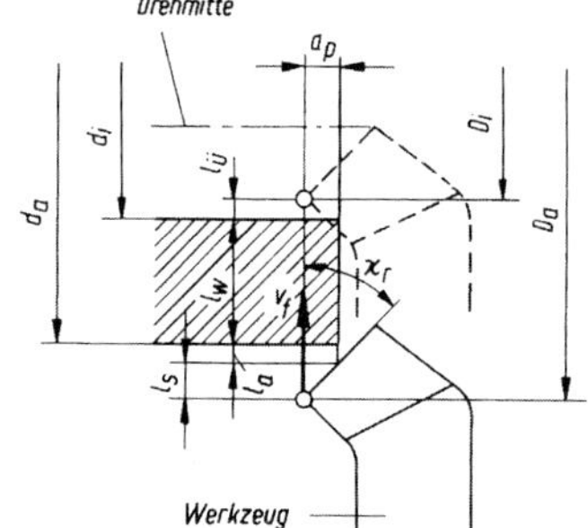

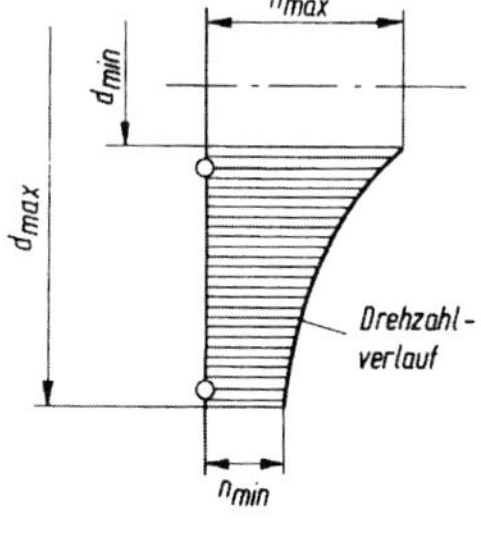

Plandrehen einer Kreisringfläche
(bei $D_i < d_{min}$ und $D_a \leq d_{max}$)

Zerspanung von D_a bis d_{min} mit v_c = konstant und von d_{min} bis D_i mit n_{max} = konstant.

$$t_h = \frac{(D_a^2 + d_{min}^2 - 2\,d_{min} D_i)\pi}{4 f v_c}$$

d_{min} Grenzdurchmesser, kleinstmöglicher Drehdurchmesser für v_c = konstant

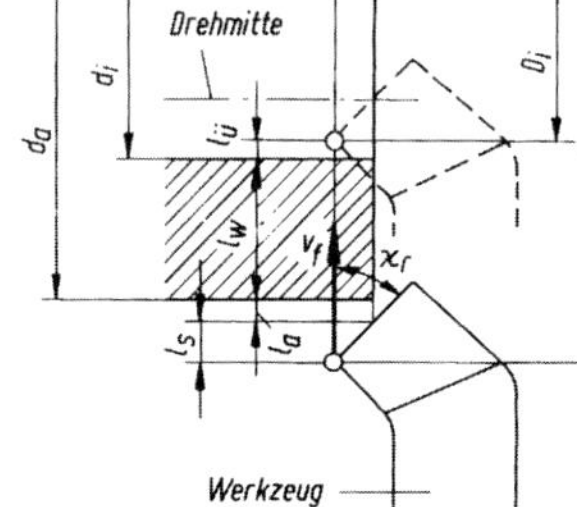

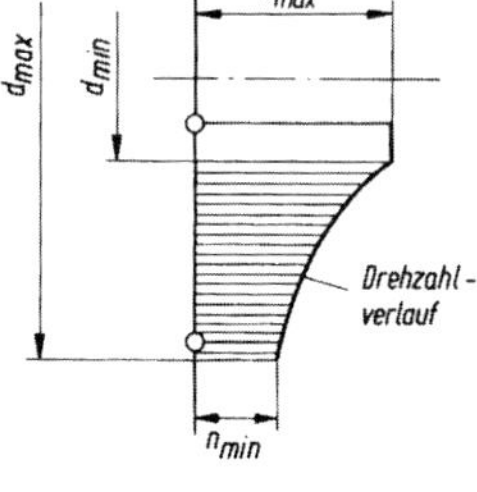

Plandrehen einer Vollkreisfläche
(bei $D_i = 0$ ($< d_{min}$) und $D_a \leq d_{max}$)

Zerspanung von D_a bis d_{min} mit v_c = konstant und von d_{min} bis $D_i = 0$ mit n_{max} = konstant.

$$t_h = \frac{(D_a^2 + d_{min}^2)\pi}{4 f v_c}$$

d_{min} Grenzdurchmesser, kleinstmöglicher Drehdurchmesser für v_c = konstant

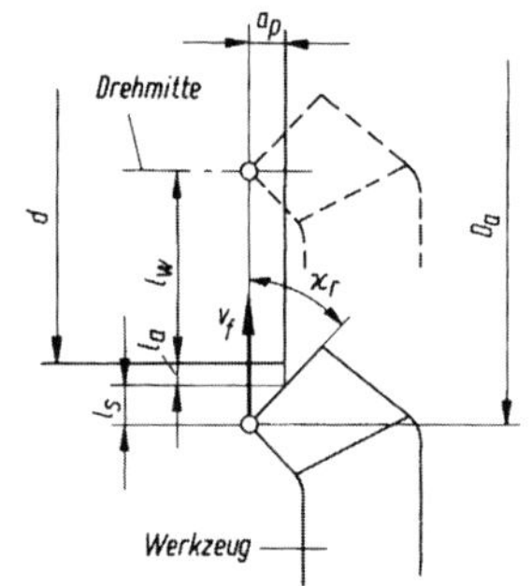

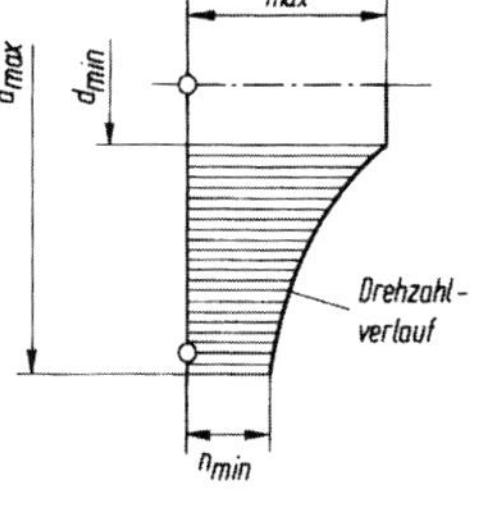

Zerspantechnik

Drehen und Grundbegriffe der Zerspantechnik

Hauptnutzungszeit t_h beim Abstechdrehen

Rohteilstange als Vollmaterial

$$t_h = \frac{L}{v_f} = \frac{l_w + l_a + l_s}{f\,n}$$

l_w Drehlänge am Werkstück

$l_w = \frac{d}{2}$ d Stangendurchmesser

l_a Anlaufweg (Richtwert: 1 mm)

l_s Schneidenzugabe:
$l_s = 0{,}2 \cdot b$ für $\alpha = 11°$

b Einstechbreite:
$b \approx 0{,}05 \cdot d + 1{,}7$
(b und d in mm)

Abstimmung auf marktgängige Werkzeugbreiten

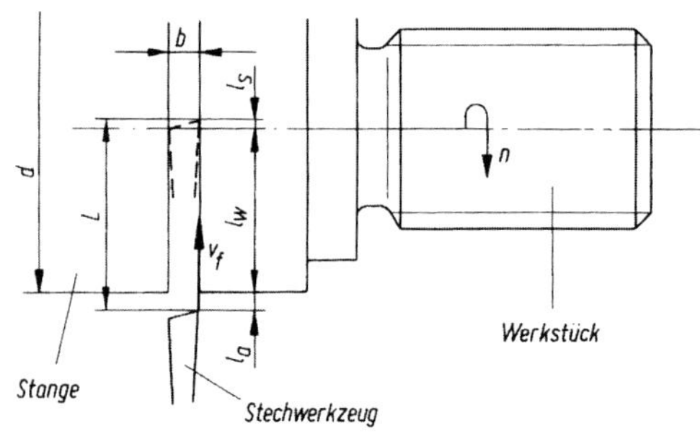

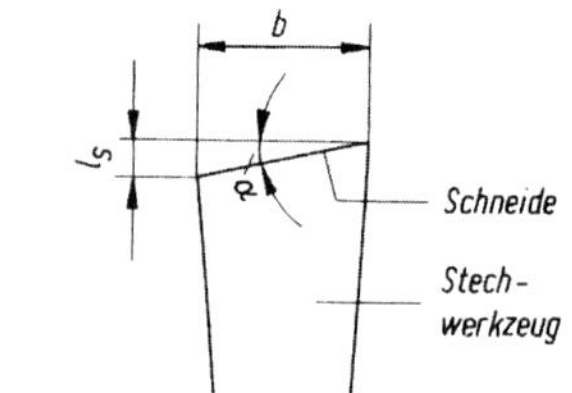

Rohteilstange als Rohrmaterial

$$t_h = \frac{L}{v_f} = \frac{l_w + l_a + l_ü + l_s}{f\,n}$$

l_w Drehlänge am Werkstück

$l_w = \frac{d_a - d_i}{2}$

d_a Außendurchmesser

d_i Innendurchmesser

l_a Anlaufweg (Richtwert: 1 mm)

$l_ü$ Überlaufweg (Richtwert: 1 mm)

l_s Schneidenzugabe

Berechnung von b:
$d = d_a$ einsetzen

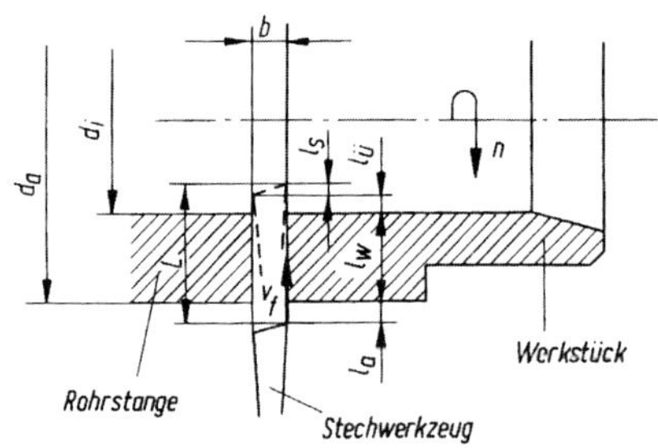

Richtwerte für Vorschub f des Stechwerkzeugs

Werkstoff			Schneidstoff	f in $\frac{mm}{U}$
Stahl unlegiert	bis	200 HB	P 40	0,05 ... 0,25
	bis	250 HB	P 40	0,05 ... 0,2
Stahl legiert	bis	325 HB	P 40	0,05 ... 0,2
	über	325 HB	P 40	0,05 ... 0,16
Gusseisen	bis	300 HB	K 10	0,1 ... 0,3
Messing	unbegrenzt		K 10	0,05 ... 0,4
Bronze	unbegrenzt		K 10	0,05 ... 0,25

Richtwerte für Schnittgeschwindigkeit v_c beim Abstechdrehen

Werkstoff			Schneidstoff	v_c in $\frac{m}{min}$
Stahl unlegiert	bis	200 HB	P 40	75 ... 110
	bis	250 HB	P 40	70 ... 90
Stahl legiert	bis	250 HB	P 40	70 ... 90
	bis	325 HB	P 40	55 ... 80
	über	325 HB	P 40	45 ... 60
Gusseisen	bis	200 HB	K 10	70 ... 95
	bis	300 HB	K 10	45 ... 65
Messing	unbegrenzt		K 10	bis 250
Bronze	unbegrenzt		K 10	bis 130

11.2 Fräsen

11.2.1 Schnittgrößen und Spanungsgrößen

Schnittgrößen und Spanungsgrößen beim Fräsen (Umfangsfräsen im Gegenlaufverfahren)

a_p Schnitttiefe oder Schnittbreite
a_e Arbeitseingriff
f Vorschub
f_z Vorschub pro Schneide
f_c Schnittvorschub

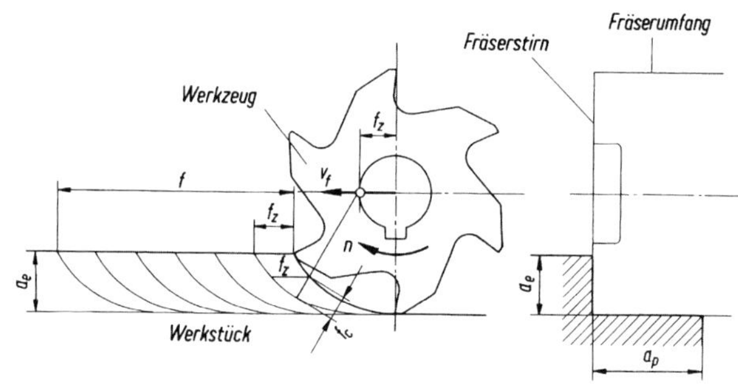

Schnitttiefe oder Schnittbreite a_p

Tiefe (Stirnfräsen) oder Breite (Umfangsfräsen) des Eingriffs der Hauptschneide am Fräserumfang, gemessen rechtwinklig zur Arbeitsebene

Arbeitseingriff a_e

Breite (Stirnfräsen) oder Tiefe (Umfangsfräsen) des Eingriffs der Hauptschneide an der Fräserstirn, gemessen in der Arbeitsebene und rechtwinklig zur Vorschubrichtung.

Vorschub f

Weg, den das Werkstück während einer Umdrehung (U) in Vorschubrichtung zurücklegt:

$f = z f_z$ z Anzahl der Werkzeugschneiden am Fräswerkzeug
f_z Vorschub je Schneide

f	f_z	z
$\frac{mm}{U}$	mm	1

Richtwerte für z für Fräswerkzeuge aus Schnellarbeitsstahl

Werkzeug	Fräserdurchmesser in mm								
	50	60	75	90	110	130	150	200	300
Walzenfräser	6	6	6	8	8	10	10		
Walzenstirnfräser	8	8	10	12	12	14	16		
Scheibenfräser	8	8	10	12	12	14	16	18	
Messerkopf					8	10	10	12	16

Vorschub f_z je Schneide

Vorschub je Fräserzahn (Zahnvorschub)

$$f_z = \frac{f}{z}$$

f Vorschub des Werkzeugs in mm/U
z Anzahl der Werkzeugschneiden

Richtwerte für Zahnvorschub f_z

Werkzeug		Werkstoff: Stahl	Gusseisen	Al-Legierung ausgehärtet
Walzenfräser, Walzenstirnfräser (Schnellarbeitsstahl)	f_z	0,10 ... 0,25	0,10 ... 0,25	0,05 ... 0,08
	v_c	10 ... 25	10 ... 22	150 ... 350
Formfräser, hinterdreht (Schnellarbeitsstahl)	f_z	0,03 ... 0,04	0,02 ... 0,01	0,02
	v_c	15 ... 24	10 ... 20	150 ... 250
Messerkopf (Schnellarbeitsstahl)	f_z	0,3	0,10 ... 0,30	0,1
	v_c	15 ... 30	12 ... 25	200 ... 300
Messerkopf (Hartmetall)	f_z	0,2	0,30 ... 0,40	0,06
	v_c	100 ... 200	30 ... 100	300 ... 400

f_z Vorschub je Schneide (Zahnvorschub) in mm/Schneidzahn
v_c Schnittgeschwindigkeit in m/min für Gegenlaufverfahren
Für das Gleichlaufverfahren können die angegebenen Richtwerte um 75 % erhöht werden.

Größere Richtwerte für v_c gelten jeweils für Schlichtzerspanung.
Kleinere Richtwerte für v_c gelten jeweils für Schruppzerspanung.

Richtwerte gelten für Arbeitseingriffe a_e (Umfangsfräsen) oder Schnitttiefen a_p (Stirnfräsen):
3 mm bei Walzenfräsern
5 mm bei Walzenstirnfräsern
bis 8 mm bei Messerköpfen

Schnittvorschub f_c

Abstand zweier unmittelbar nacheinander entstehender Schnittflächen, gemessen in der Arbeitsebene rechtwinklig zur Schnittrichtung:

$$f_c \approx f_z \sin \varphi$$

f_z Vorschub je Schneide
φ Vorschubrichtungswinkel (veränderlich)

genauer:

$$f_c = f_z \sin \varphi + \frac{f_z^2 \cos \varphi}{d}$$

d Fräserdurchmesser

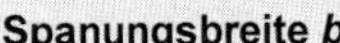

Spanungsbreite b

Umfangsfräsen: $b = a_p$

Stirnfräsen: $b = \frac{a_p}{\sin \kappa_r}$

Spanungsquerschnitt A

$$A = b\,h = f_c\, a_p$$

Spanungsdicke h (nicht gleich bleibend)

Umfangsfräsen: $h = f_c$

Stirnfräsen: $h = f_c \sin \kappa_r$

Mittenspanungsdicke siehe 11.2.4

Umfangsfräsen (Seitenansicht)

Stirnfräsen (Draufsicht)

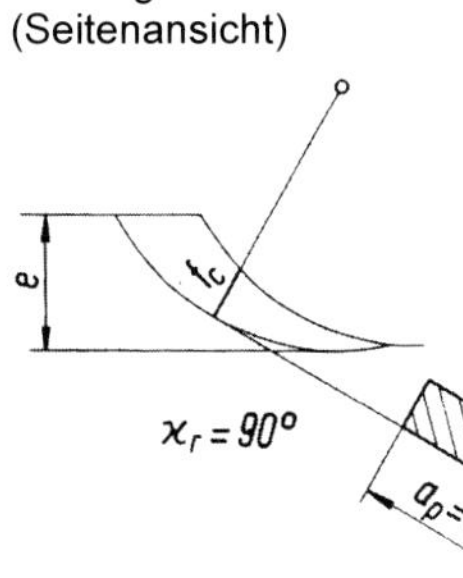

Spanungsverhältnis ε_s

$$\varepsilon_s = \frac{b}{h} = \frac{a_p}{f_c \sin^2 \kappa_r}$$

11.2.2 Geschwindigkeiten

Umfangsfräsen (Seitenansicht)

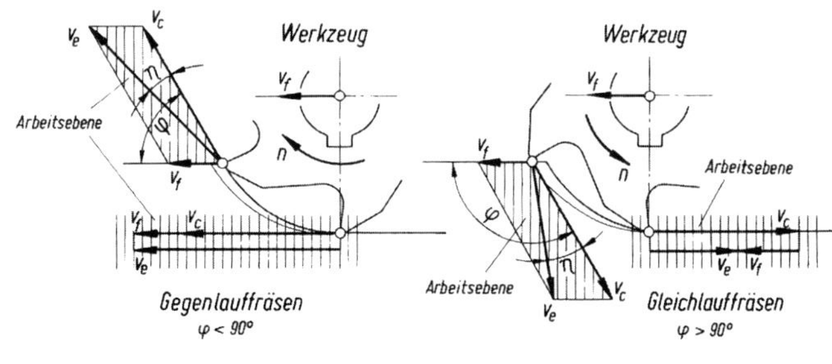

Stirnfräsen (Draufsicht)

v_c Schnittgeschwindigkeit
v_f Vorschubgeschwindigkeit
v_e Wirkgeschwindigkeit
η Wirkrichtungswinkel
φ Vorschubrichtungswinkel

Schnittgeschwindigkeit v_c (Richtwerte in 11.2.1)

$$v_c = \frac{d \pi n}{1000}$$

v_c	d	n
$\frac{m}{min}$	mm	min^{-1}

erforderliche Werkzeugdrehzahl n_{erf}

$$n_{erf} = \frac{1000\, v_c}{d\, \pi}$$

n_{erf}	v_c	d
min^{-1}	$\frac{m}{min}$	mm

v_c empfohlene Schnittgeschwindigkeit
d Werkzeugdurchmesser (Fräserdurchmesser)

Vorschubgeschwindigkeit v_f

Momentangeschwindigkeit des Werkstücks in Vorschubrichtung:

$$v_f = f\, n = f_z\, z\, n$$

v_f	f	n	f_z	z
$\frac{mm}{min}$	$\frac{mm}{U}$	min^{-1}	mm	1

f Vorschub in mm/U
f_z Vorschub je Schneide (Zahnvorschub)
z Anzahl der Werkzeugschneiden
n Werkzeugdrehzahl (Fräserdrehzahl)

Wirkgeschwindigkeit v_e

Momentangeschwindigkeit des betrachteten Schneidenpunkts in Wirkrichtung.
Die Wirkgeschwindigkeit ist die Resultierende aus Schnittgeschwindigkeit v_c und Vorschubgeschwindigkeit v_f:

$$v_e = \frac{v_c \sin\varphi}{\sin(\varphi - \eta)} = \frac{v_f + v_c \cos\varphi}{\cos(\varphi - \eta)} \qquad v_f \leq v_c \Rightarrow v_e \approx v_c$$

11.2.3 Werkzeugwinkel

Werkzeugwinkel am Messerkopf

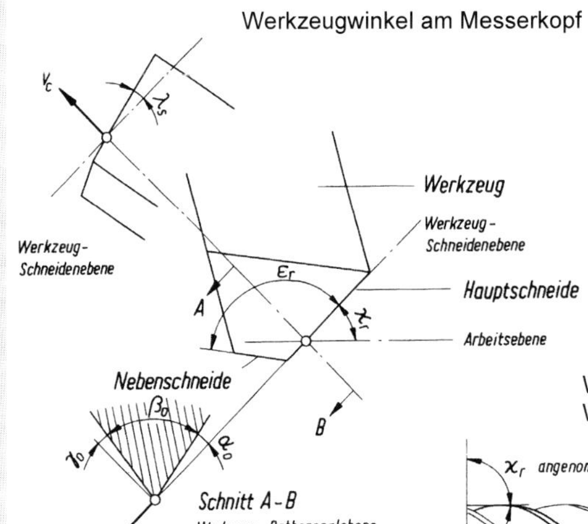

α_o Orthogonalfreiwinkel
β_o Orthogonalkeilwinkel
γ_o Orthogonalspanwinkel
$\alpha_o + \beta_o + \gamma_o = 90°$
κ_r Einstellwinkel
ε_r Eckenwinkel
λ_s Neigungswinkel

Werkzeugwinkel am drallverzahnten zylindrischen Walzenfräser

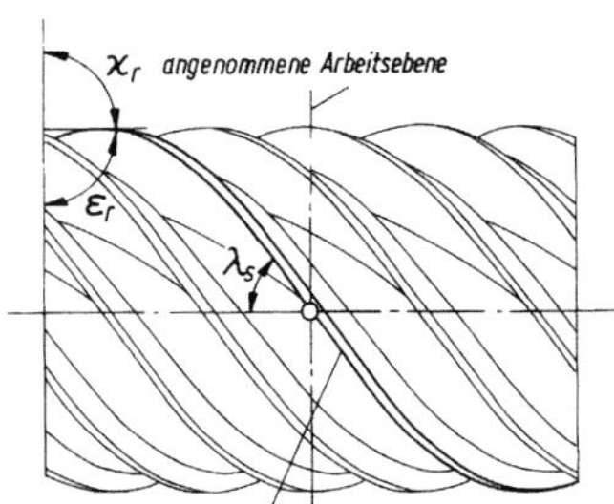

α_0 β_0 γ_0
Werkzeug-Schneidenebene

Orthogonalfreiwinkel α_o (siehe auch 11.1.3)

Richtwertel:

Walzenfräser $\alpha_o = 5° \ldots 8°$
(Schnellarbeitsstahl)

Messerkopf $\alpha_o = 3° \ldots 8°$
(Hartmetall)

Richtwerte gelten für Gegenlaufverfahren
(für Gleichlaufverfahren gelten etwa doppelt so große Richtwerte).

Orthogonalkeilwinkel β_o (siehe 11.1.3)

Orthogonalspanwinkel γ_o (siehe auch 11.1.3)

Richtwerte:

Walzenfräser $\gamma_o = 10° \ldots 15°$
(Schnellarbeitsstahl)

Formfräser, hinterdreht $\gamma_o = 0° \ldots 5°$
(Schnellarbeitsstahl)

Messerkopf $\gamma_o = 6° \ldots 15°$
(Hartmetall)

Richtwerte gelten für Gegenlaufverfahren
(für Gleichlaufverfahren gelten etwa doppelt so große Richtwerte).

Einstellwinkel κ_r (siehe auch 11.1.3)

Bei zylindrischen Walzenfräsern ist $\kappa_r = 90°$
Richtwert für normale Messerköpfe $\kappa_r = 60°$
Weitwinkelfräsen bei günstigstem Standverhalten des Messerkopfs nach M. Kronenberg mit $\kappa_r \le 20°$

Eckenwinkel ε_r (siehe auch 11.1.3)

Bei zylindrischen Walzenfräsern ist $\varepsilon_r = 90°$

Neigungswinkel λ_s (siehe auch 11.1.3)

Richtwerte für Werkzeuge aus Schnellarbeitsstahl:

drallverzahnte Walzenfräser	$\lambda_s = 35° \ldots 40°$
geradverzahnte Walzenfräser	$\lambda_s = 0°$
Scheibenfräser	$\lambda_s = 45°$
Messerkopf	$\lambda_s = 7° \ldots 9°$

Der Neigungswinkel ist bei drallverzahnten Fräsern der Drallwinkel.

λ_s negativ: Fräser hat Linksdrall
λ_s positiv: Fräser hat Rechtsdrall

11.2.4 Zerspankräfte

Zerspankräfte beim Umfangsfräsen mit drallverzahntem Walzenfräser im Gegenlaufverfahren (Kräfte bezogen auf das Werkzeug)

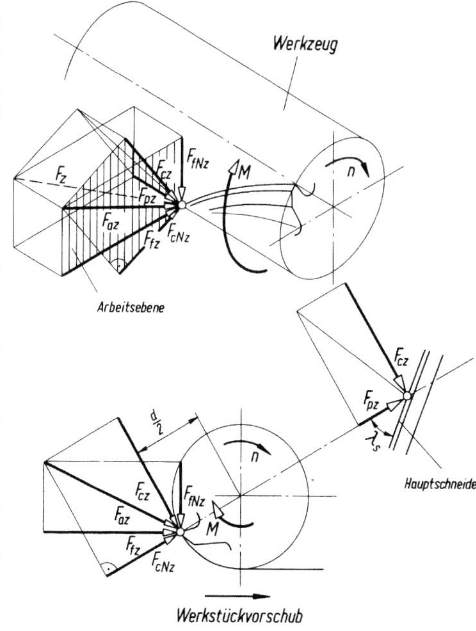

Zerspankräfte beim Stirnfräsen mit Messerkopf (Kräfte bezogen auf das Werkzeug)

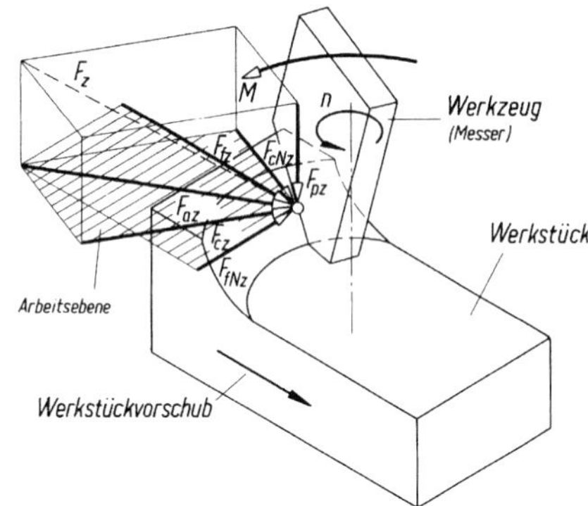

F_{cz} Schnittkraft an der Einzelschneide (leistungsführend)
F_{fz} Vorschubkraft an der Einzelschneide (leistungsführend)
F_{az} Aktivkraft an der Einzelschneide
F_{cNz} Schnitt-Normalkraft an der Einzelschneide
F_{fNz} Vorschub-Normalkraft an der Einzelschneide
F_{pz} Passivkraft an der Einzelschneide
F_z Zerspankraft an der Einzelschneide
M Drehmoment der Schnittkräfte an allen gleichzeitig im Schnitt stehenden Werkzeugschneiden

Schnittkraft F_{czm} beim Umfangsfräsen (Mittelwert)

$$F_{czm} = a_p \, h_m \, k_c$$

F_{czm}	a_p, h_m	k_c
N	mm	$\frac{N}{mm^2}$

a_p Schnittbreite
h_m Mittenspanungsdicke:

$$h_m = \frac{360°}{\pi \, \Delta\varphi°} \cdot \frac{a_e}{d} f_z$$

$\Delta\varphi$ Eingriffswinkel:

$$\cos \Delta\varphi = 1 - \frac{2 a_e}{d}$$

a_e Arbeitseingriff
d Fräserdurchmesser
f_z Vorschub je Schneide (Zahnvorschub)
k_c spezifische Schnittkraft

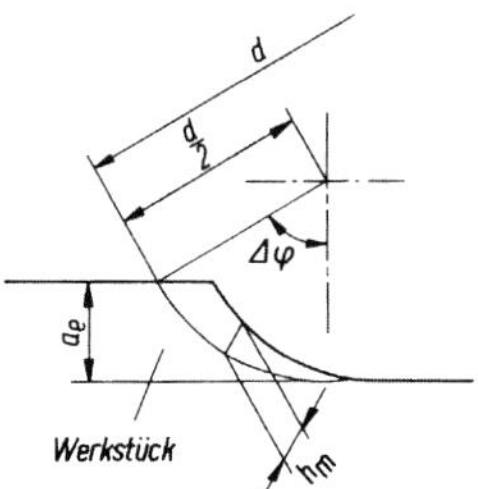

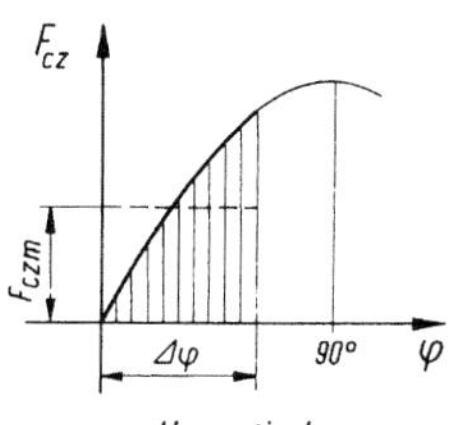

theoretischer Schnittkraftverlauf

spezifische Schnittkraft k_c

$$k_c = \frac{k_{c1\cdot1}}{h_m^z} K_v K_\gamma K_{ws} K_{wv} K_{ks} K_f$$

k_c, $k_{c1\cdot1}$	h	z	K
$\frac{N}{mm^2}$	mm	1	1

$k_{c1\cdot1}$ Hauptwert der spezifischen Schnittkraft (1.5 Nr. 4)
z Spanungsdickenexponent (11.1.4)
K Korrekturfaktoren (11.1.4)

Schnittkraft F_{czm} beim Stirnfräsen (Mittelwert)

$$F_{czm} = a_p\, h_m\, k_c$$

a_p Schnitttiefe
h_m Mittenspanungsdicke:

$$h_m = \frac{360°}{\pi\, \Delta\varphi°} \cdot \frac{a_e}{d} f_z \sin \kappa_r$$

$\Delta\varphi$ Eingriffswinkel
für außermittiges Stirnfräsen:
$\Delta\varphi = \varphi_2 - \varphi_1$

$$\cos \varphi_1 = 1 - \frac{2\ddot{u}_1}{d}$$ wenn $\varphi > 90°$, $\cos \varphi$ negativ ansetzen

$$\cos \varphi_2 = 1 - \frac{2\ddot{u}_2}{d}$$

für mittiges Stirnfräsen:

$$\sin \frac{\Delta\varphi}{2} = \frac{a_e}{d}$$

$\ddot{u}$ Fräserüberstand
a_e Arbeitseingriff
d Fräserdurchmesser
f_z Vorschub je Schneide (Zahnvorschub)
κ_r Einstellwinkel
k_c spezifische Schnittkraft

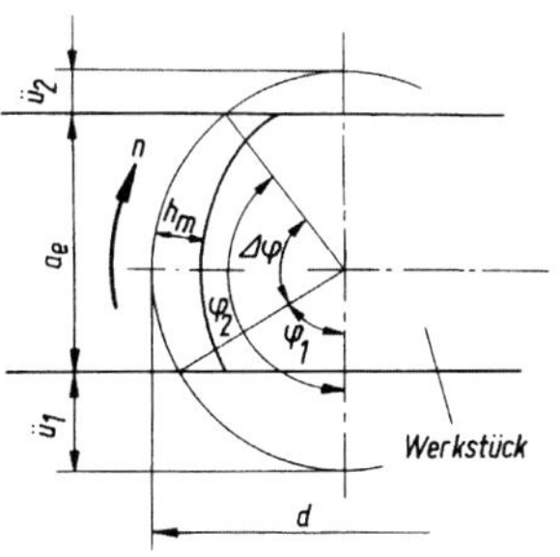

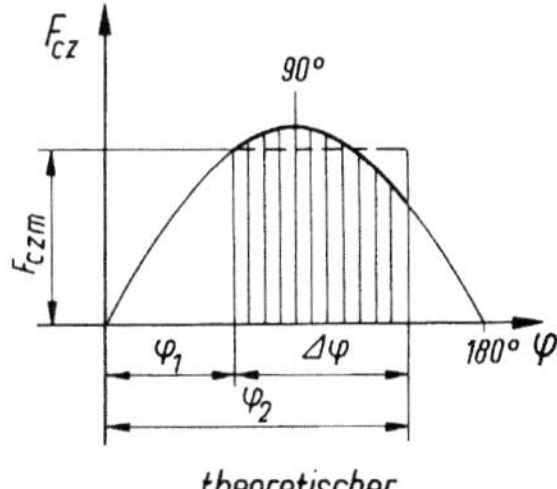

theoretischer Schnittkraftverlauf

Vorschubkraft F_{fz}

Komponente der Aktivkraft F_{az} in Vorschubrichtung

Aktivkraft F_{az}

Komponente der Zerspankraft F_z in der Arbeitsebene:

$$F_{az} = \sqrt{F_{fz}^2 + F_{fNz}^2}$$

Vorschub-Normalkraft F_{fNz}

Komponente der Aktivkraft F_{az} in der Arbeitsebene, rechtwinklig zur Vorschubrichtung:

$$F_{fNz} = \sqrt{F_{az}^2 - F_{fz}^2}$$

Passivkraft F_{pz}

Komponente der Zerspankraft F_z rechtwinklig zur Arbeitsebene:

$$F_{pz} = \sqrt{F_z^2 - F_{az}^2}$$

Zerspankraft F_z

Gesamtkraft, die während der Zerspanung auf die Einzelschneide einwirkt.

11.2.5 Leistungsbedarf

Schnittleistung P_c

$$P_c = \frac{F_{czm}\, z_e\, v_c}{6 \cdot 10^4}$$

P_c	F_{czm}	z_e	v_c
kW	N	1	$\frac{m}{min}$

F_{czm} Schnittkraft (Mittelwert) nach 11.2.4

z_e Anzahl der gleichzeitig im Schnitt stehenden Werkzeugschneiden:

$$z_e = \frac{\Delta\varphi^\circ z}{360^\circ}$$

$\Delta\varphi$ Eingriffswinkel; z Anzahl der Werkzeugschneiden

v_c Schnittgeschwindigkeit nach 11.2.2

Motorleistung P_m

$$P_m = \frac{P_c}{\eta_g}$$

η_g Getriebewirkungsgrad

$\eta_g = 0{,}6 \ldots 0{,}8$

11.2.6 Hauptnutzungszeit

Hauptnutzungszeit t_h beim Umfangsfräsen

l_w Werkstücklänge in Fräsrichtung
l_a Anlaufweg (Richtwert: 1 ... 2 mm)
$l_ü$ Überlaufweg (Richtwert: 1 ... 2 mm)
v_f Vorschubgeschwindigkeit
l_f Fräserzugabe:

$$l_f = \sqrt{a_e\,(d - a_e)}$$

a_e Arbeitseingriff
d Fräserdurchmesser (Richtwert: $d > 4\, a_e$)

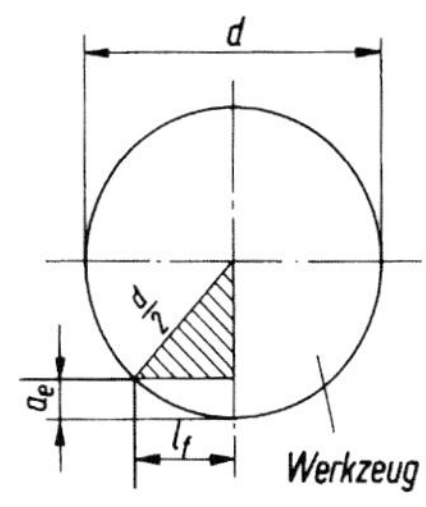

Umfangsfräsen (Schruppen und Schlichten)
Umfangsstirnfräsen (Schruppen)

$$t_h = \frac{L}{v_f} = \frac{l_w + l_a + l_ü + l_f}{v_f}$$

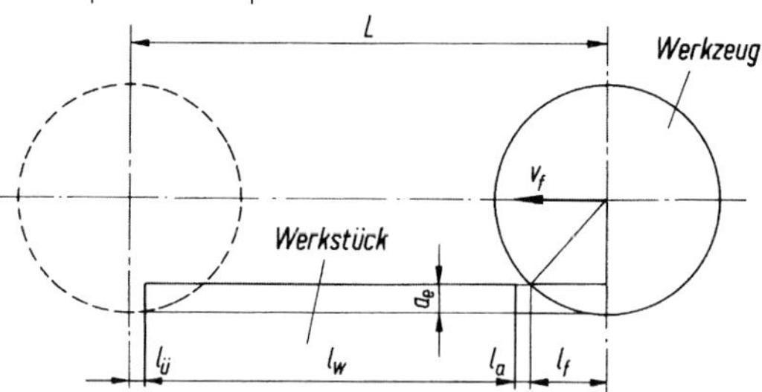

Darstellung der Werkzeugbewegung relativ zum Werkstück

Umfangsstirnfräsen (Schlichten)

$$t_h = \frac{L}{v_f} = \frac{l_w + l_a + l_ü + 2\,l_f}{v_f}$$

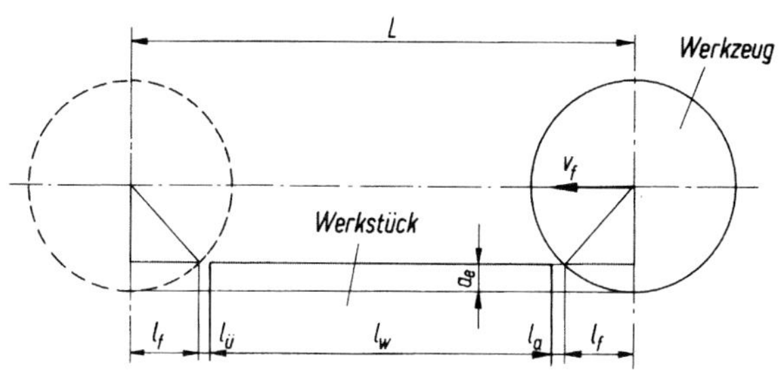

Darstellung der Werkzeugbewegung relativ zum Werkstück

Hauptnutzungszeit t_h beim außermittigen Stirnfräsen $x \neq 0$

Stirnfräsen (Schruppen)

für $0 < x \leq \frac{a_e}{2}$ und $\frac{d}{2} > a_e$ gilt:

$$t_h = \frac{L}{v_f} = \frac{l_w + l_a + l_ü + l_{fa} - l_{fü}}{v_f}$$

l_w Werkstücklänge in Fräsrichtung
l_a Anlaufweg (Richtwert: 1 ... 2 mm)
$l_ü$ Überlaufweg (Richtwert: 1 ... 2 mm)
v_f Vorschubgeschwindigkeit

Darstellung der Werkzeugbewegung relativ zum Werkstück

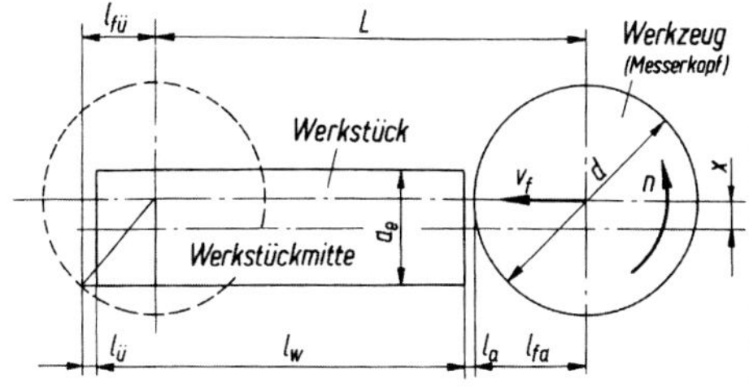

Stirnfräsen (Schlichten)

für $0 < x \leq \frac{a_e}{2}$ und $\frac{d}{2} > a_e$ gilt:

$$t_h = \frac{L}{v_f} = \frac{l_w + l_a + l_ü + l_{fa} + l_{fü}}{v_f}$$

Darstellung der Werkzeugbewegung relativ zum Werkstück

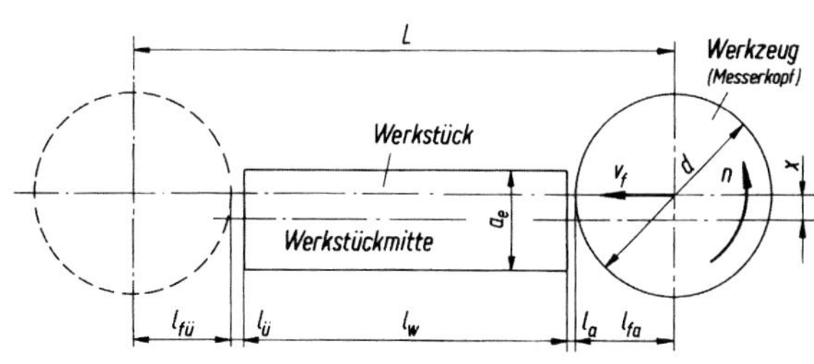

l_{fa} Fräserzugabe (Anlaufseite):

$$l_{fa} = \frac{d}{2}$$

d Fräserdurchmesser

$l_{fü}$ Fräserzugabe (Überlaufseite):

$$l_{fü} = \sqrt{\frac{d^2}{4} - \left(\frac{a_e}{2} + x\right)^2} \quad \text{für Schruppen}$$

$$l_{fü} = \frac{d}{2} \quad \text{für Schlichten}$$

d Fräserdurchmesser
a_e Arbeitseingriff
x Mittenversatz des Fräsers

Hauptnutzungszeit t_h beim mittigen Stirnfräsen $x = 0$

Stirnfräsen (Schruppen)

für $d > a_e$ gilt:

$$t_h = \frac{L}{v_f} = \frac{l_w + l_a + l_ü + l_{fa} - l_{fü}}{v_f}$$

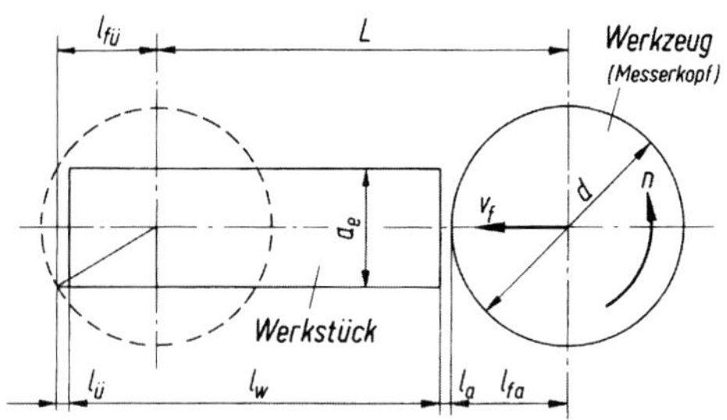

Darstellung der Werkzeugbewegung relativ zum Werkstück

- l_w Werkstücklänge in Fräsrichtung
- l_a Anlaufweg (Richtwert: 1 ... 2 mm)
- $l_ü$ Überlaufweg (Richtwert: 1 ... 2 mm)
- l_{fa} Fräserzugabe (Anlaufseite):

  $$l_{fa} = \frac{d}{2}$$

- $l_{fü}$ Fräserzugabe (Überlaufseite):

  $$l_{fü} = \frac{1}{2}\sqrt{d^2 - a_e^2}$$

  für Schruppen

  $$l_{fü} = \frac{d}{2}$$

  für Schlichten
- d Fräserdurchmesser
- a_e Arbeitseingriff
- v_f Vorschubgeschwindigkeit

Stirnfräsen (Schlichten)

für $d > a_e$ gilt:

$$t_h = \frac{L}{v_f} = \frac{l_w + l_a + l_ü + l_{fa} + l_{fü}}{v_f}$$

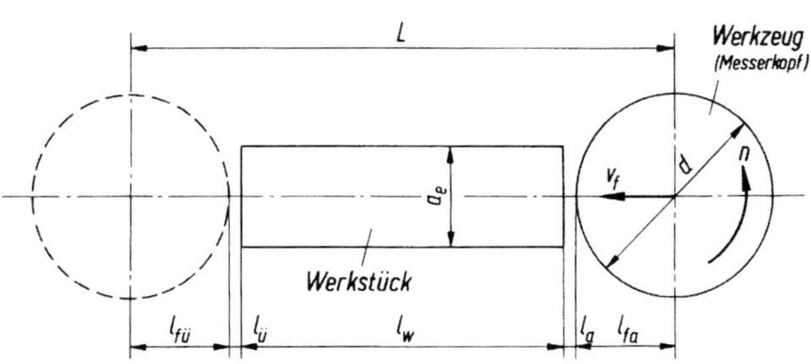

Darstellung der Werkzeugbewegung relativ zum Werkstück

11.3 Bohren

11.3.1 Schnittgrößen und Spanungsgrößen

Schnittgrößen und Spanungsgrößen beim Bohren

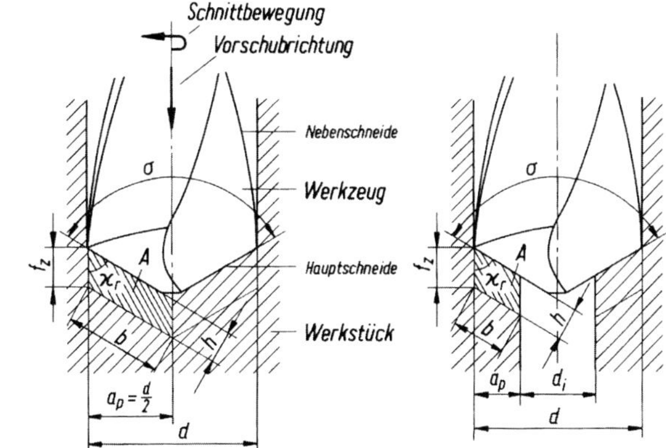

- *d* Bohrerdurchmesser (Nenndurchmesser)
- d_i Durchmesser der Vorbohrung (beim Aufbohren)
- f_z Vorschub je Schneide
- *z* Anzahl der Schneiden (Spiralbohrer *z* = 2)
- a_p Schnitttiefe
- *b* Spanungsbreite
- *h* Spanungsdicke
- *A* Spanungsquerschnitt
- κ_r Einstellwinkel
- σ Spitzenwinkel

Schnitttiefe a_p (Schnittbreite)

Tiefe oder Breite des Eingriffs rechtwinklig zur Arbeitsebene

$$a_p = \frac{d}{2} \text{ beim Bohren ins Volle} \qquad a_p = \frac{d - d_i}{2} \text{ beim Aufbohren}$$

Vorschub *f*

Weg, den das Werkzeug während einer Umdrehung (U) in Vorschubrichtung zurücklegt.

Richtwerte nach 11.3.3

Vorschub f_z je Schneide

$$f_z = \frac{f}{z}$$

- *f* Vorschub
- *z* Anzahl der Werkzeugschneiden

Für zweischneidige Spiralbohrer ist

$$f_z = \frac{f}{2}$$

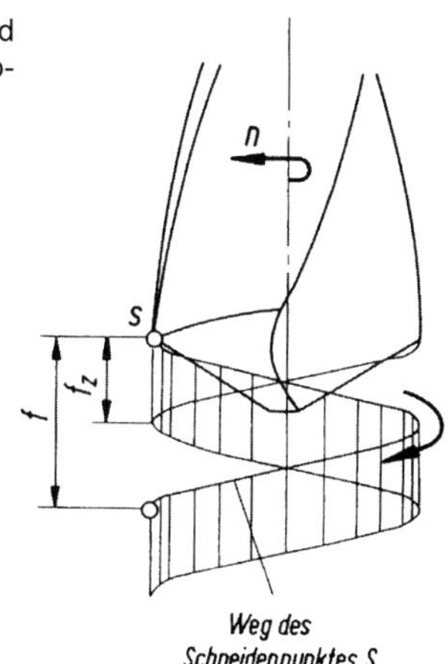

Weg des Schneidenpunktes S

Spanungsbreite *b*

$$b = \frac{d}{2 \sin \kappa_r}$$

Spanungsdicke *h*

$$h = \frac{f \sin \kappa_r}{2} = f_z \sin \kappa_r$$

Spanungsquerschnitt *A*

$$A = \frac{d\,f}{4} = \frac{d\,f_z}{2}$$

} Bohren ins Volle

Spanungsbreite *b*

$$b = \frac{d - d_i}{2 \sin \kappa_r}$$

Spanungsdicke *h*

$$h = \frac{f \sin \kappa_r}{2} f_z \sin \kappa_r$$

Spanungsquerschnitt *A*

$$A = \frac{d - d_i}{4} f$$

$$A = \frac{d - d_i}{2} f_z$$

} Aufbohren

11.3.2 Geschwindigkeiten

Geschwindigkeiten beim Bohren relativ zum Werkstück

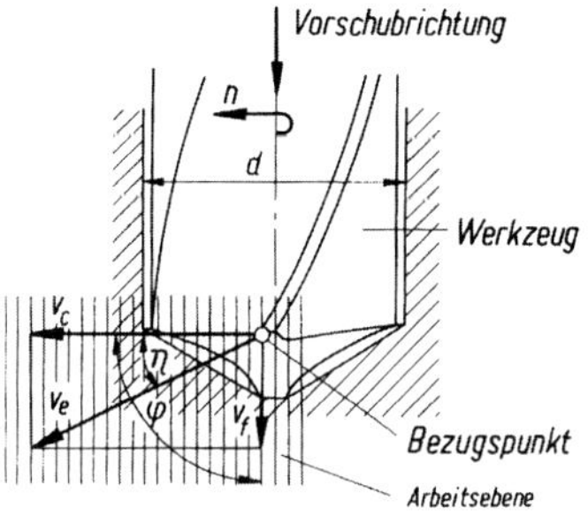

v_c Schnittgeschwindigkeit
v_f Vorschubgeschwindigkeit
v_e Wirkgeschwindigkeit
η Wirkrichtungswinkel
φ Vorschubrichtungswinkel (beim Bohren 90°)

Schnittgeschwindigkeit v_c (Richtwerte in 11.3.3)

$$v_c = \frac{d \pi n}{1000}$$

v_c	d	n
$\frac{\text{m}}{\text{min}}$	mm	min^{-1}

d Bohrerdurchmesser
n Werkzeugdrehzahl

Umrechnung der Schnittgeschwindigkeit $v_{c\,L2000}$ (Bohrarbeitskennziffer)

Schnittgeschwindigkeitsempfehlungen beziehen sich beim Bohren meist auf eine Standlänge (*L*, gesamter Standweg des Bohrers in Vorschubrichtung), die unter den in der Richtwerttabelle genannten Spanungsbedingungen erreicht wird. Dabei verwendet man als Bezugsgröße häufig eine Gesamtbohrtiefe von 2000 mm. Die auf diese Standlänge bezogene Schnittgeschwindigkeit ist die Bohrarbeitskennziffer $v_{c\,L2000}$.

Umrechnung der Richtwerte ($v_{c\,L2000}$) auf abweichende Standlängen bei sonst unveränderten Spanungsbedingungen:

$$v_c = v_{c\,L\,2000} \left(\frac{2000}{L} \right)^z$$

$v_{c\,L2000}$ Schnittgeschwindigkeit für L = 2000 mm (Bohrarbeitskennziffer)

L vorgegebene Standlänge in mm

z Standlängenexponent

Richtwerte für Spiralbohrer aus Schnellarbeitsstahl nach M. Kronenberg

Werkstoff	z
E 295	0,114
E 360	0,06

Die Verknüpfung von Schnittgeschwindigkeit und vorgegebenem Standweg ist beim Bohren verfahrensbedingt unsicher. Genauere Zuordnung von Standwegen und Standgeschwindigkeiten erfordern eine spezielle Untersuchung des vorliegenden Einzelfalls.

Standzeit *T*

Berechnung der Standzeit T aus der Standlänge L

$$T = \frac{L d \pi}{f v_c}$$

d Bohrerdurchmesser
f Vorschub
v_c Schnittgeschwindigkeit (Standgeschwindigkeit für Standlänge L)

erforderliche Werkzeugdrehzahl n_{erf}

$$n_{erf} = \frac{1000 v_c}{d \pi}$$

n_{erf}	v_c	d
min^{-1}	$\frac{m}{min}$	mm

v_c empfohlene Schnittgeschwindigkeit nach 4.3 oder umgerechnet
d Bohrerdurchmesser

Bei der Festlegung der Werkzeugdrehzahl sind die einstellbaren Maschinendrehzahlen (Drehzahlen an der Bohrspindel) zu beachten. Bohrmaschinen mit gestuftem Hauptgetriebe erzeugen Normdrehzahlen nach DIN 804 (11.1.1).

Vorschubgeschwindigkeit v_f

$$v_f = f\,n$$
$$v_f = z\,f_z\,n$$

v_f	f	f_z	z	n
$\frac{mm}{min}$	$\frac{mm}{U}$	mm	1	min^{-1}

f Vorschub
f_z Vorschub je Schneide
z Anzahl der Werkzeugschneiden
n Werkzeugdrehzahl

Wirkgeschwindigkeit v_e

Momentangeschwindigkeit des betrachteten äußeren Schneidenpunkts (Bezugspunkt) der Hauptschneide in Wirkrichtung:

$$v_e = \sqrt{v_c^2 + v_f^2} \quad \text{bei } \varphi = 90°$$

$$v_e = \frac{v_c}{\cos \eta} = \frac{v_f}{\sin \eta}$$

$$v_f \leq v_c \Rightarrow v_e \approx v_c$$

11.3.3 Richtwerte für die Schnittgeschwindigkeit v_c und den Vorschub f beim Bohren

Werkstoff	Zugfestigkeit R_m in N/mm²	Schneid-werkzeug	Schnitt-geschwindig-keit v_c in m/min	Vorschub f in mm/U bei Bohrerdurchmesser bis 4	> 4…10	> 10…25	> 25…63
S 235 JR, C22 S 275 JQ	bis 500	S S P 30	35 … 30 80… 75	0,18 0,1	0,28 0,12	0,36 0,16	0,45 0,2
E 295, C 35	500 … 600	S S P 30	30 … 25 75 … 70	0,16 0,08	0,25 0,1	0,32 0,12	0,40 0,16
E335, C45	600 … 700	S S P 30	25 … 20 70 … 65	0,12 0,06	0,2 0,08	0,25 0,1	0,32 0,12
E 360, C 60	700 … 850	S S P 30	20 … 15 65 … 60	0,11 0,05	0,18 0,06	0,22 0,08	0,28 0,01
Mn-, Cr Ni-Cr Mo- und andere legierte Stähle	700 … 850	S S P 30	18 … 14 40 … 30	0,1 0,025	0,16 0,03	0,02 0,04	0,25 0,05
	850 … 1 000	S S P 30	14 … 12 30 … 25	0,09 0,02	0,14 0,025	0,18 0,03	0,22 0,04
	1 000 … 1 400	S S P 30	12 … 8 25 … 20	0,06 0,016	0,1 0,02	0,16 0,025	0,2 0,03
EN-GJL-150	150 … 250	S S K 20	35 … 25 90 … 70	0,16 0,05	0,25 0,08	0,4 0,12	0,5 0,16
EN-GJL-250	250 … 350	S S K 10	25 … 20 40 … 30	0,12 0,04	0,2 0,06	0,3 0,1	0,4 0,12
Temperguss		S S K 10	25 … 18 60 … 40	0,1 0,03	0,16 0,05	0,25 0,08	0,4 0,12
Cu Sn Zn-Leg. Cu Sn-Guss-Leg.		S S K 20	75 … 50 85 …60	0,12 0,06	0,18 0,08	0,25 0,1	0,36 0,12
Cu Zn-Guss-Leg.		S S K20	60 … 40 100 … 75	0,1 0,06	0,14 0,08	0,2 0,1	0,28 0,12
Al-Guss-Leg.		S S K20	200 … 150 300 … 250	0,16 0,06	0,25 0,08	0,3 0,1	0,4 0,12

SS Schnellarbeitsstahl
P 30, K 10, K 20 Hartmetalle

Die Richtwerte sind von der Firma Gebr. Boehringer in Göppingen aus „Betriebstechnisches Praktikum" von Thiele-Staelin abgeleitet worden.

11.3.4 Richtwerte für spezifische Schnittkraft k_c beim Bohren

Die Richtwerte sind von der Firma Gebr. Boehringer in Göppingen aus Versuchswerten von Prof. Kienzle, AWF 158 und allgemeinen Hinweisen aus dem Schrifttum abgeleitet worden.

Werkstoff	Zugfestigkeit R_m in N/mm²	spez. Schnittkraft k_c in N/mm² bei Vorschub f in mm/U und Einstellwinkel κ_r																											
		0,063				0,1				0,16				0,25				0,4				0,63				1			
		30°	45°	60°	90°	30°	45°	60°	90°	30°	45°	60°	90°	30°	45°	60°	90°	30°	45°	60°	90°	30°	45°	60°	90°	30°	45°	60°	90°
S 275 JR	bis 500	3200	3010	2880	2820	2950	2760	2650	2600	2710	2550	2450	2400	2500	2360	2280	2240	2320	2200	2100	2060	2150	2030	1960	1920	2000	1890	1830	1800
E295	520	4900	4470	4220	4100	4350	3980	3730	3610	3850	3500	3300	3190	3400	3100	2900	2830	3000	2740	2580	2500	2650	2430	2300	2240	2360	2180	2060	1990
E335	620	3850	3620	3460	3380	3540	3300	3150	3080	3230	3010	2890	2830	2950	2780	2670	2620	2730	2580	2480	2440	2530	2400	2310	2270	2350	2220	2140	2110
E360	720	6300	5680	5320	5150	5500	4980	4660	4500	4820	4350	4060	3920	4200	3800	3550	3410	3660	3300	3100	2990	3200	2900	2700	2600	2800	2520	2340	2260
C 45, C 45 E	670	3600	3450	3320	3260	3380	3200	3100	3040	3150	2990	2890	2840	2940	2800	2700	2660	2750	2620	2540	2500	2580	2460	2380	2340	2420	2310	2250	2220
C 60, C 60 E	770	3950	3690	3530	3450	3610	3380	3230	3150	3300	3100	2980	2920	3040	2860	2750	2700	2810	2650	2550	2490	2600	2450	2350	2300	2400	2260	2180	2130
16MnCr5	770	5150	4720	4450	4320	4590	4200	3950	3830	4080	3720	3500	3400	3610	3300	3120	3020	3210	2930	2750	2660	2840	2580	2440	2360	2510	2300	2160	2100
16CrNi6	630	6300	5680	5320	5150	5500	4980	4660	4510	4820	4350	4060	3920	4200	3800	3550	3410	3660	3300	3100	3000	3200	2900	2700	2590	2800	2520	2340	2260
34 Cr Mo 4	600	4650	4300	4100	4000	4200	3900	3700	3610	3800	3530	3370	3290	3450	3220	3080	3000	3150	2940	2820	2750	2880	2670	2530	2460	2600	2400	2300	2240
42 Cr Mo 4	730	6000	5450	5150	5000	5300	4880	4620	4500	4750	4370	4120	4000	4250	3890	3660	3550	3780	3450	3250	3150	3350	3060	2890	2800	2980	2720	2580	2500
50 Cr V 4	600	5460	5000	4700	4560	4850	4440	4210	4100	4330	3980	3730	3610	3860	3500	3300	3190	3400	3100	2910	2820	3000	2730	2580	2500	2650	2430	2290	2220
15CrMo5	590	4120	3880	3740	3660	3810	3590	3450	3390	3520	3320	3200	3130	3260	3070	2950	2900	3010	2850	2740	2680	2790	2630	2520	2470	2580	2420	2340	2290
Mn-, Cr Ni	850 ... 1 000	4900	4530	4310	4200	4420	4100	3900	3800	4000	3710	3440	3450	3620	3380	3220	3150	3300	3080	2920	2850	3000	2780	2660	2600	2720	2550	2440	2380
CrMo-u.aleg.St.	1000 ... 1400	5150	4780	4560	4450	4670	4350	4150	4050	4250	3960	3790	3700	3880	3610	3440	3350	3520	3280	3160	3100	3220	3030	2910	2850	2970	2800	2680	2620
Nichtrost. St.	600 ... 700	4800	4500	4300	4200	4400	4120	3940	3850	4030	3770	3610	3530	3690	3460	3320	3250	3390	3180	3060	3000	3120	2940	2840	2780	2890	2730	2630	2580
Mn-Hartstahl		7150	6600	6270	6100	6440	5950	5650	5500	5800	5370	5100	4980	5240	4860	4620	4500	4740	4400	4180	4080	4290	3980	3800	3700	3890	3620	3440	3360
Hartguss		3950	3720	3570	3500	3640	3420	3270	3190	3340	3130	3010	2940	3070	2880	2750	2680	2810	2620	2500	2450	2560	2400	2300	2240	2350	2200	2110	2060
GE240	300 ...500	2920	2720	2610	2560	2670	2510	2410	2360	2460	2320	2220	2180	2270	2140	2040	2000	2090	1960	1900	1860	1930	1820	1750	1720	1790	1690	1630	1600
GE260	500... 700	3200	3010	2880	2820	2950	2760	2650	2600	2710	2550	2450	2400	2500	2360	2280	2240	2320	2200	2100	2060	2150	2030	1960	1920	200.0	1890	1830	1800
EN-GJL- 150		1940	1800	1710	1670	1760	1630	1550	1510	1590	1480	1400	1370	1440	1340	1280	1250	1310	1220	1170	1140	1200	1120	1060	1040	1090	1020	970	950
EN - GJL - 250		2800	2570	2430	2360	2500	2300	2180	2110	2240	2060	1930	1870	2000	1820	1710	1660	1760	1610	1520	1470	1560	1430	1340	1300	1380	1280	1200	1160
Temperguss		2650	2440	2300	2240	2370	2180	2060	2000	2120	1950	1850	1800	1900	1750	1650	1600	1700	1560	1500	1460	1530	1420	1350	1320	1390	1290	1230	1200
Cu Sn-Gussleg.		3200	3010	2880	2820	2950	2760	2650	2600	2710	2550	2450	2400	2500	2360	2280	2240	2320	2200	2100	2060	2150	2030	1960	1920	2000	1890	1830	1800
CuSnZn -Gussleg.		1480	1360	1280	1250	1320	1220	1150	1120	1180	1090	1030	1000	1060	980	920	900	950	880	820	800	850	780	730	710	750	700	670	650
Cu Sn Zn-Knetleg.		1500	1380	1320	1300	1350	1280	1220	1200	1250	1180	1120	1100	1150	1080	1020	1000	1050	980	940	920	960	900	870	850	880	840	800	780
Al-Gussleg.	300 ... 420	1480	1360	1280	1250	1320	1220	1150	1120	1180	1090	1030	1000	1060	980	920	900	950	880	820	800	850	780	730	710	750	700	670	650
Mg-Gussleg.		520	490	475	470	480	455	435	430	440	420	405	400	410	390	370	360	380	350	335	330	340	320	305	300	310	300	285	280

11.3.5 Werkzeugwinkel

Werkzeugwinkel am Bohrwerkzeug (Spiralbohrer)

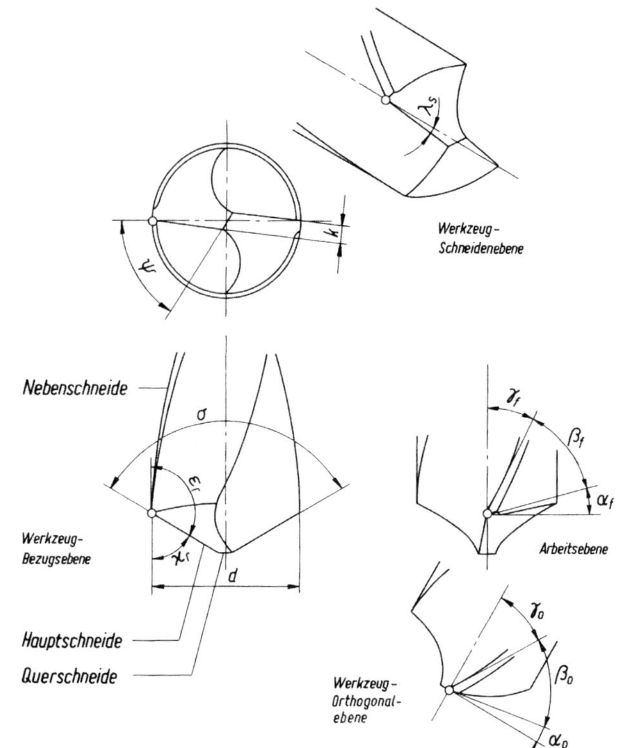

- α_o Orthogonalfreiwinkel
- β_o Orthogonalkeilwinkel
- γ_o Orthogonalspanwinkel
- α_f Seitenfreiwinkel
- β_f Seitenkeilwinkel
- γ_f Seitenspanwinkel
- κ_r Einstellwinkel
- σ Spitzenwinkel
- λ_s Neigungswinkel
- ε_r Eckenwinkel
- ψ_r Querschneidenwinkel
- k Dicke des Bohrerkerns (an der Bohrerspitze)

Orthogonalfreiwinkel α_o (siehe auch 11.1.3)

Der Winkel nimmt bei Kegelmantelschliff vom Außendurchmesser zum Bohrerkern hin zu.
Bohren von Stahl: α_o = 8° (außen) bis 30° (innen)

Orthogonalkeilwinkel β_o (siehe auch 11.1.3)

Der Winkel ist über die ganze Länge der Hauptschneide praktisch konstant.

Orthogonalspanwinkel γ_o (siehe auch 11.1.3)

Der Winkel nimmt durch die Form der Spannute vom Außendurchmesser zum Bohrerkern hin bis zu negativen Werten (im Bereich der Querschneide bis – 60°) ab.

$$\gamma_o = \arctan\frac{\tan\gamma_f + \cos\kappa_r \cdot \tan\lambda_s}{\sin\kappa_r}$$

- γ_f Seitenspanwinkel
- κ_r Einstellwinkel
- λ_s Neigungswinkel

Seitenfreiwinkel α_f, gemessen in der Arbeitsebene

$$\alpha_f = \operatorname{arccot}(\sin\kappa_r \cdot \cot\alpha_o - \cos\kappa_r \cdot \tan\lambda_s)$$

- κ_f Einstellwinkel
- α_o Orthogonalfreiwinkel
- λ_s Neigungswinkel

Richtwerte für Werkzeug-Anwendungsgruppen N, H, W

Werkstoff	Gruppe	α_f
Stahl, Stahlguss, Gusseisen	N	6° ... 15°
Messing, Bronze	H	8° ... 18°
Al-Legierung	W	8° ... 18°

Seitenkeilwinkel β_f, gemessen in der Arbeitsebene

$\beta_f = 90° - \alpha_f - \gamma_f$

α_f Seitenfreiwinkel
γ_f Seitenspanwinkel

Seitenspanwinkel γ_f, gemessen in der Arbeitsebene

Der Seitenspanwinkel ist der Neigungswinkel der Nebenschneide (Komplementwinkel des äußeren Steigungswinkels) und damit der Drallwinkel des Spiralbohrers.

$$\gamma_f = \arctan\frac{d\,\pi}{h_n}$$

d Bohrerdurchmesser (Schneidendurchmesser an der Bohrerspitze)
h_n Steigung der Nebenschneide

Richtwerte

Werkstoff	Gruppe	γ_f
Stahl, Stahlguss, Gusseisen	N	16° ... 30°
Messing, Bronze	H	10° ... 13°
Al-Legierung	W	35° ... 40°

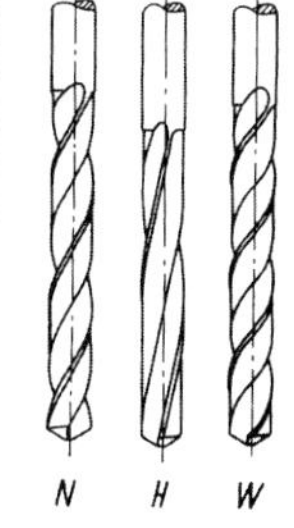

Werkzeug-Anwendungsgruppen

Anwendungsgruppe

N für normale Werkstoffe
H für harte und spröde Werkstoffe
W für weiche und zähe Werkstoffe

Einstellwinkel κ_r (siehe auch 11.1.3)

$$\kappa_r = \frac{\sigma}{2}$$

σ Spitzenwinkel

Spitzenwinkel σ

Hüllkegelwinkel der beiden Hauptschneiden des Spiralbohrers:

$\sigma = 2\,\kappa_r$ κ_r Einstellwinkel

Richtwerte

Werkstoff	Gruppe	σ
Stahl, Stahlguss, Gusseisen	N	118°
Messing, Bronze	H	118° ... 140°
Al-Legierung	W	140°

Neigungswinkel λ_s

Der Neigungswinkel ergibt sich aus der Kerndicke des Spiralbohrers an der Bohrerspitze.

$$\tan\lambda_s = \frac{k \sin\kappa_r}{d}$$

k Kerndicke des Spiralbohrers an der Bohrerspitze Mindestwert $k_{min} = 0{,}197 \cdot d^{0{,}839}$
κ_r Einstellwinkel
d Bohrerdurchmesser (Schneidendurchmesser an der Bohrerspitze)

Eckenwinkel ε_r (siehe auch 11.1.3)

$$\varepsilon_r = 180° - \kappa_r = \frac{360° - \sigma}{2}$$

κ_r Einstellwinkel
σ Spitzenwinkel

Querschneidenwinkel ψ

Winkel zur Bestimmung der Lage der Querschneide zur Hauptschneide. Der Querschneidenwinkel ist von der Art des Hinterschliffs der Freifläche abhängig und beträgt im Normalfall (bei $\alpha_f = 6°$ außen) $\psi = 55°$.

11.3.6 Zerspankräfte

Zerspankräfte beim Bohren bezogen auf das Werkzeug

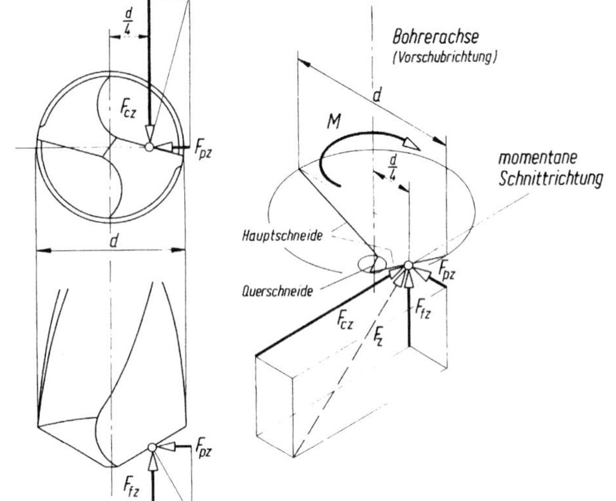

F_{cz} Schnittkraft an der Einzelschneide (leistungsführend)
F_{fz} Vorschubkraft an der Einzelschneide (leistungsführend)
F_{pz} Passivkraft an der Einzelschneide
F_z Zerspankraft an der Einzelschneide
M Schnittmoment

Schnittkraft F_{cz} je Einzelschneide

$$F_{cz} = \frac{d f}{4} k_c S$$ beim Bohren ins Volle

$$F_{cz} = \frac{d - d_i}{4} f k_c S$$ beim Aufbohren

F_{cz}	d, d_i, f	k_c	S
N	mm	$\frac{N}{mm^2}$	1

d Bohrerdurchmesser
d_i Durchmesser der Vorbohrung (beim Aufbohren)
f Vorschub
k_c spezifische Schnittkraft
S Verfahrensfaktor
$S = 1$ für Bohren ins Volle
$S = 0{,}95$ für Aufbohren

spezifische Schnittkraft k_c

Ermittlung entweder als Richtwert nach 11.3.4 oder rechnerisch:

$$k_c = \frac{k_{c1\cdot1}}{h^z} K_{ws} K_{wv}$$

k_c, $k_{c1\cdot1}$	h	z	K
$\frac{N}{mm^2}$	mm	1	1

$k_{c1\cdot1}$ Hauptwert der spezifischen Schnittkraft (11.1.4)
h Spanungsdicke
z Spanungsdickenexponent (11.1.4)
K Korrekturfaktoren (11.1.4)

Vorschubkraft F_f

Die Vorschubkraft wird besonders durch die Länge der Querschneide an der Bohrerspitze beeinflusst und beansprucht das Bohrwerkzeug auch auf Knickung (Ausspitzung der Querschneide).

Die bisher bekannten Berechnungsverfahren für F_f ergeben keine ausreichende Übereinstimmung. Daher wird hier auf die Ermittlung der Vorschubkraft verzichtet.

Schnittmoment M

Drehmoment des aus beiden Schnittkräften F_{cz} nach 11.3.6 gebildeten Kräftepaars.

Bohren ins Volle

$$M = F_{cz} \frac{d}{2}$$

Aufbohren

$$M = F_{cz} \frac{d + d_i}{2}$$

M	F_{cz}	d, d_i
Nm	N	m

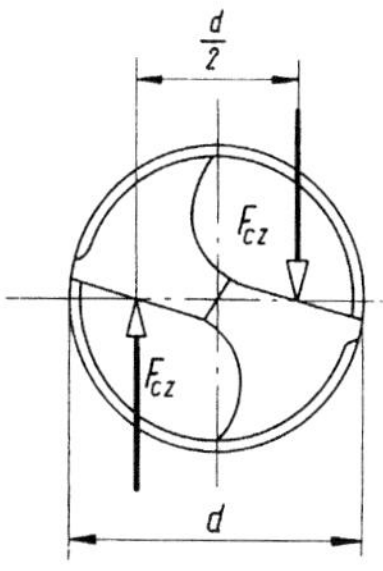

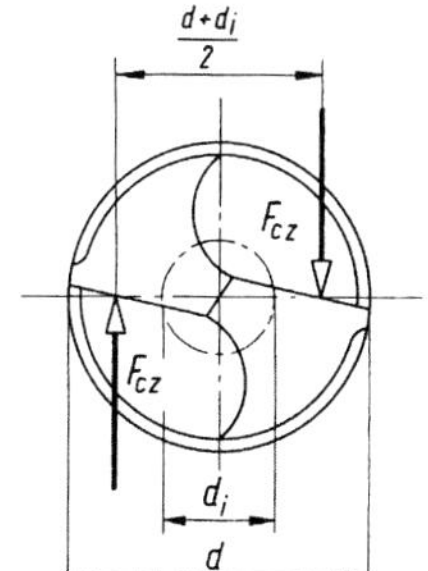

11.3.7 Leistungsbedarf

Schnittleistung P_c

$$P_c = \frac{2\pi M n}{6 \cdot 10^4} = \frac{M n}{9550}$$

P_c	M	n
kW	Nm	min^{-1}

M Schnittmoment
n Werkzeugdrehzahl

$$P_c = \frac{F_{cz} v_c}{6 \cdot 10^4} \quad \text{Bohren ins Volle}$$

$$P_c = \frac{F_{cz} v_c \left(1 + \frac{d_i}{d}\right)}{6 \cdot 10^4} \quad \text{Aufbohren}$$

P_c	F_{cz}	v_c	d, d_i
kW	N	$\frac{\text{m}}{\text{min}}$	mm

F_{cz} Schnittkraft an der Einzelschneide
v_c Schnittgeschwindigkeit (außen)
d Bohrerdurchmesser
d_i Durchmesser der Vorbohrung (beim Aufbohren)

Vorschubleistung P_f

Bei der Berechnung des Bedarfs an Wirkleistung ist die Vorschubleistung wegen der geringen Vorschubgeschwindigkeit vernachlässigbar.

Motorleistung P_m

$$P_m = \frac{P_c}{\eta_g}$$

η_g Getriebewirkungsgrad
$\eta_g = 0{,}75 \ldots 0{,}9$

11.3.8 Hauptnutzungszeit

Hauptnutzungszeit t_h beim Bohren ins Volle

$$t_h = \frac{L}{v_f} = \frac{l_w + l_a + l_ü + l_s}{f\,n}$$

Durchgangsbohrung

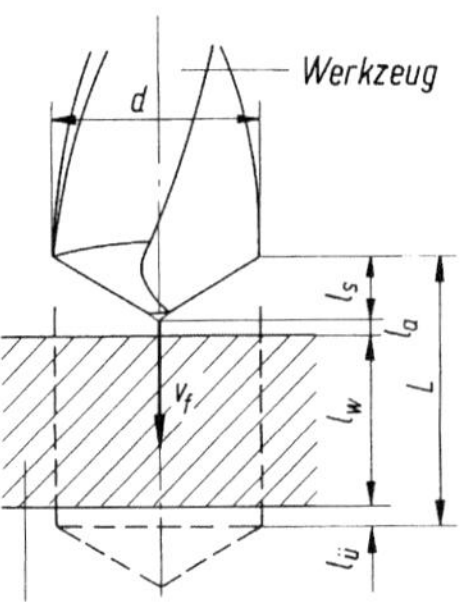

Grundbohrung

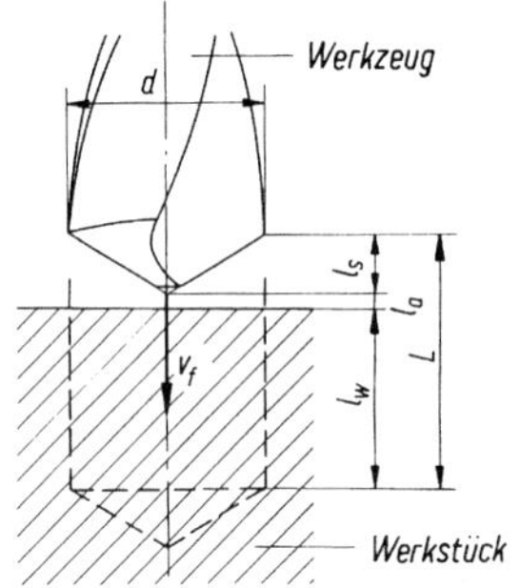

l_w Länge des zylindrischen Bohrungsteils
l_a Anlaufweg (Richtwert: 1 mm)
$l_ü$ Überlaufweg
Richtwerte: $l_ü$ = 2 mm bei Durchgangsbohrungen
$l_ü$ = 0 bei Grundbohrungen

l_s Schneidenzugabe (werkzeugabhängig)

$$l_s = \frac{d}{2\tan\kappa_r} = \frac{d}{2\tan\frac{\sigma}{2}}$$

κ_r Einstellwinkel σ Spitzenwinkel
$l_s \approx 0{,}3\,d$ für Werkzeug-Anwendungsgruppe N mit σ = 118° ...120°
f Vorschub n Werkzeugdrehzahl

Hauptnutzungszeit t_h beim Aufbohren

$$t_h = \frac{l}{v_f} = \frac{l_w + l_a + l_ü + l_s}{f\,n}$$

Durchgangsbohrung

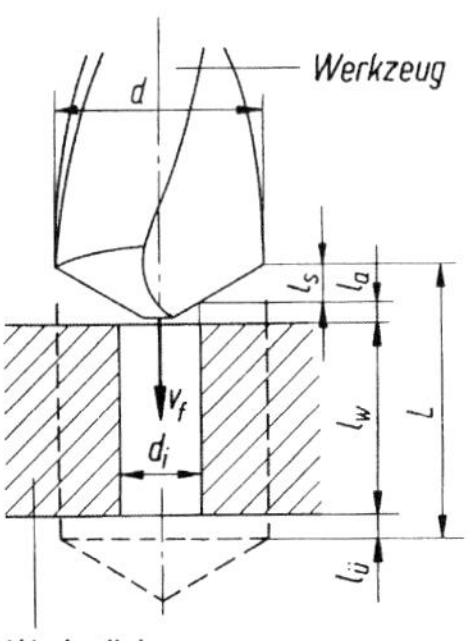

Grundbohrung

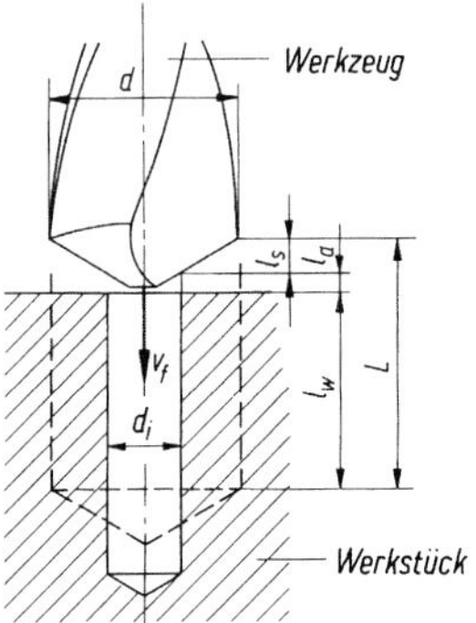

l_w Länge des zylindrischen Bohrungsteils
l_a Anlaufweg (Richtwert: 1 mm)
$l_ü$ Überlaufweg
Richtwerte: $l_ü$ = 2 mm bei Durchgangsbohrungen
$l_ü$ = 0 bei Grundbohrungen

l_s Schneidenzugabe (werkzeugabhängig)

$$l_s = \frac{d - d_i}{2\tan\kappa_r} = \frac{d - d_i}{2\tan\frac{\sigma}{2}}$$

κ_r Einstellwinkel σ Spitzenwinkel
$l_s \approx 0{,}3\,(d - d_i)$ für Werkzeug-Anwendungsgruppe N mit σ = 118° ...120°
f Vorschub n Werkzeugdrehzahl

11.4 Schleifen

11.4.1 Schnittgrößen

Schnittgrößen beim Umfangsschleifen als Längsschleifen

Beim Umfangsschleifen als Einstechschleifen wird der Axialvorschub durch den Radialvorschub ersetzt.

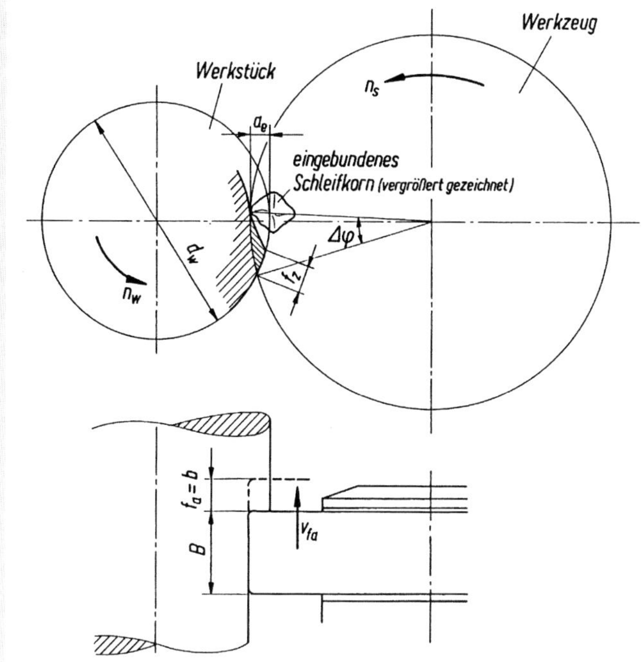

a_e Arbeitseingriff
f_a Axialvorschub
f_z Vorschub je Einzelkorn (Rundvorschub)
d_w Werkstückdurchmesser
B Schleifscheibenbreite

Arbeitseingriff a_e

Beim Umfangslängsschleifen die Tiefe des Eingriffs des Werkzeugs, gemessen in der Arbeitsebene rechtwinklig zum Rundvorschub. Der Arbeitseingriff wird durch Werkzeugzustellung direkt eingestellt.

Richtwerte für a_e in mm:

	Schruppen	Schlichten
Stahl	0,003 ... 0,04	0,002 ... 0,013
Gusseisen	0,006 ... 0,04	0,004 ... 0,020

Ausfeuern ohne Zustellung (a_e = 0) verbessert Genauigkeit und Oberflächengüte.

Axialvorschub f_a (Seitenvorschub)

Beim Umfangslängsschleifen der Weg, den das Werkzeug während einer Umdrehung des Werkstücks in Vorschubrichtung zurücklegt:

Richtwerte: Schruppschleifen f_a = 0,60 ... 0,75 · B
Schlichtschleifen f_a = 0,25 ... 0,50 · B

Zerspantechnik

Schleifen

Vorschub f_z je Einzelkorn (Rundvorschub)

Beim Umfangsschleifen der Weg, den ein Punkt auf dem Werkstückumfang während des Eingriffs eines Einzelkorns durch den Rundvorschub zurücklegt:

$$f_z = \frac{\lambda_{ke}}{q}$$

f_z	λ_{ke}	q
mm	mm	1

λ_{ke} effektiver Kornabstand
q Geschwindigkeitsverhältnis

effektiver Kornabstand λ_{ke}

statistischer Mittelwert (nach J. Peklenik)

$$\lambda_{ke} \approx c - 0{,}928\, a_e$$

λ_{ke}	a_e
mm	μm

a_e Arbeitseingriff
c Konstante, berücksichtigt die Körnung des Schleifwerkzeugs:

Körnung	c
60	41,5
80	49,5
100	57,5
120	62,8
150	66,5

Geschwindigkeitsverhältnis q

$$q = \frac{v_c}{v_w}$$

v_c Schnittgeschwindigkeit
v_w Umfangsgeschwindigkeit des Werkstücks

Richtwerte für q

	Stahl	Gusseisen	Al-Legierung
Außenrundschleifen	125	100	50
Innenrundschleifen	80	63	32
Flachschleifen	80	63	32

Radialvorschub f_r

Beim Umfangseinstechschleifen der Weg, den das Werkzeug während einer Umdrehung des Werkstücks in Vorschubrichtung zurücklegt:

Richtwerte für f_r in $\frac{\text{mm}}{\text{U}}$

	Schruppen	Schlichten
Stahl	0,002 ... 0,024	0,0004 ... 0,0050
Gusseinen	0,006 ... 0,030	0,0012 ... 0,0060

11.4.2 Geschwindigkeiten

- n_s Drehzahl der Schleifscheibe
- v_s Umfangsgeschwindigkeit der Schleifscheibe
- n_w Drehzahl des Werkstücks
- v_w Umfangsgeschwindigkeit des Werkstücks
- v_c Schnittgeschwindigkeit
- v_{fa} Axialvorschubgeschwindigkeit (beim Längsschleifen)
- v_{fr} Radialvorschubgeschwindigkeit (beim Einstechschleifen)

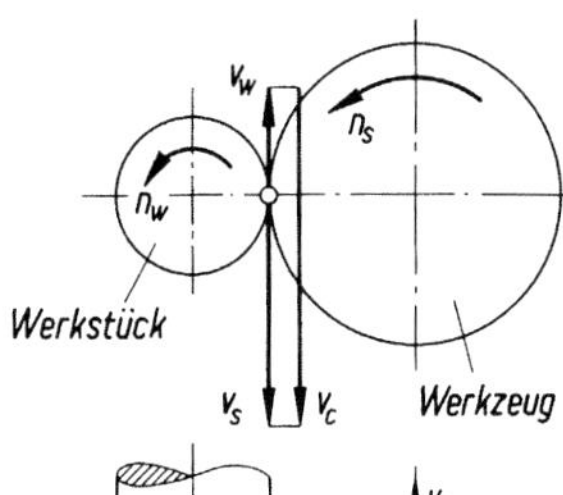

Umfangsschleifen
als Einstechschleifen

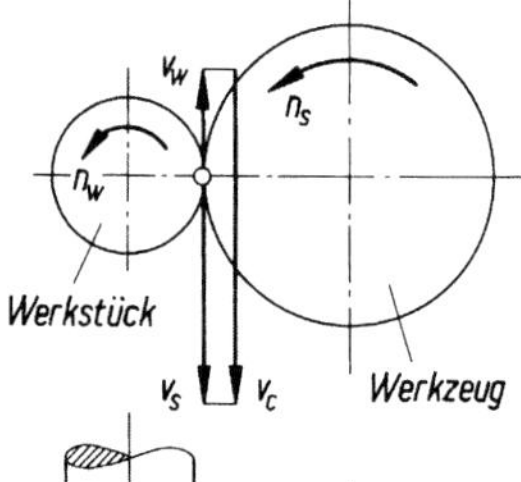

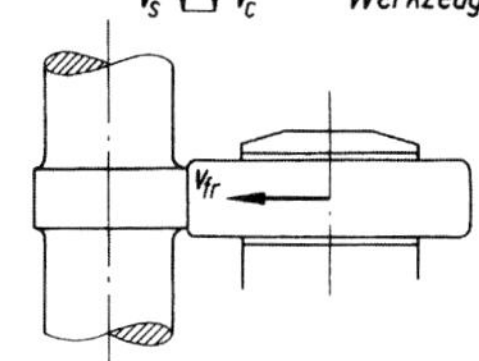

Umfangsgeschwindigkeit v_s der Schleifscheibe

$$v_s = \frac{d \pi n_s}{6 \cdot 10^4}$$

v_s	d	n_s
$\frac{m}{s}$	mm	min^{-1}

- d Durchmesser der Schleifscheibe
- n_s Drehzahl der Schleifscheibe

Da $n_s \geq n_w$, ist die Umfangsgeschwindigkeit der Schleifscheibe praktisch die Schnittgeschwindigkeit (siehe 11.4.1) beim Schleifen.

Umfangsgeschwindigkeit v_w des Werkstücks

$$v_w = \frac{d_w \pi n_w}{1000}$$

v_w	d_w	n_w
$\frac{m}{min}$	mm	min^{-1}

- d_w Durchmesser des Werkstücks
- n_w Drehzahl des Werkstücks (Rundvorschubbewegung)

Richtwerte für v_w in $\frac{m}{min}$

	Stahl unlegiert	Stahl legiert	Gusseisen	Al-Legierung
Außenrundschleifen (Schruppen)	12 ... 18	15 ... 18	12 ... 15	30 ...40
Außenrundschleifen (Schlichten)	8 ... 12	10... 14	9 ... 12	24 ... 30
Innenrundschleifen	18 ... 24	20 ... 25	21 ... 24	30 ...40

Schnittgeschwindigkeit v_c

$v_c = v_s + v_w$ beim Gegenlaufschleifen
$v_c = v_s - v_w$ beim Gleichlaufschleifen

v_s Umfangsgeschwindigkeit der Schleifscheibe
v_w Umfangsgeschwindigkeit des Werkstücks

$v_s \geq v_w \Rightarrow v_c \approx v_s$
$v_c \approx v_s = d \pi n_s$

d Durchmesser der Schleifscheibe
n_s Drehzahl der Schleifscheibe

Richtwerte für v_c in m/s

	Stahl	Gusseisen	Al-Legierung
Außenrundschleifen	32	25	16
Innenrundschleifen	25	20	12
Flachschleifen (Umfangsschleifen)	32	25	16

Zulässige Höchstgeschwindigkeiten für Schleifkörper (Unfallverhütungsvorschriften) nur nach Angaben der Hersteller einstellen.

Aus den hohen Schnittgeschwindigkeiten und dem geringen Arbeitseingriff ergeben sich für das Einzelkorn sehr kurze Eingriffszeiten von 0,03 ms ... 0,15 ms (hohe örtliche Erwärmung an der Wirkstelle).

Axialvorschubgeschwindigkeit v_{fa}

$v_{fa} = f_a n_w$

v_{fa}	f_a	n_w
$\frac{mm}{min}$	$\frac{mm}{U}$	min^{-1}

f_a Axialvorschub (Seitenvorschub)
n_w Drehzahl des Werkstücks

Radialvorschubgeschwindigkeit v_{fr}

$v_{fr} = f_r n_w$

v_{fr}	f_r	n_w
$\frac{mm}{min}$	$\frac{mm}{U}$	min^{-1}

f_r Radialvorschub
n_w Drehzahl des Werkstücks

11.4.3 Werkzeugwinkel

Die im Schleifwerkzeug fest eingebundenen Schleifmittelkörner bilden Schneidteile mit geometrisch unbestimmten Schneidkeilen. Eine definierbare und beeinflussbare Schneidkeilgeometrie liegt daher nicht vor.

Nach statistischen Untersuchungen der Schleifscheibentopografie kann eine mittlere Kornschneide mit einem Schneidkeil verglichen werden, dessen Spanwinkel zwischen – 30° und – 80° liegt.

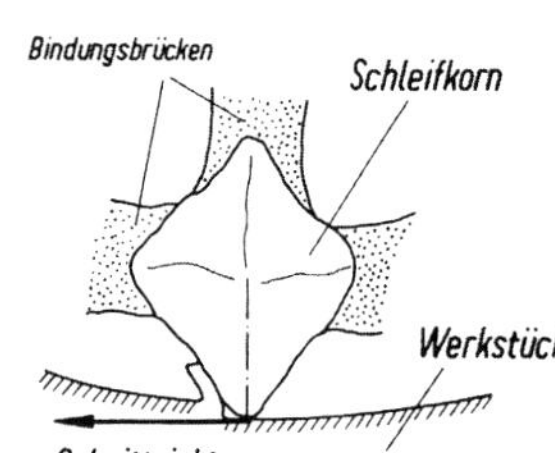

11.4.4 Zerspankräfte

Zerspankräfte beim Umfangsschleifen bezogen auf das Werkzeug

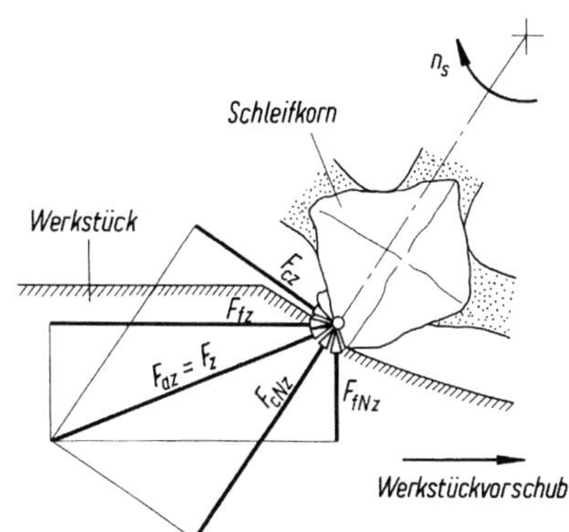

F_{cz} Schnittkraft am Einzelkorn
F_{cNz} Schnitt-Normalkraft am Einzelkorn
F_{az} Aktivkraft am Einzelkorn
F_{fz} Vorschubkraft am Einzelkorn
F_{fNz} Vorschub-Normalkraft am Einzelkorn
F_z Zerspankraft am Einzelkorn

Schnittkraft F_{czm}

Komponente (Mittelwert) der Zerspankraft F_z in Schnittrichtung:

$$F_{czm} = b\, h_m\, k_c\, S$$

F_{czm}	b, h_m	k_c	S
N	mm	$\frac{\text{N}}{\text{mm}^2}$	1

b wirksame Schleifbreite
$b = f_a$ beim Außenrundlängsschleifen
f_a Axialvorschub (Seitenvorschub)

Mittenspanungsdicke h_m

$$h_m = \frac{\lambda_{ke}}{q}\sqrt{a_e\left(\frac{1}{d}+\frac{1}{d_w}\right)}$$ Außenrundlängsschleifen

$$h_m = \frac{\lambda_{ke}}{q}\sqrt{a_e\left(\frac{1}{d}-\frac{1}{d_w}\right)}$$ Innenrundlängsschleifen

$$h_m = \frac{\lambda_{ke}}{q}\sqrt{\frac{a_e}{d}}$$ Flachschleifen

λ_{ke} effektiver Kornabstand (siehe 11.4.1)
q Geschwindigkeitsverhältnis (11.4.1)
a_e Arbeitseingriff (11.4.1)
d Durchmesser der Schleifscheibe
d_w Durchmesser des Werkstücks

spezifische Schnittkraft k_c

$$k_c = \frac{k_{c1\cdot1}}{h_m^{\,z}}$$

k_c, $k_{c1\cdot1}$	h	z
$\frac{\text{N}}{\text{mm}^2}$	mm	1

$k_{c1\cdot1}$ Hauptwert der spezifischen Schnittkraft (11.1.4)
z Spanungsdickenexponent (11.1.4)

Verfahrensfaktor S (nach Preger)

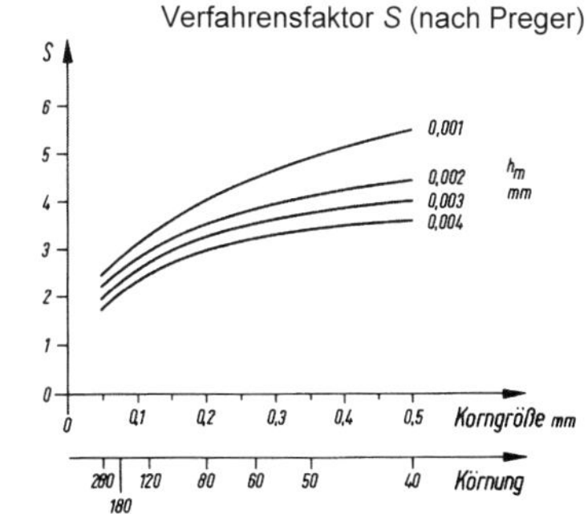

11.4.5 Leistungsbedarf

Schnittleistung P_c

$$P_c = \frac{F_{c\,zm}\, z_e\, v_c}{10^3}$$

P_c	F_{czm}	z_e	v_c
kW	N	1	$\frac{m}{s}$

F_{czm} Schnittkraft (Mittelwert) nach 11.4.4
v_c Schnittgeschwindigkeit nach 11.4.2

Anzahl der gleichzeitig schneidenden Schleifkörner z_e

$$z_e = \frac{d\,\pi\,\Delta\,\varphi^\circ}{\lambda_{ke}\, 360^\circ}$$

z_e	d	$\Delta\varphi$	λ_{ke}
1	mm	°	mm

d Durchmesser der Schleifscheibe
λ_{ke} effektiver Kornabstand nach 11.4.1

Eingriffswinkel $\Delta\varphi$ für Außenrundschleifen (konvexe Oberfläche)

$$\Delta\,\varphi^\circ \approx \frac{360^\circ}{\pi}\sqrt{\frac{a_e}{d\left(1+\dfrac{d}{d_w}\right)}}$$

a_e Arbeitseingriff nach 11.4.1
d Durchmesser der Schleifscheibe
d_w Durchmesser des Werkstücks

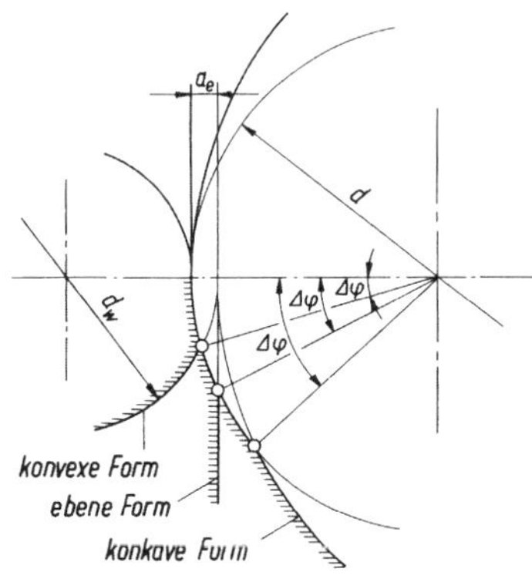

Eingriffswinkel $\Delta\varphi$ für Innenrundschleifen (konkave Oberfläche)

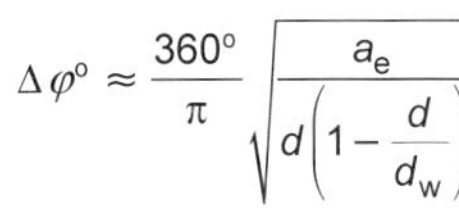

$$\Delta\,\varphi^\circ \approx \frac{360^\circ}{\pi}\sqrt{\frac{a_e}{d\left(1-\dfrac{d}{d_w}\right)}}$$

Eingriffswinkel $\Delta\varphi$ für Flachschleifen (ebene Oberfläche)

$$\Delta\,\varphi^\circ \approx \frac{360^\circ}{\pi}\sqrt{\frac{a_e}{d}}$$

Motorleistung P_m

$$P_m = \frac{P_c}{\eta_g}$$

P_c Schnittleistung
η_g Getriebewirkungsgrad
η_g = 0,4 ... 0,6 je nach Bauart und Belastungsgrad der Maschine

11.4.6 Hauptnutzungszeit

Hauptnutzungszeit t_h beim Rundschleifen (Längsschleifen) zwischen Spitzen

$$t_h = \frac{L}{v_{fa}} i = \frac{l_w - \dfrac{B}{3}}{f_a\, n_w} i$$

l_w Werkstücklänge in Schleifrichtung (Längsrichtung)
B Schleifscheibenbreite
f_a Axialvorschub
n_w Drehzahl des Werkstücks

$$n_w = \frac{v_w}{d_w\,\pi}$$

u_w Umfangsgeschwindigkeit des Werkstücks
d_w Durchmesser des Werkstücks

i Anzahl der erforderlichen Zustellschritte (Schleifhübe):

$$i = \frac{d_w - d_f}{2 a_e} \quad \text{Außenrundschleifen}$$

$$i = \frac{d_f - d_w}{2 a_e} \quad \text{Innenrundschleifen}$$

d_w Durchmesser des Werkstücks (Ausgangsdurchmesser)
d_f Fertigdurchmesser des Werkstücks
a_e Arbeitseingriff

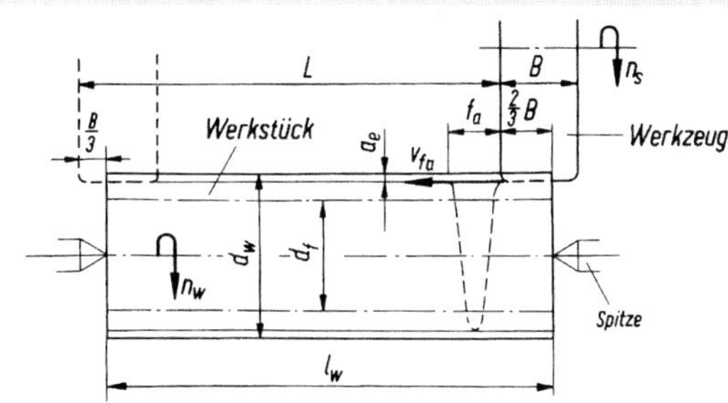

Darstellung gilt sinngemäß auch für das Innenrundschleifen

Hauptnutzungszeit t_h beim Rundschleifen (Einstechschleifen) zwischen Spitzen

$$t_h = \frac{L}{v_{fr}} = \frac{\frac{d_w - d_f}{2} + l_a}{f_r \, n_w}$$

d_w Durchmesser des Werkstücks (Ausgangsdurchmesser)
d_f Fertigdurchmesser des Werkstücks
l_a Anlaufweg (Richtwert: 0,1 ... 0,3 mm)
f_r Radialvorschub
n_w Drehzahl des Werkstücks

$$n_w = \frac{v_w}{d_w \, \pi}$$

v_w Umfangsgeschwindigkeit des Werkstücks
d_w Durchmesser des Werkstücks

Hauptnutzungszeit t_h beim spitzenlosen Rundschleifen (Durchgangsschleifen)

$$t_h = \frac{L}{v_{fa}} = \frac{i_w \, l_w + B}{0{,}95 \, d_r \, \pi \, n_r \sin \alpha}$$

B Schleifscheibenbreite
d_r Durchmesser der Regelscheibe
n_r Drehzahl der Regelscheibe
α Verstellwinkel der Regelscheibe
Richtwert für Längsschleifen: $\alpha = 3° \ldots 5°$
i_w Anzahl der aufeinander folgenden Werkstücke beim Durchgangsschleifen
l_w Länge des einzelnen Werkstücks

Hauptnutzungszeit t_h beim spitzenlosen Rundschleifen (Einstechschleifen)

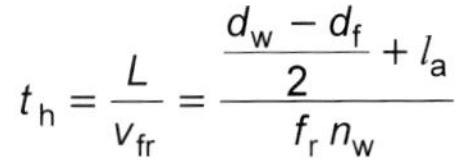

$$t_h = \frac{L}{v_{fr}} = \frac{\frac{d_w - d_f}{2} + l_a}{f_r\, n_w}$$

d_w Durchmesser des Werkstücks (Ausgangsdurchmesser)
d_f Fertigdurchmesser des Werkstücks
l_a Anlaufweg (Richtwert: 0,1 ... 0,3 mm)
f_r Radialvorschub
n_w Drehzahl des Werkstücks

$$n_w = 0{,}95\, n_r \frac{d_r}{d_w}$$

n_r Drehzahl der Regelscheibe
d_r Durchmesser der Regelscheibe
d_w Durchmesser des Werkstücks

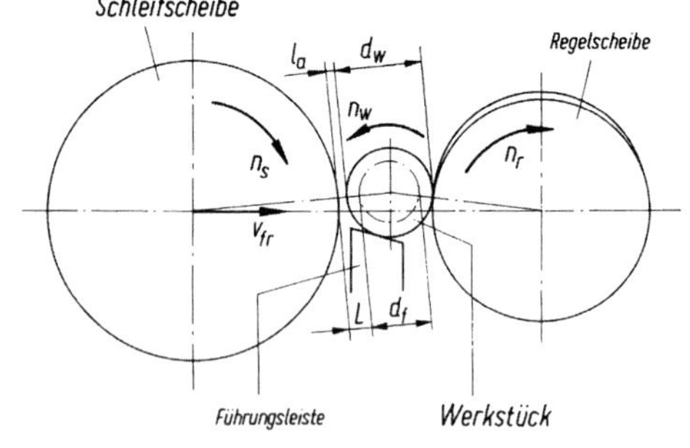

Sachwortverzeichnis

ω, t-Diagramm 193
0,2-Dehngrenze 95

Abgleichbedingung 124
Ableitung 37
Abmaße, Grenzmaße, Toleranzen 247
Abscherbeanspruchung 235
Abscheren und Torsion 235, 236, 291
Abscherfestigkeit 235
Abscher-Hauptgleichung 235
Abscherspannung, vorhandene 235
–, zulässige 235
absolut schwarzer Körper 176
Absolutwert 1
Abstechdrehen, Hauptnutzungszeit 342
Abszissen 29
Abtriebsdrehzahl 340
Abtriebsdrehzahlbereich 340
Abtriebsmoment 200
Abziehhülse 296
Achsabstand 320
– ohne Profilverschiebung 319
Achsen 287
–, Normen (Auswahl) 286
Achsenabschnittsform der Geraden 27
Achsenwinkel 321
Achsmodul 323
Achsschnitt, Eingriffswinkel 324
Achteck 14
–, regelmäßiges 52
Additionstheoreme 21, 24 ff.
adiabate (isentrope) Zustandsänderung 169
Admittanz 141
Aktivkraft 335, 349
Aliphaten 74
Alkalimetalle 67
allgemeine Linearform der Geradengleichung 27
Allgemeintoleranzen für Fasen und Rundungshalbmesser nach DIN ISO 2768-1 249
– – Form und Lage nach DIN ISO 2768-2 249
– – Längenmaße nach DIN ISO 2768-1 249
– – Winkelmaße nach DIN ISO 2768-1 249
Aluminium und Aluminiumlegierungen, Bezeichnung 104
Aluminiumgusslegierungen 105
Aluminiumknetlegierungen 105
A_L-Wert 129, 136
Amplitude 195
Analytische Geometrie 26
Anfangsgeschwindigkeit 191
Anfangsparameter 45
Anfangswinkelgeschwindigkeit 194
Ångström 60
Anhaltswert 273
– für die zulässige ideelle Schubspannung 276
Ankreis 17
Anlaufweg 340, 342, 350, 352, 362, 369
Anpresskraft 187
Anstrengungsverhältnis 239, 288
Anströmwinkel 207
Antiparallelschaltung 158
Antriebsmoment 200
Antriebswelle 297
Anziehdrehmoment 186
–, erforderliches 264
Anziehfaktor 263
–, Richtwerte 263
Äquivalent 1
–, elektrochemisches 86
Äquivalentmenge 88
Äquivalentmengenkonzentration 89
Arbeit 56, 204
– der Gewichtskraft 199
– der konstanten Kraft 199
– einer veränderlichen Kraft 199
–, äußere 167 ff.
–, elektrische 117
–, konstantes Drehmoment 200
–, technische 167 ff.
–, verrichtete 199
Arbeitsebene 333
Arbeitseingriff 343, 351, 363, 364
Arbeitspunkt 118, 151, 153
Arbeitssatz (Wuchtsatz) 204
Archimedische Spirale 12, 46
Arcusfunktion 23
Areafunktion 26
Argument 7
Arithmetische Reihen, Definition 32
Arithmetisches Mittel 4
Aromaten 77
Asymptoten 31, 43, 48
Atmosphärendruck, umgebender 161, 205
atmosphärische Druckdifferenz, Überdruck 161
Atombindung 70
–, polarisierte 70
Atomkern 63
Atommasse, relative 63
Aufbohren 353 f., 361
Auflagereibungsmoment 186
Aufnahmekegel 305
Auftrieb 206
Ausfeuern 363
Ausflusszahl 208
Ausflusszeit 209
Ausknicken 277
Auslenkung 194 f.
–, maximale 195
Auslenkung-Zeit-Diagramm 195
Ausnutzungsgrad 257 ff.

Ausschlagfestigkeit 257, 265, 267, 275
Ausschlagkraft 265
Ausschlagspannung 257 f., 265, 267
Außendrehen 335, 338
–, Richtwerte 338
Außendurchmesser 324
Außenleiter 148
Außenpressung 243
Außenrundlängsschleifen 367
Außenrundschleifen 365, 369
Ausspitzung 360
Avogadro-Konstante 59, 87
axiale Flächenmomente 226
– –, Widerstandsmomente, Flächeninhalte, Trägheitsradius 225, 227
Axialkraft 296, 316, 317
–, Bezeichnungen 289
Axialkraftanteil 262
–, in den verspannten Platten (Plattenzusatzkraft) 262
Axialsicherungsring 297
Axialspannung 241
Axialvorschub 363
– (Seitenvorschub), Richtwerte 363
Axialvorschubgeschwindigkeit 366

Backenbremse 188
– mit tangentialem Drehpunkt 189
– mit unterzogenem Drehpunkt 189
Bahnpunkt, Geschwindigkeit 192
bainitisches Gusseisen 104
Ballungsregel 134
Bandbremse, einfache 189
Bandbremszaum 189
Base 78
Basis 6
Baustahl 99, 291
–, vergütet 292
Bauteil-Ausschlagfestigkeit 291
Bauteil-Fließgrenze 294
–, Biegebeanspruchung 295
–, Ermittlung 295
–, Torsionsbeanspruchung 295
Bauteil-Wechselfestigkeit, Berechnung 293
–, Gleichungen 293
Bauverhältnisse (Anhaltswerte) 311
Beanspruchung 288
–, zusammengesetzte 238, 239
Befestigungsnabe 314
Belastung, dynamische 218
–, quasistatische 282
–, schwingende 277
–, zulässige 217 f., 235
Belastungsfall 233, 288
Belastungsnachweis 217 f., 235, 236
Beleuchtungsstärke 59
Berechnung axial belasteter Schrauben ohne Vorspannung 257
– einer vorgespannten Schraubenverbindung bei axial wirkender Betriebskraft 258
– vorgespannter Schraubenverbindungen bei Aufnahme einer Querkraft 265
Berechnungsgleichungen für die Einzeltellerfeder Kennwerte K 280
Bernoulli'sche Druckgleichung 207
Beschleunigung 55, 190 f., 195, 201, 204
Beschleunigungsarbeit 200 ff.
Beschleunigungskraft 204
Beschleunigungsmoment 204
–, resultierendes 202
Beschleunigung-Zeit-Diagramm 196
Bestimmung des maximalen Biegemomentes 219
Betrag 1
Betriebsbelastung 294
Betriebseingriffswinkel 320
– im Normalschnitt 320
– im Stirnschnitt 320
Betriebskraft, axiale 260, 262, 265
–, dynamische 265
–, gegebene 257
Betriebslast 314
Betriebswälzkreis 316
Betriebswälzkreisdurchmesser 320
Bewegung, drehende (rotatorische) 204
–, geradlinige (translatorische) 204
–, geradlinige gleichmäßig beschleunigte (verzögerte) 190
Bewegungsschraube, Berechnung 266
–, zulässige Flächenpressung, Richtwerte 267
Bezugsprofil 320
Biegebeanspruchung 218, 221
–, Sicherheit 294
Biegefeder 271
Biegelinie 222
Biegemoment 235, 239, 287 f., 290
–, maximales 222, 289
Biegemomentenfläche 219
Biegespannung 274
–, vorhandene 218, 287
–, zulässige 273, 288
Biegewechselfestigkeit 292
Biegung und Torsion 240
Bildungs- und Verbrennungswärme 92
Bildungsenthalpie 91
Bindigkeit 71
Bindungswertigkeit 71
Binomische Formeln, Polynome 3
bipolare Transistoren 155 f.
Blattfeder 271
–, geschichtete 274
Blindfaktor 141
Blindgröße, Blindwiderstand 141 ff.
Blindleistungskompensation 147
Blocklänge 276
Bodenkraft 205
Bogenanschluss 53
Bogenelement 43
Bogenhöhe 13
Bogenlänge, mittlere 13
Bogenmaß 19, 188, 195
– des ebenen Winkels 19
Bohren 335, 353, 356 f.
– ins Volle 353 f., 361

–, Geschwindigkeiten 354
–, Schnittgrößen und Spanungsgrößen 353
–, Zerspankräfte 360
Bohrerkern 358
Bohrerspitze 358
Bohrung, Toleranzfeld 303
Bohrungsmaße 246
Boltzmann-Konstante 59
Brechung magnetischer Feldlinien 130
Breitenverhältnis 274
Bremse 188
Bremskraft 188
Bremsmoment 188
Bremszaum 189
Brennpunkt 30
Brennstrahl 30
Brennstrahlenlänge 31
Bruchdehnung 95
–, Zerreißversuch 216
Brüche 3
Brucheinschnürung 95
Bruchfestigkeit 313
Brückenschaltung 124

Candela 59
Carnot'scher Kreisprozess 171
Celsiustemperatur 163
Coulomb 125
Coulomb'sches Gesetz 126
CrNiMo-Einsatzstähle 292
Culmann'sche Gerade 180

d'Alembert'scher Satz 201
Dämpfung, prozentuale 285
Darstellung, goniometrische 7
Dauerbeanspruchung 275
Dauerbruch, Sicherheitsnachweis 291
Dauerfestigkeit 292
–, Nachweis 282
–, Sicherheitsnachweis 291
Dauerfestigkeitsdiagramm (Goodman-Diagramme) 282, 299, 310, 314
Dauerhaltbarkeit 277
Dauerhubfestigkeit 277 f.
Dauerkurzschlussstrom 138
Dehnung 215 f.
Dehnungshypothese (C. Bach) 239
Diac 158, 160
diamagnetisch 128
Dichte 56, 176
– von Wasser 211
Dichtebestimmung von Gasen 209
Dielektrikum 126 f.
Dielektrizitätskonstante 125
Dielektrizitätszahl 125
differentieller Widerstand 151, 153 f.
Differenzbremse 189
Differenzial 2
Differenzial- und Integralrechnung, Anwendungen 42
Differenzialgleichung der freien ungedämpften Schwingung 195
Differenzialquotient 2
Differenzialrechnung 35
–, Ableitungen elementarer Funktionen 36
–, Grundregeln 35
DIN-Geradverzahnung 318
DIN-Verzahnungssystem 318
Diode 151 f.
Dipol 71
Diskriminante 11, 29
Dissoziation, elektrolytische 83
Dissoziationsgrad 83
Dissoziationskonstanten 83
Drahtdurchmesser, Entwurfsberechnung 275 f.
Drallwinkel 347, 359
Drangkraft 335
Drehachse 202
Drehbewegung, gleichförmige 192
Drehen 327
–, Bewegungen 327
–, Geschwindigkeiten 327
–, Kräfte 327
Drehenergie (Drehwucht) 202
Drehfeder (Schenkelfeder) 275
Drehfrequenz 55
Drehimpulsänderung 204
Drehmaschine, Leistungsflussbild 337
Drehmeißel, gerader, rechter 332
Drehmoment 56, 199 f.
–, resultierendes 202
–, stoßartiges 296
–, zu übertragendes 266
Drehschub 285, 286
Drehstabfeder 271 f., 275, 297
Drehstromnetz 148
Drehstromtechnik 148 ff.
Drehwinkel 193 ff., 200, 204, 271
–, überstrichener 193
Drehwucht 204
Drehzahl 55, 202
–, erforderliche 329
Drehzahlwerte 340
Dreieck 13
–, gleichseitiges 13, 51
–, schiefwinkliges 18
Dreieck-Blattfeder 273
Dreieckfläche 182
Dreieckschaltung 148 ff.
Dreieckspannung 148
Dreiecksumfang 182
Drei-Kräfteverfahren 180
Drillungswiderstand 237
Drosselspule 137
Druck 56, 205
– und Biegung 238
–, absoluter 161, 205
–, hydrostatischer (Schweredruck) 205
–, statischer 207 f.
–, statischer, Messung 207
Druckabfall 209 f.
Druckänderungsarbeit 167
Druckfeder 271
–, kaltgeformte 276 f.

–, kaltgeformte, Dauerfestigkeitsdiagramm 277
–, zylindrische 271
Druckgusswerkstoffe 108
Druckhöhe, konstante 209
Druckkraft 233
Druckspannung 233, 282
–, größte 218
–, mittlere tangentiale 302
–, resultierende 238
–, vorhandene 234
Druckübersetzung 205
Durchbiegung 222
Durchbruchbereich 154
Durchbruchspannung 151, 154
Durchflussgeschwindigkeit, mittlere 206
Durchflusszahl 208
Durchflutungsgesetz 129
Durchgangsbohrung 268, 362
Durchlassbereich 151
Durchlassstrom 151, 158
Durchmesserverhältnis 298
Dynamik der Drehung (Rotation) 202
– – Verschiebebewegung (Translation) 201
dynamisches Grundgesetz für freien Fall 201
– – für Tangenten- und Normalenrichtung 201
– –, allgemein 201 f.

Ebene, schiefe 185
Eckenwinkel 332 f., 347, 358 f.
Edelgas 69
Edelmetall 68
Effektivwert 139 f.
Eigenfrequenz 271 f.
Einflussfaktor, geometrischer 292
Eingriffsteilung, Normalschnitt 319
–, Stirnschnitt 319
Eingriffswinkel 350
–, Außenrundschleifen 368
–, Flachschleifen 368
–, Innenrundschleifen 368
–, Normal- und Achsschnitt 325
–, Stirnschnitt 319
–, Teilkreis 318
Eingriffszeit 366
Einheit 189
–, imaginäre 7
– der vorkommenden physikalischen Größen 197
– des ebenen Winkels, Begriff 19
Einheitsbohrung 303
Einlegekeil 296
Einpressen 298
Einpresskraft 299, 301
–, erforderliche 305
Einsatzhärten 292
Einsatzstahl 101, 292
Einsetzregel (Substitutionsmethode) 37
Einstechschleifen 365
Einstellwinkel 304 f., 332 f., 338, 340, 349, 358 f., 362
–, Richtwerte 347
Einweg-Gleichrichtung 140
Einzellast 222
Einzelrad- und Paarungsgleichungen für Gerad- und Schrägstirnräder 318
Einzelteller, Maße 279
Eisen-Kohlenstoff-Diagramm 96
Elastizitätsmodul 56, 95, 222, 273, 300
– E und Schubmodul G verschiedener Werkstoffe 220
elektrische Feldstärke 125
elektrischer Fluss 125
elektrisches Feld 125 ff.
Elektrizitätsmengen 58
Elektrolyse 85
Elektrolyt 83
Elektronegativität 69
Elektronenhülle 66
Elektronik 151 ff.
Elektrotechnik 115 ff.
Elektrowärme 118
Element, galvanisches 85
Elementarladung, elektrische 59
Elementar-Teilchen 63
Ellipse 10, 30
Ellipsenkonstruktion 52
Ellipsenumfang 31
Emissionsverhältnis 165, 176
Endgeschwindigkeit 191
Endparameter 45
Endwinkelgeschwindigkeit 193
Energie 56
– (Bewegungsenergie), kinetische 201
–, Änderung der inneren 168
–, Änderung der inneren 170
–, elektrische 58, 117, 125
–, innere 166, 169
–, potenzielle (Energie der Lage) 201
–, spezifische innere 57, 166
Energiedichte 125, 129
Energieerhaltungssatz 201
Energieerhaltungssatz der Drehung 202
Energieinhalt 125, 129
Energiekosten 117
Energieprinzip, (H. v. Helmholtz) 162
Energieverlust beim Stoß 198
– beim vollkommen unelastischen Stoß 198
Englergrade, Umrechnung 206
Enthalpie 57, 167
–, Änderung 168, 170
–, spezifische 57, 167
Entropie 169
–, Änderung 168, 170 f.
Erdalkalimetall 67
Erdmetall 67
Ergänzungskegel 316
Ergänzungsverzahnung 322
Ergänzungszähnezahl 322
Erhöhungsfaktor 295
–, Fließgrenze 294
Ersatz-Geradstirnrad 316
Ersatzhohlzylinder 261
Ersatzkraft 185
Ersatz-Spannungsquelle 119, 130

Ersatz-Stromquelle 119
Ersatzverzahnung 322
Ersatzzähnezahl 318, 322
Euklid 16
Eulergleichung 234
Euler'sche Knickung 234
– Zahl 188
Evolventenfunktion 319
Expansion, adiabate 171
–, isotherme 171
Expansionszahl 208
experimentelle Bestimmung des Trägheitsmomentes eines Körpers 197
Exponentialform 7
Exponentialfunktion 11
– und logarithmische Funktion 6
Exponentialgleichung 9
–, lösen 6
Extremwert 43, 48
Exzentrizität, lineare 31
–, numerische 31

Fachwerk 181
Fahrwiderstand 187
Fahrwiderstandszahl 187
Fakultät 1
Fall, freier 190, 218
Fallbeschleunigung 55, 190, 201, 205, 217
Fallhöhe 190
– nach Wurfweite 192
–, freie 198
–, Geschwindigkeit 192
Farad 125
Faraday'sche Gesetze 86
Faraday-Konstante 59, 86
Fasenlänge 299
Fasenwinkel 299
Federarbeit 271
Federhub 277
Federkennlinie 271, 279
Federkraft 200, 271, 275, 276, 280 ff.
Federmoment 271, 273
Feder 271, 284
–, Berechnungen 280
–, hintereinandergeschaltete 272
–, Maße, Begriffe und Bezeichnungen 279
–, parallelgeschaltete 272
Federpaket 279 f.
Federrate 195 f., 271, 273, 281
–, (Federsteifigkeit) 200
– in N/mm 217
–, resultierende 272
Federsäule 279 f.
Federstahl 281
Federstahldraht, Dauerfestigkeitsdiagramm 276
Federteller ohne Auflagefläche 280
Federungsarbeit 281
Federvolumen 273
Federweg 200, 271, 273, 277, 279, 282
Feinkornbaustahl, schweißgeeigneter 100
Feldkonstante, elektrische 59, 125
–, magnetische 59, 128
Feldstärke 128 ff.
–, elektrische 58
Ferroelektrika 125
ferromagnetisch 128
Fertigung, spanende 338
Festigkeitseigenschaften der Schraubenstähle nach DIN EN 20898 267
Festigkeitshypothese 239
Festigkeitskennwert 239
Festigkeitsklasse 257
Festigkeitsnachweis 267
–, statische Belastung 282
Festsitz 252
Flächen 12 f.
Flächenberechnung 45
– in Polarkoordinaten 46
Flächeninhalt eines Dreiecks 27
Flächenintegral (bestimmtes Integral) 37
Flächenmoment 228 f., 230, 235
–, axiales 218, 219, 233
–, erforderliches 233
–, polares 196, 219
– 2. Grades, Widerstandsmoment, Trägheitsradius 56, 219, 231
Flächenpressung 241, 244, 265, 309 f., 314
– an der Nabe, vorhandene 313
– an der Welle, vorhandene 313
– der Prismenführung 241
– ebener Flächen 241
–, Grenzwert 310
–, Herleitung der Gleichungen 313
– im Gewinde 242, 257
– im Gleitlager 242
– im Kegelzapfen 241
– in Kegelkupplung 241
–, mittlere 187
–, zulässige 299, 307, 313 f.
Flächenschwerpunkt 183
Flachkeil 308
Flachschleifen (Umfangsschleifen) 366 f.
Flankendurchmesser 258, 270
Flankenradius 186
Flaschenzug (Rollenzug) 188
Fliehkraft 202, 240
Fließgrenze, Sicherheitsnachweis 294
Fluss, magnetischer 58
Flussdichte 128 ff.
–, elektrische 58
Flüssigkeitsvolumen, verdrängtes 206
Form, konkave 368
–, konvexe 368
Formänderung 215 f.
Formänderungsarbeit 200, 217, 236
Formänderungsgleichungen 278
Formeln von Euler 33
Formelzeichen und Einheiten 278
Formfaktor 139 f., 273 f., 285
Formfräser 347
Formschlussverbindung 297
Formtoleranz 250
Formzahl 323
Fourier-Entwicklung 195

Fräsen 335
Fräserüberstand 349
Fräserzugabe 350
Freimachen 177
Freiwinkel 333
Frequenz 55, 139, 141, 195
Fügefläche 298
Fügen 298
–, hydraulisches 298
Fugendruck 298 f., 301, 307
– (Pressungsgleichung), erforderlicher 299
Fugendruck, Einpresskraft 305
–, Verteilung 307
–, vorhandener 307
Fugendurchmesser 299
Fugenfläche 307
Fugenlänge 298 f., 305
Fugenpressung, vorhandene 305
Fügespiel, erforderliches 302
Fünfeck 14
–, regelmäßiges 52
Funktionen der halben Winkel 22
– für Winkelvielfache 22
Funktion, gerade 44
–, inverse trigonometrische 12
–, logarithmische 11
–, trigonometrische 11, 20, 22, 25
–, ungerade 45
–, unecht gebrochene rationale 48
Funktionswerte 20
Fußhöhe 325
Fußkreis 316
Fußkreisdurchmesser 319, 324, 325
Fußwinkel 324

Gangzahl der Schnecke 323
–, Erfahrungswerte 323
Ganze Zahlen 1
Gas 69
Gas, vollkommenes 162
Gasgemisch, Gleichungen 171
Gaskonstante 171
–, individuelle 166
–, spezifische 57, 166, 176
–, universelle 57, 59, 166
Gasmechanik 166
Gegenkraft 188
Gegenlaufschleifen 366
Gegenlaufverfahren 344, 347
Gegenüberstellung einander entsprechender Größen und Definitionsgleichungen für Schiebung und Drehung 204
Gemischpartner 171
Gemischvolumen 171
Generatorregel 133
geometrische Größe, Sechskantschraube 246
– Grundkonstruktion 49
– Reihe, Definition 32
geometrisches Mittel 4, 32
Gerade 10
Geradstirnrad 316
– -Nullgetriebe 318
– -V-Getriebe 318
– -V-Nullgetriebe 318
Geradverzahnung 319
Geradzahn-Kegelräder 317, 322
Gesamtdruck 171
Gesamteinflussfaktor 293
Gesamtfederkraft 280
Gesamtfederweg 280
Gesamtmasse 171
Gesamtresultierende 179
Gesamtrundlauftoleranz 250
Gesamtschwerachse 220
Gesamtschwerpunkt 220
Gesamtspannkraft, erforderliche axiale 310
Gesamtüberdeckung 320
Gesamtvolumen 171
Gesamtwirkungsgrad 200, 325
Geschwindigkeit 55, 204, 209, 365
–, gemeinsame 198
–, maximale 196
–, mittlere 197
– nach dem Stoß 198
– nach dem vollkommen elastischen Stoß 198
Geschwindigkeitsänderung 190
Geschwindigkeitsdruck 207
Geschwindigkeitsverhältnis, Richtwerte 364
Geschwindigkeitszahl 208
Geschwindigkeit-Zeit-Diagramm 196
Gesetz von Boyle-Mariotte 163
– – Dalton 171
– – Gay-Lussac 163
Gestalt-Ausschlagfestigkeit 291
Gestaltfestigkeit 275, 294
–, Ermittlung 291
–, Gleichungen 293
Getriebestufe, Gesamtwirkungsgrad 326
Getriebewelle, Konstruktionsentwurf 287
–, Stützkräfte und Biegemomente, Kräfte am Zahnrad 289
Getriebewirkungsgrad 328, 337, 361, 368
Gewichtskraft 56, 185 f., 218
Gewinde, eingängiges 270
–, zweigängiges 270
Gewindedurchmesser 270
Gewindereibungsmoment 186, 266
Gewindesteigung 257, 264
Gewindesteigungswinkel 258
Glätten 298
Glättung 298, 301
Gleichanteil 140
Gleichgewicht, chemisches 81
Gleichgewichtskraft 235
Gleichgewichtslage 195
Gleichlaufschleifen 366
Gleichlaufverfahren 344, 347
Gleichrichtung 140
Gleichrichtwert 139 f.
Gleichsetzen 48
Gleichstromtechnik 118 ff.
Gleichung, goniometrische 9
–, logarithmische 9
–, quadratische 8 f.

Gleitfeder 313
Gleitgeschwindigkeit 325
Gleitlager 325
Gleitpassfeder 297
Gleitreibungskraft 185
Gleitreibung und Haftreibung 185
Gleitreibungszahl 190, 266, 324
Gleitsitz 252
Gleitung 215
goniometrische Gleichungen 9
Grad Celsius 172
– Fahrenheit 172
– Kelvin 172
– Rankine 172
Grammäquivalent 89
Gravitationskonstante 59
Grenzabmaß, Eintragung 248
Grenzdurchmesser 340 f.
Grenzdurchmesserbereich 340
Grenzflächenpressung, Richtwerte 265
Grenzschlankheitsgrad 231 f.
Grenzwert 2, 43
Grenzwinkel 185
Grenzzähnezahl 318
griechisches Alphabet 2
Größenbeiwert 267, 295
Größen und Einheiten 273
Größeneinflussfaktor 293
–, technologischer 291, 294 f.
Grundbohrung 362
Grundeigenschaft der Ellipse 30
– – Hyperbel 30
Grundintegral 38
Grundkreis 316
Grundkreisdurchmesser 319
Grundkreisradius 318
Grundreihe 329
Grundtoleranz 246
– der Nennmaßbereiche 248
Gruppe 66
–, funktionelle 77
GTO-Thyristor 159
Guldin'sche Regeln 184
Gummifeder 285
Gurtscheibe 296
Gusseisen mit Kugelgraphit 103
– – Lamellengraphit 102
– – Vermiculargraphit 104
– -Nabe 307, 311, 314
Gusseisensorten, Bezeichnung 101
Gütefaktor 141

Haftbeiwert 299
–, trocken 299
Haftkraft 300
Haftmoment 300
Haftreibungskraft 185
Haftreibungswinkel 185
Haftreibungszahl 185, 190
Haftsitz 252
Halbleiterdiode 151 f.
Halbparameter 30
Halogen 69
Haltekraft 185, 187
Haltepunkt 97
Haltespannung 157 f.
Haltestrom 157 f.
Handspindelpresse 266
harmonisches Mittel 4
Härteprüfung nach Brinell 93
– – Rockwell 94
– – Vickers 94
Hauptflächenmoment 220
Hauptnutzungszeit 339, 362, 368
– beim Aufbohren 362
– – außermittigen Stirnfräsen 351
Hauptnutzungszeit beim Bohren ins Volle 362
– – mittigen Stirnfräsen 352
– – Rundschleifen (Längsschleifen) 368 f.
– – spitzenlosen Rundschleifen (Durchgangsschleifen) 369
– – spitzenlosen Rundschleifen (Einstechschleifen) 370
Hauptquantenzahl 66
Hauptscheitel 30
Hauptschneide 328, 333, 359
Hauptspannung 216
Hauptwert der spezifischen Schnittkraft 360
– Richtwerte 334
Hefnerkerze 59
Heizwert 92
Herstell-Eingriffswinkel 315, 318
Hertz 272
Hesse'sche Normalform 27 f.
Hinterschliff 359
Hirthverzahnung 297
Hobeln 335
Höchstpassung 303
Hohlkeil 308
Hohlkugel (Kugelschale) 203
Hohlwelle 294
Hohlzapfen 187
Hohlzylinder 203
–, umlaufender 241
Hohlzylinder unter Druck 243
Hooke`sches Gesetz 95
horizontaler Wurf (ohne Luftwiderstand) 192
Hubhöhe 199
Hubspannung 277
Hüllkegelwinkel 359
Hülsenfeder, Beanspruchung 285 f.
Hund'sche Regel 66
Hyperbel 11, 30
–, gleichseitige 31
Hyperbelfunktion 11
–, Definitionen 25
–, inverse 12
Hypothese der größten Gestaltänderungsenergie 239 f.

Impedanz 141
Impulserhaltungssatz 204
Impulserhaltungssatz (Antriebssatz) 201 f.
Induktanz 141

Induktion 128 f.
Induktionsgesetz 130
Induktionskonstante 128
Induktivität 58, 129, 135 ff.
Inkreis 17
Inkreisradius 13
Innendrehen 335
Innenkegelhöhe 324
Innenkreis 51
Innenpressung 243
Innenrundlängsschleifen 367
Innenrundschleifen 365, 369
Innen-Sechskantschraube 246, 268
Innenwiderstand 118, 121, 123
Integral 37
–, bestimmtes 2
–, unbestimmtes 2
Integrale algebraischer Funktionen 38
– transzendenter Funktionen 40
–, häufig vorkommende 38 f.
–, uneigentliche 42
Integrand 42
Integrationsregeln 36
Integrationsweg 42
inverse trigonometrische Funktionen 12
Ionenbindung 70
Ionenprodukt 83
Ionenwertigkeit 71
ISO-Regelgewinde, metrisches 264
– -Toleranz 248
– -Toleranzlagen 303
Isotope 63
I-Träger nach DIN, warmgewalzte schmale 231
–, mittelbreiter, Bezeichnung 232
–, schmaler, Bezeichnung 231
–, warmgewalzte 232

Joule 163, 199

Kapazitanz 141
Kapazität 125 ff.
–, elektrische 58
Kegel, Begriffe 304
–, gerade und schiefe 184
–, Normen 304
–, Vorzugswerte 305
Kegelbuchse 296
Kegeldurchmesser, mittlerer 304
Kegelmantel und Pyramidenmantel 183
Kegelmantelschliff 358
Kegelmaße 304
Kegelpasssystem 304
Kegelräder, Einzelrad- und Paarungsgleichungen 321
Kegelring 307
Kegelstift 311
Kegelstumpf 183
–, gerader und schiefer 184
Kegeltoleranzpasssystem 304
Kegelverhältnis 304 f.
Kegelwinkel 304 f.
Keil 14, 184, 308
Keilgetriebe 187
Keilsitzverbindung 296, 308
Keilwelle, Werte 306
Keilwellenprofil 297
Keilwellenverbindung 314
– mit geraden Flanken (Übersicht) 314
Kelvin 161
Kennzeichnung der Oberflächenbeschaffenheit nach DIN EN ISO 1302 251
Kerbschlagarbeit 95
Kerbschlagbiegeversuch 95
Kerbstift 297, 311
Kerbverzahnung, Werte 306
Kerbwirkung, Einflussfaktor 293
Kerbwirkungszahl 267
–, Richtwerte 293
Kerbzahnprofil 297
Kerndicke 359
Kerndurchmesser 270
Kernquerschnitt 270
–, erforderlicher 266
Kesselbetrieb (Mittelwerte) 176
Kettenregel 35
Kilomol 57
Kippspannung 157 f.
Kippstrom 157
Kirchhoff'sche Sätze 119
Klammerregeln 3
Kleinstübermaß 303
Klemmenspannung 118
Klemmkraft 262
–, erforderliche 265 f.
Klemmlange 261
Klemmsitzverbindung 296, 307
Knickkraft nach Euler 233
Knicklänge, freie 233
Knicksicherheit 233
Knickspannung 233 f.
Knickung 217, 233, 360
Knotenpunkt 181
Knotenpunkt-Satz 119
Koaxialitätstoleranz 250
kohärente Einheit (gesetzliche Einheit, zugleich SI-Einheit) 199
– – des ebenen Winkels 19
Kolbenbeschleunigung 197
Kolbengeschwindigkei 197
Kolbenkraft 205
Kolbenweg 197, 205
Kolkverschleiß 333
Kombination geschichteter Tellerfedern 279
Kompensation 147
Kompensationskapazität 147
komplexe Zahlen 1, 7
Kompression, adiabate 171
–, isotherme 171
Kondensanz 141
Kondensator 125 ff.
Konduktanz 115, 141
Konduktivität 115
Konstanten, allgemeine und atomare 59
–, häufig gebrauchte 2

Konstantenregel 36
Konstruktionsentwurf, Zusammenstellung wichtiger Normen 287
Kontinuitätsgleichung 207
Kontraktionszahl 208
Konvektion 164
Konvergenzbereich 33
Konzentration 81
Koordinationszahl 72
Kopfauflagefläche 268
Kopfhöhe 325
Kopfkegelwinkel 324
Kopfkreis 316
Kopfkreisdurchmesser 319, 323 ff.
–, innerer 324
Kopfkürzung, erforderliche 319
Kopfspiel 318, 322, 324
– einer Radpaarung 320
Kopfwinkel 324
Kornabstand, effektiver 364, 367
Körper 14
Körperschwerpunkt 183 f., 202
Kosecans 20
Kosinus 20
Kosinussatz 18
Kotangens 20
Kraft 56
Krafteck 181
Krafteinleitung, zentrische 261
Krafteinleitungsfaktor 260, 262
Krafteinleitungsfall, allgemeiner 262
Krafteinleitungskreis 279
Kräftemaßstab 219
Kräfteplan 180, 219
Kräftesystem, allgemeines ebenes 178, 180
–, – räumliches 178, 181
–, zentrales 181
–, – ebenes 178, 180 f.
–, – räumliches 178, 180 f.
Kraftfahrzeugkupplungen 297
Kraft-Linie 200
Kraftmoment 235
Kraftteinleitungspunkt 262
Kraftverhältnis 261
Kraftweg 188
Kraft-Weg-Diagramm 199
Kraftwirkung im elektrischen Feld 125 f.
– – magnetischen Feld 132 ff.
Kreis 10, 13, 29
Kreisabschnitt 13
Kreisabschnittsfläche 182 f.
Kreisbewegung, gleichmäßig beschleunigte (verzögerte) 193
Kreisbogen 52, 182
Kreisevolvente 12
Kreisfläche 45
Kreisfrequenz 139, 195
Kreisfunktion 23
Kreisgleichung in Parameterform 29
Kreiskegel 203
–, gerader 15
Kreiskegelstumpf 203
Kreiskegelstumpf, gerader 15
Kreisprozessarbeit 171
Kreisradius 13
Kreisring 13
Kreisringstückfläche 183
Kreisringtorus 15
Kreisröhre 206
Kreissektor 13
Kreiszylinder 14, 203
–, abgeschrägter gerader 183
–, schief abgeschnitten 15
Krümmung 44
Krümmungskreis 31
Krümmungsradius 30, 44, 201
Kugel 15, 203
–, kegelig durchbohrte 15
–, zylindrisch durchbohrte 15
Kugelabschnitt 184
Kugelausschnitt 15, 184
Kugelsektor 15
Kugelstrahl 292
Kugelvolumen 46
Kühlschmierungs-Korrekturfaktor 335
Kunststoffe, thermoplastische 112
Kupfer und Kupferlegierungen, Bezeichnung 106
Kupfergusslegierungen 107
Kupferknetlegierungen 107
Kupplung 296 f.
Kurbelradius 197
Kurvendiskussion 47
Kurvenlänge 46
Kurzschlussspannung 120, 138
Kurzschlussstrom 116, 118, 120
Kurzzeichen für Kunststoffe und Verfahren 110

Ladung, elektrische 58
Ladungszahl 71
Lageplan 219
Lager, zweiwertiges 180 f.
Lagerkraft 180
Lagermetalle und Gleitwerkstoffe 109
Lagerreibung 187
Lagetoleranzen 250
Längenausdehnungskoeffizient 162, 174, 218, 302
Längenmaßstab 219
Längenzunahme 162
Längsdehnung 300
Längslager (Spurzapfen) 187
Längspressverband 296, 298 f.
Längsschleifen, Richtwert 369
Längsstiftverbindung 311
Längsvorschub der Maschine 328
Lastdrehzahl 329
Lastweg 188
Laufsitz 252
–, enger 252
–, leichter 252
–, weiter 252
Lauge 78
Leerlaufspannung 118, 120
Leerlaufstrom 120

Leichtmetalle 68
Leistung 56, 200, 204
– bei Drehstrom 149
– des Generators 116
–, elektrische 116 f.
–, Übersetzung und Wirkungsgrad 200
Leistungsanpassung 117
Leistungsbedarf 337, 350, 361
Leistungsfaktor 115, 141, 147
Leistungsverlust 115, 147
Leiter im elektrischen Feld 126
– – magnetischen Feld 131 ff.
–, paralleler 135 f.
Leitfähigkeit 115
Leitstrahl 47
Leitwert 115
–, elektrischer 58, 120 f.
Lenz'sche Regel 130, 133
Leuchtdichte 59
Lichtausbeute 59
Lichtgeschwindigkeit im leeren Raum 59
Lichtmenge 59
Lichtstärke 59
Lichtstrom 59
Limes 1
linearer Mittelwert 140
– Widerstand 153
Linkehandregel 134
Lochleibungsdruck, Flächenpressung am Nietschaft 242
Logarithmus 1, 6
–, dekadischer (Briggs'scher) 6
–, natürlicher 6
Logarithmensysteme 6
logarithmische Funktionen 11
– Gleichungen 9
Löslichkeitsprodukt L 84
Lösung, molare 88
Lösungsformel 8
Lot fällen 49
Luftdruck 207
Luftspule 135 f.
Luftwiderstand 187

Mach'sche Zahl 206
magnetische Flussdichte, Induktion 58, 128 ff.
magnetisches Feld 128 ff., 135
Magnetquantenzahl 66
Manometer 209
Mantel der Kugelzone und der Kugelhaube 183
– des abgestumpften Kreiskegels 183
Mantelfläche 14
Mantelschwerpunkt 183
Maschen-Satz 119
Maschinendiagramm 330
Maschinendrehzahl 329
Maschinenöl 326
Maße für keglige Wellenenden mit Außengewinde 306
– – zylindrische Wellenenden mit Passfedern und übertragbare Drehmomente 312
Masse, äquivalente 89
–, molare 57, 87
Masseneinheit, atomare 63
Massenstrom (praktischer) 207 ff.
Massenwirkungsgesetz 82
Massenzahl 63
mathematische Zeichen (nach DIN 1302) 1
Maximalspannungen, vorhandene 294
Maximum 43, 48
mechanische Arbeit 199
– Teilarbeit 199
Messbereichserweiterung 123
Messerkopf nach M. Kronenberg 347
Messschaltung 123
Messung des Gesamtdrucks 207
– – Staudrucks (Prandtl'sches Staurohr) 207
Metallbindung 70
Metalle 67
–, hochschmelzende 68
–, höchstschmelzende 68
Metallfeder 273
Metrisches ISO-Gewinde nach DIN 13 269
Metrisches ISO-Trapezgewinde nach DIN 103 270
Metrisches Regelgewinde, Bezeichnung 269
–, System 60
Mindestpassung 303
Mindest-Profilverschiebungsfaktor 324
Mindeststandzeit 330
Minimum 43, 48
Mischelement 63
Mischgröße 140
Mischungskreuz 90
Mischungsregel 90
Mischungstemperatur, (Gemischtemperatur) 161
Mittel, geometrisches 4, 32
–, harmonisches 4
Mittellage 195
Mittellinie, seitenhalbierende 17
Mittelpunkt eines Kreises 50
Mittelpunktsgleichung 31
Mittelspannungsempfindlichkeit 293 f.
Mittelwert 139 f.
–, statistischer (nach J. Peklenik) 364
Mittenkreisdurchmesser 324 f.
Mittenrauwert 251
Mittenspanungsdicke 345, 367
Mittenversatz 351
Modul für Schnecke und Schneckenrad 325
– -Verhältnis 217
Mohr'scher Spannungskreis 216
Molarität 88
Molekülmasse, relative 87
Mollweide'sche Formeln 18
Molvolumen 88
Moment, inneres 235
Momentanbewegung 329
Momentangeschwindigkeit 330, 355
Moment-Drehwinkel-Diagramm 199
Momentenfläche 219
Momentengleichgewicht 215
Momentenlinie 200, 222
Momentensatz 179

Momentenstoß 204
Momentenverlauf 222
Montagevorspannkraft 263
Montagevorspannung 264
Morsekegel 305
Motorleistung 337, 350, 361
–, elektrische 337
Motorregel 134
Mutterauflage 261
Mutterhöhe, erforderliche 266

Nabe, geschlitzte 307
–, geteilte 296
Nabenabmessung, Richtwerte 306
Nabendicke 311, 314
Nabenlänge 314
Nabennut 313
Nabensprengkraft 302
Nabenverbindung, formschlüssige 297
–, kraftschlüssige 298
–, reibschlüssige, (Beispiele) 296
Nachweis bei schwingender Belastung, (Dauerfestigkeit) 282
Nasenflachkeil 308
natürliche Logarithmen 6
– Zahlen 1
Nebenquantenzahl l 66
Nebenscheitel 30
Nebenschneide 333, 359
Neigungswinkel 185, 332 f., 347, 358 f.
–, Richtwerte 347
Nennmaßbereich 303
Nennmaß für Welle 314
Neuneck, regelmäßiges 52
Neutralleiter 148
N-Gate-Thyristor 159
nichtlinearer Widerstand 153
Nichtmetalle, feste 69
NiCrMo-Einsatzstähle 292
Nitrieren 292
Nitrierstahl 101, 291
Normalengleichung 29 f.
Normalform 8
– der Geraden 27
Normalkraft 185, 187, 189, 241, 316
Normallösung 89
Normalmodul 319, 322, 325
Normalmodul, äußerer 322
Normalpotential 85
Normalschnitt 316, 318
Normalspannung 215, 217, 239 f.
–, Hooke'sches Gesetz 216
Normalteilung 325
Normdrehzahl 355
Normen 245
– (Auswahl) und Richtlinien 271
–, Bezugsliteratur 257
Normfallbeschleunigung 201
Normgewichtskraft 201
Normvolumen 161 f.
– idealer Gase, molares 59
–, molares 88, 166
–, spezifisches 172
Normzahlen 245
– der Reihe R5 259
Normzustand, physikalischer 166
NPN-Transistor 155
Nulldurchgang 219
Nullgetriebe 321
Nullkippspannung 157 f.
Nulllage 195
Nullpunkt 45
Nullsetzung 48
Nullstelle 42
Numerus 6
Nutzarbeit 200
Nutzleistung 200
Nutzung, ökonomische 328

Oberfläche 14, 184
Oberflächenbeiwert 267, 295
Oberflächenrauheit 292
–, Einflussfaktor 292
Oberflächentemperatur 163
Oberflächenverfestigung, Einflussfaktor 292
Oberspannungsfestigkeit, Dauerfestigkeitsdiagramm 277
Ohm'sches Gesetz 118
– – des Magnetkreises 128
Öl, Dichte 326
–, spezifische Wärmekapazität 326
Ölumlaufkühlung, erforderlicher Kühlöldurchsatz 326
Optik 59
Orbital 66
Ordinatenabschnitt 27
Ordnungszahl 63
Original-SCHNORR Tellerfedern 283
orthogonal 1
Orthogonalfreiwinkel 332 f., 358
–, Richtwerte 347
Orthogonalkeilwinkel 332 f., 347, 358
Orthogonalspanwinkel 332 f., 358
–, Richtwerte 347
Oxydationszahl 71

Parabel 10, 30
–, kubische 10
–, semikubische 10
Parabelfläche 183
Parallele 51
Parallelogramm 12
Parallelogrammumfang und -fläche 182
Parallelschaltung von Blindwiderständen 144 ff.
– – Induktivitäten 138
– – Kondensatoren 127
– – Widerständen u. Quellen 120 ff.
Parallelschub 285
paramagnetisch 128
Parameterdarstellung 44 f., 47
Partialdruck 171 f.
Pascal 205
Passfeder 296, 306, 308, 312
–, tragende Länge 313

Passfederlänge 312 f.
Passfedermaß 312
Passfederverbindung 297, 312
– (Nachrechnung) 313
Passivkraft 335, 349, 360
Passtoleranzen, empfohlene 255
Passtoleranzfelder, ausgewählte 253
Passungsart 247
Passungsauswahl 255
–, (Toleranzfeldauswahl) 246
Passungsgrundbegriffe 247
Passungsspiel 310
Passungssystem Einheitsbohrung 246
– Einheitswelle 246
Pauli-Prinzip 66
Pendelart 196
Pendelgleichung 196
Pendelstütze 181
Periode 66
Periodendauer 139, 194
– (Schwingungsdauer) 195
periodische Schwingung 194
Permeabilität 58, 128, 130, 136
Permeanz 128
Permittivität (früher Dielektrizitätskonstante) 58, 125
Permittivitätszahl 125
P-Gate-Thyristor 159
Phase 195
Phasenanschnitt 140
Phasenanschnittsteuerung 160
pH-Wert 84
Physikalische Größen, Definitionsgleichungen und Einheiten 55
Planck-Konstante 59
Plandrehbearbeitung 340
Plandrehen einer Kreisringfläche 341
– – Vollkreisfläche 341
–, Hauptnutzungszeit 339 f.
Plan-Kerbverzahnung 297
Planrad, Zähnezahl 322
Plantschverluste 326
Planvorschub 339
Plastomere, thermoplastische 112
Plattenkondensator 127
PNP-Transistor 155
Poisson-Zahl 216 f., 240 f., 278, 281
Polabstand 219
Polargleichung 31
Polarkoordinaten 44, 47
Polstelle 42, 48
Polyamide 113
Polycarbonat 113
Polyester, linear 113
Polyethylen 112
Polyetrafluorethylen 112
Polygonprofil 297
Polymethylmetacrylat 113
Polynom 3
–, quadratisches 11
– dritten Grades 11
Polyoxymethylen 113
Polyphenylensulfid 113
Polypropylen 112
Polystyrol-Copolymere, schlagfeste 112
Polystyrol 112
Polyvinylchlorid 112
Potenzen von Funktionen 22
Potenzfunktionen 10 f.
Potenzieren 4
Potenzrechnung 4
Potenzreihe 33 f.
Presse, hydraulische 205
Presspassung 298
–, festlegen 303
Presssitz 252
Pressung, Kugel gegen Ebene 242
–, Kugel gegen Kugel 242
–, Walze gegen Ebene 242
–, Walze gegen Walze 243
Pressungsfaktor 310
Pressungsgleichung, Herleitung 300
Pressverband 298, 302
–, Berechnung 299
–, Formänderungs-Hauptgleichung 300
–, (Fügeart), Herstellung 298
–, kegliger, Berechnungsformeln 305
–, – (Kegelbuchse) 296
–, – (Wellenkegel) 296
–, (Kegelsitzverbindungen), kegliger 304
– mit Vollwelle, Formänderungsgleichungen 301
–, Normen 298
– (Presssitzverbindungen) 296
– (Spannungsbild) 301
–, zylindrischer 296, 298, 307
Prinzip des kleinsten Zwanges 81
Prisma (und Zylinder) mit parallelen Stirnflächen, gerades und schiefes 183
Prismatoid 14
Prismoid 14
Probestab, gekerbter 292
Produkt von Funktionen 22
Produktregel 35
–, (partielle Integration) 37
Profilüberdeckung 320
Profilumfang 228 ff.
Profilverschiebung 318, 324 f.
Profilverschiebungsfaktor 318, 320 f.
Profilwellenverbindung 297
Projektionssatz 18
proportional 1
Punkt-Steigungsform der Geraden 27
Pyramide 14
–, gerade und schiefe 184
Pyramidenstumpf 14
–, mit beliebiger Grundfläche 184
Pythagoras 16

Quader 14
Quellenspannung 118 f.
Querdehnung 216 f., 300
Querdehnzahl 300
Querkraft 235, 239

Querkraftfläche 219
Querkraft-Schubspannung 239
Querlager (Tragzapfen) 187
Querpressverband 296, 299
Querschneide 359
Querschneidenwinkel 358 f.
Querschnitt, erforderlicher 217, 235
–, gefährdeter 235
–, unsymmetrischer 220
– für Biegung und Knickung 225
Querschnitts-Abmessungen, Gleichungen 221
Querschnittsnachweis 217 f., 235 f.
Querstiftverbindung 311
Quotientenregel 35

Radialkraft 242, 316
–, Achsenwinkel 317
–, Bezeichnungen 289
–, resultierende 289 f.
Radialspannung 240, 243
Radialvorschub 363, 369
–, Richtwerte 364
Radialvorschubgeschwindigkeit 366
Radnabe 297
Randfaser 235
Randschicht, gehärtete 295
Rationale Zahlen 1
Rauheitsklasse 251
Rauigkeiten, körnige 210
Räumen 335
Raumschaffungsarbeit 166
Raumwinkel 55
Rautiefe 328
–, gemittelte 292, 298, 301, 310
–, vorgegebene 328
Reaktanz 141
Reaktion, endotherme 91
–, exotherme 91
–, umkehrbare 81
Reaktionsenthalpie 91
Reaktionsgleichung 80
rechnerische Bestimmung unbekannter Kräfte (rechnerische Gleichgewichtsaufgabe) 181
Rechteck, Quader 203
Rechteck-Blattfeder 273
Rechtehandregel 133
Rechtsschraubenregel 133
rechtwinkliges Dreieck, allgemeine Beziehungen 16
Reduktion der Trägheitsmomente, Getriebe 202
reelle Zahlen 1
Regel, logarithmische 35
Reibungskraft 185
Reibungsleistung 187
Reibungsmoment 187
Reibungsschluss 308
Reibung 185
– auf schiefer Ebene 185
– in Maschinenelementen 186
Reibungsarbeit 199, 201
Reibungswinkel 185, 190, 305
– im Gewinde 258, 267
Reibungszahl 185, 188, 199
– der Mutterauflage 186
– im Gewinde 186
–, Richtwerte 264
Reibungszahl, Trapezgewinde 267
Reihen 32
–, Definition 32
Reihenschaltung von Blindwiderständen 142 f.
– – Induktivitäten 138
– – Kondensatoren 127
– – Widerständen u. Quellen 122
Reinelemente 63
Rekursionsformel 41
Relationen, graphische Darstellung 10
Reluktanz 128
Resistanz 115, 141
Resistivität 115
Resonanzbedingung 141
Reststrom 156
Resultierende aus Schnittkraft 335
–, rechnerische Bestimmung 178
–, zeichnerische Bestimmung 178
Reynolds'sche Zahl 206
Reynoldszahl, kritische 207
Re-Zahl, Umstellung 210
Rhombus 12
Richtwert, spezifische Schnittkraft 360
Richtwerte für die Schnittgeschwindigkeit beim Drehen 331
– – – – und den Vorschub 356
– – – spezifische Schnittkraft beim Drehen 336
– – Fräswerkzeuge aus Schnellarbeitsstahl 343
– – Schnittgeschwindigkeit 343
– – spezifische Schnittkraft 357
– – Vorschub des Stechwerkzeugs 342
–, Neigungswinkel 347
–, Orthogonalfreiwinkel 347
–, Orthogonalspanwinkel 347
–, Umrechnung 329
–, Vorschub 344
Riemenscheibe 296 f.
Ring 203
Ring, umlaufender 240 f.
Ringbreite 13
Ringfeder 275
Ringfederspannelement 296
Ringfederspannverbindung 296, 308
–, Einbau und Einbaubeispiel 308
–, Maße, Kräfte und Drehmomente 309
Ringpaar 308
Ritzel 316
Rohrreibungszahl 209 f.
Rohteilstange 342
Rollbedingung 187
Rolle (Leit- oder Umlenkrolle), feste 188
–, lose 188
Rollen- und Flaschenzüge 188
Rollenzug, Wirkungsgrad 190
Rollkraft 187
Rollreibung 187

Rollwiderstand 187
Rotationskörper, Mantelflächen 47
–, Volumen 46
Rotationsparaboloid 46
$R_{p\,0,2}$ 0,2-Dehngrenze 257
– – der Schraube 267
Rücksprunghöhe 198
Rückstellkraft 196
Rückstellmoment 196
Ruhemasse des Elektrons 59
– – Protons 59
Runddrehen 328
–, Hauptnutzungszeit 339
Rundheitstoleranz 250
Rundvorschub 363 f.
Rundvorschubbewegung 365
Rutschbeiwert 299, 301, 305, 307
–, geschmiert 299

Sacklochgewinde, Einschraublänge 269
Säure 80
Schallgeschwindigkeit 206
Scheibenfeder, Beanspruchung 285 f.
Scheibenfräser 347
Scheinwiderstand 141 ff.
Scheitel 30
Scheitelfaktor 139 f.
Scheitelgleichung 29 ff.
Scheitelradius 31
Scheitelwert 139
Schema einer arithmetischen Stufung 32
– – geometrischen Stufung 32
Schenkeldicke 230
Schiebergeschwindigkeit 192
Schieberweg 192
Schiebesitz 252
Schiebung 217
schiefe Ebene 185
schiefwinkliges Dreieck, allgemeine Beziehungen 17
Schlankheitsfaktor 277
Schlankheitsgrad 233 f.
Schleifbreite, wirksame 367
Schleifen 363
Schleifhub 369
Schleifscheibentopografie 366
Schleusenspannung, Schwellspannung 151
Schlichten 351
Schlichtschleifen 363
Schlichtzerspanung 344
Schlüsselweite 261
Schlusslinien-Verfahren 181
Schmelzenthalpie 162, 173
Schmelzpunkt fester Stoffe 174
Schmelztemperatur 162
Schmierart, erforderliche 326
Schmierung, Art 326
Schnecke 323, 325
– und Schneckenrad 317
–, mehrgängige 323
–, Steigungshöhe 323
–, treibende 324
Schnecken-Abmessungen 325
Schneckengetriebe 326
–, Einzelrad- und Paarungsgleichungen 323
–, Gesamtwirkungsgrad 323
Schneckenlänge 325
Schneckenrad 323, 325
–, treibend 324
–, Zähnezahl 323
Schneckenwelle 325
Schneidenpunkt 330, 333, 353
Schneidenzugabe 342, 362
Schneidkeil 332, 366
Schneidkeilgeometrie 366
Schneidkeilschwächung 333
Schneidstoff-Korrekturfaktor 335
Schnittbreite 343
Schnittgeschwindigkeit 328 f., 337, 340, 365
–, empfohlene 329, 346
–, Richtwerte 329, 354, 366
–, Umrechnung (Bohrarbeitskennziffer) 354
–, wirkliche 330
Schnittgeschwindigkeitsempfehlungen 354
Schnittgeschwindigkeits-Korrekturfaktor 334
Schnittgrößen 327, 343, 353, 363
– beim Umfangsschleifen 363
Schnittkraft 335, 337, 360, 367
– (nach Kienzle) 334
– am Einzelkorn 367
– an der Einzelschneide 361
– je Einzelschneide 360
–, spezifische 328, 334, 337, 349, 360, 367
–, – (rechnerisch) 334
Schnittkraftverlauf, theoretischer 348 f.
Schnittleistung 337, 350, 361, 368
Schnittmoment 360 f.
Schnittpunkt zweier Geraden 27
Schnitttiefe 328, 337, 340, 343, 349
–, (Schnittbreite) 353
Schnittvorschub 343 f.
Schnittwinkel 28, 216
Schrägstirnrad 316
– -Nullgetriebe 318
– -V-Getriebe, Berechnungsgleichungen 318
– -V-Nullgetriebe 318
Schrägungswinkel 319 f.
– am Teilkreis 318
Schrägzahn-Kegelrad 317
Schraube 186
–, Abmessungen 259
–, Axialkraftanteil 261
Schraubendruckfeder, zylindrische 271, 276
Schraubenfederpendel 196
Schraubenkraft 262
Schraubenlängskraft 265
Schraubenverbindung 257, 259
–, vorgespannte 260
–, zentrisch vorgespannte 260
Schraubenzugfeder, zylindrische 278
Schrumpfen 235
–, Fügetemperatur 302
Schrumpfmaß, Pressverbindung 243
Schrumpfring 307

Schrumpfverbindung 296
Schruppen 351
Schruppschleifen 363
Schruppzerspanung 333, 344
Schub 240
Schubbeanspruchung 287
Schubkurbelgetriebe 197
Schubmodul 56, 196, 217, 236, 273, 276
Schubspannung 215, 235, 239 f., 277
–, Hooke'sches Gesetz 217
–, ideelle 276
–, maximale 216, 238
Schubspannungshypothese (Mohr) 239
Schubspannungsverteilung 235
Schubstangenverhältnis 197
schwarzer Körper, Strahlungskonstante 57
Schwellbelastung 311
Schwellfestigkeit 267
Schwerachse 202, 206, 219
Schweredruck 207
Schwerependel 196
Schwerlinie 183
Schwermetalle, niedrigschmelzende 68
Schwerpunkt 182
– eines Dreiecks 27
Schwerpunktslage 220
Schwingung, lineare 194
–, periodische 194
–, ungedämpfte 195
Schwingungsbeginn 195
Schwingungsdauer 194
–, gemessene 197
Schwingungsgehalt 140
Schwingungsweite 195
Schwingungszahl 195
Schwungrad 296
Sechseck 14
–, regelmäßiges 13, 52
Sechskantsäule 14
Sechskantschraube M10, Bezeichnung 268
–, Dehnlängen 260
–, Dehnquerschnitte 260
–, elastische Nachgiebigkeit 260
–, F-Kontrolle 261
–, geometrische Größen 268
Sehnenlänge 13
Seileck 181
Seileckfläche 219
Seileckverfahren 178
Seilreibung 188
Seilstrahl 181
Seitenfreiwinkel 358 f.
Seitenhalbierende 182
Seitenkeilwinkel 358 f.
Seitenkraft 206
Seitenspanwinkel 358 f.
–, Richtwerte 359
Seitenvorschub 366
Sekans 20
Selbsthemmung 185 ff., 308
Selbsthemmungsbedingung 185
Selbstinduktion 131
seltene Erden (Lanthanoiden) 67
Senkrechte im Punkt P 49
Senkschraube, Bezeichnung 268
– mit Schlitz 268
Senkung 268
Setzbeträge, Richtwerte 263
Setzkraft 263 f., 265
Shore-Härte 285
Shunt 123
Sicherheit 294
Siebeneck, regelmäßiges 52
Siede- und Kondensationspunkt 174
Siedetemperatur 162
SI-Einheit 55
Sinus 20
Sinussatz 18
Sinusschwingung 195
– (harmonische Schwingung) 194
Spanfläche 333
Spannelement 309 f.
– der axialen Spannkraft, Ermittlung der Anzahl 310
Spannhülse 296 f.
Spannkraft 188
–, axiale 310
Spannkraft, gegebene 257
Spannsatz 308 f.
Spannschloss 257
Spannschraube 308
Spannung am Innenrand 243
–, elektrische 58, 115 ff.
–, rechnerische 281
Spannungserzeugung 130 f.
Spannungsfall 115
Spannungsfehlerschaltung 123
Spannungsgleichungen (siehe Spannungsbild) 302
Spannungshubgrenze 282
Spannungsnachweis 217 f., 235 f.
Spannungsquelle 119 f.
Spannungsquerschnitt 258, 264
–, erforderlicher 257 f., 259, 266
Spannungsreihe 85
Spannungsteiler 124
Spannungsverlust 115
Spannungsverteilung 235, 301
– bei Biegebeanspruchung 228
Spannungszustand, ebener 215
–, einachsiger 215
–, mehrachsiger 239
Spannute 358
Spannweg 309
Spanungsbedingung 329, 354
Spanungsbreite 328, 344, 354
Spanungsbreitenexponent 338
Spanungsdicke 328, 345, 354
Spanungsdickenexponent 334, 338, 349, 360, 367
Spanungsgröße 327, 343, 353
Spanungsquerschnitt 328, 334, 337, 344, 354
Spanungsverhältnis 328, 345
Spanungsvolumen 337

Spanwinkel 333, 366
Spanwinkel-Korrekturfaktor 334
Sperrbereich 151
Spielpassung 247
Spieltoleranzfeld 252, 255
Spinquantenzahl 66
Spiralbohrer, Richtwerte 355
–, zweischneidige 353
Spiralfeder 274
Spitzenwinkel 358 f., 362
– des Gewindes 186
Sprengkraft 307
–, (gesamte Verspannkraft) 307
Sprungüberdeckung 320
Stahl- und Stahlguss-Nabe 311, 314
Stähle, Bezeichnungssystem 97
Stahlflansch 261
Stahlguss 101
Stahl-Nabe 307
Standardpotentiale 85
Standgeschwindigkeit, Berechnung 339
Standgleichung 338
Standlänge 354 f.
Standlängenexponent 355
Standverhalten 338, 347
Standweg 354
Standzeit 329, 338, 355
–, Berechnung 339
–, wirkliche 330
Standzeitexponent 329 f., 338
Standzeitforderung, vorgegebene 329
Standzeitvorgaben 329
Statik der Flüssigkeiten 205
statisch bestimmt 181
– unbestimmt 181
Staudruck 207, 211
Staurand nach Prandtl 208
Stefan-Boltzmann-Konstante 59
– – Gesetz 165
Steighöhe 190
Steigung 270
Steigung und Steigungswinkel 27
Steigungswinkel 31, 267, 270
– am Flankenradius 186
– des Gewindes 264
–, mittlerer 323
Stellring 297
Sternpunktleiter 148 f.
Sternschaltung 148 ff.
Sternspannung 148
Steuerstrom 157
Stiftverbindung 297
Stirnfräsen 343 ff., 348
–, außermittiges 349
–, mittiges 349
–, Schnittkraft 349
Stirnmodul 319, 322
Stirnschnitt 316, 318
Stirnverzahnung 297
Stoffmenge 87
Stoffmengenkonzentration 88
Stokes 206
Stoß, gerader zentrischer 198
–, vollkommen elastischer 198
–, vollkommen unelastischer 198
Stoßabschnitt 198
Stoßanfall 313
Stoßkraft 198
Stoßlinie 198
Stoßzahl 198
Stoßzahlbestimmung 198
Strahlungsaustauschzahl 165
Strahlungsfluss 165
– des wirklichen Körpers 165
Strahlungskonstante 57
–, allgemeine 165
Strahlungszahl 176
Strangspannung 148
Strangstrom 148
Strecke halbieren (Mittelsenkrechte) 49
Streckenlast 219, 222
Streckgrenze 95, 257 f., 291, 295, 313
–, $R_{p\,0,2}$ 0,2-Dehngrenze 310
Stromdichte 115
Stromfehlerschaltung 123
Stromflusswinkel 140, 160
Stromstärke 115, 118
–, elektrische 58
Strömung, gestörte 207
–, laminare 207, 210
–, turbulente 207, 210
Strömungsgeschwindigkeit 206 f.
–, kritische 206
Strömungsgleichungen 206
Strömungsrichtung 207
Stufensprung 329
Stulpmittelpunkt 279
Stützfläche 177
Stützkraft 181, 222
– bestimmen 219
–, Biegemomente und Durchbiegungen 222 ff.
Stützwirkung, statische 295
Substitutionsgleichung 37
Summenbremse 189
Summenformel 21
Summenregel 36
Suszeptanz 141
Symbole für Form und Lagetoleranzen nach DIN ISO 1101 250
System, metastabiles 96
–, metrisches 60
–, stabiles 96
systematische Benennung anorganischer Verbindungen 73
– – organischer Verbindungen 74
– – von Säuren und Säureresten 74

Tangens 20
Tangenssatz 18
Tangente 51
Tangentengleichung 29 ff.
Tangentialbeschleunigung 194
Tangentialkraft 200, 235
Tangentialspannung 235, 240 f., 243

Tangentialverzögerung 194
Tangentkeil 296
technische Stromrichtung 118
Teilkegellänge 322
–, mittlere 322
Teilkegelwinkel 321
Teilkreis 318
Teilkreisdurchmesser 319, 322, 325
Teilkreisgeschwindigkeit 326
Teilkreisradius 318
Teilkreisteilung 318
–, Normalschnitt 319
Teilkreisteilung, Stirnschnitt 319
Tellerfeder 278, 282
–, Auflagefläche 280
–, Berechnung 271
–, Querschnitt 279
Tellerhöhe, lichte 279
Tellerrad am Kraftfahrzeug 265
Temperatur, thermodynamische 57, 163
Temperaturänderung 218
Temperaturbeiwert 116
Temperatur-Fixpunkte 172
Temperatur-Linie 163 f.
Temperatur-Umrechnungen 172
Tetmajer 233
– -Gleichungen für Knickspannung 233 f.
Thyristor 157 ff.
Toleranzeinheit 246
Toleranzen in Zeichnungen, Eintragung 248
– und Passungen, Grundbegriffe 245 ff.
Toleranzklasse, Eintragung 248
Torsion und Abscheren 238
Torsionsbeanspruchung, reine, Sicherheitsnachweis 291
Torsionsbeanspruchung, Sicherheit 294
Torsionsmoment 239, 288
–, zulässiges 236
Torsionspendel 196
Torsionsschubspannung 239
Torsionsspannung 258, 264
–, vorhandene 236
Torsionswechselfestigkeit 292
Totlage 197
Träger 221
Tragfähigkeit, Berechnung nach DIN 743 291
Trägheitskreis 220
Trägheitsmoment 56, 195 f., 202 ff., 272
–, Definitionsgleichung 202
– für gegebene parallele Drehachse 202
– für parallele Schwerachse 202
– (Massenmomente 2. Grades), Gleichungen 203
Trägheitsradius 202, 219, 228 ff.
Tragtiefe 269 f.
Transformator, einphasig 138
Transistor 155 f.
–, Kennwerte, Grenzwerte 156
–, Verstärkung 156
–, Vierquadranten-Kennlinienfeld 155
Trapez 13
Trapez-Blattfeder 273
Trapezfläche 182
Trapezgewinde 270
Triac 159 f.
Triebkraft (Kolbenkraft) 205
trigonometrische Funktionen, Grundformeln 21
Tripel 1

Überdruck 209
Übergangspassung 247
Übergangstoleranzfeld 252, 255
Überlaufweg 340, 342, 350, 362
Übermaß 298, 301
– (Haftmaß) 299
–, errechnetes 303
Übermaßpassung 247, 298
Übermaßtoleranzfeld 252, 255
Übermaßverlust 298
überschlägige Ermittlung des erforderlichen Spannungsquerschnitts und Wahl des Gewindes 258
Übersetzung 200, 318, 321, 323
Übersetzungsverhältnis, Trafo 138
Umdrehungsparaboloid 184
Umfangseinstechschleifen 364
Umfangsfräsen 343 ff., 348, 350
–, Schnittkraft 348
Umfangsgeschwindigkeit 55, 192 f., 197, 202, 368
– (Zahlenwertgleichung) 325
– der Schleifscheibe 365
– des Werkstücks 365
Umfangskraft 188, 317
–, Bezeichnungen 289
–, Teilkreis 316
Umfangslängsschleifen 363
Umfangsschleifen, Einstechschleifen 365
–, Längsschleifen 365
Umfangsstirnfräsen 350
Umkehrfunktion 6
Umkreis, Radius 17
Umkreisradius 13
Umlaufdurchmesser 340
Umlaufsinn 119
Umrechnung von km/h in m/s 190
– – Winkeleinheiten 19
Umrechnungstabelle für Leistungseinheiten 60
– – metrische Längeneinheiten 60
Umschlingungswinkel 188
Umwandlung, passiver Wechselstromzweipole 146
–, Stern-Dreieck 150
Unendlichkeitsstelle 43, 48
Unterdruck 161
Unterspannung 277
Unterspannungsfestigkeit 277
U-Stahl, Bezeichnung 228
–, warmgewalzter rundkantiger 228

v, *t*-Diagramm 190
VDI-Richtlinie 2230 259
Ventil 210, 212
Verdampfungs- und Kondensationsenthalpie 174

Verdampfungsenthalpie 162
Verdrehschub 285 f.
Verfahrensfaktor, Aufbohren 360
–, Bohren ins Volle 360
Vergleichsmittelspannung 294
Vergleichsmoment 240, 288
Vergleichsspannung 239 f., 258, 288
– (reduzierte Spannung) 264, 266
–, Bestimmung 239
Vergütungsstahl 100, 292
Verlängerung 216 f.
Verlustfaktor 141
Verlustleistung 115 f., 151, 156 f.
Verlustleistung im Antrieb 337
– – Getriebe 337
– – Motor 337
Verschiebekraft 185
–, resultierende 186
Verschieberäder 297
Verschieberädergetriebe 297
Verschiebesatz von Steiner 202, 220
Verschleißmarkenbreite 338
Verspannkraft 307
–, zentrische 261
Verspannungsbild 262
Verspannungsdiagramm 260, 262
Verzögerung 191
Vickershärte 94
Vieleck 13
–, regelmäßiges 13
Viereck (Quadrat) 13
Vier-Kräfteverfahren 180
Vierschichtdiode 158
Viéta 9
Viskosität, dynamische 56
–, kinematische 56
V-Nullgetriebe 321
Vollwelle und gleichelastische Werkstoffe, Formänderungsgleichung 301
Vollwinkel und rechter Winkel 19
Vollzapfen 187
Volumen 14, 184
–, spezifisches 161, 166
Volumenänderungsarbeit 167
Volumenausdehnungskoeffizient 162 f., 174
Volumendehnung 217
Volumenstrom 207, 209
–, (theoretischer) 208
Volumenzunahme 162
Vorschub 328, 333, 343
– je Einzelkorn (Rundvorschub) 363 f.
– – Schneide 353
– pro Schneide 343
–, Richtwerte 344, 353
– DIN 803 (Auszug) 328
Vorschubgeschwindigkeit 330, 337, 346, 355
Vorschubkraft 335, 337, 349, 360
Vorschubleistung 337, 361
Vorschub-Normalkraft 349
Vorschubreihe 328
Vorschubrichtung 328
Vorschubrichtungswinkel 344 f.
Vorschubstufung 328
Vorspannkraft 260, 262
– für Riemen, Bezeichnungen 289
–, gegebene axiale 258
Vorspannung, innere 278
Vorspannungskraftverlust 263
Vorzeichenregeln 3

Walzenfräser, drallverzahnter 347
–, geradverzahnter 347
–, zylindrischer 346 f.
Wälzlager 296, 325
–, Bezeichnungen 287
Wälzpunkt 316
Wandrauigkeit, absolute 211 f.
–, relative 210
Wärme 57, 161
–, spezifische 57, 161
–, zu- oder abgeführte 168, 170
Wärmeausdehnung 162
– fester Körper 162
– flüssiger Körper 162
– von Gasen 162
Wärmedurchgang 164
Wärmedurchgangskoeffizient 57, 165
Wärmedurchgangszahl 165, 176
Wärmekapazität 118
–, mittlere spezifische 161, 173
–, spezifische 57, 166, 172
Wärmeleitfähigkeit 57, 163
Wärmeleitung 163
Wärmeleitzahl fester Stoffe 175
– von Flüssigkeiten 175
– von Gasen 175
Wärmemenge 57, 118, 161
Wärmespannung 218
Wärmestrahlung 165
Wärmestrom 163 ff.
Wärmeübergang 164
Wärmeübergangskoeffizient 57, 164
Wärmeübergangszahl 164, 175
–, Formeln 164
Wärmeübertragung 163 f.
Wärmewirkungsgrad 118
Wattsekunde 199
Wechselbelastung 311
Wechselgrößen, Kennwerte 139 f.
–, Mischgrößen 140
Wechselpermeabilität 136
Wechselstromtechnik 139 ff.
Weg 191
Weitwinkelfräsen 347
Welle 287 f.
–, Toleranzfeld 303
–, unteres Abmaß 303
–, Normen (Auswahl) 286
Welle-Nabe-Verbindungen, Kerbwirkungszahlen 293
Wellenbund 297
Wellendrehmoment 299
Wellendrehzahl 313
Wellendurchmesser 288, 313

–, rechnerischer 288
–, überschlägige Ermittlung 288
Wellenende, kegliges 296, 304, 306
Wellenentwurf 288
Wellenleistung 188
Wellenmaße 246
Wellennut 313
Wellennuttiefe 313
Welligkeit 140
Wendepunkt 43, 48, 222
Wendeschneidplatte 331
Werkstoffe, anorganisch nichtmetallische 108
–, kurzspanende 334
–, langspanende 334
Werkstoffvolumen 337
Werkstück, Momentangeschwindigkeit 346
Werkstückdrehzahl 329
Werkstückform-Korrekturfaktor 335
Werkzeug-Anwendungsgruppen 359
– – Richtwerte 358
Werkzeugbewegung relativ zum Werkstück 351 f.
Werkzeug-Bezugsebene 332
– -Bezugssystem 332
Werkzeugdrehzahl 355, 361
–, erforderliche 346, 355
Werkzeugkegel 305
Werkzeug-Orthogonalebene 333
Werkzeug-Schneidenebene 332
Werkzeugverschleiß-Korrekturfaktor 335
Werkzeugwinkel 332, 346, 358, 366
– am Bohrwerkzeug (Spiralbohrer) 358
– am Messerkopf 346
Wertigkeit, stöchiometrische 71
Wichte 161
Wickelverhältnis 276 ff.
Widerstand, elektrischer 58, 115
– in Rohrleitungen 209 f.
–, linearer 153
–, magnetischer 128
–, nichtlinearer 153
–, spezifischer 115 f.
–, temperaturabhängiger 116
Widerstandsmoment 229 ff., 237
–, axiales 218, 220, 287
–, erforderliches 218
–, – polares (Zahlenwertgleichung) 236
–, polares 220, 264, 270
Widerstandszahl 210
– von Leitungsteilen 212
Windungssteigung 275
Winkel halbieren 50
–, ebener 55
Winkelbeschleunigung 55, 193 f., 202, 204
Winkelgeschwindigkeit 55, 187, 192 f., 200, 202, 204, 240
–, maximale 196
Winkelgeschwindigkeitslinie 193
Winkelhalbierende 17, 28, 183
Winkelstahl, Bezeichnung 229
–, ungleichschenkliger, Bezeichnung 230
–, warmgewalzter gleichschenkliger rundkantiger 229
–, – ungleichschenkliger rundkantiger 230
Winkelverzögerung 194
Wirkabstand 179, 235
– der Auflagereibung 186
Wirkdruck 208
Wirkgeschwindigkeit 330, 345 f., 355
Wirkgröße 141
Wirkleistung 361
– (Zerspanleistung) 337
Wirkrichtungswinkel 345
Wirkungsgrad 117 f., 188, 200, 205, 267, 324
– bei Lastheben 187
– des Rollenzugs 188
–, Kühlöldurchsatz und Schmierarten der Getriebe 326
–, thermischer 162, 171
Wirkwiderstand 115, 141
Wurf schräg nach oben (ohne Luftwiderstand) 192
–, senkrechter 190
Wurfdauer 192
Würfel 14
Wurfgleichungen 192
Wurfhöhe 192
Wurfweite 192
Wurzelgleichung 9
Wurzelrechnung (Radizieren) 5

Zähigkeit, dynamische 206, 210 f.
–, kinematische 206, 210 f.
–, Umrechnungen 206
Zahl, komplexe 1, 7
–, rationale 1
–, reelle 1
Zahlenpaar, konjugiert komplexes 7
Zahn im Normalschnitt 316 ff.
– – Stirnschnitt 318
Zahnbreite 318, 324
Zahndicke 318
–, Kopfkreis 321
Zahndickennennmaß, Normalschnitt 321
–, Stirnschnitt 320
Zähnezahlverhältnis 318, 321
Zahnfußhöhe 323
Zahnhöhe 325
Zahnkopfhöhe 320, 322
Zahnrad 296 f.
–, Kräfte 315
Zahnradgetriebe 315
–, Normen 315
Zahnvorschub 344
Zapfen 288
–, Normen (Auswahl) 286
Zapfenradius 187
Zapfenreibungszahl 187
Z-Diode 154
Zehneck 14
Zehnerpotenz 5
zeichnerische Bestimmung unbekannter Kräfte (zeichnerische Gleichgewichtsaufgabe) 180

Zeichnung, Eintragung von Toleranzen 248
Zeigerdiagramm 139, 148
Zeit 191
Zeitabschnitt 190
Zeitdiagramm 139
Zeitfestigkeit, Nachweis 282
Zeitfestigkeitsdiagramm 282
Zentipoise 206
Zentrifugalmoment 219
Zentripetalkraft 201
Zentriwinkel 182
Zerreißfestigkeit 285
Zerspankraft 334 f., 348 f., 360, 367
– am Einzelkorn 367
– beim Umfangsschleifen 367
–, Komponente 335
Zerspantechnik 327
–, Grundbegriffe 327
–, Normen (Auswahl) 327
Zug und Biegung 238
Zug- und Druckbeanspruchung 217
Zug/Druck und Torsion 239
Zug/Druckwechselfestigkeit 292
Zugbeanspruchung 285
Zugfeder 271
–, innere Vorspannkraft 278
–, zylindrische 271
Zugfestigkeit 95
Zughauptgleichung 258
Zugkraft 188, 258
– wirkt parallel zur Ebene 185
– – waagerecht 185
Zugspannung 240, 257 f., 282
–, größte 218
–, mittlere tangentiale 302
–, resultierende 238
Zugversuch 95
Zündspannung 159
Zündstrom 159
Zündwinkel 140, 160
Zustandsänderung, adiabate 170 f.
–, Carnot'scher Kreisprozess, Gleichungen 167
–, isobare 168
–, isochore 167, 169
–, isotherme 169
–, isovolume 167
–, polytrope 170
–, polytrope, Sonderfälle 170
Zustandsgleichung idealer Gase, allgemeine 166
Zweigelenkstab 177
Zwei-Kräfteverfahren 180
Zweipunkteform der Geraden 27
Zweirichtungs-Diode 158
– -Thyristordiode, Diac 158
– -Thyristortriode, Triac 159
Zweiweg-Gleichrichtung 140
Zykloide 12
Zykloidenbogen 45
Zylinderdeckel-Verschraubung 259
Zylinderführung 186
Zylindermantel 203
Zylinderspule 136
Zylinderstift 297, 311